N.M.Günter / R.O.Kusmin

Aufgabensammlung zur höheren Mathematik 1

N.M.Günter / R.O.Kusmin

Aufgabensammlung zur höheren Mathematik 1

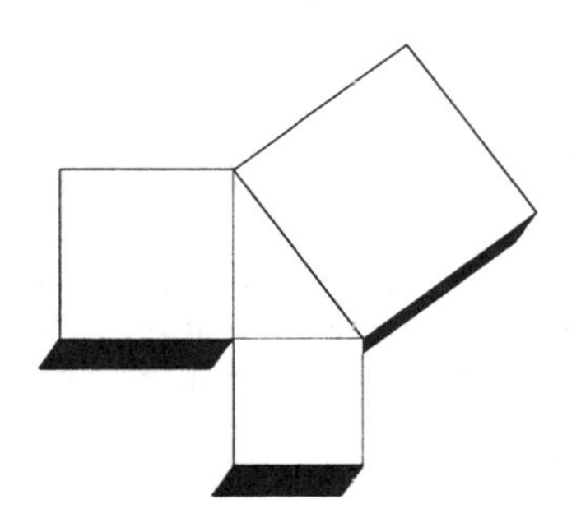

Verlag Harri Deutsch

Die Deutsche Bibliothek - CIP-Einheitsaufnahme

Gjunter, Nikolaj M.:
Aufgabensammlung zur höheren Mathematik / N.M. Günter;
R.O.Kusmin. - Frankfurt am Main : Deutsch
Einheitssacht.: Sbornik zadac po vyssej matematike <dt.>
NE: Kuz´min, Rodion O.:
1. -13., unveränd. Aufl. - 1993
ISBN 3-8171-1345-5

ISBN 3-8171-1345-5

13. unveränderte Auflage 1993

Druck: Fuldaer Verlagsanstalt
Printed in Germany

VORWORT

Es ist zweifellos bedauerlich, daß unsere heutige Hochschulausbildung in den Grundlagen der höheren Mathematik dem Studenten im Vergleich zu dem behandelten Stoff wenig Übungsmaterial bietet. Wenn man auch vorerst aus Zeitmangel nicht viel daran wird ändern können, so darf doch der immer wieder geäußerte Wunsch der Studierenden, bei ihrem privaten Durcharbeiten der Vorlesungsnachschriften weiteres, und zwar nicht triviales Aufgabenmaterial nebst Lösungen zur Hand zu haben, nicht überhört werden.

Die Herausgeber hoffen, diesem Wunsch dadurch Rechnung getragen zu haben, daß sie die in jeder Hinsicht bewährte Aufgabensammlung von GÜNTER und KUSMIN dem deutschen Leser zugänglich machten. Sie glauben, daß das Buch nicht nur dem Studenten der Mathematik, sondern auch dem der Physik und der technischen Disziplinen helfen wird und ferner dem Berufstätigen bei seiner Weiterbildung (z. B. im Fernstudium) von Nutzen ist.

Die Herausgeber

INHALTSVERZEICHNIS

I. ABSCHNITT

Analytische Geometrie der Ebene

§ 1. Vektoren, Projektionen und Koordinaten in der Ebene

Einfache Anwendungen

1. Gegeben seien die Punkte $A(2, 5)$ und $B(-3, 2)$. Man bestimme die Projektionen des Vektors $\overrightarrow{AB}$ auf die Koordinatenachsen.

2. Gegeben seien die Punkte $A(1, 2)$ und $B(5, -1)$. Man berechne die Länge des Vektors $\overrightarrow{AB}$ und die Winkel des Vektors mit den Koordinatenachsen.

3. Gegeben seien die Punkte $A(2, -1)$, $B(5, 3)$, $C(3, 5)$, $D(-5, 11)$. Man berechne den Winkel zwischen den Vektoren $\overrightarrow{AB}$ und $\overrightarrow{CD}$.

4. Gegeben seien die Punkte $A(2, -1)$, $B(-1, 3)$, $C(4, 7)$, $D(-1, -5)$. Man bestimme die Projektion des Vektors $\overrightarrow{AB}$ auf die Richtung des Vektors $\overrightarrow{CD}$.

5. Gegeben seien die Punkte $A(3, 5)$, $B(6, -2)$. Man berechne die Projektion des Vektors $\overrightarrow{AB}$ auf die Winkelhalbierende des ersten Quadranten.

6. Vom Koordinatenursprung mögen Vektoren zu den Punkten $A(1, 2)$, $B(-2, 3)$, $C(6, -10)$ verlaufen. Man bestimme ihre Vektorsumme nach Größe und Richtung.

7. Die Punkte $A(3, 7)$ und $B(11, -1)$ seien gegenüberliegende Ecken eines Rechtecks. Man berechne den Mittelpunkt des Rechtecks.

8. Durch die Punkte $A(2, 3)$ und $B(7, -2)$ ist eine Strecke festgelegt, die über B hinaus um den gleichen Betrag verlängert wird. Man berechne die Koordinaten des Endpunktes der Verlängerung.

9. Eine Strecke AB werde durch die Punkte $M_1(1, 2)$ und $M_2(3, 4)$ in drei gleiche Teile geteilt. Man ermittle die Punkte A und B.

10. Die Punkte $M_1(1, 1)$, $M_2(2, 2)$ und $M_3(3, -1)$ seien drei aufeinanderfolgende Ecken eines Parallelogramms. Man berechne die vierte Ecke.

11. Die Mittelpunkte der Seiten eines Dreiecks seien die Punkte $M_1(-2, 1)$, $M_2(2, 3)$ und $M_3(4, -1)$. Man berechne die Koordinaten der Ecken.

12. Zwei aufeinanderfolgende Ecken eines Quadrates mögen in den Punkten $A(2, 3)$ und $B(6, 6)$ liegen. Wo liegen die übrigen?

13. Die Punkte $M_1(0, 0)$ und $M_2(4, 0)$ seien zwei aufeinanderfolgende Ecken eines gleichseitigen Sechsecks. Wo liegt die folgende Ecke?

14. In den Punkten $(3, 5)$ und $(9, -7)$ mögen sich die Massen 2 und 1 befinden. Wo liegt der Schwerpunkt dieser Massen?

15. In den Punkten $M_1(x_1, y_1)$, $M_2(x_2, y_2)$ und $M_3(x_3, y_3)$ mögen die Massen m_1, m_2 und m_3 liegen. Man zeige, daß sich die Koordinaten des Schwerpunkts aus folgenden Formeln ergeben:

$$x_S = \frac{m_1 x_1 + m_2 x_2 + m_3 x_3}{m_1 + m_2 + m_3}, \quad y_S = \frac{m_1 y_1 + m_2 y_2 + m_3 y_3}{m_1 + m_2 + m_3}.$$

16. In den Ecken eines Vielecks mögen sich gleich große Massen befinden. Man zeige, daß die Koordinaten ihres Schwerpunkts jeweils gleich dem arithmetischen Mittel aus den Koordinaten der Ecken sind.

17. Der Mittelpunkt eines regelmäßigen Vielecks befinde sich im Koordinatenursprung. Man zeige, daß die Summe der Koordinaten der Ecken gleich Null ist.

18. In Richtung der äußeren Normalen seien auf den Seiten eines Vielecks Senkrechte errichtet, deren Längen den Seitenlängen proportional sind. Man beweise, daß ihre Vektorsumme Null beträgt.

19. Gegeben seien die Koordinaten der Seitenmitten eines Vielecks mit einer ungeraden Anzahl von Seiten:

$$M_1(x_1, y_1),\ M_2(x_2, y_2),\ \ldots,\ M_{2n-1}(x_{2n-1}, y_{2n-1}).$$

Man berechne die Koordinaten der Ecken.

20. Man suche auf der Abszissenachse die Punkte, deren Abstand vom Punkt (5, 12) genau 13 beträgt.

21. Die Punkte $M_1(2, 1)$, $M_2(-3, 2)$, $M_3(-1, 1)$ seien die Ecken eines Dreiecks. Man bestimme den Mittelpunkt und Radius des Umkreises.

22. Die Ecken eines Dreiecks mögen in den Punkten $O(0, 0)$, $M_1(3, 5)$ und $M_2(-2, 3)$ liegen. Man berechne den Dreiecksinhalt.

23. Die Ecken eines Dreiecks mögen in den Punkten $A(1, 2)$, $B(3, -1)$ und $C(-2, -5)$ liegen. Man berechne den Inhalt.

24. Zwei Ecken eines Dreiecks mögen in den Punkten (5, 1) und (−2, 2), die dritte auf der Abszissenachse liegen. Man ermittle ihre Abszisse, wenn der Inhalt 10 beträgt.

25. Man berechne den Inhalt eines Vierecks aus den Koordinaten seiner Ecken: $M_1(5, 6)$, $M_2(5, -6)$, $M_3(-2, -1)$, $M_4(-2, 1)$.

26. Man berechne den Inhalt eines Vierecks aus den Koordinaten seiner Ecken: $M_1(5, 6)$, $M_2(5, -6)$, $M_3(-2, 1)$, $M_4(-2, -1)$.

27. Man berechne den Inhalt eines Fünfecks aus seinen Ecken: $M_1(0, 0)$, $M_2(3, -2)$, $M_3(5, -1)$, $M_4(8, 4)$, $M_5(4, 5)$.

28. Nach einer Transformation des Koordinatensystems ohne Drehung der Achsen (d. h. nach einer Translation) habe der Punkt (2, 4) die Koordinaten (−3, 0). Man berechne die alten Koordinaten des neuen Ursprungs.

29. Die neuen Achsen mögen die Winkel zwischen den alten in gleiche Teile teilen. Die neue x-Achse bilde mit der alten y-Achse einen positiven spitzen Winkel. Man ermittle die Formeln dieser Koordinatentransformation.

30. Der neue Koordinatenanfangspunkt liege im Punkt (2, 3). Der Punkt (6, 0) liege auf der positiven Seite der neuen Ordinatenachse. Welche neuen Koordinaten hat der Punkt (7, 8)?

31. Die Ecken eines Quadrates mögen in den Punkten (0, 0), (2, 0), (2, 2), (0, 2) liegen. Man stelle die Formeln der Koordinatentransformation auf, wenn als neue Koordinatenachsen die Diagonalen des Quadrates genommen werden und sich der Punkt (2, 0) dann auf der positiven Richtung der Achse O_1X_1 befindet.

32. Der neue Koordinatenursprung liege im Punkt (1, −2). Die neue Ordinatenachse bilde mit der alten Abszissenachse einen spitzen Winkel, dessen Tangens gleich $\frac{3}{4}$ ist. Man suche den Punkt, dessen alte Koordinaten gleich den neuen sind.

33. Bei welcher Drehung der Achsen geht die Größe $x^2 - y^2$ in $2x_1y_1$ über?

34. Man beweise, daß bei einer allgemeinen Koordinatentransformation (mit Drehung der Achsen) die Achsen des alten Systems durch Drehung der ganzen Ebene um einen gewissen Punkt in die Achsen des neuen Systems übergeführt werden können.

35. Gegeben seien die Polarkoordinaten eines Punktes: $r = 10$, $\varphi = 30°$. Man berechne seine rechtwinkligen Koordinaten, wenn der Pol im Punkt (2, 3) liegt und die Polarachse parallel zur Abszissenachse ist.

36. Man bestimme den Abstand zweier Punkte, deren Polarkoordinaten $r_1 = 3$, $\varphi_1 = 10°$ und $r_2 = 5$, $\varphi_2 = 130°$ sind.

37. Der Pol liege im Punkt (3, 5). Die Polarachse sei parallel zur positiven Richtung der y-Achse. Man bestimme die Polarkoordinaten der Punkte $M_1(9, -1)$ und $M_2(5, 5 + 2\sqrt{3})$.

38. Durch Untersuchung der Projektionen eines Polygonzuges beweise man die Formeln

$$\sin\varphi + \sin 3\varphi + \cdots + \sin(2n-1)\varphi = \frac{1-\cos 2n\varphi}{2\sin\varphi},$$

$$\cos\varphi + \cos 3\varphi + \cdots + \cos(2n-1)\varphi = \frac{\sin 2n\varphi}{2\sin\varphi}.$$

§ 2. Gerade und Kreis

39. Man bestimme die Gleichung der Geraden, die im Abstand h parallel zur Abszissenachse verlaufen.

40. Man bestimme die Gleichung der Geraden, die im Abstand h parallel zur Ordinatenachse verlaufen.

41. Die Ecken eines Quadrates mögen in den Punkten (0, 0), (1, 0), (1, 1), (0, 1) liegen. Man bestimme die Gleichungen der Diagonalen.

42. Man bestimme den Punkt auf der Geraden $y = 2x - 3$, dessen Ordinate gleich 7 ist.

43. Man nehme an, daß die x-Achse horizontal verläuft, und berechne, welcher von den Punkten $M_1(-1, 2)$, $M_2(-3, -10)$, $M_3(2, 1)$, $M_4(5, 4)$ oberhalb, unterhalb oder auf der Geraden $y = 2x - 3$ liegt.

44. Man bestimme die Gleichung der Geraden, die durch den Punkt (2, 1) verläuft und mit der Abszissenachse einen Winkel von 45° bildet.

45. Durch die Punkte $M_1(-1, 2)$ und $M_2(2, 1)$ ist eine Gerade zu legen.

46. Man bestimme die Gleichung der Geraden, die durch die Punkte (3, 7) und (3, −2) geht.

47. Man ermittle die Gleichungen der Seiten des Dreiecks, dessen Ecken in den Punkten $M_1(1, -1)$, $M_2(3, 5)$ und $M_3(-7, 11)$ liegen.

48. Welche Gerade geht durch den Punkt (2, −1) und ist der Geraden $2x + 3y = 0$ parallel?

49. Welche Gerade geht durch den Punkt (2, −3) und steht senkrecht auf der Geraden $y = 2x + 1$?

50. Unter einem Winkel von 45° zur Geraden $3x - 2y + 7 = 0$ verlaufen Gerade durch den Punkt (3, 5). Man bestimme ihre Gleichungen.

51. Man bestimme die Winkel des Dreiecks, dessen Ecken in den Punkten $M_1(0, 2)$, $M_2(2, 2)$, $M_3(3 + \sqrt{3}, 3 + \sqrt{3})$ liegen.

52. Man bestimme die Ecken des Dreiecks, dessen Seiten durch die Gleichungen $x - y = 0$, $2x + 3y + 5 = 0$, $x + 2y + 6 = 0$ gegeben sind.

53. Man bestimme den Flächeninhalt des Dreiecks, dessen Seiten durch die Gleichungen $y = 3x - 9$, $y = -2x + 1$, $y = -x + 3$ gegeben sind.

54. Durch den Punkt (1, 2) verlaufen zwei Gerade, die von den Punkten (2, 3) und (4, −5) gleichen Abstand haben. Wie lauten ihre Gleichungen?

55. Die Gleichungen zweier Seiten eines Parallelogramms seien

$$x + 2y + 1 = 0 \quad \text{und} \quad 2x + y - 3 = 0.$$

Der Punkt (1, 2) sei der Mittelpunkt des Parallelogramms. Man ermittle die Gleichungen der beiden anderen Seiten.

56. Durch den Punkt (−1, 2) verlaufen zwei Geraden, deren Abstand vom Punkt (6, 1) gleich 5 ist. Man bestimme ihre Gleichungen.

57. Durch den Punkt (2, −2) verlaufen Geraden, deren Abstände vom Punkt (5, 2) jeweils 3 betragen. Man bestimme ihre Gleichungen.

58. Durch den Punkt (6, 8) geht eine Gerade, die mit den Koordinatenachsen ein Dreieck bildet, dessen Flächeninhalt 12 beträgt. Man bestimme die Gleichung der Geraden.

59. Man bestimme die Gleichung der Geraden, die im Abstand 5 vom Koordinatenursprung durch den Punkt (− 4, 3) verläuft.

60. Gegeben sei die Gerade $4x + 3y + 1 = 0$. Man bestimme die Gleichungen der Geraden, die im Abstand 3 parallel zu ihr verlaufen.

61. Man ermittle den Abstand der beiden Geraden $2x + 3y = 7$ und $4x + 6y = 11$.

62. Man bestimme die Gerade, die zu den Geraden $x + 2y = 1$ und $x + 2y = 3$ parallel ist, zwischen ihnen verläuft und ihren Abstand im Verhältnis 1 : 3 (von der ersten Geraden aus gerechnet) teilt.

63. Man bestimme die Gleichung der Geraden, die in der Mitte zwischen den Geraden $3x + 2y - 5 = 0$ und $6x + 4y + 3 = 0$ verläuft.

64. Man bestimme die Gleichung der Geraden, die parallel zu der Geraden $2x + 3y + 6 = 0$ verläuft und mit den Koordinatenachsen ein Dreieck mit dem Flächeninhalt 3 bildet.

65. Gegeben sei die Gerade $2x + y - 3 = 0$ und auf ihr der Punkt $M(1, 1)$. Man suche auf dieser Geraden die Punkte, die von M den Abstand $\sqrt{5}$ haben.

66. Zwei Höhen eines Dreiecks mögen auf den Geraden $2x - 3y + 1 = 0$ und $x + y = 0$ liegen. Eine seiner Ecken liege im Punkt $M(1, 2)$. Man bestimme die Gleichungen der Seiten des Dreiecks.

67. $M_1(2, 1)$ und $M_2(4, 9)$ seien zwei Ecken eines Dreiecks. $N(3, 4)$ sei der Schnittpunkt seiner Höhen. Man bestimme die Gleichungen der Seiten.

68. Die Seiten eines Dreiecks mögen durch die Punkte $(1, 2)$, $(7, 4)$, $(3, -4)$ halbiert werden. Man bestimme die Gleichungen der Seiten.

69. Der Schnittpunkt der Seitenhalbierenden eines Dreiecks sei $(-1, 0)$. Zwei seiner Seiten seien gegeben durch $x + y - 1 = 0$ und $y + 1 = 0$. Man bestimme die Gleichung der dritten Seite.

70. Die Ecken eines Dreiecks mögen in den Punkten $A(1, 3)$, $B(-1, 0)$, $C(2, -2)$ liegen. Man bestimme die Gleichungen der Höhen.

71. Durch den Schnittpunkt der Geraden $x - y - 1 = 0$ und $x + 2y - 2 = 0$ und durch den Punkt $(-1, 1)$ verläuft eine Gerade. Wie lautet ihre Gleichung?

72. Durch den Koordinatenursprung und durch den Schnittpunkt der Geraden $17x + 29y = 317$ und $3x + 10y = 634$ ist eine Gerade zu legen. Wie lautet ihre Gleichung?

73. Durch den Schnittpunkt der Geraden $x + 2y - 11 = 0$ und $2x - y - 2 = 0$ ist die Gerade zu legen, deren Abstand vom Koordinatenursprung gleich 5 ist.

74. Durch den Punkt $(-1, 1)$ ist eine Gerade so zu legen, daß der Mittelpunkt ihres durch die Geraden $x + 2y - 1 = 0$ und $x + 2y - 3 = 0$ gebildeten Abschnitts auf der Geraden $x - y - 1 = 0$ liegt.

75. Durch den Koordinatenursprung sind Geraden so zu legen, daß die Längen ihrer durch die Geraden $x - y + 1 = 0$ und $x - y - 2 = 0$ gebildeten Abschnitte jeweils gleich 3 sind.

76. Man suche die Gleichung der Geraden durch den Punkt $(2, 3)$, wenn bekannt ist, daß die Länge des Abschnitts dieser Geraden zwischen den Geraden $3x + 4y - 7 = 0$ und $3x + 4y + 8 = 0$ gleich $3\sqrt{2}$ ist.

77. Man bestimme die Gleichungen der Winkelhalbierenden der Winkel zwischen den Geraden $3x + 4y - 1 = 0$ und $4x - 3y + 5 = 0$.

78. Man bestimme die Gleichung der Winkelhalbierenden desjenigen Winkels zwischen den Geraden $4x + 7y - 3 = 0$ und $8x - y + 6 = 0$, in dem der Koordinatenursprung liegt.

79. Die Punkte $(1, 2)$, $(-1, -1)$, $(2, 1)$ seien die Ecken eines Dreiecks. Man bestimme die Gleichung der Winkelhalbierenden des Innenwinkels mit dem Scheitel $(-1, -1)$.

80. Man bestimme den Radius des Kreises, der dem Dreieck mit den Seiten $3x - 4y - 25 = 0$, $5x + 12y - 65 = 0$, $8x + 15y + 85 = 0$ einbeschrieben ist.

81. Die Gleichungen der Schenkel eines gleichschenkligen Dreiecks seien $2x - y + 8 = 0$ und $x - 2y - 12 = 0$. Ein Punkt der Basis sei (4, 0). Man bestimme die Gleichung der Basis.

82. Ein Lichtstrahl durchlaufe den Punkt (2, 3), werde an der Geraden $x + y + 1 = 0$ reflektiert und gelange zum Punkt (1, 1). Man bestimme die Gleichung des einfallenden und die des reflektierten Strahls.

83. Die Gerade $2x + y - 1 = 0$ sei die (innere) Winkelhalbierende eines Winkels, und die Punkte (1, 2) und (—1, —1) seien die nicht auf ihr liegenden Ecken eines Dreiecks. Man bestimme die dritte Ecke.

84. Der Punkt (2, 5) sei eine Ecke eines Dreiecks, die Geraden $3x + 4y - 12 = 0$ und $x - y - 1 = 0$ seien die Winkelhalbierenden zweier Innenwinkel. Man bestimme die Gleichungen der Seiten.

85. Die Punkte (1, 1) und (5, 4) seien zwei Ecken eines Dreiecks, $2x - y - 1 = 0$ innere Winkelhalbierende. Man bestimme die Gleichungen der Seiten, wenn bekannt ist, daß der Flächeninhalt des Dreiecks gleich 5 ist.

86. Die Gleichung der Basis eines gleichschenkligen Dreiecks laute $x + y - 1 = 0$, die Gleichung eines Schenkels $x - 2y - 2 = 0$. Auf dem zweiten Schenkel liege der Punkt (—2, 0). Man bestimme die Gleichung dieser Seite.

87. Man beweise, daß die Summe der Abstände jedes inneren Punktes eines gleichseitigen Dreiecks von den Seiten eine Konstante ist.

88. Die Winkelhalbierenden der Innenwinkel bei A und B eines Dreiecks ABC mögen die Seiten BC und AC in den Punkten M bzw. N schneiden. Man beweise, daß für beliebige Punkte auf der Verbindungsstrecke MN die Summe der Abstände von den Seiten AC und BC gleich dem Abstand von der Seite AB ist.

89. Durch einen Punkt auf der Winkelhalbierenden eines Winkels mögen zwei Geraden gehen. Eine von ihnen bilde auf den Schenkeln des Winkels, vom Scheitel aus gerechnet, die Abschnitte a und b, die andere die Abschnitte a_1 und b_1. Man beweise, daß $\frac{1}{a} + \frac{1}{b} = \frac{1}{a_1} + \frac{1}{b_1}$ ist.

90. Man betrachte die Geraden $2x - y + 1 = 0$ und $x + 2y - 1 = 0$ als Achsen eines neuen Koordinatensystems. Die Richtungen wähle man so, daß die neuen Koordinaten des alten Ursprungs positiv sind. Man ermittle die Transformationsformeln.

91. Die Geraden $x - y - 1 = 0$ und $x + y + 2 = 0$ sollen als neue Koordinatenachsen so gewählt werden, daß die neuen Koordinaten des alten Ursprungs negativ sind. Man bestimme die Gleichungen der alten Achsen.

92. Eine Gerade schneide die Seiten AB und CB eines Dreiecks in den Punkten M und N und die Verlängerung der Seite AC im Punkt P. Man beweise die Beziehung

$$AM \cdot BN \cdot CP = AP \cdot BM \cdot CN$$

(Satz des Menelaos).

93. Die Punkte M, N und P mögen auf den Seiten BC, CA und AB eines Dreiecks liegen. Die Geraden AM, BN und CP mögen sich in einem Punkt schneiden. Man beweise die Beziehung

$$AN \cdot BP \cdot CM = NC \cdot PA \cdot MB.$$

94. Man zeige, daß die Gleichungen der Winkelhalbierenden eines Dreiecks in der Form

$$s_1 \pm s_2 = 0, \quad s_1 \pm s_3 = 0, \quad s_2 \pm s_3 = 0$$

dargestellt werden können, wobei s_1, s_2 und s_3 die linken Seiten der auf die Normalform gebrachten Gleichungen der Dreieckseiten bedeuten.

95. Eine projektive Transformation der Ebene besteht darin, daß jeder Punkt (x, y) in einen Punkt (x_1, y_1) übergeht, wobei folgende Formeln gelten:

$$x_1 = \frac{a_1 x + b_1 y + c_1}{a_0 x + b_0 y + c_0}; \quad y_1 = \frac{a_2 x + b_2 y + c_2}{a_0 x + b_0 y + c_0}; \quad a_0^2 + b_0^2 + c_0^2 > 0.$$

Man zeige, daß bei beliebiger Wahl der Koeffizienten a_k, b_k, c_k $(k = 0, 1, 2)$ eine projektive Transformation kollinear ist, d. h. Geraden in Geraden überführt.

96. Unter dem Doppelverhältnis von vier auf einer Geraden liegenden Punkten A, B, C und D versteht man das Verhältnis

$$\frac{AC}{BC} : \frac{AD}{BD}.$$

Man zeige, daß bei einer projektiven Transformation das Doppelverhältnis konstant bleibt.

97. Man suche die allgemeine Form der Gleichungen aller Kreise, die die Abszissenachse im Koordinatenursprung berühren.

98. Man verwandle die aus der vorigen Aufgabe erhaltene Gleichung in eine Gleichung in Polarkoordinaten, wobei die Polarachse mit dem positiven Teil der Abszissenachse zusammenfallen soll.

99. Man bestimme Mittelpunkt und Radius des Kreises

$$x^2 + y^2 - 6x + 8y = 0.$$

100. Gegeben sei ein Dreieck mit den Ecken $M_1(0, 0)$, $M_2(10, 0)$ und $M_3(6, 8)$. Man bestimme die Gleichung des Umkreises.

101. Man suche die Punkte des Kreises $x^2 + y^2 = 1$, die von den Punkten $(1, 3)$, $(-2, 2)$ gleich weit entfernt sind.

102. Durch die Gleichungen

$$3x + 4y = 25, \quad 5x - 12y = 65, \quad 8x - 15y + 85 = 0$$

seien die Seiten eines Dreiecks gegeben. Man bestimme die Gleichung des Inkreises.

103. Man bestimme die Tangenten vom Punkt $(1, 2)$ an den Kreis $x^2 + y^2 = 5$.

104. Man bestimme die Tangenten vom Punkt $(-1, 3)$ an den Kreis $x^2 + y^2 = 5$.

105. Man suche die gemeinsame Sehne der Kreise

$$x^2 + y^2 = 2ax \quad \text{und} \quad x^2 + y^2 = 2by.$$

106. Man suche die gemeinsamen Tangenten der Kreise

$$x^2 + y^2 = 6x, \quad x^2 + y^2 = 6y.$$

107. Der Punkt (x_1, y_1) liege außerhalb des Kreises

$$x^2 + y^2 + Ax + By + C = 0.$$

Man bestimme die Länge l der Tangenten von diesem Punkt an den Kreis.

108. Der Punkt (x_1, y_1) liege innerhalb des Kreises

$$x^2 + y^2 + Ax + By + C = 0.$$

Man zeige, daß die durch (x_1, y_1) gehenden Sehnen des Kreises durch diesen Punkt in zwei Abschnitte zerlegt werden, deren Produkt gleich

$$x_1^2 + y_1^2 + Ax_1 + By_1 + C$$

ist.

109. Ein Kreis berühre die Koordinatenachsen und gehe durch den Punkt (4, 8). Wie lautet seine Gleichung?

110. Ein Kreis berühre die Ordinatenachse im Koordinatenursprung und gehe durch den Punkt (3, 6). Wie lautet seine Gleichung?

111. Man bestimme den Punkt auf der Abszissenachse, von dem aus die Tangenten an die Kreise $x^2 + y^2 = 6y - 6$ und $x^2 + y^2 = 2x$ gleiche Länge haben.

112. Man bestimme die allgemeine Form der Gleichungen der Kreise, für welche die Winkelhalbierenden der Koordinatenachsen Tangenten sind.

113. Man zeige, daß der geometrische Ort aller Punkte, für die das Verhältnis der Abstände von zwei festen Punkten gleich einem gegebenen, von 1 verschiedenen Wert ist, ein Kreis ist (Kreis des Apollonius).

114. Man zeige, daß der geometrische Ort aller Punkte, von denen Tangenten gleicher Länge an zwei gegebene Kreise ausgehen, eine Gerade ist (die Chordale der beiden Kreise).

115. Man beweise, daß sich für alle a und b die Kreise $x^2 + y^2 = ax$ und $x^2 + y^2 = by$ unter einem rechten Winkel schneiden. Hier soll wie gewöhnlich unter dem Winkel zweier Kurven der Winkel zwischen ihren Tangenten im Schnittpunkt verstanden werden.

116. Man zeige, daß jeder der Kreise

$$(x - a)^2 + y^2 = a^2 + h^2$$

jeden der Kreise

$$x^2 + \left(y \pm \sqrt{r^2 + h^2}\right)^2 = r^2$$

unter einem rechten Winkel schneidet.

117. Man zeige, daß jeder der Kreise

$$x^2 + y^2 - 2ax + b^2 = 0$$

jeden der Kreise

$$x^2 + y^2 - 2cy - b^2 = 0$$

unter einem rechten Winkel schneidet.

§ 3. Geometrische Örter

118. Man bestimme den geometrischen Ort der Mittelpunkte aller Sehnen des Kreises $x^2 + y^2 = 2ax$, die durch den Koordinatenursprung gehen.

119. Man ermittle die Gleichung des geometrischen Ortes derjenigen Punkte, für die das Verhältnis der Abstände von den beiden Geraden $Ax + By + C = 0$ und $A_1 x + B_1 y + C_1 = 0$ gleich $m : n$ ist.

120. Eine Strecke der Länge $a + b$ gleite mit ihren Endpunkten auf den Koordinatenachsen. Man bestimme die Kurve, die der Punkt M beschreibt, der die Strecke in die Abschnitte a und b teilt (Ellipsenzirkel nach Leonardo da Vinci).

121. Die Mittelpunkte zweier Kreise mit den Radien a und b mögen im Koordinatenursprung liegen. Eine Gerade durch den Ursprung schneide den inneren Kreis im Punkt A, den äußeren im Punkt B. Die Parallele zur x-Achse durch den Punkt A schneide die Parallele zur y-Achse durch den Punkt B im Punkt M. Man ermittle den geometrischen Ort der Punkte M, wenn sich die Gerade um den Koordinatenursprung dreht.

122. Vom Koordinatenursprung gehe eine Gerade aus, die mit der y-Achse einen Winkel von $\frac{\pi\theta}{2}$ bildet. Diese Gerade schneide im Punkt M die Gerade $x = a\theta$. Man ermittle die Gleichung des geometrischen Ortes der Punkte M (Quadratrix des Dinostratus).

123. Man verlängere die durch den Koordinatenursprung gehenden Sehnen des Kreises $x^2 + y^2 = 2ax$ bis zu einem Schnitt mit der Geraden $x = 2a$ und trage vom Koordinatenursprung aus diese Verlängerungen auf den Sehnen ab. Man ermittle den geometrischen Ort ihrer Endpunkte (Zissoide des Diokles).

124. Eine Gerade durch den Nullpunkt schneide den Kreis $x^2 + y^2 = ay$ und die Gerade $y = a$ in den Punkten A und B. Durch den Punkt A ziehe man die Parallele zur x-Achse und durch den Punkt B die Parallele zur y-Achse. Man ermittle den geometrischen Ort der Schnittpunkte dieser Parallelen (Versiera der Maria Gaetana Agnesi).

125. Man ermittle den geometrischen Ort aller Punkte, für die das Produkt der Abstände von zwei gegebenen Punkten konstant ist (Cassinische Kurven).

126. Man suche den geometrischen Ort der Punkte, für die das Produkt der Abstände von zwei gegebenen Punkten gleich dem Quadrat des halben Abstands der beiden Punkte voneinander ist (Lemniskate von Bernoulli).

127. Man suche den geometrischen Ort der Punkte, zwischen deren Abständen von zwei gegebenen Punkten die lineare Abhängigkeit $r_1 - a r_2 = b$ besteht (Cartesische Ovale).

128. Auf jeder durch den Punkt $(0, -a)$ gehenden Geraden werde nach beiden Seiten des Schnittpunkts mit der x-Achse jeweils eine Strecke der Länge h abgetragen. Man ermittle den geometrischen Ort der Endpunkte dieser Strecken (Konchoide des Nicomedes).

129. Es sei A ein Punkt auf der Peripherie eines Kreises mit dem Durchmesser a. Auf jeder Sekante durch A seien am anderen Schnittpunkt mit dem Kreis nach beiden Seiten Strecken der Länge b abgetragen. Man bestimme den geometrischen Ort ihrer Endpunkte (PASCALsche Schnecke).

130. Ein Faden, der um den Kreis $x^2 + y^2 = a^2$ gewickelt ist, werde fest gespannt abgewickelt. Man suche den geometrischen Ort, der durch das Fadenende beschrieben wird, wenn es ursprünglich im Punkte $(a, 0)$ lag (Kreisevolvente).

131. Ein Kreis vom Radius a rolle, ohne zu gleiten, auf der x-Achse. Man bestimme die Gleichung der Kurve, die von dem Punkt des Kreises beschrieben wird, der zu Beginn des Abrollens im Ursprung lag (Zykloide).

132. Man suche die Gleichung der Kurve, die von einem Punkt eines auf der x-Achse rollenden Kreises vom Radius a beschrieben wird, wenn der Punkt in dem Moment, in dem der Kreis auf der x-Achse den Nullpunkt durchläuft, die Koordinaten $(0, a - b)$ hat (Trochoide).

133. Ein Kreis mit dem Radius a rolle, ohne zu gleiten, auf dem Kreis $x^2 + y^2 = a^2n^2$. Man bestimme den geometrischen Ort des Kreispunktes, der zu Beginn der Bewegung den ruhenden Kreis auf der x-Achse berührt (Epizykloide).

134. Ein Kreis mit dem Radius a rolle, ohne zu gleiten, innen auf der Peripherie des Kreises $x^2 + y^2 = a^2n^2$. Man bestimme den geometrischen Ort, den der Punkt beschreibt, der zu Beginn der Bewegung den ruhenden Kreis auf der x-Achse berührt (Hypozykloide).

135. Man zeige, daß für $n = 4$ die Hypozykloide in die Astroide $x^{\frac{2}{3}} + y^{\frac{2}{3}} = a^{\frac{2}{3}}$ übergeht.

136. Für $n = 1$ verwandelt sich die Epizykloide in eine Kurve, die Kardioide genannt wird. Man zeige, daß die Gleichung dieser Kurve in geeignet gewählten Polarkoordinaten die Form $r = a(1 + \cos\varphi)$ hat.

137. Man zeige, daß die Kardioide (siehe vorige Aufgabe) ein Spezialfall der PASCALschen Schnecke ist.

138. Man zeige, daß für $n = 2$ die Hypozykloide in eine Gerade übergeht (Satz von CARDANO).

139. Ein rechtwinkliges Dreieck mit den Katheten a und b gleite mit den Endpunkten der Hypotenuse auf den Koordinatenachsen. Man suche den geometrischen Ort der Punkte, die der Scheitel des rechten Winkels beschreibt.

140. Man suche den geometrischen Ort der Mittelpunkte aller Rechtecke, die einem gegebenen Dreieck so einbeschrieben sind, daß eine ihrer Seiten auf der Basis des Dreiecks liegt.

141. Man suche den geometrischen Ort der Mittelpunkte aller Parallelogramme, die einem gegebenen Viereck so einbeschrieben sind, daß ihre Seiten den Diagonalen des Vierecks parallel sind.

142. Eine Strecke mit den Endpunkten $(\pm a, 0)$ sei Grundlinie von Dreiecken, für die ein Basiswinkel doppelt so groß wie der andere ist. Man bestimme den geometrischen Ort der Spitzen der Dreiecke.

143. Eine Strecke mit den Endpunkten $(\pm a, 0)$ sei Grundlinie von Dreiecken, für die die Differenz der Basiswinkel gleich φ ist. Man suche den geometrischen Ort der Spitzen.

144. Man suche den geometrischen Ort der Schwerpunkte der Dreiecke, die durch die Geraden $x = 0$, $y = 0$, $\frac{x}{k} + \frac{y}{3-k} = 1$ $(0 < k < 3)$ gebildet werden.

145. Drei Ecken eines Parallelogramms, dessen Seitenrichtungen gegeben sind, mögen auf drei gegebenen Geraden gleiten. Welches ist der geometrische Ort der vierten Ecke?

146. Die vier Seiten eines sich entsprechend ändernden Parallelogramms mögen immer durch vier gegebene Punkte einer Geraden gehen. Man zeige, daß die Diagonalen der Parallelogramme ebenfalls durch bestimmte feste Punkte gehen.

147. Die Schenkel eines rechten Winkels, dessen Lage veränderlich sei, mögen durch zwei gegebene Punkte gehen. Man zeige, daß auch die Winkelhalbierenden durch einen festen Punkt gehen.

148. Gegeben seien zwei Parallelen zur x-Achse und Geraden durch den Nullpunkt, deren Abschnitte zwischen den Parallelen Seiten von Quadraten sind. Man bestimme den geometrischen Ort der beiden übrigen Ecken.

149. Man ermittle den geometrischen Ort der Mittelpunkte der Sehnen des Kreises $x^2 + y^2 = a^2$, die durch den Punkt $P(c, 0)$ innerhalb des Kreises gehen.

150. Die Geraden a, b und c mögen um die Punkte A, B und C, die auf einer Geraden liegen, rotieren. Während sich der Schnittpunkt der Geraden a und b auf einer Geraden P bewegen soll, laufe der Schnittpunkt der Geraden a und c auf einer Geraden Q entlang. Man zeige, daß sich der geometrische Ort der Schnittpunkte der Geraden b und c auf einer Geraden R bewegt, die durch den Schnittpunkt der Geraden P und Q geht.

151. Man beweise den Satz von DESARGUES: Liegen die Ecken zweier Dreiecke auf drei Geraden, die sich in einem Punkt schneiden, so liegen die drei Schnittpunkte entsprechender Seiten ebenfalls auf einer Geraden.

§ 4. Gleichungen von Kurven zweiter Ordnung in einfachster Form

152. Die Ordinaten der Punkte des Kreises $x^2 + y^2 = 36$ mögen halbiert werden. Man gebe die Gleichung der entstehenden Kurve an.

153. Man ermittle die Halbachsen der Ellipse $3x^2 + 5y^2 - 30 = 0$.

154. Man ermittle die Gleichung der Ellipse, die durch die Punkte $(1, 4)$ und $(7, 2)$ geht und bezüglich der x- und y-Achse symmetrisch ist.

155. Man suche die Gleichung der Parabel, die durch den Punkt $(6, 9)$ geht, ihren Scheitel im Koordinatenursprung hat und symmetrisch zur y-Achse ist.

156. Die x-Achse sei die Symmetrieachse einer Parabel mit dem Scheitel im Koordinatenursprung. Man suche ihre Gleichung, wenn bekannt ist, daß $(2, 2)$ ein Parabelpunkt ist.

157. Man beweise, daß Ellipsen mit gleicher Exzentrizität geometrisch ähnlich sind, d. h. bei geeigneter Vergrößerung auseinander hervorgehen können.

158. Man zeige, daß alle Parabeln $y^2 = 2px$ geometrisch ähnlich sind.

159. Ein Meridian der Erdkugel ist eine Ellipse mit $\frac{a-b}{a} = \frac{1}{300}$. Man berechne die Exzentrizität.

160. Die Bahn der Erdkugel ist eine Ellipse mit der Halbachse $a = 150 \cdot 10^6$ km und der Exzentrizität $e = 0{,}017$. Bekanntlich befindet sich die Sonne in einem Brennpunkt dieser Ellipse; man ermittle, um wieviel kürzer der kleinste Abstand Erde—Sonne (im Dezember) als der größte (im Juni) ist.

161. Der Parabolspiegel des Spiegelteleskops in Simeis hatte eine Brennweite von 5,4 m und einen Durchmesser von 1,02 m. Man ermittle die Tiefe des parabolischen Hohlspiegels.

162. Der Spiegel eines Autoscheinwerfers sei im Querschnitt eine Parabel. Der Durchmesser des Spiegels betrage 20 cm, die Tiefe 10 cm. Man ermittle die Lage des Brennpunktes.

163. Man suche die Exzentrizität der gleichseitigen Hyperbel.

164. Man ermittle die Exzentrizität einer Hyperbel, deren Scheitelpunkte den Abstand zwischen den Brennpunkten in drei gleiche Teile zerlegen.

165. Die Brennpunkte einer Ellipse mögen den Abstand zwischen den Scheitelpunkten in drei gleiche Teile zerlegen. Man ermittle ihre Exzentrizität.

166. Welche Form nimmt die Gleichung der gleichseitigen Hyperbel $x^2 - y^2 = a^2$ an, wenn man die Achsen um den Winkel $\alpha = -45°$ dreht?

167. Der Abstand der Brennpunkte einer Ellipse sei gleich 2, der Abstand der Scheitelpunkte sei 10. Man ermittle die Halbachsen.

168. Die Exzentrizität einer Hyperbel sei gleich 2. Man ermittle den Winkel, den die Asymptoten bilden.

169. Die kleinere Achse einer Ellipse erscheine vom Brennpunkt aus unter einem rechten Winkel. Man suche die Exzentrizität.

170. Gegeben sei die Hyperbel $x^2 - y^2 = 8$. Man suche die konfokale Ellipse, die durch den Punkt (4, 6) geht.

171. Gegeben sei eine Ellipse $b^2x^2 + a^2y^2 = a^2b^2$. Man suche die Gleichung der konfokalen gleichseitigen Hyperbel.

172. Man suche die allgemeine Gleichung der Ellipsen und Hyperbeln, die die Brennpunkte $(\pm c, 0)$ haben.

173. Man ermittle den Abstand der Brennpunkte der Hyperbel $b^2x^2 - a^2y^2 = a^2b^2$ von den Asymptoten.

174. Die Gleichung einer Kurve zweiter Ordnung laute in Polarkoordinaten $r(5 + 3\cos\varphi) = 16$. Man suche ihre Gleichung in bezug auf die Symmetrieachsen.

175. Man löse dieselbe Aufgabe für die Kurve $r(4 + 5\cos\varphi) = 9$.

176. Man beweise die Gleichung

$$\frac{1}{\varrho_1} + \frac{1}{\varrho_2} + \cdots + \frac{1}{\varrho_n} = \frac{n}{p},$$

wobei $\varrho_1, \varrho_2, \ldots, \varrho_n$ Radiusvektoren sind, die vom Brennpunkt der Parabel $y^2 = 2px$ ausgehen und die Winkel $\frac{2\pi}{n}$ miteinander bilden.

177. Man beweise die Gleichung

$$\frac{1}{r_1^2} + \frac{1}{r_2^2} = \frac{1}{a^2} + \frac{1}{b^2},$$

wobei r_1 und r_2 zueinander senkrechte Radiusvektoren sind, die vom Mittelpunkt der Ellipse $\frac{x^2}{a^2} + \frac{y^2}{b^2} = 1$ ausgehen.

178. Man beweise die Gleichung $\frac{1}{r_1^2} + \frac{1}{r_2^2} + \cdots + \frac{1}{r_n^2} = \frac{n}{2}\left(\frac{1}{a^2} + \frac{1}{b^2}\right)$, wobei $r_1, r_2, \ldots, r_n$ Radiusvektoren sind, die vom Mittelpunkt der Ellipse $\frac{x^2}{a^2} + \frac{y^2}{b^2} = 1$ ausgehen und miteinander die Winkel $\frac{2\pi}{n}$ bilden.

179. Man ermittle die Gleichungen derjenigen Durchmesser der Ellipse $x^2 + 6y^2 = 2$, deren Länge gleich 2 ist.

180. Man beweise, daß die Ellipse $\frac{x^2}{a^2} + \frac{y^2}{b^2} = 1$ die orthogonale Projektion eines Kreises mit dem Radius a ist, der in einer Ebene liegt, die mit der x, y-Ebene den Winkel φ bildet $\left(\cos\varphi = \frac{b}{a}\right)$.

181. Man beweise, daß bei der in Aufgabe 180 genannten Projektion aufeinander senkrechte Durchmesser eines Kreises als konjugierte Durchmesser der Ellipse erscheinen.

182. Man beweise den Satz des Apollonius: $a_1 b_1 \sin\omega = ab$; dabei sind a_1 und b_1 die Längen der konjugierten Halbmesser der Ellipse und ω der Winkel zwischen ihnen. Man benutze den folgenden Satz: Der Flächeninhalt der Projektion (siehe Aufgabe 180) ist gleich dem Produkt aus dem Flächeninhalt der Figur und dem Kosinus des Winkels zwischen Figurebene und Projektionsebene.

183. Mit Hilfe der Ergebnisse der Aufgaben 180 und 181 beweise man einen zweiten Satz des Apollonius: $a_1^2 + b_1^2 = a^2 + b^2$ (vgl. Aufgabe 182).

184. Man beweise folgenden Satz: Bezeichnet man die Steigung der konjugierten Durchmesser mit m und m_1, so gilt $m\,m_1 = -\frac{b^2}{a^2}$ für die Ellipse und $m\,m_1 = \frac{b^2}{a^2}$ für die Hyperbel.

185. Man suche den Winkel zwischen konjugierten Durchmessern gleicher Länge für die Ellipse $x^2 + 3y^2 = 6$.

186. Man suche die konjugierten Durchmesser der Hyperbel $x^2 - y^2 = 1$, die einen Winkel von 45° bilden.

187. Man suche die konjugierten Durchmesser der Ellipse $x^2 + 15y^2 = 5$, die einen Winkel von 150° bilden.

188. Der Winkel zwischen zwei konjugierten Durchmessern einer Ellipse betrage 120°. Einer der beiden Durchmesser sei doppelt so groß wie der andere. Man errechne die Exzentrizität.

189. Die Längen zweier konjugierter Durchmesser der Ellipse $8x^2 + 17y^2 = 136$ mögen sich wie 4 : 3 verhalten. Man suche die Gleichungen der beiden Durchmesser.

190. Die Summe der Längen zweier konjugierter Durchmesser sei 6, der Winkel zwischen ihnen betrage 150°, und die Exzentrizität sei $e = \frac{3}{5}$. Man ermittle die Achsen der Ellipse.

191. Man errechne die Längen der konjugierten Durchmesser der Ellipse $3x^2 + 5y^2 = 15$, die einen maximalen Winkel bilden.

192. Man suche den Winkel zwischen zwei konjugierten Durchmessern einer Hyperbel, wenn das Verhältnis m ihrer Längen und die Exzentrizität e bekannt sind.

193. Man ermittle den Winkel zwischen den Asymptoten einer Hyperbel, von der bekannt ist, daß zwei konjugierte Durchmesser einen Winkel von 45° bilden und ihre Längen sich wie 2 : 3 verhalten.

194. Man ermittle die Längen der konjugierten Durchmesser der Hyperbel $9x^2 - 16y^2 = 144$, deren Summe sich zu der Summe der Achsen wie 5 : 2 verhält.

195. Man beweise, daß die Gleichung $Axx_1 + Byy_1 + C = 0$ die Gleichung der Tangente an den Kreis $Ax^2 + By^2 + C = 0$ im Punkte (x_1, y_1) ist.

196. Man beweise, daß die Gleichung $yy_1 = p(x + x_1)$ die Gleichung der Tangente an die Parabel $y^2 = 2px$ im Punkte (x_1, y_1) ist.

197. Man zeige, daß

$$y = mx \pm \sqrt{a^2m^2 + b^2}$$

die Gleichungen der beiden Tangenten mit der Steigung m an die Ellipse $\frac{x^2}{a^2} + \frac{y^2}{b^2} = 1$ sind.

198. Man beweise:

$$y = mx \pm \sqrt{\sigma(a^2m^2 - b^2)}$$

sind die Gleichungen der beiden Tangenten mit der Steigung m an die Hyperbel

$$\frac{x^2}{a^2} - \frac{y^2}{b^2} = \sigma.$$

199. Man beweise: Die Tangente mit der Steigung m an die Parabel $y^2 = 2px$ hat die Gleichung

$$y = mx + \frac{p}{2m}.$$

200. Man suche die Tangente an die Parabel $4y = x^2$ im Punkte (2, 1).

201. Durch den Punkt (0, −4) lege man die Tangenten an die Parabel $4y = x^2$.

202. Durch den Punkt (−4, −1) lege man die Tangenten an die Parabel $y^2 = 2x$.

203. Durch den Punkt (2, −1) lege man die Tangenten an die Ellipse $x^2 + 9y^2 = 9$.

204. Durch den Punkt (3, —6) lege man die Tangenten an die Hyperbel $4x^2 - 9y^2 = 36$.

205. Durch den Punkt (1, —2) lege man die Tangenten an die Hyperbel $x^2 - y^2 = 1$.

206. Welche Tangenten an die Ellipse $x^2 + 4y^2 = 4$ verlaufen parallel zur Geraden $2x - 3y = 0$?

207. Welche Parallelen zur Geraden $10x + 3y = 0$ sind Tangenten an die Hyperbel $4x^2 - y^2 = 4$?

208. Man beweise, daß die Sehnen, die die Schnittpunkte des Kreises $x^2 + y^2 = a^2 + b^2$ mit den Koordinatenachsen verbinden, die Ellipse

$$\frac{x^2}{a^2} + \frac{y^2}{b^2} = 1$$

berühren.

209. Man zeige, daß die Ellipse $\frac{x^2}{a^2} + \frac{y^2}{b^2} = 1$ von den Geraden $\pm x \pm y = c$ berührt wird, falls $a^2 + b^2 = c^2$ ist.

210. Man suche den geometrischen Ort aller Punkte, von denen aus eine Parabel unter einem rechten Winkel gesehen wird.

211. Man beweise, daß der geometrische Ort der Punkte, von denen aus die Ellipse $\frac{x^2}{a^2} + \frac{y^2}{b^2} = 1$ unter einem rechten Winkel gesehen wird, der Kreis $x^2 + y^2 = a^2 + b^2$ ist.

212. Man ermittle den Abstand des Brennpunktes der Parabel $y^2 = 2px$ von der Tangente, die mit der Achse den Winkel α bildet.

213. Man zeige, daß bei der Hyperbel $\frac{x^2}{a^2} - \frac{y^2}{b^2} = 1$ das Produkt der Abstände der Brennpunkte von einer Tangente gleich b^2 ist.

214. Man ermittle den geometrischen Ort der Fußpunkte der Lote vom Brennpunkt einer Parabel auf ihre Tangenten.

§ 5. Kurven zweiter Ordnung in allgemeiner Form

215. Welche Kurven werden durch folgende Gleichungen 2. Grades bestimmt:

a) $xy = 0$;
b) $x^2 - y^2 = 0$;
c) $(x - y)^2 = 0$;
d) $(x - y)^2 - 3(x - y) + 2 = 0$;
e) $x^2 + y^2 = 0$;
f) $x^2 + y^2 + 1 = 0$?

216. Welche Kurven werden durch folgende Gleichungen 2. Grades bestimmt:

a) $3x^2 - 2xy + 3y^2 - 2x + 2y + 1 = 0$;
b) $x^2 + 6xy + y^2 + 6x + 2y - 1 = 0$;
c) $x^2 + 2xy + y^2 + 2x - 2y - 1 = 0$?

217. Man bestimme k so, daß die Gleichung

$$x^2 + 6xy + y^2 + 6x + 2y + k = 0$$

von einem Paar sich schneidender Geraden erfüllt wird.

218. Man bestimme k so, daß die Gleichung

$$3x^2 - 2xy + 3y^2 - 2x + 2y + k = 0$$

nur von einem einzigen Punkt erfüllt wird.

219. Man wähle λ so, daß die Gleichung

$$x^2 - 2\lambda xy + 4y^2 + 2x - \lambda y = 0$$

von einem Geradenpaar erfüllt wird.

220. In der Gleichung

$$2x^2 + \lambda xy + 2y^2 - 7x + \mu y + 3 = 0$$

wähle man die Koeffizienten λ und μ so, daß die Gleichung von einem Paar paralleler Geraden erfüllt wird.

221. Man bestimme die Asymptoten der Kurve

$$2x^2 - xy + 3x - y - 1 = 0.$$

222. Man zeige, daß die Gleichung

$$(ax + by + c)(a_1x + b_1y + c_1) + \lambda = 0,$$

in der $\lambda \neq 0$ und $a b_1 - a_1 b \neq 0$ ist, eine Hyperbel mit den Asymptoten

$$ax + by + c = 0, \quad a_1x + b_1y + c_1 = 0$$

darstellt.

223. Man bestimme die Gleichung der Hyperbel, für die die Geraden $x - 1 = 0$ und $y - 1 = 0$ die Asymptoten sind und die durch den Punkt (2, 2) verläuft.

224. Man zeige, daß für beliebige Werte von λ und μ die Kurve $\lambda f_1 + \mu f_2 = 0$ durch den Schnittpunkt der Kurven $f_1 = 0$ und $f_2 = 0$ verläuft, wobei f_1 und f_2 Polynome in x und y sind.

225. Es sei $s_{kl} = A_{kl}x + B_{kl}y + C_{kl}$ die Gleichung der durch die Punkte P_k und P_l verlaufenden Geraden ($k, l = 1, 2, 3, 4$). Man zeige, daß für beliebige λ und μ die Gleichung

$$\lambda s_{12} s_{34} + \mu s_{13} s_{24} = 0$$

eine Kurve 2. Ordnung ist, die durch die Punkte P_1, P_2, P_3, P_4 verläuft.

226. Man bestimme die Gleichung der Kurve 2. Ordnung, die durch die Punkte (1, 1), (2, −1), (1, −2), (−1, 1) und (3, 0) verläuft.

227. Man ermittle die durch die fünf Punkte (3, 1), (2,1), (−7, 1), (−2, 0) und (0, 1) bestimmte Kurve 2. Ordnung.

228. Man bestimme die Parabel, die durch die vier Punkte (0, −1), (0, 3), (−1, 0) und (3, 0) verläuft.

229. Man ermittle die Kurve 2. Ordnung, die durch den Punkt (1, 1) und durch die Schnittpunkte der Kurve $x^2 - 2xy + 2x - 2y - 17 = 0$ mit den Geraden $y = 0$ und $x + 2y + 3 = 0$ verläuft.

230. Die Sehnen AB und CD des Kreises $x^2 + (y - h)^2 = a^2$ mögen durch den Koordinatenursprung gehen. Man betrachte die Schar der Kurven 2. Ordnung, die durch die Endpunkte der Sehnen verlaufen, und zeige, daß sowohl die Geraden AD und CB als auch die Geraden BD und AC die Abszissenachse in gleichen Abständen vom Anfangspunkt schneiden.

231. Es seien P_1, P_2, P_3, P_4, P_5 und P_6 Punkte auf einer Kurve 2. Ordnung. Die Gleichungen der Seiten des aus ihnen gebildeten Sechsecks werden wie in Aufgabe 225 in der Form

$$s_{12} = 0, \quad s_{23} = 0, \quad s_{34} = 0, \quad s_{45} = 0, \quad s_{56} = 0, \quad s_{61} = 0$$

dargestellt. Unter diesen Voraussetzungen und bei beliebiger Wahl der Koeffizienten λ und μ verläuft die Kurve 3. Ordnung

$$\lambda s_{12} s_{34} s_{56} + \mu s_{23} s_{45} s_{61} = 0$$

durch die sechs gegebenen Punkte und durch die Schnittpunkte gegenüberliegender Seiten des Sechsecks.

Hiervon ausgehend beweise man den PASCALschen Satz: Ist ein Sechseck einer Kurve 2. Ordnung einbeschrieben, so liegen die Schnittpunkte gegenüberliegender Seiten auf einer Geraden.

§ 6. Mittelpunkte und Durchmesser

Vereinfachung von Gleichungen zweiten Grades

Homogenisieren wir das Polynom $Ax^2 + Bxy + Cy^2 + Dx + Ey + F$ durch Einführung entsprechender Potenzen von z, so erhalten wir die quadratische Form dreier Veränderlicher,

$$f = f(x, y, z) = Ax^2 + Bxy + Cy^2 + Dxz + Eyz + Fz^2.$$

Ihre partiellen Ableitungen lauten

$$\frac{\partial f}{\partial x} = 2Ax + By + Dz; \quad \frac{\partial f}{\partial y} = Bx + 2Cy + Ez; \quad \frac{\partial f}{\partial z} = Dx + Ey + 2Fz.$$

Wir bezeichnen ihren Wert für $z = 1$ mit $\left(\frac{\partial f}{\partial x}\right)_1$, $\left(\frac{\partial f}{\partial y}\right)_1$ und $\left(\frac{\partial f}{\partial z}\right)_1$. Die aus den Koeffizienten von x, y und z in den Formeln der partiellen Ableitungen gebildete Determinante wird die Diskriminante Δ der quadratischen Form dreier Veränderlicher genannt:

$$\Delta = \begin{vmatrix} 2A & B & D \\ B & 2C & E \\ D & E & 2F \end{vmatrix}.$$

Ihre Unterdeterminante $\delta = \begin{vmatrix} 2A & B \\ B & 2C \end{vmatrix} = 4AC - B^2$ ist die Diskriminante der quadratischen Form zweier Veränderlicher $Ax^2 + Bxy + Cy^2$. Wichtig in der Theorie der quadratischen Formen ist folgende als TAYLORsche Formel bezeichnete Identität:

$$f(x+\xi, y+\eta, z+\zeta) = f(x, y, z) + \frac{\partial f}{\partial x}\xi + \frac{\partial f}{\partial y}\eta + \frac{\partial f}{\partial z}\zeta + f(\xi, \eta, \zeta).$$

Aus dieser Formel erhält man für $\xi = x$, $\eta = y$ und $\zeta = z$ die EULERsche Identität

$$x\frac{\partial f}{\partial x} + y\frac{\partial f}{\partial y} + z\frac{\partial f}{\partial z} = 2f(x, y, z).$$

Eine weitere Folgerung ist die Beziehung

$$\frac{\partial f}{\partial x}\xi + \frac{\partial f}{\partial y}\eta + \frac{\partial f}{\partial z}\zeta = \frac{\partial f}{\partial \xi}x + \frac{\partial f}{\partial \eta}y + \frac{\partial f}{\partial \zeta}z.$$

Im folgenden werden wir abkürzend schreiben:

$$f(x, y, 1) = Ax^2 + Bxy + Cy^2 + Dx + Ey + F,$$
$$f(x, y, 0) = Ax^2 + Bxy + Cy^2.$$

232. Es seien (x, y) der Mittelpunkt und $(x+\xi t, y+\eta t)$ und $(x-\xi t, y-\eta t)$ die Endpunkte einer Sehne der Kurve $f(x, y, 1) = 0$. Man zeige, daß

$$\left(\frac{\partial f}{\partial x}\right)_1 \xi + \left(\frac{\partial f}{\partial y}\right)_1 \eta = 0$$

ist.

233. Man beweise, daß für die Kurve $f(x, y, 1) = 0$ die Mittelpunkte aller zu der Geraden $\frac{x}{\xi} = \frac{y}{\eta}$ parallelen Sehnen auf der Geraden

$$\left(\frac{\partial f}{\partial x}\right)_1 \xi + \left(\frac{\partial f}{\partial y}\right)_1 \eta = 0,$$

d. h.

$$(2Ax + By + D)\xi + (Bx + 2Cy + E)\eta = 0$$

liegen (Durchmesser mit gegebener Richtung).

234. Man zeige, daß die Gleichung $f(x, y, 1) = 0$ bei Translation des Koordinatenursprungs in den Punkt (ξ, η) in die Gleichung

$$f(x_1, y_1, 0) + \frac{\partial f}{\partial \xi}x_1 + \frac{\partial f}{\partial \eta}y_1 + f(\xi, \eta, 1) = 0$$

übergeht.

235. Wenn $4AC - B^2 \neq 0$ ist, gehen alle Durchmesser durch den Punkt (ξ, η), in dem sich die Geraden $\left(\frac{\partial f}{\partial x}\right)_1 = 0$ und $\left(\frac{\partial f}{\partial y}\right)_1 = 0$ schneiden. Man zeige, daß bei Verschiebung des Koordinatenursprungs in den Punkt (ξ, η) die Gleichung $f(x, y, 1) = 0$ übergeht in

$$Ax_1^2 + Bx_1y_1 + Cy_1^2 = \frac{1}{2}(D\xi + E\eta + 2F).$$

Hier ist $D\xi + E\eta + 2F$ der Wert von $\left(\frac{\partial f}{\partial z}\right)_1$ für $x = \xi$ und $y = \eta$.

236. Man verlege den Koordinatenursprung in den Mittelpunkt der Kurve $x^2 + xy + 2x + y - 2 = 0$ und stelle die neue Gleichung der Kurve auf.

237. Man vereinfache die Gleichung der Kurve

$$x^2 + 3xy - 2y^2 - 7x - 2y + 16 = 0$$

durch Verlegung des Koordinatenursprungs in den Mittelpunkt.

238. Man vereinfache die Gleichung der Kurve

$$x^2 - 2xy + y^2 - 4x + 4y - 3 = 0$$

durch Verlegung des Koordinatenursprungs in den Mittelpunkt, dessen Abszisse gleich 1 ist.

239. Man zeige, daß bei Drehung der Koordinatenachsen um den Winkel α das Trinom $Ax^2 + Bxy + Cy^2$ in $A_1 x_1^2 + B_1 x_1 y_1 + C_1 y_1^2$ übergeht, wobei

$$A_1 + C_1 = A + C, \quad A_1 - C_1 = B \sin 2\alpha + (A - C) \cos 2\alpha,$$
$$B_1 = B \cos 2\alpha - (A - C) \sin 2\alpha$$

ist.

240. Man zeige, daß bei Drehung der Achsen um den Winkel α, für den $\tan 2\alpha = \frac{B}{A - C}$ ist, die Gleichung $Ax^2 + Bxy + Cy^2 + Dx + Ey + F = 0$ in eine Gleichung der Form $A_1 x_1^2 + C_1 y_1^2 + D_1 x_1 + E_1 y_1 + F_1 = 0$ übergeht.

241. Man vereinfache die Gleichung der Kurve

$$x^2 - xy + y^2 - 5x + y - 2 = 0$$

durch Verlegung des Anfangspunktes in den Mittelpunkt und anschließende Drehung der Achsen um einen bestimmten Winkel.

242. Man verfahre entsprechend mit der Gleichung

$$x^2 + 6xy + y^2 + 8x + 24y + 39 = 0.$$

243. Man vereinfache die Gleichung der Parabel

$$x^2 - 2xy + y^2 - 2x - 2y + 1 = 0$$

durch eine Drehung der Achsen derart, daß die neue Gleichung nicht mehr $x_1 y_1$ enthält, und durch eine anschließende Verlegung des Anfangspunktes derart, daß die endgültige Gleichung nur noch zwei Glieder enthält.

244. Man beweise, daß im Fall $4AC - B^2 = 0$ und $A > 0$ (wenn man also $A = a^2$ setzen kann) die Beziehung

$$Ax^2 + Bxy + Cy^2 + Dx + Ey + F = (ax + by + h)^2 + \alpha x + \beta y + \gamma$$

gilt, wobei $\alpha = D - 2ah$, $\beta = E - 2bh$, $\gamma = F - h^2$ ist.

245. Man beweise, daß in der Gleichung der vorigen Aufgabe die Zahl h so gewählt werden kann, daß die Geraden $ax + by + h = 0$ und $\alpha x + \beta y + \gamma = 0$ senkrecht aufeinanderstehen, wenn die Zahlen D und E nicht proportional den Zahlen a bzw. b sind.

246. Man vereinfache die Kurvengleichung

$$x^2 + 2xy + y^2 - 8x + 4 = 0$$

mit Hilfe der Beziehung

$$x^2 + 2xy + y^2 - 8x + 4 = (x + y + h)^2 + \alpha x + \beta y + \gamma$$

und wähle h so, daß die Geraden $\alpha x + \beta y + \gamma = 0$ und $x + y + h = 0$ senkrecht aufeinanderstehen. Dabei sehen die Formeln der Koordinatentransformation folgendermaßen aus:

$$y_1 = \frac{x + y + h}{\sqrt{2}}, \quad x_1 = \frac{\alpha x + \beta y + \gamma}{\sqrt{\alpha^2 + \beta^2}}.$$

247. Auf dieselbe Art vereinfache man die Parabelgleichung

$$16x^2 + 24xy + 9y^2 - 170x + 310y - 465 = 0.$$

248. Man vereinfache die Parabelgleichung

$$9x^2 + 30xy + 25y^2 + 4x - 16y + 8 = 0.$$

249. Bei vorgegebenem A, B und C und entsprechend gewähltem λ gelte die Beziehung

$$Ax^2 + Bxy + Cy^2 - \lambda(x^2 + y^2) = (\alpha x + \beta y)^2,$$

wobei α und β reelle oder imaginäre Koeffizienten sind. Man beweise, daß in diesem Fall die Werte von λ die Wurzeln der Gleichung

$$4x^2 - 4(A + C)x + 4AC - B^2 = 0$$

darstellen.

250. Die Gleichung

$$Ax^2 + Bxy + Cy^2 + Dx + Ey + F = 0$$

wird von einem Paar reeller oder imaginärer Geraden dann und nur dann erfüllt, wenn die Diskriminante Δ gleich Null ist. Hiervon ausgehend zeige man, daß Δ bei beliebiger Koordinatentransformation invariant bleibt.

251. Unter Benutzung der Invarianz der Größen $A + C$, $4AC - B^2$ und der Diskriminante Δ beweise man, daß für $4AC - B^2 \neq 0$ die Gleichung

$$Ax^2 + Bxy + Cy^2 + Dx + Ey + F = 0$$

nach Vereinfachung die Form

$$\lambda_1 x_1^2 + \lambda_2 x_2^2 = \frac{\Delta}{B^2 - 4AC}$$

hat. Hierbei sind λ_1 und λ_2 die Wurzeln der Gleichung

$$x^2 - 2(A + C)x + 4AC - B^2 = 0.$$

252. Man zeige, daß die Gleichung $Ax^2 + Bxy + Cy^2 + Dx + Ey + F = 0$ unter der Voraussetzung $\Delta \neq 0$ auf die Form

$$(A + C)x_1^2 = \pm \sqrt{\frac{-\Delta}{2(A + C)}}\, y_1$$

gebracht werden kann. (Hier ist $4AC - B^2 = 0$.)

Man bringe die folgenden Gleichungen auf ihre einfachste Form:

253. $5x^2 + 4xy + 8y^2 - 32x - 56y + 80 = 0$.
254. $5x^2 + 8xy + 5y^2 - 18x - 18y + 9 = 0$.
255. $5x^2 + 6xy + 5y^2 - 16x - 16y - 16 = 0$.
256. $8x^2 - 4xy + 5y^2 + 4x - 10y = 319$.
257. $6xy + 8y^2 - 12x - 26y + 11 = 0$.
258. $7x^2 + 16xy - 23y^2 - 14x - 16y - 218 = 0$.
259. $7x^2 + 24xy + 38x + 24y + 175 = 0$.
260. $x^2 - 8xy + 7y^2 + 6x - 6y + 9 = 0$.
261. $9x^2 + 24xy + 16y^2 - 40x + 30y = 0$.

§ 7. Konjugierte Durchmesser. Symmetrieachsen. Asymptoten

262. Man suche die Gleichung der Hyperbel, die durch die Punkte (1, 1), (2, 1), (−1, −2) geht und die Asymptote $x + y - 1 = 0$ besitzt.

263. Man suche die gleichseitige Hyperbel, von der die Asymptote $x - y + 1 = 0$ und die Punkte (1, 1), (2, 1) bekannt sind.

264. Man bilde die allgemeine Gleichung aller gleichseitigen Hyperbeln, deren Mittelpunkte im Punkt (a, b) liegen.

265. Eine Parabel gehe durch die Punkte (0, 0) und (0, 1), und die Gerade $x + y + 1 = 0$ sei ihre Achse. Man ermittle die Gleichung der Parabel.

266. Die Punkte (0, 1), (0, −1) und (1, 1) mögen auf einer Parabel liegen. Die Achse der Parabel sei der Geraden $y = x$ parallel. Man bestimme die Parabelgleichung.

267. Eine Parabel berühre die Ordinatenachse im Koordinatenursprung. Die Gerade $x + y + 1 = 0$ sei Scheiteltangente. Man suche die Parabelgleichung.

268. Die Gerade $x + y + 1 = 0$ sei Achse einer Kurve 2. Ordnung, und die Punkte (0, 0), (1, −1), (2, 1) seien Kurvenpunkte. Man ermittle die Gleichung dieser Kurve.

269. Man beweise, daß für die Kurve

$$A(ax + by + c)^2 + B(\alpha x + \beta y + \gamma)^2 + C = 0$$

die Geraden $ax + by + c = 0$ und $\alpha x + \beta y + \gamma = 0$ konjugierte Durchmesser sind, wenn $a\beta \neq \alpha b$ ist.

270. Man beweise, daß für die Parabel

$$(ax + by + c)^2 + A(\alpha x + \beta y + \gamma) = 0$$

die Gerade $\alpha x + \beta y + \gamma = 0$ eine Tangente und die Gerade $ax + by + c = 0$ ein zur Tangentenrichtung konjugierter Durchmesser ist. Angenommen sei $a\beta \neq \alpha b$.

271. Man suche die Kurve 2. Ordnung, auf der die Punkte (1, 0) und (0, 1) liegen und für die die Geraden $x - 2y - 1 = 0$ und $2x - y + 1 = 0$ konjugierte Durchmesser sind.

272. Eine Parabel gehe durch den Punkt (0, 0), die Gerade $x + y - 1 = 0$ sei ein Durchmesser und die Gerade $x + 2y - 1 = 0$ eine Tangente, die zu diesem Durchmesser konjugiert ist. Wie lautet die Parabelgleichung?

273. Die Gerade $x + y + 1 = 0$ sei eine Tangente und die Gerade $x - y + 1 = 0$ ein dazu konjugierter Durchmesser einer Parabel mit dem Parameter $\sqrt{2}$. Man suche die Parabelgleichung.

274. Die Geraden $x + y - 1 = 0$ und $x - y + 1 = 0$ seien zwei konjugierte Durchmesser einer Ellipse mit den Halbachsen 2 und 1. Man suche die Ellipsengleichung.

275. Die Geraden $x + 2y - 4 = 0$ und $x - 3y + 2 = 0$ seien zwei konjugierte Durchmesser einer Ellipse mit den Halbachsen $\sqrt{2}$ und $\frac{\sqrt{3}}{3}$. Man suche die Gleichung der Ellipse.

276. Man beweise, daß die zwischen einer Hyperbel und ihren Asymptoten liegenden Abschnitte einer beliebigen Geraden einander gleich sind.

§ 8. Brennpunkte und Leitlinien

277. Man bestimme Brennpunkt und Leitlinie der Parabel

$$x^2 + 2xy + y^2 - 6x - 2y + 9 = 0.$$

278. Man bestimme Brennpunkte und Leitlinien der Kurve

$$3x^2 - 4xy - 2x + 4y - 5 = 0.$$

279. Man bestimme Brennpunkte und Leitlinien der Kurve

$$8x^2 + 4xy + 5y^2 + 8x - 16y - 16 = 0.$$

280. Eine Kurve 2. Ordnung gehe durch den Koordinatenursprung, ihr Brennpunkt liege im Punkt (—1, 1), und die entsprechende Leitlinie erfülle die Gleichung $x + y - 2 = 0$. Man bestimme die Gleichung der Kurve.

281. Man suche die Ellipse, die durch den Punkt (4, 2) geht und deren Brennpunkte in den Punkten (4, 3) und (0, —1) liegen.

282. Man suche die Ellipse, deren Brennpunkte in den Punkten (1, 2) und (2, 1) liegen und die durch den Punkt (5, 5) geht.

283. Man bestimme die gleichseitige Hyperbel zu der Leitlinie $x + y - 1 = 0$ und dem Brennpunkt (1, 1).

284. Man bestimme die Parabel, die durch die Punkte (1, 1) und (1, 2) geht und die Leitlinie $x + y - 1 = 0$ hat.

285. Eine Kurve 2. Ordnung gehe durch den Punkt (0, —1), besitze den Mittelpunkt (1, 1) und als Leitlinie die Gerade $x + 2y + 1 = 0$. Man suche die Kurvengleichung.

286. Man suche eine Kurve durch die Punkte (0, 1), (1, 0), (0, 2) mit dem Brennpunkt (1, 1).

287. Man suche die durch die Punkte (0, 0) und (1, 0) gehende Kurve zu der Leitlinie $x + y + 1 = 0$ und der Achse $y = x$.

288. Man suche eine Kurve durch die Punkte (4, 5), (—3, 4), mit dem Brennpunkt (1, 1) und einer Symmetrieachse $x + y - 2 = 0$.

289. Man suche die Parabel mit dem Scheitelpunkt (0, 0) und dem Brennpunkt (1, 1).

290. Man suche die Hyperbel mit den Asymptoten $x + y - 1 = 0$ und $x - y + 1 = 0$ und dem Brennpunkt (0, 2).

291. Man bestimme den geometrischen Ort der Brennpunkte derjenigen Parabeln, die durch den Punkt (1, —1) gehen und die Gerade $x + y + 1 = 0$ zur Leitlinie haben.

292. Man bestimme den geometrischen Ort der Scheitelpunkte derjenigen Parabeln, die durch einen gegebenen Punkt gehen und eine gegebene Leitlinie besitzen.

293. Man bestimme den geometrischen Ort der Mittelpunkte derjenigen gleichseitigen Hyperbeln, die durch den Punkt (0, 0) gehen und die Gerade $x + y + 1 = 0$ zur Leitlinie haben.

294. Man bestimme den geometrischen Ort der Brennpunkte der Kurven 2. Ordnung, die einem gegebenen Parallelogramm einbeschrieben sind.

§ 9. Tangenten an Kurven zweiter Ordnung. Pol und Polare

Wenn der Punkt (x_1, y_1) auf einer Kurve 2. Ordnung,

$$Ax^2 + Bxy + Cy^2 + Dx + Ey + F = 0,$$

liegt, so kann die Gleichung der Kurventangente in diesem Punkt in jeder der beiden folgenden Formen geschrieben werden:

$$(2Ax_1 + By_1 + D)\,x + (Bx_1 + 2Cy_1 + F)\,y + Dx_1 + Ey_1 + 2F = 0,$$

$$(2Ax + By + D)\,x_1 + (Bx + 2Cy + F)\,y_1 + Dx + Ey + 2F = 0.$$

Wenn jedoch der Punkt (x_1, y_1) nicht auf der Kurve liegt, so stellt dieselbe Gleichung eine Gerade dar, die man die Polare des Punktes (x_1, y_1) nennt. Den Punkt selbst nennt man dann den Pol dieser Polaren.

295. Man bestimme die Gleichung der Tangente vom Koordinatenursprung an die Kurve

$$5x^2 + 7xy + y^2 - x + 2y = 0.$$

296. Man bestimme die Tangenten an die Kurve

$$x^2 - xy - y^2 - 2x + 2y + 1 = 0,$$

die der Geraden $2x + 2y - 1 = 0$ parallel sind.

297. Man bestimme die Gleichungen der Tangenten an die Ellipse $x^2 + xy + y^2 = 3$, die parallel zu den Koordinatenachsen sind.

298. Man bestimme die Gleichung der Tangente an die Kurve $3x^2 + 4xy + 5y^2 - 7x - 8y - 3 = 0$, die durch den Punkt (2, 1) geht.

299. Durch den Punkt (4, —2) lege man eine Tangente an die Kurve $x^2 - xy - y^2 - 2x + 2y + 1 = 0$ und bestimme ihre Gleichung.

300. Man beweise den Satz: Wenn sich der Pol auf einer Geraden bewegt, so dreht sich die Polare um einen bestimmten Punkt.

301. Man beweise den Satz: Wenn die Polare des Punktes M durch den Punkt N geht, so geht die Polare des Punktes N durch den Punkt M.

302. Man beweise den Satz von BRIANCHON: Verbindet man die gegenüberliegenden Ecken eines einer Kurve 2. Ordnung umbeschriebenen Sechsecks, so schneiden sich die Diagonalen in einem Punkt.

303. Man beweise, daß eine Kurve 2. Ordnung durch fünf ihrer Tangenten bestimmt ist.

304. Man zeige, daß die Pole der Tangenten an eine bestimmte Kurve 2. Ordnung in bezug auf eine gegebene Kurve 2. Ordnung auf einer Kurve 2. Ordnung liegen.

305. Man suche den geometrischen Ort der Pole aller Tangenten an einen Kreis vom Radius R in bezug auf den zu diesem konzentrischen Kreis vom Radius r.

306. Wird in einem Sechseck eine Seite Null, so geht es in ein Fünfeck über. Wie verändern sich dann die Sätze von PASCAL (Aufgabe 231) und BRIANCHON (Aufgabe 302)?

307. Man beantworte dieselbe Frage für eine weitergehende Entartung, d. h. also, wenn das Sechseck in ein Viereck oder ein Dreieck übergeht.

§ 10. Verschiedene Aufgaben

308. Man beweise, daß der Inhalt der Fläche, die von einer Tangente an eine gegebene Hyperbel und deren Asymptoten gebildet wird, für alle Tangenten gleich groß ist.

309. Durch einen Punkt auf einer Hyperbel werde eine Sekante gelegt. Man zeige, daß das Produkt aus den Abschnitten der Sekante zwischen dem Punkt und den Asymptoten gleich dem Quadrat des zur Sekante parallelen Halbmessers der Hyperbel ist.

310. Man beweise, daß der Berührungspunkt einer Tangente an eine Hyperbel den Tangentenabschnitt zwischen den Asymptoten in zwei gleiche Teile zerlegt.

311. Man suche die Gleichung der Hyperbel zu dem Brennpunkt (0, 0) und den drei Tangenten $x - y - 1 = 0$, $2x - y - 1 = 0$ und $x + y - 1 = 0$.

312. Man suche die Parabel durch den Punkt (5, 0) mit dem Brennpunkt (3, 2) und der Tangente $x - 3y - 7 = 0$.

313. Man suche die Hyperbel mit dem Mittelpunkt (1, 1), dem Brennpunkt (3, 3) und der Tangente $x + 2y - 7 = 0$.

314. Man bestimme den geometrischen Ort der Berührungspunkte der Tangenten, die vom Koordinatenursprung an die Parabel

$$[(x - a)^2 + y^2 - b^2]\,(1 + m)^2 - (y - m x)^2 = 0$$

gehen, wobei m ein Parameter sein soll.

315. Man suche den geometrischen Ort der Projektionen des Brennpunktes auf die Tangenten der Kurve $\frac{x^2}{a^2} \pm \frac{y^2}{b^2} = 1$.

316. Man suche den Schnittpunkt der Polaren für die auf der Leitlinie liegenden Punkte.

317. Man beweise: Sind a und b die Längen zweier aufeinander senkrecht stehender Tangenten an die Parabel $y^2 = 4x$, so ist $a^4 b^4 = (a^2 + b^2)^3$.

318. Man suche den geometrischen Ort der Berührungspunkte von Tangenten vorgegebener Richtung an die konfokalen Kurven $\frac{x^2}{a^2+h} + \frac{y^2}{b^2+h} = 1$, wobei h ein Parameter sein soll.

319. Gegeben sei eine Schar gleichseitiger Hyperbeln, die durch den Koordinatenursprung gehen und die Asymptote $x + y + 1 = 0$ besitzen. Man suche den geometrischen Ort der Schnittpunkte der zweiten Asymptote mit den Tangenten durch den Koordinatenursprung.

320. Man bestimme den geometrischen Ort der Mittelpunkte aller gleichseitigen Hyperbeln, die durch den Punkt (1, 0) gehen und die Ordinatenachse im Punkt (0, 1) berühren.

321. Welchen geometrischen Ort bilden die Scheitelpunkte gleichseitiger Hyperbeln, die durch einen gegebenen Punkt gehen und eine gegebene Asymptote besitzen?

322. Man bestimme den geometrischen Ort der Punkte, aus denen man an eine gegebene Parabel zwei zueinander senkrechte Normalen legen kann.

323. Es seien zwei Parabeln $y^2 = 2px$ und $y^2 = 2p(x - a)$ gegeben. Man beweise, daß diejenigen Sehnen der ersten Parabel, die die zweite berühren, durch den Berührungspunkt in zwei gleiche Teile zerlegt werden.

324. Gegeben seien zwei Parabeln mit gemeinsamer Symmetrieachse. Zwei Geraden mögen parallel zur Symmetrieachse verlaufen, und durch ihre Schnittpunkte mit den Parabeln seien Sehnen gelegt. Man beweise, daß die Schnittpunkte dieser Sehnen auf einer Geraden liegen.

325. Man bestimme den geometrischen Ort der Scheitelpunkte von Parabeln mit einem gegebenen Brennpunkt und einer gegebenen Tangente.

326. Man beweise den Satz: Der Umkreis eines aus drei Parabeltangenten gebildeten Dreiecks geht durch den Brennpunkt.

327. Man beweise den Satz: Eine einem Dreieck umbeschriebene gleichseitige Hyperbel geht durch den Schnittpunkt der Höhen.

328. Man bestimme den geometrischen Ort der Brennpunkte von Parabeln mit gegebenem Scheitelpunkt und einer gegebenen Tangente.

329. Von einem außerhalb einer Parabel liegenden Punkt kann man drei Normalen an die Parabel legen. Man beweise, daß der Scheitelpunkt der Parabel und die drei Fußpunkte der Normalen auf einem Kreis liegen.

330. Die Kurve $Ax^2 + By^2 + C = 0$ und der Punkt $M(a, b)$ seien gegeben. Um den Punkt M beschreibe man konzentrische Kreise. Man suche den geometrischen Ort der Mittelpunkte der den Kreisen und der gegebenen Kurve gemeinsamen Sehnen.

331. Gegeben sei ein Viereck $ABCD$. Welchen geometrischen Ort bilden die Punkte M, für die die Summe der Dreiecksflächen AMB und CMD gleich der Summe der Flächen BMC und DMA ist?

332. Mit Hilfe der vorigen Aufgabe beweise man den Satz von NEWTON: In einem Tangentenviereck liegen die Mittelpunkte der Diagonalen und der Mittelpunkt des Inkreises auf einer Geraden.

333. Ein rechter Winkel liege mit seinem Scheitel M auf einer Kurve 2. Ordnung und drehe sich um M, wobei A und B die von M verschiedenen Schnittpunkte seiner Schenkel mit der Kurve sind. Man beweise, daß sich die Gerade AB um einen Punkt der Normale im Punkte M dreht.

334. Ein rechter Winkel drehe sich um einen inneren Punkt A eines gegebenen Kreises. In den Schnittpunkten seiner Schenkel mit dem Kreis seien die Tangenten errichtet. Man suche den geometrischen Ort des jeweiligen Schnittpunktes der beiden Tangenten.

335. Eine Ellipse werde in einem gegebenen Punkt von Kreisen berührt. Welchen geometrischen Ort bilden die Schnittpunkte der gemeinsamen Tangenten?

336. Die Brennpunkte einer Ellipse seien durch Radiusvektoren mit einem laufenden Punkt der Ellipse verbunden. Man bestimme den geometrischen Ort der Mittelpunkte der Kreise, die den aus Radiusvektoren und Hauptachse gebildeten Dreiecken einbeschrieben sind?

337. Eine Inversion oder Abbildung durch reziproke Radien besteht darin, daß ein Punkt M jeweils auf einen Punkt M_1 abgebildet wird, der auf der Strecke OM so liegt, daß $OM \cdot OM_1 = a^2$ ist. Hierbei ist O ein gegebener Punkt. Die Punkte M und M_1 sind veränderlich, und a ist eine Konstante. Man beweise, daß bei einer Inversion die Kurve

$$A(x^2 + y^2) + Bx + Cy + D = 0$$

in die Kurve $A_1(x^2 + y^2) + B_1 x + C_1 y + D_1 = 0$ übergeht; d. h., Kreise oder Geraden gehen in Kreise oder Geraden über (aber nicht unbedingt beziehungsweise).

338. Man beweise, daß bei einer Inversion bezüglich des Koordinatenursprungs die Hyperbel $x^2 - y^2 = a^2$ in die Lemniskate von BERNOULLI übergeht:

$$(x^2 + y^2)^2 = b^2(x^2 - y^2).$$

339. Man beweise, daß die Inversion der Ellipse $\frac{x^2}{a^2} + \frac{y^2}{b^2} = 1$ in bezug auf den Koordinatenursprung mit dem Inversionsradius $\sqrt{ab}$ die Kurve

$$(x^2 + y^2)^2 = b^2 x^2 + a^2 y^2$$

ergibt.

340. Eine der Hyperbel $\frac{x^2}{a^2} - \frac{y^2}{b^2} = 1$ $(a > b)$ kongruente Hyperbel berühre die Koordinatenachsen und gleite auf ihnen. Man zeige, daß sich ihr Mittelpunkt auf dem Kreis

$$x^2 + y^2 = a^2 - b^2$$

bewegt.

341. Eine Ellipse mit den Halbachsen a und b berühre die Koordinatenachsen und gleite auf ihnen. Man zeige, daß sich ihr Mittelpunkt auf dem Kreis

$$x^2 + y^2 = a^2 + b^2$$

bewegt.

II. ABSCHNITT

Analytische Geometrie des Raumes

§ 1. Vektoren und Koordinaten im Raum

1. Die Projektionen eines Vektors auf die x-, y- und z-Achse seien 1, -4 bzw. 8. Man bestimme die Länge des Vektors und die Kosinus seiner Richtungswinkel.

2. Es seien die Projektionen der Vektoren $\mathfrak{a}$, $\mathfrak{b}$ und $\mathfrak{c}$ auf die Koordinatenachsen gegeben: $a_x = 5$, $a_y = 7$, $a_z = 8$, $b_x = 3$, $b_y = -4$, $b_z = 6$, $c_x = -6$, $c_y = -9$, $c_z = -5$. Man bestimme die Länge der Vektorsumme von $\mathfrak{a}$, $\mathfrak{b}$ und $\mathfrak{c}$.

3. Man berechne die Determinante

$$\begin{vmatrix} 1 & a & b \\ a & 1 & c \\ b & c & 1 \end{vmatrix},$$

wobei a, b und c die Richtungskosinus eines Vektors sind.

4. Man betrachte die Seiten eines geschlossenen Vielecks als Vektoren, multipliziere beide Seiten der Gleichung

$$\mathfrak{a} + \mathfrak{b} + \cdots + \mathfrak{l} = \mathfrak{m}$$

skalar mit sich selbst und beweise damit den Satz: Das Quadrat einer Seite eines Vielecks ist gleich der Summe der Quadrate der übrigen Seiten, vermehrt um die Summe der doppelten Produkte aus je zwei verschiedenen der übrigen Seiten und dem Kosinus des eingeschlossenen Winkels.

5. Man beweise den Satz: Das Quadrat des Flächeninhalts der Seitenfläche eines Polyeders ist gleich der Summe der Quadrate der Inhalte der übrigen Seitenflächen, vermehrt um die doppelte Summe der Produkte der Inhalte je zweier verschiedener der übrigen Flächen und dem Kosinus des jeweils zwischen ihnen eingeschlossenen Winkels. Unter diesem Winkel versteht man den Winkel, den die Normalen der Flächen miteinander bilden.

6. Man bestimme den Abstand der Punkte $(2, 4, 6)$ und $(-1, 8, -6)$.

7. Man bestimme den Winkel zwischen den Winkelhalbierenden der Winkel zwischen der x- und y-Achse und der x- und z-Achse.

8. Man bestimme das Volumen des Parallelepipeds, dessen Kanten die Längen 1, 1 und 2 haben und bei dem die drei Winkel an einer Ecke $120°$, $150°$ und $60°$ betragen.

9. Man bestimme das Volumen des Parallelepipeds, dessen Kanten die Längen 1, 2 und 4 haben und bei dem die drei Winkel an einer Ecke je $60°$ betragen.

10. Man bestimme die Resultierende von Kräften der Größen 1, 1 und 2, die an einem Punkt O angreifen und die Richtung der Kanten eines regelmäßigen Tetraeders haben.

11. In Richtung der Kanten OA, OB und OC eines regelmäßigen Tetraeders mögen Kräfte wirken, deren Größen gleich 1, 2 und 3 sind. Man bestimme die Größe der resultierenden Kraft und die Kosinus der Winkel zwischen ihrer Richtung und der Richtung der Kanten OA, OB und OC des Tetraeders.

12. Man bestimme den spitzen Winkel zwischen den Diagonalen eines Quaders, dessen Kanten $OA = 1$, $OB = 2$ und $OC = 2$ sind.

13. Man bestimme den Winkel zwischen zwei gegenüberliegenden Kanten eines regelmäßigen Tetraeders.

14. Gegeben seien die vier Punkte $A(1, -2, 3)$, $B(4, -4, -3)$, $C(2, 4, 3)$ und $D(8, 6, 6,)$. Man suche die Projektion des Vektors $\overrightarrow{AB}$ auf die Richtung des Vektors $\overrightarrow{CD}$.

15. Man bestimme in den Koordinatenebenen drei Punkte A, B und C derart, daß das Tetraeder $OABC$ gleichseitig ist und die Kantenlänge a hat. Mit O ist der Koordinatenursprung bezeichnet.

16. Gegeben seien die Punkte $M_1(1, 2, -1)$ und $M_2(-1, 2, 1)$. Auf der Strecke $\overline{M_1M_2}$ ist ein Punkt M so zu bestimmen, daß $\dfrac{\overline{M_1M}}{\overline{MM_2}} = 2$ ist.

17. Man löse dieselbe Aufgabe unter der Bedingung, daß der Punkt M auf der Verlängerung der Strecke M_1M_2 liegt.

18. Die Schwerpunkte der Seiten eines Tetraeders mögen in den Punkten $(1, 2, 1)$, $(2, 3, 4)$, $(3, 1, 2)$ und $(4, -1, 3)$ liegen. Man bestimme die Eckpunkte des Tetraeders.

19. Drei Eckpunkte eines Würfels mögen in den Punkten $O(0, 0, 0)$, $A(7, 6, -6)$ und $B(6, 2, 9)$ liegen. Man wähle einen vierten Eckpunkt C derart, daß die Strecke OC eine Kante des Würfels ist und die Vektoren $\overrightarrow{OA}$, $\overrightarrow{OB}$, $\overrightarrow{OC}$ genauso orientiert sind wie die x-, y- bzw. z-Achse.

20. Die Kanten OA und OB eines Würfels mögen vom Koordinatenursprung ausgehen. Die Punkte $A(6, 7, 6)$ und $B(2, 6, -9)$ seien gegeben. Man bestimme das Volumen des Würfels und den Endpunkt der dritten vom Koordinatenursprung ausgehenden Kante.

21. Der neue Koordinatenursprung liege im Punkt $O(1, 2, 3)$. Von den Winkeln zwischen den neuen und den alten Achsen ist bekannt, daß $\cos(Ox, O_1x_1) = \frac{1}{2}$, $\cos(Ox, O_1y_1) = -\frac{2}{3}$, $\cos(Oy, O_1x_1) = -\frac{2}{3}$ ist. Man stelle die Transformationsformeln auf, wenn der Winkel zwischen den Achsen Ox und O_1z_1 spitz und der Winkel zwischen den Achsen Oy und O_1y_1 stumpf ist.

22. Vom Koordinatenursprung mögen Vektoren zu den Punkten $(10, -5, 10)$, $(-11, -2, 10)$ und $(-2, -14, -5)$ gehen. Man zeige, daß sie die Kanten eines Würfels bilden, und bestimme das Volumen des Würfels.

23. Man beweise die Gleichung

$$\begin{vmatrix} \alpha_0 - 1 & \beta_0 & \gamma_0 \\ \alpha_1 & \beta_1 - 1 & \gamma_1 \\ \alpha_2 & \beta_2 & \gamma_2 - 1 \end{vmatrix} = 0,$$

wobei die Buchstaben α_i, β_i und γ_i die neun Kosinus der Winkel zwischen den alten und den neuen Achsen bedeuten.

24. Die Kosinus der Winkel zwischen den neuen und den alten Achsen seien in der folgenden Tabelle gegeben:

	x_1	y_1	z_1
x	$\frac{2}{3}$	$-\frac{1}{3}$	$\frac{2}{3}$
y	$-\frac{11}{15}$	$-\frac{2}{15}$	$\frac{10}{15}$
z	$-\frac{2}{15}$	$-\frac{14}{15}$	$-\frac{1}{3}$

Man beweise, daß die neuen Koordinaten der Punkte, für die

$$x : y : z = 4 : -2 : 1$$

ist, gleich den alten sind.

25. Ein Tetraeder sei durch den Koordinatenursprung und die Punkte $A(2, 3, 1)$, $B(1, 2, 2)$ und $C(3, -1, 4)$ gegeben. Man berechne sein Volumen.

26. Man berechne das Volumen des Tetraeders mit den Eckpunkten $A(1, 1, 1)$, $B(-1, 1, 1)$, $C(1, -1, 1)$ und $D(1, 1, -1)$.

27. Man berechne den Inhalt des Dreiecks, dessen Ecken in den Punkten $M_1(1, -1, 1)$, $M_2(2, 1, -1)$ und $M_3(-1, -1, -2)$ liegen.

28. Man berechne den Inhalt des Dreiecks, dessen Ecken in den Punkten $(5, 2, 14)$, $(4, 7, 22)$ und $(0, 0, 0)$ liegen.

29. Man berechne den Inhalt des Dreiecks, dessen Ecken in den Punkten $(2, 3, -6)$, $(6, 4, 4)$ und $(3, 7, 4)$ liegen.

§ 2. Die Ebene

30. Man bestimme die Ebene, die durch die Punkte $(2, 0, 0)$, $(0, -3, 0)$ und $(0, 0, 4)$ festgelegt ist.

31. Man bestimme die Achsenabschnitte der Ebene $x + 2y - 3z + 6 = 0$.

32. Man bestimme die Ebene, die durch den Punkt $(2, 1, -1)$ geht und auf der x- und der z-Achse Abschnitte der Länge 2 bzw. 1 abschneidet.

33. Man suche die Gleichung der Ebene, die durch die Punkte $(0, 0, 0)$, $(2, 1, 1)$ und $(3, -2, 3)$ geht.

34. Man bestimme die Gleichungen der Ebenen, die ein Tetraeder mit den Eckpunkten (1, 1, 1) (−1, 1, 1), (1, −1, 1) und (1, 1, −1) begrenzen.

35. Man bestimme die Kosinus der Winkel, die das Lot vom Nullpunkt auf die Ebene $x - 2y + z - 1 = 0$ mit den Koordinatenachsen bildet.

36. Man bestimme die Sinus der Winkel, die die Ebene

$$6x - 2y - 3z - 6 = 0$$

mit den Koordinatenachsen bildet.

37. Man bestimme die Kosinus der Winkel, die die Ebene

$$2x - 2y + z - 5 = 0$$

mit den Koordinatenebenen bildet.

38. Man bestimme den Kosinus des Winkels zwischen den beiden Ebenen

$$2x + y - 2z - 4 = 0 \quad \text{und} \quad 3x + 6y - 2z - 12 = 0.$$

39. Man bestimme den Kosinus desjenigen Winkels zwischen den beiden Ebenen $x - y + z - 1 = 0$ und $2x - y + z + 2 = 0$, in dessen Winkelraum der Koordinatenursprung liegt.

40. Durch den Punkt (1, −1, 1) gehe eine Ebene, die senkrecht auf den beiden Ebenen $x - y + z - 1 = 0$ und $2x + y + z + 1 = 0$ steht. Man bestimme ihre Gleichung.

41. Durch die Punkte (1, 1, 1) und (2, 2, 2) gehe eine Ebene, die auf der Ebene $x + y - z = 0$ senkrecht steht. Man bestimme ihre Gleichung.

42. Man untersuche, ob die Punkte (2, 1, 1) und (2, 1, 3) auf derselben Seite der Ebene $x + 2y - z - 2 = 0$ liegen.

43. Man bestimme den Inhalt eines Tetraeders aus den Gleichungen seiner begrenzenden Ebenen $x + y + z - 1 = 0$, $x - y - 1 = 0$, $x - z - 1 = 0$ und $z - 2 = 0$.

44. Man suche den geometrischen Ort aller Punkte (x, y, z), für die das Tetraeder mit den Eckpunkten (x, y, z), (1, 2, 1), (−1, 1, 1) und (2, 1, 1) das Volumen 10 hat.

45. Man bestimme den Abstand des Punktes (2, 1, 1) von der Ebene $x + y - z + 1 = 0$.

46. Man bestimme den Abstand der beiden parallelen Ebenen

$$x - 2y + z - 1 = 0 \quad \text{und} \quad 2x - 4y + 2z - 1 = 0.$$

47. Man suche die Ebene, die von den Ebenen

$$x + y - 2z - 1 = 0 \quad \text{und} \quad x + y - 2z + 3 = 0$$

gleich weit entfernt ist.

48. Man suche auf der z-Achse den Punkt, der von den Ebenen $12x + 9y - 20z - 19 = 0$ und $16x - 12y + 15z - 9 = 0$ gleich weit entfernt ist.

49. Auf der Schnittgeraden der Ebenen

$$x + y + z - 2 = 0 \quad \text{und} \quad x + 2y - z - 1 = 0$$

suche man den Punkt, der von den Ebenen $x + 2y + z + 1 = 0$ und $x + 2y + z - 3 = 0$ den gleichen Abstand hat.

50. Man ermittle die Ebene, die denjenigen Winkel zwischen den Ebenen $x + 2y - z - 1 = 0$ und $x + 2y + z + 1 = 0$ halbiert, in dessen Winkelraum der Punkt $(1, -1, 1)$ liegt.

51. Man suche die Ebene, die von der Ebene $x + y - z + 1 = 0$ doppelt so weit entfernt ist wie von der Ebene $x + y - z - 1 = 0$ und nicht zwischen ihnen liegt.

52. Man suche eine Ebene, die zwischen den Ebenen $x - 2y + z - 2 = 0$ und $x - 2y + z - 6 = 0$ gelegen ist und den Abstand zwischen ihnen im Verhältnis $1:3$ teilt.

53. Man ermittle den Schnittpunkt der Ebenen

$$x + y + z - 6 = 0, \quad 2x - y + z - 3 = 0 \quad \text{und} \quad x + 2y - z - 2 = 0.$$

54. Man zeige, daß sich die vier Ebenen

$$x + y + 2z - 4 = 0, \; x + 2y - z - 2 = 0, \; 2x - y - z = 0 \; \text{ und } \; x + y + z - 3 = 0$$

in einem Punkt schneiden.

55. Durch den Schnittpunkt der Ebenen

$$2x + y - z - 2 = 0, \quad x - 3y + z + 1 = 0 \quad \text{und} \quad x + y + z - 3 = 0$$

soll parallel zu der Ebene $x + y + 2z = 0$, die den Schnittpunkt nicht enthält, eine Ebene gelegt werden. Man bestimme ihre Gleichung.

56. Von den Ebenen $x - 2y + 2z - 7 = 0$, $2x - y - 2z + 1 = 0$ und $2x + 2y + z - 2 = 0$ sei bekannt, daß sie aufeinander senkrecht stehen. Sie seien die Koordinatenebenen eines neuen Koordinatensystems, dessen Achsenrichtungen dadurch festgelegt sind, daß die neuen Koordinaten des alten Ursprungs positiv sind. Man stelle die Transformationsformeln auf.

57. Man suche die allgemeine Gleichung der Ebenen, die ein aus den Ebenen $x = 0$, $y = 0$ und $x + y - 1 = 0$ gebildetes Prisma in einem gleichseitigen Dreieck schneiden.

58. In der Gleichung $x + y + \lambda z = 0$ wähle man λ so, daß durch die x-Achse nur eine Ebene gelegt werden kann, die mit der Ebene $x + y + \lambda z = 0$ einen Winkel von $330°$ bildet.

59. Man wähle λ so, daß sich die Ebenen

$$x - y + z = 0, \quad 3x - y - z + 2 = 0 \quad \text{und} \quad 4x - y - 2z + \lambda = 0$$

in einer Geraden schneiden.

60. Man beweise, daß sich die Ebenen, die die Kanten eines Tetraeders halbieren und auf ihnen senkrecht stehen, in einem Punkte schneiden.

61. Man beweise, daß die Ebenen, die die Winkel zwischen den Flächen eines Tetraeders halbieren, sich in einem Punkte schneiden.

62. Durch den Punkt $(1, 4, 1)$ ist eine Ebene so zu legen, daß sie die Parabeln $z^2 = 8x\,(y = 0)$ und $y^2 = 32x\,(z = 0)$ berührt.

63. In der Gleichung $Ax + By + Cz + D = 0$ einer Ebene seien alle Koeffizienten von Null verschieden. Man zeige, daß die Ebene durch sieben Oktanten des räumlichen Achsenkreuzes verläuft.

§ 3. Die Gerade im Raum

64. Man bestimme die Ebenen, die die Gerade $x - y + 2z + 3 = 0$, $2x - y - z + 1 = 0$ auf die Koordinatenebenen projizieren.

65. Man bestimme die Winkel, die die Gerade $3x - y + 2z = 0$, $6x - 3y + 2z = 2$ mit den Koordinatenachsen bildet.

66. Man bestimme den Winkel zwischen den Geraden

$$\begin{cases} x + 2y + z - 1 = 0, \\ x - 2y + z + 1 = 0 \end{cases} \quad \text{und} \quad \begin{cases} x - y - z - 1 = 0, \\ x - y + 2z + 1 = 0. \end{cases}$$

67. Man bestimme den Winkel zwischen den Geraden

$$\begin{cases} x + y = 0, \\ x - y = 2 \end{cases} \quad \text{und} \quad \begin{cases} y + z = 0, \\ y - z + 2 = 0. \end{cases}$$

68. Man bestimme den Winkel zwischen der Geraden $x + y + 3z = 0$, $x - y - z = 0$ und der Ebene $x - y - z + 1 = 0$.

69. Durch die Punkte (1, 2, 1) und (2, 1, 3) ist eine Gerade zu legen.

70. Durch die Punkte (1, 2, 1) und (1, 2, 3) ist eine Gerade zu legen.

71. Durch den Punkt (1, 2, 1) ist eine Gerade zu legen, die auf der Ebene $x + 2y - z = 0$ senkrecht steht.

72. Durch den Punkt (2, 1, 1) ist eine Gerade zu legen, die zu den Ebenen $2x - y + 1 = 0$ und $y - 1 = 0$ parallel verläuft.

73. Parallel zu der Geraden $x + y - 2z - 1 = 0$, $x + 2y - z + 1 = 0$ ist durch den Punkt (−1, 2, 1) eine Gerade zu legen.

74. Durch den Punkt (2, 1, 1) ist eine Gerade zu legen, die zu den Ebenen $x - y + z + 2 = 0$ und $x + y + 2z - 1 = 0$ parallel verläuft.

75. Durch den Punkt (2, 2, 1) ist eine Ebene zu legen, auf der die Gerade $x + 2y - z + 1 = 0$, $2x + y - z = 0$ senkrecht steht.

76. Durch den Punkt (1, 1, 2) ist eine Ebene zu legen, zu der die Geraden

$$\frac{x+1}{2} = \frac{y-1}{1} = \frac{z+1}{2} \quad \text{und} \quad \frac{x+1}{1} = \frac{y-1}{2} = \frac{z+1}{1}$$

parallel sind.

77. Durch den Punkt (1, 2, 1) ist eine Ebene zu legen, zu der die Geraden

$$\begin{cases} x + 2y - z + 1 = 0, \\ x - y + z - 1 = 0, \end{cases} \quad \text{und} \quad \begin{cases} 2x - y + z = 0, \\ x - y + z = 0 \end{cases}$$

parallel sind.

78. Durch die Gerade $2x - y + z - 1 = 0$, $x + y - z = 0$ und den Punkt (2, 1, 1) ist eine Ebene zu legen.

79. Durch die Gerade $x - 1 = 0$, $x + 2y - z - 1 = 0$ ist eine Ebene zu legen, die auf der Ebene $x + y + z = 0$ senkrecht steht.

80. Durch die Gerade $x + y + z = 0$, $2x - y + 3z = 0$ ist eine Ebene zu legen, zu der die Gerade $x = 2y = 3z$ parallel ist.

81. Man bestimme die Gleichung der Ebene, die auf der Ebene $z = 0$ senkrecht steht und das vom Punkt $(1, -1, 1)$ auf die Gerade

$$x = 0, \quad y - z + 1 = 0$$

gefällte Lot enthält.

82. Man bestimme Gleichung und Höhe des Dreiecks, das durch die Koordinatenebenen aus der Ebene $3x - y + 4z - 12 = 0$ herausgeschnitten wird; die verlangte Höhe möge von der Ecke des Dreiecks ausgehen, die auf der z-Achse liegt.

83. In welchem Punkt durchstößt die Gerade

$$\frac{x-1}{2} = \frac{y+1}{1} = \frac{z+3}{2}$$

die Ebene $x + y - z + 1 = 0$?

84. Man suche die Projektion des Punktes $(2, 1, 1)$ auf die Ebene $x + y + 3z + 5 = 0$.

85. Man suche die Projektion des Punktes $(2, 3, 1)$ auf die Gerade $x = t - 7$, $y = 2t - 2$, $z = 3t - 2$.

86. Man ermittle die Gleichungen der Projektion der Geraden

$$2x - y + z - 1 = 0, \qquad x + y - z + 1 = 0$$

auf die Ebene $x + 2y - z = 0$.

87. Man suche das Spiegelbild des Punktes $(-1, 2, 0)$ in bezug auf die Ebene $x + 2y - z + 1 = 0$.

88. Man bestimme λ so, daß sich die Geraden $\frac{x-1}{1} = \frac{y+1}{2} = \frac{z-1}{\lambda}$ und $\frac{x+1}{1} = \frac{y-1}{1} = \frac{z}{1}$ schneiden.

89. Man suche die Geraden, die auf der Geraden $y - z + 1 = 0$, $x + 2z = 0$ senkrecht stehen und in der Ebene $x + y + z + 1 = 0$ liegen.

90. Durch den Schnittpunkt der Ebene $x + y + z = 1$ mit der Geraden $y = 1$, $z = -1$ soll eine Gerade gelegt werden, die in der gegebenen Ebene liegt und auf der gegebenen Geraden senkrecht steht.

91. Man bestimme Gleichung und Länge des vom Punkt $(0, -1, 1)$ auf die Gerade $y + 1 = 0$, $x + 2z - 7 = 0$ gefällten Lotes.

92. Man bestimme die Ebene, die den Koordinatenursprung und das vom Punkte $(1, -1, 0)$ auf die Gerade $x = z + 3$, $y = -2z - 3$ gefällte Lot enthält.

93. Man ermittle die Gleichung der gemeinsamen Senkrechten auf die Geraden

$$\begin{cases} x + 4z + 1 = 0, \\ x - 4y + 9 = 0 \end{cases} \quad \text{und} \quad \begin{cases} y = 0, \\ x + 2z + 4 = 0. \end{cases}$$

94. Man ermittle die Ebene, in der die Geraden

$$\frac{x-1}{1} = \frac{y+1}{-1} = \frac{z-1}{2}, \qquad \frac{x-1}{-1} = \frac{y+1}{2} = \frac{z-1}{1}$$

liegen.

95. Man ermittle die Ebene, in der die Geraden

$$\begin{cases} 2x + 3y - z - 1 = 0, \\ x + y - 3z = 0, \end{cases} \qquad \begin{cases} x + 5y + 4z - 3 = 0, \\ x + 2y + 2z - 1 = 0 \end{cases}$$

liegen.

96. Man ermittle die Ebene, in der die Geraden $x = 2t - 1$, $y = 3t + 2$, $z = 2t - 3$ und $x = 2t + 3$, $y = 3t - 1$, $z = 2t + 1$ liegen.

97. Man zeige, daß der Abstand des Punktes $M(x, y, z)$ von einer durch den Punkt $A(a, b, c)$ verlaufenden Geraden durch die Formel $d = \frac{|[\mathfrak{r}\mathfrak{p}]|}{|\mathfrak{p}|}$ dargestellt werden kann, wobei $\mathfrak{r} = \overrightarrow{AM}$ ist, $\mathfrak{p}$ einen beliebigen, auf dieser Geraden gelegenen Vektor bedeutet und $|\mathfrak{r}\,\mathfrak{p}|$ das Vektorprodukt von $\mathfrak{r}$ und $\mathfrak{p}$ ist.

98. Unter Benutzung des Resultates der vorigen Aufgabe zeige man, daß der Abstand d des Punktes $M(x_1, y_1, z_1)$ von der Geraden $\frac{x-a}{l} = \frac{y-b}{m} = \frac{z-c}{n}$ dargestellt werden kann durch die Formel

$$d^2 = \frac{[m(x_1 - a) - l(y_1 - b)]^2 + [n(x_1 - a) - l(z_1 - c)]^2 + [n(y_1 - b) - m(z_1 - c)]^2}{l^2 + m^2 + n^2}.$$

99. Man bestimme den Abstand des Punktes $(3, -1, 2)$ von der Geraden

$$2x - y + z - 4 = 0, \qquad x + y - z + 1 = 0.$$

100. Man zeige, daß der Abstand zweier nicht paralleler Geraden durch die Formel

$$d = \frac{|(\mathfrak{r}_1\,\mathfrak{r}_2\,\mathfrak{r}_3)|}{|\mathfrak{r}_1\,\mathfrak{r}_2|}$$

dargestellt werden kann, worin $\mathfrak{r}_1$ und $\mathfrak{r}_2$ zwei beliebige, auf den gegebenen Geraden gelegene Vektoren bedeuten und $\mathfrak{r}_3$ ein Vektor ist, der von irgendeinem Punkt auf der einen Geraden zu irgendeinem Punkt auf der anderen Geraden führt.

101. Man zeige, daß die Länge d der gemeinsamen Senkrechten auf die Geraden

$$\frac{x-a}{l} = \frac{y-b}{m} = \frac{z-c}{n} \quad \text{und} \quad \frac{x-a_1}{l_1} = \frac{y-b_1}{m_1} = \frac{z-c_1}{n_1}$$

dargestellt werden kann durch die Formel

$$d = \frac{\begin{vmatrix} a_1 - a & b_1 - b & c_1 - c \\ l & m & n \\ l_1 & m_1 & n_1 \end{vmatrix}}{\sqrt{(l m_1 - l_1 m)^2 + (m n_1 - m_1 n)^2 + (l n_1 - l_1 n)^2}}.$$

102. Man ermittle den Abstand zwischen den Geraden

$$\begin{cases} x + y - z - 1 = 0, \\ 2x + y - z - 2 = 0 \end{cases} \quad \text{und} \quad \begin{cases} x + 2y - z - 2 = 0, \\ x + 2y + 2z + 4 = 0. \end{cases}$$

103. Man ermittle den Abstand zwischen den Geraden $x = y = z$ und $x - 1 = 0$, $y - 2 = 0$.

104. Man zeige, daß der Abstand h zwischen parallelen Geraden durch die Formel

$$h = \frac{|[\mathfrak{r}\,\mathfrak{P}]|}{|\mathfrak{P}|}$$

dargestellt werden kann, worin $\mathfrak{P}$ ein zu den gegebenen Geraden paralleler Vektor ist und $\mathfrak{r}$ einen Vektor darstellt, der von irgendeinem Punkt auf der einen Geraden zu irgendeinem Punkt auf der anderen Geraden führt.

105. Man zeige, daß der Abstand zwischen den Geraden

$$\frac{x-a}{l} = \frac{y-b}{m} = \frac{z-c}{n} \quad \text{und} \quad \frac{x-a_1}{l} = \frac{y-b_1}{m} = \frac{z-c_1}{n}$$

durch die folgende Formel dargestellt werden kann:

$$h^2 = \frac{[m(a_1-a) - l(b_1-b)]^2 + [n(b_1-b) - m(c_1-c)]^2 + [l(c_1-c) - n(a_1-a)]^2}{l^2+m^2+n^2}.$$

106. Man ermittle den Abstand zwischen den parallelen Geraden

$$x = t+1,\ y = 2t-1,\ z = t \quad \text{und} \quad x = t+2,\ y = 2t-1,\ z = t+1.$$

107. Wenn die Vektoren $\mathfrak{r}_1$ und $\mathfrak{r}_2$ die gleiche Länge haben und auf zwei gegebenen, sich schneidenden Geraden liegen, so sind die Vektoren $\mathfrak{r}_1 \pm \mathfrak{r}_2$ den Winkelhalbierenden der Winkel zwischen den Geraden parallel. Hiervon ausgehend zeige man, daß die Winkelhalbierenden der Winkel zwischen den Geraden

$$\frac{x-a}{l} = \frac{y-b}{m} = \frac{z-c}{n} \quad \text{und} \quad \frac{x-a}{l_1} = \frac{y-b}{m_1} = \frac{z-c}{n_1}$$

durch die Gleichungen

$$x = a + \left(\frac{l}{\Delta} \pm \frac{l_1}{\Delta_1}\right)t, \quad y = b + \left(\frac{m}{\Delta} \pm \frac{m_1}{\Delta_1}\right)t, \quad z = c + \left(\frac{n}{\Delta} \pm \frac{n_1}{\Delta_1}\right)t$$

angegeben werden können, wobei

$$\Delta = \sqrt{l^2+m^2+n^2}, \quad \Delta_1 = \sqrt{l_1^2+m_1^2+n_1^2}$$

gesetzt ist.

108. Man ermittle die Winkelhalbierenden der Winkel zwischen den Geraden

$$\frac{x-3}{6} = \frac{y+2}{-3} = \frac{z-1}{2} \quad \text{und} \quad \frac{x-3}{4} = \frac{y+2}{-3} = \frac{z-1}{2}.$$

109. Man ermittle die Winkelhalbierenden der Winkel zwischen den Geraden

$$\frac{x-1}{3} = \frac{y-2}{8} = \frac{z-3}{1} \quad \text{und} \quad \frac{x-1}{4} = \frac{y-2}{7} = \frac{z-3}{3}.$$

110. Man suche die Geraden, die die Geraden

$$\begin{cases} x+y-z-1=0 \\ x-y+z+1=0 \end{cases} \quad \text{und} \quad \begin{cases} 2x-y+z-1=0, \\ x+y-z+1=0 \end{cases}$$

schneiden und zu der Ebene $x+y+z=0$ parallel verlaufen.

111. Man suche die Geraden, die die drei Geraden

$$\begin{cases} x = 0, \\ y = 0, \end{cases} \quad \begin{cases} x = 1, \\ z = 0, \end{cases} \quad \begin{cases} y - 1 = 0, \\ z + 1 = 0 \end{cases}$$

schneiden.

112. Man zeige, daß sich die Ebenen, die jeweils eine Kante einer dreiflächigen Ecke und die Winkelhalbierende des Schnittwinkels der beiden übrigen Kanten enthalten, in einer Geraden schneiden.

113. Drei aufeinander senkrecht stehende Geraden seien fest mit einem starren Körper verbunden. Sie mögen mit der x-, y- bzw. z-Achse zusammenfallen und durch eine Bewegung des Körpers in die x_1-, y_1- bzw. z_1-Achse eines neuen Systems übergehen. Die Kosinus der Winkel zwischen den Achsen seien durch folgende Tabelle gegeben:

	x_1	y_1	z_1
x	a_1	b_1	c_1
y	a_2	b_2	c_2
z	a_3	b_3	c_3

Man zeige, daß der Körper die neue Lage durch Drehung um eine Achse erreichen kann. Man bestimme die Gleichung der Achse.

114. Die Koordinaten x, y, z mögen durch die Transformation

$$9x_1 = 4x + 7y - 4z,$$
$$9y_1 = x + 4y + 8z,$$
$$9z_1 = 8x - 4y + z$$

in die Koordinaten x_1, y_1, z_1 übergehen.

Die neuen Koordinaten mögen ihrerseits durch die gleichen Formeln in die Koordinaten x_2, y_2, z_2 übergehen usw. Man beweise:

$$x_4 = x, \qquad y_4 = y, \qquad z_4 = z.$$

115. Die Koordinaten x, y, z mögen durch die Transformation

$$9x_1 = (5\cos\varphi + 4)\,x + (-4\cos\varphi + 3\sin\varphi + 4)\,y + (-2\cos\varphi + 6\sin\varphi + 2)\,z,$$

$$9y_1 = (-4\cos\varphi - 3\sin\varphi + 4)\,x + (5\cos\varphi + 4)\,y + (-2\cos\varphi + 6\sin\varphi + 2)\,z,$$

$$9z_1 = (-2\cos\varphi + 6\sin\varphi + 2)\,x + (-2\cos\varphi - 6\sin\varphi + 2)\,y + (8\cos\varphi + 1)\,z$$

in die Koordinaten x_1, y_1, z_1 übergehen. Die neuen Koordinaten mögen ihrerseits durch die gleichen Formeln in die Koordinaten x_2, y_2, z_2 übergehen usw. Man beweise, daß sich die Koordinaten x_n, y_n, z_n durch die gleichen Formeln wie die Koordinaten x_1, y_1, z_1 aus x, y und z ergeben, wenn der Winkel φ jeweils durch den Winkel $n\varphi$ ersetzt wird.

§ 4. Flächen als geometrische Örter

116. Man suche den geometrischen Ort aller Punkte, die von der Geraden $x = y = z$ den Abstand $\frac{1}{\sqrt{3}}$ haben.

117. Man suche den geometrischen Ort aller Punkte, die von der x- und der y-Achse gleich weit entfernt sind.

118. Man suche den geometrischen Ort aller Punkte, die von der x-Achse und der Geraden $y = 2$, $z = 2$ den gleichen Abstand haben.

119. Man bestimme die Gleichung des geometrischen Ortes aller Geraden, die mit der x, y-Ebene einen Winkel von $45°$ bilden und durch den Punkt $(1, 0, 0)$ verlaufen.

120. Eine Gerade gleite auf den Geraden $x = 0$, $y = 0$ und $x = 1$, $z = 0$ entlang und bleibe dabei stets zur Ebene $x + y + z = 0$ parallel. Man ermittle die Fläche, die durch die Bewegung dieser Geraden entsteht.

121. Man bestimme die Gleichung der Fläche, die entsteht, wenn eine Gerade auf den Geraden $x = 3 - z$, $y = 2 - 2z$ und $x = -z$, $y = 3z - 3$ entlanggleitet und dabei zur Ebene $2x - 3y + z + 12 = 0$ parallel bleibt.

122. Eine Gerade gleite auf den drei Geraden

$$\begin{cases} x = 0, \\ y = 0, \end{cases} \quad \begin{cases} y = 0, \\ z = 1, \end{cases} \quad \begin{cases} x = 1, \\ z = 1 \end{cases}$$

entlang. Wie lautet die Gleichung der dabei entstehenden Fläche?

123. Man bestimme die Fläche, die man erhält, wenn eine Gerade auf den drei Geraden

$$x = -2z - 2, \quad y = -z; \quad x = -z + 1, \quad y = 2; \quad x = y = z$$

entlanggleitet.

124. Man suche den geometrischen Ort aller Geraden, die die x-Achse schneiden und zur Geraden $x = 1$, $y = z$ parallel sind.

125. Man bestimme die Gleichung der Zylinderfläche, deren Erzeugende zur Geraden $2x = -2y = z$ parallel sind und deren Leitkurve durch die Gleichungen $x + y - z = 0$, $4y^2 - 2z^2 + x - 8y - 8z - 2 = 0$ gegeben ist.

126. Man suche den geometrischen Ort der Lote, die vom Punkt $(0, 0, 1)$ auf Erzeugende der Kegelfläche $x^2 + y^2 = z^2$ gefällt werden.

127. Man suche die Gleichung der Zylinderfläche, deren Erzeugende der Geraden $x = y = z$ parallel sind und deren Leitkurve der Kreis $x^2 + y^2 = 1$, $z = 0$ ist

128. Eine zur x, y-Ebene parallele Gerade gleite auf der z-Achse und auf der Kurve $x = r\cos(\alpha z)$, $y = r\sin(\alpha z)$. Man ermittle die Gleichung der so entstehenden Fläche.

129. Eine zu der Ebene $x + y + z = 0$ parallele Gerade gleite auf der z-Achse und auf dem Kreis $x = b$, $y^2 + z^2 = a^2$. Man ermittle die Gleichung der so entstehenden Fläche.

130. Man ermittle die aus der Bewegung einer Geraden hervorgehende Fläche, wenn die Gerade den Kreis $z = 0$, $x^2 + y^2 = 1$ und die Geraden $x - 1 = y = z$ und $y = 0$, $x + 1 = 0$ schneidet.

131. Man bestimme die Gleichung der Kegelfläche, deren Spitze im Koordinatenursprung liegt und deren Leitkurve durch die Gleichungen $z = 1$, $x^2 + y^2 = x$ gegeben ist.

132. Man zeige, daß die Gleichung einer Rotationskegelfläche, für welche die Koordinatenachsen Erzeugende sind, folgende Form hat:

$$xy + xz + yz = 0.$$

133. Man ermittle die Kegelfläche, deren Spitze im Punkt (1, 1, 1) liegt und deren Leitkurve durch die Gleichungen $y^2 + z^2 = 1$, $x + y + z = 0$ gegeben ist.

134. Eine Kreisscheibe sei zur y, z-Ebene parallel. Ihr Mittelpunkt sei (1, 0, 2) und ihr Radius gleich Eins. Auf der z-Achse befinde sich ein leuchtender Punkt derart, daß der Schatten der Scheibe auf der x, y-Ebene die Form einer Parabel erhält. Wie lautet die Gleichung dieser Parabel?

135. In einer Entfernung von 10 cm unterhalb des Mittelpunktes eines runden Lampenschirmes befinde sich eine Glühlampe. Der Radius des Schirmes betrage 15 cm, der Abstand seines Mittelpunktes von einer Wand 50 cm. Man ermittle den Umriß des Schattens auf der Wand.

136. Eine Scheibe mit dem Radius 1 und dem Mittelpunkt (1, 0, 2) werde von einer auf der z-Achse gelegenen Lichtquelle beleuchtet, wobei die Lichtquelle so angeordnet sei, daß der Schatten der Scheibe auf der x, y-Ebene die Form einer gleichseitigen Hyperbel hat. In welchem Punkt muß sich die Lichtquelle befinden, wenn die Scheibe der y, z-Ebene parallel ist?

137. Man löse dieselbe Aufgabe für den Fall, daß der Schatten die Form einer Hyperbel hat, für die der Tangens des Winkels zwischen den Asymptoten gleich $\frac{4}{3}$ ist.

138. Man löse dieselbe Aufgabe für den Fall, daß der Schatten die Form einer Ellipse hat, deren auf der x-Achse gelegene Achse gleich $\frac{8}{3}$ ist.

139. Ein Würfel, dessen Mittelpunkt sich im Koordinatenursprung befinde, drehe sich um die auf der z-Achse gelegene Diagonale, deren Länge $2a$ sei. Man ermittle die Gleichungen der Flächen, die die Kanten des Würfels beschreiben.

140. Die Rotationsachse eines Kreiszylinders gehe durch den Punkt (a, b, c) und sei dem Vektor $\mathfrak{p}(l, m, n)$ parallel. Man zeige, daß die Gleichung des Zylinders folgende Form hat:

$$[m(x-a)-l(y-b)]^2+[n(x-a)-l(z-c)]^2$$
$$+[n(y-b)-m(z-c)]^2=r^2(l^2+m^2+n^2).$$

141. Die Gleichungen $x^2+4y^2+4xy-6x-2y+3=0,\ z=0;\ x=0,\ 4y^2+4z^2-10yz-2y+2z+3=0;\ y=0,\ x^2+4z^2-6x+2z+3=0$ stellen eine Parabel, eine Hyperbel bzw. eine Ellipse dar. Man zeige, daß man diese drei Kurven durch den Schnitt der drei Koordinatenebenen mit einer einzigen Kegelfläche erhalten kann, deren Spitze im Punkt $(1, 1, 1)$ liegt.

142. Zwei Kugeln mit dem Radius a mögen einander und die x, y-Ebene gleichzeitig berühren. Ihre Mittelpunkte seien $(\pm a, 0, a)$. Man ermittle den geometrischen Ort der Mittelpunkte aller Kugeln, die zugleich die gegebenen Kugeln und die x, y-Ebene berühren.

143. Man suche den geometrischen Ort der Mittelpunkte aller Kugeln, die die beiden Geraden

$$x=a+lt,\quad y=b+mt,\quad z=c+nt \quad \text{und} \quad x=a_1+l_1t,\quad y=b_1+m_1t,\quad z=c_1+n_1t$$

berühren.

144. Man ermittle die Gleichung des Rotationszylinders, dessen Erzeugende die Geraden $x=y=z;\ y=x+1,\ z=x+2;\ y=x-2,\ z=x+1$ sind.

145. Man suche den geometrischen Ort der Mittelpunkte aller Kugeln, die die Geraden $y=0,\ z=a$ und $x=0,\ z=-a$ berühren.

§ 5. Flächen zweiter Ordnung. Mittelpunkte und Durchmesserebenen

146. Man ermittle die allgemeine Gleichung der Flächen 2. Ordnung, welche die x, y-Ebene in der Kurve $\alpha x^2+\beta xy+\gamma y^2+\delta x+\varepsilon y+\zeta=0$ schneiden.

147. Man suche die Fläche 2. Ordnung, auf der die Kreise

$$z=0,\ x^2+y^2-1=0;\quad z=1,\ x^2+y^2-3=0;\quad z=2,\ x^2+y^2-5=0$$

liegen.

148. Durch den Koordinatenursprung sind parallel zu der Ebene $3x+y-4z-3=0$ Geraden zu legen, die für die Fläche

$$x^2-2y^2-4xy-10xz-4yz-10=0$$

Asymptoten sind.

149. Man zeige, daß die Gleichung $x^2+y^2+z^2+2xz+2y+1=0$ nur durch Punkte der Geraden $x+z=0,\ y+1=0$ befriedigt wird.

150. Man zeige, daß die Gleichung

$$3x^2+3y^2+3z^2+2xy+2xz-2yz+2x-2y-2z+3=0$$

nur von den Koordinaten des Punktes $(-1, 1, 1)$ erfüllt wird.

151. Man ermittle die allgemeine Form derjenigen Gleichungen 2. Grades, die nur von den Koordinaten des Punktes (2, 1, 1) erfüllt werden.

152. Man bilde die Gleichung 2. Grades, die nur von den Punkten der Geraden $2x + 2 = 3y = 2z$ erfüllt wird.

153. Man ermittle eine gemeinsame Gleichung für die Ebenen

$$x + 2y - z + 1 = 0 \quad \text{und} \quad x - y + z + 1 = 0.$$

154. Man ermittle die Schnittgeraden der Ebene $x + y + 2z + 5 = 0$ mit der Oberfläche des Kegels $z^2 - 2xy - 4x - 2y + 2z - 3 = 0$.

155. Man suche die Erzeugenden der Fläche $x^2 + y^2 - z^2 = 1$, die durch den Punkt (1, 1, 1) gehen.

156. Man suche die Erzeugende der Fläche $x^2 - y^2 = 2z$, die der Ebene $x + y + z = 0$ parallel ist.

157. Man ermittle die Geraden, die den Erzeugenden der beiden Flächen

$$\frac{x^2}{a^2} + \frac{y^2}{b^2} - \frac{z^2}{c^2} = 1 \quad \text{und} \quad \frac{y^2}{p} - \frac{z^2}{q} = 2x$$

parallel sind.

158. Durch die Punkte (0, —2, 2) und (—1, 0, 0) sind Ebenen zu legen, die den Kegel $x^2 + y^2 = z^2$ in Parabeln schneiden.

159. Durch die gleichen Punkte sind Ebenen zu legen, die den gleichen Kegel in Ellipsen schneiden.

160. Man forme die Gleichung

$$x^2 + y^2 + z^2 + 2xy - 2yz + 6xz + 2x - 6y - 2z = 0$$

so um, daß der Koordinatenursprung im Mittelpunkt der durch sie dargestellten Fläche liegt.

161. Man löse dieselbe Aufgabe für die Gleichung

$$2x^2 + 6y^2 + 2z^2 + 8xz - 4x - 8y + 3 = 0.$$

162. Man löse dieselbe Aufgabe für die Gleichung

$$4xy + 4xz - 4y - 4z - 1 = 0.$$

163. Man bestimme den geometrischen Ort der Mittelpunkte der durch $x^2 + y^2 - z^2 + \lambda xz + \mu yz - 2x - 2y - 2z = 0$ dargestellten Flächen.

164. Man lege an die Fläche $x^2 + 4y^2 - 40z^2 + 4x - 8y - 16z - 12 = 0$ von ihrem Mittelpunkt aus Asymptoten.

165. Man ermittle die Gleichung des Hyperboloids, das den Punkt (2, 1, 1) enthält, wenn man weiß, daß die Gleichung des Asymptotenkegels $x^2 + y^2 - z^2 = 0$ lautet.

166. Man zeige, daß der geometrische Ort der Mittelpunkte aller Flächen 2. Ordnung, die durch eine gegebene Ellipse und durch zwei in bezug auf die Ebene dieser Ellipse symmetrisch gelegene Punkte verlaufen, wieder eine Fläche 2. Ordnung ist.

167. Die linke Seite der Gleichung einer Ebene, die durch die Punkte P_λ, P_μ und P_ν verläuft, werde zur Abkürzung mit $s_{\lambda\mu\nu}$ bezeichnet. Mit dieser Bezeichnung zeige man, daß die Gleichung

$$s_{123}\, s_{456} + A\, s_{234}\, s_{561} + B s_{345}\, s_{612} + C s_{124}\, s_{356} = 0$$

bei beliebiger Wahl der Koeffizienten A, B und C eine Fläche 2. Ordnung darstellt, welche durch sechs gegebene Punkte P_1, P_2, P_3, P_4, P_5 und P_6 verläuft.

Die allgemeine Form der Gleichung von Flächen 2. Ordnung lautet

$$Ax^2 + By^2 + Cz^2 + Dxy + Exz + Fyz + Gx + Hy + Iz + K = 0.$$

Da die Bezeichnungen und Sätze aus der Theorie der quadratischen Formen einen bequemeren Überblick und ein besseres Verständnis für eine Reihe von Problemen aus der Theorie der Flächen 2. Ordnung bieten, bringen wir dieses durch Einführung eines Parameters in eine quadratische Form von vier Veränderlichen $\Phi = \Phi(x, y, z, t)$:

$$\Phi = Ax^2 + By^2 + Cz^2 + Dxy + Exz + Fyz + Gxt + Hyt + Izt + Kt^2.$$

Für $t = 1$ geht dieser Ausdruck in die allgemeine Gleichung von Flächen 2. Ordnung über, die dann in der Form $\Phi(x, y, z, 1) = 0$ geschrieben werden kann. Für $t = 0$ geht der Ausdruck Φ in eine Funktion dreier Veränderlicher über, die wir mit $f(x, y, z)$ oder einfach mit f bezeichnen:

$$f(x, y, z) = Ax^2 + By^2 + Cz^2 + Dxy + Exz + Fyz.$$

Bezeichnen wir aus Symmetriegründen x, y, z und t durch x_1, x_2, x_3, x_4 und führen wir eine andere Bezeichnung der Koeffizienten ein, so können wir auch schreiben:

$$\begin{aligned}\Phi = \sum_{i,j=1}^{4} a_{ij} x_i x_j = {} & a_{11} x_1^2 + a_{12} x_1 x_2 + a_{13} x_1 x_3 + a_{14} x_1 x_4 \\ & + a_{21} x_2 x_1 + a_{22} x_2^2 + a_{23} x_2 x_3 + a_{24} x_2 x_4 \\ & + a_{31} x_3 x_1 + a_{32} x_3 x_2 + a_{33} x_3^2 + a_{34} x_3 x_4 \\ & + a_{41} x_4 x_1 + a_{42} x_4 x_2 + a_{43} x_4 x_3 + a_{44} x_4^2.\end{aligned}$$

Entsprechend erhalten wir

$$\begin{aligned}f = \sum_{i,j=1}^{3} a_{ij} x_i x_j = {} & a_{11} x_1^2 + a_{12} x_1 x_2 + a_{13} x_1 x_3 \\ & + a_{21} x_2 x_1 + a_{22} x_2^2 + a_{23} x_2 x_3 \\ & + a_{31} x_3 x_1 + a_{32} x_3 x_2 + a_{33} x_3^2.\end{aligned}$$

Dabei ist

$$A = a_{11}, \quad B = a_{22}, \quad \ldots, \quad D = 2a_{12} = 2a_{21}, \quad E = 2a_{13} = 2a_{31}, \quad \ldots .$$

Die partiellen Ableitungen der Funktion Φ sind durch folgende Formeln gegeben:

$$\frac{1}{2} \frac{\partial \Phi}{\partial x_1} = a_{11} x_1 + a_{12} x_2 + a_{13} x_3 + a_{14} x_4,$$

$$\frac{1}{2} \frac{\partial \Phi}{\partial x_2} = a_{21} x_1 + a_{22} x_2 + a_{23} x_3 + a_{24} x_4,$$

$$\frac{1}{2} \frac{\partial \Phi}{\partial x_3} = a_{31} x_1 + a_{32} x_2 + a_{33} x_3 + a_{34} x_4,$$

$$\frac{1}{2} \frac{\partial \Phi}{\partial x_4} = a_{41} x_1 + a_{42} x_2 + a_{43} x_3 + a_{44} x_4.$$

Für $a_{14} = a_{24} = a_{34} = a_{44} = 0$ gehen die rechten Seiten über in die Größen

$$\frac{1}{2}\frac{\partial f}{\partial x_1}, \quad \frac{1}{2}\frac{\partial f}{\partial x_2}, \quad \frac{1}{2}\frac{\partial f}{\partial x_3}.$$

Die Determinante

$$\Delta_4 = \begin{vmatrix} a_{11} & a_{12} & a_{13} & a_{14} \\ a_{21} & a_{22} & a_{23} & a_{24} \\ a_{31} & a_{32} & a_{33} & a_{34} \\ a_{41} & a_{42} & a_{43} & a_{44} \end{vmatrix}$$

nennt man die Diskriminante von Φ.

Von großer Bedeutung ist die TAYLORsche Formel

$$\Phi(x+\xi, y+\eta, z+\zeta, t+\tau) = \Phi(x, y, z, t) + \frac{\partial\Phi}{\partial x}\xi + \frac{\partial\Phi}{\partial y}\eta + \frac{\partial\Phi}{\partial z}\zeta + \frac{\partial\Phi}{\partial t}\tau + \Phi(\xi, \eta, \zeta, \tau).$$

Hier ist

$$\frac{\partial\Phi}{\partial x}\xi + \frac{\partial\Phi}{\partial y}\eta + \frac{\partial\Phi}{\partial z}\zeta + \frac{\partial\Phi}{\partial t}\tau = \frac{\partial\Phi}{\partial\xi}x + \frac{\partial\Phi}{\partial\eta}y + \frac{\partial\Phi}{\partial\zeta}z + \frac{\partial\Phi}{\partial\tau}t.$$

Dabei ist zum Beispiel

$$\frac{\partial\Phi}{\partial x} = \frac{\partial\Phi(x, y, z, t)}{\partial x}; \qquad \frac{\partial\Phi}{\partial\xi} = \frac{\partial\Phi(\xi, \eta, \zeta, \tau)}{\partial\xi}.$$

Aus der TAYLORschen Formel folgt die EULERsche Formel

$$\frac{\partial\Phi}{\partial x}x + \frac{\partial\Phi}{\partial x}y + \frac{\partial\Phi}{\partial y}z + \frac{\partial\Phi}{\partial t}t = 2\Phi(x, y, z, t).$$

168. Unter Benutzung der TAYLORschen Formel beweise man, daß bei Verlegung des Koordinatenursprungs in den Punkt (ξ, η, ζ) die Gleichung der Fläche $\Phi(x, y, z, 1) = 0$ in die Gleichung

$$f(x, y, z) + \frac{\partial\Phi}{\partial\xi}x + \frac{\partial\Phi}{\partial\eta}y + \frac{\partial\Phi}{\partial\zeta}z + \Phi(\xi, \eta, \zeta, 1) = 0$$

übergeht.

169. Wenn die Determinante $\Delta_3 = \begin{vmatrix} a_{11} & a_{12} & a_{13} \\ a_{21} & a_{22} & a_{23} \\ a_{31} & a_{32} & a_{33} \end{vmatrix}$ von Null verschieden ist, kann man ξ, η und ζ so bestimmen, daß

$$\frac{\partial\Phi}{\partial\xi} = 0, \quad \frac{\partial\Phi}{\partial\eta} = 0, \quad \frac{\partial\Phi}{\partial\zeta} = 0$$

ist. Man beweise, daß bei Verlegung des Koordinatenursprungs in den Punkt (ξ, η, ζ) die Gleichung der Fläche $\Phi(x, y, z, 1) = 0$ in eine Gleichung der Form

$$f(x, y, z) + \frac{1}{2}\left(\frac{\partial\Phi}{\partial t}\right)_1 = 0$$

übergeht. Hier ist $\left(\frac{\partial\Phi}{\partial t}\right)_1$ die partielle Ableitung nach t an der Stelle $t = 1$. Diese Transformation ist eine Mittelpunktstransformation.

170. Wenn (x, y, z) der Mittelpunkt einer Sehne der Fläche $\Phi(x, y, z, 1) = 0$ ist und $(x + l\sigma,\ y + m\sigma,\ z + n\sigma)$ sowie $(x - l\sigma,\ y - m\sigma,\ z - n\sigma)$ ihre Endpunkte sind, dann gilt die Gleichung

$$l\frac{\partial\Phi}{\partial x} + m\frac{\partial\Phi}{\partial y} + n\frac{\partial\Phi}{\partial z} = 0.$$

Man führe den Beweis durch.

171. Man beweise folgenden Satz: Die Mittelpunkte der Sehnen der Fläche $\Phi(x, y, z, 1) = 0$, die zum Vektor $\mathfrak{P}(l, m, n)$ parallel sind, liegen in der Ebene

$$l\frac{\partial\Phi}{\partial x} + m\frac{\partial\Phi}{\partial y} + n\frac{\partial\Phi}{\partial z} = 0.$$

(Das ist die Durchmesserebene, die zu der Richtung des Vektors $\mathfrak{P}$ konjugiert ist.)

172. Man beweise, daß für die Fläche $f(x, y, z) \pm k = 0$ die Gleichung der Durchmesserebene, die zu der Richtung des Vektors $\mathfrak{P}(l, m, n)$ konjugiert ist, in einer der beiden Formen

$$l\frac{\partial f}{\partial x} + m\frac{\partial f}{\partial y} + n\frac{\partial f}{\partial z} = 0$$

oder

$$\frac{\partial f(l, m, n)}{\partial l}x + \frac{\partial f(l, m, n)}{\partial m}y + \frac{\partial f(l, m, n)}{\partial n}z = 0$$

geschrieben werden kann.

173. Man beweise, daß für die Fläche $\Phi(x, y, z, 1) = 0$ die Gleichung der Durchmesserebene, die zu der Richtung des Vektors $\mathfrak{P}(l, m, n)$ konjugiert ist, in der Form

$$\frac{\partial f}{\partial l}x + \frac{\partial f}{\partial m}y + \frac{\partial f}{\partial n}z + \left(\frac{\partial\Phi}{\partial t}\right)_0 = 0$$

geschrieben werden kann. Hierbei sind $\frac{\partial f}{\partial l}$, $\frac{\partial f}{\partial m}$ und $\frac{\partial f}{\partial n}$ die partiellen Ableitungen von $f(l, m, n)$, und $\left(\frac{\partial\Phi}{\partial t}\right)_0$ bezeichnet den Wert von $\frac{\partial\Phi(l, m, n, t)}{\partial t}$ für $t = 0$.

174. Man bestimme die Durchmesserebene der Fläche

$$x^2 + 2y^2 - z^2 - 2xy - 2yz + 2xz - 4x - 1 = 0,$$

die zu der Richtung des Vektors $\mathfrak{P}(1, -1,0)$ konjugiert ist.

175. Man bestimme die Durchmesserebene der Fläche

$$x^2 + 2y^2 - z^2 - 2xy - 2yz + 2xz - 4x - 1 = 0,$$

die zu der Ebene $x + y + z = 0$ parallel ist.

176. Für dieselbe Fläche bestimme man die Durchmesserebene, die durch die Punkte (0, 0, 0) und (1, 1, 0) geht.

177. Man bestimme die Durchmesserebene der Fläche $x^2 + z^2 - 2x + 1 = 0$ durch den Punkt (2, 1, 0) sowie die zu ihr konjugierte Richtung.

178. Man bestimme die Durchmesserebene der Fläche

$$4x^2 + y^2 + z^2 + 4xy - 4xz - 2yz + x - y - 1 = 0,$$

die durch den Koordinatenursprung geht.

179. Man bestimme die Gleichung des Durchmessers der Fläche

$$4x^2 + 6y^2 + 4z^2 + 4xz + 8y - 4z + 3 = 0,$$

der senkrecht zur x, z-Ebene ist.

180. Die Ebene $x = 0$ ist eine Durchmesserebene der Fläche $xy = z$. Man bestimme die Sehnen, zu denen sie konjugiert ist.

181. Man bestimme die den Flächen

$$x^2 + y + z = 0 \quad \text{und} \quad x^2 + y^2 - 2x - 2y - 2z = 0$$

gemeinsame Durchmesserebene.

182. Man bestimme die Gleichung des Durchmessers der Fläche

$$x^2 + 2y^2 - z^2 - 2xy - 2yz + 2xz - 4x - 1 = 0,$$

zu dem die Ebene $x + y + z - 6 = 0$ konjugiert ist.

183. Man bestimme den geometrischen Ort der Mittelpunkte aller Schnittkurven der Fläche $x^2 + 2y^2 + 2z^2 - 2xy - 2yz + 2x - 2z - 1 = 0$ mit den Ebenen, die parallel zu der Ebene $x - y + z = 0$ verlaufen.

184. Von der Fläche $x^2 + y^2 + z^2 - 2yz - 2x - y + 1 = 0$ sei ein Durchmesser gegeben durch $y = z$, $x - 1 = 0$. Man bestimme die Gleichung der zu ihm konjugierten Ebenen.

§ 6. Tangentialebenen und Tangenten an Flächen zweiter Ordnung

Die Gleichung der Tangentialebene an eine Fläche 2. Ordnung $\Phi(x, y, z, 1) = 0$ im Punkte (x_1, y_1, z_1) kann in jeder der beiden folgenden Formen geschrieben werden:

$$\frac{\partial \Phi}{\partial x} x_1 + \frac{\partial \Phi}{\partial y} y_1 + \frac{\partial \Phi}{\partial z} z_1 + \frac{\partial \Phi}{\partial t} = 0; \quad \frac{\partial \Phi}{\partial x_1} x + \frac{\partial \Phi}{\partial y_1} y + \frac{\partial \Phi}{\partial z_1} z + \frac{\partial \Phi}{\partial t} = 0.$$

In der ersteren sind die Ableitungen von $\Phi(x, y, z, t)$ gebildet und $t = 1$ gesetzt, in der zweiten die von $\Phi(x_1, y_1, z_1, t)$, ebenfalls für $t = 1$. Wenn in diesen Gleichungen x_1, y_1, z_1 die Koordinaten eines Punktes sind, der nicht unbedingt auf der Fläche zu liegen braucht, so stellen die Gleichungen eine bestimmte Ebene dar, welche die Polarebene zu dem Punkt (x_1, y_1, z_1) genannt wird.

Eine Tangente erhält man durch Schnitt der Tangentialebene mit jeder Ebene, die durch den Berührungspunkt geht.

Ist $M(x, y, z)$ ein Punkt der Fläche, so verläuft der Vektor $\mathfrak{N}$, dessen Projektionen auf die Koordinatenachsen die Werte $\frac{\partial \Phi}{\partial x}$, $\frac{\partial \Phi}{\partial y}$, $\frac{\partial \Phi}{\partial z}$ für $t = 1$ haben, in Richtung der Normale der Fläche im Punkte M.

185. Man beweise, daß die Tangentialebene an das Ellipsoid

$$\frac{x^2}{a^2} + \frac{y^2}{b^2} + \frac{z^2}{c^2} = 1$$

im Punkte (x_1, y_1, z_1) durch die Gleichung

$$\frac{x x_1}{a^2} + \frac{y y_1}{b^2} + \frac{z z_1}{c^2} = 1$$

dargestellt werden kann.

186. Man beweise, daß die Tangentialebene an das Hyperboloid

$$\frac{x^2}{a^2} + \frac{y^2}{b^2} - \frac{z^2}{c^2} = \sigma$$

im Punkte (x_1, y_1, z_1) durch die Gleichung

$$\frac{x x_1}{a^2} + \frac{y y_1}{b^2} - \frac{z z_1}{c^2} = \sigma$$

dargestellt werden kann.

187. Man beweise, daß die Tangentialebene an das Paraboloid $\frac{x^2}{a^2} \pm \frac{y^2}{b^2} = 2z$ im Punkte (x_1, y_1, z_1) durch die Gleichung

$$\frac{x x_1}{a^2} \pm \frac{y y_1}{b^2} = z + z_1$$

dargestellt werden kann.

188. Man bestimme die Gleichung der Ebene, die das Ellipsoid

$$\frac{x^2}{a^2} + \frac{y^2}{b^2} + \frac{z^2}{c^2} = 1$$

berührt und von den Achsen Strecken abschneidet, die sich wie $a : b : c$ verhalten.

189. Man löse dieselbe Aufgabe für das Hyperboloid $\frac{x^2}{a^2} + \frac{y^2}{b^2} - \frac{z^2}{c^2} = 1$.

190. Man bestimme auf dem Ellipsoid $\frac{x^2}{a^2} + \frac{y^2}{b^2} + \frac{z^2}{c^2} = 1$ einen Punkt mit der Eigenschaft, daß die Tangentialebene in diesem Punkt auf den Koordinatenachsen Strecken gleicher Länge abschneidet.

191. Aus der Tangentialebene des Ellipsoids der vorigen Aufgabe wird durch die Koordinatenebenen ein Dreieck herausgeschnitten, dessen Schwerpunkt im Berührungspunkt liegt. Man bestimme die Koordinaten des Berührungspunktes.

192. Man beweise, daß für $a^2 + b^2 + c^2 = l^2$ das Ellipsoid $\frac{x^2}{a^2} + \frac{y^2}{b^2} + \frac{z^2}{c^2} = 1$ dem Oktaeder $|x| + |y| + |z| = l$ einbeschrieben werden kann.

193. Man beweise, daß alle Normalen der Fläche $xy + xz + yz = 0$ mit der Geraden $x = y = z$ gleiche Winkel bilden.

194. Man beweise dasselbe für die Fläche

$$x^2 + y^2 + z^2 = xy + xz + yz + 1.$$

195. Man bestimme auf der Fläche $xy + xz + yz = 3$ den Punkt, der der Ebene $x + y + z = 0$ am nächsten liegt.

196. Auf der Fläche $x^2 + y^2 + z^2 + xy + xz + yz = 6$ bestimme man den höchsten und den tiefsten Punkt.

197. Auf dem hyperbolischen Paraboloid $xy = z$ bestimme man diejenigen Punkte, in denen die Normalen mit der z-Achse einen Winkel von 45° bilden.

198. Auf dem Paraboloid $x^2 - y^2 = az$ verlaufe eine Kurve mit der Eigenschaft, daß die Normalen in allen Punkten der Kurve mit der z-Achse einen konstanten Winkel bilden. Man beweise, daß die Projektion der Kurve auf die x, y-Ebene ein Kreis ist, dessen Mittelpunkt im Koordinatenursprung liegt.

199. Man beweise, daß die Ebene, welche die Fläche

$$x^2 + y^2 + z^2 = xy + xz + yz$$

im Punkte $M(x_1, y_1, z_1)$ tangential berührt, eine Gerade enthält, die vom Koordinatenursprung durch den Punkt M verläuft.

200. Im Punkt (1, 0, 0) sei an das Hyperboloid $x^2 + y^2 - z^2 = 1$ die Tangentialebene gelegt. Sie schneidet das Hyperboloid in zwei Geraden. Man ermittle den Winkel zwischen diesen Geraden.

201. Man löse dieselbe Aufgabe für das Paraboloid $x^2 - y^2 = z^2$ und den Punkt (0, 0, 0).

202. Man lege durch die Gerade $z = c\sqrt{3}$, $\frac{x}{a} = \frac{y}{b}$ eine Ebene, die das Ellipsoid $\frac{x^2}{a^2} + \frac{y^2}{b^2} + \frac{z^2}{c^2} = 1$ berührt.

203. Das Ellipsoid der vorigen Aufgabe werde von Kegeln in ebenen Kurven berührt. Die Ebenen, in denen diese Kurven liegen, seien zu der Ebene $x + y + z = 0$ parallel. Man zeige, daß der geometrische Ort der Kegelspitzen die Gerade $x = a^2 t$, $y = b^2 t$, $z = c^2 t$ ist.

204. Man zeige: Die Gleichung $\frac{\alpha^2}{A} + \frac{\beta^2}{B} + \frac{2\gamma}{C} = 0$ ist eine Bedingung dafür, daß sich die Ebene $z = \alpha x + \beta y + \gamma$ und die Fläche

$$Ax^2 + By^2 - 2Cz = 0$$

berühren.

205. Man zeige, daß die zu der Ebene $z = \alpha x + \beta y$ parallele Ebene, die das Ellipsoid $\frac{x^2}{a^2} + \frac{y^2}{b^2} + \frac{z^2}{c^2} = 1$ berührt, durch die Gleichung

$$z = \alpha x + \beta y \pm \sqrt{\alpha^2 a^2 + \beta^2 b^2 + c^2}$$

dargestellt werden kann.

206. Man zeige: Die Gleichung

$$(Aal + Bbm + Ccn)^2 = (Al^2 + Bm^2 + Cn^2)(Aa^2 + Bb^2 + Cc^2 + D)$$

ist eine Bedingung dafür, daß die Gerade $x = a + lt$, $y = b + mt$, $z = c + nt$ und die Fläche $Ax^2 + By^2 + Cz^2 + D = 0$ einander berühren. Sind dabei die Gleichungen

$$Aal + Bbm + Ccn = 0, \quad Al^2 + Bm^2 + Cn^2 = 0,$$

$$Aa^2 + Bb^2 + Cc^2 + D = 0$$

erfüllt, so liegt die Gerade in der Fläche.

207. Eine zu dem Vektor $\mathfrak{P}(l, m, n)$ parallele Gerade berühre im Punkt (x_1, y_1, z_1) die Fläche $Ax^2 + By^2 + Cz^2 + D = 0$. Man zeige, daß $Al\,x_1 + Bm\,y_1 + Cn\,z_1 = 0$ ist.

208. Eine zu $\mathfrak{P}(l, m, n)$ senkrechte Ebene berühre die Fläche

$$Ax^2 + By^2 + Cz^2 + D = 0.$$

Man zeige, daß ihre Gleichung folgende Form hat:

$$lx + my + nz = \pm\sqrt{-D\left(\frac{l^2}{A} + \frac{m^2}{B} + \frac{n^2}{C}\right)}.$$

209. Eine zu dem Vektor $\mathfrak{P}(l, m, n)$ senkrechte Ebene berühre die Fläche

$$Ax^2 + By^2 + z = 0.$$

Man zeige, daß ihre Gleichung die folgende Form hat:

$$lx + my + nz = \frac{l^2}{4An} + \frac{m^2}{4Bn}.$$

210. Man zeige, daß der geometrische Ort der Spitzen von rechtwinkligen räumlichen Ecken, welche mit ihren Seitenflächen die Flächen

$$Ax + By^2 + Cz^2 + D = 0$$

berühren, die Oberfläche der Kugel

$$x^2 + y^2 + z^2 = -D\left(\frac{1}{A} + \frac{1}{B} + \frac{1}{C}\right)$$

ist, wobei vorausgesetzt werde, daß die rechte Seite der Gleichung positiv ist.

211. Man zeige, daß die Ebene $z = \frac{1}{4A} + \frac{1}{4B}$ der geometrische Ort der Spitzen von rechtwinkligen räumlichen Ecken ist, die mit ihren Flächen die Fläche $Ax^2 + Bx^2 + z = 0$ berühren.

212. Ein Ellipsoid mit den Halbachsen a, b und c bewege sich so, daß es stets die drei Koordinatenebenen berührt. Man beweise, daß der Abstand seines Mittelpunktes vom Koordinatenursprung stets gleich $\sqrt{a^2 + b^2 + c^2}$ ist.

213. Man beweise, daß der geometrische Ort der Spitzen der rechtwinkligen räumlichen Ecken, deren Kanten die Fläche $Ax^2 + By^2 + Cz^2 + D = 0$ berühren, die folgende Fläche ist:

$$A^2x^2 + B^2y^2 + C^2z^2 = (A + B + C)(Ax^2 + By^2 + Cz^2 + D).$$

214. Eine rechtwinklige räumliche Ecke gleite so, daß ihre Kanten die Fläche $Ax^2 + By^2 + 2z = 0$ berühren. Man beweise, daß sich ihre Spitze auf der Fläche

$$x^2 + y^2 + \left(\frac{1}{A} + \frac{1}{B}\right) z = \frac{1}{AB}$$

bewegt.

215. Man suche den kleinsten Quader, dessen Wände zu den Koordinatenebenen parallel sind und dem man das Ellipsoid

$$(x + y + z)^2 + x^2 + y^2 + z^2 = a^2$$

einbeschreiben kann.

216. Die Kugel $x^2 + y^2 + z^2 = 2z$ werde von einem Bündel Lichtstrahlen, die zu der Geraden $x = y = z$ parallel sind, beleuchtet. Man bestimme die Form des Schattens auf der x, y-Ebene.

217. Man bestimme die Form des Schattens des Ellipsoids

$$(x + y + z)^2 + x^2 + y^2 + z^2 = a^2$$

auf der Ebene $x + y + z = 0$, wenn das Licht senkrecht zu dieser Ebene einfällt.

218. Das Paraboloid $xy = z$ werde von Strahlen, die parallel zu der Geraden $x = y = z$ verlaufen, auf die x, y-Ebene projiziert. Man bestimme die Form des Schattens.

219. Die Berührungspunkte von Tangentialebenen an eine Fläche 2. Ordnung mögen auf der Schnittkurve der Fläche mit einer durch den Mittelpunkt gehenden Ebene liegen. Man beweise, daß diese Tangentialebenen zu genau einer Geraden parallel sind.

220. Dem Ellipsoid $\frac{x^2}{a^2} + \frac{y^2}{b^2} + \frac{z^2}{c^2} = 1$, wobei $a \geqq b \geqq c$, $a > c$ ist, kann man einen Kreiszylinder umbeschreiben. Man bestimme die Gleichung des Zylinders.

221. Man beweise, daß sich bei Bewegung eines Punktes auf einer Ebene seine Polarebene in bezug auf eine gegebene Fläche 2. Ordnung um diesen Punkt dreht.

222. Man beweise, daß sich bei Bewegung eines Punktes auf einer Geraden seine Polarebene um die Gerade dreht.

223. Man bestimme den geometrischen Ort der Berührungspunkte aller Tangenten von einem gegebenen Punkt an eine Fläche 2. Ordnung.

224. Man bestimme den geometrischen Ort der Berührungspunkte aller zu dem Vektor $\mathfrak{P}(l, m, n)$ parallelen Tangenten an eine Fläche 2. Ordnung.

225. Ein Kreis mit dem Radius a bewege sich so, daß er immer die drei Koordinatenebenen berührt. Man ermittle die Fläche, auf der sich sein Mittelpunkt bewegt.

226. Eine rechtwinklige räumliche Ecke berühre mit ihren Flächen einen gegebenen Kreis vom Radius a. Man beweise, daß ihre Spitze die Oberfläche einer Kugel vom Radius $a\sqrt{2}$ beschreibt.

§ 7. Die Hauptachsentransformation für Flächen zweiter Ordnung

Die Gleichung einer Fläche 2. Ordnung kann in der folgenden Form geschrieben werden:

$$Ax^2 + By^2 + Cz^2 + 2Dxy + 2Exz + 2Fyz + 2Gx + 2Hy + 2Iz + K = 0$$

oder kurz

$$F(x, y, z) = 0.$$

Hier bilden die quadratischen Glieder die ternäre quadratische Form

$$f(x, y, z) = Ax^2 + By^2 + Cz^2 + 2Dxy + 2Exz + 2Fyz$$

oder einfach f.

Man kann eine Gleichung 2. Grades vereinfachen, indem man von den Eigenschaften der Durchmesserebene ausgeht, die zu der Richtung des Vektors $\mathfrak{P}(l, m, n)$ konjugiert ist, d. h. die zu diesem Vektor parallelen Sehnen halbiert. Ihre Gleichung besitzt die Form

$$\frac{1}{2}\left[\frac{\partial F}{\partial x} l + \frac{\partial F}{\partial y} m + \frac{\partial F}{\partial z} n\right] = 0$$

oder ausführlicher

$$(Ax + Dy + Ez + G)l + (Dx + By + Fz + H)m + (Ex + Fy + Cz + I)n = 0.$$

Dieselbe Gleichung kann auch noch folgendermaßen geschrieben werden:

$$\frac{1}{2}\frac{\partial f}{\partial l} x + \frac{1}{2}\frac{\partial f}{\partial m} y + \frac{1}{2}\frac{\partial f}{\partial n} z + Gl + Hm + In = 0, \quad f = f(l, m, n),$$

oder ausführlicher

$$(Al + Dm + En)x + (Dl + Bm + Fn)y + (El + Fm + Cn)z + Gl + Hm + In = 0.$$

Die Richtung des Vektors und die seiner konjugierten Durchmesserebene nennt man Hauptrichtungen, wenn die Ebene senkrecht auf dem Vektor steht. Die Symmetrieebenen der Flächen heißen Hauptdurchmesserebenen. Für einen Vektor mit Hauptrichtung gelten die Bedingungen

$$Al + Dm + En = \lambda l, \quad Dl + Bm + Fn = \lambda m, \quad El + Fm + Cn = \lambda n. \qquad (*)$$

Daher erfüllt λ die charakteristische Gleichung der quadratischen Form f:

$$\begin{vmatrix} A - \lambda & D & E \\ D & B - \lambda & F \\ E & F & C - \lambda \end{vmatrix} = 0. \qquad (**)$$

Setzt man eine beliebige Wurzel dieser Gleichung in die Gleichungen (*) ein, so kann man dadurch die Richtung des Vektors $\mathfrak{P}(l, m, n)$ ermitteln. Die Gleichung (**) besitzt immer reelle Wurzeln, wenn die Koeffizienten A, B, C, D, E, F reell sind. Sind λ_1 und λ_2 verschiedene Wurzeln der Gleichung, so stehen die ihnen entsprechenden Vektoren $\mathfrak{P}_1(l_1, m_1, n_1)$ und $\mathfrak{P}_2(l_2, m_2, n_2)$ aufeinander senkrecht. Sind alle Wurzeln der charakteristischen Gleichung (**)

voneinander verschieden, so erhält man drei aufeinander senkrecht stehende Hauptrichtungsvektoren: $\mathfrak{P}_1(l_1, m_1, n_1)$, $\mathfrak{P}_2(l_2, m_2, n_2)$ und $\mathfrak{P}_3(l_3, m_3, n_3)$. Wenn man die Koordinatenachsen in diese drei Hauptrichtungen bringt (Hauptachsentransformation), dann erhält die Gleichung der Fläche folgende Form:

$$A_1x_1^2 + B_1y_1^2 + C_1z_1^2 + 2G_1x_1 + 2H_1y_1 + 2I_1z_1 + K_1 = 0. \quad (***)$$

Wird vorher die Gleichung durch Verlegung des Koordinatenursprungs in den Mittelpunkt der Fläche umgeformt, so erhält sie die noch einfachere Gestalt

$$A_1x_1^2 + B_1y_1^2 + C_1z_1^2 + K_1 = 0.$$

Hat die Fläche keinen Mittelpunkt, so sind in der Gleichung (***) ein oder zwei der Koeffizienten A_1, B_1 oder C_1 gleich Null, aber die Koeffizienten G_1, H_1 oder K_1 der entsprechenden Variablen sind von Null verschieden.

I. $C_1 = 0$, $A_1 \neq 0$, $B_1 \neq 0$, $I_1 \neq 0$. In diesem Fall kann man den Koordinatenursprung so verschieben, daß die Gleichung die Form

$$A_1x_2^2 + B_1y_2^2 + H_2z_2 = 0$$

erhält.

II. $B_1 = 0$, $C_1 = 0$, $H_1 \neq 0$, $I_1 \neq 0$. Hier kann, wenn man die x_1-Achse beibehält, durch Parallelverschiebung der y_1- und der z_1-Achse erreicht werden, daß die Gleichung die folgende Form erhält:

$$A_1x_2^2 + H_2y_2 = 0.$$

Die charakteristische Gleichung kann mehrfache Wurzeln besitzen. Sind alle drei Wurzeln einander gleich, so ist es unnötig, die Achsenrichtungen zu ändern; dann erhält die Gleichung nach Verlegung des Koordinatenursprungs in den Mittelpunkt die Form

$$A(x_1^2 + y_1^2 + z_1^2) + K_1 = 0.$$

Wenn zwei Wurzeln einander gleich sind, $\lambda_2 = \lambda_3$, $\lambda_1 \neq \lambda_2$, dann bestimmt λ_1 eine Hauptachse und den zugehörigen Vektor $\mathfrak{P}_1(l_1, m_1, n_1)$. Die beiden anderen Vektoren sind in diesem Fall nicht vollständig bestimmt. Man kann sie in folgender Weise festlegen:

$$\mathfrak{P}_2 = [\mathfrak{P}_1\mathfrak{r}_1]; \qquad \mathfrak{P}_3 = [\mathfrak{P}_2\mathfrak{P}_1].$$

Hier ist $\mathfrak{r}_1$ ein beliebiger, nicht zu $\mathfrak{P}_1$ paralleler Vektor.

Die charakteristische Gleichung kann auch in der Form

$$\lambda^3 - p\lambda^2 + q\lambda - r = 0$$

geschrieben werden; hierbei lassen sich die Koeffizienten p, q, r durch

$$p = A + B + C,$$
$$q = AB + AC + BC - D^2 - E^2 - F^2,$$
$$r = AF^2 + BE^2 + CD^2 - ABC - 2DEF$$

ausdrücken. Sie sind Invarianten der Gleichung der Fläche 2. Ordnung, das heißt, sie bleiben bei Koordinatentransformationen unverändert.

227. Man bestimme die Symmetrieebene der Fläche

$$x^2 + y^2 + z^2 - 2xy + 2xz - 2yz - x + 4y - z + 2 = 0.$$

228. Man bestimme die Symmetrieebenen der Fläche

$$x^2 + y^2 + z^2 + 4x - 2y + 9z - 1 = 0.$$

229. Man bestimme die Symmetrieebenen der Fläche

$$xy + xz + yz = 1.$$

230. Für die Gleichung

$$Ax^2 + By^2 + Cz^2 + 2Dxy + 2Exz + 2Fyz + 2Gx + 2Hy + 2Iz + K = 0$$

einer Fläche 2. Ordnung sind die Determinanten

$$\varDelta_3 = \begin{vmatrix} A & D & E \\ D & B & F \\ E & F & C \end{vmatrix} \quad \text{und} \quad \varDelta_4 = \begin{vmatrix} A & D & E & G \\ D & B & F & H \\ E & F & C & I \\ G & H & I & K \end{vmatrix},$$

die man die Diskriminanten der quadratischen Formen

$$f = Ax^2 + By^2 + Cz^2 + 2Dxy + 2Exz + 2Fyz$$

und

$$\Phi = Ax^2 + By^2 + Cz^2 + 2Dxy + 2Exz + 2Fyz + 2Gxt + 2Hyt + 2Izt + Kt^2$$

nennt, Invarianten, genauso wie die Größen

$$p = A + B + C, \quad q = AB + AC + BC - D^2 - E^2 - F^2.$$

Unter Benutzung dieser Tatsachen beweise man, daß die Gleichung einer Fläche mit Mittelpunkt, für die $\varDelta_3 \neq 0$ ist, auf die folgende Form gebracht werden kann:

$$\lambda_1 x_1^2 + \lambda_2 y_1^2 + \lambda_3 z_1^2 + \frac{\varDelta_4}{\varDelta_3} = 0.$$

231. Man beweise, daß für $\lambda_3 = 0$, $q \neq 0$, die Gleichung einer Fläche in die folgende Form gebracht werden kann:

$$\lambda_1 x_1^2 + \lambda_2 y_1^2 = \frac{\varDelta_4}{q} z.$$

232. Man zeige, daß für $\varDelta_4 = 0$ die Fläche ein Kegel oder ein Zylinder ist, je nachdem, ob die Gleichung der vorigen Aufgabe einen Punkt, eine Gerade oder ein Ebenenpaar darstellt.

Man führe für folgende Gleichungen die Hauptachsentransformation durch und gebe die Formeln der Koordinatentransformation an, durch die diese Vereinfachung erreicht wird:

233. $x^2 + y^2 + z^2 - 6x + 8y + 10z + 1 = 0.$

234. $5x^2 + 6y^2 + 7z^2 - 4xy + 4yz - 10x + 8y + 14z - 6 = 0.$

235. $2x^2 + 5y^2 + 11z^2 - 20xy + 4xz + 16yz - 24x - 6y - 6z - 18 = 0.$

236. $x^2 + 2y^2 - 3z^2 + 12xy - 8xz - 4yz + 14x + 16y - 12z - 33 = 0.$

237. $3x^2 - 2y^2 - z^2 + 4xy + 8xz - 12yz + 18x - 4y - 14z = 0.$

238. $4x^2 + 2y^2 + 3z^2 + 4xz - 4yz + 6x + 4y + 8z + 2 = 0.$

239. $y^2 - z^2 + 4xy - 4xz - 6x + 4y + 2z + 8 = 0.$

240. $4x^2 + 2y^2 + 3z^2 + 4xz - 4yz + 8x - 4y + 8z = 0.$

241. $y^2 - z^2 + 4xy - 4xz - 3 = 0.$

242. $4x^2 + y^2 + 4z^2 - 4xy + 8xz - 4yz - 12x - 12y + 6z = 0.$

243. $7y^2 - 7z^2 - 8xy + 8xz = 0.$

244. $5x^2 + 5y^2 + 8z^2 - 8xy - 4xz - 4yz = 0.$

245. $36x^2 + 9y^2 + 4z^2 + 36xy + 24xz + 12yz = 49.$

246. $36x^2 + 9y^2 + 4z^2 + 36xy + 24xz + 12yz = 0.$

247. $x^2 + y^2 + 2z^2 + 4x - 6y - 8z + 21 = 0.$

248. Man bestimme den geometrischen Ort der Scheitelpunkte der Flächen $4y^2 - 2z^2 + x + ay + bz = 0$.

249. Man bestimme λ und μ so, daß die Gleichung

$$x^2 - y^2 + 3z^2 + (\lambda x + \mu y)^2 = 1$$

einen Rotationszylinder darstellt.

250. Man bestimme die Bedingungen, denen a, b und c genügen müssen, damit die Gleichung $a(x^2 + 2yz) + b(y^2 + 2xz) + c(z^2 + 2xy) = 1$ eine Rotationsfläche darstellt.

251. Man bestimme die Rotationsachse der Fläche

$$y^2 + (z^2 - 2z)(1 - \lambda^2) + 2\lambda xz - 2x = 0.$$

252. Man bestimme c so, daß der Kegel $x^2 - 2xy + cz^2 = 0$ ein Rotationskegel wird, und gebe die Gleichung der Rotationsachse an.

253. Man beweise, daß der Kegel mit der Spitze im Punkt (1, 0, 0), der von einer Ebene in der Kurve $x^2 + y^2 - 2x - y = 0$, $z = 1$ geschnitten wird, ein Rotationskegel ist.

254. Wie ändert sich die Gestalt der Fläche

$$x^2 + (2m^2 + 1)(y^2 + z^2) - 2xy - 2xz - 2yz = 2m^2 - 3m + 1,$$

wenn m alle Werte von $-\infty$ bis $+\infty$ durchläuft?

255. Für welche Beziehung zwischen α und β stellt die Gleichung

$$x^2 + y^2 - z^2 + 2\alpha xz + 2\beta yz - 2x - 4y + 2z = 0$$

eine Kegelfläche dar?

256. Man bestimme die Gleichung des geometrischen Ortes aller außerhalb eines Würfels mit der Kantenlänge a liegenden Punkte, für die das Produkt der Abstände von drei in einer Ecke zusammenstoßenden Seitenflächen des Würfels gleich dem Produkt der Abstände von den drei anderen Seitenflächen ist.

257. Man bestimme die Gestalt der Fläche, die man erhält, wenn sich eine Gerade parallel zu der Ebene $Ax + By + Cz + D = 0$ bewegt und dabei auf den Geraden $x = 0$, $z = a$ und $y = 0$, $z = -a$ gleitet.

258. Die Vektoren $\mathfrak{P}(a, b, c)$, $\mathfrak{P}_1(a_1, b_1, c_1)$ und $\mathfrak{P}_2(a_2, b_2, c_2)$ mögen aufeinander senkrecht stehen. Man zeige, daß die Fläche

$$A(ax + by + cz + d)^2 + B(a_1x + b_1y + c_1z + d_1)^2 + C(a_2x + b_2y + c_2z + d_2)^2 + D = 0$$

Hauptachsen in den Richtungen der Vektoren $\mathfrak{P}$, $\mathfrak{P}_1$, $\mathfrak{P}_2$ besitzt.

259. Eine Fläche 2. Ordnung gehe durch die Punkte $(0, 0, 0)$, $(1, 1, -1)$ und $(0, 0, 1)$ und besitze die Symmetrieebenen

$$x + y + z = 0, \quad 2x - y - z = 0, \quad y - z + 1 = 0.$$

Man bestimme ihre Gleichung.

260. Eine Zylinderfläche gehe durch die Punkte $(1, 0, -1)$ und $(2, 0, 2)$. Ihre Achse sei durch die Gleichungen $x = -y = z$ und die Symmetrieebenen seien durch die Gleichungen $x + 2y + z = 0$ und $x = z$ gegeben. Man bestimme ihre Gleichung.

261. Es seien $x = 0$ und $y = 0$ die Symmetrieebenen einer Fläche, auf der die Punkte $(0, 1, 1)$, $(2, 0, 1)$, $(1, 1, 2)$ und $(2, 0, 3)$ liegen. Man bestimme die Gleichung der Fläche.

262. Eine Rotationsfläche gehe durch die Punkte $(1, 0, 0)$, $(1, 1, 1)$ und $(0, 1, 2)$. Die Rotationsachse sei die z-Achse. Man bestimme die Gleichung der Fläche.

263. Die Erzeugenden einer parabolischen Zylinderfläche seien Parallelen zu der Geraden $2x = 2y = -z$, die Gleichung der Symmetrieebene sei $x + y + z = 0$, und die Punkte $(1, 1, 1)$ und $(1, -1, 1)$ seien Punkte der Fläche. Man bestimme ihre Gleichung.

264. Mit $s_1 = 0$, $s_2 = 0$, $s_3 = 0$ bezeichne man die Gleichungen dreier Durchmesserebenen einer Fläche, und zwar sei je eine von ihnen konjugiert zu der Schnittgeraden der beiden anderen Ebenen. Man beweise, daß die Gleichung der Fläche in der folgenden Form geschrieben werden kann:

$$As_1^2 + Bs_2^2 + Cs_3^2 + D = 0.$$

265. Drei Sehnen eines Ellipsoids, die durch seinen Mittelpunkt gehen und von denen jede zu der Ebene konjugiert ist, die durch die zwei anderen verläuft, können als drei zueinander konjugierte Achsen des Ellipsoids bezeichnet werden. Man beweise, daß das Volumen aller Parallelepipede, die sich aus drei konjugierten Achsen des Ellipsoids bilden lassen, eine Konstante ist.

266. Man beweise, daß die Gleichung

$$(ax + by + cz + d)^2 \pm (\alpha x + \beta y + \gamma z + \delta)^2 = px + qy + rz + s$$

ein Paraboloid darstellt, für welches $px + qy + rz + s = 0$ eine Tangentialebene ist, und die beiden Gleichungen

$$ax + by + cz + d = 0, \quad \alpha x + \beta y + \gamma z + \delta = 0$$

den Durchmesser darstellen, der durch den Berührungspunkt verläuft.

267. Man ermittle die Gleichung des Paraboloids, das die Ebene $x + y + z = 0$ im Koordinatenursprung berührt, die Durchmesserebene $x = y$ besitzt und durch die Punkte $(1, 1, 2)$, $(0, 2, 2)$, $(3, 1, 1)$ und $\left(\frac{9}{2}, 2, 2\right)$ verläuft.

§ 8. Kreisförmige Schnitte, geradlinige Erzeugenden und andere Aufgaben

268. Durch die Gerade $2x = 2y = z$ verlaufe eine Ebene, welche die Fläche $4x^2 - y^2 + z = 0$ in einer gleichseitigen Hyperbel schneidet. Man bestimme die Gleichung der Ebene.

269. Man bestimme den geometrischen Ort der Mittelpunkte der Schnittkurven des Ellipsoids $x^2 + 2y^2 + z^2 = 1$ mit den Ebenen, die durch die Gerade $x = y = z$ hindurchgehen.

270. Man suche den Scheitelpunkt der Parabel, die man durch Schnitt des Zylinders $y^2 = 2x$ mit der Ebene $x + y + z = 1$ erhält.

271. Man bestimme die Gleichungen der Ebenen, in denen die Symmetrieachsen der Ellipsen liegen, die man durch Schnitt des Ellipsoids $x^2 + 2y^2 + 3z^2 = 1$ mit den zu der Ebene $2x + y + z = 0$ parallelen Ebenen erhält.

272. Man bestimme die Gleichungen der Achse der Parabel, die man durch Schnitt der Fläche $x^2 + y^2 - 2z^2 = 1$ mit der Ebene $x + y - 2z = 1$ erhält.

273. Man suche die Ebenen, in denen die Symmetrieachsen der Schnitte der Fläche $x^2 + 2y^2 - 2z = 0$ mit den zu der Ebene $x + y + z = 0$ parallelen Ebenen liegen.

274. Man bestimme die Ebene, in der die Symmetrieachsen der Parabeln liegen, die man durch Schnitt der Fläche $y^2 + 2z^2 = 2x$ mit den zu dem Vektor $\mathfrak{P}(0, 1, -1)$ senkrechten Ebenen erhält.

275. Man bestimme die Ebene, die durch den Koordinatenursprung und durch die Rotationsachse der Fläche

$$5x^2 + 2y^2 + 5z^2 + 4xy - 2xz + 4yz + 3x + 2y + z = 0$$

geht.

276. Man bestimme die Gleichungen der Ebenen, die das Ellipsoid

$$\frac{x^2}{a^2} + \frac{y^2}{b^2} + \frac{z^2}{c^2} = 1$$

$(a > b > c)$ in Kreisen schneiden.

277. Man bestimme den geometrischen Ort der Spitzen der Kegel, die das Ellipsoid der vorigen Aufgabe in Kreisen berühren.

278. Man bestimme die kreisförmigen Schnitte des einschaligen Hyperboloids $\frac{x^2}{a^2} + \frac{y^2}{b^2} - \frac{z^2}{c^2} = 1$ $(a > b)$.

279. Man bestimme die kreisförmigen Schnitte der Fläche

$$2x^2 + y^2 + z^2 + xy - xz - 2x = 0.$$

280. Man bestimme den geometrischen Ort der Mittelpunkte aller kreisförmigen Schnitte des Ellipsoids

$$x^2 + 2y^2 + 2z^2 + 2xy - 2x - 4y + 4z + 2 = 0.$$

281. Man ermittle die allgemeine Gleichung der Ebenen, deren Schnitte mit der Fläche

$$x^2 + y^2 - \lambda xz - \mu yz - \lambda az - a^2 = 0$$

Kreise sind.

282. Man bestimme die kreisförmigen Schnitte der Fläche

$$x^2 + y^2 + az^2 + bxz + cyz + dx + ey + fz + g = 0.$$

283. Für welche λ und μ stehen die kreisförmigen Schnitte der Fläche $x^2 + y^2 - \lambda xz - \mu yz - \lambda az - a^2 = 0$ senkrecht auf dem Vektor $\mathfrak{P}(1, 1, 1)$?

284. Man suche die Gleichung des Zylinders, der durch den Kreis $x^2 + y^2 = 1$, $z = 0$ und den Punkt $(0, 1, 1)$ verläuft und für den es aufeinander senkrecht stehende Ebenen gibt, die ihn in Kreisen schneiden.

285. Welche Gleichung hat der geometrische Ort der Mittelpunkte aller Kugeln mit dem Radius R, die das Ellipsoid $x^2 + 2y^2 + 3z^2 = 1$ in Kreisen schneiden?

286. Man suche den geometrischen Ort der Spitzen der Rotationskegel, die durch die Parabel $z = 0$, $y^2 = 2px$ verlaufen.

287. Eine Fläche 2. Ordnung mit dem Mittelpunkt im Punkt (a, b, c) gehe durch den Kreis $x^2 + y^2 = R^2$, $z = 0$. Man suche den geometrischen Ort der Kreise, die durch Schnitte von Ebenen durch den Koordinatenursprung mit der Fläche gebildet werden.

288. Man bestimme die Gleichungen der Geraden, in denen die Fläche des Rotationskegels $xy + xz + yz = 0$ von der durch seine Achse und die Punkte $(0, 0, 0)$ und $(1, 2, 3)$ verlaufenden Ebene geschnitten wird.

289. Man bestimme den geometrischen Ort aller Punkte des hyperbolischen Paraboloids $y^2 - z^2 = 2x$, durch die jeweils zwei aufeinander senkrecht stehende Erzeugende verlaufen.

290. Man löse dieselbe Aufgabe für die Fläche $\frac{y^2}{p} - \frac{z^2}{q} = 2x$.

291. Man suche die geradlinigen Erzeugenden der Fläche

$$xy + xz + x + y + 1 = 0.$$

292. Man löse dieselbe Aufgabe für die Fläche

$$x^2 + 3y^2 + 3z^2 - 2xy - 2xz - 2yz - 6 = 0.$$

293. Man suche die Gleichungen der geradlinigen Erzeugenden der Fläche $4y^2 - z^2 + x - 8y - 8z - 2 = 0$, welche die x-Achse schneiden.

294. Man bestimme den größten Winkel zwischen den Erzeugenden des Kegels $x^2 + y^2 = (x + y + z)^2$ und die Richtung der Achse des Kegels.

295. Man bestimme die Gleichung des Hyperboloids, für das die Geraden $2x - 1 = 0$, $y = z$; $2x = z$, $y + 1 = 0$; $2x = -z$, $y = 1$ ein System von Erzeugenden sind.

296. Man bestimme die Gleichung des Paraboloids, für das die Geraden

$$\begin{cases} x - y - z = 0, \\ y - z - 1 = 0, \end{cases} \quad \begin{cases} x + y + z = 0, \\ y - z + 1 = 0, \end{cases} \quad \begin{cases} 2x + y + z = 0, \\ 2y - 2z + 1 = 0 \end{cases}$$

ein System von Erzeugenden sind.

297. Man suche die allgemeine Gleichung der Paraboloide, die durch die Kreise $x^2 + y^2 = a^2$, $z = 0$ verlaufen und deren gemeinsame Achse zu dem Vektor $\mathfrak{P}(l, m, n)$ parallel ist.

298. Man suche die Gleichung der Kegelfläche, auf der die Kreise $x = 0$, $y^2 + z^2 - 2az = 0$ und $z = 0$, $x^2 + y^2 = 2bx$ liegen.

299. Man ermittle die Koordinaten der Spitze der Kegelfläche, auf der der Kreis $x = 0$, $x^2 + z^2 = 2az$ und die Parabel $z = 0$, $y^2 = 2px$ liegen.

300. Man suche das Paraboloid, auf dem die Punkte $(0, 1, -1)$ und $(1, -1, 0)$ und die Geraden $x = 0$, $z = 2$ und $y = 0$, $z = -2$ liegen.

301. Man suche den parabolischen Zylinder, auf dem die Parabeln $z = 0$, $y^2 = 2x$ und $x = z$, $2y^2 = x + z$ liegen.

302. Man suche das Rotationsparaboloid, das durch den Punkt $(1, 1, 2)$ und den Kreis $x = z$, $x^2 + y^2 + z^2 = 2x + 2z$ verläuft.

303. Man bestimme den geometrischen Ort der Mittelpunkte aller Kugeln von gegebenem Radius, die ein elliptisches Paraboloid in Kreisen schneiden.

304. Man ermittle die Längen der Achsen der Ellipse, die man durch Schnitt des Ellipsoids $x^2 + y^2 + 4z^2 = 1$ mit der Ebene $x + y + z = 0$ erhält.

305. Man ermittle die Längen der Achsen der Ellipse, die man durch Schnitt des Paraboloids $2y^2 + z^2 - 2x = 0$ mit der Ebene $x = y$ erhält.

306. Man suche den Parameter der Parabel, die auf der Fläche

$$x^2 + 2y^2 + z^2 + 4xy - 2xz - 4yz + 2x - 6z = 0$$

und zugleich in der Ebene $x = z$ liegt.

307. Ein Kegel, dessen Spitze sich im Brennpunkt eines verlängerten Rotationsellipsoids befindet, hat einen ebenen Schnitt dieses Ellipsoids zur Basis. Man zeige, daß dieser Kegel ein Rotationskegel ist.

III. ABSCHNITT

Differentialrechnung

§ 1. Theorie der Grenzwerte

Wenn Zähler und Nenner einer gebrochenen rationalen Funktion für $x = a$ beide gleich Null werden, dann kann der Bruch durch den Faktor $(x - a)$ gekürzt werden. So ist zum Beispiel

$$\lim_{x\to 2} \frac{x^2 - 5x + 6}{x^2 - 7x + 10} = \lim_{x\to 2} \frac{(x-2)(x-3)}{(x-2)(x-5)} = \lim_{x\to 2} \frac{x-3}{x-5} = \frac{2-3}{2-5} = \frac{1}{3}.$$

Man benutze dieses Verfahren und bestimme folgende Grenzwerte:

1. $\lim\limits_{x\to 0} \dfrac{x^4 + 3x^2}{x^5 + x^3 + 2x^2}$.

2. $\lim\limits_{x\to 1} \dfrac{x^4 + 2x^2 - 3}{x^2 - 3x + 2}$.

3. $\lim\limits_{x\to 1} \dfrac{3x^4 - 4x^3 + 1}{(x-1)^2}$.

4. $\lim\limits_{x\to 4} \dfrac{x^2 - 6x + 8}{x^2 - 5x + 4}$.

5. $\lim\limits_{x\to 1} \dfrac{x^n - 1}{x - 1}$; n ganz.

6. $\lim\limits_{x\to 1} \dfrac{x^m - 1}{x^n - 1}$; m und n ganz.

7. $\lim\limits_{x\to 1} \left(\dfrac{1}{1-x} - \dfrac{3}{1-x^3}\right)$.

8. $\lim\limits_{x\to 1} \left(\dfrac{a}{1-x^a} - \dfrac{b}{1-x^b}\right)$; a und b ganz.

9. $\lim\limits_{x\to 1} \dfrac{(x^n - 1)(x^{n-1} - 1) \cdots (x^{n-k+1} - 1)}{(x-1)(x^2-1) \cdots (x^k - 1)}$.

Die folgenden Aufgaben sollen durch Einführung einer neuen Veränderlichen u auf den vorhergehenden Typ zurückgeführt werden, und zwar bezeichne man den Radikanden der jeweils auftretenden Wurzel mit u^n und wähle n so, daß die Wurzel wegfällt.

10. $\lim\limits_{x\to 1} \dfrac{x^{\frac{p}{q}} - 1}{x^{\frac{r}{s}} - 1}$.

11. $\lim\limits_{x\to 0} \dfrac{\sqrt[3]{1+x} - 1}{x}$.

12. $\lim\limits_{x\to -1} \dfrac{1 + \sqrt[3]{x}}{1 + \sqrt[5]{x}}$.

13. $\lim\limits_{x\to 0} \dfrac{\sqrt[n]{1+x} - 1}{x}$.

Strebt bei einem Bruch die Veränderliche gegen Unendlich, so kann man in vielen der folgenden Aufgaben den Grenzwert bequem dadurch erhalten, daß man Zähler und Nenner durch eine passend gewählte Potenz der Veränderlichen dividiert. So erhalten wir zum Beispiel:

$$\lim_{n\to\infty} \frac{3n^2 + \sqrt{n^3+2}}{n^2 - n + 1} = \lim_{n\to\infty} \frac{3 + \sqrt{\frac{1}{n} + \frac{2}{n^4}}}{1 - \frac{1}{n} + \frac{1}{n^2}} = 3.$$

Die folgenden Aufgaben können auf diese Weise direkt oder nach vorheriger Umformung gelöst werden.

14. $\lim\limits_{n\to\infty} \frac{n^2+n+1}{(n-1)^2}$.

15. $\lim\limits_{n\to\infty} \frac{(n+1)(n+2)(n+3)}{n^4+n^2+1}$.

16. $\lim\limits_{n\to\infty} \frac{\sqrt[3]{n^2+n}}{n+2}$.

17. $\lim\limits_{n\to\infty} \frac{\sqrt{n^2+1}+\sqrt{n}}{\sqrt[4]{n^3+n}-n}$.

18. $\lim\limits_{x\to\pm\infty} \frac{\sqrt{x^2+1}}{x+1}$.

19. $\lim\limits_{x\to\pm\infty} \frac{\sqrt{x^2+3x}}{\sqrt[3]{x^3-2x^2}}$.

20. $\lim\limits_{n\to\infty} \left(\frac{1+2+3+\cdots+n}{n+2} - \frac{n}{2}\right)$.

21. $\lim\limits_{n\to\infty} \frac{1-2+3-+\cdots-2n}{\sqrt{n^2+1}}$.

22. $\lim\limits_{n\to\infty} \frac{1}{n}\left[\left(a+\frac{1}{n}\right)^2 + \left(a+\frac{2}{n}\right)^2 + \cdots + \left(a+\frac{n-1}{n}\right)^2\right]$.

Anmerkung. In dieser Aufgabe und auch in den folgenden benutze man die Formel für die Summe der Quadrate der natürlichen Zahlen, die man leicht durch vollständige Induktion beweisen kann:

$$1 + 2^2 + 3^2 + \cdots + (n-1)^2 = \frac{n(n-1)(2n-1)}{6}.$$

23. $\lim\limits_{n\to\infty} \frac{1+2^2+3^2+\cdots+n^2}{n^3}$.

24. $\lim\limits_{n\to\infty} \left(\frac{1+2^2+\cdots+n^2}{n^2} - \frac{n}{3}\right)$.

25. $\lim\limits_{n\to\infty} \frac{1^2+3^2+5^2+\cdots+(2n-1)^2}{n^3}$.

26. $\lim\limits_{n\to\infty} \frac{1\cdot 2+2\cdot 3+\cdots+n(n+1)}{n^3}$.

Eines der Verfahren zur Bestimmung von Grenzwerten irrationaler Ausdrücke besteht darin, die Irrationalität aus dem Nenner in den Zähler oder aus dem Zähler in den Nenner zu übertragen. So ist zum Beispiel:

$$\lim_{x\to 2} \frac{\sqrt{2+x}-\sqrt{3x-2}}{\sqrt{4x+1}-\sqrt{5x-1}}$$

$$= \lim_{x\to 2} \frac{(\sqrt{2+x}-\sqrt{3x-2})(\sqrt{2+x}+\sqrt{3x-2})}{(\sqrt{4x+1}-\sqrt{5x-1})(\sqrt{4x+1}+\sqrt{5x-1})} \, \frac{\sqrt{4x+1}+\sqrt{5x-1}}{\sqrt{2+x}+\sqrt{3x-2}}$$

$$= \lim_{x \to 2} \frac{(2+x)-(3x-2)}{(4x+1)-(5x-1)} \lim_{x \to 2} \frac{\sqrt{4x+1}+\sqrt{5x-1}}{\sqrt{2+x}+\sqrt{3x-2}}$$

$$= \lim_{x \to 2} \frac{4-2x}{-x+2} \cdot \frac{3+3}{2+2} = 3.$$

Durch ähnliche Verfahren löse man die folgenden Aufgaben:

27. $\lim_{x \to 0} \frac{\sqrt{1+x+x^2}-1}{x}$.

28. $\lim_{x \to 0} \frac{\sqrt{1+x}-\sqrt{1+x^2}}{\sqrt{1+x}-1}$.

29. $\lim_{x \to 2} \frac{\sqrt{3+x+x^2}-\sqrt{9-2x+x^2}}{x^2-3x+2}$.

30. $\lim_{x \to 0} \frac{5x}{\sqrt[3]{1+x}-\sqrt[3]{1-x}}$.

31. $\lim_{x \to 0} \frac{\sqrt[3]{1+3x^2}-1}{x^2+x^3}$.

32. $\lim_{x \to -1} \frac{\sqrt[3]{1+2x}+1}{\sqrt[3]{2+x}+x}$.

33. $\lim_{x \to 0} \frac{\sqrt[3]{1+3x}-\sqrt{1-2x}}{x+x^2}$.

34. $\lim_{x \to \pm\infty} \sqrt{x^2+1}-x$.

35. $\lim_{x \to \infty} (\sqrt{x^2+1}-\sqrt{x^2-1})$.

36. $\lim_{x \to \infty} (\sqrt{x^2+x+1}-\sqrt{x^2-x+1})$.

37. $\lim_{x \to \infty} (\sqrt[3]{1-x^3}+x)$.

38. $\lim_{x \to \infty} x(\sqrt{x^2+1}-x)$.

39. $\lim_{x \to \infty} \left[(x+1)^{\frac{2}{3}}-(x-1)^{\frac{2}{3}}\right]$

40. $\lim_{x \to \infty} \left[x^{\frac{4}{3}}-(x^2-1)^{\frac{2}{3}}\right]$.

41. $\lim_{x \to \infty} x^{\frac{3}{2}} (\sqrt{x+1}+\sqrt{x-1}-2\sqrt{x})$.

42. $\lim_{x \to \infty} x^3 \left(\sqrt{x^2+\sqrt{x^4+1}}-x\sqrt{2}\right)$.

43. $\lim_{x \to \infty} \left[\sqrt[n]{(x+a_1)(x+a_2)\cdots(x+a_n)}-x\right]$.

44. $\lim_{x \to \infty} x^{\frac{4}{3}} (\sqrt[3]{x^2+1}-\sqrt[3]{x^2-1})$.

45. Man bestimme λ und μ aus der Bedingung

$$\lim_{x \to \infty} (\sqrt[3]{1-x^3}-\lambda x-\mu) = 0.$$

46. Man bestimme λ und μ aus der Bedingung

$$\lim_{x \to \infty} \left[\sum_{\nu=1}^{n} \sqrt{a_\nu x^2+b_\nu x+c_\nu}-\lambda x-\mu\right] = 0; \quad a_\nu > 0.$$

Manchmal besteht die Möglichkeit, durch Umformung eines Ausdruckes die Berechnung seines Grenzwertes auf die Bestimmung der Grenzwerte einfacherer Ausdrücke zurückzuführen. So ist zum Beispiel

$$\lim_{x\to 0}\frac{\sqrt[5]{1+3x^4}-\sqrt{1-2x}}{\sqrt[3]{1+x}-\sqrt{1+x}}=\lim_{x\to 0}\frac{(\sqrt[5]{1+3x^4}-1)-(\sqrt{1-2x}-1)}{(\sqrt[3]{1+x}-1)-(\sqrt{1+x}-1)}$$

$$=\lim_{x\to 0}\frac{\dfrac{\sqrt[5]{1+3x^4}-1}{x}-\dfrac{\sqrt{1-2x}-1}{x}}{\dfrac{\sqrt[3]{1+x}-1}{x}-\dfrac{\sqrt{1+x}-1}{x}}=\frac{0-(-1)}{\dfrac{1}{3}-\dfrac{1}{2}}=-6.$$

Mit Hilfe des beschriebenen Verfahrens löse man die folgenden Aufgaben:

47. $\lim\limits_{x\to 0}\dfrac{\sqrt[n]{a+x}-\sqrt[n]{a-x}}{x}$.

48. $\lim\limits_{x\to 0}\dfrac{\sqrt{1+3x}+\sqrt[3]{1+x}-\sqrt[5]{1+x}-\sqrt[7]{1+x}}{\sqrt[4]{1+2x}+x-\sqrt[6]{1+x}}$.

49. $\lim\limits_{x\to 0}\dfrac{\sqrt[3]{a^2+ax+x^2}-\sqrt[3]{a^2-ax+x^2}}{\sqrt{a+x}-\sqrt{a-x}}$.

50. $\lim\limits_{x\to 0}\dfrac{(\sqrt{1+x^2}+x)^n-(\sqrt{1+x^2}-x)^n}{x}$.

Manchmal reichen zur Bestimmung von Grenzwerten formale Umformungen nicht aus, sondern es erweisen sich eingehendere Betrachtungen des vorgelegten Ausdruckes als notwendig. So muß man zum Beispiel bei der Untersuchung eines Ausdruckes, der a^n enthält, beachten, daß im Fall $0 < a < 1$ die Größe a^n für $n \to \infty$ gegen Null strebt, im Fall $a > 1$ dagegen über alle Grenzen wächst.

Unter Benutzung dieser Tatsache berechne man die folgenden Beispiele, in denen $a > 0$ sei.

51. $\lim\limits_{n\to\infty}\dfrac{a^n}{1+a^n}$.

52. $\lim\limits_{n\to\infty}\dfrac{a^n}{1+a^{2n}}$.

53. $\lim\limits_{n\to\infty}\dfrac{a^n-a^{-n}}{a^n+a^{-n}}$.

54. $\lim\limits_{n\to\infty}\dfrac{a^n}{(1+a)(1+a^2)\cdots(1+a^n)}$.

Bei Untersuchungen von Grenzwerten trigonometrischer Ausdrücke ist es sehr oft von Vorteil, die wichtige Limesbeziehung $\lim\limits_{x\to 0}\dfrac{\sin x}{x}=1$ zu benutzen. So setzen wir zum Beispiel bei der Berechnung des Grenzwertes $\lim\limits_{x\to\pi}\dfrac{\sin 3x}{\tan 5x}$ für x den Wert $(\pi+u)$ ein und lassen u gegen Null streben. Dann erhalten wir ohne Schwierigkeit:

$$\lim_{x\to\pi}\frac{\sin 3x}{\tan 5x}=\lim_{u\to 0}\frac{\sin(3\pi+3u)}{\tan(5\pi+5u)}=\lim_{u\to 0}\frac{-\sin 3u}{\tan 5u}=-\lim_{u\to 0}\frac{\dfrac{\sin 3u}{3u}}{\dfrac{\tan 5u}{5u}}\cdot\frac{3}{5}=-\frac{3}{5}.$$

Mit Hilfe der angegebenen Verfahren löse man die folgenden Aufgaben:

55. $\lim\limits_{x \to 0} \frac{\sin 4x}{x}$.

56. $\lim\limits_{x \to 0} \frac{\sin 2x}{\sin 3x}$.

57. $\lim\limits_{x \to 0} \frac{\sin 5x}{x}$.

58. $\lim\limits_{x \to 0} \frac{\sin mx}{\sin nx}$.

59. $\lim\limits_{x \to \pi} \frac{\sin mx}{\sin nx}$; m und n ganz.

60. $\lim\limits_{x \to 0} x \cot x$.

61. $\lim\limits_{n \to \infty} 2^n \sin \frac{x}{2^n}$.

62. $\lim\limits_{x \to 0} \frac{1 - \cos x}{x^2}$.

63. $\lim\limits_{x \to 0} \frac{\cos mx - \cos nx}{x^2}$.

64. $\lim\limits_{x \to 1} (1 - x) \tan \frac{\pi x}{2}$.

65. $\lim\limits_{x \to 0} \frac{\tan x - \sin x}{x^3}$.

66. $\lim\limits_{x \to 0} \frac{\sin(a + x) - \sin(a - x)}{x}$.

67. $\lim\limits_{x \to 0} \frac{\sin(a + x) + \sin(a - x) - 2\sin a}{x^2}$.

68. $\lim\limits_{x \to 0} \frac{\cos(a + x) + \cos(a - x) - 2\cos a}{1 - \cos x}$.

69. $\lim\limits_{x \to \infty} \left(\sin \sqrt{x + 1} - \sin \sqrt{x}\right)$.

70. $\lim\limits_{x \to 0} \frac{\sqrt{\cos x} - 1}{x^2}$.

71. $\lim\limits_{x \to \frac{\pi}{2}} \frac{\cos \frac{x}{2} - \sin \frac{x}{2}}{\cos x}$.

72. $\lim\limits_{x \to \frac{\pi}{3}} \frac{\sin\left(x - \frac{\pi}{3}\right)}{1 - 2\cos x}$.

73. $\lim\limits_{x \to \frac{\pi}{4}} \frac{\sqrt{2}\cos x - 1}{1 - \tan^2 x}$.

74. $\lim\limits_{x \to 0} \frac{\sqrt{1 + \tan x} - \sqrt{1 - \tan x}}{\sin x}$.

75. $\lim\limits_{x \to 0} \frac{\sqrt[m]{\cos \alpha x} - \sqrt[m]{\cos \beta x}}{x^2}$.

76. $\lim\limits_{x \to 0} \frac{\cos x - \sqrt[3]{\cos x}}{\sin^2 x}$.

77. $\lim\limits_{x \to 0} \frac{1 - \cos x \sqrt{\cos 2x}}{x^2}$.

78. $\lim\limits_{x \to 0} \frac{\sqrt{1 + x \sin x} - \cos x}{\sin^2 \frac{x}{2}}$.

Die folgende Aufgabenreihe enthält Grenzwerte der Form u^v, wobei u gegen 1 und v gegen ∞ strebt. Diese Aufgaben kann man durch Einführung einer neuen Veränderlichen n nach folgendem Schema lösen:

$$u^v = \left(1 + \frac{1}{n}\right)^v = \left[\left(1 + \frac{1}{n}\right)^n\right]^{\frac{1}{n} v} = \left[\left(1 + \frac{1}{n}\right)^n\right]^{(u-1)v}.$$

Hieraus folgt

$$\lim u^v = \left[\lim_{n\to\infty}\left(1+\frac{1}{n}\right)^n\right]^{\lim(u-1)v} = e^{\lim(u-1)v}.$$

Den Grenzwert im Exponenten des letzten Ausdruckes bestimmt man nach bekannten Verfahren.

79. $\lim_{x\to\infty}\left(\frac{x+1}{x-1}\right)^x$.

80. $\lim_{x\to\infty}\left(\frac{2x+3}{2x+1}\right)^{x+1}$.

81. $\lim_{x\to\infty}\left(\frac{x^2-1}{x^2}\right)^{x^4}$.

82. $\lim_{x\to 0}(1+\tan x)^{\cot x}$.

83. $\lim_{x\to 0}(1+3\tan^2 x)^{\cot^2 x}$.

84. $\lim_{x\to 0}\left(\frac{\cos x}{\cos 2x}\right)^{\frac{1}{x^2}}$.

85. $\lim_{m\to\infty}\left(\cos\frac{x}{m}\right)^m$.

86. $\lim_{m\to\infty}\left(\cos\frac{x}{\sqrt{m}}\right)^m$.

87. $\lim_{m\to\infty}\left(\cos\frac{x}{m}+\lambda\sin\frac{x}{m}\right)^m$.

88. $\lim_{x\to a}\left(\frac{\sin x}{\sin a}\right)^{\frac{1}{x-a}}$.

89. $\lim_{m\to\infty}\left[\frac{\sin\left(a+\frac{b}{m}\right)}{\sin a}\right]^m$.

90. $\lim_{x\to\frac{\pi}{4}}\tan x^{\tan 2x}$.

91. $\lim_{n\to\infty}\left[\sin\frac{n+1}{n-1}\,\frac{\pi}{2}\right]^{\tan\frac{n-1}{n+1}\frac{\pi}{2}}$.

92. $\lim_{x\to 0}\left[\tan\left(\frac{\pi}{4}+x\right)\right]^{\cot 2x}$

Die folgenden Beispiele, die den vorigen der Form nach ähnlich sind, unterscheiden sich von ihnen im wesentlichen dadurch, daß dabei die Basen der Potenzen nicht gegen Eins streben. Hier muß man bei jeder Aufgabe gesondert entscheiden, wie sie zu lösen ist.

93. $\lim_{x\to\infty}\left(\frac{x^2+x+1}{2x^2-x+1}\right)^{x^2}$.

94. $\lim_{x\to\frac{\pi}{4}}\left[\tan\left(\frac{\pi}{8}+x\right)\right]^{\tan 2x}$.

95. $\lim_{n\to\infty}\left[\sin\left(\frac{2n+1}{2n-1}\,\frac{\pi}{4}\right)\right]^{\tan\frac{n+1}{n+3}\frac{\pi}{2}}$; n ganz und positiv.

Einige weitere Aufgaben enthalten logarithmische und Exponentialfunktionen. Für ihre Lösung sind zwei fundamentale Grenzwerte von Bedeutung:

$$\lim_{x\to 0}\frac{\ln(1+x)}{x} = 1, \qquad \lim_{x\to 0}\frac{a^x-1}{x} = \ln a.$$

96. $\lim_{x\to e}\frac{\ln x-1}{x-e}$.

97. $\lim_{x\to 10}\frac{\lg_{10}x-1}{x-10}$.

98. $\lim_{x\to\frac{\pi}{4}}\frac{\ln\tan x}{\cos 2x}$.

99. $\lim_{n\to\infty}n^2\ln\cos\frac{\pi}{n}$.

100. $\lim\limits_{x\to 0} \dfrac{\ln \cos \alpha x}{\ln \cos \beta x}$.

101. $\lim\limits_{n\to\infty} n \ln \tan\left(\dfrac{\pi}{4} + \dfrac{\pi}{n}\right)$.

102. $\lim\limits_{x\to\frac{\pi}{4}} \dfrac{\ln \tan x}{1 - \cot x}$.

103. $\lim\limits_{x\to+\infty} \dfrac{\ln(e^x + 1)}{x}$.

104. $\lim\limits_{x\to+\infty} \dfrac{\ln(1 + e^{\alpha x})}{\ln(1 + e^{\beta x})}$; $\alpha > 0$, $\beta > 0$.

105. $\lim\limits_{n\to\infty} n\left(a^{\frac{1}{n}} - 1\right)$.

106. $\lim\limits_{n\to\infty} n^2\left(\sqrt[n]{a} - \sqrt[n+1]{a}\right)$.

107. $\lim\limits_{n\to\infty} n^2\left(a^{\frac{1}{n}} + a^{-\frac{1}{n}} - 2\right)$.

108. $\lim\limits_{x\to\infty} \dfrac{a^x - b^x}{x}$.

109. $\lim\limits_{x\to 0} \dfrac{e^{\alpha x} - e^{\beta x}}{x}$.

110. $\lim\limits_{x\to 0} \dfrac{e^{\alpha x} - e^{\beta x}}{\sin \alpha x - \sin \beta x}$.

111. $\lim\limits_{x\to c} \dfrac{a^x - a^c}{x - c}$.

112. $\lim\limits_{n\to\infty} (1 + a^n)^{\frac{1}{n}}$, $a > 0$.

113. $\lim\limits_{n\to\infty} \left(\dfrac{\sqrt[n]{a} + \sqrt[n]{b}}{2}\right)^n$; $a > 0$, $b > 0$.

114. $\lim\limits_{n\to\infty} \left(\dfrac{\sqrt[n]{a_1} + \sqrt[n]{a_2} + \cdots + \sqrt[n]{a_m}}{m}\right)^n$; $a_1 > 0$, $a_2 > 0$, $\ldots$, $a_m > 0$.

115. $\lim\limits_{x\to 0} \dfrac{\ln(1 + x + x^2) + \ln(1 - x + x^2)}{x^2}$.

116. $\lim\limits_{x\to\infty} x \ln \dfrac{2a + x}{a + x}$.

§ 2. Verschiedene Aufgaben

117. Man beweise die Bernoullische Ungleichung

$$(1 + \alpha)(1 + \beta)(1 + \gamma)\cdots(1 + \lambda) > 1 + \alpha + \beta + \gamma + \cdots + \lambda,$$

wobei α, β, $\ldots$, λ gleiches Vorzeichen haben und größer als -1 sind.

118. Mit Hilfe der Bernoullischen Ungleichung beweise man, daß für ganzzahlige n die Ungleichung $\left(1 - \dfrac{1}{n^2}\right)^n > 1 - \dfrac{1}{n}$ gilt, solange $n > 1$ ist.

119. Man beweise, daß $\left(1 + \dfrac{1}{n}\right)^n > \left(1 + \dfrac{1}{n-1}\right)^{n-1}$ ist, wenn $n > 1$ ist.

120. Man beweise, daß $\left(1 + \dfrac{1}{n}\right)^{n+1} < \left(1 + \dfrac{1}{n-1}\right)^n$ ist.

121. Die Größe $\left(1 + \dfrac{1}{n}\right)^n$ wächst und die Größe $\left(1 + \dfrac{1}{n}\right)^{n+1}$ fällt für wachsende ganzzahlige n. Hieraus und aus der offensichtlich richtigen

Ungleichung $\left(1+\frac{1}{n}\right)^n < \left(1+\frac{1}{n}\right)^{n+1}$ leite man her, daß diese beiden Ausdrücke für $n \to \infty$ einem gemeinsamen Grenzwert zustreben. Diesen Grenzwert bezeichnet man mit e:

$$\lim_{n\to\infty}\left(1+\frac{1}{n}\right)^n = e.$$

122. Man beweise die Gleichung

$$\lim_{n\to\infty}\frac{u_1+u_2+u_3+\cdots+u_n}{n} = \lim_{n\to\infty} u_n$$

unter der Voraussetzung, daß der Grenzwert auf der rechten Seite der Gleichung existiert.

123. Man beweise die Gleichung

$$\lim_{n\to\infty}\frac{u_1+u_2+u_3+\cdots+u_n}{v_1+v_2+v_3+\cdots+v_n} = \lim_{n\to\infty}\frac{u_n}{v_n}$$

unter der Voraussetzung, daß $\lim\limits_{n\to\infty}\frac{u_n}{v_n}$ existiert, $v_1+v_2+v_3+\cdots+v_n$ für $n\to\infty$ über alle Grenzen wächst und $v_n > 0$ ist.

124. Man beweise die Gleichung

$$\lim_{n\to\infty}\frac{u_n}{v_n} = \lim_{n\to\infty}\frac{u_n-u_{n-1}}{v_n-v_{n-1}}$$

unter der Voraussetzung, daß der Grenzwert auf der rechten Seite der Gleichung existiert, v_n gegen Unendlich strebt und $v_n > v_{n-1}$ ist.

125. Man beweise, daß für ganze, positive Werte von m die folgende Gleichung gilt:

$$\lim_{n\to\infty}\frac{1^m+2^m+3^m+\cdots+n^m}{n^{m+1}} = \frac{1}{m+1}.$$

126. Unter der gleichen Voraussetzung beweise man die Gleichung

$$\lim_{n\to\infty}\left[\frac{1^m+2^m+3^m+\cdots+n^m}{n^m} - \frac{n}{m+1}\right] = \frac{1}{2}.$$

127. Man beweise die Gleichung

$$\lim_{n\to\infty}\left[\frac{1^m+3^m+5^m+\cdots+(2n-1)^m}{n^m} - \frac{2^m n}{m+1}\right] = 0 \quad (m \geqq 0 \text{ und ganz}).$$

128. Man beweise die Gleichung

$$\lim_{n\to\infty}\frac{1^m+3^m+5^m+\cdots+(2n-1)^m}{n^{m+1}} = \frac{2^m}{m+1} \quad (m \geqq 0 \text{ und ganz}).$$

129. Man bestimme den Grenzwert $\lim\limits_{n\to\infty}\sum\limits_{k=1}^{n}\left(\sqrt{1+\frac{k}{n^2}}-1\right)$, wobei

$$\lim_{x\to 0}\frac{\sqrt{1+x}-1}{x} = \frac{1}{2}$$

als bekannt vorausgesetzt ist.

130. Man bestimme

$$\lim_{n\to\infty} \sum_{k=1}^{n} \left(\sqrt[3]{1+\frac{k^2}{n^3}}-1\right).$$

131. Aus der Ungleichung $\left(1+\frac{1}{n}\right)^n < e < \left(1+\frac{1}{n}\right)^{n+1}$ folgt, daß

$$\frac{1}{n+1} < \ln\left(1+\frac{1}{n}\right) < \frac{1}{n}$$

ist. Hiervon ausgehend beweise man für die harmonische Reihe die Beziehung

$$1+\frac{1}{2}+\frac{1}{3}+\cdots+\frac{1}{n} = \ln n + C + \varepsilon(n).$$

Hierbei ist C die EULERsche Konstante, und $\varepsilon(n)$ strebt gegen Null für $n \to \infty$.

132. Unter Benutzung des Resultates der vorigen Aufgabe beweise man die Gleichung

$$\lim_{n\to\infty}\left(\frac{1}{n}+\frac{1}{n+1}+\frac{1}{n+2}+\cdots+\frac{1}{2n}\right) = \ln 2.$$

133. Unter Benutzung der Gleichung $\lim\limits_{x\to 0}\frac{\ln(1+x)}{x} = 1$ bestimme man den Grenzwert

$$\lim_{n\to\infty}\left(1+\frac{1}{n^2}\right)\left(1+\frac{2}{n^2}\right)\cdots\left(1+\frac{n}{n^2}\right).$$

134. Unter Benutzung der Beziehung $\lim\limits_{x\to 0}\frac{\sin x}{x} = 1$ beweise man

$$\lim_{n\to\infty}\left[\sin\frac{a}{n^2}+\sin\frac{3a}{n^2}+\cdots+\sin\frac{(2n-1)\,a}{n^2}\right] = a.$$

135. Man beweise

$$\lim_{n\to\infty}\cos\frac{a}{n\sqrt{n}}\cdot\cos\frac{2a}{n\sqrt{n}}\cdots\cos\frac{na}{n\sqrt{n}} = e^{-\frac{a^2}{6}}.$$

136. Man beweise die Gleichung

$$\lim_{n\to\infty}\frac{1}{n}\left[\cos\frac{\pi}{4n}+\cos\frac{3\pi}{4n}+\cdots+\cos\frac{(2n+1)\,\pi}{4n}\right] = \frac{2}{\pi}.$$

137. Man beweise die Gleichung

$$\lim_{n\to\infty}\left(1-\frac{1}{2^2}\right)\left(1-\frac{1}{3^2}\right)\cdots\left(1-\frac{1}{n^2}\right) = \frac{1}{2},$$

indem man die Brüche geeignet zusammenfaßt.

Man beweise die folgenden Gleichungen:

138. $$\lim_{n\to\infty}\left(1-\frac{1}{3}\right)\left(1-\frac{1}{6}\right)\cdots\left(1-\frac{1}{\frac{n(n+1)}{2}}\right) = \frac{1}{3}.$$

139. $$\lim_{n\to\infty}\frac{2^3-1}{2^3+1}\,\frac{3^3-1}{3^3+1}\cdots\frac{n^3-1}{n^3+1} = \frac{2}{3}.$$

140. $\lim\limits_{n\to\infty}(1+x)(1+x^2)(1+x^4)\cdots(1+x^{2n}) = \frac{1}{1-x}; \quad |x|<1.$

141. $\lim\limits_{n\to\infty}\cos\frac{x}{2}\cos\frac{x}{4}\cdots\cos\frac{x}{2^n} = \frac{\sin x}{x}$ (EULER).

142. $\lim\limits_{n\to\infty}\frac{2}{\sqrt{2}}\,\frac{2}{\sqrt{2+\sqrt{2}}}\cdots\frac{2}{\underbrace{\sqrt{2+\sqrt{2+\sqrt{\cdots 2+\sqrt{2}}}}}_{n}} = \frac{\pi}{2}$ (VIÈTA).

143. Die Folge u_n sei durch die Ausdrücke

$$u_1=\sqrt{2},\qquad u_2=\sqrt{2+\sqrt{2}},\qquad u_3=\sqrt{2+\sqrt{2+\sqrt{2}}},$$

allgemein also durch $u_n=\sqrt{2+u_{n-1}}$ gegeben. Man ersetze die letzte 2 unter dem Wurzelzeichen durch 4 und überzeuge sich davon, daß u_n beschränkt ist. Nachdem man bewiesen hat, daß der Grenzwert $\lim\limits_{n\to\infty}u_n$ existiert, bestimme man ihn aus der Gleichung $u_n^2=2+u_{n-1}$.

Anmerkung. Noch leichter findet man diesen Grenzwert aus

$$u_n = 2\cos\frac{\pi}{2n+1}.$$

144. Die Folge v_n sei durch die Gleichungen

$$v_1=\sqrt{a},\qquad v_2=\sqrt{a+\sqrt{a}},\qquad v_3=\sqrt{2+\sqrt{a+\sqrt{a}}},\quad\ldots;\quad a>0$$

gegeben. Man ersetze die unter den Wurzeln stehende Zahl a durch die Größe $a+x$, wobei x die positive Wurzel der Gleichung $x^2=a+x$ sein soll, und beweise damit, daß v_n beschränkt ist und für $n\to\infty$ die Beziehung $v_n\to x$ gilt.

145. Durch die folgenden Gleichungen sei eine Folge x_n definiert:

$$x_0=a,\qquad x_1=b,\qquad x_2=\frac{x_0+x_1}{2},\quad\ldots,\quad x_n=\frac{x_{n-1}+x_{n-2}}{2}.$$

Man drücke x_n durch a und b aus und bestimme $\lim\limits_{n\to\infty}x_n$.

146. Gegeben seien die Zahlen a_0 und b_0, wobei $a_0>b_0>0$ sei. Aus diesen Zahlen bilde man neue Zahlenpaare durch die Formeln

$$a_{n+1}=\frac{a_n+b_n}{2},\qquad b_{n+1}=\frac{2a_nb_n}{a_n+b_n}$$

(arithmetisches und harmonisches Mittel). Man beweise, daß $a_nb_n=a_0b_0$, ferner

$$\frac{a_n-\sqrt{a_nb_n}}{a_n+\sqrt{a_nb_n}}=\left(\frac{a_0-\sqrt{a_0b_0}}{a_0+\sqrt{a_0b_0}}\right)^{2n}$$

und schließlich, daß $\lim a_n=\lim b_n=\sqrt{a_0b_0}$ (geometrisches Mittel) ist.

147. Aus zwei gegebenen positiven Zahlen a_0 und b_0 kann man auf Grund der folgenden Gleichungen eine Folge neuer Zahlenpaare bilden:

$$a_1=\frac{a_0+b_0}{2},\quad b_1=\sqrt{a_0b_0}\quad\text{und allgemein}\quad a_{n+1}=\frac{a_n+b_n}{2},\quad b_{n+1}=\sqrt{a_nb_n}.$$

Man beweise, daß für $n \to \infty$ die Zahlen a_n und b_n gegen einen gemeinsamen Grenzwert streben. (Arithmetisch-geometrisches Mittel.)

148. Zwei Zahlenfolgen seien nach folgenden Formeln gebildet:

$$a_n = \frac{a_{n-1} + b_{n-1}}{2}, \quad b_n = \sqrt{a_n b_{n-1}}.$$

Hierbei seien $a_0 = a$ und $b_0 = b$ zwei gegebene positive Zahlen. Man bestimme den Grenzwert $\lim\limits_{n\to\infty} a_n$, der gleich $\lim\limits_{n\to\infty} b_n$ ist, indem man $a = b \cos\varphi$ für $a < b$ und $a = b \cosh\varphi$ für $a > b$ setzt.

149. Durch die Formeln $x_n = \frac{1}{2}\left(x_{n-1} + \frac{a}{x_{n-1}}\right)$ sei eine Zahlenfolge gegeben. Dabei sei $a > 0$ eine gegebene Zahl und x_0 eine beliebige positive Zahl. Man beweise, daß $x_n \to \sqrt{a}$ für $n \to \infty$ gilt.

Anmerkung. Hierauf beruht ein bequemes Verfahren des Wurzelziehens, das man besonders bei Verwendung von Rechenmaschinen anwendet.

150. Die Elemente einer Zahlenfolge seien durch folgendes Bildungsgesetz gegeben:

$$x_{n+1} = \frac{x_n(x_n^2 + 3a)}{3x_n^2 + a},$$

dabei sei x_0 eine beliebige positive Zahl und a eine gegebene positive Zahl. Man beweise, daß $\lim\limits_{x_n\to\infty} x_n = \sqrt{a}$ ist.

Anmerkung. Hier ist das Bildungsgesetz der Zahlen x_n verwickelter als in den vorhergehenden Aufgaben, dafür konvergieren aber die Zahlen x_n schneller gegen $\sqrt{a}$ als vorher, besonders wenn x_0 in der Nähe von $\sqrt{a}$ liegt.

151. Man beweise, daß die Zahlenfolgen, die ähnlich wie die vorigen nach der Formel $x_{n+1} = \frac{1}{3}\left(2x_n + \frac{a}{x_n^2}\right)$ oder nach der Formel $x_{n+1} + \frac{x_n(x_n^3 + 2a)}{2x_n^3 + a}$ gebildet werden, gegen $\sqrt[3]{a}$ streben.

152. Eine Folge y_n sei in folgender Weise definiert: $y_1 = \frac{x}{2}$, $y_2 = \frac{x}{2} + \frac{y_1^2}{2}$, und allgemein $y_n = \frac{x}{2} - \frac{y_{n-1}^2}{2}$, hierbei ist $0 < x < 1$. Man beweise, daß die Folge y_n monoton und beschränkt ist, und bestimme $\lim y_n$.

153. Es sei $y_1 = \frac{x}{2}$, $y_2 = \frac{x}{2} - \frac{y_1^2}{2}$, ..., $y_n = \frac{x}{2} - \frac{y_{n-1}}{2}$; hierbei sei $0 < x < 1$. Man zeige, daß $\lim\limits_{n\to\infty} y_n$ existiert und gleich $\sqrt{1+x} - 1$ ist.

§ 3. Begriff der Funktion; Stetigkeit. Graphische Darstellung von Funktionen

154. Ein Balken AB bestehe aus drei Teilstücken mit den Längen 1 dm, 2 dm, 1 dm und den Gewichten 2 kg, 3 kg und 1 kg. Man stelle das Gewicht eines Abschnittes AX dieses Balkens als Funktion seiner Länge x dar, wobei x vom Punkte A an zählen soll. A sei der Anfangspunkt des Teilstückes mit dem Gewicht 2 kg.

155. In welchen Intervallen sind die durch die folgenden Gleichungen dargestellten Funktionen y, z, u und v definiert?

$$u = \ln(x^2 - 1), \qquad v = \ln(x + 1) + \ln(x - 1),$$
$$y = \sqrt{1 - x^2}, \qquad z = \ln(x^2 - 3x + 2).$$

156. In welchen Intervallen sind die folgenden Funktionen definiert?

$$y = \arccos\frac{3}{x}, \qquad z = \arcsin\frac{2x}{1 + x^2}.$$

157. In welchen Intervallen sind die durch die folgenden Gleichungen dargestellten Funktionen definiert?

$$y = \begin{cases} x \ln x & \text{für} \quad x \neq 0, \\ 0 & \text{für} \quad x = 0 \end{cases} \qquad \text{und} \qquad z = \begin{cases} \frac{1}{2} x \ln x^2 & \text{für} \quad x \neq 0, \\ 0 & \text{für} \quad x = 0. \end{cases}$$

158. Eine Funktion sei durch die folgenden Gleichungen gegeben:

$$f(x) = \begin{cases} 2x & \text{für alle } x \text{ mit } 0 \leqq x < 1, \\ 3 - x & \text{für alle } x \text{ mit } 1 \leqq x \leqq 2. \end{cases}$$

Ist diese Funktion in dem Intervall $0 \leqq x \leqq 2$ stetig?

159. Für welchen Wert von a ist die durch die folgenden Gleichungen gegebene Funktion

$$y = \begin{cases} x \ln(x^2) & \text{für} \quad x \neq 0, \\ a & \text{für} \quad x = 0 \end{cases}$$

in dem Intervall $(-\infty, +\infty)$ stetig?

160. Der ganzzahlige Teil von a wird mit $[a]$ bezeichnet. Man ermittle diejenigen Werte von x, für die die Funktion $y = \sqrt{x} - [\sqrt{x}]$ eine Unstetigkeitsstelle besitzt.

161. Für welchen Wert von x besitzt die Funktion $e^{\frac{1}{x}}$ eine Unstetigkeitsstelle und von welcher Art ist die Unstetigkeit?

162. Um welche Art von Unstetigkeit handelt es sich bei der Funktion

$$y = \frac{1}{1 + 2^{\frac{1}{x-1}}}$$

und an welcher Stelle von x liegt sie?

163. Für welche Werte von x besitzen die Funktionen

$$u = \frac{x}{x^2 - 4}, \qquad v = \frac{x^2 + 3}{x^2 - 3}, \qquad w = \frac{1}{x - x^3}$$

Unstetigkeitsstellen?

Für welche Werte von x besitzen die folgenden Funktionen Unstetigkeitsstellen:

164. $\dfrac{\tan 3x}{\tan 2x}$. **165.** $\dfrac{x}{\sin x}$.

166. $\ln\ln(1+x^2)$. **167.** $\dfrac{\cos\frac{\pi x}{2}}{x^2(x-1)}$.

168. Besitzt die durch die Gleichungen

$$y=\begin{cases} e^{-\frac{1}{x^2}} & \text{für} \quad x \neq 0, \\ 0 & \text{für} \quad x = 0 \end{cases}$$

definierte Funktion Unstetigkeitsstellen?

Man stelle mit Hilfe einer Wertetabelle die folgenden ganzen rationalen Funktionen (Parabeln) graphisch dar:

169. $y=\dfrac{x^2}{4}$. **170.** $y=-\dfrac{x^2}{2}$.

171. $y=\dfrac{x^2-3x}{4}$. **172.** $y=\dfrac{4x-x^2}{3}$

173. $y=ax^2$ für $a=4,\ 2,\ 1,\ \frac{1}{2},\ \frac{1}{4}$.

174. $y=ax^2+x-1$ für $a=1,\ \frac{1}{4},\ \frac{1}{20}$ und die Gerade $x=y+1$.

175. Mit Hilfe der Beziehung

$$ax^2+bx+c=a\left(x+\frac{b}{2a}\right)^2+\frac{4ac-b^2}{4a} \qquad (a \neq 0)$$

stelle man die Funktion $y=ax^2+bx+c$ graphisch dar.

Man stelle die folgenden ganzen rationalen Funktionen, deren Grad größer als zwei ist (Parabeln höherer Ordnung), graphisch dar:

176. $y=\dfrac{x^3}{10}$. **177.** $y=\dfrac{x^3-9x}{10}$.

178. $y=\dfrac{x^4}{10}$. **179.** $y=\dfrac{x(x-1)(x-2)(x-3)}{24}$.

180. $y=\dfrac{x^4+15x}{30}$. **181.** $y=\dfrac{4x-5x^3+x^5}{10}$.

182. $y=\dfrac{x^6}{100}$. **183.** $y=\dfrac{x^7}{100}$.

Man zeichne die Hyperbeln, die durch die folgenden Funktionen gegeben sind:

184. $y=\dfrac{1}{x}$. **185.** $y=\dfrac{x}{x-1}$.

186. $y=\dfrac{x^2+1}{x}$. **187.** $y=2x-1+\dfrac{1}{x+1}$.

Man stelle die folgenden gebrochenen rationalen Funktionen graphisch dar (die Kurven besitzen zur x-Achse parallele Asymptoten):

188. $y=\dfrac{1}{1+x^2}$ (Locke der Maria Agnesi).

189. $y = \frac{x}{1 + x^2}$ (Serpentine von NEWTON).

190. $y = \frac{x^2 - 2x + 1}{x^2 + 1}$.

Man stelle die folgenden gebrochenen rationalen Funktionen graphisch dar (die Kurven besitzen Asymptoten, die zu den Achsen parallel sind):

191. $y = \frac{1}{x^2}$. **192.** $y = \frac{1}{1 - x^2}$.

193. $y = \frac{x}{3 - x^2}$. **194.** $y = \frac{1}{x} + \frac{1}{x - 1} + \frac{1}{x - 2}$.

195. $y = \frac{1}{x} - \frac{1}{x - 1} + \frac{1}{x - 2}$. **196.** $y = \frac{2}{(3 - x^2)(5 - x^2)}$.

Man zeichne die Kurven folgender gebrochener Funktionen, welche vertikale und gegen die Achsen geneigte Asymptoten besitzen:

197. $y = x + \frac{1}{x^2}$. **198.** $y = x + \frac{2x}{x^2 - 1}$.

Man stelle die folgenden irrationalen Funktionen graphisch dar:

199. $y = \pm \sqrt{x - 2}$ (Parabel).

200. $y = \pm \frac{1}{2} \sqrt{25 - x^2}$ (Ellipse).

201. $y = \pm \frac{1}{2} \sqrt{x^2 - 1}$ (Hyperbel).

202. $y = \pm \frac{x\sqrt{x}}{2}$ (NEILsche Parabel).

203. $y = \pm x \sqrt{\frac{x}{4 - x}}$ (Zissoide des DIOKLES).

204. $y = \pm \sqrt{\frac{x - 1}{x + 1}}$.

205. $y = x^{\frac{2}{3}}$ (NEILsche Parabel). **206.** $y = \pm x^{\frac{3}{4}}$.

Man stelle die folgenden transzendenten Funktionen graphisch dar:

207. $y = a^x$ für $a > 1$ und für $a < 1$.

208. $y = e^{-x^2}$.

209. $y = e^{\frac{1}{x}}$. **210.** $y = e^{-\frac{1}{x^2}}$.

211. $y = \ln x$. **212.** $y = A \sin x$ für $A = \frac{1}{2}, 1, 2$.

213. $y = \sin \frac{x}{a}$ für $a = \frac{1}{2}, 1, 2$.

214. $y = \cos x$. **215.** $y = \sin(x + a)$.

216. $y = \frac{\sin x}{x}$. **217.** $y = e^{-ax} \sin bx$.

218. $y = \sin(x^2)$. **219.** $y = \tan x$.

220. $y = \frac{1}{\cos x} = \sec x$. **221.** $y = x \sin \frac{1}{x}$.

In der höheren Mathematik besitzen die Umkehrfunktionen der trigonometrischen Funktionen eine wesentlich größere Bedeutung als in der Elementarmathematik. Man setzt durch Definition fest:

1. Wenn $\sin y = x$ ist, so ist $y = \operatorname{arc} \sin x$.
2. Wenn $\cos y = x$ ist, so ist $y = \operatorname{arc} \cos x$.
3. Wenn $\tan y = x$ ist, so ist $y = \operatorname{arc} \tan x$.
4. Wenn $\cot y = x$ ist, so ist $y = \operatorname{arc} \cot x$.

Die so definierten Funktionen von x sind mehrdeutig. Um sie eindeutig zu machen, müssen in die Definitionen noch Zusatzbedingungen aufgenommen werden. Diese bestehen darin, daß die Werte der Funktionen $\operatorname{arc} \sin x$ und $\operatorname{arc} \tan x$ auf das Intervall $-\frac{\pi}{2} \leqq f(x) \leqq \frac{\pi}{2}$ und die Werte der Funktionen $\operatorname{arc} \cos x$ und $\operatorname{arc} \cot x$ auf das Intervall $0 \leqq f(x) \leqq \pi$ beschränkt werden. Die Werte der Funktionen in diesen Intervallen nennt man Hauptwerte.

Man zeichne die Kurven folgender Funktionen:

222. $y = \operatorname{arc} \sin x$. **223.** $y = \operatorname{arc} \cos x$.

224. $y = \operatorname{arc} \tan x$. **225.** $y = \operatorname{arc} \cot x$.

226. $y = \operatorname{arc} \tan \frac{1}{x}$. **227.** $y = \operatorname{arc} \cot \frac{1}{x}$.

228. $y = \operatorname{arc} \sin(\sin x)$. **229.** $y = \operatorname{arc} \cos(\cos x)$.

230. $y = \operatorname{arc} \tan(\tan x)$.

Man beweise die Gleichungen

231. $\operatorname{arc} \tan x + \operatorname{arc} \tan \frac{1}{x} = \frac{\pi}{2}$ für $x > 0$ und $= -\frac{\pi}{2}$ für $x < 0$.

232. $\operatorname{arc} \tan x + \operatorname{arc} \tan y = \operatorname{arc} \tan \frac{x + y}{1 - xy} + \varepsilon\pi$, wobei

$\varepsilon = 0$ für $xy < 1$,

$\varepsilon = -1$ für $xy > 1$ und $x < 0$,

$\varepsilon = 1$ für $xy > 1$ und $x > 0$.

233. $\operatorname{arc} \sin x + \operatorname{arc} \sin y = \eta \operatorname{arc} \sin \left(x \sqrt{1 - y^2} + y \sqrt{1 - x^2}\right) + \varepsilon\pi$, wobei

$\eta = 1$ und $\varepsilon = 0$, für $xy < 0$ oder $x^2 + y^2 \leqq 1$;

$\eta = -1$ und $\varepsilon = -1$, für $x^2 + y^2 > 1$ und $x < 0$, $y < 0$;

$\eta = -1$ und $\varepsilon = 1$, für $x^2 + y^2 > 1$ und $x > 0$, $y > 0$.

234. $\arctan x + \arctan\frac{1-x}{1+x} = \frac{\pi}{4}$, wenn $-1 < x < \infty$;

$= -\frac{3\pi}{4}$, wenn $-\infty < x < -1$,

235. $\arccos x + \arccos\left(\frac{x}{2} + \frac{1}{2}\sqrt{3-3x^2}\right) = \frac{\pi}{3}$ für $\frac{1}{2} \leqq x \leqq 1$,

236. $\arcsin\frac{\sin x + \cos x}{\sqrt{2}} = \frac{3\pi}{4} - x$, wenn $\frac{\pi}{4} < x < \frac{5\pi}{4}$.

237. $\frac{\pi}{4} = 4\arctan\frac{1}{5} - \arctan\frac{1}{239}$.

238. $2\arctan x + \arcsin\frac{2x}{1+x^2} = \pi$ für $x > 1$.

239. $\frac{2x-1}{2} - \frac{1}{\pi}\arctan\left(\tan\frac{2x-1}{2}\pi\right) = [x]$; dabei ist $[x]$ der ganzzahlige Teil von x.

240. Man beweise, daß die Summe

$$\arcsin x + 3\arccos x + \arcsin 2x\sqrt{1-x^2}$$

für $x^2 < \frac{1}{2}$ nicht von x abhängt.

Wenn man die Kurve der Funktion $y = f(x)$ gezeichnet hat, kann man die Gleichung $f(x) = 0$ leicht graphisch lösen, indem man die Abszissen der Schnittpunkte der dargestellten Funktion mit der x-Achse bestimmt.

Ähnlich erhält man die Wurzeln der Gleichung $\varphi(x) = \psi(x)$ durch Ausmessen der Abszissen der Schnittpunkte der Kurven $y = \varphi(x)$ und $y = \psi(x)$.

Man kann bei dieser Lösungsmethode die Wurzeln beliebig genau bestimmen, indem man die Kurve in der Umgebung der Schnittpunkte in einem entsprechend vergrößerten Maßstab zeichnet.

241. Man löse die Gleichung $x^3 - 7x + 5 = 0$ mit Hilfe der graphischen Darstellung der Funktion $y = \frac{x^3 - 7x + 5}{6}$.

242. Man löse die Gleichung $x^3 + 3x + 2 = 0$ mit Hilfe der graphischen Darstellung der Funktion $y = \frac{x^3 + 3x + 2}{10}$.

243. Man löse die Gleichung $x^4 - 7x - 5 = 0$ mit Hilfe der graphischen Darstellung der beiden Funktionen $y = \frac{x^4}{10}$ und $y = \frac{7x+5}{10}$.

244. Man löse die Gleichung

$$x^4 - 4x^3 + 7x^2 - 3x + 2 = 0,$$

indem man die beiden Funktionen $y = \frac{x^2 - 4x + 7}{5}$ und $y = \frac{3x-2}{5x^2}$ graphisch darstellt.

245. Man löse die Gleichung $2^x = 4x$ durch graphische Darstellung der Funktionen

$$y = \frac{2^x}{4} \quad \text{und} \quad y = x.$$

246. Man löse graphisch das Gleichungssystem

$$x^2 + y = 10, \qquad x + y^2 = 4.$$

247. Man löse die Gleichung $x = \tan x$ auf graphischem Wege.

248. Auf dieselbe Art löse man die Gleichung $e^x = \sin x$.

249. Man bestimme die ersten zwei positiven Wurzeln der Gleichung $x \cos x = 1$, indem man die Funktionen $y = \cos x$ und $y = \frac{1}{x}$ graphisch darstellt.

Die Untersuchung von Zahlenfolgen, die durch das allgemeine Bildungsgesetz

$$x_1 = \varphi(x_0), \quad x_2 = \varphi(x_1), \quad x_3 = \varphi(x_2), \ldots$$

gegeben sind, kann durch Betrachtung der graphischen Darstellungen der Funktionen $u = \varphi(x)$ (I) und $v = x$ (II) erleichtert werden. Hierzu bringen wir die Gerade $x = x_0$ mit der Kurve der Funktion u im Punkte A_0 zum Schnitt. Die Horizontale durch den Punkt A_0 schneide die Kurve der Funktion v im Punkte B_0. Die Senkrechte durch diesen Punkt schneide die Kurve der Funktion u im Punkt A_1; die Horizontale durch A_1 schneide die Kurve der Funktion v im Punkt B_1; usw.

Die Ordinaten der Punkte $A_0, A_1, A_2, \ldots$ sind die Zahlen $x_1, x_2, x_3, \ldots$. In vielen Fällen ist aus der Zeichnung zu ersehen, ob die Zahlen x_n für wachsende n gegen einen endlichen Wert streben.

250. Eine Zahlenfolge sei folgendermaßen gegeben:

$$x_1 = \frac{1}{2} e^{-x_0}, \quad x_2 = \frac{1}{2} e^{-x_1}, \quad x_3 = \frac{1}{2} e^{-x_2}, \quad \ldots,$$

wobei x_0 eine beliebige reelle Zahl ist. Man beweise, daß für $n \to \infty$ die Beziehung $x_n \to \xi$ gilt, wobei ξ die einzige Wurzel der Gleichung $2x = e^{-x}$ ist.

251. Die Zahlen einer Folge mögen dem allgemeinen Bildungsgesetz

$$x_{n+1} = \frac{\alpha x_n + \beta}{\gamma x_n + \delta}$$

genügen, wobei $\alpha, \beta, \gamma, \delta$ gegebene reelle Zahlen sind, die der Bedingung $\alpha\delta - \beta\gamma = 1$, $(\alpha + \delta)^2 \geqq 4$ genügen. Die Zahl x_0 wird so gewählt, daß $\gamma x_0 + \delta \neq 0$ ist. Man bestimme $\lim x_n$ für $n \to \infty$.

§ 4. Berechnung von Differentialquotienten

Man bestimme die Ableitungen folgender Funktionen:

252. $y = 2x^3 - 5x^2 + 7x - 12$. **253.** $y = x^4 - 3x^2 + 17$.

254. $y = x - \frac{1}{2}x^2 + \frac{1}{3}x^3 - \frac{1}{4}x^4$.

255. $y = x^3(x^2 - 1)^2$. **256.** $y = \frac{x-1}{x+1}$.

257. $y = \frac{x}{1-x^2}$. **258.** $y = \frac{3x-1}{x^5}$.

259. $y = \frac{x^2+x+1}{x^2-x+1}$.

260. $y = \sqrt{x}$.

261. $y = \sqrt[3]{x}$.

262. $y = \sqrt{x\sqrt{x\sqrt{x}}}$.

263. $y = e^x(x^2-2x+2)$.

264. $y = x\sin x$.

265. $y = x^2\sin x + 2x\cos x - 2\sin x$.

266. $y = x\ln x - x$.

267. $y = \frac{x^3}{3}\ln x - \frac{1}{9}x^3$.

268. $y = \sqrt{x} + \ln x - \frac{1}{\sqrt{x}}$.

269. $y = \frac{1}{\sin x}$.

270. $y = \frac{1}{\cos x}$.

271. $y = \frac{1}{\ln x}$.

272. $y = \frac{e^x-1}{e^x+1}$.

273. $y = e^x(\sin x - \cos x)$.

274. $y = (ax+b)^n$.

275. $y = \sin^3 x$.

276. $y = (x^2-1)^5$.

277. $y = \cos^5 x$.

278. $y = \sqrt{3x-5}$.

279. $y = \sin 5x$.

280. $y = \sqrt{a^2-x^2}$.

281. $y = e^{-x}$.

282. $y = \frac{x}{\sqrt{1-x^2}}$.

283. $y = \ln\sin x$.

284. $y = \frac{1}{(1+x^2)\sqrt{1+x^2}}$.

285. $y = \ln\tan x$.

286. $y = x\sqrt{x^2+1}$.

287. $y = e^{-x^2}$.

288. $y = \sqrt{x+\sqrt{x}}$.

289. $y = \ln(x^3+x^2)$.

290. $y = \sqrt[3]{(2x+1)^2}$.

291. $y = \ln\left(x+\sqrt{x^2+a^2}\right)$.

292. $y = \cos ax \sin bx$.

293. $y = \ln\sqrt{\frac{1-x}{1+x}}$.

294. $y = e^{ax}\cos bx$.

295. $y = \ln\sqrt{\frac{1-\sin x}{1+\sin x}}$.

296. $y = \frac{e^x-e^{-x}}{e^x+e^{-x}}$.

297. $y = \ln\tan\left(\frac{x}{2}+\frac{\pi}{4}\right)$.

298. $y = \frac{x^4}{4}\left[(\ln x)^2 - \frac{1}{2}\ln x + \frac{1}{8}\right]$.

299. $y = \ln\frac{1+\sqrt{1-x^2}}{x}$.

300. $y = \ln\frac{1+\sqrt{x^2+1}}{x} - \sqrt{x^2+1}$.

301. $y = \ln\frac{3-x^2}{2-x^2}$.

302. $y = \frac{1}{2a}\left[\ln\frac{\sqrt{a^2+x^2}}{a+x} - \frac{a}{a+x}\right].$

303. $y = \ln\frac{1}{\sqrt{1-x^4}}.$

304. $y = \tan x + \tan^3 x + \frac{3}{5}\tan^5 x + \frac{1}{7}\tan^7 x.$

305. $y = -\frac{\cos x}{2\sin^2 x} + \frac{1}{2}\ln\tan\frac{x}{2}.$

306. $y = \frac{1}{2}\tan^2 x + \ln\cos x.$

307. $y = \frac{\sin x}{2\cos^2 x} - \frac{1}{2}\ln\tan\left(\frac{\pi}{4} - \frac{x}{2}\right).$

308. $y = \frac{1}{a}\operatorname{arc\,tan}\frac{x}{a}.$

309. $y = \arcsin\frac{x}{a}.$

310. $y = \arcsin\frac{1}{x}.$

311. $y = (\arcsin x)^2.$

312. $y = \arcsin\sin x.$

313. $y = \arccos\frac{1}{x}.$

314. $y = \arcsin\sqrt{1-x^2}.$

315. $y = \operatorname{arc\,tan}\frac{x+1}{x-1}; \qquad x \neq 1.$

316. $y = \frac{2}{\sqrt{3}}\operatorname{arc\,tan}\frac{2x+1}{\sqrt{3}}.$

317. $y = \arccos(3x - 4x^3).$

318. $y = \arcsin\frac{2x}{1+x^2}.$

319. $y = \arcsin\frac{1-x^2}{1+x^2}.$

320. $y = \frac{1}{\sqrt{3}}\operatorname{arc\,tan}\frac{x\sqrt{3}}{1-x^2}.$

321. $y = \frac{1}{\sqrt{ab}}\operatorname{arc\,tan}\left(\sqrt{\frac{b}{a}}\tan x\right).$

322. $y = \frac{2}{3}\operatorname{arc\,tan} x + \frac{1}{3}\operatorname{arc\,tan}\frac{x}{1-x^2}.$

323. $y = \frac{1}{4\sqrt{2}}\ln\frac{x^2+x\sqrt{2}+1}{x^2-x\sqrt{2}+1} + \frac{1}{2\sqrt{2}}\operatorname{arc\,tan}\frac{x\sqrt{2}}{1-x^2}.$

324. $y = \frac{2}{\sqrt{a^2-b^2}}\operatorname{arc\,tan}\left(\sqrt{\frac{a-b}{a+b}}\tan\frac{x}{2}\right); \qquad a > b \geqq 0.$

325. $y = x^x.$ **326.** $y = x^{\sin x}.$ **327.** $y = |x|.$ **328.** $y = x^2\sin\frac{1}{x}.$

329. Aus der Beziehung

$$1 + x + x^2 + \cdots + x^n = \frac{x^{n+1}-1}{x-1}$$

leite man eine Formel für die Summe $1 + 2x + 3x^2 + \cdots + n x^{n-1}$ her.

330. Aus der Gleichung

$$\frac{1}{2} + \cos x + \cos 2x + \cdots + \cos nx = \frac{\sin\left(n + \frac{1}{2}\right) x}{2 \sin \frac{x}{2}}$$

leite man eine Formel für $\sin x + 2 \sin 2x + \cdots + n \sin nx$ her.

331. Aus der Gleichung

$$\cos x + \cos 3x + \cdots + \cos(2n - 1) x = \frac{\sin 2nx}{2 \sin x}$$

leite man eine Formel für die Summe

$$\sin x + 3 \sin 3x + \cdots (2n - 1) \sin(2n - 1) x$$

her.

332. Es gilt die Formel

$$\cot x + \cot\left(x + \frac{\pi}{m}\right) + \cot\left(x + \frac{2\pi}{m}\right) + \cdots + \cot\left(x + \frac{m-1}{m}\pi\right) = m \cot mx .$$

Man leite hieraus die Beziehung

$$\frac{1}{\sin^2 x} + \frac{1}{\sin^2\left(x + \frac{\pi}{m}\right)} + \cdots + \frac{1}{\sin^2\left(x + \frac{m-1}{m}\pi\right)} = \frac{m^2}{\sin^2 mx}$$

her.

§ 5. Die geometrische Bedeutung der Ableitung

Wenn $y = f(x)$ die Gleichung einer Kurve ist und die Funktion $f(x)$ eine Ableitung $y' = f'(x)$ besitzt, dann hat die Kurve in dem Punkt mit der Abszisse x eine Tangente. Ist α der Neigungswinkel der Tangente, ist also α der Winkel zwischen der positiven Richtung der x-Achse und der Tangente, so ist $\tan \alpha = f'(x)$. Infolgedessen lautet die Gleichung der Tangente an die Kurve:

$$Y - y = y'(X - x)$$

und die Gleichung der Normale:

$$Y - y = -\frac{1}{y'}(X - x).$$

Hier ist (x, y) der Berührungspunkt und (X, Y) ein beliebiger Punkt auf der Tangente bzw. auf der Normalen. Es ist $y' = f'(x)$. Bezeichnet $M(x, y)$ den Berührungspunkt, P seine Projektion auf die x-Achse und schneiden die Tangente an die Kurve im Punkte M bzw. ihre Normale die x-Achse in den Punkten T bzw. N, so sind die folgenden Bezeichnungen gebräuchlich: TP = Subtangente, PN = Subnormale, TM = Tangente, MN = Normale. Sie ergeben sich aus den y- und y'-Werten der Berührungspunkte durch folgende Beziehungen:

$$TP = \frac{y}{y'}, \quad PN = yy', \quad TM = \frac{y}{y'}\sqrt{1 + y'^2}, \quad MN = y\sqrt{1 + y'^2}.$$

333. An die Parabel $y = \frac{4x - x^2}{4}$ seien in den Punkten (0, 0), (2, 1), (4, 0) die Tangenten gelegt. Man bestimme ihre Neigungswinkel.

334. Man bestimme den Neigungswinkel der Tangente an die Hyperbel $xy = a^2$ im Punkte (a, a).

335. Unter welchem Winkel schneidet die Kurve $y = \ln x$ die x-Achse?

336. Man löse dieselbe Aufgabe für die Sinuskurve $y = \sin x$.

337. Für welchen Wert von A schneidet die Sinuskurve $y = A \sin \frac{x}{a}$ die y-Achse unter einem Winkel von 45°?

338. Für welchen Wert von a schneidet die Kurve $y = a^x$ die y-Achse unter einem Winkel von 45°?

339. Man bestimme die Winkel, unter denen die drei folgenden Kurven die y-Achse schneiden:

$$y = \sin x \sqrt{3}, \qquad y = \frac{x}{1 + x^2}, \qquad y = \frac{x}{\sqrt{3 + x^2}}.$$

340. Für welchen Wert von a schneidet die Kurve $y = \frac{ax - x^3}{4}$ die x-Achse unter einem Winkel von 45°?

341. Man beweise, daß bei der Parabel $y = ax^2$ die Subtangente gleich der halben Abszisse des Berührungspunktes ist.

342. Man beweise, daß bei der Parabel $y^2 = 2px$ die Subnormale eine von der Wahl des Berührungspunktes unabhängige Konstante ist.

343. Man beweise, daß die Subtangente der Kurve $y = a^x$ eine konstante Länge besitzt.

344. Man beweise, daß für die Parabel $y^2 = 2px$ die Subtangente gleich der doppelten Abszisse des Berührungspunktes ist.

345. Man beweise, daß bei der Kettenlinie $y = a \cosh \frac{x}{a}$ die Ordinate das geometrische Mittel der Normalen und der Größe a ist.

346. Man beweise, daß bei der Kurve $y = ax^n$ das Verhältnis der Subtangente zur Abszisse des Berührungspunktes konstant ist.

347. Man bestimme die Gleichung der Tangente an die Parabel $y = 3x - x^2$ im Punkte (1, 2).

348. Man bestimme die zu der Geraden $y = x$ parallele Tangente an die Parabel $y = \frac{x^2 - 3x + 3}{3}$.

349. Man beweise, daß der Flächeninhalt der aus den Koordinatenachsen und den Tangenten an die Hyperbel $xy = a^2$ gebildeten Dreiecke konstant ist (vgl. S. 167, Aufg. 441).

350. Man beweise, daß bei der Astroide $x^{\frac{2}{3}} + y^{\frac{2}{3}} = a^{\frac{2}{3}}$ die Länge des Tangentenabschnitts zwischen den Achsen konstant ist.

351. In welcher Beziehung müssen die Koeffizienten der Parabel

$$y = ax^2 + bx + c$$

zueinander stehen, damit diese die x-Achse berührt?

352. Man löse dieselbe Aufgabe für die Parabel dritter Ordnung

$$y = x^3 + px + q.$$

353. Für welchen Wert von a berührt die Kurve $y = a^x$ die Gerade $y = x$? Man bestimme den Berührungspunkt.

354. Eine Zahlenfolge entstehe nach dem folgenden Bildungsgesetz: $x_1 = a$, $x_2 = a^a$, $x_3 = a^{a^a}, \ldots$ und allgemein $x_n = a^{x_{n-1}}$. Man beweise durch Betrachtung der Kurven $y = a^x$ und $y = x$, daß für $e^{-e} < a < e^{\frac{1}{e}}$ die Folge x_n für $n \to \infty$ gegen einen endlichen Grenzwert strebt.

Wenn eine Kurve in Parameterdarstellung $x = \varphi(t)$, $y = \psi(t)$ mit t als Parameter gegeben ist, dann findet man die Ableitung von y nach x leicht mit Hilfe der Differentiale $dx = \varphi'(t)\,dt$, $dy = \psi'(t)\,dt$, nämlich $\frac{dy}{dx} = \frac{\psi'(t)}{\varphi'(t)}$ oder $y' = \frac{\psi'(t)}{\varphi'(t)}$.

355. Eine Ellipse sei durch die Gleichungen $x = a \cos t$, $y = b \sin t$ gegeben. Man bestimme den Winkel, den eine Tangente an die Ellipse mit der x-Achse bildet.

356. Eine Astroide sei durch die Gleichungen $x = a \cos^3 t$ und $y = a \sin^3 t$ gegeben. Man bestimme den Winkel, den die Tangente im Punkt $t = 135°$ mit der x-Achse bildet.

357. Eine Zykloide sei durch die folgenden Gleichungen gegeben:

$$x = a(t - \sin t), \quad y = a(1 - \cos t).$$

Man bestimme den Neigungswinkel ihrer Tangente.

358. Eine Zykloide entsteht dadurch, daß ein Kreis auf einer Geraden abrollt. Man beweise, daß die Normale der Zykloide durch den jeweiligen Berührungspunkt des Kreises mit der Geraden verläuft.

359. Man ermittle die Tangente an die Kurve $x = t^2 - 3t + 4$, $y = t^2 - 4t + 4$ im Punkte (2, 1).

360. Man bestimme auf der Kurve $x = 2t^3 - 9t^2 + 12t - 1$, $y = t^2 + t + 1$ die Punkte, in denen die Tangenten parallel zur y-Achse verlaufen.

361. Man bestimme die Steigung der Tangente an die Kurve

$$x = t^4 - 2t^3 - t^2 + 4t - 2, \qquad y = t^4 + 2t^3 - t^2 - 4t - 2$$

mit dem Berührungspunkt (0, 0).

§ 6. Ableitungen höherer Ordnung

Die Ableitung der ersten Ableitung, d. h. $(y')'$ oder $[f'(x)]'$, nennt man zweite Ableitung und bezeichnet sie mit y'' oder $f''(x)$.

Die Ableitung der zweiten Ableitung nennt man die dritte Ableitung und so weiter. Um eine Verwechslung des Exponenten der Potenz mit dem der Ableitung zu vermeiden, setzt man die die Ordnung der Ableitung bezeichnende Zahl in Klammern. Zuweilen verwendet man dazu auch römische Ziffern. Wenn in einem gegebenen Punkt einer Kurve $y = f(x)$ die zweite

Ableitung positiv ist, $y'' > 0$, dann ist in einer gewissen Umgebung des Punktes die Kurve von unten konvex. Ist $y'' < 0$, so ist die Kurve in einer Umgebung der fraglichen Stelle von oben konvex. Wenn sich beim Durchlaufen des Argumentes x durch eine vorgegebene Stelle das Vorzeichen von y'' ändert, so nennt man den zu dieser Stelle gehörenden Punkt der Kurve einen Wendepunkt.

362. Man zeige, daß die Kurve $y = \ln x$ von oben konvex ist.

363. Man zeige, daß die Kurve $y = a^x$ von unten konvex ist.

364. Man zeige, daß die Sinuskurve $y = \sin x$ für $y > 0$ von oben und für $y < 0$ von unten konvex ist.

365. Man zeige, daß die Kurve $y = \tan x$ für positive y von unten und für negative y von oben konvex ist.

366. Man untersuche das Konvexitätsverhalten der Kurve $y = ax^3 + bx$, wenn $a > 0$ ist.

367. Man bestimme die Wendepunkte der Kurve $y = e^{-x^2}$.

368. Man löse dieselbe Aufgabe für die Kurve $y = \frac{1}{1 + x^2}$ (Locke der Agnesi).

Die Ableitungen höherer Ordnung findet man durch sukzessives Differenzieren. Zuweilen zeigt sich hierbei eine Gesetzmäßigkeit, die es gestattet, sofort die Ableitung höherer Ordnung anzugeben, ohne erst schrittweise differenziert zu haben. Ein Beispiel hierfür ist die Leibnizsche Formel für die Ableitung n-ter Ordnung eines Produktes zweier Funktionen:

$$(uv)^{(n)} = uv^{(n)} + \binom{n}{1} u' v^{(n-1)} + \binom{n}{2} u'' v^{(n-2)} + \cdots + u^{(n)} v .$$

Hierbei sind $\binom{n}{1}$, $\binom{n}{2}$, ... Binomialkoeffizienten.

In den folgenden Aufgaben bestimme man die Ableitungen der angegebenen Ordnung:

369. $y = x^5$. Man bestimme $y^{(5)}$.

370. $y = x^6$. Man bestimme $y^{(7)}$.

371. $y = (3x + 5)^2 (2x^2 + 3)(x + 7)^2$. Man bestimme $y^{(6)}$.

372. $y = \sqrt[5]{x^3}$. Man bestimme y'''.

373. $y = x^5 \ln x$. Man bestimme y'''.

374. $y = a^{3x}$. Man bestimme y'''.

375. $y = \frac{a}{x^m}$. Man bestimme y^{IV}.

376. $y = \frac{x^3}{x - 1}$. Man bestimme y'''.

377. $y = x^2 e^{2x}$. Man bestimme y^{IV}.

378. $y + x^2 \cos 3x$. Man bestimme y^{IV}.

379. $y = x^2 e^{2x}$. Man bestimme $y^{(50)}$.

380. $y = x^2 \sin x$. Man bestimme $y^{(40)}$.

381. $y = e^x \sin x$. Man bestimme y^{IV}.

382. Gegeben sei $y = e^x \sin x$ und $z = e^x \cos x$. Man beweise die Gleichungen $y'' = 2z$ und $z'' = -2y$.

383. Man beweise, daß für die Funktion $y = Ce^{-x} + C_1 e^{-2x}$ die Gleichung $y'' + 3y' + 2y = 0$ gilt.

384. Man beweise daß für die Funktion $y = e^{-x} \cos x$ die Gleichung $y^{\mathrm{IV}} + 4y = 0$ gilt.

In den folgenden Aufgaben bestimme man den allgemeinen Ausdruck für $y^{(n)}$:

385. $y = \dfrac{1+x}{1-x}$.

386. $y = \dfrac{x}{a+bx}$.

387. $y = \dfrac{\alpha x + \beta}{\gamma x + \delta}$.

388. $y = \dfrac{1}{x(x+1)}$.

389. $y = \sqrt{x}$

390. $y = \sin^2 x$.

391. $y = x^3 e^{mx}$.

392. $y = x^2 \sin ax$.

393. $y = x^3 \ln x$

394. $y = \ln(ax+b)$.

395. $y = \ln \dfrac{1+x}{1-x}$.

396. $y = \sin ax$.

397. $y = \dfrac{\ln(1+x)}{1+x}$.

Man beweise die folgenden Gleichungen:

398. $[e^{ax} \sin(bx+c)]^{(n)} = e^{ax}(a^2+b^2)^{\frac{n}{2}} \sin(bx + n\varphi + c)$,

wobei $\sin\varphi = \dfrac{b}{\sqrt{a^2+b^2}}$, $\cos\varphi = \dfrac{a}{\sqrt{a^2+b^2}}$ ist.

399. $\left(\dfrac{x^4+1}{x^3-x}\right)^{(n)} = (-1)^n n! \left[\dfrac{1}{x^{n+1}} - \dfrac{1}{(x-1)^{n+1}} - \dfrac{1}{(x+1)^{n+1}}\right]$.

400. $(\sin^4 x + \cos^4 x)^{(n)} = 4^{n-1} \cos\left(4x + \dfrac{n\pi}{2}\right)$.

401. Man beweise, daß $y = \cos(m \ln x)$ der Gleichung

$$x^2 y^{(n+2)} + (2n+1)\, x y^{(n+1)} + (n^2 + m^2)\, y^{(n)} = 0$$

genügt.

402. Man beweise, daß für jede der Funktionen

$$y = \sin(m \arcsin x), \quad y = \cos(m \arcsin x), \quad y = \sin(m \arccos x),$$
$$y = \cos(m \arccos x)$$

die Gleichung

$$(1-x^2)\, y'' - x y' + m^2 y = 0$$

gilt.

403. Man beweise, daß die Ableitung $y^{(n)}$ der mittelbaren Funktion $y = f(u)$, wobei $u = x^2$ ist, durch die folgende Beziehung gegeben ist:

$$y^{(n)} = 2^n x^n f^{(n)} + 2^{n-2} \frac{n(n-1)}{1} x^{n-2} f^{(n-1)} + 2^{n-4} \frac{n(n-1)(n-2)(n-3)}{1 \cdot 2} x^{n-4} f^{(n-2)} + \cdots.$$

404. Die Ableitung n-ter Ordnung von e^{-x^2} hat die Form $e^{-x^2} H_n(x)$, wobei $H_n(x)$ das sogenannte n-te Tschebyscheff-Hermitesche Polynom ist. Man beweise die Richtigkeit der folgenden Gleichungen:

a) $H_{n+1}(x) + 2x\, H_n(x) + 2n\, H_{n-1}(x) = 0$.

b) $H_n(x) - H'_{n-1}(x) + 2x\, H_{n-1}(x) = 0$.

c) $H''_n(x) - 2x\, H'_n(x) + 2n\, H_n(x) = 0$.

405. Man beweise für die Tschebyscheff-Hermiteschen Polynome die Beziehung

$$H_n(x) = (-1)^n \left[(2x)^n - \frac{n(n-1)}{1} (2x)^{n-2} + \frac{n(n-1)(n-2)(n-3)}{1 \cdot 2} (2x)^{n-4} - \cdots \right].$$

406. Die Laguerreschen Polynome $L_n(x)$ sind durch die Beziehungen

$$[x^n e^{-x}]^{(n)} = e^{-x} L_n(x)$$

definiert. Man beweise

$$x L''_n(x) + (1-x) L'_n(x) + n L_n(x) = 0,$$

$$L_{n+1}(x) - (2n+1-x) L_n(x) + n^2 L_{n-1}(x) = 0,$$

$$L_n(x) = (-1)^n \left[x^n - \frac{n^2}{1} x^{n-1} + \frac{n^2(n-1)^2}{1 \cdot 2} x^{n-2} - \cdots \right].$$

407. Die Legendreschen Polynome $P_n(x)$ sind durch die Beziehung

$$[(x^2-1)^n]^{(n)} = P_n(x)$$

definiert. Man beweise

$$(x^2-1) P''_n(x) + 2x\, P'_n(x) - n(n+1) P_n(x) = 0,$$

$$P_{n+1}(x) - (4n+2)\, x\, P_n(x) + 4n^2 P_{n-1}(x) = 0.$$

408. Die Tschebyscheffschen Polynome $T_n(x)$ sind durch die Beziehung

$$T_n(x) = \frac{1}{2^{n-1}} \cos(n \arccos x) = \frac{1}{2^{n-1}} \left[\left(x + \sqrt{x^2-1}\right)^n + \left(x - \sqrt{x^2-1}\right)^n \right]$$

definiert. Man beweise

$$(x^2-1) \frac{d^{m+2} T_n(x)}{dx^{m+2}} + (2m+1)\, x \frac{d^{m+1} T_n(x)}{dx^{m+1}} + (m^2-n^2) \frac{d^m T_n(x)}{dx^m} = 0.$$

409. Die Ableitung n-ter Ordnung von arc sin x hat die Form

$$p_n(x)\,(1-x^2)^{\frac{1-2n}{2}},$$

wobei $p_n(x)$ ein Polynom ist. Man beweise die Gleichung

$$(1-x^2)\,p_n''(x)+(2n-3)\,x\,p_n'(x)-(n-1)^2\,p_n(x)=0.$$

410. Für die in der letzten Aufgabe genannten Polynome beweise man die folgenden Gleichungen:

$$p_{2m+1}(x)=A\left[1+\sum_{\nu=1}^{m}\frac{m^2(m-1)^2\cdots(m-\nu+1)^2}{1\cdot2\cdot3\cdots2\nu}(2x)^{2\nu}\right].$$

$$p_{2m}(x)=A\,x\left[1+\sum_{\nu=1}^{m-1}\frac{(m-1)^2(m-2)^2\cdots(m-\nu)^2}{1\cdot2\cdot3\cdots(2\nu+1)}(2x)^{2\nu}\right].$$

Hierbei ist $A=[1\cdot3\cdot5\cdots(2m-1)]^2$.

411. Gegeben sei die Gleichung $\dfrac{d^n e^{\frac{1}{x}}}{dx^n}=\dfrac{(-1)^n p_n(x)}{x^{2n}}e^{\frac{1}{x}}$, wobei $p_n(x)$ ein Polynom ist. Man beweise die folgenden Gleichungen:

a) $x^2p_n''-[(2n-2)\,x+1]\,p_n'+n(n-1)\,p_n=0,$

b) $p_n=1+\dfrac{n}{1}(n-1)\,x+\dfrac{n(n-1)}{1\cdot2}(n-1)(n-2)\,x^2$

$$+\frac{n(n-1)(n-2)}{1\cdot2\cdot3}(n-1)(n-2)(n-3)\,x^3+\cdots.$$

412. Man beweise die Gleichung $\dfrac{d^n x^{n-1}e^{\frac{1}{x}}}{dx^n}=\dfrac{(-1)^n}{x^{n+1}}e^{\frac{1}{x}}$.

Hinweis. Man bezeichne den linken Teil der Gleichung mit u_n und beweise die Gleichung $u_n=(n-1)u_{n-1}-u_{n-2}$ durch vollständige Induktion.

413. In der Gleichung $\left[\dfrac{1}{1+x^2}\right]^{(n)}=\dfrac{p_n(x)}{(1+x^2)^{n+1}}$ sei $p_n(x)$ ein Polynom vom n-ten Grade. Man beweise die Gleichungen

1) $p_{n+1}+(2n+2)\,x\,p_n+n(n+1)(1+x^2)\,p_{n-1}=0,$

2) $\dfrac{dp_n}{dx}+n(n+1)\,p_{n-1}=0,$

3) $(1+x^2)\,p_n''-2nxp_n'+n(n+1)\,p_n=0.$

414. Für die Polynome der vorigen Aufgabe beweise man die Formeln

$$p_{2m}=(-1)^m(2m)!\left[\frac{(1+xi)^{2m+1}+(1-xi)^{2m+1}}{2}\right],$$

$$p_{2m-1}=(-1)^m(2m-1)!\left[\frac{(1+xi)^{2m}-(1-xi)^{2m}}{2i}\right].$$

§ 7. Funktionen mehrerer Veränderlicher. Ihre Ableitungen und Differentiale

Die folgenden Beispiele zeigen, daß die Begriffe Grenzwert und Stetigkeit bei Funktionen mehrerer Veränderlicher etwas komplizierter sind als bei Funktionen einer Veränderlichen.

415. Man zeige, daß $\lim\limits_{y\to 0}\lim\limits_{x\to 0}\frac{x^2-y^2}{x^2+y^2}=-1$, aber $\lim\limits_{x\to 0}\lim\limits_{y\to 0}\frac{x^2-y^2}{x^2+y^2}=1$ ist.

416. Man zeige, daß $\lim\limits_{x\to\infty}\lim\limits_{y\to\infty}\frac{x^2+y^2}{1+(x-y)^4}=\lim\limits_{y\to\infty}\lim\limits_{x\to\infty}\frac{x^2+y^2}{1+(x-y)^4}$ ist, daß aber der Ausdruck $\lim\limits_{x,y\to\infty}\frac{x^2+y^2}{1+(x-y)^4}$ sinnlos ist. (Die Schreibweise $\lim\limits_{x,y\to\infty} f(x,y)=a$ bedeutet, daß für eine beliebige Funktion $\varphi(x)$ mit $\varphi(x)\to\infty$ für $x\to\infty$ stets $\lim\limits_{x\to\infty} f(x,\varphi(x))=a$ sein soll.)

417. Man zeige, daß $\frac{1}{1+(x-y)^2}$ für $x\to\infty$ und $y\to\infty$ gegen Null strebt, wenn dabei $\frac{y}{x}$ konstant ist. Dagegen braucht kein Grenzwert zu existieren, wenn $\frac{y}{x}$ nicht konstant ist.

418. Man zeige, daß

$$f(x)=\lim_{n\to\infty}\lim_{m\to\infty}\cos^m n!\,2\pi x$$

gleich 1 wird, wenn x eine rationale Zahl ist, und gleich 0, wenn x irrational ist (die sogenannte DIRICHLETsche Funktion).

419. Man zeige, daß die durch die Gleichungen

$$f(0,0)=0,\quad f(x,y)=\frac{x^2-y^2}{x^2+y^2}$$

für $x^2+y^2>0$ in einer beliebigen Umgebung des Koordinatenursprungs definierte Funktion jeden Wert zwischen -1 und $+1$ annimmt. Unter einer beliebigen Umgebung des Punktes (0, 0) soll hier ein beliebiges Gebiet (ein Kreis, ein Rechteck oder ähnliches) verstanden werden, das den Punkt (0, 0) enthält.

420. Eine Funktion sei durch die folgenden Gleichungen gegeben:

$$f(x,y)=\frac{xy}{x^2+y^2}\quad\text{für}\quad x^2+y^2>0,\quad f(0,0)=0.$$

Man beweise, daß diese Funktion in bezug auf jede einzelne der Veränderlichen x und y stetig ist, daß aber diese Funktion bei beliebiger Annäherung an den Punkt (0, 0), bei der sich y und x gleichzeitig der Null nähern, in dem genannten Punkt nicht mehr stetig ist.

421. Man zeige, daß die durch die Gleichung $f(x,y)=e^{\frac{x}{x^2+y^2}}$ für $x^2+y^2\neq 0$ definierte Funktion in einer beliebigen Umgebung um den Punkt (0, 0) alle möglichen reellen positiven Werte außer Null annimmt.

Man bilde die partiellen Ableitungen folgender Funktionen:

422. $u=x^3+y^3-3xy$.

423. $u=2x^3-3x^2y^2+3y^3$.

424. $u=xy+xz+yz$.

425. $u=x^y$.

426. $u = x^3 + yz^2 + 3xy - x + z.$

427. $u = e^{xy}.$ **428.** $u = \arctan\frac{x}{y}.$

429. $u = xy - \frac{3}{x} + \frac{5}{y}.$

430. $u = x^2 + y^2 + z^2 + xy + xz + yz.$

431. $u = (xy)^z.$ **432.** $u = z^{xy}.$

Man bestimme das totale Differential folgender Funktionen:

433. $u = \sin(x^2 + y^2).$ **434.** $u = \arctan\frac{x}{y}.$

435. $u = \ln\tan\frac{x}{y}.$ **436.** $u = \sqrt{x^2 + y^2 + z^2}.$

437. $u = \ln(x + y + z).$ **438.** $u = x^y.$

Wenn nach Multiplikation aller Veränderlichen einer Funktion mit t die Funktion selbst den t^n-fachen Wert annimmt, so nennt man sie eine homogene Funktion vom Grade n. So ist z. B. $f(x, y, z)$ eine homogene Funktion vom Grade n, wenn für sie die Beziehung gilt:

$$f(tx, ty, tz) = t^n f(x, y, z).$$

Es sei $f(x_1, x_2, \ldots, x_n)$ eine homogene Funktion vom Grade n; dann gilt nach Euler die Gleichung

$$x_1\frac{\partial f}{\partial x_1} + x_2\frac{\partial f}{\partial x_2} + \cdots + x_m\frac{\partial f}{\partial x_m} = nf(x_1, x_2, \ldots, x_m).$$

Man prüfe an folgenden Beispielen die Richtigkeit dieser Gleichung durch unmittelbare Berechnung der partiellen Ableitungen:

439. $u = (x^2 + y^2 + z^2)^{\frac{1}{2}}\ln\frac{x}{y}.$ **440.** $u = \frac{x}{y}e^{\frac{x}{z}}.$

441. $u = \sin\frac{x + y + z}{\sqrt{x^2 + y^2 + z^2}}.$ **442.** $u = \frac{x}{x^2 + y^2 + z^2}.$

443. $u = \sqrt{x^2 + y^2 + z^2}.$ **444.** $u = \arctan\frac{x}{y}.$

In den folgenden Aufgaben sind die angegebenen partiellen Ableitungen zu bestimmen:

445. $\frac{\partial^2 u}{\partial x^2}, \frac{\partial^2 u}{\partial x\,\partial y}, \frac{\partial^2 u}{\partial y^2}$; $u = \frac{1}{2}\ln(x^2 + y^2).$

446. $\frac{\partial^2 u}{\partial x^2}, \frac{\partial^2 u}{\partial x\,\partial y}, \frac{\partial^2 u}{\partial y^2}$; $u = \arctan\frac{x + y}{1 - xy}.$

447. $\frac{\partial^2 u}{\partial x^2}, \frac{\partial^2 u}{\partial x\,\partial y}, \frac{\partial^2 u}{\partial y^2}$; $u = x\sin(x + y) + y\cos(x + y).$

448. $\frac{\partial^2 u}{\partial x\,\partial y}$ für $u = x^y.$

449. $\dfrac{\partial^3 u}{\partial x^2 \partial y}$ für $u = \ln(x + y)$.

450. $\dfrac{\partial^4 u}{\partial x^2 \partial y^2}$ für $u = \ln(x^2 + y^2)$.

451. $\dfrac{\partial^2 u}{\partial x^2}, \dfrac{\partial^2 u}{\partial y^2}, \dfrac{\partial^2 u}{\partial z^2}$ für $u = \sqrt{x^2 + y^2 + z^2}$.

452. $\dfrac{\partial^3 u}{\partial x \partial y \partial z}$ für $u = e^{xyz}$.

In den folgenden Beispielen sind die angegebenen Differentiale zu bestimmen:

453. d^2u für $u = x^2 - xy + 2y^2 + 3x - 5y + 7$.

454. d^2u für $u = x^2y^2$.

455. d^2u für $u = e^{xy}$.

456. d^2u für $u = \frac{1}{2}\ln(x^2 + y^2)$.

457. d^2u für $u = \sin(x + y + z)$.

458. d^4u für $u = x^4 + 4x^3y + 2xy^2z - 3xyz^2 + z^4$.

459. d^4u für $u = x^4 - 3x^2y^2 + y^4 + 5xyz - x^3 - y^3 + x^2 - xy + y^2 + 2x - 5y$.

460. d^4u für $u = x^4 + 3x^3y + z^4 - x^2y + z^3$.

461. d^3u für $u = xyz$.

462. d^4u für $u = \ln(2x + 3y - z)$.

In folgenden Aufgaben bestimme man die angegebenen partiellen Ableitungen, indem man zuerst die totalen Differentiale der benötigten Ordnung bildet:

463. $u = \sin(2x + y)$; $\dfrac{\partial^3 u}{\partial x^3}$ und $\dfrac{\partial^3 u}{\partial x \partial y^2}$.

464. $u = \cos(x + y)$; $\dfrac{\partial^4 u}{\partial x^2 \partial y^2}$.

465. $u = \ln(ax + by + cz)$; $\dfrac{\partial^4 u}{\partial x^4}$ und $\dfrac{\partial^4 u}{\partial x^2 \partial y^2}$.

466. $u = e^{x+2y+3z}$; $\dfrac{\partial^3 u}{\partial x^3}$ und $\dfrac{\partial^3 u}{\partial x \partial y \partial z}$.

Man bestimme die totalen Differentiale erster und zweiter Ordnung für folgende mittelbare Funktionen:

467. $u = \varphi(t)$; $t = xy$.

468. $u = \varphi(t)$; $t = x^2 + y^2$.

469. $u = \varphi(t)$; $t = x^2 + y^2 + z^2$.

470. $u = \varphi(\xi, \eta)$; $\quad \xi = ax + by + cz, \quad \eta = a_1 x + b_1 y + c_1 z.$

471. $u = \varphi(\xi, \eta, \zeta)$; $\quad \xi = ax, \quad \eta = by, \quad \zeta = cz.$

Man bestimme die Ableitungen erster und zweiter Ordnung folgender Funktionen:

472. $u = \varphi(\xi, \eta)$, wobei $\xi = x + y, \quad \eta = x - y.$

473. $u = \varphi(\xi, \eta)$, wobei $\xi = x^2 + y^2, \quad \eta = xy.$

474. Man bestimme die Ableitungen n-ter Ordnung von $u = \varphi(t)$, wobei $t = ax + by + cz$ ist.

475. Man bestimme $\frac{\partial^n u}{\partial x^n}$, wenn $u = \varphi(\xi, \eta, \zeta)$, $\xi = ax$, $\eta = by$, $\zeta = cz$.

476. Es sei $x = \varrho \cos\varphi, \quad y = \varrho \sin\varphi$; man bestimme $\begin{vmatrix} \frac{\partial x}{\partial \varrho} & \frac{\partial x}{\partial \varphi} \\ \frac{\partial y}{\partial \varrho} & \frac{\partial y}{\partial \varphi} \end{vmatrix}$.

477. Es sei $x = \varrho \sin\varphi \cos\psi, \quad y = \varrho \sin\varphi \sin\psi, \quad z = \varrho \cos\varphi$; man berechne den Wert der Funktionaldeterminante

$$\frac{D(x, y, z)}{D(\varrho, \varphi, \psi)} = \begin{vmatrix} \frac{\partial x}{\partial \varrho} & \frac{\partial x}{\partial \varphi} & \frac{\partial x}{\partial \psi} \\ \frac{\partial y}{\partial \varrho} & \frac{\partial y}{\partial \varphi} & \frac{\partial y}{\partial \psi} \\ \frac{\partial z}{\partial \varrho} & \frac{\partial z}{\partial \varphi} & \frac{\partial z}{\partial \psi} \end{vmatrix}.$$

478. Es sei $r^2 = a^2 + \varrho^2 - 2a\varrho \cos\varphi$; man berechne $\frac{D(\varrho, \varphi, \psi)}{D(\varrho, r, \psi)}$.

479. Es sei $x = \xi\eta\zeta, \quad y = \xi\eta - \xi\eta\zeta, \quad z = \eta - \xi\eta$; man bestimme die Funktionaldeterminante $\frac{D(x, y, z)}{D(\xi, \eta, \zeta)}$.

480. Man beweise, daß für $x = \cos\varphi$, $y = \sin\varphi \cos\theta$, $z = \sin\varphi \sin\theta \cos\psi$ die Funktionaldeterminante gleich $-\sin^3\varphi \cdot \sin^2\theta \sin\psi$ ist.

481. Man beweise, daß für $u_1 = \frac{x_1}{\sqrt{1 - r^2}}$, $u_2 = \frac{x_2}{\sqrt{1 - r^2}}$, $u_3 = \frac{x_3}{\sqrt{1 - r^2}}$, wobei $r^2 = x_1^2 + x_2^2 + x_3^2$ ist, die Gleichung

$$\frac{D(u_1, u_2, u_3)}{D(x_1, x_2, x_3)} = (1 - r^2)^{-\frac{5}{2}}$$

gilt.

482. Man beweise die Richtigkeit der Gleichung

$$\frac{D\left(\frac{\partial v}{\partial x_1}, \frac{\partial v}{\partial x_2}, \ldots, \frac{\partial v}{\partial x_n}\right)}{D(y_1, y_2, \ldots, y_n)} = \frac{D\left(\frac{\partial v}{\partial y_1}, \frac{\partial v}{\partial y_2}, \ldots, \frac{\partial v}{\partial y_n}\right)}{D(x_1, x_2, \ldots, x_n)}.$$

Hierbei ist $v = v(x_1, x_2, \ldots, x_n; y_1, y_2, \ldots, y_n)$ eine Funktion mit stetigen zweiten Ableitungen.

483. Es ist zu beweisen, daß für eine homogene Funktion $\varphi(x, y, z)$ vom Grade n die folgende Gleichung gilt:

$$\left(x\frac{\partial}{\partial x} + y\frac{\partial}{\partial y} + z\frac{\partial}{\partial z}\right)^m \varphi = n(n-1)\cdots(n-m+1)\,\varphi.$$

484. Die sogenannte Potentialfunktion der Kugel $x^2 + y^2 + z^2 = a^2$ ist definiert durch die Gleichungen

$$u = 2\pi a^2 - \frac{2\pi}{3}(x^2 + y^2 + z^2) \quad \text{für} \quad x^2 + y^2 + z^2 < a^2,$$

$$u = \frac{4\pi a^3}{3\sqrt{x^2 + y^2 + z^2}} \quad \text{für} \quad x^2 + y^2 + z^2 \geqq a^2.$$

Man zeige, daß die Funktion u und ihre ersten Ableitungen für beliebige x, y und z stetig sind und daß für den LAPLACE-Operator

$$\Delta u = \frac{\partial^2 u}{\partial x^2} + \frac{\partial^2 u}{\partial y^2} + \frac{\partial^2 u}{\partial z^2} = 0 \quad \text{oder} \quad -4\pi$$

gilt, je nachdem, ob der Punkt $M(x, y, z)$ außerhalb oder innerhalb der Kugel $a^2 = x^2 + y^2 + z^2$ liegt.

485. Man verifiziere die Identität

$$\left(x\frac{\partial}{\partial x} + y\frac{\partial}{\partial y} + z\frac{\partial}{\partial z}\right)^2 u = 0, \quad u = \sqrt{x^2 + y^2 + z^2}.$$

Man verifiziere die folgenden Identitäten:

486. $\dfrac{\partial u}{\partial x} + \dfrac{\partial u}{\partial y} + \dfrac{\partial u}{\partial z} = \dfrac{3}{x + y + z}; \qquad u = \ln(x^3 + y^3 + z^3 - 3xyz).$

487. $\dfrac{1}{x}\dfrac{\partial z}{\partial x} + \dfrac{1}{y}\dfrac{\partial z}{\partial y} = \dfrac{z}{y^2} \qquad$ für $\quad z = y\varphi(x^2 - y^2).$

488. $x\dfrac{\partial u}{\partial x} + y\dfrac{\partial u}{\partial y} = xy + u \qquad$ für $\quad u = xy + x\varphi\left(\dfrac{y}{x}\right).$

489. $(x^2 - y^2)\dfrac{\partial z}{\partial x} + xy\dfrac{\partial z}{\partial y} = xyz \qquad$ für $\quad z = e^y\varphi\left(y\,e^{\frac{x^2}{2y^2}}\right).$

490. $x\dfrac{\partial u}{\partial x} + y\dfrac{\partial u}{\partial y} = u - x^2 - y^2 \qquad$ für $\quad u = x\varphi\left(\dfrac{y}{x}\right) - x^2 - y^2.$

491. $\dfrac{\partial^2 u}{\partial t^2} = a^2\dfrac{\partial^2 u}{\partial x^2}, \quad u = \varphi(x + at) + \psi(x - at).$

492. $\dfrac{\partial^2 u}{\partial x^2} + \dfrac{\partial^2 u}{\partial y^2} = 0 \qquad$ für $\quad u = \ln(x^2 + y^2).$

493. $\dfrac{\partial^2 u}{\partial x^2} + \dfrac{\partial^2 u}{\partial y^2} + \dfrac{\partial^2 u}{\partial z^2} = 0 \qquad$ für $\quad u = \dfrac{1}{\sqrt{x^2 + y^2 + z^2}}.$

494. $\dfrac{\partial^2 u}{\partial x^2} + \dfrac{\partial^2 u}{\partial y^2} + \dfrac{\partial^2 u}{\partial z^2} = a^2 u$, wenn $u = \dfrac{1}{r}(A\,e^{-ar} + B\,e^{ar})$ ist,

wobei $r = \sqrt{x^2 + y^2 + z^2}$ ist.

495. $\dfrac{\partial^2 \ln z}{\partial x\, \partial y} = 2z \quad \text{für} \quad z = \dfrac{\varphi'(x)\, \psi'(y)}{[\varphi(x) + \psi(y)]^2}\,.$

496. $x^2 \dfrac{\partial^2 u}{\partial x^2} + 2xy \dfrac{\partial^2 u}{\partial x\, \partial y} + y^2 \dfrac{\partial^2 u}{\partial y^2} = 0,$

wobei $$u = x\varphi\left(\frac{y}{x}\right) + y\psi\left(\frac{y}{x}\right).$$

497. $x^2 \dfrac{\partial^2 u}{\partial x^2} + 2xy \dfrac{\partial^2 u}{\partial x\, \partial y} + y^2 \dfrac{\partial^2 u}{\partial y^2} + x \dfrac{\partial u}{\partial x} + y \dfrac{\partial u}{\partial y} = n^2 u,$

wobei $$u = x^n \varphi\left(\frac{y}{x}\right) + y^{-n} \psi\left(\frac{y}{x}\right).$$

498. $x^2 \dfrac{\partial^2 u}{\partial x^2} + 2xy \dfrac{\partial^2 u}{\partial x\, \partial y} + y^2 \dfrac{\partial^2 u}{\partial y^2} = n(n-1)\, u,$

wobei $$u = x^n \varphi\left(\frac{y}{x}\right) + x^{1-n} \psi\left(\frac{y}{x}\right).$$

499. $\dfrac{\partial u}{\partial x} \dfrac{\partial^2 u}{\partial x\, \partial y} = \dfrac{\partial u}{\partial y} \dfrac{\partial^2 u}{\partial x^2} \qquad \text{für} \quad u = f(x + \varphi(y))\,.$

500. $\dfrac{\partial^2 u}{\partial x^2} - 2 \dfrac{\partial^2 u}{\partial x\, \partial y} + \dfrac{\partial^2 u}{\partial y^2} = 0 \quad \text{für} \quad u = x\varphi(x + y) + y\psi(x + y)\,.$

501. $a^2 \left[u \dfrac{\partial^2 u}{\partial x^2} - \left(\dfrac{\partial u}{\partial x}\right)^2\right] = b^2 \left[u \dfrac{\partial^2 u}{\partial x^2} - \left(\dfrac{\partial u}{\partial y}\right)^2\right],$

wobei $$u = \varphi(ay + bx)\, \psi(bx - ay)\,.$$

Anmerkung. Die meisten der Aufgaben 487 bis 501 enthalten unbestimmte Funktionen wie $\varphi\left(\frac{y}{x}\right)$, $\psi(x + a)$ usw. Diese Funktionen können beliebig gewählt werden, wenn sie nur die in den Aufgaben geforderten Ableitungen besitzen. Diese Aufgaben stellen Lösungen von partiellen Differentialgleichungen dar, die bei Problemen der mathematischen Physik vorkommen.

§ 8. Differentiation impliziter Funktionen

In der Gleichung $f(x, y) = 0$, für die das Zahlenpaar (x_0, y_0) eine Lösung ist, kann man in einer Umgebung von x_0 die Variable y als Funktion von x auffassen, wenn die partielle Ableitung $\dfrac{\partial f}{\partial y}$ im Punkte (x_0, y_0) von Null verschieden und in einer Umgebung dieses Punktes stetig ist. Die Ableitungen von y nach x kann man aus den folgenden Gleichungen erhalten:

$$\frac{\partial f}{\partial x} + \frac{\partial f}{\partial y} y' = 0,$$

$$\frac{\partial^2 f}{\partial x^2} + 2 \frac{\partial^2 f}{\partial x\, \partial y} y' + \frac{\partial^2 f}{\partial y^2} y'^2 + \frac{\partial f}{\partial y} y'' = 0.$$

$$\frac{\partial^3 f}{\partial x^3} + 3 \frac{\partial^3 f}{\partial x^2\, \partial y} y' + 3 \frac{\partial^3 f}{\partial x\, \partial y^2} y'^2 + \frac{\partial^3 f}{\partial y^3} y'^3 + 3 \frac{\partial^2 f}{\partial x\, \partial y} y'' + 3 \frac{\partial^2 f}{\partial y^2} y' y'' + \frac{\partial f}{\partial y} y''' = 0\,.$$

Auf ähnliche Weise kann man auch die Ableitungen impliziter Funktionen berechnen, die durch eine Gleichung mit mehr als zwei Veränderlichen gegeben sind.

Sind mehrere unbekannte Funktionen durch eine Anzahl von Gleichungen gegeben, so kann man zur Berechnung der Ableitungen die Differentiale benutzen. Dabei muß man beachten, daß die Differentiale höherer Ordnung derjenigen Veränderlichen, die man als unabhängig ansieht, gleich Null sind.

502. $x^3 + y^3 - 3axy = 0$. Man bestimme y' für $x = y$.

503. $x^3 + y^3 - 3axy = 0$. Man suche den Wert von x, für den $y' = 0$ ist.

504. $x^y = y^x$. Man bestimme y' für $x \neq y$.

505. $x \sin y - \cos y + \cos 2y = 0$. Man bestimme y'.

506. $x = y - \alpha \cdot \sin y$. Man bestimme y' und y''.

507. $x^2 + 2xy + y^2 - 4x + 2y - 2 = 0$. Man bestimme y''' für $x = 1$, $y = 1$.

508. Man beweise, daß für $x^2y^2 + x^2 + y^2 - 1 = 0$ die Gleichung $\frac{dx}{\sqrt{1-x^4}} + \frac{dy}{\sqrt{1-y^4}} = 0$ gilt.

509. Man beweise, daß für $a + b(x + y) + cxy = m(x - y)$ die folgende Gleichung gilt:

$$\frac{dx}{a + 2bx + cx^2} = \frac{dy}{a + 2by + cy^2}.$$

510. $(x - a)^2 + (y - b)^2 = R^2$. Hierbei sei x die unabhängige Veränderliche und y die abhängige. Man bestimme die Ableitungen vierter Ordnung beider Seiten der Gleichung.

511. Aus der Gleichung $x(x^2 + y^2) - a(x^2 - y^2) = 0$ kann man für $x = 0$, $y = 0$ die Ableitung y' nicht nach der Formel $\frac{\partial f}{\partial x} + \frac{\partial f}{\partial y} y' = 0$ bestimmen; man kann y' jedoch nach der Formel

$$\frac{\partial^2 f}{\partial x^2} + 2\frac{\partial^2 f}{\partial x \partial y} y' + \frac{\partial^2 f}{\partial y^2} y'^2 + \frac{\partial f}{\partial y} y' = 0$$

berechnen. Man bestimme y'.

512. $(x^2 + y^2 - bx)^2 = a^2(x^2 + y^2)$. Man bestimme y' für $x = 0$, $y = 0$.

513. Man löse dieselbe Aufgabe für die Gleichung $x^3 + y^3 - 3xy = 0$.

514. Die Gleichungen $x^2 - y^2 + z^2 = 1$, $y^2 - 2x + z = 0$ seien gegeben. Man bestimme y' und z'' für $x = 1$, $y = 1$, $z = 1$.

515. Aus den Gleichungen $x^2 + y^2 - z^2 = 0$, $x^2 + 2y^2 + 3z^2 = 1$ bestimme man d^2y und d^2z, wenn x die unabhängige Veränderliche ist.

516. Aus den Gleichungen $x^2 + y^2 = 2z^2$, $x^2 + 2y^2 + z^2 = 4$ bestimme man $\frac{dx}{dz}$ und $\frac{d^2y}{dz^2}$ für den Punkt $(1, -1, 1)$, wenn z die unabhängige Veränderliche ist.

517. $x + y + z = a$, $x^3 + y^3 + z^3 = 3xyz$. Man bestimme die Ableitungen von y und z.

518. Man bestimme für den Punkt (1, 1, —2) die Ableitungen von y und z, wenn $x + y + z = 0$, $x^3 + y^3 - z^3 = 10$ ist.

519. $x^2 + y^2 + z^2 = 2z$. Man bestimme $\frac{\partial^2 z}{\partial x^2}$.

520. $x^3 + y^3 + z^3 - 3z = 0$. Man bestimme $\frac{\partial^2 z}{\partial x \partial y}$.

521. $x^2 - 2y^2 + z^2 - 4x + 2z - 5 = 0$. Man bestimme $\frac{\partial z}{\partial x}$ und $\frac{\partial^2 z}{\partial x \partial y}$.

522. $x \cos y + y \cos z + z \cos x = a$. Man bestimme $\frac{\partial z}{\partial x}$ und $\frac{\partial z}{\partial y}$.

523. $xy + xz + yz = 1$. Man bestimme dz und $d^2 z$.

524. Für die Gleichungen der vorigen Aufgabe bestimme man $\frac{\partial^n z}{\partial x^n}$.

525. Es sei $xu + yv = 0$, $uv - xy = 5$; für $x = 1$, $y = -1$ erhalten wir $u = v = 2$. Hierfür bestimme man $\frac{\partial^2 u}{\partial x^2}$ und $\frac{\partial^2 v}{\partial x \partial y}$.

526. $x = \varphi(t)$, $y = \psi(t)$, $z = kt^2$. Man bestimme die Ableitungen von x und y nach z.

527. $x = a \cos u \sin v$, $y = b \cos u \cos v$, $z = c \sin u$. Man bestimme

$$\frac{\partial z}{\partial x} \quad \text{und} \quad \frac{\partial z}{\partial y}.$$

Als Differentialgleichungen bezeichnet man Gleichungen, die Ableitungen der unbekannten Funktion enthalten. Die Bestimmung dieser Funktion ist im allgemeinen eine schwierige Aufgabe; wir werden sie im zweiten Teil behandeln. Die folgenden sieben Aufgaben behandeln jedoch ein viel leichteres Problem: Hier soll gezeigt werden, daß die angegebenen Funktionen gegebene Gleichungen erfüllen.

528. Es sei z als Funktion von x und y durch die Gleichung

$$x - az = \varphi(y - bz)$$

gegeben, wobei φ eine beliebige differenzierbare Funktion darstellt. Es ist zu zeigen, daß z die partielle Differentialgleichung

$$a \frac{\partial z}{\partial x} + b \frac{\partial z}{\partial y} = 1$$

erfüllt, die man die Gleichung der Zylinderfläche nennt.

529. Es sei z durch die Gleichung $z = x\varphi\left(\frac{z}{y}\right)$ als Funktion von x und y gegeben. Es ist zu zeigen, daß z die Gleichung der Kegelfläche,

$$x \frac{\partial z}{\partial x} + y \frac{\partial z}{\partial y} = z,$$

erfüllt.

530. $z = \alpha x + y\varphi(\alpha) + \psi(\alpha)$, $\quad 0 = x + y\varphi'(\alpha) + \psi'(\alpha)$. Man zeige, daß z die folgende Gleichung erfüllt:

$$\frac{\partial^2 z}{\partial x^2}\,\frac{\partial^2 z}{\partial y^2} - \left(\frac{\partial^2 z}{\partial x\,\partial y}\right)^2 = 0.$$

531. Man zeige, daß für $y = x\varphi(z) + \psi(z)$ die folgende Gleichung erfüllt ist:

$$\frac{\partial^2 z}{\partial x^2}\left(\frac{\partial z}{\partial y}\right)^2 - 2\,\frac{\partial z}{\partial x}\,\frac{\partial z}{\partial y}\,\frac{\partial^2 z}{\partial x\,\partial y} + \frac{\partial^2 z}{\partial y^2}\left(\frac{\partial z}{\partial y}\right)^2 = 0.$$

532. Eine Funktion z von x und y sei durch die Gleichungen

$$[z - \varphi(\alpha)]^2 = x^2(y^2 - \alpha^2), \quad [z - \varphi(\alpha)]\,\varphi'(\alpha) = \alpha x^2$$

gegeben. Man zeige, daß

$$\frac{\partial z}{\partial x}\,\frac{\partial z}{\partial x} = x y$$

ist.

533. Gegeben seien die Gleichungen

$$z = \frac{\psi(\alpha)}{(x+\alpha)^2\psi'(\alpha)} + \frac{1}{x+\alpha}, \qquad y + \ln[(x+\alpha)^2\,\psi'(\alpha)] = 0.$$

Man beweise die Beziehung

$$\left(z - \frac{\partial z}{\partial y}\right)^2 + \frac{\partial z}{\partial x} = 0.$$

§ 9. Einführung neuer Veränderlicher

Manchmal ist es notwendig, die Rolle der Variablen zu verändern, indem man abhängige und unabhängige Veränderliche miteinander vertauscht.

Wird die unabhängige Veränderliche x durch die unabhängige Veränderliche t mittels der Gleichung $x = \varphi(t)$ ersetzt, so kann man zur Berechnung von Ableitungen die folgenden Formeln benutzen:

$$y' = \frac{1}{\varphi'(t)}\,\frac{dy}{dt}, \quad y'' = \frac{1}{\varphi'(t)}\left[\frac{1}{\varphi'(t)}\,\frac{dy}{dt}\right]', \quad y''' = \frac{1}{\varphi'}\left\{\frac{1}{\varphi'}\left[\frac{1}{\varphi'}\,\frac{dy}{dt}\right]'\right\}', \quad \ldots .$$

Hier sind auf den linken Seiten der Gleichungen die Ableitungen nach x gemeint, auf den rechten Seiten die Ableitungen nach t.

Wird insbesondere y als unabhängige Variable genommen, so daß also $x = \varphi(y)$ ist, so kann man die vorigen Beziehungen weiterhin benutzen, wobei jetzt

$$\frac{dy}{dt} = 1, \quad \varphi(t) = x, \quad \varphi'(t) = x', \quad \ldots$$

ist. Auf diese Weise erhält man die Gleichungen

$$y' = \frac{1}{x'}, \quad y'' = \frac{x''}{x'^3}, \quad y''' = \frac{3x''^2 - x'x'''}{x'^5}, \quad \ldots .$$

534. Man setze y als neue unabhängige Variable ein und forme die Gleichung $y'' - x y'^3 + e^y y'^3 = 0$ um.

535. Man forme die Gleichung $y' y''' - 3 y''^2 = 0$ um, indem man die unabhängige Veränderliche x als Funktion von y darstellt.

536. Auf dieselbe Weise ist die Gleichung

$$y'^2 y^{IV} - 10 y' y'' y''' + 15''^3 = 0$$

umzuformen.

537. In der Gleichung $(1 - x^2) \frac{d^2 y}{d x^2} - x \frac{d y}{d x} + a^2 y = 0$ setze man $x = \cos t$.

538. In der Gleichung $x^2 y'' + 3 x y' + y = 0$ setze man $x = e^t$.

539. In der Gleichung $x^3 y''' + 2 x^2 y'' - x y' + y = 0$ setze man $t = \ln x$.

540. In der Gleichung $(x + a)^3 y''' + 3(a + x)^2 y'' + (a + x) y' + b y = 0$ setze man $\ln(a + x) = t$.

541. In der Gleichung $(1 + x^2)^2 y'' + 2x(1 + x^2) y' + y = 0$ setze man $x = \tan t$.

542. Man zeige, daß durch die Substitution $x = \frac{1}{2} \ln \tan 2t$ die Gleichung

$$\frac{d^2 y}{d x^2} + 2 \frac{e^{2x} - e^{-2x}}{e^{2x} + e^{-2x}} \frac{d y}{d x} + \frac{4 m^2 y}{(e^{2x} + e^{-2x})^2} = 0$$

in die Gleichung

$$y'' + 4 m^2 y = 0$$

übergeführt wird.

543. Durch die Substitution $x = \sqrt{1 - t^2}$ ist die folgende Gleichung umzuwandeln: $(x - x^3) y'' + (1 - 3 x^2) y' - x y = 0$.
Man beweise, daß die neue Gleichung von derselben Form ist wie die vorige.

544. Man forme die Gleichung $(1 - x^2)^2 y''' - 2x(1 - x^2) y' + \frac{2 x y}{1 - x^2} = 0$ um, indem man $x = \frac{e^{2t} - 1}{e^{2t} + 1}$ setzt.

In den folgenden Aufgaben benutzt man zweckmäßigerweise Formeln, die die Ableitungen unabhängig von der Wahl des Argumentes durch Differentiale ausdrücken:

$$y' = \frac{d y}{d x}, \quad y'' = \frac{d x\, d^2 y - d y\, d^2 x}{d x^3}, \quad \ldots .$$

545. Man stelle den Ausdruck $\frac{x y' - y}{\sqrt{1 + y'^2}}$ in Polarkoordinaten dar, indem man $x = r \cos\varphi$, $y = r \sin\varphi$ setzt.

546. Man löse dieselbe Aufgabe für den Ausdruck $\frac{x + y y'}{x y' - y}$.

547. Man löse dieselbe Aufgabe für den Ausdruck $\frac{(1 + y'^2)^{\frac{3}{2}}}{y''}$.

548. In der Gleichung $(1 - x^2)^2 (a - y'') = b y$ setze man

$$x = \tanh \xi, \quad y = \frac{a \eta}{\cosh \xi},$$

wobei ξ das Argument und η die Funktion bezeichnen sollen.

549. In der Gleichung $2 y'' + (x + y)(1 - y')^3 = 0$ setze man $x - y = u$, $x + y = v$ und betrachte u als Argument und v als Funktion.

550. Man forme die Gleichung $y'' = \frac{A}{(x-\alpha)^2 (x-\beta)^2}\, y$ durch die Substitution $u = \frac{y}{x-\beta}$, $t = \ln \frac{x-\alpha}{x-\beta}$ um, wobei t als Argument und u als Funktion angesehen werde.

551. Die Variable x sei eine Funktion von t. Man ersetze x durch eine Substitution der Form $y = \frac{\alpha x + \beta}{\gamma x + \delta}$, wobei $\alpha\delta - \beta\gamma \neq 0$ ist, und beweise die Gleichung

$$\frac{x'''}{x'} - \frac{3}{2}\left(\frac{x''}{x'}\right)^2 = \frac{y'''}{y'} - \frac{3}{2}\left(\frac{y''}{y'}\right)^2.$$

Hinweis. Es ist zweckmäßig, das Problem auf den Fall der Substitution $y = \frac{1}{x}$ zurückzuführen. Dabei muß man die Gleichung $xy = \frac{1}{2}$ dreimal nach t differenzieren.

552. In der Gleichung $9 y''^2 y^{\mathrm{V}} - 45 y'' y''' y^{\mathrm{IV}} + 40 y'''^3 = 0$ transformiere man die beiden Variablen x und y nach den Gleichungen

$$y = \frac{a_1 X + b_1 Y + c_1}{a X + b Y + c}, \qquad x = \frac{a_2 X + b_2 Y + c_2}{a X + b Y + c}.$$

Man beweise, daß sich die Form der Gleichung nicht ändert.

In den folgenden Aufgaben sollen Ausdrücke mit partiellen Ableitungen nach x und y durch Einführung neuer unabhängiger Variabler transformiert werden. Sind die neuen Variablen durch die Gleichungen $u = \varphi(x, y)$, $v = \psi(x, y)$ gegeben, so erhalten wir nach der Regel über die Differentiation mittelbarer Funktionen

$$\frac{\partial z}{\partial x} = \frac{\partial z}{\partial u}\frac{\partial \varphi}{\partial x} + \frac{\partial z}{\partial v}\frac{\partial \varphi}{\partial x}, \qquad \frac{\partial z}{\partial y} = \frac{\partial z}{\partial u}\frac{\partial \varphi}{\partial y} + \frac{\partial z}{\partial v}\frac{\partial \psi}{\partial y}.$$

Diese Gleichungen gestatten einen Übergang von den Ableitungen nach x und y zu den Ableitungen nach u und v. Auf diesem Wege kann man auch Ableitungen höherer Ordnung ausdrücken.

553. In die Gleichung $y \frac{\partial z}{\partial x} - x \frac{\partial z}{\partial y} = 0$ führe man neue unabhängige Veränderliche u und v ein, indem man $u = x$, $v = x^2 + y^2$ setzt.

554. In der Gleichung $x \frac{\partial z}{\partial x} + y \frac{\partial z}{\partial y} - z = 0$ setze man $u = x$, $v = \frac{y}{x}$ und behandle u und v als neue unabhängige Veränderliche.

555. Man löse dieselbe Aufgabe für die Gleichung

$$(x + mz)\frac{\partial z}{\partial x} + (y + nz)\frac{\partial z}{\partial y} = 0,$$

wobei $u = x$, $v = \frac{y + nz}{x + mz}$ ist.

Man stelle die folgenden Ausdrücke in Polarkoordinaten dar, indem man $x = r\cos\varphi$, $v = r\sin\varphi$ setzt:

556. $w = x\frac{\partial u}{\partial y} - y\frac{\partial u}{\partial x}$. **557.** $w = x\frac{\partial u}{\partial x} - y\frac{\partial u}{\partial y}$.

558. $w = \left(\frac{\partial u}{\partial x}\right)^2 + \left(\frac{\partial u}{\partial y}\right)^2.$ **559.** $w = \frac{\partial^2 u}{\partial x^2} + \frac{\partial^2 u}{\partial y^2}.$

560. $w = y^2 \frac{\partial^2 z}{\partial x^2} - 2xy \frac{\partial^2 z}{\partial x \partial y} + x^2 \frac{\partial^2 z}{\partial y^2} - x \frac{\partial z}{\partial x} - y \frac{\partial z}{\partial y}.$

Man betrachte u und v als neue unabhängige Veränderliche und forme die folgenden Gleichungen um:

561. $\frac{\partial^2 z}{\partial x^2} - a^2 \frac{\partial^2 z}{\partial y^2} = 0; \quad u = y + ax, \quad v = y - ax.$

562. $\frac{\partial^2 z}{\partial x^2} + \frac{\partial^2 z}{\partial y^2} + m^2 z = 0; \quad 2x = u^2 - v^2, \quad y = uv.$

563. $\frac{\partial^2 z}{\partial x^2} + 2xy^2 \frac{\partial z}{\partial x} + 2(y - y^3) \frac{\partial z}{\partial y} + x^2 y^2 z^2 = 0; \quad x = uv, y = \frac{1}{v}.$

564. Mit Hilfe der Substitution $u = x + \alpha y$, $v = x + \beta y$ bringe man die Gleichung $\frac{\partial^2 z}{\partial x^2} - (a + b) \frac{\partial^2 z}{\partial x \partial y} + ab \frac{\partial^2 z}{\partial y^2} = 0$ auf die Form $\frac{\partial^2 z}{\partial u \partial v} = 0.$

Man betrachte u und v als neue unabhängige Variable, w als neue Funktion und forme die folgenden Gleichungen um:

565. $\frac{\partial z}{\partial y} + \frac{1}{2} y \frac{\partial^2 z}{\partial y^2} = \frac{1}{x}; \quad u = \frac{x}{y}, \quad v = x, \quad w = xz - y.$

566. $\frac{\partial^2 z}{\partial x^2} + \frac{\partial^2 z}{\partial y^2} - 2 \frac{\partial^2 z}{\partial x \partial y} = 0; \quad u = x + y, \quad v = \frac{y}{x}, \quad w = \frac{z}{x}.$

567. $\frac{\partial^2 z}{\partial x^2} + 2 \frac{\partial^2 z}{\partial x \partial y} + \frac{\partial^2 z}{\partial y^2} = 0; \quad u = x + y, \quad v = x - y, \quad w = xy - z.$

568. Welche Form erhält die Gleichung $\frac{\partial^2 u}{\partial x^2} + \frac{\partial^2 u}{\partial y^2} + u = 0$, wenn $u = \varphi(r)$ gesetzt wird, wobei $r = \sqrt{x^2 + y^2}$ ist?

569. Man löse dieselbe Aufgabe für die Gleichung

$$\frac{\partial^4 u}{\partial x^4} + 2 \frac{\partial^4 u}{\partial x^2 \partial y^2} + \frac{\partial^4 u}{\partial y^4} = 0.$$

570. Welche Form erhält die Gleichung $\frac{\partial^2 w}{\partial x \partial y} + aw = 0$, wenn $w = \varphi(u)$ gesetzt wird, wobei $u = (x - x_0)(y - y_0)$ ist?

571. Welche Form erhält die Gleichung $\frac{\partial^2 u}{\partial x^2} + \frac{\partial^2 u}{\partial y^2} + \frac{\partial^2 u}{\partial z^2} + u = 0$, wenn $u = \varphi(r)$ und $r = \sqrt{x^2 + y^2 + z^2}$ ist?

572. Die Ausdrücke

$$\Delta_1 v = \left(\frac{\partial v}{\partial x}\right)^2 + \left(\frac{\partial v}{\partial y}\right)^2 + \left(\frac{\partial v}{\partial z}\right)^2 \quad \text{und} \quad \Delta_2 v = \frac{\partial^2 v}{\partial x^2} + \frac{\partial^2 v}{\partial y^2} + \frac{\partial^2 v}{\partial z^2}$$

sind in Kugelkoordinaten darzustellen, indem man

$$x = r \sin\theta \sin\varphi, \quad y = r \sin\theta \cos\varphi, \quad z = r \cos\theta$$

573. Wenn $x = \varphi(u, v)$, $y = \psi(u, v)$ und außerdem $\frac{\partial \varphi}{\partial u} = \frac{\partial \psi}{\partial v}$, $\frac{\partial \varphi}{\partial v} = -\frac{\partial \psi}{\partial u}$ ist, dann gilt die Gleichung

$$\frac{\partial^2 w}{\partial u^2} + \frac{\partial^2 w}{\partial v^2} = \left(\frac{\partial^2 w}{\partial x^2} + \frac{\partial^2 w}{\partial y^2}\right)\left[\left(\frac{\partial \varphi}{\partial u}\right)^2 + \left(\frac{\partial \varphi}{\partial v}\right)^2\right].$$

Man führe den Beweis durch.

574. Man zeige, daß nach Einführung von neuen Veränderlichen durch die Gleichungen $X = \frac{dy}{dx}$, $Y = x\frac{dy}{dx} - y$ die Gleichungen

$$x = \frac{dY}{dX}, \quad y = X\frac{dY}{dX} - Y$$

gelten.

575. Die Transformation von Ampère besteht darin, daß durch die Gleichungen

$$X = x, \quad Y = \frac{\partial z}{\partial y}, \quad Z = z - y\frac{\partial z}{\partial y}$$

neue Veränderliche eingeführt werden. Man zeige, daß man dabei die Gleichungen

$$\frac{\partial Z}{\partial X} = \frac{\partial z}{\partial x}, \quad \frac{\partial Z}{\partial Y} = -y, \quad z = Z - Y\frac{\partial Z}{\partial Y}$$

erhält.

576. Die Legendre-Transformation besteht darin, daß an Stelle der alten Veränderlichen x, y und z neue Veränderliche durch die Gleichungen $X = p$, $Y = q$, $Z = px + qy - z$ eingeführt werden; dabei bedeuten $p = \frac{\partial z}{\partial x}$ und $q = \frac{\partial z}{\partial y}$. Man zeige, daß für die Ableitungen der neuen Veränderlichen die folgenden Gleichungen gelten:

$$\frac{\partial Z}{\partial X} = x, \quad \frac{\partial Z}{\partial Y} = y,$$

$$\frac{\partial^2 Z}{\partial Y^2} = \frac{t}{rt - s^2}, \quad \frac{\partial^2 Z}{\partial X \partial Y} = -\frac{s}{rt - s^2}, \quad \frac{\partial^2 Z}{\partial Y^2} = \frac{r}{rt - s^2},$$

wobei $r = \frac{\partial^2 z}{\partial x^2}$, $s = \frac{\partial^2 z}{\partial x \partial y}$, $t = \frac{\partial^2 z}{\partial y^2}$ ist.

IV. ABSCHNITT

Anwendung der Differentialrechnung in der Analysis

§ 1. Der Satz von Rolle, der Mittelwertsatz und der Satz von Cauchy. Monoton wachsende und monoton fallende Funktionen. Ungleichungen

Satz von Rolle. Wenn in einem Intervall $a < x < b$ die Ableitung $f'(x)$ einer Funktion $f(x)$ existiert und wenn $\lim_{h \to 0} f(a+h) = \lim_{h \to 0} f(b-h)$ ist, so hat die Gleichung $f'(x) = 0$ in diesem Intervall mindestens eine Wurzel.

Der Mittelwertsatz. Existiert in einem Intervall $a < x < b$ die Ableitung $f'(x)$ einer Funktion $f(x)$ und ist $f(a) = \lim_{h \to +0} f(a+h)$, $f(b) = \lim_{h \to +0} f(b-h)$, so ist

$$f(b) - f(a) = (b-a) f'(c),$$

wobei c eine gewisse Stelle aus dem genannten Intervall ist.

1. Man zeige, daß die Nullstellen der Ableitung des Polynoms

$$x(x-1) \cdot (x-2) \cdot (x-3) \cdot (x-4)$$

reell sind, und stelle fest, zwischen welchen Grenzen sie liegen.

2. Man zeige, daß die Ableitung eines Polynoms, dessen Nullstellen sämtlich reell sind, keine komplexen Nullstellen besitzt.

3. Man zeige, daß das Legendresche Polynom

$$P_n(x) = \frac{1}{2^n n!} \frac{d^n (x^2-1)^n}{dx^n}$$

nur reelle Nullstellen hat und daß diese in dem Intervall $(-1, 1)$ liegen.

4. Man zeige, daß das Laguerresche Polynom

$$L_n(x) = \frac{d^n x^n e^{-x}}{dx^n} e^x$$

nur positive Nullstellen hat.

5. Man zeige, daß die Nullstellen des Hermite-Tschebyscheffschen Polynoms $\frac{d^n e^{-x^2}}{dx^n} e^{x^2}$ reell sind.

6. Es gilt die Gleichung $\frac{d^n \operatorname{arc\,tan} x}{dx^n} = \frac{P_{n-1}(x)}{(1+x^2)^n}$, wobei $P_{n-1}(x)$ ein Polynom vom Grade $n-1$ darstellt. Man zeige, daß die Nullstellen dieses Polynoms sämtlich reell sind.

7. Für welche Werte von x wächst die Funktion $\frac{x}{1+x^2}$?

8. Für welche Werte von x fällt die Funktion $x^3(1-x)$?

9. Man zeige, daß die Funktion $x^n e^{-x}$, $n > 0$, für alle x aus dem Intervall $0 < x < n$ wächst und für alle $x > n$ fällt.

10. Man zeige, daß die Funktion $\frac{\sin x}{x}$ für alle x aus $0 < x < \frac{\pi}{2}$ fällt.

11. Man zeige, daß bei Vermehrung der Seitenzahl der Umfang eines einem Kreis einbeschriebenen Vielecks wächst, dagegen der Umfang eines umbeschriebenen Vielecks abnimmt.

12. Man zeige mit Hilfe der Sätze über monoton wachsende Funktionen daß $\left(1 + \frac{1}{n}\right)^n$ mit wachsendem $n > 0$ wächst.

Unter Benutzung des Mittelwertsatzes beweise man die folgenden Ungleichungen:

13. $n(b - a)\,a^{n-1} < b^n - a^n < n(b - a)\,b^{n-1}$ für $b > a > 0$.

14. $\frac{x}{1+x} < \ln(1 + x) < x$ für $x > 0$.

15. $e^x > 1 + x$.

16. $e^x > ex$ für $x > 1$.

17. $x^\delta |\ln x| < \frac{1}{\delta e}$ für $0 < x < 1$.

18. Man beweise: Wenn für $x = 0$ die Funktionen $\varphi(x)$, $\varphi'(x), \ldots, \varphi^{(n-1)}(x)$ den Wert Null annehmen und die Funktion $\varphi^{(n)}(x)$ für $x > 0$ positiv ist, so ist $\varphi(x) > 0$ für positive x.

19. Man beweise den Satz: Wenn

$$\varphi(0) = \psi(0), \quad \varphi'(0) = \psi'(0), \quad \ldots, \quad \varphi^{(n-1)}(0) = \psi^{(n-1)}(0)$$

und $\varphi^{(n)}(x) > \psi^{(n)}(x)$ ist für $x > 0$, so gilt für positive x die Ungleichung $\varphi(x) > \psi(x)$.

Man beweise die folgenden Ungleichungen:

20. $x - \frac{x^3}{6} < \sin x < x$ für $x > 0$.

21. $x - \frac{x^3}{3} < \operatorname{arc\,tan} x < x$ für $x > 0$.

22. $\tan x > x + \frac{x^3}{3}$ für $0 < x < \frac{\pi}{2}$.

23. $x - \frac{x^2}{2} < \ln(1 + x) < x$; $x > 0$.

24. Durch Quadrieren beweise man die Ungleichung

$$1 + \frac{x}{2} - \frac{x^2}{8} < \sqrt{1 + x} < 1 + \frac{x}{2} \quad \text{für} \quad x > 0.$$

25. Man zeige, daß für $0 < x < 1$ die Ungleichung $e^{2x} < \frac{1+x}{1-x}$ gilt.

26. Es sei p_n der Umfang eines einem Kreise einbeschriebenen und P_n der Umfang eines dem Kreis umbeschriebenen regelmäßigen Vielecks. Man zeige, daß der Ausdruck $\frac{2}{3}p_n + \frac{1}{3}P_n$ größer ist als der Umfang des Kreises (HUYGENS) [vgl. S. 123, Aufg. 311].

27. Man zeige, daß in einer endlichen geometrischen Folge mit positiven Gliedern die Summe zweier von den äußeren Gliedern gleich weit entfernten Glieder kleiner ist als die Summe der äußeren Glieder selbst.

28. Bei einer arithmetischen und einer geometrischen Reihe mögen die Anzahl der Glieder sowie die entsprechenden äußeren Glieder gleich sein. Die Glieder beider Reihen seien durchweg positiv. Man zeige, daß dann die Summe der arithmetischen Reihe größer ist als die der geometrischen Reihe.

29. Die Zahlen $m_1, m_2, \ldots, m_n$ seien positiv, und die Punkte

$$(x_1, y_1), \quad (x_2, y_2), \quad \ldots, (x_n, y_n)$$

seien Punkte der Kurve $y = \varphi(x)$. Man beweise: Ist die Kurve von unten konvex, so gilt die Ungleichung

$$\varphi\left(\frac{m_1 x_1 + m_2 x_2 + \cdots + m_n x_n}{m_1 + m_2 + \cdots + m_n}\right) < \frac{m_1 \varphi(x_1) + m_2 \varphi(x_2) + \cdots + m_n \varphi(x_n)}{m_1 + m_2 + \cdots + m_n}.$$

Ist die Kurve von oben konvex, so gilt die Ungleichung im umgekehrten Sinne.

Die folgenden Aufgaben lassen sich auf die vorigen zurückführen. Dabei seien die Zahlen $\alpha_1, \alpha_2, \ldots, \alpha_n$ stets positiv. Die Zahlen $x_1, x_2, \ldots, x_n$ seien positiv und nicht alle einander gleich.

30. Man zeige, daß für $m > 1$ die Ungleichung

$$(\alpha_1 x_1 + \alpha_2 x_2 + \cdots + \alpha_n x_n)^m < \alpha_1 x_1^m + \alpha_2 x_2^m + \cdots + \alpha_n x_n^m$$

erfüllt ist, wobei

$$\alpha_1 + \alpha_2 + \cdots + \alpha_n = 1$$

ist.

31. Man zeige, daß das arithmetische Mittel von positiven Zahlen kleiner ist als ihr quadratisches Mittel:

$$\frac{x_1 + x_2 + \cdots + x_n}{n} < \sqrt{\frac{x_1^2 + x_2^2 + \cdots + x_n^2}{n}}.$$

32. Man zeige, daß für die positiven Zahlen $x_1, x_2, \ldots, x_n$ für $m > 1$ die folgende Ungleichung gilt:

$$(x_1 + x_2 + \cdots + x_n)^m < n^{m-1}(x_1^m + x_2^m + \cdots + x_n^m).$$

33. Sind α und x positive Zahlen und ist $\alpha_1 + \alpha_2 + \cdots + \alpha_n = 1$, so gilt die Ungleichung

$$\alpha_1 x_1 + \alpha_2 x_2 + \cdots + \alpha_n x_n > x_1^{\alpha_1} x_2^{\alpha_2} \cdots x_n^{\alpha_n}.$$

Als Spezialfall beweise man, daß das arithmetische Mittel positiver Zahlen stets größer ist als ihr geometrisches.

34. Bei beliebigen reellen Werten der Koeffizienten a_ν, b_ν sowie der Veränderlichen x besteht offenbar die Ungleichung

$$\sum_{\nu=1}^{n} (a_\nu x + b_\nu)^2 \geq 0.$$

Davon ausgehend beweise man die CAUCHYsche Ungleichung

$$(a_1 b_1 + a_2 b_2 + \cdots + a_n b_n)^2 \leqq (a_1^2 + a_2^2 + \cdots + a_n^2)(b_1^2 + b_2^2 + \cdots + b_n^2).$$

Für die folgenden Aufgaben ist es vorteilhaft, eine Koordinatentransformation durchzuführen.

35. Man zeige, daß für den Kreis $x^2 + y^2 = 1$ die Ungleichung

$$\frac{1}{a^2} \leqq A x^2 + B x y + C y^2 \leqq \frac{1}{b^2}$$

erfüllt ist, wenn durch $A x^2 + B x y + C y^2 = 1$ eine Ellipse mit den Halbachsen a und b gegeben ist.

36. Durch eine Drehung der Koordinatenachsen geht die Gleichung $A x^2 + B y^2 + C z^2 + D x y + E x z + F y z = 1$ einer Fläche über in die Gleichung $A_1 x_1^2 + B_1 y_1^2 + C_1 z_1^2 = 1$, wobei $A_1 < B_1 < C_1$ ist. Man beweise die Ungleichung

$$A_1 \leqq \frac{A x^2 + B y^2 + C z^2 + D x y + E x z + F y z}{x^2 + y^2 + z^2} \leqq C_1.$$

§ 2. Bestimmung der Maxima und Minima von Funktionen einer Veränderlichen

Im folgenden soll unter einem Maximum bzw. unter einem Minimum einer Funktion ein Funktionswert verstanden werden, der größer bzw. kleiner als alle hinreichend nahe bei ihm gelegenen Werte der Funktion ist.[1]) Die Bestimmung der Maxima und Minima im eigentlichen Sinne des Wortes[2]) läßt sich auf die Bestimmung dieser eben definierten Maxima und Minima und die Bestimmung der Funktionswerte in den Endpunkten des Intervalls, in dem die Funktion untersucht werden soll, zurückführen. Eine Methode zur Bestimmung der Minima und Maxima (Extrema) einer Funktion liefert der folgende Satz:

Durchläuft das Argument x eine bestimmte Stelle, an der die erste Ableitung der Funktion von positiven zu negativen Werten übergeht (wobei x in der Richtung von kleineren zu größeren Werten läuft), so hat die Funktion an dieser Stelle ein Maximum; geht die Ableitung von negativen zu positiven Werten über, so hat die Funktion an dieser Stelle ein Minimum.

Oft ist das folgende Kriterium bequem anwendbar:

Wenn für einen gewissen Argumentwert die erste Ableitung der Funktion verschwindet und die zweite negativ ist, so hat die Funktion dort ein Maximum; ist die erste Ableitung gleich Null und die zweite positiv, so hat die Funktion an dieser Stelle ein Minimum.

37. Man bestimme das Maximum der Funktion $y = 6x - x^2$.

38. Man bestimme das Minimum der Funktion $y = x^2 - 8x$.

39. Man ermittle die Extremwerte der Funktion $y = x^3 - 12x$.

---

[1]) Relative Maxima und Minima. (Anm. d. Red. d. deutsch. Ausg.)

[2]) Absolute Maxima und Minima. (Anm. d. Red. d. deutsch. Ausg.)

40. Man zeige, daß die Funktion $y = x^3(8 - x)$ an der Stelle $x = 6$ ein Maximum, an der Stelle $x = 0$ dagegen keinen Extremwert besitzt.

41. Man zeige, daß die durch die Festsetzung $y(0) = 0$ ergänzte Funktion $y = x^2 + \frac{1}{2} x^2 \sin \frac{1}{x}$ an der Stelle $x = 0$ keinen Extremwert besitzt.

Man bestimme die Extremwerte der folgenden Funktionen:

42. $y = x^3 - 3x^2 + 6x + 7$. **43.** $y = x^3 - 9x^2 + 15x - 3$.

44. $y = a + (x - b)^4$. **45.** $y = a + (x - b)^3$.

46. $y = x^4 - 8x^3 + 22x^2 - 24x + 12$.

47. $y = x^5 - 5x^4 + 5x^3 - 1$. **48.** $y = (x - 4)^4 (x + 3)^3$.

49. $y = \frac{x}{1 + x^2}$.

50. $y = \frac{a^2}{x} + \frac{b^2}{a - x}, \quad a > b > 0$. **51.** $y = \frac{x^2 - 7x + 6}{x - 10}$.

52. $y = \frac{x^4 + 1}{x^2}$. **53.** $y = \frac{x^2}{x^4 + 4}$.

54. $y = x \ln x$. **55.** $y = x^2 \ln x$.

56. $y = x^x$. **57.** $y = x \ln^2 x$.

58. $y = x^n e^{-x}$. **59.** $y = x^2 e^{-x^2}$.

60. $y = e^x + e^{-x}$. **61.** $y = e^{-x} - e^{-2x}$.

62. $y = x^3 \sqrt[3]{(x - 1)^2}$ für $-2 \leqq x \leqq 2$.

63. $y = \ln x - \arctan x$. **64.** $y = e^x \cos x$.

65. $y = \frac{\sin x}{1 - c^2 \cos^2 x}$, wobei $c^2 < 1$ sei. (Man betrachte die beiden Fälle $2c^2 > 1$ und $2c^2 < 1$.)

66. $y = \frac{\tan x}{\tan (x + a)}$ für $0 < a < \frac{\pi}{2}$. **67.** $y = \frac{\tan^3 x}{\tan 3x}$.

68. $y = \sin 3x - 3 \sin x$. **69.** $y = \arcsin \sin x$.

Man suche die Extremwerte der Funktionen y, die in den folgenden Gleichungen implizit gegeben sind:

70. $y^2 + 2yx^2 + 4x - 3 = 0$. **71.** $y^2 + 2yx^2 - 4x - 3 = 0$.

72. $xy^2 - x^2y = 2a^3$.

73. $x^2 + 2xy + y^2 - 4x + 2y - 2 = 0$.

74. $x^2 - 2xy + 5y^2 - 2x + 4y + 1 = 0$.

75. $x^2 + 4xy + 4y^2 + x + 2y - 1 = 0$.

76. $x^3 + y^3 - 3axy = 0$ für $x > 0$.

77. $x^4 + y^4 - 4xy = 0$. **78.** $x^4 + y^4 = x^2 + y^2$.

§ 3. Graphische Darstellung von Funktionen

Die Funktionen dieses Paragraphen sollen mit Hilfe der Sätze über monoton wachsende Funktionen sowie durch Bestimmung ihrer Extremwerte und durch Feststellung ihres Konvexitätsverhaltens geometrisch soweit wie möglich untersucht werden.

79. $y = x^3 - 3a^2x.$ **80.** $y = \frac{ax^2}{a^2 + x^2}.$

81. $y = (x+1)^2(x-2).$ **82.** $y = \frac{x-1}{x^2 + 3x - 4}.$

83. $y = \frac{a^3}{a^2 + x^2}.$ **84.** $y = Ae^{-\frac{x^2}{a^2}}.$

85. $y = x^n e^{-\frac{x}{a}}; \quad n > 0,\ a > 0.$

86. $y = x^2 e^{-\frac{x^2}{a^2}}.$ **87.** $y = \frac{1}{x^2} - \frac{1}{(x-1)^2}.$

88. $y = \frac{x^2}{2} + \frac{1}{x}.$ **89.** $y = \frac{1}{x} + \frac{2x}{x^2 - 1}.$

90. $y = \frac{2x-1}{(x-1)^2}$ **91.** $y = \frac{x^2+1}{x^2 - 4x + 3}.$

92. $y = \pm\sqrt{\frac{x-1}{x+1}}.$ **93.** $y = \frac{10\sqrt[3]{(x-1)^2}}{x^2 + 9}.$

94. $2y = \sqrt{x^2 + x + 1} + \sqrt{x^2 - x + 1}.$

95. $y = \sqrt{x^2 + x + 1} - \sqrt{x^2 - x + 1}.$

96. $y = \pm x^2\sqrt{x+1}.$ **97.** $y = (x+1)^3\sqrt[3]{x^2}.$

98. $y = \sqrt[3]{(x+1)^2} + \sqrt[3]{(x-1)^2}.$

99. $y = \sqrt[3]{(x+1)^2} - \sqrt[3]{(x-1)^2}.$

100. $y = \sqrt{x^2 + 1} - \sqrt{x^2 - 1}.$ **101.** $y = \pm\frac{x}{\sqrt{x+1}}.$

102. $y = \pm\sqrt{\frac{1-x}{x}}.$ **103.** $y = \pm\frac{x}{\sqrt{1 - x^2}}.$

104. $y = \pm\frac{x\sqrt{1-x}}{1+x}.$

105. $ay = \pm x\sqrt{x(a-x)}, \quad a > 0.$

106. $y^2 = x^3 + px + q$ für $4p^3 + 27q^2 > 0.$

107. $y^2 = x^3 + px + q$ für $4p^3 + 27q^2 < 0.$

108. $y^2 = x^3 + px + q$ für $4p^3 + 27q^2 = 0.$

109. $y = \cos^3 x + \sin^3 x$. **110.** $y = \cos^4 x + \sin^4 x$.

111. $y = \cos x + \frac{1}{2}\cos 2x + \frac{1}{3}\cos 3x$.

112. $y = \sin x + \frac{1}{2}\sin 2x + \frac{1}{3}\sin 3x$. **113.** $y = \frac{\cos 2x}{\cos x}$.

114. $y = \frac{\tan 3x}{\tan x}$. **115.** $y = \frac{\sin x}{x}$. **116.** $y = x \ln x$.

117. $y = x^2 \ln x$. **118.** $y = \ln(x^2 - 1)$. **119.** $y = \frac{1}{2}\ln\frac{1+x}{1-x}$.

120. $y = (1+x)^{\frac{1}{x}}$ für $x \geqq -1$.

Die Untersuchung der graphischen Darstellungen von Funktionen gestattet in vielen Fällen, die Zahl der reellen Wurzeln der zugehörigen Gleichungen zu bestimmen, auch wenn die Koeffizienten nur allgemein gegeben sind. Als Beispiel sei die Gleichung $ae^x = x^3$ angeführt, die wir auf die Form $x^3 e^{-x} = a$ bringen. Damit ist die Frage nach der Anzahl der Wurzeln der Gleichung auf die Frage nach der Anzahl der Schnittpunkte der Geraden $y = a$ mit der Kurve $y = x^3 e^{-x}$ zurückgeführt. Die Ordinate der letzteren wächst von $-\infty$ bis $27e^{-3}$, wenn x alle Werte von $-\infty$ bis 3 durchläuft. Sie nähert sich Null, wenn x von 3 bis $+\infty$ wächst. Hieraus ergibt sich: a) Ist $a > 27e^{-3}$, so hat die Gleichung keine reelle Lösung; b) ist $a = 27e^{-3}$, so hat die Gleichung die mehrfache Wurzel $x = 3$; c) für $0 < a < 3$ hat die Gleichung zwei reelle Wurzeln: $0 < x_1 < 3$ und $x_2 > 3$; d) für alle $a < 0$ hat die Gleichung eine negative Wurzel.

Man bestimme die Anzahl der reellen Wurzeln für folgende Gleichungen:

121. $12x^4 - 14x^3 - 3x^2 - 5 = 0$.

122. $x^4 - 4ax^3 - 2 = 0$ **123.** $2x^3 - 3ax^2 + 1 = 0$.

124. $x \ln x = a$. **125.** $\ln x = ax$.

126. Man zeige, daß die Gleichung $x^3 + px + q = 0$ für reelle p und q im Fall $4p^3 + 27q^2 > 0$ eine und im Fall $4p^3 + 27q^2 < 0$ drei reelle Wurzeln hat.

127. Man zeige, daß für $a > 1$ die Gleichung $a^x = bx$ im Fall $e \cdot \ln a > b > 0$ keine reelle Wurzel, im Fall $b < 0$ eine und im Fall $b > e \ln a$ zwei reelle Wurzeln hat.

Man bestimme die Parameterwerte m, für welche die folgenden Gleichungen die jeweils nachstehend geforderte Anzahl reeller Wurzeln haben.

128. $3x^2 + 4x^3 - 6x^2 - 12x + m = 0$, zwei verschiedene Wurzeln.

129. $2x^3 - 13x^2 - 20x + m = 0$, eine Wurzel.

130. $3x^4 - 14x^3 - 45x^2 + m = 0$, vier verschiedene Wurzeln.

131. $2x^3 - 4x^2 - 30x + m = 0$, eine einfache und zwei zusammenfallende Wurzeln.

132. $x^4 + x + e^{-x} + m = 0$, zwei zusammenfallende Wurzeln.

133. $x^2 - x - \ln x + m = 0$, keine Wurzeln.

134. $6 \arctan x - x^3 + m = 0$, drei Wurzeln, von denen zwei zusammenfallen.

§ 4. Einige Extremwertaufgaben

135. Welches von allen Rechtecken mit dem Umfang $4a$ hat den größten Inhalt und wie groß ist dieser?

136. Einem Kreis mit dem Radius a ist das Rechteck mit dem größten Flächeninhalt einzubeschreiben.

137. Einem Segment eines Kreises mit dem Radius a ist das Rechteck größten Inhalts einzubeschreiben. Der zum Segment gehörige Zentriwinkel sei 2α.

138. Einem aus der Parabel $y^2 = 2px$ und der Geraden $x = \frac{m^2}{2p}$ gebildeten Parabelsegment ist das Rechteck größten Inhalts einzubeschreiben.

139. Gegeben sei ein Dreieck mit der Basis a und der Höhe h. Diesem sei ein Rechteck so einbeschrieben, daß eine seiner Seiten auf der Basis liegt und die zwei anderen Ecken auf je einer Seite des Dreiecks liegen. Wann hat ein solches Rechteck den größten Flächeninhalt?

140. An den Ecken einer rechtwinkligen Platte mit den Seiten a und b seien vier gleich große Quadrate ausgeschnitten. Aus der verbliebenen kreuzförmigen Figur werde eine (offene) Schachtel hergestellt (deren Höhe gleich der Seitenlänge der ausgeschnittenen Quadrate ist). Man bestimme die Seitenlänge der Quadrate, für welche die Schachtel den größten Inhalt hat.

141. Der Querschnitt eines Stammes sei ein Kreis mit dem Radius a. Aus diesem Stamm werde ein Balken mit rechteckigem Querschnitt herausgeschnitten. Die Tragfähigkeit eines solchen Balkens ist proportional der Breite und dem Quadrat der Höhe des Querschnittes. Man bestimme die Form des Querschnittes, für die der Balken die größte Tragfähigkeit besitzt.

142. Einem Sektor eines Kreises mit dem Radius a ist das Rechteck größten Inhalts einzubeschreiben, wenn der durch den Sektor gebildete Zentriwinkel 2α ist.

143. Welcher von allen Zylindern, die einer Kugel mit dem Radius a einbeschrieben werden können, hat den größten Inhalt und wie groß ist dieser?

144. Welcher von allen Zylindern, bei denen der Umfang des Achsenquerschnitts $6m$ beträgt, hat den größten Inhalt und wie groß ist dieser?

145. Welcher von allen Zylindern, die einer Kugel mit dem Radius a einbeschrieben werden können, hat die größte Mantelfläche?

146. Einem Kegel ist der Zylinder mit größtem Inhalt einzubeschreiben.

147. Man bestimme den größten von allen Zylindern, die einem Segment des Paraboloids $az = x^2 + y^2$, $a > 0$, einbeschrieben werden können, wobei das Segment durch die Fläche $z = h > 0$ gebildet werden soll.

148. Einer Kugel mit dem Radius a ist der Kegel größten Inhalts einzuzeichnen.

149. Man bestimme den kleinsten von allen Kegeln, die einer Halbkugel mit dem Radius a umbeschrieben werden können.

150. Man bestimme den kleinsten von allen Kegeln, die einer Kugel mit dem Radius a umbeschrieben werden können.

151. Einem Würfel mit der Kantenlänge a sei ein Zylinder so einbeschrieben, daß seine Achse mit einer Diagonalen des Würfels übereinstimmt und seine Grundflächen die Flächen des Würfels berühren. Wann hat ein solcher Zylinder den größten Inhalt?

152. Einem gegebenen Zylinder mit dem Radius a sei ein Zylinder so einbeschrieben, daß seine Achse die Achse des gegebenen Zylinders unter einem rechten Winkel schneidet. Wann hat ein solcher Zylinder den größten Inhalt und wie groß ist dieser?

153. Welcher von allen Kegeln mit gegebener Erzeugender l hat den größten Inhalt?

154. Ein Sektor eines Kreises mit gegebenem Radius werde zu einem kegelförmigen Trichter zusammengerollt. Für welchen Zentriwinkel erhält der Trichter den größten Inhalt?

155. Aus drei gleich breiten Brettern werde eine Dachrinne hergestellt. Für welchen Neigungswinkel der Seitenflächen erhält der Querschnitt den größten Flächeninhalt?

156. Die Beleuchtungsstärke wird ausgedrückt durch die Formel $f = \frac{m \sin \varphi}{r^2}$, worin φ den Neigungswinkel der Strahlen, r den Abstand der beleuchteten Fläche von der Lichtquelle und m eine Konstante (Lichtstärke) bedeuten. In welcher Höhe h muß eine Lichtquelle an einer Stange angebracht werden, um auf einer Scheibe im Abstand a von der Stange maximale Helligkeit zu erzielen?

157. Auf den Koordinatenachsen mögen sich zwei Punkte mit den Geschwindigkeiten v_1 und v_2 bewegen. Die Ausgangspunkte seien $(a, 0)$ und $(0, b)$. Man ermittle den kleinsten Abstand der Punkte voneinander.

158. Man bestimme den kleinsten Abstand des Punktes (x_1, y_1, z_1) von der Geraden $x = a + lt,\ y = b + mt,\ z = c + nt$.

159. Ein Punkt bewege sich im Medium I mit der Geschwindigkeit v_1 und im Medium II mit der Geschwindigkeit v_2. Die beiden Medien seien geradlinig voneinander getrennt. Weiterhin werde angenommen, daß sich die Bewegung des Punktes von einem Punkte A im ersten Medium zu einem Punkt B im zweiten Medium aus den geradlinigen Abschnitten AC und CB zusammensetzt, wobei C auf der Grenze zwischen den Medien liegt. Unter diesen Voraussetzungen zeige man, daß die Bewegung des Punktes von A nach B genau dann in kürzester Zeit erfolgt, wenn $\frac{\sin \varphi_1}{\sin \varphi_2} = \frac{v_1}{v_2}$ ist, wobei φ_1 und φ_2 die Winkel sind, welche die Geraden AC und CB mit der gradlinigen Begrenzung zwischen den beiden Medien bilden.

160. Ein Punkt bewege sich in der Ebene mit der Geschwindigkeit v und erhalte, wenn er die Abszissenachse berührt, die Geschwindigkeit $v_2 > v_1$. Man ermittle den kürzesten Weg vom Punkte $A(0, a)$ zum Punkt $B(b, 0)$.

161. Von einem Kanal mit der Breite a gehe unter einem rechten Winkel ein anderer Kanal mit der Breite b aus. Die Wände der Kanäle seien geradlinig. Wie lang darf ein Balken höchstens sein, der von einem Kanal in den anderen geflößt werden soll.

162. Ein einarmiger Hebel werde an einem seiner Enden unterstützt und von der am anderen Ende angreifenden Kraft F im Gleichgewicht gehalten. An einem solchen Hebel möge im Abstand a vom Unterstützungspunkt eine Last p angreifen. Das Gewicht einer Längeneinheit des Hebels sei m. Man bestimme die Länge des Hebels, bei der die Kraft F möglichst klein wird.

163. Von den Punkten A und A_1 mögen sich auf den Geraden AO und A_1O zwei Körper mit den Geschwindigkeiten v und v_1 in Richtung auf den Punkt O bewegen. Ihr Start erfolge gleichzeitig. Der Winkel zwischen AO und A_1O sei gleich α, und die Weglängen seien $AO = l$ und $A_1O = l_1$. Wann ist der Abstand zwischen den Körpern am kleinsten?

164. Eine Tasse habe die Form einer Halbkugel mit dem Radius a. Aus ihr rage ein Strohhalm von der Länge $l > 2a$ heraus. Bei welcher Lage des Halmes liegt sein Mittelpunkt am tiefsten? (Gleichgewichtslage.)

165. Eine Strecke der Länge $2b$ berühre mit ihren Endpunkten zwei Geraden, die in einer vertikalen Ebene liegen und gegen die Horizontalebene um die Winkel α bzw. β geneigt sind. Bei welcher Lage der Strecke befindet sich ihr Mittelpunkt am höchsten?

166. Ein leuchtender Punkt befinde sich auf der Verbindungsgeraden der Mittelpunkte zweier Kugeln verschiedener Größe. Für welche Lage des Punktes wird die Summe der beleuchteten Teile der Oberflächen beider Kugeln am größten?

167. An einen Kreis seien zwei Tangenten gelegt. Eine dritte Tangente lege man so an den Kreis, daß das entstehende Dreieck, das den Kreis enthalten soll, einen möglichst kleinen Flächeninhalt erhält.

168. Durch einen Punkt im Innern eines rechten Winkels ist eine Gerade so zu legen, daß der Abschnitt der Geraden zwischen den Schenkeln des Winkels möglichst klein wird.

169. Ein Gefäß mit vertikaler Wandung stehe auf einer horizontalen Ebene. Seine Höhe sei h. Aus einer Öffnung in der Gefäßwand dringe ein Flüssigkeitsstrahl. Man bestimme die Lage der Öffnung, für die der Strahl die größte Weite erzielt, wenn die Geschwindigkeit der ausströmenden Flüssigkeit nach dem Gesetz von TORRICELLI gleich $\sqrt{2gx}$ ist, wobei x die Höhe der Öffnung unter dem Flüssigkeitsspiegel darstellt.

170. Durch einen Punkt im Innern eines Winkels lege man eine Gerade, die von dem Winkel ein Dreieck mit möglichst kleinem Flächeninhalt abschneidet.

171. Durch einen Punkt innerhalb einer Kurve sei eine Sehne der Kurve so gelegt, daß das entstehende Segment den kleinstmöglichen Flächeninhalt erhält. Man zeige, daß der gegebene Punkt die Sehne in zwei gleiche Abschnitte teilt.

172. Eine durch ein Tetraeder parallel zu zwei gegenüberliegenden Kanten gelegte Ebene schneidet das Tetraeder in einem Parallelogramm. Wann ist der Flächeninhalt des Parallelogramms am größten?

173. Einem Dreieck sei ein Parallelogramm so einbeschrieben, daß zwei Seiten und die ihnen gegenüberliegende Ecke auf je einer Dreiecksseite liegen. Wann hat das Parallelogramm den größten Flächeninhalt?

174. Durch einen geraden Kreiskegel werde eine Ebene so gelegt, daß ein Parabelsegment entsteht. Der Flächeninhalt dieses Segmentes ist gleich $^2/_3$ des Produktes aus Basis und Höhe. Wann hat das Segment den größten Inhalt?

175. Auf einer Parabel errichte man die Normale, die von der Parabel ein Segment von möglichst kleinem Flächeninhalt abschneidet.

176. Über den Teilen AC und CB des Durchmessers AB eines Halbkreises werden neue Halbkreise errichtet, für die die Teile AC und CB Durchmesser sind. Wo muß der Punkt C liegen, wenn für einen Kreis, der alle drei Halbkreise zugleich berühren soll, der größtmögliche Durchmesser gefordert ist?

177. Das Sechseck $ABCDEFA$ sei die Deckfläche eines regelmäßigen sechsflächigen Prismas. Durch den oberhalb der Deckfläche auf der Achse des Prismas gelegenen Punkt O und durch die Diagonalen AC, CE und EA des Sechsecks seien drei Ebenen gelegt, welche die nicht durch A, C und E führenden Kanten des Prismas in den Punkten B_1, D_1 und F_1 schneiden. Der Inhalt des Vielflachs, das von unten durch die Grundfläche, von der Seite durch die verbleibenden Seitenflächen des Prismas und von oben durch das Dach $OAB_1CD_1EF_1A$ begrenzt wird, ist von der Wahl des Punktes O unabhängig. Unter welcher Bedingung wird die Oberfläche des Vielflachs am kleinsten? (Aufgabe aus der Bienenzucht.)

§ 5. Reihen. Konvergenz

Wenn für $n \to \infty$ die Folge der Partialsummen $s_n = u_1 + u_2 + \cdots + u_n$ gegen einen bestimmten endlichen Grenzwert s strebt, so sagt man, die Reihe $u_1 + u_2 + \cdots + u_n + \cdots$ konvergiere, und nennt s ihre Summe. Man schreibt dann: $u_1 + u_2 + \cdots + u_n + \cdots = s$. Notwendig und hinreichend für die Konvergenz der Reihe $u_1 + u_2 + u_3 + \cdots$ ist, daß für jede beliebige positive Konstante ε eine Zahl $n_0 = n_0(\varepsilon)$ gefunden werden kann mit der Eigenschaft, daß

$$|s_{n+p} - s_n| = |u_{n+1} + u_{n+2} + \cdots + u_{n+p}| < \varepsilon$$

für alle $n > n_0$ und jedes positive p gilt.

Nichtkonvergente Reihen heißen divergent.

In den folgenden Beispielen kann die Konvergenz der Reihe unmittelbar entschieden und ihre Summe bestimmt werden.

178. Durch Ausführung der Division erhält man leicht die Gleichung

$$\frac{1}{1-x} = 1 + x + x^2 + \cdots + x^{n-1} + \frac{x^n}{1-x}.$$

Davon ausgehend zeige man, daß die Reihe

$$1 + x + x^2 + \cdots$$

für $|x| < 1$ konvergiert und ihre Summe gleich $\frac{1}{1-x}$ ist.

179. Von der Beziehung $\frac{1}{\nu} - \frac{1}{\nu+1} = \frac{1}{\nu(\nu+1)}$ ausgehend zeige man, daß die Reihe

$$\frac{1}{1\cdot 2} + \frac{1}{2\cdot 3} + \frac{1}{3\cdot 4} + \cdots$$

konvergiert und daß ihre Summe gleich 1 ist.

180. Man beweise die Gleichung

$$\frac{1}{1\cdot 3} + \frac{1}{3\cdot 5} + \frac{1}{5\cdot 7} + \cdots = \frac{1}{2}.$$

181. Man beweise die Gleichung

$$\frac{1}{1\cdot 2\cdot 3} + \frac{1}{2\cdot 3\cdot 4} + \frac{1}{3\cdot 4\cdot 5} + \cdots = \frac{1}{4}.$$

182. Man beweise die Gleichung

$$\sum_{n=1}^{\infty} (v_n - v_{n+1}) = v_1 - v$$

unter der Voraussetzung, daß $\lim\limits_{n\to\infty} v_n = v$ ist.

183. Von der Beziehung

$$\frac{m}{(m+1)(m+2)} + \frac{m}{(m+2)(m+3)} + \frac{m}{(m+3)(m+4)} + \cdots = \frac{m}{m+1}$$

ausgehend zeige man, daß für $m \to \infty$ der Grenzwert der Summe der Reihe von der Summe der Grenzwerte der einzelnen Glieder verschieden ist, denn $\lim\limits_{m\to\infty}(u_1 + u_2 + u_3 + \cdots)$ ist hier gleich 1; dagegen ist

$$\lim u_1 + \lim u_2 + \lim u_3 + \cdots = 0 + 0 + 0 + \cdots = 0.$$

Eins der Verfahren zur Feststellung der Konvergenz von unendlichen Reihen ist das folgende Vergleichskriterium: Wenn die absoluten Beträge der Glieder einer gegebenen Reihe $u_1 + u_2 + u_3 + \cdots$ nicht größer sind als die entsprechenden Glieder einer konvergierenden Reihe mit positiven Gliedern $v_1 + v_2 + v_3 + \cdots$, so ist die gegebene Reihe konvergent. Sie wird in diesem Fall absolut konvergent genannt.

Wenn eine Reihe $u_1 + u_2 + u_3 + \cdots$ konvergiert, so gilt stets $\lim\limits_{n\to\infty} u_n = 0$. Wenn u_n für $n \to \infty$ nicht gegen Null strebt, so ist die Reihe divergent.

Man untersuche folgende Reihen für verschiedene Werte der Veränderlichen x auf Konvergenz:

184. $x + \frac{x^2}{2} + \frac{x^3}{3} + \frac{x^4}{4} + \cdots$

185. $x + x^4 + x^9 + x^{16} + \cdots$

186. $1 - \frac{x}{3} + \frac{x^2}{5} - \frac{x^3}{7} + \cdots$

187. $\frac{\sin x}{1 \cdot 2} + \frac{\sin 2x}{2 \cdot 3} + \frac{\sin 3x}{3 \cdot 4} + \cdots$

188. $x - \frac{x^3}{3} + \frac{x^5}{5} - \cdots$

189. $\frac{1}{x(x+1)} + \frac{1}{(x+1)(x+2)} + \frac{1}{(x+2)(x+3)} + \cdots$

190. $\frac{1}{x^2} + \frac{1}{x^2+1^2} + \frac{1}{x^2+2^2} + \cdots$

Hinweis. Man benutze die Ungleichung $\frac{1}{n^2} < \frac{1}{(n-1)n}$.

In vielen Fällen genügt bei der Untersuchung der Konvergenz von Reihen das Kriterium von D'ALEMBERT: Wenn von einem beliebigen n an der absolute Betrag des Quotienten zweier aufeinanderfolgender Glieder kleiner ist als eine unterhalb von Eins gelegene reelle Zahl q, d. h., wenn $\left|\frac{u_{n+1}}{u_n}\right| < q$ ist, wobei $q < 1$ ist, so konvergiert die Reihe (und zwar absolut). Insbesondere konvergiert die Reihe $u_1 + u_2 + u_3 + \cdots$, wenn $\lim_{n\to\infty} \left|\frac{u_{n+1}}{u_n}\right| < 1$ ist. Ist dagegen $\lim_{n\to\infty} \left|\frac{u_{n+1}}{u_n}\right| > 1$, so divergiert die Reihe.

Man untersuche folgende Reihen auf Konvergenz:

191. $1 + x + \frac{x^2}{1 \cdot 2} + \frac{x^3}{1 \cdot 2 \cdot 3} + \cdots$

192. $1 + x + 1 \cdot 2x^2 + 1 \cdot 2 \cdot 3x^3 + \cdots$

193. $x + 2x^2 + 3x^3 + 4x^4 + 5x^5 + \cdots$

194. $x + \frac{2x^2}{3} + \frac{2^2x^3}{5} + \frac{2^3x^4}{7} + \cdots$

195. $x + \frac{1}{2^2}x^2 + \frac{1 \cdot 2}{3^3}x^3 + \frac{1 \cdot 2 \cdot 3}{4^4}x^4 + \cdots$

196. $x + \frac{1 \cdot 2}{1 \cdot 3}x^2 + \frac{1 \cdot 2 \cdot 3}{1 \cdot 3 \cdot 5}x^3 + \frac{1 \cdot 2 \cdot 3 \cdot 4}{1 \cdot 3 \cdot 5 \cdot 7}x^4 + \cdots$

197. $x + \frac{x^4}{1 \cdot 2} + \frac{x^9}{1 \cdot 2 \cdot 3} + \cdots = \sum_{n=1}^{\infty} \frac{x^{n^2}}{n!}$.

198. $\frac{1}{e^x - 1} + \frac{2}{e^{2x} - 1} + \frac{3}{e^{3x} - 1} + \cdots$

199. In der Reihe $u_1 + u_2 + u_3 + \cdots$ sei $u_n = \frac{1}{2^{m\sigma}}$ das allgemeine Glied, wobei $2^m \leqq n < 2^{m+1}$ und σ eine Konstante ist. Man zeige, daß für $\sigma > 1$ die Reihe $u_1 + u_2 + u_3 + \cdots$ konvergiert und $\frac{2^\sigma}{2^\sigma - 2}$ ihre Summe ist.

200. Unter Benutzung des Resultates der vorigen Aufgabe beweise man, daß für $\sigma > 1$ die Reihe $1 + \frac{1}{2^\sigma} + \frac{1}{3^\sigma} + \frac{1}{4^\sigma} + \cdots$ konvergiert (Zetafunktion).

201. Das allgemeine Glied einer Reihe sei

$$u_n = \frac{1}{2^{m\sigma}},$$

wobei $2^{m-1} < n \leqq 2^m$ und σ eine Konstante ist. Man beweise, daß die Reihe $u_1 + u_2 + u_3 + \cdots$ für $0 < \sigma < 1$ divergiert.

202. Man beweise, daß die Reihe $1 + \frac{1}{2^\sigma} + \frac{1}{3^\sigma} + \frac{1}{4^\sigma} + \cdots$ für $0 < \sigma \leqq 1$ divergent ist (Zetafunktion).

203. Man zeige unter Benutzung der Ungleichung

$$\frac{1}{\sqrt{n}} > \frac{2}{\sqrt{n} + \sqrt{n+1}} = 2\left(\sqrt{n+1} - \sqrt{n}\right),$$

daß die Reihe $1 + \frac{1}{\sqrt{2}} + \frac{1}{\sqrt{3}} + \frac{1}{\sqrt{4}} + \cdots$ divergent ist (Zetafunktion).

In allen Fällen, in denen für $n \to \infty$ der Quotient $\frac{u_{n+1}}{u_n}$ gegen 1 strebt, ist das D'ALEMBERTsche Kriterium unzureichend. Stellt jedoch der Quotient $\frac{u_{n+1}}{u_n}$ das Verhältnis zweier Polynome in n dar, so kann das GAUSSsche Kriterium von Nutzen sein:

GAUSSsches Kriterium: Wenn $\frac{u_{n+1}}{u_n} = \frac{n^m + a_1 n^{m-1} + \cdots + a_m}{n^m + b_1 n^{m-1} + \cdots + b_m}$ ist, so konvergiert die Reihe für $b_1 - a_1 > 1$. Ist dagegen $b_1 - a_1 \leqq 1$, so ist die Reihe divergent.

Man untersuche folgende Reihen auf Konvergenz:

204. $1 + \frac{1}{3} + \frac{1}{5} + \frac{1}{7} + \cdots$

205. $1 + \frac{1}{2} \cdot \frac{1}{2} + \frac{1 \cdot 3}{2 \cdot 4} \cdot \frac{1}{3} + \frac{1 \cdot 3 \cdot 5}{2 \cdot 4 \cdot 6} \cdot \frac{1}{4} + \cdots$

206. $1 + \frac{2}{1} \cdot \frac{1}{2} + \frac{2 \cdot 4}{1 \cdot 3} \cdot \frac{1}{3} + \frac{2 \cdot 4 \cdot 6}{1 \cdot 3 \cdot 5} \cdot \frac{1}{4} + \cdots$

207. $1 - \frac{m}{1} + \frac{m(m-1)}{1 \cdot 2} - \frac{m(m-1)(m-2)}{1 \cdot 2 \cdot 3} + - \cdots; \quad m > 0.$

Für die Fälle, in denen die bisher besprochenen Kriterien keine Entscheidung über Divergenz bzw. Konvergenz einer vorgelegten Reihe zulassen, steht noch eine Anzahl weiterer Kriterien zur Verfügung, mit deren Hilfe man die Konvergenz bzw die Divergenz feststellen kann. Ein besonders wichtiges dieser Kriterien beruht auf der ABELschen Identität

$$\begin{aligned} a_1 b_1 + a_2 b_2 + a_3 b_3 + \cdots + a_n b_n \\ = \sigma_1 (b_1 - b_2) + \sigma_2 (b_2 - b_3) + \cdots + \sigma_{n-1} (b_{n-1} - b_n) + \sigma_n b_n, \end{aligned}$$

wobei $\sigma_m = a_1 + a_2 + \cdots + a_m$ ist.

ABELsches Konvergenzkriterium: Die Reihe $u_1 v_1 + u_2 v_2 + u_3 v_3 + \cdots$ ist konvergent, wenn die Summe $u_1 + u_2 + \cdots + u_n$ für beliebig große n beschränkt bleibt und die Zahlen $v_1, v_2, v_3, \ldots, v_n$ für unbeschränkt wachsende n monoton gegen Null streben.

Spezialfall des ABELschen Kriteriums: Die alternierende Reihe $u_1 - u_2 + u_3 - u_4 + - \cdots$ ist konvergent, wenn u_n für wachsende n gegen Null strebt, d. h. $\lim u_n = 0$ ist.

Man untersuche folgende Reihen auf Konvergenz:

208. $1 - \frac{1}{3} + \frac{1}{5} - \frac{1}{7} + \cdots$ **209.** $1 - \frac{1}{2^\sigma} + \frac{1}{3^\sigma} - \frac{1}{4^\sigma} + \cdots$

210. $1 + \frac{m}{1} + \frac{m(m-1)}{1 \cdot 2} + \frac{m(m-1)(m-2)}{1 \cdot 2 \cdot 3} + \cdots; \quad m > 0.$

211. $1 - \frac{2}{1} \cdot \frac{1}{2} + \frac{2 \cdot 4}{1 \cdot 3} \cdot \frac{1}{3} - \frac{2 \cdot 4 \cdot 6}{1 \cdot 3 \cdot 5} \cdot \frac{1}{4} + - \cdots$

212. $\frac{\sin x}{1} + \frac{\sin 2x}{2} + \frac{\sin 3x}{3} + \frac{\sin 4x}{4} + \cdots$

213. $\cos x + \frac{\cos 3x}{3} + \frac{\cos 5x}{5} + \frac{\cos 7x}{7} + \cdots$

214. $1 + \frac{1}{2} - \frac{2}{3} + \frac{1}{4} + \frac{1}{5} - \frac{2}{6} + \frac{1}{7} + \frac{1}{8} - \frac{2}{9} + - \cdots$

215. $1 + \frac{1}{2} - \frac{1}{3} - \frac{1}{4} + \frac{1}{5} + \frac{1}{6} - \frac{1}{7} - \frac{1}{8} + + - - \cdots$

Wenn die Reihe $u_1 + u_2 + u_3 + \cdots$ konvergiert, dagegen die aus den absoluten Beträgen ihrer Glieder gebildete Reihe $|u_1| + |u_2| + |u_3| + \cdots$ nicht konvergent ist, so heißt die gegebene Reihe bedingt konvergent. Die folgenden Beispiele zeigen den Unterschied im Charakter der absoluten und der bedingten Konvergenz.

216. Man zeige mit Hilfe der Definition der Konvergenz einer Reihe, daß sich die Summe einer absolut konvergenten Reihe nicht ändert, wenn die Reihenfolge der Glieder dieser Reihe beliebig verändert wird.

217. Man zeige, daß sich die Summe einer bedingt konvergenten Reihe nicht ändert, wenn man die Glieder so vertauscht, daß kein Glied sich von seinem Platz um mehr als m Stellen entfernt, wobei m eine beliebige ganze Zahl ist.

218. Man zeige, daß sich die Summe einer bedingt konvergenten Reihe durch gruppenweises Zusammenfassen von jeweils nicht mehr als m Gliedern, wobei die einzelnen Glieder an ihrem Platz verbleiben und m eine gegebene ganze Zahl ist, nicht ändert.

219. Man beweise die Gleichung

$$1 - \frac{1}{2} + \frac{1}{3} - \frac{1}{4} + \frac{1}{5} - \frac{1}{6} + \cdots$$
$$= 2\left(1 - \frac{1}{2} - \frac{1}{4} + \frac{1}{3} - \frac{1}{6} - \frac{1}{8} + \frac{1}{5} - \frac{1}{10} - \frac{1}{12} + \cdots\right)$$

und zeige dadurch, daß die Summe einer bedingt konvergenten Reihe von der Reihenfolge der Summanden abhängig ist.

220. Man betrachte die Gleichungen

$$\begin{aligned} s &= 1 - \frac{1}{2} + \frac{1}{3} - \frac{1}{4} + \frac{1}{5} - \frac{1}{6} + \cdots \\ &= 1 - \left(\frac{1}{2} - \frac{1}{3}\right) - \left(\frac{1}{4} - \frac{1}{5}\right) - \cdots, \\ s_1 &= 1 - \frac{1}{2} + \frac{1}{3} + \frac{1}{5} - \frac{1}{4} + \frac{1}{7} + \frac{1}{9} - \frac{1}{6} + \cdots \\ &= 1 - \frac{1}{2} + \left(\frac{1}{3} + \frac{1}{5} - \frac{1}{4}\right) + \left(\frac{1}{7} + \frac{1}{9} - \frac{1}{6}\right) + \cdots \end{aligned}$$

und zeige, daß $s < 1$, $s_1 > 1$ und infolgedessen $s_1 \neq s$ ist.

221. Man zeige, daß die Reihe $1 - \frac{1}{\sqrt{2}} + \frac{1}{\sqrt{3}} - \frac{1}{\sqrt{4}} + \frac{1}{\sqrt{5}} - \frac{1}{\sqrt{6}} + - \cdots$ konvergiert, dagegen die aus dieser durch Umordnung der Summanden hervorgehende Reihe

$$1 + \frac{1}{\sqrt{3}} - \frac{1}{\sqrt{2}} + \frac{1}{\sqrt{5}} + \frac{1}{\sqrt{7}} - \frac{1}{\sqrt{4}} + \frac{1}{\sqrt{9}} + \frac{1}{\sqrt{11}} - \frac{1}{\sqrt{6}} + + - \cdots$$

divergiert.

Wenn eine Reihe, deren Glieder von x abhängen, für alle x aus dem Intervall $a \leqq x \leqq b$ konvergiert, und wir

$$u_1(x) + u_2(x) + \cdots + u_n(x) + \cdots = u_1(x) + u_2(x) + \cdots + u_n(x) + R_n(x)$$

setzen, so gilt mit Sicherheit $R_n(x) \to 0$ für $n \to \infty$ und jedes vorgegebene x aus dem genannten Intervall. Dann ist für ein beliebig vorgegebenes $\varepsilon > 0$ die Ungleichung $|R_n(x)| < \varepsilon$ für alle $n > n_0$ erfüllt. Dabei hängt n_0 im allgemeinen von ε und von x ab. Wenn nun für jedes beliebig vorgegebene $\varepsilon > 0$ die Ungleichung $|R_n(x)| < \varepsilon$ für alle $n > n_0$ und alle x aus dem Intervall $a \leqq x \leqq b$ erfüllt ist, wobei n_0 jetzt nur von ε (und nicht von x) abhängt, dann heißt die Reihe in diesem Intervall gleichmäßig konvergent.

Für gleichmäßig konvergente Reihen gelten die folgenden Sätze:

1. Der Grenzwert der Summe einer gleichmäßig konvergenten Reihe ist gleich der Summe der Grenzwerte der einzelnen Glieder.

2. Die Summe einer gleichmäßig konvergenten Reihe aus stetigen Funktionen ist wieder eine stetige Funktion.

3. Wenn die Reihe, die aus den Ableitungen der Glieder einer gegebenen Reihe besteht, gleichmäßig konvergiert, so ist die Ableitung der Summe der gegebenen Reihe gleich der Summe der Reihe, die aus der gegebenen Reihe durch gliedweise Differentiation entsteht.

4. Wenn die absoluten Beträge der Glieder einer gegebenen Reihe nicht größer sind als die entsprechenden Glieder einer konvergenten Reihe mit nur positiven Summanden, so konvergiert die gegebene Reihe gleichmäßig.

222. Man zeige, daß die Reihe

$$x(1-x)+x^2(1-x)+x^3(1-x)+\cdots$$

für alle x aus dem Intervall $0 \leqq x \leqq 1$ konvergiert, daß sie dort aber nicht gleichmäßig konvergent ist.

223. Man zeige, daß die Reihe

$$1+x+\frac{x^2}{1\cdot 2}+\frac{x^3}{1\cdot 2\cdot 3}+\cdots$$

für alle x konvergiert. Sie konvergiert sogar gleichmäßig in jedem abgeschlossenen Intervall $a \leqq x \leqq b$.

224. Man zeige, daß die Reihe $\sum\limits_{n=1}^{\infty}\frac{1}{x^2+n^2}$ in jedem abgeschlossenen Intervall gleichmäßig konvergiert.

225. Man zeige, daß die Reihe

$$\sin x+\frac{\sin 2x}{2^3}+\frac{\sin 3x}{3^3}+\cdots$$

gliedweise differenziert werden darf.

226. Man zeige, daß die Summe der Reihe

$$\frac{\cos x}{1\cdot 2}+\frac{\cos 2x}{2\cdot 3}+\frac{\cos 3x}{3\cdot 4}+\cdots$$

eine stetige Funktion von x darstellt.

227. Man zeige mit Hilfe der Abelschen Identität (Abelsche Summation), daß die Reihen

$$a_1\sin x+a_2\sin 2x+a_3\sin 3x+\cdots,$$

$$a_1\cos x+a_2\cos 2x+a_3\cos 3x+\cdots$$

unter der Bedingung

$$a_1 \geqq a_2 \geqq a_3 \geqq a_4 \geqq \cdots, \quad \lim_{n\to\infty} a_n = 0$$

in jedem Intervall, das die Werte $x=0, \pm 2\pi, \pm 4\pi, \ldots$ weder im Innern noch als Endpunkte enthält, gleichmäßig konvergieren.

228. Man zeige, daß die Summe der Reihe

$$s(x)=\sum_{n=1}^{\infty}\frac{\sin 2^{n^2}x}{a^{n^2}}, \quad a>1,$$

eine stetige Funktion darstellt.

229. Man zeige, daß für $a>2$ die Summe der Reihe der vorigen Aufgabe die Ableitung

$$s'(x)=\sum_{n=1}^{\infty}\left(\frac{2}{a}\right)^{n^2}\cos 2^{n^2}x$$

besitzt.

230. Man beweise, daß für $1<a<2$ die Funktion $s(x)$ der Aufgabe 228 keine Ableitung hat (obwohl sie stetig ist).

Hinweis. Man benutze die Beziehung

$$s(x) = \sum_{\nu=1}^{n-1} \frac{\sin 2^{\nu^2} x}{a^{\nu^2}} + \frac{\sin 2^{n^2} x}{a^{n^2}} + \sum_{\nu=n+1}^{\infty} \frac{\sin 2^{\nu^2} x}{a^{\nu^2}},$$

wobei n eine beliebig vorgegebene Zahl ist, und untersuche den Ausdruck $\frac{\Delta s(x)}{\Delta x}$, indem man Δx als Funktion von n darstellt und n gegen ∞ streben läßt.

§ 6. Reihenentwicklung von Funktionen

231. Durch direkte Ausführung der Division beweise man die Reihenentwicklungen

$$\frac{1}{a - bx} = \frac{1}{a} + \frac{bx}{a^2} + \frac{b^2x^2}{a^3} + \cdots,$$
$$\frac{1}{a + bx} = \frac{1}{a} - \frac{bx}{a^2} + \frac{b^2x^2}{a^3} - + \cdots \qquad |x| < \left|\frac{a}{b}\right|.$$

232. Mit Hilfe der Beziehung $\frac{5 - 2x}{6 - 5x + x^2} = \frac{1}{2 - x} + \frac{1}{3 - x}$ beweise man die Reihenentwicklung

$$\frac{5 - 2x}{6 - 5x + x^2} = \frac{5}{6} + \frac{13}{36} x + \frac{35}{216} x^2 + \cdots + \left(\frac{1}{2^n} + \frac{1}{3^n}\right) x^{n-1} + \cdots; \quad |x| < 2.$$

233. Es sei die Reihenentwicklung

$$\frac{1}{1 - x - x^2} = a_0 + a_1 x + a_2 x^2 + a_3 x^3 + \cdots$$

als erlaubt vorausgesetzt. Durch Multiplikation beider Seiten dieser Gleichung mit $1 - x - x^2$ zeige man dann, daß $a_0 = 1$, $a_1 = 1$, $a_2 = 2$, $a_3 = 3$, $a_4 = 5, \ldots$ und allgemein $a_0, a_1, a_2, \ldots$ die Fibonaccischen Zahlen sind, welche rekursiv durch $a_n = a_{n-1} + a_{n-2}$ für $n \geqq 2$, $a_0 = 1$, $a_1 = 1$, gegeben sind.

234. Mit Hilfe der Beziehung

$$\frac{1}{1 - x - x^2} = \frac{1}{\sqrt{5}} \left[\frac{1}{\frac{\sqrt{5} + 1}{2} + x} + \frac{1}{\frac{\sqrt{5} - 1}{2} - x} \right]$$

ermittle man eine Formel für das allgemeine Glied a_n der Fibonaccischen Folge.

235. Man zeige, daß aus der Reihenentwicklung einer gebrochenen rationalen Funktion

$$\frac{a + bx + cx^2}{A + Bx + Cx^2 + Dx^3} = a_0 + a_1 x + a_2 x^2 + a_3 x^3 + \cdots,$$

die für $A \neq 0$ und genügend kleine Werte von $|x|$ gilt, die Beziehung $Aa_n + Ba_{n-1} + Ca_{n-2} + Da_{n-3} = 0$, $n > 2$, folgt.

Ein wichtiges Hilfsmittel zur Entwicklung einer Funktion in eine Reihe ist die TAYLORsche bzw. MACLAURINsche Formel. Die TAYLORsche Formel kann in folgender Gestalt geschrieben werden:

$$f(x) = f(a) + \frac{f'(a)}{1}(x-a) + \frac{f''(a)}{1\cdot 2}(x-a)^2 + \cdots + \frac{f^{(n-1)}(a)}{1\cdot 2\cdots(n-1)}(x-a)^{n-1} + R_n .$$

Hierbei ist R_n das Restglied, das man in folgenden beiden Formen schreiben kann:

$$R_n = \frac{f^{(n)}(c)}{1\cdot 2\cdots n}(x-a)^n \qquad \text{(LAGRANGEsche Form)},$$

$$R_n = \frac{f^{(n)}(c)}{1\cdot 2\cdots(n-1)}(x-c)^{n-1}(x-a) \qquad \text{(CAUCHYsche Form)}.$$

In beiden Fällen bedeutet c einen Zwischenwert aus dem Intervall (a, x). Von der Funktion $f(x)$ wird vorausgesetzt, daß sie in dem Intervall (a, x) Ableitungen bis zur n-ten Ordnung besitzt.

Die MACLAURINsche Formel erhält man aus der TAYLORschen Formel für den Spezialfall $a = 0$:

$$f(x) = f(0) + \frac{f'(0)}{1}x + \frac{f''(0)}{1\cdot 2}x^2 + \cdots + \frac{f^{(n-1)}(0)}{1\cdot 2\cdots(n-1)}x^{n-1} + R_n .$$

Die beiden Formen des Restgliedes haben hier folgende Gestalt:

$$R_n = \frac{f^{(n)}(c)}{1\cdot 2\cdots n}x^n \qquad \text{(LAGRANGE)},$$

$$R_n = \frac{f^{(n)}(c)}{1\cdot 2\cdots(n-1)}x(x-c)^{n-1} \qquad \text{(CAUCHY)}.$$

Hier ist c ein gewisser Wert zwischen Null und x.

In den Formeln von TAYLOR und MACLAURIN kann n willkürlich gewählt werden, wenn $f(x)$ im Intervall (a, x) Ableitungen bis zur n-ten Ordnung besitzt.

Strebt $R_n \to 0$ für $n \to \infty$, so erhält man aus diesen Formeln die TAYLORsche bzw. die MACLAURINsche Reihe:

$$f(x) = f(a) + \frac{f'(a)}{1}(x-a) + \frac{f''(a)}{1\cdot 2}(x-a)^2 + \cdots = \sum_{n=0}^{\infty}\frac{f^{(n)}(a)}{n!}(x-a)^n,$$

$$f(x) = f(0) + \frac{f'(0)}{1}x + \frac{f''(0)}{1\cdot 2}x^2 + \cdots = \sum_{n=0}^{\infty}\frac{f^{(n)}(0)}{n!}x^n.$$

Dazu ist zu bemerken, daß die Aufstellung von Bedingungen, unter denen R_n gegen Null strebt, nur in besonders einfachen Fällen gelingt. Meistens liefert die Theorie der Funktionen einer komplexen Veränderlichen für eine große Klasse von Funktionen eine einfache Lösung der Frage, wann eine Entwicklung in eine TAYLORsche oder MACLAURINsche Reihe möglich ist.

Die folgenden fünf Entwicklungen erhält man mit Hilfe der MACLAURINschen Reihe:

$$e^x = 1 + x + \frac{x^2}{1\cdot 2} + \frac{x^3}{1\cdot 2\cdot 3} + \frac{x^4}{1\cdot 2\cdot 3\cdot 4} + \cdots,$$

$$\sin x = x - \frac{x^3}{1\cdot 2\cdot 3} + \frac{x^5}{1\cdot 2\cdot 3\cdot 4\cdot 5} - \frac{x^7}{1\cdot 2\cdot 3\cdot 4\cdot 5\cdot 6\cdot 7} + - \cdots,$$

$$\cos x = 1 - \frac{x^2}{1\cdot 2} + \frac{x^4}{1\cdot 2\cdot 3\cdot 4} - \frac{x^6}{1\cdot 2\cdot 3\cdot 4\cdot 5\cdot 6} + - \cdots,$$

$$(1+x)^m = 1 + mx + \frac{m(m-1)}{1\cdot 2}x^2 + \frac{m(m-1)(m-2)}{1\cdot 2\cdot 3}x^3 + \cdots,$$

$$\ln(1+x) = x - \frac{x^2}{2} + \frac{x^3}{3} - \frac{x^4}{4} + - \cdots.$$

Die ersten drei dieser Reihen konvergieren für jedes x. Die beiden folgenden Reihen konvergieren für alle $|x| < 1$. Für $|x| > 1$ haben die beiden letzten Reihenentwicklungen keinen Sinn, da die Reihen divergieren. Die Formel für $(1 + x)^m$, die man den binomischen Satz nennt, ist für alle x nur dann richtig, wenn m ganz und positiv oder gleich Null ist.[1])

Den fünf angegebenen Reihen kann man eine sechste zur Seite stellen, die diesen an Einfachheit und Wichtigkeit gleichkommt:

$$\arctan x = x - \frac{x^3}{3} + \frac{x^5}{5} - \frac{x^7}{7} + - \cdots, \quad -1 \leqq x \leqq 1.$$

Ihre Herleitung aus der MACLAURINschen Formel ist ziemlich schwierig; andere Verfahren führen hier leichter zum Ziel. Ein solches Verfahren zeigen wir am Beispiel der Funktion $y = \operatorname{arc}\sin x$. Differenzieren wir diese Gleichung, so erhalten wir durch eine einfache Umformung $\sqrt{1 - x^2}\cdot y' = 1$. Bilden wir noch die nächste Ableitung und beseitigen in der erhaltenen Gleichung den Nenner, so kommen wir zu der Gleichung

$$(1 - x^2)\, y'' - x y' = 0. \qquad (*)$$

Sie stellt eine sogenannte Differentialgleichung für die Funktion $y = \operatorname{arc}\sin x$ dar. Unter der Voraussetzung, daß eine Entwicklung von y nach Potenzen von x existiert, schreiben wir

$$y = a_0 + a_1 x + a_2 x^2 + \cdots = \sum_{n=0}^{\infty} a_n x^n.$$

Weil für Potenzreihen die gliedweise Differentiation zulässig ist, gelten die Gleichungen

$$y' = \sum_{n=1}^{\infty} n a_n x^{n-1}, \quad y'' = \sum_{n=2}^{\infty} n(n-1)\, a_n x^{n-2}.$$

Setzen wir diese Ausdrücke in die Gleichung (*) ein, so erhalten wir

$$(1 - x^2) \sum n(n-1)\, a_n x^{n-2} - x \sum n a_n x^{n-1} = 0.$$

---

[1]) Unter bestimmten Voraussetzungen gilt diese Reihenentwicklung auch für rationales m; dann spricht man von der NEWTONschen Binomialreihe.

Ordnet man die Glieder nach Potenzen von x, was für Potenzreihen erlaubt ist, so erhält man

$$\sum_{n=0}^{\infty} [(n+2)(n+1)\, n_{n+2} - n^2 a_n]\, x^n = 0 .$$

Damit diese Gleichung erfüllt ist, muß

$$(n+2)(n+1)\, a_{n+2} - n^2 a_n = 0 \quad \text{oder} \quad a_{n+2} = \frac{n^2 a_n}{(n+1)(n+2)}$$

sein. Aus dieser Gleichung kann man alle Koeffizienten a_n bestimmen, wenn man a_0 und a_1 kennt. Nun muß aber die Entwicklung

$$\operatorname{arc\,sin} x = a_0 + a_1 x + a_2 x^2 + \cdots$$

mit der MACLAURINschen Reihe für $\operatorname{arc\,sin} x$ übereinstimmen. Danach muß a_0 gleich $\operatorname{arc\,sin} x$ und a_1 gleich $(\operatorname{arc\,sin} x)'$ für $x = 0$ sein, also $a_0 = 0$, $a_1 = 1$. Hieraus folgen die Gleichungen

$$a_2 = 0, \quad a_4 = 0, \quad a_6 = 0, \ldots,$$

$$a_3 = \frac{1^2 a_1}{2 \cdot 3} = \frac{1}{2} \cdot \frac{1}{3}, \qquad a_5 = \frac{3^2 a_3}{4 \cdot 5} = \frac{1 \cdot 3}{2 \cdot 4} \cdot \frac{1}{5},$$

$$a_7 = \frac{5^2 a_5}{6 \cdot 7} = \frac{1 \cdot 3 \cdot 5}{2 \cdot 4 \cdot 6} \cdot \frac{1}{7}, \ldots .$$

Somit muß die Entwicklung von $\operatorname{arc\,sin} x$ nach Potenzen von x die folgende Form haben:

$$\operatorname{arc\,sin} x = x + \frac{1}{2} \cdot \frac{x^3}{3} + \frac{1 \cdot 3}{2 \cdot 4} \cdot \frac{x^5}{5} + \frac{1 \cdot 3 \cdot 5}{2 \cdot 4 \cdot 6} \cdot \frac{x^7}{7} + \cdots .$$

Nach dem D'ALEMBERTschen Kriterium konvergiert diese Reihe für $|x| < 1$. Daß die Funktion $\operatorname{arc\,sin} x$ tatsächlich in eine Reihe entwickelbar ist, ergibt sich ohne Schwierigkeit aus der Theorie der Funktionen einer komplexen Veränderlichen.

236. Man entwickle das folgende Polynom nach Potenzen von $(x - 2)$:

$$x^4 - 5x^3 + 5x^2 + x + 2 .$$

237. Man entwickle $x^5 + 2x^4 - x^2 + x + 1$ nach Potenzen von $(x + 1)$.

238. Man beweise die Gleichungen

$$\sin(a + x) = \sin a \cos x + \cos a \sin x,$$

$$\cos(a + x) = \cos a \cos x - \sin a \sin x .$$

indem man ihre linken Seiten nach Potenzen von x entwickelt.

239. In der Entwicklung für $\ln(1 + x)$ schreibe man $-x$ für x und verifiziere, ausgehend von den Reihen für $\ln(1 + x)$ und $\ln(1 - x)$, die GREGORsche Reihe

$$\ln \frac{1 + x}{1 - x} = 2\left[x + \frac{x^3}{3} + \frac{x^5}{5} + \cdots\right]; \qquad |x| < 1 .$$

240. Man beweise die Gleichung

$$\ln(N+1) - \ln N = 2\left[\frac{1}{2N+1} + \frac{1}{3(2N+1)^3} + \frac{1}{5(2N+1)^5} + \cdots\right]; \quad N > 0.$$

241. Aus der Reihe für e^x bestimme man die Reihe für e^{-x}, und mit Hilfe beider leite man die folgenden Reihenentwicklungen her:

$$\cosh x \equiv \frac{e^x + e^{-x}}{2} = 1 + \frac{x^2}{2!} + \frac{x^4}{4!} + \cdots,$$

$$\sinh x \equiv \frac{e^x - e^{-x}}{2} = x + \frac{x^3}{3!} + \frac{x^5}{5!} + \cdots.$$

242. Mit Hilfe der binomischen Reihe beweise man die Entwicklung

$$\frac{1}{\sqrt{1-x^2}} = 1 + \frac{1}{2}x^2 + \frac{1\cdot 3}{2\cdot 4}x^4 + \frac{1\cdot 3\cdot 5}{2\cdot 4\cdot 6}x^6 + \cdots; \quad |x| < 1.$$

243. Man zeige, daß für $|x| < 1$ die folgenden Entwicklungen gelten:

$$\frac{1}{(1-x)^2} = 1 + 2x + 3x^2 + 4x^3 + \cdots = \sum_{n=0}^{\infty}(n+1)\,x^n,$$

$$\frac{1}{(1-x)^3} = 1 + 3x + 6x^2 + 10x^3 + \cdots = \sum_{n=0}^{\infty}\frac{(n+1)(n+2)}{2}x^n.$$

244. Man beweise die Identität

$$e^x \cos x = \sum_{n=0}^{\infty}\frac{2^{\frac{n}{2}}\cos\frac{\pi n}{4}}{n!}x^n.$$

Hier ist, wie auch in den anderen Fällen, $0! = 1$ zu setzen.

245. Man beweise die Entwicklung

$$\frac{1}{\sqrt{a^2+x^2}} = \frac{1}{a} - \frac{1}{2}\frac{x^2}{a^3} + \frac{1\cdot 3}{2\cdot 4}\frac{x^4}{a^5} - \frac{1\cdot 3\cdot 5}{2\cdot 4\cdot 6}\frac{x^6}{a^7} + - \cdots; \quad |x| < a.$$

246. Man beweise die Entwicklung

$$(a+x)^n = a^n + nxa^{n-1} + \frac{n(n-1)}{1\cdot 2}x^2a^{n-2} + \cdots; \quad |x| < a.$$

Man entwickle die folgenden Funktionen nach Potenzen von x:

247. $\sqrt{1+x}$.

248. $\ln(1 - x + x^2)$.

249. $\ln\frac{a+x}{a-x}$.

250. $\ln(a+x)$.

251. $\ln(2 - 3x + x^2)$.

252. $\frac{(1+x)^2}{x}\ln(1+x)$.

253. Man beweise, daß für $|x| < 1$ die folgende Entwicklung richtig ist:

$$\frac{1}{(1-x)^m} = 1 + mx + \frac{m(m+1)}{1\cdot 2}x^2 + \frac{m(m+1)(m+2)}{1\cdot 2\cdot 3}x^3 + \cdots.$$

Mit Hilfe geeigneter Transformationen der Veränderlichen leite man die folgenden Reihenentwicklungen her:

254. $\ln\frac{x+1}{x-1} = 2\left[\frac{1}{x} + \frac{1}{3x^3} + \frac{1}{5x^5} + \cdots\right]; \quad |x| > 1.$

255. $\ln x = 2\left[\frac{x-1}{x+1} + \frac{1}{3}\left(\frac{x-1}{x+1}\right)^3 + \frac{1}{5}\left(\frac{x-1}{x+1}\right)^5 + \cdots\right]; \quad x > 0$

256. $\frac{x}{\sqrt{1+x}} = \frac{x}{x+1} + \frac{1}{2}\left(\frac{x}{x+1}\right)^2 + \frac{1\cdot 3}{2\cdot 4}\left(\frac{x}{x+1}\right)^3 + \cdots;$

$$x > -\frac{1}{2}.$$

Man beweise folgende Reihenentwicklungen:

257. $\ln(x + \sqrt{1+x^2}) = \sum (-1)^n \frac{1\cdot 3\cdots(2n-1)}{2\cdot 4\cdots 2n} \frac{x^{2n+1}}{2n+1}; \qquad |x| < 1.$

258. $\frac{\ln(1+x)}{1+x} = x - \left(1+\frac{1}{2}\right)x^2 + \left(1+\frac{1}{2}+\frac{1}{3}\right)x^3 - + \cdots; \quad |x| < 1.$

259. $(\operatorname{arc\,sin} x)^2 = \frac{x^2}{1} + \frac{2}{3}\frac{x^4}{2} + \frac{2\cdot 4}{3\cdot 5}\frac{x^6}{3} + \frac{2\cdot 4\cdot 6}{3\cdot 5\cdot 7}\frac{x^8}{4} + \cdots; \quad |x| < 1.$

260. $\sin(\mu \operatorname{arc\,sin} x)$

$$= \frac{\mu}{1}x - \frac{\mu(\mu^2-1)}{3!}x^3 + \frac{\mu(\mu^2-1)(\mu^2-3^2)}{5!}x^5 - + \cdots; \quad |x| < 1.$$

261. $\cos(\mu \operatorname{arc\,sin} x) = 1 - \frac{\mu^2}{1\cdot 2}x^2 + \frac{\mu^2(\mu^2-2^2)}{4!}x^4 - + \cdots; \qquad |x| < 1.$

262. $e^{x\cot a}\cos x = \sum_{n=0}^{\infty} \frac{\cos na}{\sin^n a}\frac{x^n}{n!}.$

263. $\ln(1 - 2x\cos\varphi + x^2) = -2\sum_{n=1}^{\infty}\frac{\cos n\varphi}{n}x^n; \quad |x| < 1.$

264. $(1+x^2)^{\frac{m}{2}} \sin(m \operatorname{arc\,tan} x)$

$$= \sum_{\nu=0}^{\infty} (-1)^\nu \frac{m(m-1)\cdots(m-2\nu)}{(2\nu+1)!}x^{2\nu+1}; \quad |x| < 1.$$

265. $(1+x^2)^{-\frac{m}{2}} \cos(m \operatorname{arc\,tan} x)$

$$= \sum_{\nu=0}^{\infty} (-1)^\nu \frac{m(m+1)\cdots(m+2\nu-1)}{(2\nu)!} x^{2\nu}; \quad |x| < 1.$$

266. $e^{m \operatorname{arc\,sin} x} = \sum_{\nu=0}^{\infty} \frac{m(m^2+1^2)(m^2+3^2)\cdots(m^2+(2\nu-1)^2)}{(2\nu+1)!}x^{2\nu+1}$

$$+ \sum_{\nu=0}^{\infty} \frac{m^2(m^2+2^2)(m^2+4^2)\cdots(m^2+4\nu^2)}{(2\nu+2)!}x^{2\nu+2}; \quad |x| < 1.$$

§ 7. Das Rechnen mit Reihen

267. Man bestimme die Summe der Reihe $s = 1 + 2x + 3x^2 + 4x^3 + \cdots$ unter Benutzung der Schreibweise

$$\begin{aligned} s = 1 + x + x^2 + x^3 + x^4 + x^5 + \cdots \\ x + x^2 + x^3 + x^4 + x^5 + \cdots \\ x^2 + x^3 + x^4 + x^5 + \cdots \\ x^3 + x^4 + x^5 + \cdots \\ x^4 + x^5 + \cdots \\ x^5 + \cdots \end{aligned}$$

268. Man bestimme die Summe der Reihe $s = 1 + 3x + 5x^2 + 7x^3 + \cdots$, indem man die Produkte xs und x^2s bildet.

269. Die Koeffizienten der Reihe

$$1 + 4x + 9x^2 + 16x^3 + 25x^4 + \cdots$$

sind allgemein durch die Beziehung $a_{n+2} - 2a_{n+1} + a_n = 2$ miteinander verknüpft, wobei a_n der Koeffizient von x^n ist. Man bestimme die Summe der Reihe, indem man sie mit $1 - 2x + x^2$ multipliziert.

270. In der Reihe $1 + x + 2x^2 + 4x^3 + 7x^4 + 13x^5 + 24x^6 + \cdots$ ist jeder Koeffizient gleich der Summe der drei vorhergehenden. Man bestimme die Summe der Reihe.

271. Man bestimme das Produkt der beiden Reihen

$$s = 1 + 2x + 3x^2 + 4x^3 + \cdots \quad \text{und} \quad s_1 = 1 - 2x + 3x^2 - 4x^3 + \cdots.$$

272. Durch Ausmultiplizieren beweise man, daß

$$(1 + x)\, s_m(x) = s_{m+1}(x)$$

ist, wobei

$$s_m = 1 + mx + \frac{m(m-1)}{1 \cdot 2} x^2 + \frac{m(m-1)(m-2)}{1 \cdot 2 \cdot 3} x^3 + \cdots$$

gilt.

273. Durch Ausmultiplizieren der beiden Reihen beweise man die Gleichung

$$\left(1 + x + \frac{x^2}{1 \cdot 2} + \frac{x^3}{1 \cdot 2 \cdot 3} + \cdots\right)\left(1 + \frac{y}{1} + \frac{y^2}{1 \cdot 2} + \frac{y^3}{1 \cdot 2 \cdot 3} + \cdots\right)$$
$$= 1 + \frac{(x+y)}{1} + \frac{(x+y)^2}{1 \cdot 2} + \frac{(x+y)^3}{1 \cdot 2 \cdot 3} + \cdots.$$

274. Man beweise die Entwicklung (für $|x| < 1$)

$$\frac{1}{2x(1-x^2)} \ln \frac{1+x}{1-x} = 1 + \left(1 + \frac{1}{3}\right) x^2$$
$$+ \left(1 + \frac{1}{3} + \frac{1}{5}\right) x^4 + \left(1 + \frac{1}{3} + \frac{1}{4} + \frac{1}{7}\right) x^6 + \cdots,$$

indem man die Reihe für $\frac{1}{2x} \ln \frac{1+x}{1-x}$ mit der Reihe für $\frac{1}{1-x^2}$ multipliziert.

Man bestimme durch gliedweises Differenzieren die Ableitungen der folgenden Reihen:

275. $x - \frac{x^2}{2} + \frac{x^3}{3} - \frac{x^4}{4} + - \cdots; \quad |x| < 1.$

276. $x - \frac{x^3}{3} + \frac{x^5}{5} - \frac{x^7}{7} + - \cdots; \quad |x| < 1.$

277. $x - \frac{x^3}{3!} + \frac{x^5}{5!} - \frac{x^7}{7!} + - \cdots;$

278. $1 + x + \frac{x^2}{1 \cdot 2} + \frac{x^3}{1 \cdot 2 \cdot 3} + \frac{x^4}{1 \cdot 2 \cdot 3 \cdot 4} + \cdots.$

279. Man beweise, daß die Summe der hypergeometrischen Reihe (Gauss)

$$F(\alpha, \beta, \gamma, x) = 1 + \frac{\alpha\beta}{1 \cdot \gamma} x + \frac{\alpha(\alpha+1)}{1 \cdot 2} \frac{\beta(\beta+1)}{\gamma(\gamma+1)} x^2 + \cdots, \quad |x| < 1,$$

die Differentialgleichung

$$x(x-1)\, y'' + [-\gamma + (1 + \alpha + \beta)\, x]\, y' + \alpha\beta\gamma = 0$$

befriedigt.

280. Die Besselsche Funktion $I_0(x)$ ist durch die Reihe

$$I_0(x) = 1 - \frac{x^2}{2^2} + \frac{x^4}{2^2 \cdot 4^2} - \frac{x^6}{2^2 \cdot 4^2 \cdot 6^2} + \cdots$$

definiert. Man beweise, daß sie die Differentialgleichung

$$x y'' + y' + x y = 0$$

befriedigt.

281. Man beweise, daß die Reihe

$$y = 1 - \frac{x^3}{2 \cdot 3} + \frac{x^6}{2 \cdot 3 \cdot 5 \cdot 6} - \frac{x^9}{2 \cdot 3 \cdot 5 \cdot 6 \cdot 8 \cdot 9} + - \cdots$$

die Differentialgleichung

$$y'' + x y = 0$$

befriedigt.

282. Aus der Tatsache, daß $y = \sec x$ eine gerade Funktion ist, können wir schließen, daß die Entwicklung von $\sec x$ die folgende Form hat:

$$\sec x = \sum_{n=0}^{\infty} \frac{E_n}{(2n)!} x^{2n},$$

wobei E_n bestimmte Koeffizienten sind (Eulersche Zahlen). Durch gliedweise Multiplikation dieser Reihe mit

$$\cos x = \sum_{m=0}^{\infty} \frac{(-1)^m}{(2m)!} x^{2m}$$

beweise man folgende Rekursionsformel für die Eulerschen Zahlen:

$$\frac{E_n}{(2n)!} - \frac{E_{n-1}}{2!(2n-2)!} + \frac{E_{n-2}}{4!(2n-4)!} - + \cdots = 0.$$

Aus $E_0 = 1$ folgt nach dieser Formel:

$$E_1 = 1, \quad E_2 = 5, \quad E_3 = 61, \quad E_4 = 1385, \quad \ldots .$$

283. Es sei $1 - \frac{x}{2}\cot\frac{x}{2} = \sum \frac{B_n}{(2n)!} x^{2n}$. (Die Koeffizienten B_n werden Bernoullische Zahlen genannt.) Man beweise, daß für die Bernoullischen Zahlen die folgende Rekursionsformel gilt:

$$\frac{B_n}{2(2n)!} - \frac{B_{n-1}}{2^3\,3!\,(2n-2)!} + \frac{B_{n-2}}{2^5\,5!\,(2n-4)!} - \cdots$$
$$+ \frac{(-1)^{n-1} B_1}{2^{2n-1}(2n-1)!\,2!} + \frac{(-1)^n\, 2n}{2^{2n+1}(2n+1)!} = 0.$$

Aus dieser Formel folgt

$$B_1 = \frac{1}{6}, \quad B_2 = \frac{1}{30}, \quad B_3 = \frac{1}{42}, \quad B_4 = \frac{1}{30}, \quad \ldots .$$

Man bestimme von den folgenden Funktionen jeweils die ersten vier Glieder ihrer Entwicklungen nach Potenzen von x:

284. $\ln(1 + e^x)$.

285. $(1 + x)^x$.

286. $e^{\sin x}$.

287. $\frac{1}{e^x - 1} - \frac{1}{x}$.

288. Man zeige, daß für kleine Werte von $\frac{b}{a^2}$ die Näherungsformel $\sqrt{a^2 + b} \approx a + \frac{b}{2a}$ gilt, wobei der auftretende Fehler etwa gleich $\frac{a}{8}\left(\frac{b}{a^2}\right)^2$ ist, und berechne mit Hilfe dieser Näherungsformel die Wurzeln

a) $\sqrt{2}$, b) $\sqrt{24}$, c) $\sqrt{84}$, d) $\sqrt{235}$, e) $\sqrt{240}$.

289. Man beweise die Näherungsformel

$$\sqrt[n]{a^n + x} \approx a + \frac{x}{n a^{n-1}}$$

und berechne mit ihrer Hilfe die Wurzeln

$$\sqrt[5]{245}, \quad \sqrt[7]{129}, \quad \sqrt[9]{515}, \quad \sqrt[10]{1027}.$$

290. Allgemein gilt für das Wurzelziehen die Näherungsformel

$$\sqrt[n]{N} = \sqrt[n]{a^n + b} \approx a + \frac{2ab}{2nN - (n+1)b},$$

wobei a so gewählt werden muß, daß a^n möglichst nahe bei N liegt. Man beweise, daß der hierbei auftretende Fehler annähernd gleich $\frac{n^2 - 1}{12 n^3}\left(\frac{b}{a^n}\right)^3$ ist.

291. Man berechne nach der vorstehenden Formel die folgenden Wurzeln:

a) $\sqrt[3]{30}$, b) $\sqrt{70}$, c) $\sqrt[3]{500}$, d) $\sqrt[5]{250}$, e) $\sqrt{60}$, f) $\sqrt{84}$.

292. Unter Benutzung der Gleichung

$$\sqrt[3]{2} = \frac{1}{4}\sqrt[3]{128} = \frac{5}{4}\sqrt[3]{1+\frac{3}{125}}$$

und der binomischen Reihe berechne man $\sqrt[3]{2}$ auf 10 Stellen genau.

293. Mit Hilfe der binomischen Reihe und der Gleichung

$$\sqrt{2} = \frac{1}{5}\sqrt{50} = \frac{7}{5}\sqrt{1+\frac{1}{49}}$$

berechne man den Zahlenwert von $\sqrt{2}$ auf 10 Stellen genau.

294. Mit Hilfe der Reihe für $\ln(1+x)$ für $x = -\frac{1}{10}$, $-\frac{1}{25}$ und $-\frac{1}{30}$ sowie der Beziehungen

$$\ln\frac{9}{10} = 2\ln 3 - \ln 2 - \ln 5, \qquad \ln\frac{24}{25} = 3\ln 2 + \ln 3 - 2\ln 5,$$

$$\ln\frac{81}{80} = 4\ln 3 - 4\ln 2 - \ln 5$$

berechne man die natürlichen Logarithmen der Zahlen 2, 3, 5 und 10 bis auf zehn Stellen hinter dem Komma.

295. Man beweise, daß für die durch die Gleichungen

$$\Delta \ln n = \ln(n+1) - \ln n, \quad \Delta^2 \ln n = \ln(n+2) - 2\ln(n+1) + \ln n,$$

$$\Delta^3 \ln n = \ln(n+3) - 3\ln(n+2) + 3\ln(n+1) - \ln n$$

definierten Größen die folgenden Reihenentwicklungen gelten:

$$\Delta \ln n = 2\left[\frac{1}{2n+1} + \frac{1}{3(2n+1)^3} + \frac{1}{5(2n+1)^5} + \cdots\right],$$

$$\Delta^2 \ln n = -\left[\frac{1}{(n+1)^2} + \frac{1}{2(n+1)^4} + \frac{1}{3(n+1)^6} + \cdots\right],$$

$$\Delta^3 \ln n = 2\left[\frac{8}{(2n+3)^3} + \frac{48}{(2n+3)^5} + \frac{312}{(2n+3)^7} + \cdots\right].$$

296. Man beweise, daß die Differenz $\lg(n+1) - \lg n$ bei fünfstelligen Briggsschen Logarithmen für $1000 < n < 10000$ angenähert durch die Formel $\Delta = 10^5 \cdot \frac{M}{n} = \frac{43429}{n}$ ausgedrückt werden kann. $M = 0{,}43429$ heißt der logarithmische Modul, Δ wird dabei bis auf fünf Stellen hinter dem Komma berechnet.

297. Man beweise, daß die bis auf fünf Stellen hinter dem Komma berechnete Differenz zweier Tabellenwerte von $\lg\sin x$ durch die Näherungsformel

$$\Delta \lg\sin x \approx 12{,}6\cot x$$

ausgedrückt werden kann, wenn der Unterschied der Argumentwerte eine Minute beträgt.

298. Man beweise, daß die entsprechenden Formeln für $\sin x$ und $\lg\tan x$ lauten:

$$\Delta \sin x = 29{,}1\cos x, \quad \Delta \lg\tan x = \frac{25{,}5}{\sin 2x}$$

Einige der folgenden Aufgaben beruhen darauf, daß für kleine Winkel mit hinreichender Genauigkeit die Näherungsformeln $\sin x \approx x$ und $\tan x \approx x$ benutzt werden können. Für gewisse andere dieser Aufgaben muß man die folgenden, genaueren Näherungen benutzen:

$$\sin x \approx x - \frac{x^3}{6}; \quad \tan x \approx x + \frac{x^3}{3}.$$

299. Unter welchem Sehwinkel sieht man aus 10 km Entfernung die Breite eines Fabrikschornsteins, dessen Radius 2 m beträgt?

300. Die Sonnenscheibe sieht man unter einem Winkel von 30'. Um wievielmal ist die Entfernung zur Sonne größer als ihr Durchmesser?

301. Bei einer Eisenbahnstrecke beträgt der Anstieg 0,012. Wie groß ist der Winkel gegen die Horizontale?

302. In 24 Stunden durchläuft die Erdkugel auf ihrer Bahn um die Sonne einen Bogen, der ungefähr 1° entspricht. Der Radius der Bahn beträgt $150 \cdot 10^6$ km. Man ermittle, wie groß die Abweichung der Erdbahn von einer gradlinigen Bewegung nach einer Sekunde (27 km) und nach einer Minute ist.

303. Dem Bogen 1° eines Erdmeridians entsprechen ungefähr 112 km. Um wieviel ist dieser Bogen länger als die zu ihm gehörige Sehne?

304. Man beweise die Näherungsformel $l = \sqrt{13\,h}$, in der h die Höhe eines Beobachters über dem Horizont in Metern und l die Entfernung vom Horizont in km angeben.

305. Bei einer Entfernungsmessung wurde auf der Längeneinteilung eines Bandmaßes zwischen zwei Punkten eine Entfernung von 12 m abgelesen. Man berücksichtige, daß das durchhängende Bandmaß die Form eines Kreisbogens von 20 cm Höhe hatte, und berechne den Abstand zwischen den beiden Punkten.

In den folgenden Aufgaben sind die gesuchten Größen mit Hilfe von Reihen mit der jeweils angegebenen Genauigkeit zu berechnen.

306. Man bestimme $\sin 1^\circ$ mit einer Genauigkeit von 10^{-5}.

307. Man bestimme $\cos 1^\circ$ mit einer Genauigkeit von 10^{-4}.

308. Man bestimme $\sin 10^\circ$ mit einer Genauigkeit von 10^{-4}.

309. Man berechne π mit einer Genauigkeit von 10^{-10} mit Hilfe der Beziehung $\frac{\pi}{4} = 4 \operatorname{arc\,tan} \frac{1}{5} - \operatorname{arc\,tan} \frac{1}{239}$.

310. Shanks berechnete die Zahl π bis auf 707 Stellen mit Hilfe der Beziehung aus der vorigen Aufgabe. Wieviel Glieder der Reihenentwicklung für $\operatorname{arc\,tan} \frac{1}{5}$ und $\operatorname{arc\,tan} \frac{1}{239}$ mußte er ausrechnen?

311. Eine der Huygensschen Regeln zur Berechnung des Kreisumfanges ist äquivalent der Gleichung

$$2\pi = \frac{P_n + 2p_n}{3r}.$$

Hierbei ist P_n der Umfang des dem Kreise umbeschriebenen, p_n der des einbeschriebenen regelmäßigen n-Ecks, r der Radius des Kreises. Man zeige, daß der hierbei entstehende Fehler ungefähr gleich $\frac{30}{n^4}$ ist.

§ 8. Unbestimmte Ausdrücke

Die in den nächsten Aufgaben gesuchten Grenzwerte können bequem mit Hilfe eines Satzes, der nicht ganz korrekt die DE L'HOSPITALsche Regel genannt wird, gefunden werden. Die Regel lautet:

Wenn Zähler und Nenner eines Bruches von der Form $\frac{\varphi(x)}{\psi(x)}$ für $x \to 0$ oder für $x \to \infty$ beide gleichzeitig gegen Null oder gegen Unendlich streben, so ist

$$\lim \frac{\varphi(x)}{\psi(x)} = \lim \frac{\varphi'(x)}{\psi'(x)}.$$

Dabei ist vorausgesetzt, daß der Grenzwert auf der rechten Seite der Gleichung existiert.

Man bestimme die folgenden Grenzwerte:

312. $\lim\limits_{x \to 0} \frac{\ln(1-x) + x^2}{(1+x)^m - 1 + x^2}$.

313. $\lim\limits_{x \to \pi} \frac{\sin 3x}{\tan 5x}$.

314. $\lim\limits_{x \to 0} \frac{\tan x - 1 + \cos 3x}{e^x - e^{-x}}$.

315. $\lim\limits_{x \to \frac{\pi}{4}} \frac{\tan x - 1}{\sin 4x}$.

316. $\lim\limits_{x \to 0} \frac{\ln \cos ax}{\ln \cos bx}$.

317. $\lim\limits_{x \to 0} \frac{e^x - e^{-x} - 2x}{x - \sin x}$.

318. $\lim\limits_{x \to \infty} \frac{x^3}{e^x}$.

319. $\lim\limits_{x \to \infty} \frac{x^m}{e^{ax}}$; $a > 0$.

320. $\lim\limits_{x \to 1} (1-x) \tan \frac{\pi x}{2}$.

321. $\lim\limits_{x \to 0} x^x$.

322. $\lim\limits_{x \to a} \arcsin(x-a) \cot(x-a)$.

323. $\lim\limits_{x \to 0} \frac{e^{\frac{1}{x^2}}}{x^m}$; $m > 0$.

324. $\lim\limits_{x \to \infty} \frac{\ln x}{x^m}$; $m > 0$.

Durch Reihenentwicklung bestimme man die folgenden Grenzwerte:

325. $\lim\limits_{x \to 0} \frac{x - \sin x}{e^x - 1 - x - \frac{x^2}{2}}$.

326. $\lim\limits_{x \to 0} \frac{\ln^2(1+x) - \sin^2 x}{1 - e^{-x^2}}$.

327. $\lim\limits_{x \to \infty} \left[x - x^2 \ln\left(1 + \frac{1}{x}\right)\right]$.

328. $\lim\limits_{x \to 0} \left(\frac{1}{x^2} - \cot^2 x\right)$.

329. $\lim\limits_{x \to 0} \frac{\ln(1 + x + x^2) + \ln(1 - x + x^2)}{x \sin x}$.

330. $\lim\limits_{x \to 0} \left(\frac{1}{x^2} - \frac{1}{\sin^2 x}\right)$.

331. $\lim\limits_{x \to 0} \frac{x\, e^{\cos x}}{1 - \sin x - \cos x}$.

332. $\lim\limits_{x \to 0} \frac{x^3 \sin x}{(1 - \cos x)^2}$.

333. $\lim\limits_{h \to 0} \frac{f(x+h) - 2f(x) + f(x-h)}{h^2}$

334. $\lim\limits_{h \to 0} \frac{f(x+3h) - 3f(x+2h) + 3f(x+h) - f(x)}{h^3}$.

In den folgenden Aufgaben können die Grenzwerte durch verschiedenartige Verfahren bestimmt werden.

335. $\lim\limits_{x \to \infty} \frac{x}{x + \sin x}$.

336. $\lim\limits_{x \to 1} \ln x \ln(1 - x)$.

337. $\lim\limits_{x \to 0} \frac{e^x - 1 + x^3 \sin \frac{\pi}{x}}{x}$.

338. $\lim\limits_{x \to 1} x^{\frac{1}{1-x}}$.

339. $\lim\limits_{x \to -\infty} \frac{\ln(a + b e^x)}{\sqrt{m + n x^2}}$; $b > 0$, $n > 0$.

340. $\lim\limits_{x \to \infty} \left(\cos \frac{a}{x}\right)^{x^2}$.

341. $\lim\limits_{x \to \frac{\pi}{2}} (\sin x)^{\tan x}$.

342. $\lim\limits_{x \to 0} (\arcsin x)^{\tan x}$

343. $\lim\limits_{x \to \infty} \left[1 - x \ln\left(1 + \frac{1}{x}\right)\right]$.

344. $\lim\limits_{x \to 1} \left(\frac{\pi}{2} \tan \frac{\pi x}{2} - \frac{1}{1 - x}\right)$.

345. $\lim\limits_{x \to 0} \frac{(1 + x)^{\frac{1}{x}} - e}{x}$.

346. $\lim\limits_{x \to 0} \left[\sqrt{\frac{1}{x(x-1)} + \frac{1}{x^2}} - \frac{1}{x}\right]$.

347. Man bestimme den Grenzwert des Quotienten aus dem Flächeninhalt eines Kreissegments und dem Flächeninhalt des Dreiecks, das aus der Sehne des Kreisbogens und den durch seine Endpunkte gezogenen Tangenten gebildet wird, wenn der Bogen des Segments gegen Null strebt.

348. Man löse dieselbe Aufgabe für den Quotienten aus dem Flächeninhalt eines Segments und dem Flächeninhalt des Dreiecks, das von der Sehne des Kreisbogens und den beiden Sehnen gebildet wird, die von seinen Endpunkten zur Mitte des Bogens gezogen werden.

349. Wenn a, b, c die Seiten eines sphärischen Dreiecks und A, B, C die gegenüberliegenden Winkel sind, so ist

$$\cos c = \cos a \cos b + \sin a \sin b \cos C.$$

In welchen Ausdruck geht diese Formel über, wenn a, b und c sehr klein sind?

350. Ein Körper falle in einem Medium, das auf ihn beim Fallen einen der Geschwindigkeit direkt proportionalen Widerstand ausübt. Der nach t Sekunden zurückgelegte Weg wird ausgedrückt durch die Formel

$$s = \frac{mgt}{a^2} - \frac{m^2 g}{a}\left(1 - e^{-\frac{at}{m}}\right),$$

wobei m die Masse und a der Reibungskoeffizient ist. Man ermittle eine Näherungsformel für s zuerst für den Fall, daß $\frac{at}{m}$ groß, und dann für den Fall, daß $\frac{at}{m}$ verschwindend klein ist.

§ 9. Extremwerte von Funktionen mehrerer Veränderlicher

Die relativen Minima und Maxima einer Funktion zweier Veränderlicher, die in einem gegebenen Bereich partielle Ableitungen der erforderlichen Ordnungen besitzen, können mit Hilfe der folgenden Sätze gefunden werden.

I. Für das Vorliegen eines Extremwertes der Funktion $f(x, y)$ in einem Punkt (x, y) ist notwendig, daß die partiellen Ableitungen $\frac{\partial f}{\partial x}$ und $\frac{\partial f}{\partial y}$ an dieser Stelle verschwinden.

II. Für das Vorliegen eines Extremwertes der Funktion $f(x, y)$ in einem Punkt (x, y) ist hinreichend, daß der Ausdruck $rt - s^2$ positiv ist, die Größen p und q dagegen verschwinden, und zwar hat die Funktion $f(x, y)$ an der Stelle (x, y) ein Minimum, wenn r und t positiv, ein Maximum, wenn r und t negativ sind. Hier werden zur Abkürzung die Bezeichnungen von MONGE benutzt:

$$p = \frac{\partial f}{\partial x}, \quad q = \frac{\partial f}{\partial y}, \quad r = \frac{\partial^2 f}{\partial x^2}, \quad s = \frac{\partial^2 f}{\partial x \, \partial y}, \quad t = \frac{\partial^2 f}{\partial y^2}.$$

Für Funktionen von mehreren unabhängigen Veränderlichen gibt es ähnliche, jedoch etwas kompliziertere Kriterien:

III. Für das Vorliegen eines Extremwertes der Funktion $f(x_1, \ldots, x_n)$ im Punkte $(x_1, \ldots, x_n)$ ist notwendig, daß folgende Bedingungen erfüllt sind:

$$\frac{\partial f}{\partial x_1} = 0, \quad \frac{\partial f}{\partial x_2} = 0, \quad \ldots, \quad \frac{\partial f}{\partial x_n} = 0.$$

Dabei wird vorausgesetzt, daß die Funktion in allen Punkten des Gebietes die notwendigen Ableitungen besitzt.

IV. Für das Vorliegen eines Extremwertes der Funktion $f(x_1, x_2, \ldots, x_n)$ in einem Punkt $(x_1, x_2, \ldots, x_n)$ ist hinreichend, daß die folgenden Bedingungen erfüllt sind:

a) $$\frac{\partial f}{\partial x_1} = 0, \quad \frac{\partial f}{\partial x_2} = 0, \quad \ldots, \quad \frac{\partial f}{\partial x_n} = 0.$$

b) Alle Unterdeterminanten geraden Grades der Determinante

$$\begin{vmatrix} p_{11} & p_{12} & \cdots & p_{1n} \\ p_{21} & p_{22} & \cdots & p_{2n} \\ \cdot & \cdot & \cdot & \cdot \\ p_{n1} & p_{n2} & \cdots & p_{nn} \end{vmatrix}$$

sind positiv, und die Vorzeichen der Unterdeterminanten ungeraden Grades stimmen mit dem Vorzeichen von p_{11} überein. Dabei ist zur Abkürzung

$$p_{\nu\mu} = \frac{\partial^2 f}{\partial x_\nu \, \partial x_\mu}$$

gesetzt.

Ist unter den Bedingungen a) und b) $p_{11} > 0$, so besitzt die Funktion an dieser Stelle ein Minimum, ist $p_{11} < 0$, ein Maximum.

Man bestimme die Extremwerte der folgenden in expliziter Form gegebenen Funktionen:

351. $z = x^2 + xy + y^2 - 3ax - 3by$.

352. $z = x^3 y^2 (a - x - y)$.

353. $z = x^4 + y^4 - 2x^2 + 4xy - 2y^2$.

354. $z = x^2 - xy + y^2 + 3x - 2y + 1$.

355. $z = x^2 + xy + y^2 + \frac{a^3}{x} + \frac{a^3}{y}$ für $x > 0$, $y > 0$.

356. $z = x^3 + y^3 - 3axy$.

357. $z = Ax^2 + Bxy + Cy^2 + Dx + Ey + F$.

358. $z = x^3 + y^3 - 9xy + 27$ für $0 \leqq x \leqq a$, $0 \leqq y \leqq a$, $a > 3$.

359. $z = x^4 + y^4 - 2x^2 + 4xy - 2y^2$ für $0 \leqq x \leqq a$, $0 \leqq y \leqq a$, $a > 1$.

360. $z = e^{-x^2 - y^2}(ax^2 + by^2)$; $a > 0$, $b > 0$.

361. $z = \sqrt{(a - x)(a - y)(x + y - a)}$. **362.** $z = \frac{a + bx + cy}{\sqrt{1 + x^2 + y^2}}$.

363. $z = \sin x + \sin y + \sin(x + y)$; $0 \leqq x \leqq \frac{\pi}{2}$, $0 \leqq y \leqq \frac{\pi}{2}$.

364. $z = \sin x + \sin y + \cos(x + y)$; $0 \leqq x \leqq \frac{3\pi}{2}$, $0 \leqq y \leqq \frac{3\pi}{2}$.

365. $z = \cos x \cos y \cos(x + y)$; $0 \leqq x \leqq \pi$, $0 \leqq y \leqq \pi$.

366. $z = (a \cos x + b \cos y)^2 + (a \sin x + b \sin y)^2$.

367. $z = \cos x \cos \alpha + \sin x \sin \alpha \cos(y - \beta)$.

368. $u = xyz(4a - x - y - z)$.

369. $u = x^2 + y^2 + z^2 - xy + 2z + x$.

370. $u = \frac{x^3 + y^3 + z^3}{xyz}$; $x > 0$, $y > 0$, $z > 0$.

371. $u = \frac{x}{y + z} + \frac{y}{x + z} + \frac{z}{x + y}$; $x > 0$, $y > 0$, $z > 0$.

372. $u = (ax + by + cz)\, e^{-x^2 - y^2 - z^2}$.

373. Aufgabe von HUYGENS: Zu den beiden positiven Zahlen a und b gebe man n zwischen ihnen liegende Zahlen $x_1, x_2, \ldots, x_n$ an, so daß der Bruch

$$u = \frac{x_1 x_2 \cdots x_n}{(a + x_1)(x_1 + x_2) \cdots (x_{n-1} + x_n)(x_n + b)}$$

ein Maximum annimmt.

Die folgenden Funktionen sind in impliziter Form gegeben. Man bestimme die Minima und Maxima von z als Funktionen von x und y.

374. $2x^2 + 2y^2 + z^2 + 8xz - z + 8 = 0.$

375. $2x^2 + 6y^2 + 2z^2 + 8xz - 4x - 8y + 3 = 0.$

376. $6x^2 + 6y^2 + 6z^2 + 4x - 8y - 8z + 5 = 0.$

377. $5x^2 + 5y^2 + 5z^2 - 2xy - 2xz - 2yz - 72 = 0.$

378. $x^3y - 3xy^2 + 6x + y^2 + 7y + z^2 - 3z - 14 = 0.$

379. $x^4 + y^4 + z^4 = 2a^2(x^2 + y^2 + z^2).$

Die weiteren Beispiele enthalten Fragen über die Bestimmung von Extremwerten mit Nebenbedingungen, d. h. über die Bestimmung der Extremwerte von Funktionen $u = f(x_1, x_2, \ldots, x_n)$, deren Veränderliche durch eine Anzahl von Gleichungen

$$\varphi_1(x_1, x_2, \ldots, x_n) = 0, \quad \varphi_2(x_1, x_2, \ldots, x_n) = 0, \quad \ldots, \quad \varphi_m(x_1, x_2, \ldots, x_n) = 0$$

$(m < n)$ miteinander verknüpft sind, wobei die Funktionen $f, \varphi_1, \varphi_2, \ldots, \varphi_m$ im durch sie bestimmten gemeinsamen Definitionsbereich sämtlich partielle Ableitungen erster und zweiter Ordnung besitzen müssen.

Zur Ermittlung der Extremwerte kann man bequem das Verfahren von LAGRANGE benutzen. Danach bildet man zunächst eine Hilfsfunktion

$$\Phi = f + \lambda_1\varphi_1 + \lambda_2\varphi_2 + \cdots + \lambda_m\varphi_m,$$

in der $\lambda_1, \lambda_2, \ldots, \lambda_m$ unbestimmte konstante Faktoren bedeuten. Sodann bildet man die Gleichungen

$$\frac{\partial \Phi}{\partial x_1} = 0, \quad \frac{\partial \Phi}{\partial x_2} = 0, \quad \ldots, \quad \frac{\partial \Phi}{\partial x_n} = 0.$$

Aus diesen und aus den Gleichungen $\varphi_1 = 0, \varphi_2 = 0, \ldots, \varphi_m = 0$ lassen sich bestimmte Werte für die Veränderlichen $x_1, x_2, \ldots, x_n$ sowie die Konstanten $\lambda_1, \lambda_2, \ldots, \lambda_m$ bestimmen. Die Werte, für welche $u = f$ unter Berücksichtigung der Bedingungen $\varphi_1 = 0, \varphi_2 = 0, \ldots, \varphi_m = 0$ einen Extremwert erhält, sind dann unter den nach diesem Verfahren erhaltenen Werten von $x_1, x_2, \ldots, x_n$ zu finden.

Das Kriterium, mit dessen Hilfe man erkennen kann, ob die Funktion f für die durch das LAGRANGEsche Verfahren gefundenen Werte von $x_1, x_2, \ldots, x_n$ einen Extremwert besitzt, ist verhältnismäßig kompliziert und wird hier nicht angeführt.

Man bestimme die Minima und Maxima der folgenden Funktionen von mehreren, durch die jeweils angegebenen Beziehungen miteinander verknüpften Veränderlichen:

380. $u = x + y; \quad \dfrac{1}{x^2} + \dfrac{1}{y^2} = \dfrac{1}{a^2}$

381. $u = x^m + y^m; \quad x + y = 2a; \quad a > 0, \quad m > 1.$

382. $u = x_1^m + x_2^m + \cdots + x_n^m; \quad x_1 + x_2 + \cdots + x_n = na; \quad a > 0, \quad m > 1.$

383. $u = x_1^m + x_2^m + \cdots + x_n^m; \quad x_1 + x_2 + \cdots + x_n = na; \quad a > 0, \quad m < 1.$

384. $u = xy; \quad x^2 + y^2 = 1.$

385. $u = xyz; \quad x^2 + y^2 + z^2 = 3.$

386. $u = x + y + z, \quad \frac{a}{x} + \frac{b}{y} + \frac{c}{z} = 1; \quad a > 0, \quad b > 0, \quad c > 0.$

387. $u = x^2 y^3 z^4; \quad 2x + 3y + 4z = a.$

388. $u = x^2 + 2y^2 + 3z^2; \quad x^2 + y^2 + z^2 = 1, \quad x + 2y + 3z = 0.$

389. $u = xyz; \quad x + y + z = 5, \quad xy + yz + xz = 8.$

390. $u = x^2 + y^2 + z^2; \quad lx + my + nz = 0, \quad (x^2 + y^2 + z^2)^2 = a^2 x^2 + b^2 y^2 + c^2 z^2.$

391. $u = \sin\frac{x}{2} \sin\frac{y}{2} \sin\frac{z}{2}; \quad x + y + z = \pi; \quad x > 0, \quad y > 0, \quad z > 0.$

392. $u = x - y; \quad \tan x = 3 \tan y; \quad 0 \leqq x \leqq \frac{\pi}{2}, \quad 0 \leqq y \leqq \frac{\pi}{2}.$

393. $u = \frac{\alpha_1}{x_1} + \frac{\alpha_2}{x_2} + \cdots + \frac{\alpha_n}{x_n}; \quad \beta_1 x_1 + \beta_2 x_2 + \cdots + \beta_n x_n = p,$

wobei alle α_ν und β_ν sowie $x_1, x_2, \ldots, x_n$ positiv sind.

394. $u = Ax^2 + By^2 + Cz^2 + Dxy + Exz + Fyz; \quad x^2 + y^2 + z^2 = a^2.$

395. $u = \frac{x^2}{a^2} + \frac{y^2}{b^2} + \frac{z^2}{c^2}; \quad x^2 + y^2 + z^2 = 1, \quad lx + my + nz = 0.$

396. Die Ungleichung von HADAMARD für die Determinante dritten Grades

$$u = \begin{vmatrix} a & b & c \\ a_1 & b_1 & c_1 \\ a_2 & b_2 & c_2 \end{vmatrix}$$

lautet

$$|u| \leqq 1,$$

wenn

$$a^2 + b^2 + c^2 = 1, \quad a_1^2 + b_1^2 + c_1^2 = 1, \quad a_2^2 + b_2^2 + c_2^2 = 1$$

ist. Man beweise diese Ungleichung.

397. Man beweise die von MACLAURIN stammende Ungleichung: Wenn $x_1, x_2, \ldots, x_n \geqq 0$ und $x_1 + x_2 + \cdots + x_n = na$ ist, so gilt

$$x_1 x_2 + x_1 x_3 + \cdots + x_n x_{n-1} \leqq \frac{n(n-1)}{1 \cdot 2} a^2,$$

$$x_1 x_2 x_3 + x_1 x_2 x_4 + \cdots + x_{n-2} x_{n-1} x_n \leqq \frac{n(n-1)(n-2)}{1 \cdot 2 \cdot 3} a^3,$$

. . . .

398. Die Aufgabe von Huygens (siehe Aufgabe 373) kann auf den Beweis der Ungleichung

$$(1 + u_1)(1 + u_2) \cdots (1 + u_n) \geqq (1 + q)^n$$

zurückgeführt werden, wenn $u_1 u_2 \cdots u_n = q^n$ ist. Man beweise diese Ungleichung.

Zum Schluß seien noch einige Extremwertaufgaben gestellt, die nach den angegebenen oder nach anderen Methoden gelöst werden können.

399. Man bestimme von allen Dreiecken mit dem Umfang $2p$ das Dreieck mit dem größten Flächeninhalt.

400. Von allen Dreiecken, bei denen die Basis a und der gegenüberliegende Winkel übereinstimmen, bestimme man dasjenige mit dem größten Flächeninhalt

401. Man teile ein gegebenes Dreieck durch eine möglichst kurze Gerade in zwei gleich große Teile.

402. Man beweise, daß der Radius des einem Dreieck einbeschriebenen Kreises nicht größer ist als die Hälfte des Radius des Umkreises.

403. Einem gegebenen Dreieck schreibe man ein Dreieck mit möglichst kleinem Umfang ein.

404. Einem gegebenen Quadrat schreibe man das Viereck mit kleinstem Umfang ein.

405. Man bestimme den Punkt im Innern eines Vierecks, für den die Summe des Quadrats der Abstände des Punktes von den Ecken am kleinsten ist.

406. Man bestimme den Punkt im Innern eines Vierecks, für den die Summe der Abstände des Punktes von den Ecken ein Minimum wird.

407. Man bestimme den Punkt, für den die Summe der Quadrate der Abstände von gegebenen Punkten ein Minimum wird.

408. Von allen Vierecken mit gegebenen Seiten a, b, c und d ermittle man das größte.

409. Von allen Vielecken mit gegebenen Seiten $a, b, c, \ldots, l$ ermittle man das größte.

410. Man schreibe einem Kreis vom Radius a das n-Eck mit größtem Flächeninhalt ein.

411. Einem Kreis vom Radius a ist das n-Eck mit kleinstem Flächeninhalt umzubeschreiben.

412. Einem gegebenen Kreis schreibe man ein Dreieck so ein, daß die Summe der Quadrate seiner Seiten möglichst groß wird.

413. Einem gegebenen Kreis schreibe man das flächengrößte Viereck ein, wenn ein Winkel α vorgegeben ist.

414. Man bestimme den Punkt in der Ebene eines Dreiecks, für den die Summe der Quadrate der Abstände von den Dreieckseiten möglichst klein wird.

415. Man bestimme von allen durch einen gegebenen Punkt verlaufenden Ebenen diejenige mit dem größten Abstand vom Koordinatenursprung.

416. Man bestimme den Punkt des Ellipsoids $\frac{x^2}{a^2} + \frac{y^2}{b^2} + \frac{z^2}{c^2} = 1$, der vom Koordinatenursprung den größten Abstand hat.

417. Von allen Parallelepipeden, bei denen die Summe der Kantenlängen $12a$ beträgt, bestimme man dasjenige mit dem größten Inhalt.

418. Die Oberfläche eines rechtwinkligen Parallelepipeds sei $6a^2$. Welche Form muß es haben, damit sein Inhalt am größten ist?

419. Einem rechtwinkligen Parallelepiped mit den Kanten $2a$, $2b$ und $2c$ umschreibe man das Ellipsoid größten Inhalts.

420. Durch den Punkt (a, b, c) lege man die Ebene, die mit den Koordinatenebenen ein Tetraeder mit kleinstem Inhalt bildet.

421. Man bestimme die Ausmaße eines oben offenen Kastens mit rechteckigem Querschnitt so, daß bei gegebenem Inhalt v und gegebener Wanddicke h möglichst wenig Material verbraucht wird.

422. Man bestimme die Ausmaße eines zylindrischen Gefäßes mit gegebener Oberfläche so, daß sein Inhalt möglichst groß ist.

423. Einem gegebenen Kegel ist ein rechtwinkliges Parallelepiped mit möglichst großem Inhalt einzubeschreiben.

424. Welcher von allen Kegeln gleicher Mantelfläche S besitzt den größten Inhalt?

425. Man ermittle das Gefäß größten Inhalts von der Form eines Kegelstumpfes, wenn der Radius r der kleineren Grundfläche und die Erzeugende $l = 4r$ gegeben sind.

426. Auf einer Ellipse seien zwei Punkte gegeben. Wo muß auf dieser ein dritter Punkt angenommen werden, wenn das aus den drei Punkten gebildete Dreieck den größtmöglichen Flächeninhalt haben soll?

427. Man ermittle den kürzesten Abstand des Punktes $(p, 4p)$ von der Parabel $y^2 = 2px$.

428. Einem gegebenen gleichschenkligen Dreieck schreibe man ein Parabelsegment, dessen Achse mit der Symmetrieachse des Dreiecks zusammenfällt, so ein, daß der Flächeninhalt des Segments ein Maximum wird. Der Flächeninhalt eines Parabelsegments ist gleich $^2/_3$ des Produktes aus Basis und Höhe.

429. Einer gegebenen Ellipse schreibe man das gleichschenklige Dreieck von größtem Flächeninhalt ein, dessen Basis einer Ellipsenachse parallel ist.

430. Man ermittle den Punkt einer Ellipse, der von dem Punkt $(m, 0)$ der Hauptachse den kleinsten Abstand hat.

431. Einer Ellipse umschreibe man das Dreieck kleinsten Flächeninhalts, dessen Basis einer der Achsen parallel ist.

432. Man bestimme die Normale einer Ellipse, die vom Mittelpunkt der Ellipse den größten Abstand hat.

433. Man bestimme die Normale einer Ellipse mit den Halbachsen a und b, für die der Abschnitt innerhalb der Ellipse möglichst klein wird.

434. Man lege an eine Ellipse die Tangente, für die der Abschnitt zwischen den Koordinatenachsen möglichst klein ist.

435. Man ermittle den Flächeninhalt S der Ellipse, die durch Schnitt des Ellipsoids $\frac{x^2}{a^2} + \frac{y^2}{b^2} + \frac{z^2}{c^2} = 1$ mit der Ebene $lx + my + nz = 0$ entsteht.

436. An das Ellipsoid $\frac{x^2}{a^2} + \frac{y^2}{b^2} + \frac{z^2}{c^2} = 1$ lege man eine Tangentialebene derart, daß die Summe der durch sie gebildeten Achsenabschnitte möglichst klein wird.

437. Man beweise, daß von allen Sehnen des elliptischen Paraboloids $z = Ax^2 + Bxy + Cy^2 + Dx + Ey + F$, die zur x-Achse parallel sind und im Innern des Segments liegen, das die Ebene $z = ax + by + c$ vom Paraboloid abschneidet, die größte durch den Mittelpunkt des ebenen Schnittes verläuft.

438. Dem durch Schnitt mit der Ebene $z = h$ entstehenden Segment des elliptischen Paraboloids $z = \frac{x^2}{a^2} + \frac{y^2}{b^2}$ schreibe man das rechtwinklige Parallelepiped mit größtem Inhalt ein.

439. An das Ellipsoid $\frac{x^2}{a^2} + \frac{y^2}{b^2} + \frac{z^2}{c^2} = 1$ lege man eine Tangentialebene so, daß der Schwerpunkt des Dreiecks, das durch die Koordinatenebenen aus der Tangentialebene herausgeschnitten wird, einen möglichst kleinen Abstand vom Koordinatenursprung hat.

440. An das Ellipsoid $\frac{x^2}{a^2} + \frac{y^2}{a^2} + \frac{z^2}{c^2} = 1$ lege man eine Tangentialebene so, daß das durch diese Ebene und die Symmetrieebenen des Ellipsoids gebildete Tetraeder einen möglichst kleinen Inhalt erhält.

V. ABSCHNITT

Anwendung der Differentialrechnung in der Geometrie

§ 1. Gleichungen von Kurven

1. Auf einer horizontalen Achse sei eine flache Exzenterscheibe befestigt. Welche Form muß sie besitzen, damit eine auf sie gestützte vertikale Stange bei gleichförmiger Rotation der Achse eine harmonische Schwingung ausführt?

2. Man löse dieselbe Aufgabe, jedoch soll die vertikale Stange eine gleichförmige Bewegung nach oben und nach unten ausführen. (So ist die Bewegung des Tubus bei einigen Mikroskopen eingerichtet.)

3. Ein schräg abgeschnittener Zylinder, auf den ein Farbstoff aufgetragen ist, werde auf einer Ebene abgerollt. Welche Kurve bildet die Begrenzung des gefärbten Teiles der Ebene?

4. Man beweise, daß die logarithmischen Spiralen $r = e^{a\varphi}$ und $r = ce^{a\varphi}$ geometrisch ähnlich sind: Eine geht in die andere durch Vergrößerung des Maßstabes der Zeichnung über. Man kann sie auch als gleich ansehen, da die eine Kurve in die andere durch Drehung um einen bestimmten Winkel übergeht.

5. Man zeige, daß die von der x-Achse, den Kurven $y = e^x$, $y = ae^x$ und zwei beliebigen Ordinaten eingeschlossenen Flächen bei Verschiebung einer dieser Kurven längs der x-Achse einander gleich werden.

6. Eine Strecke gegebener Länge l gleite mit ihren Endpunkten A und B auf den Koordinatenachsen. Von der Spitze C des Rechtecks $OACB$ werde das Lot auf die Gerade gefällt. Man bestimme den geometrischen Ort der Fußpunkte dieser Lote.

7. Man löse dieselbe Aufgabe für die Fußpunkte der Lote, die vom Koordinatenursprung auf die sich bewegende Gerade gefällt werden (Vierblatt).

8. Gegeben sei die Strecke $OO_1 = a$. Auf einen beliebigen, durch den Punkt O verlaufenden Strahl sei vom Punkt O_1 das Lot O_1M gefällt. Vom Fußpunkt M dieses Lotes werde das Lot MM_1 auf einen Strahl gefällt, der bezüglich der gegebenen Strecke a symmetrisch zum ersten Strahl verläuft. Man ermittle den geometrischen Ort aller Fußpunkte M_1 des zweiten Lotes.

9. Durch den Punkt $M(\xi, \eta)$ des Kreises $x^2 + y^2 = a^2$ gehe die Gerade $y = \eta$ und schneide die Ordinatenachse im Punkte N. Vom Punkt $(a, 0)$ aus sei zu dem so erhaltenen Punkt N eine weitere Gerade gezogen. Man ermittle den geometrischen Ort der Schnittpunkte dieser zweiten Geraden mit der Ordinate des Punktes M.

10. Ein rechter Winkel rotiere um seinen Scheitelpunkt $A(a, 0)$. Vom Koordinatenursprung aus verlaufe durch den Schnittpunkt des einen Schenkels des Winkels mit dem Kreis $x^2 + y^2 = r^2$ eine Gerade. Man bestimme den geometrischen Ort der Schnittpunkte dieser Geraden mit dem anderen Schenkel des Winkels.

11. Ein rechtwinkliges Dreieck habe die Katheten a und $2a$. Die Hypotenuse gleite mit einem ihrer Endpunkte auf der x-Achse, mit dem anderen auf dem Kreis $x^2 + y^2 = a^2$. Man ermittle den geometrischen Ort des Scheitelpunktes des rechten Winkels.

12. Man ermittle den geometrischen Ort der Berührungspunkte der vom Koordinatenursprung ausgehenden Tangenten an einen Kreis vom Radius a, wenn sich dessen Mittelpunkt längs der x-Achse verschiebt.

13. Zwei gleiche Parabeln mögen so um ihre Scheitelpunkte rotieren, daß ihre vier Schnittpunkte immer auf einem Kreis liegen. Man ermittle den geometrischen Ort des Mittelpunktes dieses Kreises.

14. Man ermittle den geometrischen Ort der Scheitelpunkte aller durch einen gegebenen Punkt verlaufenden gleichseitigen Hyperbeln mit gegebenem Mittelpunkt.

15. Man löse dieselbe Aufgabe für die Brennpunkte der Hyperbeln.

16. Eine Hyperbel mit der Halbachse a verlaufe durch zwei gegebene Punkte, deren Abstand voneinander $2c$ betrage. Man suche den geometrischen Ort der Mittelpunkte aller durch die gegebenen Punkte verlaufenden gleichseitigen Hyperbeln.

17. Man bestimme den geometrischen Ort der Mittelpunkte derjenigen Abschnitte auf den Normalen der Ellipse $\frac{x^2}{a^2} + \frac{y^2}{b^2} = 1$, die innerhalb der Ellipse liegen.

18. Zwei mit ihren Enden in den Punkten $(1, 0)$ und $(-1, 0)$ befestigte Stäbe der Länge $\sqrt{2}$ mögen um diese Punkte rotieren. Ihre beiden anderen Enden seien durch einen Stab der Länge 2 beweglich verbunden. Welche Kurve wird durch den Mittelpunkt des Verbindungsstabes beschrieben?

19. Der Inversor von PEAUCELLIER-LIPKIN besteht aus einem Rhombus $ABCD$ mit der Seitenlänge a. Die Punkte A und C sind mit einem festen Punkt O durch die Geraden OA und OC der Länge b verbunden, wobei $b > a$ ist.

Die Seiten des Rhombus sowie die Strecken OA und OC mögen Stangen sein, die beweglich, etwa durch Scharniere, miteinander verbunden sind. Man beweise, daß die Punkte O, B und D auf einer Geraden liegen, daß dabei $OB \cdot OD = b^2 - a^2$ ist und daß die Bewegung einer Spitze des Rhombus auf einer gegebenen Kurve die Inverse der Kurve ergibt.

20. Man zeige, daß bei der Bewegung des Punktes B des Inversors von PEAUCELLIER-LIPKIN auf einem durch den Punkt O verlaufenden Kreis der Punkt D eine Gerade beschreibt.

Welche Kurven werden durch die folgenden Parameterdarstellungen beschrieben?

21. $x = t^2 - t + 1, \quad y = t^2 + t + 1$.

22. $x = t^2 - 2t + 3, \quad y = t^2 - 2t + 1.$

23. $x = a \sin^2 t, \quad y = b \cos^2 t.$

24. $x = a \sin^4 t, \quad y = a \cos^4 t.$

25. Auf der Kurve $x = t^2 - 2t + 3$, $y = t^2 + 2t - 1$ ermittle man den am weitesten links und den am tiefsten gelegenen Punkt.

26. Mit Hilfe der Beziehung $\cos^2 t + \sin^2 t = 1$ gebe man für die Ellipse $\frac{x^2}{a^2} + \frac{y^2}{b^2} = 1$ eine Parameterdarstellung an.

27. Mit Hilfe der Beziehung $e^{-t} \cdot e^t = 1$ gebe man eine Parameterdarstellung für die Hyperbel $\frac{x^2}{a^2} - \frac{y^2}{b^2} = 1$ an.

28. Man verwandle die Kreisgleichung $x^2 + y^2 = a^2$ in eine Parameterdarstellung, indem man als Parameter die Steigung derjenigen Sehne des Kreises benutzt, die durch den Punkt $(-a, 0)$ verläuft.

29. Man beweise, daß die Koordinaten der Punkte einer Kurve zweiter Ordnung durch die Steigung einer veränderlichen Sehne durch irgendeinen festen Punkt der Kurve rational ausgedrückt werden können.

30. Eine Kurve $f(x, y) = 0$, für die man die Koordinaten ihrer Punkte durch einen Parameter rational ausdrücken kann, nennen wir unikursal. Man zeige, daß die Kurve $r = f(\cos\varphi, \sin\varphi)$, wobei f eine rationale Funktion darstellt, unikursal ist.

31. Man beweise, daß die Zissoide $y^2 = \frac{x^3}{2a - x}$ unikursal ist, indem man die Koordinaten ihrer Punkte durch die Steigung derjenigen Sehne ausdrückt, die den Koordinatenursprung mit einem gegebenen Punkt der Kurve verbindet.

32. Löst man die allgemeine Gleichung $x^3 + y^3 = 3axy$ des Cartesischen Blattes zusammen mit der Gleichung der Hilfsgeraden $y = tx$, so erhält man eine Parameterdarstellung des Cartesischen Blattes:

$$x = \frac{3at}{1 + t^3}, \quad y = \frac{3at^2}{1 + t^3}.$$

33. Man beweise, daß die drei den Parameterwerten t_1, t_2 und t_3 entsprechenden Punkte des Cartesischen Blattes genau dann auf einer Geraden liegen, wenn $t_1 t_2 t_3 = -1$ ist. Die Punkte seien voneinander verschieden.

34. Man beweise, daß die Koordinaten der Punkte der Kardioide $r = a(1 + \cos\varphi)$ mit Hilfe eines Parameters t durch die Formeln

$$x = \frac{2a(1 - t^2)}{(1 + t^2)^2}, \quad y = \frac{4at}{(1 + t^2)^2}$$

ausgedrückt werden können.

35. Unter welcher Bedingung liegen die drei den Parameterwerten t_1, t_2 und t_3 entsprechenden Punkte der Kardioide (siehe vorige Aufgabe) auf einer Geraden?

36. Man beweise, daß die Koordinaten der Punkte der Strophoide $(2a - x)y^2 = x(x - a)^2$ mit Hilfe eines Parameters t durch die Formeln

$$x = \frac{2at^2}{1 + t^2}, \quad y = \frac{at(t^2 - 1)}{1 + t^2}$$

rational ausgedrückt werden können.

37. Unter welcher Bedingung liegen die den Parameterwerten t_1, t_2 und t_3 entsprechenden Punkte der Strophoide (siehe vorige Aufgabe) auf einer Geraden?

38. Für welche Werte t_1, t_2, t_3 und t_4 liegen die ihnen entsprechenden Punkte der Strophoide (siehe Aufgabe 36) auf einem Kreis?

39. Man beweise, daß die vier den Parameterwerten t_1, t_2, t_3 und t_4 entsprechenden Punkte der Zissoide $x = \frac{a}{t^2 + 1}$, $y = \frac{a}{t(t^2 + 1)}$ auf einem Kreis liegen, wenn die Bedingung $t_1 + t_2 + t_3 + t_4 = 0$ erfüllt ist.

40. Man drücke die Koordinaten der Punkte der Lemniskate

$$(x^2 + y^2)^2 = a^2(x^2 - y^2)$$

rational durch einen Hilfsparameter aus.

41. Man zeige, daß die Kurve $x^y = y^x$ aus der Winkelhalbierenden des ersten Quadranten und der Kurve

$$x = \left(1 + \frac{1}{n}\right)^n, \quad y = \left(1 + \frac{1}{n}\right)^{n+1}$$

besteht, wobei n ein Parameter ist.

§ 2. Tangente und Normale

42. Man zeige, daß die Kurven

$$y = a \sin \frac{x}{a}, \quad y = a \tan \frac{x}{a}, \quad y = a \ln \frac{x}{a}$$

die x-Achse jeweils unter gleichen, von a unabhängigen Winkeln schneiden.

43. Man ermittle den Winkel, unter dem die Kurve

$$y = \frac{x + a_2x^2 + a_3x^3 + \cdots + a_nx^n}{1 + b_1x + b_2x^2 + \cdots + b_mx^m}$$

die y-Achse schneidet.

44. Für welchen Wert von a schneidet die Kurve $y = \frac{x^3 + ax}{b}$ die x-Achse unter einem Winkel von $45°$?

45. Man beantworte die gleiche Frage für die Kurve $y = \frac{ax}{1 + bx^2}$.

46. Welche von den durch den Koordinatenursprung verlaufenden Geraden schneidet die Hyperbel $xy = a^2$ unter einem rechten Winkel?

47. Man beantworte die gleiche Frage für die Ellipse $\frac{x^2}{a^2} + \frac{y^2}{b^2} = 1$.

48. Man ermittle die Gleichung einer Sinuskurve, die die x-Achse im Koordinatenursprung unter einem Winkel von 45°, im Punkt $(a, 0)$ unter einem Winkel von 135° schneidet.

49. Man beweise, daß der Winkel zwischen dem Radiusvektor eines Punktes (r, φ) der Kurve $r^n = a^n \cos n\varphi$ und der Tangente in diesem Punkt gleich $n\varphi + \frac{\pi}{2}$ ist.

50. Man beweise, daß die Kurve $r = e^{a\varphi}$ alle Radiusvektoren ihrer Punkte unter gleichen Winkeln schneidet (logarithmische Spirale).

51. Man beweise, daß der Winkel zwischen der Tangente an die Spirale $r = a\varphi$ des ARCHIMEDES und dem zum Berührungspunkt der Tangente gehörenden Radiusvektor für $\varphi \to \infty$ gegen 90° strebt.

52. Man ermittle den Winkel zwischen der Tangente an die Kardioide $r = a(1 + \cos\varphi)$ und dem zum Berührungspunkt gehörenden Radiusvektor.

53. Man ermittle die Gleichung der Tangente an die Kurve $y = x \ln x + 1$ in dem Punkt, dessen Ordinate gleich 1 ist.

54. Man ermittle die Gleichung der Tangente an die Kurve

$$2x^3 - x^2 y^2 - 3x + y + 7 = 0$$

im Punkte $(1, -2)$.

55. Man bestimme die Normale der Kurve $x^2 + y^2 + 2x - 6 = 0$ in einem Punkte mit der Ordinate $y = 3$.

56. Man bestimme die zu der Geraden $y = 2x$ parallele Normale an die Lockenkurve $x^2 y = a^2(a - y)$ der MARIA AGNESI.

57. Man bestimme die Normale der Kurve $y = a \ln \cos \frac{x}{a}$ im Punkte mit der Abszisse $x = 2\pi a$.

58. Man bestimme die Normalen der Kardioide $r = a(1 + \cos\varphi)$, die mit der Polarachse einen Winkel von 45° bilden.

59. Man bestimme die vom Koordinatenursprung am weitesten entfernte Tangente der Astroide $x^{\frac{2}{3}} + y^{\frac{2}{3}} = a^{\frac{2}{3}}$.

60. Man lege Tangenten an die Kurven $y = af(x)$ und beweise, daß sich alle Tangenten, deren Berührungspunkte gleiche Abszissen haben, in einem Punkte schneiden.

61. Man beweise, daß für Punkte gleicher Abszisse die Subnormalen der Kurven $y = f(x)$ und $y = \sqrt{f^2(x) + a^2}$ gleich sind.

62. Man beweise, daß bei den Kurven $y = ax^n$ das Verhältnis der Subtangente zur Abszisse des Berührungspunktes gleich $\frac{1}{n}$ ist.

63. Man beweise, daß bei der Kurve $y = a \ln(x^2 - a^2)$ die Summe der Längen von Tangente und Subtangente der Größe xy proportional ist.

64. Man beweise, daß die Länge der Tangente an die Traktrix

$$\frac{x + \sqrt{a^2 - y^2}}{a} = \ln \frac{a + \sqrt{a^2 - y^2}}{a}$$

gleich a ist.

65. Man beweise, daß alle Normalen der Kurve

$$x = a(\cos t + t \sin t), \quad y = a(\sin t - t \cos t)$$

gleichen Abstand vom Koordinatenursprung besitzen.

66. Man beweise, daß der zwischen den Koordinatenachsen liegende Normalenabschnitt der Kurve

$$x = 2a \sin t + a \sin t \cos^2 t, \quad y = -a \cos^3 t$$

gleich $2a$ ist.

67. Gegeben sei die Kurve

$$x = 2a \ln \sin t - 2a \sin^2 t, \quad y = a \sin 2t.$$

Man beweise, daß der Abschnitt auf der Abszissenachse zwischen der Tangente und der Normalen $2a$ beträgt.

68. Man beweise, daß der Kreis $x^2 + y^2 = a^2$ die Normale der Epizykloide

$$x = a\left[(1 + \lambda) \cos t - \lambda \cos\left(1 + \frac{1}{\lambda}\right) t\right],$$

$$y = a\left[(1 + \lambda) \sin t - \lambda \sin\left(1 + \frac{1}{\lambda}\right) t\right]$$

im Punkte $(a \cos t, \, a \sin t)$ schneidet.

69. Man beweise dasselbe für die Hypozykloide

$$x = a\left[(1 - \lambda) \cos t + \lambda \cos\left(1 - \frac{1}{\lambda}\right) t\right],$$

$$y = a\left[(1 - \lambda) \sin t + \lambda \sin\left(1 - \frac{1}{\lambda}\right) t\right].$$

70. Man bestimme die zu der Geraden $y = x$ parallele Tangente an die Kurve $x^3 - y^3 = 3x^2$.

71. Man beweise, daß für gleiche φ-Werte die Summe aus dem Schnittwinkel der Tangenten an die Kurven $r = f(\varphi)$ und $r = \frac{a}{f(\varphi)}$ und dem Schnittwinkel der Radiusvektoren der Berührungspunkte 180° beträgt.

72. Man beweise, daß sich die Tangenten mit gleicher Abszisse des Berührungspunktes an die Kurven $y = \frac{\lambda \varphi(x) + \mu \varphi_1(x)}{\lambda + \mu}$ in einem Punkte schneiden, dessen Lage nicht von λ und μ abhängt.

73. Jede Gerade in Richtung eines Radiusvektors der Kurve $r = a \sin^3 \frac{\varphi}{3}$ schneidet diese in drei Punkten, die nicht mit dem Pol zusammenfallen. Man beweise, daß die Tangenten dieser Punkte jeweils ein gleichseitiges Dreieck bilden.

74. Drei Punkte M_1, M_2, M_3 des Cartesischen Blattes mögen auf einer Geraden liegen. Die Tangenten in diesen Punkten mögen die Kurve in den Punkten P_1, P_2 und P_3 schneiden. Man beweise, daß diese Punkte ebenfalls auf einer Geraden liegen.

75. Durch den Punkt M auf der Strophoide $(2a - x)y^2 = x(x - a)^2$ mögen Geraden verlaufen, die die Strophoide in den Punkten P und Q berühren. Man beweise, daß die Punkte M, P, Q und der Koordinatenursprung auf einem Kreis liegen.

76. An die Lemniskate $(x^2 + y^2)^2 = a^2(x^2 - y^2)$ kann man parallel zu einer vorgegebenen Richtung zwei Paare von Tangenten legen. Man beweise, daß die Geraden, die die Berührungspunkte jedes Paares miteinander verbinden, einen Winkel von $120°$ einschließen.

77. Man bestimme die Länge der polaren Subtangente und der Subnormale für die Spirale $r^2 = a^2\varphi$.

78. Man beweise, daß die polaren Subtangenten der Kurven $r = f(\varphi)$ und $r = \dfrac{af(\varphi)}{a + f(\varphi)}$ für die Punkte mit denselben Werten für φ gleich sind.

79. Man beweise, daß bei den Kurven $r = f(\varphi)$ und $r = a + f(\varphi)$ die polaren Subnormalen für die Punkte mit denselben Werten für φ gleich sind.

80. Man suche den Kreis mit dem Radius a, der das Cartesische Blatt $x^3 + y^3 - 3axy = 0$ in dem Punkt mit der Abszisse $x = \dfrac{4a}{3}$ berührt.

81. Man bestimme die Gleichung eines Kreises mit dem Radius $3a$, der die Zissoide $x(x^2 + y^2) - 2ay^2 = 0$ in dem Punkte mit der Abszisse $x = a$ in einem rechten Winkel schneidet.

82. Man bestimme den Kreis, der durch den Pol geht und die Archimedische Spirale $r = a\varphi$ im Punkte $\varphi = \dfrac{\pi}{4}$ berührt.

Man zeige, daß sich die folgenden Kurvenpaare unter einem rechten Winkel schneiden:

83. $x^2 - y^2 = a^2, \quad xy = b^2.$

84. $y^2 = 2ux + u^2, \quad y^2 = -2vx + v^2.$

85. $\dfrac{x^2}{a^2 + \lambda} + \dfrac{y^2}{b^2 + \lambda} = 1, \quad \dfrac{x^2}{a^2 - \mu} + \dfrac{y^2}{b^2 - \mu} = 1; \qquad a > \mu > b.$

86. $(2a - x)y^2 = x^3, \quad (x^2 + y^2)^2 = b^2(2x^2 - y^2).$

87. $b^2x^2 + a^2y^2 = c, \quad y^{b^2} = c_1 x^{a^2}.$

88. $r = ae^{\varphi}, \quad r = be^{-\varphi}.$

89. $r^2 = a^2 \cos 2\varphi, \quad r = b^2 \sin 2\varphi.$

90. $r^2 = \ln \tan\varphi, \quad r^2 \cos 2\varphi + 1 = 0.$

91. Man zeige, daß sich die Kurven

$$r^2 \cos 2\varphi = a^2, \quad r^2 \cos(2\varphi + \alpha) = b^2$$

unter dem Winkel α schneiden.

92. Man zeige, daß die Kurve

$$x = \left(1 + \frac{1}{u}\right)^u, \quad y = \left(1 + \frac{1}{u}\right)^{u+1}$$

die Gerade $y = x$ unter einem rechten Winkel schneidet.

93. Man beweise, daß sich die beiden Kreise

$$x^2 + y^2 + ax + by + c = 0, \quad x^2 + y^2 + a_1x + b_1y + c_1 = 0$$

genau dann unter einem rechten Winkel schneiden, wenn die Bedingung

$$aa_1 + bb_1 = 2(c + c_1)$$

erfüllt ist.

94. Die geographische Breite ist der Winkel zwischen der Normalen der Erdoberfläche in einem bestimmten Ort und der Äquatorebene. Die geozentrische Breite ist der Winkel zwischen der Äquatorebene und dem Radiusvektor vom Mittelpunkt der Erde zu einem gegebenen Punkt. Man bestimme die größte Differenz dieser beiden Breiten, indem man die Erdmeridiane als Ellipsen betrachtet, für die $a = 6400$ km und $a - b = 21$ km ist.

95. Eine Kurve $f(x, y) = 0$ wird algebraisch genannt, wenn $f(x, y)$ ein Polynom in x und y ist. Durch Einführung einer Potenz einer Hilfsvariablen kann man dieses Polynom homogen machen. Es sei $f(x, y, z) = 0$ die sich so ergebende Gleichung. Man zeige, daß die Gleichung der Tangente an die Kurve in der Form

$$\frac{\partial f}{\partial x} X + \frac{\partial f}{\partial y} Y + \frac{\partial f}{\partial z} Z = 0$$

geschrieben werden kann, wobei (x, y) der Berührungspunkt, (X, Y) ein Punkt auf der Tangente ist; die Größen z und Z ersetze man nach Berechnung der Ableitungen durch 1.

Fußpunktkurve bezüglich eines gegebenen Punktes wird der geometrische Ort der Fußpunkte aller Lote genannt, die von diesem Punkt auf alle Tangenten an eine gegebene Kurve gefällt sind. Man bestimme die Fußpunktkurven der folgenden Kurven:

96. Für die Ellipse $\frac{x^2}{a^2} + \frac{y^2}{b^2} = 1$ bezüglich des Mittelpunktes.

97. Für die Parabel $y^2 = 2px$ bezüglich des Scheitelpunktes.

98. Für die Parabel $y^2 = 2px$ bezüglich des Brennpunktes.

99. Für die Hyperbel $x^2 - y^2 = a^2$ bezüglich des Koordinatenursprungs.

100. Für $\left(\frac{x}{a}\right)^n \pm \left(\frac{y}{b}\right)^n = 1$ bezüglich des Koordinatenursprungs.

101. Für $r = e^{a\varphi}$ bezüglich des Poles.

102. Für $r^n = a^n \cos n\varphi$ bezüglich des Poles.

103. Für die Evolventen des Kreises

$$x = a(\cos t + t \sin t), \quad y = a(\sin t - t \cos t)$$

bezüglich des Koordinatenursprungs.

104. Man beweise: Die Berührungspunkte der Tangenten von einem gegebenen Punkt an die logarithmische Spirale $r = ae^{m\varphi}$ liegen auf einem Kreis durch den Pol und den gegebenen Punkt.

105. Vom Koordinatenursprung gehe ein Strahl aus, der die Strophoide $y^2(2a - x) = x(x - a)^2$ in den Punkten M und M_1 schneide. Man bestimme den geometrischen Ort der Schnittpunkte der Tangenten in allen solchen Punkten M und M_1 der Strophoide.

106. Von einem gegebenen Punkte M kann man an die Kardioide $r = a(1 + \cos\varphi)$ drei Tangenten legen. Welchen geometrischen Ort bilden die Punkte M, für welche die drei Berührungspunkte auf einer Geraden liegen?

107. Welchen geometrischen Ort beschreiben die Endpunkte der polaren Subtangenten der hyperbolischen Spirale $r\,\varphi = a$?

Man suche den geometrischen Ort der Scheitelpunkte eines rechten Winkels, dessen Schenkel die folgenden Kurven berühren.

108. Die Hyperbel $b^2x^2 - a^2y^2 = a^2b^2$.

109. Die Astroide $x = a\cos^3 t$, $y = a\sin^3 t$.

110. Die NEILsche Parabel $4y^3 = 27ax^2$.

111. Die Zykloide $x = a(t - \sin t)$, $y = a(1 - \cos t)$.

112. Welchen geometrischen Ort bilden die Scheitelpunkte eines gegebenen Winkels, dessen Schenkel eine Zykloide berühren?

113. Man bringe die Normale im Punkte M der Kurve

$$y^2 = ce^{\frac{x}{a}} + 4a(x + a)$$

mit der Abszissenachse im Punkte P zum Schnitt. Man beweise, daß die Mittelpunkte der Normalabschnitte MP auf der Parabel $y^2 = ax$ liegen.

114. Welchen geometrischen Ort bilden alle Punkte, durch die zwei aufeinander senkrecht stehende Normalen einer gegebenen Parabel gehen?

115. Bei einer Transformation durch reziproke Radiusvektoren oder einer Inversion geht ein Punkt mit den Polarkoordinaten r und φ in einen Punkt mit den Polarkoordinaten $\frac{a^2}{r}$ und φ über, wobei a eine Konstante ist. Man zeige, daß die Inversion eine konforme Abbildung ist, d. h., daß sich die Bilder der Kurven unter denselben Winkeln schneiden wie die Kurven selbst.

116. Die Parabel $y = -ax^2$ rolle, ohne zu gleiten, auf der Parabel $y = ax^2$ ab. Man bestimme den geometrischen Ort, den der Scheitelpunkt beschreibt, wenn die Scheitelpunkte der beiden Parabeln in der Ausgangslage zusammenfallen.

117. Man beweise, daß bei derselben Bewegung der Parabel der Brennpunkt auf einer Geraden entlangläuft, und zwar auf der Leitlinie der ruhenden Parabel.

118. Auf der Ellipse $b^2x^2 + a^2y^2 = a^2b^2$ rolle eine zweite Ellipse mit denselben Achsen. In der Anfangslage mögen sich die beiden Ellipsen in ihren Hauptscheiteln berühren. Man bestimme den geometrischen Ort, den der Mittelpunkt der Ellipse beschreibt.

Anmerkung: Bei der Lösung der letzten beiden Aufgaben beachte man die Lage der bewegten und der unbewegten Figur in bezug auf ihre gemeinsame Tangente.

§ 3. Konkavität und Konvexität. Krümmung und Krümmungsradius

119. Für welche Werte von x ist die Kurve $y = x^3 + ax + b$ von oben konvex?

120. Man bestimme die Krümmungsrichtung der Kurve $x(x^2 - y^2) + y^2 = 0$ für die Punkte, deren Abszisse $x = \frac{3}{2}$ ist.

121. Man untersuche die Kurve $x^4 = y(x^2 - y^2)$ auf ihre Konvexitätsverhältnisse in den Punkten, für die $y < 0$ ist.

122. Man untersuche die Krümmungsverhältnisse der Kurve $r \cos^3 \varphi = 1$ für $-\frac{\pi}{6} < \varphi < \frac{\pi}{6}$.

123. Man zeige, daß die Kurve $x^4 + y^4 = x^2 + y^2$ in den Schnittpunkten mit den Achsen dem Koordinatenursprung ihre konvexe Seite zuwendet und in den Schnittpunkten mit den Geraden $y = \pm x$ die konkave.

124. Man zeige, daß die Kurve $x = \varphi(t)$, $y = \psi(t)$ dem Koordinatenursprung ihre konkave Seite zuwendet, wenn folgende Bedingung gilt:

$$(x' y'' - x'' y')(x y' - x' y) > 0.$$

125. Von der Definition der Krümmung ausgehend bestimme man die Länge des Bogens von 1° eines Erdmeridians am Pol und am Äquator. Der Meridian kann als Ellipse mit den Halbachsen $a = 6400$ km und $b = a - 21$ km (polare Halbachse) betrachtet werden.

126. Man bestimme den Krümmungsradius der NEILschen Parabel $3ay^2 = 2x^3$.

127. Man bestimme den kleinsten Krümmungsradius der Parabel $y^2 = 2px$.

Die Krümmungsradien der folgenden Kurven sind zu bestimmen:

128. $y = x^3$ im Punkte (1, 1) [Kubische Parabel].

129. $x = t^2$, $y = t^3$ im Punkte (1, 1) [NEILsche Parabel].

130. $y = a \cosh \frac{x}{a}$ (Kettenlinie) im Punkte $(0, a)$.

131. $y = a \ln \cos \frac{x}{a}$.

132. $x = a(\cos t + t \sin t)$, $y = a(\sin t - t \cos t)$.

133. $x = a(t - \sin t)$, $y = a(1 - \cos t)$ [Zykloide].

134. $r = a(1 + \cos\varphi)$. **135.** $r^2 = a^2 \cos 2\varphi$ für $\varphi = 0$ (Lemniskate).

Man bestimme die größte Krümmung für die Kurven:

136. $y = \ln x$. **137.** $x = a \cos t$, $y = b \sin t$ (Ellipse).

138. $y = a \ln\left(1 - \frac{x^2}{a^2}\right)$ **139.** $y = a \cosh \frac{x}{a}$ (Kettenlinie).

140. Wenn man auf die Normalen eines Kurvenpunktes den Krümmungsradius in der Richtung abträgt, von der die Kurve konkav ist, so erhält man den

Krümmungsmittelpunkt. Es ist zu zeigen, daß seine Koordinaten für die Kurve $x = \varphi(t)$, $y = \psi(t)$ durch die folgenden Formeln ausgedrückt werden können:

$$X - x = -\frac{y'(x'^2 + y'^2)}{x'y'' - x''y'}, \quad Y - y = \frac{x'(x'^2 + y'^2)}{x'y'' - x''y'}.$$

Man bestimme die Koordinaten des Krümmungsmittelpunktes für die folgenden Kurven:

141. Hyperbel $xy = a^2$ im Punkte (a, a).

142. Strophoide $y^2 = x^2 \frac{a + x}{a - x}$.

143. $y = x \ln x$ in dem Punkte, für den $y' = 0$ ist.

144. $r = a(1 + \cos\varphi)$.

145. $r = a \cos^3 \varphi$.

146. Man beweise, daß bei der Archimedischen Spirale $r = a\varphi$ für $\varphi \to \infty$ der Betrag der Differenz von Radiusvektor und Krümmungsradius gegen Null strebt.

147. Man beweise, daß sich dabei der Krümmungsmittelpunkt auf einer Kurve bewegt, die sich dem Einheitskreis beliebig nähert.

148. Man beweise, daß bei den Kurven $r^n = a^n \cos n\varphi$ die polare Normale $(n + 1)$-mal so groß ist wie der Krümmungsradius.

149. Man beweise, daß bei den Kurven $r^n = a^n \sin n\varphi$ der Teil des Radiusvektors, der innerhalb des Krümmungskreises liegt, die Länge $\frac{2r}{n+1}$ hat.

150. Man beweise die Gleichung $R = \frac{r\,dr}{dp}$, wobei R der Krümmungsradius, r der Radiusvektor und p die Senkrechte vom Pol auf die Tangente ist.

151. Man beweise, daß es auf der Ellipse im allgemeinen drei Punkte gibt, deren Krümmungskreise durch einen gegebenen Punkt der Ellipse gehen.

152. Man beweise: Bei der Archimedischen Spirale $r = a\varphi$ liegen die Krümmungsmittelpunkte derjenigen Kurvenpunkte, die auf einem vom Nullpunkt ausgehenden Strahl liegen, auf einer Ellipse, deren Ausmaße nicht von der Wahl der Geraden abhängen.

153. Die Koordinaten der Punkte einer Kurve kann man durch die Bogenlänge der Kurve ausdrücken: $x = x(s)$, $y = y(s)$. Man bezeichne mit Δs einen kleinen Zuwachs von s und mit Δl die Länge der dazugehörenden Sehne und beweise die Beziehung

$$\Delta l = \Delta s - \frac{1}{24R^2}\Delta s^3 + \cdots,$$

wobei R der Krümmungsradius der Kurve ist.

154. Gegeben sei eine Kurve mit der x-Achse als Tangente, deren Berührungspunkt der Koordinatenursprung ist; die y-Achse sei vom Berührungspunkt zum Krümmungsmittelpunkt gerichtet. Man beweise, daß dann in der Umgebung des Berührungspunktes, d. h. für kleine Werte von x, die Formeln

$$y_1 = \frac{x^2}{2R} + ax^3 + \cdots, \quad y_2 = \frac{x^2}{2R} + \frac{x^4}{8R^3} + \cdots$$

gelten, wobei R der Krümmungsradius im Punkte (0, 0) ist, y_1 die Ordinate der Kurvenpunkte und y_2 die Ordinate der Punkte des Krümmungskreises sind.

155. Man bestimme die Parabel, die den Koordinatenursprung O mit dem Punkt $B(a + b, 0)$ so verbindet, daß der Parabelbogen OB mit der unteren Hälfte des Kreises $(x - a)^2 + y^2 = b^2$ eine stetige Kurve mit stetiger Krümmung bildet.

156. Man löse dieselbe Aufgabe, wobei aber der untere Halbkreis durch eine Parabel ersetzt ist, die den Punkt $A(a - b, 0)$ mit dem Punkt B verbindet, in welchem sie die Tangente $x = a + b$ besitzt und die Krümmung gleich Eins ist.

157. Man suche die Parabel $y = ax^2 + bx + c$, die mit der Sinuskurve $y = \sin x$ im Punkte $\left(\frac{\pi}{2}, 1\right)$ Tangente und Krümmung gemeinsam hat.

158. Man suche die Parabel fünfter Ordnung

$$y = Ax^5 + Bx^4 + Cx^3 + Dx^2 + Ex + F,$$

die in den Punkten (a, h), $(-a, -h)$ von den Geraden $y = h$ und $y = -h$ berührt wird und dort eine Berührung zweiter Ordnung besitzt.

159. Man beweise, daß der Kreis $(x - 3a)^2 + (y - 3a)^2 = 8a^2$ und die Parabel $\sqrt{x} + \sqrt{y} = 2\sqrt{a}$ im Punkte (a, a) eine Berührung dritter Ordnung besitzen.

160. Man zeige, daß der Schmiegungskreis (Krümmungskreis) einer Kurve zweiter Ordnung im Scheitel der Kurve eine Berührung dritter Ordnung besitzt.

161. Man zeige, daß für jeden Punkt einer Kurve, in dem diese genügend glatt ist, eine Kurve zweiter Ordnung existiert, die mit der gegebenen Kurve in dem gegebenen Punkte eine Berührung vierter Ordnung besitzt.

162. Man beweise, daß jede Kurve zweiter Ordnung, die mit der Zykloide eine Berührung vierter Ordnung besitzt, eine Ellipse ist.

163. Es ist zu zeigen, daß alle Kurven zweiter Ordnung, die mit der logarithmischen Spirale eine Berührung vierter Ordnung besitzen, Ellipsen sind, deren Hauptachse mit dem Radiusvektor des Berührungspunktes einen konstanten Winkel bildet.

164. Man bestimme den geometrischen Ort der Brennpunkte aller Parabeln, die in einem gegebenen Punkt mit einer gegebenen Kurve eine Berührung zweiter Ordnung besitzen.

165. Man bestimme den geometrischen Ort der Mittelpunkte aller Sehnen, die der Ellipse $\frac{x^2}{a^2} + \frac{y^2}{b^2} = 1$ und ihren Berührungskreisen gemeinsam sind.

166. Man bestimme den geometrischen Ort der Fußpunkte der Lote auf die Sehnen, die der Ellipse $\frac{x^2}{a^2} + \frac{y^2}{b^2} = 1$ und ihren Berührungskreisen gemeinsam sind.

§ 4. Evoluten

Den geometrischen Ort der Krümmungsmittelpunkte einer Kurve nennt man die Evolute der Kurve. Die Gleichung der Evolute für die Kurve $x = \varphi(t)$, $y = \psi(t)$ erhält man durch Elimination des Parameters t aus den Gleichungen

$$X - x = -\frac{y'(x'^2 + y'^2)}{x'y'' - x''y'}, \quad Y - y = \frac{x'(x'^2 + y'^2)}{x'y'' - x''y'}.$$

Man bestimme die Evoluten für folgende Kurven:

167. Parabel $y^2 = 2px$.

168. Ellipse $x = a\cos t$, $y = b\sin t$.

169. Hyperbel $x = a\cosh t$, $y = b\sinh t$.

170. Astroide $x = a\cos^3 t$, $y = a\sin^3 t$.

171. Zissoide $y^2(2a - x) = x^3$.

172. Hyperbel $xy = a^2$.

173. Kettenlinie $y = a\cosh\frac{x}{a}$.

174. Zykloide $x = a(t - \sin t)$, $y = a(1 - \cos t)$.

175. Kardioide $r = a(1 + \cos\varphi)$.

176. Sinuskurve $y = a\sin\frac{x}{a}$.

177. Hypozykloide $x = a(2\cos t + \cos 2t)$, $y = a(2\sin t - \sin 2t)$.

178. Traktrix $x = -a\left(\ln\tan\frac{t}{2} + \cos t\right)$, $y = a\sin t$.

179. $y = a\ln\cos\frac{x}{a}$.

180. Kreisevolvente $x = a(\cos t + t\sin t)$, $y = a(\sin t - t\cos t)$.

181. Logarithmische Spirale $r = e^{a\varphi}$.

182. Man beweise die Gleichung $\frac{x'^2 + y'^2}{x'y'' - x''y'} = \frac{\xi'^2 + \eta'^2}{\xi'\eta'' - \xi''\eta'}$, wobei (x, y) ein Punkt der Kurve und (ξ, η) der zugehörige Evolutenpunkt ist.

Aus den Eigenschaften der Evoluten bestimme man die Bogenlänge:

183. eines Bogens der Zykloide $x = a(t - \sin t)$, $y = a(1 - \cos t)$;

184. der Astroide $x^{\frac{2}{3}} + y^{\frac{2}{3}} = a^{\frac{2}{3}}$ zwischen den Punkten $(a, 0)$ und $(0, a)$;

185. der Kardioide $r = a(1 + \cos\varphi)$;

186. der NEILschen Parabel $y^2 = x^3$ von $(0, 0)$ bis $(4, 8)$;

187. der Evolute der Parabel $y^2 = 2px$ von der Spitze bis zum Schnittpunkt mit der Parabel;

188. der logarithmischen Spirale $r = e^{a\varphi}$ für $\varphi_0 < \varphi < \varphi_0 + 2\pi$.

Anmerkung. Alle angeführten Kurven sind selbst Evoluten anderer Kurven, die man leicht mit Hilfe der Aufgaben aus dem ersten Teil dieses Paragraphen ermitteln kann.

§ 5. Enveloppen

Die Gleichung $f(x, y, a) = 0$ mit a als Parameter stellt eine Kurvenschar dar. Manchmal existiert eine Enveloppe oder Einhüllende dieser Schar, d. h. eine Kurve, die jede Kurve der Schar berührt. Die Koordinaten des Berührungspunktes jeder Kurve der Schar mit der Enveloppe befriedigen die Gleichungen

$$f(x, y, a) = 0, \quad \frac{\partial f}{\partial a} = 0. \tag{*}$$

Eliminiert man daraus den Parameter a, so erhält man den geometrischen Ort der Berührungspunkte, d. h. die Einhüllende. Aber dieselben Gleichungen werden auch von den singulären Punkten der Kurvenschar erfüllt, d. h. von Kurvenpunkten, für die $\frac{\partial f}{\partial x} = 0$ und $\frac{\partial f}{\partial y} = 0$ ist. Zwei charakteristische Beispiele:

1. Die Schar der NEILschen Parabeln:

$$(y - a)^2 = x^3.$$

Die Gleichungen (*) haben hierbei die Form

$$(y - a)^2 = x^3, \quad y - a = 0.$$

Durch Elimination von a erhält man $x = 0$. Es ist ohne weiteres zu erkennen, daß diese Gleichung den geometrischen Ort der singulären Punkte der Kurven angibt.

2. Für die Cartesischen Blätter

$$x^3 + (y - a)^3 - 3x(y - a) = 0$$

erhalten die Gleichungen (*) die Form

$$x^3 + (y - a)^3 - 3x(y - a) = 0, \qquad (y - a)^2 - x = 0.$$

Nach Elimination von a bekommt man die Gleichung $x^4 = 4x$. Daraus ergeben sich die beiden Gleichungen $x = 0$ und $x = \sqrt[3]{4}$. Die erste stellt den geometrischen Ort der singulären Punkte dar, die zweite die Enveloppe.

Nicht jede Kurvenschar besitzt eine Enveloppe, so z. B. eine Schar konzentrischer Kreise. Es ist auch möglich, daß ein Teil der Kurven $f(x, y, a) = 0$ eine gemeinsame Enveloppe hat, während der Rest der Schar die Einhüllende nicht berührt; somit besitzt die Schar keine gemeinsame Enveloppe.

In den folgenden Aufgaben bestimme man die Enveloppe zu der jeweils gegebenen Kurvenschar:

189. $(x - a)^2 + y^2 = 1.$ **190.** $(x - a)^2 + y^2 = \frac{a^2}{2}.$

191. $\frac{x^2}{a^2} + \frac{y^2}{b^2} = 1$ für $a^2 + b^2 = 1.$

192. $\lambda x^2 + \mu y^2 = 1$ für $\lambda + \mu = \lambda\mu.$

193. $b^2x^2 + a^2y^2 = a^2b^2$ für $a + b = d.$

194. Man bestimme die Enveloppe aller Geraden, die von einem gegebenen Winkel der Größe ω Dreiecke mit dem Flächeninhalt 2 m^2 abtrennen.

195. $bx + ay = ab$ für $a + b = c$.

196. $bx + ay = ab$ für $a^2 + b^2 = c^2$.

197. Der Scheitelpunkt eines Winkels von gegebener Größe α bewege sich auf der x-Achse, wobei ein Schenkel durch den Punkt $(0, h)$ gehen möge. Man bestimme die Enveloppe des anderen Schenkels.

198. Ein Quadrat der Seitenlänge a bewege sich so, daß die Seiten AB und BC durch die Punkte $(\pm b, 0)$ gehen. Man bestimme die Enveloppe der Diagonalen AC.

199. Eine Gerade drehe sich gleichmäßig um einen Punkt, der sich mit gegebener Geschwindigkeit auf einer festen Geraden bewegt. Man bestimme die Enveloppe der sich bewegenden Geraden.

200. Ein Kreis rolle auf einer gegebenen Geraden, ohne zu gleiten. Man bestimme die Einhüllende seines Durchmessers.

201. Um die zur y-Achse parallelen Sehnen des Kreises $x^2 + y^2 = a^2$ seien Kreise gelegt, für welche die Sehnen Durchmesser sind. Man bestimme die Einhüllende dieser Kreise.

202. Man bestimme die Einhüllende der Kreise, deren Mittelpunkte auf einer Parabel liegen und die durch den Scheitelpunkt der Parabel gehen.

203. Man bestimme die Einhüllende der Kreise, welche die Sehnen einer Parabel zu Durchmessern haben und durch den Brennpunkt der Parabel gehen.

204. Man bestimme die Einhüllende einer Schar von Kreisen, deren Mittelpunkte auf einer Ellipse liegen und die durch den Mittelpunkt der Ellipse gehen.

205. Man bestimme die Einhüllende der Kreise, die die x-Achse berühren und deren Mittelpunkte auf der Hyperbel $xy = a^2$ liegen.

206. Die Radiusvektoren einer Kurve seien Durchmesser von Kreisen. Man zeige, daß die Einhüllende eine Fußpunktkurve in bezug auf den Pol ist.[1]

207. Der Kreis $x^2 + y^2 = r^2$ sei Einhüllende der Schar $\frac{x}{a} + \frac{y}{b} = 1$ Welche Beziehung besteht zwischen a und b?

208. Zwischen den Variablen z und t bestehe die Beziehung

$$\left(\frac{z}{a}\right)^m + \left(\frac{t}{b}\right)^m = 1.$$

Man bestimme die Einhüllende der Kurven $\left(\frac{x}{z}\right)^n + \left(\frac{y}{t}\right)^n = 1$.

209. Eine punktförmige Lichtquelle besitze die Koordinaten $(a, 0)$. Man bestimme die Einhüllende der am Kreis $x^2 + y^2 = a^2$ reflektierten Strahlen (Kaustik).

210. Auf einen sphärischen Spiegel mögen parallele Strahlen fallen. Man bestimme die Einhüllende der reflektierten Strahlen.

211. Eine punktförmige Lichtquelle besitze die Koordinaten $(a, 0)$. Man bestimme die Einhüllende der an der Parabel $y^2 = 2px$ reflektierten Strahlen.

---

[1]) Definition der Fußpunktkurve siehe Seite 140.

§ 6. Kurvenuntersuchungen

Man bestimme die extremalen Punkte der folgenden Kurven, das heißt die Punkte, in denen die Tangenten zu einer der Koordinatenachsen parallel verlaufen, die aber keine Wendepunkte sind.

212. $x^2 + xy + y^2 = 3$. **213.** $x^4 + y^4 = x^2 + y^2$.

214. $(x^2 + y^2)^2 = xy$. **215.** $x^4 + 4x^2y^2 - 6a^2x^2 + a^4 = 0$.

216. $y = \sin\frac{1}{x}$. **217.** $y = \sin x^2$.

218. Man bestimme die horizontalen Abstände der aufeinanderfolgenden extremalen Punkte der Kurve $y = e^{-ax}\cos bx$.

Man bestimme die Wendepunkte der folgenden Kurven:

219. $y = x^4 - 6x^2$. **220.** $x^3 + y^3 = a^3$.

221. $x^3 + y^3 = x^2$. **222.** $(a^2 + x^2)\,y = ax^2$.

223. $y = 1 + \sqrt[3]{x^5}$. **224.** $y = x^4e^{-x}$.

225. $y = e^{\frac{1}{x}}$. **226.** $y = x^2 \ln x$.

227. $y = \tan x$. **228.** $y = \sin^4 x + \cos^4 x$.

229. $r\cos^3\varphi = 1$. **230.** $r = \tan a(\varphi - 1)$.

Zur Untersuchung des Kurvenverlaufs in der Nähe eines gegebenen Punktes (a, b) einer Kurve ist die Entwicklung in eine TAYLORsche Reihe nützlich. Ist $f(x, y) = 0$ die Gleichung der Kurve und entwickeln wir den linken Teil der Gleichung nach steigenden Potenzen der Differenzen $x - a = \xi$, $y - b = \eta$, so erhalten wir wegen $f(a, b) = 0$ die Gleichung

$$p\xi + q\eta + \frac{1}{2}[r\xi^2 + 2s\xi\eta + t\eta^2] + \cdots = 0. \qquad (*)$$

Hier bezeichnen wir der Kürze halber die Werte der Ableitungen $\frac{\partial f}{\partial x}$, $\frac{\partial f}{\partial y}$, $\frac{\partial^2 f}{\partial x^2}$, $\frac{\partial^2 f}{\partial x\,\partial y}$ und $\frac{\partial^2 f}{\partial y^2}$ für $x = a$ und $y = b$ mit p, q, r, s und t.

Ist $p^2 + q^2 > 0$, so nähert sich die Kurve für kleine Werte von $|\xi|$ und $|\eta|$ der Geraden $p\xi + q\eta = 0$, das heißt der Geraden $p(x - a) + q(y - b) = 0$. Diese Gerade ist die Tangente an die Kurve im Punkte (a, b). Wenn $p = 0$ und $q = 0$ werden, das heißt, wenn in dem gegebenen Punkte die beiden Ableitungen $\frac{\partial f}{\partial x}$ und $\frac{\partial f}{\partial y}$ Null sind, dann geht die Gleichung (*) über in

$$\frac{1}{2}[r\xi^2 + 2s\xi\eta + t\eta^2] + \cdots = 0.$$

Der Punkt (a, b) ist also in diesem Fall ein singulärer Punkt der Kurve.

Ist dabei $s^2 - rt > 0$, so ist der Punkt (a, b) ein Doppelpunkt. In ihm schneiden sich zwei Äste der Kurve. Die Steigungen der Tangenten in diesem Punkt sind gleich den Wurzeln der quadratischen Gleichung

$$r\sigma^2 + 2s\sigma + t = 0.$$

Ist $s^2 - r\,t < 0$, so ist (a, b) ein isolierter Punkt, das heißt, in einer hinreichend kleinen Umgebung dieses Punktes befindet sich kein weiterer Punkt der Kurve. Ist $s - r\,t = 0$, so muß man bei der Untersuchung des singulären Punktes weitere Glieder der TAYLORschen Reihe beachten. Gewöhnlich ist der Punkt (a, b) in diesem Fall ein Umkehrpunkt.

Man untersuche die singulären Punkte der folgenden algebraischen Kurven:

231. $y^2 = x^3$ (NEILsche Parabel). **232.** $y^2 = bx^3 + ax^2$.

233. $y^2 = ax^2 + bx^5$. **234.** $x^3 + y^3 - x\,y = 0$.

235. $x^4 - 2ax^2y + 2ay^3 + a^2y^2 = 0; \quad a \neq 0$.

236. $x^6 - 2a^2x^3y - b^3y^3 = 0$.

237. $2y^3x - y^4 = x(y - x)^2$. **238.** $x^4 + y^4 = x^2 + y^2$.

239. Für welche Beziehung zwischen a und b besitzt die Kurve

$$y^2 = x^3 + a\,x + b$$

einen Doppelpunkt?

240. Man zeige, daß die Kurve $y^2 = x^3 + a\,x + b$ für $4\,a^3 + 27\,b^2 < 0$ aus zwei getrennten Ästen besteht und für $4a^3 + 27b^2 > 0$ eine zusammenhängende Kurve ist.

Für die Untersuchung transzendenter Kurven ist die TAYLORsche Formel nicht immer ausreichend. Denn transzendente Kurven besitzen auch solche Arten von singulären Punkten, wie man sie bei algebraischen Kurven nicht findet, zum Beispiel Endpunkte und Eckpunkte. Man untersuche die singulären Punkte der folgenden transzendenten Kurven:

241. $y = x^x$. **242.** $y = x \ln x$.

243. $y \ln x = 1$. **244.** $y = e^{\frac{1}{x}}$.

245. $y = \dfrac{1}{1 + e^{\frac{1}{x}}}$. **246.** $y = \dfrac{x}{1 + e^{\frac{1}{x}}}$.

247. $y = \arctan \dfrac{1}{x}$. **248.** $y = x \arctan \dfrac{1}{x}$.

249. $y = \sin \dfrac{1}{x}$. **250.** $y = x \sin \dfrac{1}{x}$.

251. $y = x^2 \sin \dfrac{1}{x}$. **252.** $x^y = y^x$.

Bei der Bestimmung der Asymptoten einer Kurve muß man unterscheiden zwischen Asymptoten, die zur y-Achse parallel sind, und solchen, die nicht zu ihr parallel sind. Die ersten besitzen die Gleichung $x = x_0$, wobei x_0 der Wert von x ist, für den $y = f(x)$ gegen Unendlich strebt. Eine nicht zur y-Achse parallele Gerade $y = a\,x + b$ dagegen ist dann Asymptote der

Kurve, wenn für $x \to \infty$ die Kurvenpunkte der Gleichung $y = ax + b + \varepsilon(x)$ genügen, wobei $\varepsilon(x)$ für $x \to \infty$ gegen Null strebt. Hieraus folgt

$$a = \lim_{x \to \infty} \frac{y}{x}, \qquad b = \lim_{x \to \infty} (y - ax).$$

Man bestimme die Asymptoten der folgenden Kurven:

253. $y = \frac{x}{x-1}$. **254.** $y = \frac{1}{(x-3)^2}$.

255. $y = \pm\sqrt{\frac{x-1}{x+1}}$. **256.** $y = x + \frac{1}{x}$.

257. $y = \frac{1}{x} + \frac{1}{x-1} + \frac{1}{x-2}$. **258.** $y^2 = \frac{x^3 + ax^2}{x-a}$.

259. $y^2 = \frac{x^3 - a^3}{x+b}$. **260.** $y^3 - x^3 = x^2 + y^2$.

261. $x^3 + y^3 = a^3$. **262.** $x^3 + y^3 = 3axy$.

263. $x^3 + y^3 + 2y - x = 0$. **264.** $r\varphi = a$.

Man untersuche den Verlauf folgender Kurven, indem man die Gleichungen nach einer Veränderlichen auflöst:

265. $y^2 = x^3(2-x)$. **266.** $x^4 + y^4 = a^4$.

267. $x^{2n} + y^{2n} = a^{2n}$, n ganz, positiv und hinreichend groß.

268. $x^4 - 4x^2y^2 - 6x^2 - 4y^2 = 0$.

269. $x^4 - 6x^2y + 25y^2 - 16x^2 = 0$.

270. $y^2 - x^4 + x^6 = 0$. **271.** $x^4 + x^2y^2 - 18x^2y + 9y^2 = 0$.

272. $x^4 + y^4 - 3x^3 - 4x^2 = 0$. **273.** $y^4 - 2xy^2 - 3x^2 + x^4 = 0$.

274. $x^4 + y^4 - 6y^3 + 8x^2y = 0$.

275. $x^4 + y^4 - 8x^2 - 10y^2 + 16 = 0$.

Man untersuche den Verlauf folgender geschlossener Kurven, indem man zu Polarkoordinaten übergeht:

276. $x^4 + y^4 = 2xy$. **277.** $(x^2 + y^2 - 6x)^2 = x^2 + y^2$.

278. $(x^2 + y^2 - 4x)^2 = 16(x^2 + y^2)$ (PASCALsche Schnecke).

279. $x^4 + y^4 = 8xy^2$. **280.** $x^4 + y^4 = x^2 + y^2$.

281. $(x^2 + y^2)^3 = 27x^2y^2$. **282.** $(x^2 + y^2)^2 = xy$.

Zur Untersuchung von Kurven mit Ästen, die ins Unendliche verlaufen, muß man feststellen, ob Asymptoten vorhanden sind und wie die Äste der Kurve in bezug auf die Asymptoten liegen. Die folgenden Beispiele zeigen bequeme Wege zur Untersuchung.

1. Die Kurve $x^4 - 2x^3y + x^2y^2 = y$.

Wir dividieren beide Seiten der Gleichung durch x^2 und ziehen die Wurzel; dann erhalten wir $x - y = \pm \frac{\sqrt{y}}{x}$, $y = x \pm \frac{\sqrt{y}}{x}$. Besitzt die Kurve eine Asymptote $y = \alpha x + \beta$, so strebt der Wert des Bruches $\frac{y}{x}$ für $x \to \infty$ gegen α. Daher stellt der Summand $\frac{\sqrt{y}}{x}$, verglichen mit x, eine Größe kleinerer Ordnung dar. Folglich ist $y \approx x$. Setzen wir diese erste Näherung in die rechte Seite der Gleichung für y ein, so erhalten wir

$$y = x \pm \frac{\sqrt{x}}{x} = x \pm \frac{1}{\sqrt{x}}.$$

Das ist eine zweite Näherung für y bei großen Werten von $|x|$. Sie zeigt, daß die Kurve die Asymptote $y = x$ besitzt, der sie sich für $y \to +\infty$ mit beiden Ästen nähert, und zwar von oben und von unten.

Dieselbe Kurve hat noch eine andere Asymptote. Wir dividieren die Gleichung durch $(x - y)^2$ und ziehen die Wurzel, dann erhalten wir $x = \frac{\pm\sqrt{y}}{x - y}$. Wenn wir x beschränkt lassen, so folgt daraus für $|y| \to \infty$, daß

$$x \approx \pm \frac{\sqrt{y}}{y} = \pm \frac{1}{\sqrt{y}}$$

gilt. Das zeigt, daß die Kurve die Asymptote $x = 0$ besitzt, der sie sich für $y \to +\infty$ nähert. Die Annäherung erfolgt mit beiden Ästen, und zwar von rechts und von links.

2. Die Kurve $x^3 + y^3 = x^2 + y^2$.

Der Ausdruck $x^3 + y^3$ besitzt den Linearfaktor $x + y$. Das ermöglicht das Auffinden der Asymptote. Teilen wir die Gleichung durch $x^2 - xy + y^2$, so erhalten wir $x + y = \frac{x^2 + y^2}{x^2 - xy + y^2}$ oder $y = -x + \frac{x^2 + y^2}{x^2 - xy + y^2}$. Auf der rechten Seite kann man den zweiten Summanden als eine Größe kleinerer Ordnung vernachlässigen. Somit ergibt sich $y \approx -x$ als erste Näherung für y, wenn x gegen Unendlich strebt. Durch Einsetzen in die rechte Seite der umgeformten und nach y aufgelösten Kurvengleichung erhalten wir

$$y \approx -x + \frac{x^2 + x^2}{x^2 + x^2 + x^2} = -x + \frac{2}{3}.$$

Das ist eine zweite Näherung für y. Diese setzen wir in die Formel für y ein und bekommen

$$y \approx -x + \frac{x^2 + \left(-x + \frac{2}{3}\right)^2}{x^2 - x\left(-x + \frac{2}{3}\right) + \left(-x + \frac{2}{3}\right)^2} = -x + \frac{2x^2 - \frac{4}{3}x + \frac{4}{9}}{3x^2 - 2x + \frac{4}{9}}$$

$$= -x + \frac{2}{3} \cdot \frac{1 - \frac{2}{3x} + \frac{2}{3x^2}}{1 - \frac{2}{3x} + \frac{4}{27x^2}} = -x + \frac{2}{3} + \frac{4}{81x^2}.$$

Das ist eine dritte Näherung für y. Sie zeigt, daß die Kurve die Asymptote $y = -x + \frac{2}{3}$ besitzt, der sie sich für $x \to +\infty$ und für $x \to -\infty$ nähert, wobei sie immer oberhalb der Asymptote bleibt.

Die angeführten Verfahren geben einen einfachen Weg zur Berechnung von Asymptoten algebraischer Kurven an. Sie beruhen auf der Möglichkeit, durch Division einen linearen Ausdruck in x und y zu erhalten.

Schwieriger ist die Untersuchung parabolischer Äste einer Kurve, die ins Unendliche wachsen, ohne sich irgendeiner Geraden zu nähern. Die vollständigste Methode zur Untersuchung solcher Kurven basiert darauf, y nach fallenden ganzen oder gebrochenen Potenzen von x in eine Reihe zu entwickeln.

Ein Verfahren zur Entwicklung solch einer Reihe stammt von NEWTON, aber der völlige Beweis der Konvergenz dieser Entwicklung für hinreichend große Werte von $|x|$ wurde erst in der Mitte des 19. Jahrhunderts von dem französischen Gelehrten POINSOT angegeben. Durch diesen Beweis gewinnt man gleichzeitig einen Weg zur Berechnung der Asymptoten, sofern solche existieren. Wir betrachten diese Methode am Beispiel der Kurve

$$x^4 + x^3 y = y^3 + x y .$$

Wenn wir hier y durch x^σ ersetzen, so verwandeln sich die vier Glieder dieser Gleichung in Potenzen von x mit den Exponenten

$$4,\ 3 + \sigma,\ 3\sigma,\ 1 + \sigma .$$

Setzen wir diese Exponenten paarweise einander gleich, so erhalten wir für σ die Werte 1, $\frac{4}{3}$, 3, $\frac{3}{2}$, $\frac{1}{2}$. Für diese σ nehmen die Exponenten (*) folgende Werte an:

σ	4	$3+\sigma$	3σ	$1+\sigma$
1	4	4	3	2
$\frac{4}{3}$	4	$\frac{13}{3}$	4	$\frac{7}{3}$
3	4	6	9	4
$\frac{3}{2}$	4	$\frac{9}{2}$	$\frac{9}{2}$	$\frac{5}{2}$
$\frac{1}{2}$	4	$\frac{7}{2}$	$\frac{3}{2}$	$\frac{3}{2}$

In jeder Zeile dieser Tabelle kann man wenigstens zwei gleiche Zahlen finden. Wir suchen die Zeilen, in denen diese gleichen Zahlen größer als die übrigen Zahlen derselben Zeile sind. Es gibt zwei derartige Zeilen, nämlich die für $\sigma = 1$ und die für $\sigma = \frac{3}{2}$. Jede von ihnen ergibt die Reihenentwicklung der gesuchten Gestalt. Für $\sigma = 1$ hat die Reihe die Form

$$y = Ax + B + \frac{C}{x} + \frac{D}{x^2} + \cdots \tag{1}$$

und für $\sigma = \frac{3}{2}$ die Form

$$y = ax^{\frac{3}{2}} + bx + cx^{\frac{1}{2}} + d + ex^{-\frac{1}{2}} + fx^{-1} + \cdots. \tag{2}$$

Die Koeffizienten können nach bekannten Methoden bestimmt werden.

Um die Koeffizienten der Reihe (1) zu ermitteln, führen wir in der Gleichung $x^4 + x^3y = y^3 + xy$ die Substitutionen $y = \frac{u}{\xi}$, $x = \frac{1}{\xi}$ durch. Dann geht diese über in die Gleichung

$$1 + u = \xi u^3 + \xi^2 u. \tag{3}$$

Mit diesen Bezeichnungen erhält die Reihe (1) die Form

$$u = A + B\xi + C\xi^2 + D\xi^3 + \cdots.$$

Hieraus finden wir

$$u^2 = A^2 + 2AB\xi + (2AC + B^2)\xi^2 + \cdots,$$
$$u^3 = A^3 + 3A^2B\xi + (3A^2C + 3AB^2)\xi^2 + \cdots.$$

Setzen wir diese Reihen in die Gleichung (3) ein, so erhalten wir

$$1 + A + B\xi + C\xi^2 + \cdots = \xi[A^3 + 3A^2B\xi + 3(A^2C + AB^2)\xi^2 + \cdots] + \xi^2(A + B\xi + C\xi^3 + \cdots).$$

Durch Koeffizientenvergleich finden wir

$$1 + A = 0, \quad B = A^3, \quad C = 3A^2B + A, \quad D = 3(A^2C + AB^2) + B, \quad \ldots.$$

Daraus ergeben sich die Werte der Koeffizienten:

$$A = -1, \quad B = -1, \quad C = -4, \quad D = -16, \quad \ldots.$$

Die Reihe (1) hat also die Form

$$y = -x - 1 - \frac{4}{x} - \frac{16}{x^2} - \cdots.$$

Hieraus ersieht man, daß die Kurve die Asymptote $y = -x - 1$ besitzt. Für $x \to +\infty$ nähert sich die Kurve der Asymptote von unten und für $x \to -\infty$ von oben.

Um die Koeffizienten der Reihe (2) zu bestimmen, setzt man in die Gleichung $x^4 + x^3y = y^3 + xy$ für x und y die Werte $x = \frac{1}{\xi^2}$, $y = \frac{u}{\xi^3}$ ein. Dann geht die Gleichung über in

$$\xi + u = u^3 + u\xi^4, \tag{4}$$

und die Reihe (2) erhält die Form

$$u = a + b\xi + c\xi^2 + d\xi^3 + \cdots.$$

Hieraus finden wir

$$u^2 = a^2 + 2ab\xi + (2ac + b^2)\xi^2 + (2ad + 2bc)\xi^3 + \cdots,$$
$$u^3 = a^3 + 3a^2b\xi + (3a^2c + 3ab^2)\xi^2 + (2a^2d + 6abc + b^3)\xi^3 + \cdots.$$

Setzen wir diese Reihen in die Gleichung (4) ein und vergleichen die Koeffizienten gleicher Potenzen von ξ, so erhalten wir

$$a = a^3, \quad 1 + b = 3a^2b, \quad c = 3a^2c + 3ab^2, \quad d = 2a^2d + 6abc + b^3, \quad \ldots .$$

Daraus ergeben sich, da $a \neq 0$ ist, zwei Systeme von Lösungen:

$$a = 1, \qquad b = \frac{1}{2}, \quad c = -\frac{3}{8}, \quad d = 1, \quad \ldots;$$
$$a = -1, \quad b = \frac{1}{2}, \quad c = \frac{3}{8}, \qquad d = 1, \quad \ldots$$

Somit besitzt die Reihe (2) die Gestalt

$$y = x\sqrt{x} + \frac{1}{2}x - \frac{3}{8}\sqrt{x} + 1 + \cdots,$$

und $\sqrt{x}$ kann hierbei sowohl positiv als auch negativ sein.

Das gewonnene Resultat zeigt, daß die gegebene Kurve zwei unendliche Äste besitzt, deren Abstand von den Kurven

$$y = \pm x\sqrt{x} + \frac{1}{2}x \mp \frac{3}{8}\sqrt{x} + 1$$

für $x \to \infty$ gegen Null strebt.

Anmerkung. In der Tabelle, der wir die Werte für $\sigma = 1$ und $\sigma = \frac{3}{2}$ entnommen haben, standen auch noch die Werte für $\sigma = 3$ und $\sigma = \frac{1}{2}$, wobei die gleichen Werte die kleinsten Zahlen der entsprechenden Zeile sind. Sie ergeben Reihenentwicklungen für hinreichend kleine Werte von x nach wachsenden Potenzen von x. Diese Reihen haben die Form

$$y = Ax^3 + Bx^4 + Cx^5 + Dx^6 + Ex^7 + \cdots,$$
$$y = ax^{\frac{1}{2}} + bx + cx^{\frac{3}{2}} + dx + ex^{\frac{5}{2}} + \cdots.$$

Die Koeffizienten findet man auf ähnliche Weise; z. B. erhalten wir für die erste Reihe

$$y = x^3 + x^5 - x^6 + x^7 + \cdots.$$

Diese Gleichung zeigt, daß die Kurve im Koordinatenursprung eine Berührung vierter Ordnung mit der Kurve $y = x^3$ besitzt und ähnlich wie diese dort einen Wendepunkt hat.

Die andere Reihe hat in diesem Beispiel keinen geometrischen Sinn, da sie auch imaginäre Koeffizienten besitzt; insbesondere ist $a = \pm i$.

Die besprochenen Reihenentwicklungen bieten die beste Möglichkeit zur Untersuchung einer Kurve in der Umgebung eines singulären Punktes, wenn man den Koordinatenursprung in diesen Punkt transformiert.

Man untersuche folgende Kurven:

283. $y^2 = x^3 - 2x^2 + x$.

284. $4y^2 = 4x^2 y + x^5$.

285. $x^5 + 5ax^4 - 16a^3 y^2 = 0$.

286. $y^3 - x^2 y + x^5 = 0$.

287. $y^5 + x^4 = xy^2$

288. $x^6 + 2x^3 y - y^3 = 0$.

289. $x^4 + 2y^3 = 4x^2 y$.

290. $y^3 - x^3 + y - 2x = 0$.

291. $(x^2 - y^2)^2 = 2x$.

292. $x^2(x - y)^2 + y = 0$.

293. $x^3 y^3 = x - y$

294. $x^2 y^2 + x - 2y = 0$.

295. $(2x + y)^2 (x + y) = x$.

296. $(x^2 - y^2)(x - y) = 1$.

297. $3x^4 - y^4 + 2x^2 y^2 + 2x = 0$.

298. $xy(x - y) + x + y = 0$.

299. $x^2 y^2 + y = 1$.

300. $xy(x^2 - y^2) + 1 = 0$.

301. $xy(x^2 + y^2) - 2x^2 y^2 = 12$.

302. $x(x^2 + y^2) = a(x^2 - y^2)$.

303. $(x^2 - y^2)^2 = 4xy$.

304. $x^2 y^2 + y^4 = 4x^2$.

305. $x^4 - y^4 + xy = 0$.

306. $x^2(x^2 + y^2) = 4(x - y)^2$.

307. $x^4 - y^4 = 4y^2 - x^2$.

308. $x^2 y^2 = (y + 1)^2 (4 - y^2)$.

309. $(x^2 - 1) y^2 = x^4 - 4x^2$.

310. $x^2(y - 2)^2 + 2xy = y^2$.

311. $x^4 - y^4 = x^2 - 2y^2$.

312. $(x + 1)(x + 2) y^2 = x^2$.

313. $xy(x + y) + x^2 = 2y^2$.

314. $(2a - x) y^2 = x^3$.

315. $x^3 + y^3 = 3x^2$.

316. $x^4 - 2x^2 = y^3(x - 1)$.

317. $x^4 - y^4 = 4x^2 y$.

318. $x^3 - 2x^2 y - y^2 = 0$.

319. $x^4 - 2x^2 y^2 + y^3 = 0$.

320. $x^2 y^2 = x^2 + y^2$.

321. $x^5 + y^5 = xy^2$.

322. $x^4 + 2x^2 y - xy^2 + y^2 = 0$.

Man untersuche die folgenden Kurven, deren Gleichungen in Parameterform oder in impliziter Form gegeben sind:

323. $x = \frac{2 + t^2}{1 + t^2}, \quad y = t - \frac{t}{1 + t^2}$.

324. $x = \frac{t^2 + 1}{4(1 - t)}, \quad y = \frac{t}{t + 1}$.

325. $x = \frac{t^2 + 1}{t^2 - 1}, \quad y = \frac{t}{t^4 + 1}$,

326. $x = \frac{t}{1 - t^2}, \quad y = \frac{t(1 - 2t^2)}{1 - t^2}$.

327. $x = \frac{t^2}{t^2 - 1}, \quad y = \frac{t^2 + 1}{t + 2}$.

328. $x = \frac{t^2 - 3}{t^2 + 1}, \quad y = \frac{t(t^2 - 3)}{t^2 + 1}$.

329. $x = \frac{t - t^2}{1 + t^2}, \quad y = \frac{t^2 - t^3}{1 + t^2}$.

330. $x = \frac{t^2}{t - 1}, \quad y = \frac{t}{t^2 - 1}$.

331. $x = \frac{(t + 2)^2}{t + 1}, \quad y = \frac{(t - 2)^2}{t - 1}$.

332. $x = \frac{2t - 1}{t^3(t - 1)}, \quad y = \frac{2t - 1}{t^2(t - 1)}$.

333. $y^2 = a^2 \sin \frac{y}{x}$.

334. $y^2 = a^2 \cos \frac{y}{x}$.

335. Man untersuche die Kurve $x^y = y^x$, die sich aus der Gerade $y = x$ und der Kurve

$$x = (1+\sigma)^{\frac{1}{\sigma}}, \qquad y = (1+\sigma)^{\frac{1}{\sigma}+1}$$

zusammensetzt.

§ 7. Kurven doppelter Krümmung. Tangente und Normalebene

336. Man zeige, daß die Kurve

$$x = at^2 + bt + c, \quad y = a_1t^2 + b_1t + c_1, \quad z = a_2t^2 + b_2t + c^2$$

in einer Ebene liegt, und bestimme die Gleichung dieser Ebene.

337. Welche Beziehung muß zwischen den Koeffizienten $a, b, c, a_1, b_1, c_1, a_2, b_2, c_2$ bestehen, damit die Kurve

$$x = a\varphi(t) + b\psi(t) + c\omega(t) + d,$$
$$y = a_1\varphi(t) + b_1\psi(t) + c_1\omega(t) + d_1,$$
$$z = a_2\varphi(t) + b_2\psi(t) + c_2\omega(t) + d_2$$

in einer Ebene liegt?

338. Man zeige, daß die Kurve $x = \sin 2\varphi$, $y = 1 - \cos 2\varphi$, $z = 2\cos\varphi$ auf einer Kugelfläche liegt.

339. Man zeige dasselbe für die Kurve

$$x = \frac{t}{1+t^2+t^4}, \quad y = \frac{t^2}{1+t^2+t^4}, \quad z = \frac{t^3}{1+t^2+t^4}.$$

340. Man bringe die Gleichung der Kurve von VIVIANI auf Parameterform, indem man $x = a\sin^2 t$ setzt; diese Kurve entsteht durch den Schnitt der Kugel $x^2 + y^2 + z^2 = a^2$ mit dem Zylinder $x^2 + y^2 = ax$.

341. Man beweise, daß die Projektion der Kurve von VIVIANI auf die x, z-Ebene eine Parabel ist.

342. Man bestimme die Projektion der Schnittkurve des Paraboloids $z = x^2 + y^2$ mit der Ebene $x + y + z = 1$ auf die x, y-Ebene.

343. Man bestimme die Projektion der Kurve $x = e^t \sin t$, $y = e^t \cos t$, $z = 2t$ auf die x, y-Ebene.

344. Man beweise, daß die Projektion der Schraubenlinie

$$x = a\cos t, \quad y = a\sin t, \quad z = bt$$

auf die y, z-Ebene eine Sinuskurve ist.

345. Man zeige, daß man nach Transformation des Koordinatenursprungs in den Punkt $O_1(0, 0, b\beta)$ und einer anschließenden Drehung der Abszissen- und Ordinatenachse um die z_1-Achse um den Winkel β für die Gleichungen der Schraubenlinie $x = a\cos t$, $y = a\sin t$, $z = bt$ die Gleichungen $x_1 = a\cos t_1$, $y_1 = a\sin t_1$, $z_1 = bt_1$ erhält. Daraus ersieht man, daß sich die Schraubenlinie in sich verschieben kann.

346. Man bestimme die Gleichung der Tangente an die Kurve

$$x = \frac{t^4}{4}, \quad y = \frac{t^3}{3}, \quad z = \frac{t^2}{2}.$$

347. Man bestimme die zu der Ebene $x + 3y + 2z = 0$ parallele Tangente an die Kurve der vorigen Aufgabe.

348. Man bestimme die Kosinus der Winkel, die die Tangente an die Kurve

$$x = t - \sin t, \quad y = 1 - \cos t, \quad z = 4 \sin \frac{t}{2}$$

mit den Achsen bildet.

349. Man bestimme die Punkte der Kurve

$$x = -t \cos t + \sin t, \quad y = t \sin t + \cos t, \quad z = t + 1,$$

in denen die Tangenten parallel zu der x, z-Ebene beziehungsweise zu der y, z-Ebene verlaufen.

350. Man bestimme die Tangente an die Kurve

$$x^2 + y^2 = 10, \quad y^2 + z^2 = 25$$

im Punkte (1, 3, 4).

351. Man bestimme die Tangente an die Kurve

$$2x^2 + 3y^2 + z^2 = 47, \quad x^2 + 2y^2 = z$$

im Punkte (—2, 1, 6).

352. Man bestimme die Tangente an die Kurve $x^2 + y^2 = z$, $y = x$ im Punkte $(m, m, 2m^2)$.

353. Man bestimme die Kosinus der Winkel, die die Tangente an die Kurve $x^2 = 2az$, $y^2 = 2bz$ mit den Achsen bildet.

354. Man löse dieselbe Aufgabe für den Kreis $x^2 + y^2 + z^2 = a^2$, $y = mx$.

355. An die Kurve $y^2 = 2px$, $z^2 = 2qx$ sei im Punkte $\frac{p+q}{2}$ die Tangente gelegt. Man bestimme die Länge des Tangentenabschnittes vom Berührungspunkt bis zur Ebene $x = 0$.

356. Man bestimme die Normalebene der Kurve $z = x^2 + y^2$, $y = x$.

357. Man bestimme die Normalebene der Kurve $y^2 = 2px$, $x^2 + z^2 = a^2$ im Punkte $x = \frac{p}{2}$.

358. Man beweise, daß die Normalebenen der Kurve

$$x = a \cos t, \quad y = a \sin\alpha \sin t, \quad z = a \cos\alpha \sin t$$

durch die Gerade $x = 0$, $z + y \tan\alpha = 0$ verlaufen.

359. Man beweise, daß die Kurve $x = e^t \cdot \cos t$, $y = e^t \sin t$, $z = e^t$ alle Erzeugenden des Kegels $x^2 + y^2 = z^2$ unter dem gleichen Winkel schneidet.

360. Für welchen Wert von a schneidet die Kurve $x = e^{at} \cdot \cos t$, $y = e^{at} \cdot \sin t$, $z = e^{at}$ alle Erzeugenden des Kegels $x^2 + y^2 = z^2$ unter einem Winkel von 45°?

361. Man beweise, daß die Schnittkurven der Zylinder $y^2 + z^2 = m^2$ mit der Fläche $xy = az$ alle Erzeugenden dieser Fläche, die zu einem System gehören, unter einem rechten Winkel schneiden.

362. Die Kurve $x = a \tan t$, $y = b \cos t$, $z = b \sin t$ liegt auf der Oberfläche eines Paraboloids. Man beweise, daß sie alle Erzeugenden eines Systems unter einem rechten Winkel schneidet.

363. Die Loxodrome ist durch die Gleichung $\varphi = a \ln \tan\left(\frac{\pi}{4} - \frac{\theta}{2}\right)$ gegeben, wobei θ die Breite und φ die Länge eines Punktes auf der Kugeloberfläche bezeichnen. Man zeige, daß sie die Kugelmeridiane unter einem Winkel α schneidet, dessen Tangens gleich a ist.

Das Prinzip der stereographischen Projektion besteht in folgendem: Der oberste Punkt der Kugel $x^2 + y^2 + z^2 = az$, das ist der Punkt $A(0, 0, a)$, wird mit einem beliebigen Punkt $M(x, y, 0)$ der x, y-Ebene durch eine Gerade verbunden. Der Punkt, in dem die Gerade AM die Kugel schneidet, ist das Bild des Punktes M der x, y-Ebene auf der Kugel, und der Punkt $M_1(x_1, y_1, z_1)$ der Kugeloberfläche wird in den Punkt M der x, y-Ebene abgebildet. Auf diese Weise entsteht durch die stereographische Projektion eine umkehrbar eindeutige Beziehung zwischen den Punkten der Ebene und der Kugel mit Ausnahme des obersten Punktes der Kugel. Es gilt

$$x_1 = \frac{a^2 x}{x^2 + y^2 + a^2}, \quad y_1 = \frac{a^2 y}{x^2 + y^2 + a^2}, \quad z_1 = \frac{a(x^2 + y^2)}{x^2 + y^2 + a^2}.$$

364. Man beweise, daß die stereographische Projektion eine konforme Abbildung ist, das heißt, daß sich die Kurven in der Ebene unter denselben Winkeln schneiden wie ihre Bilder auf der Kugel.

365. Man beweise, daß die Kurve $r = e^{m\varphi}$, die in der x, y-Ebene liegt, wobei die Polarachse mit dem positiven Teil der x-Achse zusammenfällt, bei der stereographischen Projektion in die Loxodrome übergeht.

366. Man beweise, daß auf der Kugel gelegene Kreise bei stereographischer Projektion auf der Ebene wieder in Kreise übergehen. Hierbei werden Geraden als Spezialfälle von Kreisen angesehen.

367. Die Zentralprojektion des Kreises $x^2 + y^2 + z^2 = 2az$ auf die x, y-Ebene wird durch die Gerade AM mit dem Mittelpunkt $A(0, 0, a)$ der Kugel verbunden. Der Punkt M_1, in dem die Gerade AM die Kugel schneidet, ist Bild des Punktes M und umgekehrt. Man zeige, daß diese Projektion keine konforme Abbildung ist.

368. Man zeige, daß die Tangenten an die Kurve $x^2 = 3y$, $2xy = 9z$ mit einer bestimmten Richtung einen konstanten Winkel bilden.

369. Die Koordinaten der Punkte einer Kurve mögen die Gleichung

$$(x^2 + y^2 + z^2 - a^2)(dx^2 + dy^2 + dz^2) = (x\,dx + y\,dy + z\,dz)^2$$

erfüllen. Man beweise, daß die Tangenten an diese Kurve die Kugel

$$x^2 + y^2 + z^2 = a^2$$

berühren.

370. Man zeige, daß die Tangenten an die Kurve

$$x = a(\sin t + \cos t), \quad y = a(\sin t - \cos t), \quad z = be^{-t}$$

die x, y-Ebene in dem Kreis $x^2 + y^2 = 4a^2$ schneiden.

Den geometrischen Ort aller Endpunkte der Einheitsvektoren, die vom Koordinatenursprung ausgehen und parallel zu den Tangenten an eine gegebene Kurve verlaufen, nennt man die **sphärische Indikatrix der Tangenten** dieser Kurve.

371. Man bestimme die sphärische Indikatrix der Tangenten der Schraubenlinie $x = a \cos t$, $y = a \sin t$, $z = bt$.

372. Man bestimme die sphärische Indikatrix für die Kurve

$$x = 2t - \sin 2t, \quad y = \cos 2t, \quad z = 4 \sin t.$$

§ 8. Kurven doppelter Krümmung. Schmiegebene, Normale und Binormale

Im weiteren werden folgende Bezeichnungen verwendet: Das Zeichen $\mathfrak{P}(l, m, n)$ soll bedeuten, daß der Vektor $\mathfrak{P}$ die Projektionen l, m und n auf die x-, y- bzw. z-Achse hat. Der vom Koordinatenursprung O an den veränderlichen Punkt M gezogene Radiusvektor wird mit $\mathfrak{M}$ bezeichnet. So ist $\overrightarrow{OM} = \mathfrak{M} = \mathfrak{M}(x, y, z)$.

Wenn die Koordinaten x, y und z des veränderlichen Punktes M Funktionen des Parameters t sind, das heißt, wenn $x = \varphi(t)$, $y = \psi(t)$, $z = \omega(t)$ ist, so beschreibt der Punkt M bei Änderung von t eine Kurve. In diesem Falle schreiben wir $\mathfrak{M} = \mathfrak{f}(t)$. Hier bedeutet $\mathfrak{f}(t)$ einen Vektor, dessen Projektionen auf die Achsen als gegebene Funktionen der Zeit t aufgefaßt werden können. Die Differentiation des Vektors nach der Veränderlichen t bedeutet die Differentiation seiner Projektionen nach t:

$$\mathfrak{M}' = \frac{d\mathfrak{M}}{dt} = \mathfrak{M}'(x', y', z') = \mathfrak{M}'\left(\frac{dx}{dt}, \frac{dy}{dt}, \frac{dz}{dt}\right),$$
$$\mathfrak{M}'' = \mathfrak{M}''(x'', y'', z'').$$

Für die Differentiation eines Produktes und einer Summe gelten die bekannten Regeln:

$$(\mathfrak{M} + \mathfrak{N})' = \mathfrak{M}' + \mathfrak{N}', \quad (C_1\mathfrak{M} + C_2\mathfrak{N})' = C_1\mathfrak{M}' + C_2\mathfrak{N}',$$
$$(\mathfrak{M}\mathfrak{N})' = (\mathfrak{M}\mathfrak{N}') + (\mathfrak{M}'\mathfrak{N}), \quad [\mathfrak{M}\mathfrak{N}]' = [\mathfrak{M}\mathfrak{N}'] + [\mathfrak{M}'\mathfrak{N}].$$

Hier bedeutet $(\mathfrak{M}\mathfrak{N})$ das skalare und $[\mathfrak{M}\mathfrak{N}]$ das vektorielle Produkt der beiden Vektoren $\mathfrak{M}$ und $\mathfrak{N}$. Speziell folgt aus der Gleichung $(\mathfrak{M})^2 = C$, daß $2(\mathfrak{M}\mathfrak{M}') = 0$ ist, das heißt, daß die Länge des Vektors $\mathfrak{M}$ konstant ist und daß $\mathfrak{M}$ auf $\mathfrak{M}'$ senkrecht steht. Aus der Definition der Tangente als Grenzlage der Sekante folgt, daß der Vektor $\mathfrak{M}'$ die Richtung der Tangente an die Kurve $\mathfrak{M} = \overrightarrow{OM} = f(t)$ hat.

Die Veränderliche s, für die $\frac{ds}{dt} = [\mathfrak{M}]' = \sqrt{x'^2 + y'^2 + z'^2}$, das heißt $ds = \sqrt{dx^2 + dy^2 + dz^2}$ ist, beschreibt die Länge des Kurvenbogens von irgendeinem Punkt aus. Bedeutet die Veränderliche t die Zeit, so ist $\frac{ds}{dt} = v$ die Geschwindigkeit des Punktes M auf der Kurve $\mathfrak{M} = f(t)$.

In der Gleichung $\mathfrak{M}' = \frac{d\mathfrak{M}}{dt} = \frac{d\mathfrak{M}}{ds}\frac{ds}{dt} = v\xi$ bedeutet ξ den Einheitsvektor in Richtung der Tangente, also in Richtung der Bewegung des Punktes M. Durch Differentiation erhalten wir

$$\mathfrak{M}'' = v\frac{d\xi}{dt} + \xi\frac{dv}{dt} = \xi\frac{dv}{dt} + v\frac{d\xi}{ds}\frac{ds}{dt} = \xi v' + \frac{d\xi}{ds}v^2.$$

Setzen wir $\left|\frac{d\xi}{ds}\right| = \frac{1}{\varrho}$, so ist $\frac{d\xi}{ds} = \frac{1}{\varrho}\,\eta$, wobei $|\eta| = 1$ und

$$\mathfrak{M}'' = \xi v' + \eta \frac{v^2}{\varrho}$$

gilt.

Hierbei stehen η und ξ senkrecht aufeinander. Die Normale der Kurve, die die Richtung des Vektors η hat, wird Hauptnormale genannt. Die Größe $\frac{1}{\varrho}$ ist gleich der Krümmung der Kurve, und ϱ ist der Krümmungsradius. Bilden wir das Vektorprodukt aus dem Vektor $\mathfrak{M}'$ der Geschwindigkeit und dem Vektor $\mathfrak{M}''$ der Beschleunigung, so erhalten wir

$$[\mathfrak{M}'\mathfrak{M}''] = [\xi\,\eta]\frac{v^3}{\varrho} = \zeta\,\frac{v^3}{\varrho}; \quad |\zeta| = 1\,.$$

Weil $\mathfrak{M}' = \mathfrak{M}'(x', y', z')$ und $\mathfrak{M}'' = \mathfrak{M}''(x'', y'', z'')$ ist, sind die Projektionen des Vektors $[\mathfrak{M}'\mathfrak{M}'']$ die Größen $A = y'z'' - z'y''$, $B = z'x'' - x'z''$, $C = x'y'' - y'x''$. Daraus folgt

$$\frac{1}{\varrho} = \frac{\sqrt{A^2 + B^2 + C^2}}{(x'^2 + y'^2 + z'^2)^{\frac{3}{2}}}.$$

Der Einheitsvektor $\zeta = [\xi\,\eta]$ steht auf der Tangente und auf der Hauptnormalen senkrecht. Er hat die Richtung der Binormalen.

Die drei Einheitsvektoren ξ, η, ζ haben also die Richtungen der Tangente, der Hauptnormalen bzw. der Binormalen. Sie stehen aufeinander senkrecht und bilden ein den Punkt M begleitendes Dreibein, das dieselbe Orientierung wie das Koordinatensystem hat. Daraus ergeben sich die Gleichungen

$$[\xi\eta] = \zeta, \quad [\eta\zeta] = \xi, \quad [\zeta\xi] = \eta.$$

Hierbei ist $\frac{d\xi}{ds} = \frac{\eta}{\varrho}$, wie schon oben bemerkt wurde.

Nach Differentiation der Gleichung $\zeta = [\xi\,\eta]$ erhalten wir

$$\frac{d\zeta}{ds} = \left[\xi\,\frac{d\eta}{ds}\right] + \left[\frac{d\xi}{ds}\,\eta\right] = \left[\xi\,\frac{d\eta}{ds}\right] + \left[\frac{\eta}{\varrho}\,\eta\right] = \left[\xi\,\frac{d\eta}{ds}\right].$$

Hieraus folgt, daß der Vektor $\frac{d\zeta}{ds}$ auf ξ senkrecht steht. Außerdem ist er zu η senkrecht, da $|\eta| = 1$ ist. Darum hat $\frac{d\zeta}{ds}$ die Richtung der Hauptnormalen und genügt der Gleichung $\frac{d\zeta}{ds} = \frac{\eta}{r}$.

Die Größe $\frac{1}{r}$ nennt man die Torsion oder zweite Krümmung der Kurve. Durch Differentiation der Gleichung $\eta = [\zeta\,\xi]$ erhalten wir

$$\frac{d\eta}{ds} = \left[\zeta\,\frac{d\xi}{ds}\right] + \left[\frac{d\zeta}{ds}\,\xi\right] = \left[\zeta\,\frac{\eta}{\varrho}\right] + \left[\frac{\eta}{r}\,\xi\right] = \frac{1}{\varrho}[\zeta\eta] + \frac{1}{r}[\eta\xi].$$

Hieraus folgt, daß $\frac{d\eta}{ds} = -\frac{\xi}{\varrho} - \frac{\zeta}{r}$ ist. Die drei so erhaltenen Gleichungen

$$\frac{d\xi}{ds} = \frac{\eta}{\varrho}, \quad \frac{d\eta}{ds} = -\frac{\xi}{\varrho} - \frac{\zeta}{r}, \quad \frac{d\zeta}{ds} = \frac{\eta}{r}$$

nennt man die FRENETschen Formeln, die die Drehgeschwindigkeiten der Kanten des Dreibeins eines Punktes M angeben, wenn sich dieser gleichförmig auf der Kurve bewegt.

Die Kosinus der Winkel α, β und γ, die der Vektor $\mathfrak{P}(l, m, n)$ mit der x-, y- bzw. z-Achse bildet, finden wir durch die Formeln

$$\cos\alpha = \frac{l}{\sqrt{l^2+m^2+n^2}}, \quad \cos\beta = \frac{m}{\sqrt{l^2+m^2+n^2}}, \quad \cos\gamma = \frac{n}{\sqrt{l^2+m^2+n^2}}.$$

Zur Berechnung der Winkel, die die Tangente, die Hauptnormale und die Binormale mit den Achsen bilden, genügt es also, Vektoren in Richtung dieser Geraden zu kennen. Als solche kann man die folgenden drei Vektoren ansehen:

$\Xi = \mathfrak{M}' = \mathfrak{M}'(x', y', z')$ in Richtung der Tangente,

$[\mathfrak{M}'\mathfrak{M}''] = \mathfrak{Z}(A, B, C)$ in Richtung der Binormalen,

$\mathfrak{H} = [\mathfrak{Z}\Xi] = \mathfrak{H}(y'C - z'B,\ z'A - x'C,\ x'B - y'A)$

in Richtung der Hauptnormalen.

Die Ebene, die durch den Punkt M geht und auf der die Binormale senkrecht steht, nennt man die Schmiegebene. In ihr liegen die Tangente und die Hauptnormale. Ihre Gleichung kann man in der folgenden Form schreiben: $(\mathfrak{P}\,\mathfrak{M}'\,\mathfrak{M}'') = 0$, wobei $\mathfrak{P} = \mathfrak{P}(X - x, Y - y, Z - z)$ ist und das Symbol $(\mathfrak{P}\,\mathfrak{M}'\,\mathfrak{M}'')$ das gemischte Produkt der drei Vektoren $\mathfrak{P}'$, $\mathfrak{M}'$, $\mathfrak{M}''$ bedeutet, nämlich $(\mathfrak{P}\,\mathfrak{M}'\,\mathfrak{M}'') = (\mathfrak{P}[\mathfrak{M}'\,\mathfrak{M}''])$ oder ausführlicher

$$A(X - x) + B(Y - y) + C(Z - z) = 0.$$

A, B und C besitzen hier dieselbe Bedeutung wie oben. Bildet man auf beiden Seiten der Gleichung $\mathfrak{M}'' = \xi v' + \eta \frac{v^2}{\varrho}$ die Ableitungen und wendet die FRENETschen Formeln an, so erhält man

$$\mathfrak{M}''' = \xi\left(v'' - \frac{v^3}{\varrho}\right) + \zeta\left(\frac{v^2}{\varrho}\right)' - \zeta\frac{v^3}{r\varrho}.$$

Wir bilden das gemischte Produkt aus $\mathfrak{M}' = v\xi$, $\mathfrak{M}''$ und $\mathfrak{M}'''$ und bekommen

$$(\mathfrak{M}'\,\mathfrak{M}''\,\mathfrak{M}''') = \frac{v^6}{r\varrho^2}(\xi\eta\zeta) = -\frac{v^6}{r\varrho^2}.$$

Hieraus folgt eine Beziehung für die zweite Krümmung der Kurve:

$$\frac{1}{r} = -\frac{\varrho^2}{v^6}(\mathfrak{M}'\,\mathfrak{M}''\,\mathfrak{M}''')$$

oder ausführlicher

$$\frac{1}{r} = -\frac{1}{(A^2+B^2+C^2)}\begin{vmatrix} x' & y' & z' \\ x'' & y'' & z'' \\ x''' & y''' & z''' \end{vmatrix}.$$

373. Unter Benutzung der dritten FRENETschen Formel beweise man, daß eine Kurve, deren zweite Krümmung überall Null ist, in einer Ebene liegt.

Man bestimme die Schmiegebenen der folgenden Kurven:

374. $y^2 = x, \quad x^2 = z$ im Punkt $(1, 1, 1)$.

375. $y = \varphi(x), \quad z = a\varphi(x) + b$.

376. $x^2 = 2az, \quad y^2 = 2bz$.

377. $x = e^t, \quad y = e^{-t}, \quad z = t\sqrt{2}$.

378. $x = a\cos t, \quad y = a\sin t, \quad z = bt$.

379. $x = at^2 + bt + c, \quad y = a_1t^2 + b_1t + c_1, \quad z = a_2t^2 + b_2t + c_2$.

380. Man beweise, daß die Schmiegebene der Kurve

$$x^2 = \varphi'(t), \quad y^2 = t^2\varphi'(t), \quad z = \varphi(t),$$

die auf der Fläche $z = \varphi\left(\frac{y}{x}\right)$ liegt, mit der Tangentialebene an diese Fläche zusammenfällt.

Man bestimme die Gleichungen der Hauptnormalen und der Binormalen der Kurven:

381. $x = a\cos t, \; y = a\sin t, \; z = bt$.

382. $x = y^2, \quad z = x^2$ im Punkte $(1, 1, 1)$.

383. $x = \frac{t^4}{4}, \quad y = \frac{t^3}{3}, \quad z = \frac{t^2}{2}$.

384. $x = \frac{t^2}{2}, \quad y = \frac{2t^3}{3}, \quad z = \frac{t^4}{2}$ im Punkt $\left(\frac{1}{2}, \frac{2}{3}, \frac{1}{2}\right)$.

385. Die Kurve $x = a\cosh t\cos t$, $y = a\cosh t\sin t$, $z = at$ liegt auf der Rotationsfläche $x^2 + y^2 = a^2\cosh^2\frac{z}{a}$ (Katenoid). Man zeige, daß in jedem Punkte der Kurve die Binormale mit der Normalen der Rotationsfläche zusammenfällt.

386. Man beweise, daß eine der Winkelhalbierenden der Winkel zwischen Tangente und Binormale der Kurve $x = 3t, \; y = 3t^2, \; z = 2t^3$ konstante Richtung besitzt.

387. Die Projektion einer Kurve auf die x, y-Ebene sei $y = \sin x$. Welche Bedingung müssen die z-Koordinaten der Kurvenpunkte erfüllen, damit die Hauptnormalen der y, z-Ebene parallel sind?

388. Auf den Hauptnormalen der Schraubenlinie

$$x = a\cos t, \quad y = a\sin t, \quad z = bt$$

mögen Abschnitte konstanter Länge l abgetragen werden. Man bestimme den geometrischen Ort ihrer Endpunkte.

389. Man bestimme die Fläche, in der alle Hauptnormalen der Schraubenlinie der vorhergehenden Aufgabe liegen.

390. Man löse dieselbe Aufgabe für die Binormalen.

Man bestimme die Krümmungsradien für folgende Kurven:

391. $x = t - \sin t, \quad y = 1 - \cos t, \quad z = 4\sin\frac{t}{2}$.

392. $x = a\cosh t\cos t, \quad y = a\cosh t\sin t, \quad z = at$.

393. $x = e^t, \quad y = e^{-t}, \quad z = t\sqrt{2}.$

394. $x = e^t \cos t, \quad y = e^t \sin t, \quad z = e^t.$

395. $x = a\dfrac{\cos t}{\cosh t}, \quad y = a\dfrac{\sin t}{\cosh t}, \quad z = a(t - \tanh t).$

396. $x^2 = 2az, \quad y^2 = 2bz.$

397. $x^2 - y^2 + z^2 = 1, \quad y^2 - 2x + z = 0$ im Punkt $(1, 1, 1)$.

398. Man bestimme die zweite Krümmung der Kurve $y^2 = x$, $x^2 = z$.

399. Man bestimme Krümmung und Torsion der Kurve

$$y = \frac{x^2}{2a}, \quad z = \frac{x^3}{6a^2}.$$

400. Man löse dieselbe Aufgabe für die Kurve

$$x = 2abt, \quad y = a^2 \ln t, \quad z = b^2 t^2.$$

401. Man beweise, daß bei der Kurve $x = e^t \sin t$, $y = e^t \cos t$, $z = e^t$ jede Kante des begleitenden Dreibeins mit der z-Achse einen konstanten Winkel bildet.

402. Für welche Bedingungen liegen die Krümmungsmittelpunkte der Schraubenlinie $x = a\cos t$, $y = a \sin t$, $z = bt$ auf demselben Zylinder wie die Schraubenlinie selbst?

403. Man zeige, daß bei der Kurve

$$x = a \cosh t \cos t, \quad y = a \cosh t \sin t, \quad z = at$$

die Normalenabschnitte vom Kurvenpunkt bis zur z-Achse gleich dem Radius der zweiten Krümmung sind.

404. Durch vier Punkte einer Kurve kann man eine Kugel legen. Streben die vier Punkte gegen einen festen Punkt, so strebt die Kugel gegen eine gewisse Grenzlage, die man die Schmiegkugel in diesem Punkt nennt. Man bestimme ihren Mittelpunkt und ihren Radius.

405. Man bestimme unter Vernachlässigung kleiner Größen die angenäherten Gleichungen der Projektion einer Kurve auf die drei Ebenen des begleitenden Dreibeins in der Nähe des Berührungspunktes.

406. Man betrachte die Radien einer Kugel, die den Hauptnormalen einer gegebenen geschlossenen Kurve parallel sind, wobei diese keine singulären Punkte besitzen soll. Man beweise, daß der geometrische Ort ihrer Endpunkte die Kugeloberfläche in zwei gleich große Teile zerlegt. (Nach Jacobi.)

§ 9. Flächen und ihre Gleichungen

407. Die Geraden, die durch einen gegebenen Punkt (a, b, c) und eine gegebene Kurve gehen, bilden eine Fläche, die man Kegelfläche nennt. Man beweise, daß die Gleichung dieser Fläche in folgender Form dargestellt werden kann:

$$f\left(\frac{x-a}{z-c}, \frac{y-b}{z-c}\right) = 0.$$

408. Die Fläche, die durch die Bewegung einer zu dem Vektor $\mathfrak{P}(l, m, n)$ parallelen und durch eine gegebene Kurve gehenden Geraden beschrieben wird, nennt man eine Zylinderfläche. Man beweise, daß man die Gleichung von Zylinderflächen in folgender Form darstellen kann:

$$f(nx - lz, \quad ny - mz) = 0$$

409. Man zeige, daß die Gleichungen von Rotationsflächen um die z-Achse die Form $f(x^2 + y^2, z) = 0$ haben.

410. Man beweise, daß die Gleichungen von Rotationsflächen um die Gerade $x = a + lt$, $y = b + mt$, $z = c + nt$ die Form

$$f(lx + my + nz, R) = 0$$

haben, wobei

$$R = [n(y - b) - m(z - c)]^2 + [l(z - c) - n(x - a)]^2 + [m(x - a) - l(y - b)]^2$$

ist.

411. Man bestimme die Gleichung des Zylinders, der von Parallelen der Geraden $x = lt$, $y = mt$, $z = nt$ erzeugt wird und der Kugel

$$x^2 + y^2 + z^2 = a^2$$

umbeschrieben ist.

412. Man bestimme die Gleichung des Zylinders, der von Parallelen der Geraden $x = y = z$ erzeugt wird und dem Ellipsoid $x^2 + 4y^2 + 9z^2 = 1$ umbeschrieben ist.

413. Man bestimme die Gleichung der Zylinderfläche, die durch die Kurve $z = 0$, $x^2 + y^2 = ay$ geht und von Geraden erzeugt wird, die dem Vektor $\mathfrak{P}(l, m, n)$ parallel sind.

414. Man bestimme die Gleichung der Kegelfläche, die mit der Spitze im Punkt $(-1, 0, 0)$ liegt und dem Paraboloid $2y^2 + z^2 = 4x$ umbeschrieben ist.

415. Man bestimme die Gleichung der Kegelfläche, die mit der Spitze im Punkt (a, b, c) liegt und die Parabel $z = 0$, $y^2 = 2px$ zur Leitkurve hat.

416. Man bestimme die Gleichung der Kegelfläche, die mit der Spitze im Punkte $(0, 0, -c)$ liegt und die Lemniskate $z = 0$, $(x^2 + y^2)^2 = a^2(x^2 - y^2)$ zur Leitkurve hat.

417. Dem Paraboloid $x^2 + y^2 = 2z$ ist ein Kegel umzubeschreiben, dessen Spitze im Punkte $(0, 0, -2)$ liegt.

418. Man bestimme die Kegelfläche, die der Fläche $xyz = c^3$ umbeschrieben ist und mit der Spitze im Punkte $(0, 0, -3c)$ liegt.

Man bestimme die Gleichungen der Flächen, die man durch Rotation folgender Kurven um die angegebenen Achsen erhält:

419. Ellipse $\frac{x^2}{a^2} + \frac{y^2}{b^2} = 1$ um die x-Achse.

420. Hyperbel $\frac{x^2}{a^2} - \frac{y^2}{b^2} = 1$ um die y-Achse.

421. Parabel $y^2 = 2px$ um die x-Achse.

422. Kreis $(x - a)^2 + y^2 = R^2$ um die y-Achse.

423. Parabel $y^2 = 2px$ um die y-Achse.

424. Lemniskate $(x^2 + y^2)^2 = a^2(x^2 - y^2)$ um die x-Achse.

425. Dieselbe Kurve um die y-Achse.

426. Die durch Rotation der Sinuskurve $x = \sin z$, $y = 0$ um die z-Achse entstandene Fläche werde von parallelen Strahlen beleuchtet, die mit der z-Achse einen Winkel von 45° bilden. Welche Form hat der Schatten, der auf der x, y-Ebene entsteht?

Die von GAUSS eingeführte Parameterdarstellung einer Fläche besteht darin, daß die Koordinaten der Punkte der Fläche als Funktionen von zwei Parametern gegeben werden:

$$x = \varphi(u, v), \quad y = \psi(u, v), \quad z = \omega(u, v).$$

Die folgenden Aufgaben behandeln Gleichungen von Flächen in Parameterform.

427. Die Gleichung der Kugel kann in folgender Form geschrieben werden:

$$x = a \sin\theta \cos\varphi, \quad y = a \sin\theta \sin\varphi, \quad z = a \cos\theta.$$

Man bestimme die entsprechende Darstellung eines Ellipsoids.

428. Eine Fläche sei durch folgende Gleichungen gegeben:

$$x = a \cos^4 u \cos^4 v, \quad y = a \cos^4 u \sin^4 v, \quad z = a \sin^4 u.$$

Man bestimme ihre Gleichung in der gewöhnlichen Form.

429. Man löse dieselbe Aufgabe für die Fläche, die durch die folgenden Gleichungen gegeben ist:

$$x = a \cos^3 u \cos^3 v, \quad y = a \cos^3 u \sin^3 v, \quad z = a \sin^3 u.$$

430. Man löse dieselbe Aufgabe für die Fläche, die durch die folgenden Gleichungen gegeben ist:

$$x = a\frac{u^2 + v^2 - 1}{u^2 + v^2 + 1}, \quad y = b\frac{2u}{u^2 + v^2 + 1}, \quad z = c\frac{2v}{u^2 + v^2 + 1}.$$

§ 10. Tangentialebene und Normale. Einhüllende

Ist $f(x, y, z) = 0$ die Gleichung einer Fläche, so ist der Vektor

$$\mathfrak{n}\left(\frac{\partial f}{\partial x}, \frac{\partial f}{\partial y}, \frac{\partial f}{\partial z}\right)$$

normal zur Fläche. Die Ebene

$$\frac{\partial f}{\partial x}(X - x) + \frac{\partial f}{\partial y}(Y - y) + \frac{\partial f}{\partial z}(Z - z) = 0,$$

die durch den Punkt $M(x, y, z)$ der Fläche geht und auf dem genannten Vektor senkrecht steht, ist die Tangentialebene an die Fläche.

Drückt man die Koordinaten des Punktes $M(x, y, z)$ durch die Parameter u und v nach den Formeln

$$x = \varphi(u, v), \quad y = \psi(u, v), \quad z = \omega(u, v) \tag{1}$$

aus, so ist der Radiusvektor, der vom Koordinatenursprung O zum Flächenpunkt M führt, eine Funktion der Veränderlichen u und v. Man schreibt

$$\mathfrak{M} = \overrightarrow{OM} = \mathfrak{M}(x, y, z) = \mathfrak{f}(u, v). \tag{2}$$

Das bedeutet, daß die Projektionen des Vektors $\mathfrak{M}$ oder $\overrightarrow{OM}$ auf die Koordinatenachsen, die gleich x, y und z sind, Funktionen von u und v sind. Mit anderen Worten: Die Beziehung (1) ist der Beziehung (2) äquivalent.

Die Vektoren $\mathfrak{M}_u = \frac{\partial \mathfrak{M}}{\partial u}$ und $\mathfrak{M}_v = \frac{\partial \mathfrak{M}}{\partial v}$ und der Vektor, der vom Berührungspunkt $M(x, y, z)$ zu irgendeinem Punkt $M_1(X, Y, Z)$ der Tangentialebene führt, liegen in einer Ebene. Darum kann die Gleichung der Tangentialebene in der folgenden Form geschrieben werden:

$$\begin{vmatrix} X - x & \frac{\partial x}{\partial u} & \frac{\partial x}{\partial v} \\ Y - y & \frac{\partial y}{\partial u} & \frac{\partial y}{\partial v} \\ Z - z & \frac{\partial z}{\partial u} & \frac{\partial z}{\partial v} \end{vmatrix} = 0.$$

Das Vektorprodukt $[\mathfrak{M}_u \mathfrak{M}_v]$ stellt einen Vektor in Richtung der Flächennormalen dar. Daher erhält man für den Einheitsvektor $\mathfrak{n}$ in Richtung der Normalen die Beziehung

$$\mathfrak{n} = \frac{[\mathfrak{M}_u \mathfrak{M}_v]}{|[\mathfrak{M}_u \mathfrak{M}_v]|}.$$

Man bestimme die Tangentialebenen an folgende Flächen:

431. $\frac{x^2}{a^2} + \frac{y^2}{b^2} + \frac{z^2}{c^2} = 1$ im Punkte (x_1, y_1, z_1).

432. $x^2 + y^2 = z^2$ im Punkte (x_1, y_1, z_1).

433. $x y^2 + z^3 = 12$ im Punkte $(1, 2, 2)$.

434. $x^n + y^n + z^n = a^n$ im Punkte (x_1, y_1, z_1).

435. $(x^2 + y^2 + z^2)^2 = a^2(x^2 - y^2 + z^2)$ im Punkte (x_1, y_1, z_1).

436. Die Gleichung einer algebraischen Fläche hat die Form $f(x, y, z) = 0$, wobei $f(x, y, z)$ ein Polynom ist. Führt man ergänzend Potenzen einer Hilfsvariablen t ein, so kann man dieses Polynom homogen machen, wonach die Gleichung die Form $F(x, y, z, t) = 0$ erhält. Man beweise, daß die Gleichung der Tangentialebene an die Fläche in folgender Form geschrieben werden kann:

$$\frac{\partial F}{\partial x} X + \frac{\partial F}{\partial y} Y + \frac{\partial F}{\partial z} Z + \frac{\partial F}{\partial t} = 0,$$

wobei die Variable t nach der Differentiation gleich Eins gesetzt wird.

437. An die Fläche $x y z = 1$ lege man die zur Ebene $x + y + z - 3 = 0$ parallele Tangentialebene.

438. Man bestimme die Schnittkurven der Fläche $x y = a z$ mit ihrer Tangentialebene im Punkte (x_1, y_1, z_1).

439. Man bestimme die Gleichung der Tangentialebene für die Schraubenfläche $x = u \cos v$, $y = u \sin v$, $z = av$.

440. Man bestimme die Gleichung der Tangentialebene an die Fläche $x = u + v$, $y = u^2 + v^2$, $z = u^3 + v^3$ im Punkte (2, 2, 2).

441. Man zeige, daß die Tangentialebenen an die Fläche $xyz = a^3$ mit den Koordinatenebenen Tetraeder von konstantem Volumen bilden (vgl. S. 77, Aufg. 349).

442. Man beweise, daß die Tangentialebenen an die Fläche

$$\sqrt{x} + \sqrt{y} + \sqrt{z} = \sqrt{a}$$

auf den Koordinatenachsen Abschnitte bilden, deren Summe konstant ist.

443. Man beweise, daß die Quadrate der Abschnitte, die die Tangentialebenen an die Fläche $x^{\frac{2}{3}} + y^{\frac{2}{3}} + z^{\frac{2}{3}} = a^{\frac{2}{3}}$ auf den Koordinatenachsen bilden, eine konstante Summe haben.

444. Man beweise, daß sich alle Tangentialebenen an die Fläche $z = x f\left(\frac{y}{x}\right)$ in einem Punkt schneiden.

445. Man beweise, daß alle Tangentialebenen an die Fläche $z = x + f(y - z)$ ein und derselben Geraden parallel sind.

446. Man beweise, daß der durch eine Tangentialebene an die Fläche $z + \sqrt{x^2 + y^2 + z^2} = x^n f\left(\frac{y}{x}\right)$ gebildete Abschnitt auf der z-Achse dem Abstand des Berührungspunktes vom Koordinatenursprung proportional ist.

447. Man bestimme die Fläche, in der die Tangenten an die Schraubenlinie liegen, und beweise, daß die Normale dieser Fläche mit der z-Achse einen konstanten Winkel bildet.

448. Man beweise, daß der Schnittpunkt einer Normalen der Fläche $x^2 + y^2 + z^2 = x f\left(\frac{y}{x}\right)$ mit der x, y-Ebene vom Koordinatenursprung genauso weit entfernt ist wie vom Fußpunkt der Normalen.

449. Gegeben sei die Fläche $z^2 = 2a\sqrt{x^2 + y^2} + b$. Man projiziere den Abschnitt einer Normalen, der von der Fläche und der x, y-Ebene eingeschlossen wird, auf die x, y-Ebene. Man beweise, daß die Projektion dieses Normalenabschnittes für alle Normalen gleiche Länge hat.

450. Man beweise dasselbe für die Normalen der Fläche

$$x = v \cos u - \varphi(u) \cos u + \varphi'(u) \sin u,$$
$$y = v \sin u - \varphi(u) \sin u - \varphi'(u) \cos u,$$
$$z = \sqrt{2v}.$$

451. Die Normale der Fläche

$$x = r \cos\varphi, \qquad y = r \sin\varphi, \qquad z^2 = -r^2 + f(re^{\varphi})$$

im Punkt M schneide die x, y-Ebene im Punkt N; MP sei das Lot von M auf die x, y-Ebene. Man beweise, daß der Winkel NOP, wobei O der Koordinatenursprung sein soll, gleich 45° ist.

452. Man zeige, daß für die Fläche

$$z^2 = a^2 \arctan \frac{y}{x} + f(x^2 + y^2)$$

der Inhalt des Dreiecks NOP konstant ist, wobei man die Punkte N und P nach der in der vorigen Aufgabe beschriebenen Methode erhält.

Die Komponenten eines Vektors in Richtung der Normalen der Fläche $f(x, y, z) = 0$ im Punkte (x, y, z) sind gleich $\frac{\partial f}{\partial x}$, $\frac{\partial f}{\partial y}$, $\frac{\partial f}{\partial z}$. Wenn daher für die Schnittpunkte zweier Flächen $\varphi(x, y, z) = 0$ und $\psi(x, y, z) = 0$ die Gleichung

$$\frac{\partial \varphi}{\partial x}\frac{\partial \psi}{\partial x} + \frac{\partial \varphi}{\partial y}\frac{\partial \psi}{\partial y} + \frac{\partial \varphi}{\partial z}\frac{\partial \psi}{\partial z} = 0$$

gilt, so schneiden sich die Flächen unter einem rechten Winkel (sie sind orthogonal zueinander).

In den folgenden Aufgaben soll die gegenseitige Orthogonalität der angegebenen Flächen gezeigt werden. Sind also drei Flächen gegeben, so soll man beweisen, daß jede von ihnen jede der beiden übrigen unter einem rechten Winkel schneidet.

Man beweise die Orthogonalität der folgenden Systeme von Flächen:

453. $xy = az^2, \quad x^2 + y^2 + z^2 = b, \quad z^2 + 2x^2 = c(z^2 + 2y^2).$

454. $xyz = a^3, \quad 2z^2 = x^2 + y^2 + f(x^2 - y^2).$

455. $xy = \alpha z, \quad \sqrt{x^2 + z^2} + \sqrt{y^2 + z^2} = \beta, \quad \sqrt{x^2 + z^2} - \sqrt{y^2 + z^2} = \gamma.$

456. $x^2 + y^2 + z^2 = ax, \quad x^2 + y^2 + z^2 = by, \quad x^2 + y^2 + z^2 = cz.$

457. $x(x^2 + y^2 + z^2) + a(x^2 + y^2 - z^2) = 0,$

$x^2 + y^2 + z^2 + 2ax + 2by = 0.$

458. Durch jeden Punkt (x, y, z) gehen drei Flächen der Form

$$\frac{x^2}{a^2 - \lambda^2} + \frac{y^2}{b^2 - \lambda^2} + \frac{z^2}{c^2 - \lambda^2} = 1,$$

die für $\lambda = \lambda_1, \lambda_2, \lambda_3$ ein Ellipsoid, ein einschaliges bzw. zweischaliges Hyperboloid darstellen. Man beweise die Orthogonalität dieser drei Flächen.

459. In den Punkten der Geraden $y = x$, $z = \frac{\pi}{4}$, die auf der Fläche $y = x \tan z$ liegt, seien die Normalen der Fläche errichtet. Man zeige, daß sie ein hyperbolisches Paraboloid aufspannen.

460. Man löse dieselbe Aufgabe für die Gerade $z = h$, $by = x\sqrt{a^2 - h^2}$ und die Fläche $b^2 y^2 = x^2(a^2 - z^2)$.

461. Man bestimme den geometrischen Ort der Projektionen des Mittelpunktes des Ellipsoids $\frac{x^2}{a^2} + \frac{y^2}{b^2} + \frac{z^2}{c^2} = 1$ auf die Tangentialebenen.

462. Auf dem Ellipsoid der vorhergehenden Aufgabe (mit $a > b > c$) rolle ein dem ersten gleiches Ellipsoid, ohne zu gleiten und ohne sich zu drehen.

Zu irgendeinem Zeitpunkt sollen dabei die größten Halbachsen aneinanderstoßen und die anderen Achsen paarweise parallel sein. Man bestimme den geometrischen Ort, den der Mittelpunkt des Ellipsoids beschreibt.

463. Man beweise, daß die Fläche $x^2y^2 + x^2z^2 + y^2z^2 = 2xyz$ die Kugel $x^2 + y^2 + z^2 = 1$ in vier Kreisen schneidet.

Die Gleichung $f(x, y, z, a) = 0$ hängt von dem Parameter a ab, der für jede Fläche einen anderen Wert annimmt, und stellt eine einparametrige Schar von Flächen dar. Im Grenzfall schneiden sich zwei benachbarte Flächen in einer bestimmten Kurve, welche eine Charakteristik der Schar heißt und die Gleichungen

$$f(x, y, z, a) = 0, \quad \frac{\partial f}{\partial a} = 0$$

erfüllt.

Eliminiert man den Parameter a aus diesen Gleichungen, so erhält man die Gleichung $F(x, y, z) = 0$. Besitzt die gegebene Flächenschar eine Einhüllende, so liegt sie ganz in der eben erhaltenen Fläche $F(x, y, z) = 0$.

Ähnlich stellt die Gleichung $f(x, y, z, a, b) = 0$ eine zweiparametrige Flächenschar dar. In der Grenzlage, für $\Delta a \to 0$ und $\Delta b \to 0$, erfüllen die Koordinaten des Schnittpunktes dreier benachbarter Flächen

$$f(x, y, z, a, b) = 0, \quad f(x, y, z, a + \Delta a, b) = 0, \quad f(x, y, z, a, b + \Delta b) = 0$$

die Gleichungen

$$f(x, y, z, a, b) = 0, \quad \frac{\partial f}{\partial a} = 0, \quad \frac{\partial f}{\partial b} = 0;$$

diese Punkte nennt man die charakteristischen Punkte der Flächenschar. Eliminiert man hieraus die Parameter a und b, so erhält man die Gleichung einer Fläche $F(x, y, z) = 0$. Besitzt die gegebene Schar eine Einhüllende, so erfüllen alle ihre Punkte die erhaltene Gleichung; sie kann aber auch noch von anderen Punkten erfüllt werden.

Man bestimme die Einhüllenden der folgenden Flächenscharen:

464. der Kugeln $(x - a)^2 + y^2 + z^2 = 1$;

465. der Ebenen, die durch den Punkt $(\sqrt{2}, 0, 0)$ gehen und vom Koordinatenursprung den Abstand Eins haben.

466. Man bestimme die Einhüllende der Kugeln

$$(x - lt)^2 + (y - mt)^2 + (z - nt)^2 = a^2,$$

wobei t der Parameter ist.

467. Man bestimme die Einhüllende der Kugeln, deren Großkreise auf dem Paraboloid $z = x^2 + y^2$ liegen.

468. Man löse dieselbe Aufgabe für das Paraboloid $z = \frac{x^2}{p} + \frac{y^2}{q}$.

469. Man bestimme die Einhüllende der Kugeln vom Radius a, deren Mittelpunkte auf dem Kreis $x^2 + y^2 = r^2$, $z = 0$ liegen.

470. Man bestimme die Einhüllende der Ebenen, die die beiden Parabeln $y^2 = 2x$, $z = 0$; $y^2 = 2z$, $x = 0$ berühren.

471. Man bestimme die Einhüllende der Kugeln

$$(x - l t)^2 + (y - m t)^2 + (z - n t)^2 = p^2 t^2,$$

wobei t der Parameter ist.

472. Man bestimme die Einhüllende der Ellipsoide $\frac{x^2}{a^2} + \frac{y^2}{b^2} + \frac{z^2}{c^2} = 1$ mit $a^2 + b^2 + c^2 = 1$.

473. Man löse dieselbe Aufgabe für die Bedingung $a + b + c = 1$.

474. Man bestimme die Einhüllende der Ebenen, durch deren Schnitte mit den Koordinatenebenen Tetraeder mit konstantem Volumen entstehen.

475. Man bestimme die Einhüllende der Ebenen, für welche die Abschnitte a, b, c auf den Koordinatenachsen der Gleichung $a^n + b^n + c^n = 1$ genügen.

476. Man zeige, daß die Kreise $y = t x$, $x^2 + y^2 + z^2 - 2f(t)\,x - a^2 = 0$ die Charakteristiken der Kugelschar

$$x^2 + y^2 + z^2 - 2f(t) + 2t f'(t)\,x - 2f'(t)\,y - a^2 = 0$$

sind.

§ 11. Kurven auf Flächen und Krümmung von Flächen

Sind die Koordinaten der Punkte einer Fläche durch die Gleichungen

$$x = \varphi(u, v), \qquad y = \psi(u, v), \qquad z = \omega(u, v)$$

gegeben oder, mit anderen Worten, ist der Radiusvektor $\mathfrak{M} = \overrightarrow{OM}$, der vom Koordinatenursprung zum Punkte $M(x, y, z)$ der Fläche führt, durch die Beziehung $\mathfrak{M} = \mathfrak{f}(u, v)$ gegeben, so kann man das Differential der Länge eines Bogens auf der Fläche durch die Formel $ds = \mathfrak{M}'_u\,du + \mathfrak{M}'_v\,dv$ ausdrücken, wobei $\mathfrak{M}'_u = \frac{\partial \mathfrak{M}}{\partial u}$ und $\mathfrak{M}'_v = \frac{\partial \mathfrak{M}}{\partial v}$ ist. Multipliziert man die Gleichung für ds skalar mit sich selbst, so erhält man die Beziehung

$$ds^2 = E\,du^2 + 2F\,du\,dv + G\,du^2.$$

Die Koeffizienten der GAUSSschen quadratischen Form, die auf der rechten Seite der Gleichung steht, berechnet man nach den Formeln

$$E = \mathfrak{M}'^2_u = \left(\frac{\partial x}{\partial u}\right)^2 + \left(\frac{\partial y}{\partial u}\right)^2 + \left(\frac{\partial z}{\partial u}\right)^2,$$

$$F = \mathfrak{M}'_u \mathfrak{M}'_v = \frac{\partial x}{\partial u}\,\frac{\partial x}{\partial v} + \frac{\partial y}{\partial u}\,\frac{\partial y}{\partial v} + \frac{\partial z}{\partial u}\,\frac{\partial z}{\partial v},$$

$$G = \mathfrak{M}'^2_v = \left(\frac{\partial x}{\partial v}\right)^2 + \left(\frac{\partial y}{\partial v}\right)^2 + \left(\frac{\partial z}{\partial v}\right)^2.$$

Bezeichnet man das Differential des Bogens, den der Punkt M auf der Fläche beschreibt, wenn nur die Veränderliche u variiert, mit ds_1 und, wenn nur v variiert, mit ds_2, so kann man das Flächenelement dS durch folgende Gleichung ausdrücken: $dS = ds_1 \cdot ds_2 \cdot \sin\theta$, wobei θ der Winkel zwischen den Bogenelementen ds_1 und ds_2 ist. Hieraus erhält man

$$dS = |[\mathfrak{M}'_u \mathfrak{M}'_v]|\,du\,dv = \sqrt{EG - F^2}\,du\,dv.$$

Wenn die Variablen u und v als Funktionen eines Parameters t gegeben sind, so beschreibt der Punkt $M(x, y, z)$ eine Kurve, die auf der Fläche liegt und der Gleichung $\mathfrak{M} = f(u, v)$ genügt. Differenziert man diese Gleichung nach s, wenn s die Bogenlänge der genannten Kurve von einem bestimmten Punkte aus ist, so erhält man

$$\frac{d\mathfrak{M}}{ds} = \mathfrak{M}'_u \frac{du}{ds} + \mathfrak{M}'_v \frac{dv}{ds}.$$

Hierbei ist $\frac{d\mathfrak{M}}{ds} = \xi$ der Einheitsvektor in Richtung der Tangente.

Differenziert man noch ein zweites Mal nach s und wendet die FRENETsche Formel $\frac{d\xi}{ds} = \frac{\eta}{\varrho}$ an, so erhält man

$$\frac{\eta}{\varrho} = \mathfrak{M}''_{uu}\left(\frac{du}{ds}\right)^2 + 2\mathfrak{M}''_{uv}\frac{du}{ds}\frac{dv}{ds} + \mathfrak{M}''_{vv}\left(\frac{dv}{ds}\right)^2 + \mathfrak{M}'_u \frac{d^2u}{ds^2} + \mathfrak{M}'_v \frac{d^2v}{ds^2}.$$

Hierbei ist ϱ der Krümmungsradius der Kurve und η der Einheitsvektor in Richtung der Hauptnormalen.

Multipliziert man beide Seiten der Gleichung skalar mit dem Einheitsvektor $\mathfrak{n} = \frac{[\mathfrak{M}'_u \mathfrak{M}'_v]}{\sqrt{EG - F^2}}$ in Richtung der Normalen an die Fläche, so erhält man die Beziehung

$$\frac{\cos\theta}{\varrho} = \frac{(\mathfrak{n}\mathfrak{M}''_{uu})\,du^2 + 2(\mathfrak{n}\mathfrak{M}''_{uv})\,du\,dv + (\mathfrak{n}\mathfrak{M}''_{vv})\,dv^2}{ds^2}.$$

Bezeichnet man die Skalarprodukte $(\mathfrak{n}\mathfrak{M}''_{uu})$, $(\mathfrak{n}\mathfrak{M}''_{uv})$, $(\mathfrak{n}\mathfrak{M}''_{vv})$ mit D, D_1, D_2, so geht die Gleichung über in

$$\frac{\cos\theta}{\varrho} = \frac{D\,du^2 + 2D_1\,du\,dv + D_2\,dv^2}{E\,du^2 + 2F\,du\,dv + G\,dv^2}. \qquad (*)$$

Hierbei ist θ der Winkel zwischen der Flächennormalen und der Hauptnormalen der Kurve. Die quadratischen Formen im Nenner und im Zähler der Gleichung nennt man erste und zweite quadratische Form der Fläche. Sie sind von GAUSS eingeführt worden.

Für die Koeffizienten D, D_1 und D_2 folgen aus dem oben Gesagten die Formeln

$$D = \frac{(\mathfrak{M}''_{uu}\mathfrak{M}'_u\mathfrak{M}'_v)}{\sqrt{EG - F^2}}, \qquad D_1 = \frac{(\mathfrak{M}''_{uv}\mathfrak{M}'_u\mathfrak{M}'_v)}{\sqrt{EG - F^2}}, \qquad D_2 = \frac{(\mathfrak{M}''_{vv}\mathfrak{M}'_u\mathfrak{M}'_v)}{\sqrt{EG - F^2}}.$$

Die Zähler dieser Formen sind die folgenden Determinanten:

$$\begin{vmatrix} x''_{uu} & y''_{uu} & z''_{uu} \\ x'_u & y'_u & z'_u \\ x'_v & y'_v & z'_v \end{vmatrix}, \qquad \begin{vmatrix} x''_{uv} & y''_{uv} & z''_{uv} \\ x'_u & y'_u & z'_u \\ x'_v & y'_v & z'_v \end{vmatrix}, \qquad \begin{vmatrix} x''_{vv} & y''_{vv} & z''_{vv} \\ x'_u & y'_u & z'_u \\ x'_v & y'_v & z'_v \end{vmatrix}.$$

Stellt die Kurve einen Schnitt der Fläche mit einer Ebene dar, die durch die Normale der Fläche geht, so ist $\theta = 0$, und aus (*) folgt die Gleichung

$$\frac{1}{\varrho} = \frac{D\,du^2 + 2D_1\,du\,dv + D_2\,dv^2}{E\,du^2 + 2F\,du\,dv + G\,dv^2}.$$

Es existiert eine Gleichung, die bis auf unendlich kleine Größen höherer Ordnung richtig ist: $h \approx \frac{l^2}{2\varrho}$, wobei ϱ der Krümmungsradius der Kurve, l ein Tangentenabschnitt vom Berührungspunkt aus und h der senkrechte Abstand des Tangentenendes von der Kurve ist. Aus dieser Beziehung und der Gleichung (**) folgt eine einfache geometrische Bedeutung der beiden quadratischen Formen. Man gibt nämlich den Größen du und dv die Bedeutung von Koordinaten in einer Ebene, in welcher der Punkt (du, dv) eine kleine Ellipse

$$E\,du^2 + 2F\,du\,dv + G\,dv^2 = ds^2$$

beschreibt, deren Ausmaße gegen Null streben. Dann beschreibt die Projektion des Punktes $M(x + dx,\ y + dy;\ z + dz)$ auf die Tangentialebene an die Fläche einen Kreis mit dem Radius ds, dessen Mittelpunkt im Berührungspunkt liegt. Die auf der Senkrechten zur Ebene gemessenen Abstände der Punkte dieses Kreises von der Fläche sind gleich den doppelten Werten der zweiten quadratischen Form.

Aus der Beziehung (**) folgt, daß es zwei Normalschnitte der Fläche gibt, für welche die Krümmungen $\frac{1}{\varrho_1}$ und $\frac{1}{\varrho_2}$ ein Maximum und ein Minimum besitzen. Die beiden Normalschnitte stehen aufeinander senkrecht. Die Größen ϱ_1 und ϱ_2 nennt man Hauptkrümmungsradien. Die Größen $\frac{1}{\varrho_1}$ und $\frac{1}{\varrho_2}$ befriedigen die Gleichung

$$(\lambda F - D_1)^2 - (\lambda F - D)(\lambda G - D_2) = 0$$

oder

$$(EG - F^2)\,\lambda^2 - (DG - 2D_1F + D_2E)\,\lambda + DD_2 - D_1^2 = 0. \qquad (***)$$

Die Größe $K = \frac{1}{\varrho_1 \varrho_2}$ nennt man die totale oder GAUSSsche Krümmung der Fläche in einem gegebenen Punkt und die Größe $H = \frac{1}{2}\left(\frac{1}{\varrho_1} + \frac{1}{\varrho_2}\right)$ die mittlere Krümmung der Fläche. In beiden Ausdrücken sind ϱ_1 und ϱ_2 die Hauptkrümmungen der Fläche unter Berücksichtigung ihrer Vorzeichen. Aus der Gleichung (**) folgt

$$K = \frac{DD_2 - D_1^2}{EG - F^2}, \qquad H = \frac{DG - 2D_1F + D_2E}{EG - F^2}.$$

Man bestimme die Hauptkrümmungsradien für folgende Flächen:

477. Ellipsoid $\frac{x^2}{a^2} + \frac{y^2}{b^2} + \frac{z^2}{c^2} = 1$ im Punkte $(0, 0, c)$.

478. Elliptisches Paraboloid $\frac{x^2}{p} + \frac{y^2}{q} = 2z$ im Punkte $(0, 0, 0)$.

479. Schraubenfläche $x = u\cos v,\ y = u\sin v,\ z = mv$.

480. Paraboloid $xy = az$.

481. $e^z \cos x = \cos y$.

482. $\sin z = \sinh x \sinh y$.

483. Katenoid $x^2 + y^2 = a^2 \cosh^2 \frac{z}{a}$.

484. Man beweise folgenden Satz: Sind ϱ_1 und ϱ_2 die Hauptkrümmungsradien eines Ellipsoids in Punkten auf der Schnittlinie des Ellipsoids mit einer konzentrischen Kugel, so gilt die Beziehung $\sqrt[4]{\varrho_1\varrho_2} = m(\varrho_1 + \varrho_2)$, wobei m eine Konstante ist.

485. Einen Punkt, für den die Hauptkrümmungsradien gleich sind, also $\varrho_1 = \varrho_2$ ist, nennt man Kreis- oder Nabelpunkt. Man bestimme die Nabelpunkte für das Ellipsoid

$$\frac{x^2}{a^2} + \frac{y^2}{b^2} + \frac{z^2}{c^2} = 1.$$

486. Man löse dieselbe Aufgabe für das Ellipsoid

$$x^2 + 2y^2 + 2z^2 + 2xy - 2x - 4y - 4z + 2 = 0.$$

487. Man bestimme die totale Krümmung des elliptischen Paraboloids

$$\frac{x^2}{p} + \frac{y^2}{q} = 2z.$$

488. Man beweise, daß die mittlere Krümmung der Fläche

$$z = \ln\cos x - \ln\cos y$$

gleich Null ist.

489. Man beweise, daß die totale Krümmung der Punkte eines elliptischen Paraboloids auf seiner Schnittlinie mit einem elliptischen Zylinder konstant ist.

490. Man bestimme totale und mittlere Krümmung der Rotationsfläche $z = f(\varrho)$, wobei $\varrho = \sqrt{x^2 + y^2}$ ist.

491. Man beweise, daß die Rotationsfläche der Traktix

$$\frac{x + \sqrt{a^2 - y^2}}{a} = \ln\frac{a + \sqrt{a^2 - y^2}}{y}$$

um die x-Achse eine negative, konstante totale oder GAUSSsche Krümmung besitzt, die gleich $-\frac{1}{a^2}$ ist.

Anmerkung. Hieraus folgt, daß auf dieser Fläche die LOBATSCHEWSKIsche Geometrie gilt.

492. Auf dem Rotationsparaboloid $y^2 + z^2 = 2px$ gehen Kurven durch den Scheitelpunkt. Man bestimme den geometrischen Ort ihrer Krümmungsmittelpunkte.

493. Durch einen Punkt einer Fläche seien n Normalschnitte gelegt, von denen immer zwei nebeneinanderliegende den Winkel $\frac{2\pi}{n}$ bilden. Man beweise, daß das arithmetische Mittel der Krümmungen der Schnitte weder von n noch von der Richtung des ersten Schnittes abhängt.

494. Eine Linie auf einer Fläche, deren Tangente in jedem ihrer Punkte mit der x, y-Ebene den größten Winkel bildet, der in diesem Punkte auf der Fläche möglich ist, nennt man eine Linie größten Gefälles. Man beweise, daß die Tangente an sie, die Normale an die Fläche und die Linie, die durch den gegebenen Punkt parallel zur y-Achse geht, in einer Ebene liegen.

495. Man beweise, daß sich die Projektionen des Schnittes der Fläche mit einer horizontalen Fläche auf die x, y-Ebene mit den Projektionen der Linien größten Gefälles unter einem rechten Winkel schneiden.

496. Man beweise, daß die Kurve, deren Projektion auf die x, y-Ebene die Gleichung $x^{a^2} = C y^{b^2}$ (C ist eine Konstante) besitzt, eine Linie größten Gefälles für das Ellipsoid

$$\frac{x^2}{a^2} + \frac{y^2}{b^2} + \frac{z^2}{c^2} = 1$$

ist.

497. Zwei Flächen

$$\frac{x^2}{a^2 + \lambda} + \frac{y^2}{b^2 + \lambda} + \frac{z^2}{c^2 + \lambda} = 1,$$

deren Gleichungen sich nur durch verschiedene Werte von λ unterscheiden, sind konfokal. Man beweise, daß die Schnittlinien eines Ellipsoids mit den konfokalen ein- und zweischaligen Hyperboloiden Krümmungslinien des Ellipsoids sind.

498. Man beweise, daß bei der Schraubenfläche der Aufgabe **479** auf jeder Krümmungslinie eine der Größen

$$\ln(u + \sqrt{u^2 + m^2}) \pm v$$

konstant bleibt.

499. Die Linien auf einer Fläche, deren Hauptnormalen überall mit den Flächennormalen zusammenfallen, nennt man geodätische Linien. Es ist zu zeigen, daß auf der Kugeloberfläche die geodätischen Linien Großkreise sind.

500. Man zeige, daß auf der Fläche

$$x = a \cos u \cos v, \quad y = a \sin u \cos v, \quad z = \ln \tan\left(\frac{v}{2} + \frac{\pi}{4}\right) - a \sin v$$

für die Punkte der geodätischen Linien die Bedingung

$$\frac{du}{dv} = \frac{\sqrt{c \sin v}}{\cos^2 v \sqrt{a^2 \cos^2 v - c}}$$

erfüllt ist, wobei c eine Konstante ist.

501. Man suche eine analoge Bedingung für die geodätischen Linien der Rotationsfläche

$$x = r \cos\varphi, \quad y = r \sin\varphi, \quad z = f(r).$$

VI. ABSCHNITT

Höhere Algebra

§ 1. Komplexe Zahlen

Man stelle die folgenden Zahlen in trigonometrischer Form dar:

1. $1 + i$.
2. $1 + i\sqrt{3}$.
3. $\sqrt{3} - i$.
4. $1 - \cos\alpha + i\sin\alpha; \quad 0 < \alpha < 2\pi$.
5. $1 + \sin\alpha - i\cos\alpha$.
6. $1 + i\tan\alpha; \quad -\frac{\pi}{2} < \alpha < \frac{\pi}{2}$.

Man berechne folgende Ausdrücke $\left(\omega = \cos\frac{2\pi}{3} + i\sin\frac{2\pi}{3}\right)$:

7. $(a\omega + b\omega^2)(a\omega^2 + b\omega)$.
8. $(a + b + c)(a + b\omega + c\omega^2)(a + b\omega^2 + c\omega)$.
9. $(a + b\omega + c\omega^2)^3 + (a + b\omega^2 + c\omega)^3$.

Man berechne folgende Wurzeln:

10. $\sqrt{i}$.
11. $\sqrt{3 + 4i}$.
12. $\sqrt{-7 + 24i}$.

Man löse die quadratischen Gleichungen:

13. $x^2 + (5 - 2i)x + 5(1 - i) = 0$.
14. $x^2 + (1 - 2i)x - 2i = 0$.

Man suche alle Werte folgender Wurzeln:

15. $\sqrt[3]{i}$.
16. $\sqrt[3]{-1 + i}$.
17. $\sqrt[6]{-64}$.
18. $\sqrt[6]{64}$.

Man bestimme die Wurzeln der Gleichungen:

19. $\left(\frac{1 + xi}{1 - xi}\right)^n = \frac{1 + i\tan\alpha}{1 - i\tan\alpha}$.
20. $(x + i)^n + (x - i)^n = 0$.

Man drücke folgende Funktionen durch $\cos\varphi$ und $\sin\varphi$ aus:

21. $\cos 3\varphi$.
22. $\sin 3\varphi$.
23. $\cos 4\varphi$.
24. $\sin 5\varphi$.

Man drücke folgende Funktionen durch Funktionen von Vielfachen des Winkels φ aus:

25. $\cos^3\varphi$.
26. $\sin^3\varphi$.
27. $\cos^4\varphi$.
28. $\sin^4\varphi$.
29. $\cos^5\varphi$.
30. $\sin^5\varphi$.

Man beweise folgende Identitäten:

31. $\tan n\varphi = \dfrac{\binom{n}{1}\tan\varphi - \binom{n}{3}\tan^3\varphi + \binom{n}{5}\tan^5\varphi - \cdots}{1 - \binom{n}{2}\tan^2\varphi + \binom{n}{4}\tan^4\varphi - \cdots}$,

$$\binom{n}{k} = \frac{n(n-1)\cdots(n-k+1)}{1\cdot 2\cdot 3\cdots k}.$$

32. $2^{2n}\cos^{2n}\varphi = 2\cos 2n\varphi + 2\binom{2n}{1}\cos(2n-2)\varphi + \cdots$
$$+ 2\binom{2n}{n-1}\cos 2\varphi + \binom{2n}{n}.$$

33. $\cot x + \cot\left(x + \frac{\pi}{n}\right) + \cot\left(x + \frac{2\pi}{n}\right) + \cdots + \cot\left(x + \frac{n-1}{n}\pi\right) = n\cot nx.$

34. $\sin x \sin\left(x + \frac{\pi}{n}\right)\sin\left(x + \frac{2\pi}{n}\right)\cdots\sin\left(x + \frac{n-1}{n}\pi\right) = 2^{1-n}\sin nx.$

Man berechne die Summen:

35. $1 + 2\cos x + 2\cos 2x + \cdots + 2\cos nx.$

36. $\sin x + \sin 3x + \sin 5x + \cdots + \sin(2n-1)x.$

37. $\cos\varphi + a\cos 3\varphi + \cdots + a^n\cos(2n+1)\varphi.$

38. $1 + 2a\cos\varphi + 2a^2\cos 2\varphi + \cdots + 2a^n\cos n\varphi.$

Man bestimme die Größen:

39. $\ln(-e)$. **40.** $\ln(-2)$. **41.** $\ln i$. **42.** $\ln\frac{1+i}{\sqrt{2}}$.

43. $\ln(x+iy)$. **44.** $e^{\pi i}$. **45.** i^i. **46.** 2^i.

47. $\left(\frac{1+i}{\sqrt{2}}\right)^{-i}$. **48.** $\tan\frac{\pi i}{2}$. **49.** $\sin(x+iy)$. **50.** $\cos(x+iy)$.

51. $\arctan xi$.

52. Unter welcher Bedingung liegt der Punkt $z = x + iy$ im Innern eines Kreises mit dem Radius R und dem Mittelpunkt $c = a + bi$?

53. Einem Kreis mit dem Radius R und dem Mittelpunkt $c = a + bi$ sei ein regelmäßiges n-Eck einbeschrieben, eine der Ecken liege im Punkt $z_0 = a + (b + R)i$. Wo liegen die übrigen Ecken?

54. Die Punkte $z_0 = 1$ und $z_1 = 2 + i$ seien Ecken eines gleichseitigen Dreiecks. Man suche die dritte Ecke.

55. Die Punkte z_0 und z_1 seien zwei benachbarte Ecken eines regelmäßigen n-Ecks. Wo liegt die folgende Ecke?

56. Die Ecken eines n-Ecks mögen in den Punkten

$$z_k = 1 + z + z^2 + \cdots + z^{k-1}, \quad |z| < 1,$$

$(k = 1, \ldots, n)$ liegen. Es ist festzustellen, ob sich der Punkt $z = 0$ im Innern des Vielecks befindet.

57. Drei aufeinanderfolgende Ecken eines Parallelogramms mögen in den Punkten z_1, z_2, z_3 liegen. Man bestimme die Lage der vierten Ecke.

58. Die Endpunkte einer Strecke seien z_1 und z_2. Man suche den Mittelpunkt der Strecke.

59. Die Massen $m_1, m_2, \ldots, m_n$ mögen sich in den Punkten $z_1, z_2, \ldots, z_n$ befinden. Man bestimme die Lage des Schwerpunktes.

60. Die Punkte $z_1, z_2, \ldots, z_n$ seien die Ecken eines konvexen n-Ecks. Man bestimme den geometrischen Ort der Punkte

$$z = \lambda_1 z_1 + \lambda_2 z_2 + \cdots + \lambda_n z_n$$

mit

$$\lambda_k > 0, \quad \lambda_1 + \lambda_2 + \cdots + \lambda_n = 1.$$

61. Die aufeinanderfolgenden Ecken eines Streckenzuges seien die Punkte

$$z_k = a_0 + a_1 z + a_2 z^2 + \cdots + a_{k-1} z^{k-1},$$

wobei $|z| \leqq 1$ und $a_0 > a_1 > a_2 > a_3 > \cdots > a_{k-1} > 0$ ist. Man beweise, daß der Streckenzug sich nicht schließen kann, welchen Wert k auch annehmen möge.

62. Man beweise, daß die Gleichung $a_0 x^n + a_1 x^{n-1} + \cdots + a_n = 0$ mit $a_0 > a_1 > a_2 > \cdots > a_n > 0$ keine Wurzel besitzen kann, deren absoluter Betrag größer als Eins ist.

63. Man beweise, daß die Gleichungen

$$\lambda_1 z_1 + \lambda_2 z_2 + \lambda_3 z_3 = 0, \qquad \lambda_1 + \lambda_2 + \lambda_3 = 0,$$

(wobei $\lambda_1, \lambda_2, \lambda_3$ reell und nicht sämtlich gleich 0 sind) ein Kriterium dafür sind, daß die drei Punkte z_1, z_2, z_3 auf einer Geraden liegen.

64. Man beweise die Identität

$$|z_1 + z_2|^2 + |z_1 - z_2|^2 = 2|z_1|^2 + 2|z_2|^2$$

und diskutiere ihre geometrische Bedeutung.

65. Man beweise, daß die Gleichungen

$$|z_2 - z_1|^2 = |z_2 - z_0|^2 + |z_1 - z_0|^2 \quad \text{und} \quad z_2 - z_0 = \lambda i (z_1 - z_0),$$

wobei λ reell ist, äquivalent sind.

Man beweise die Identitäten

66. $2|z_1| + 2|z_2| = \left|z_1 + z_2 - 2\sqrt{z_1 z_2}\right| + \left|z_1 + z_2 + 2\sqrt{z_1 z_2}\right|.$

67. $|x + y| + |x - y| = \left|x + \sqrt{x^2 - y^2}\right| + \left|x - \sqrt{x^2 - y^2}\right|.$

Welche Gestalt haben die Kurven, die durch folgende Parameterdarstellungen gegeben sind (dabei ist t ein reeller Parameter, in Aufgabe 72 sind a und α komplexe Konstanten):

68. $z = z_0 + t e^{\alpha i}, \quad z_0 = x_0 + i y_0.$

69. $z = z_0 + r e^{t i}.$

70. $z = z_0 + a e^{t i} + b e^{-t i}.$

71. $z = a \varphi e^{\varphi i}.$

72. $z = a e^{\alpha t}$, a und α komplexe Konstanten.

73. Man untersuche, wie sich das Argument der Zahl $z(z-1)$ ändert, wenn z eine geschlossene Kurve, die die Punkte 0 und 1 im Innern enthält, im positiven Sinn durchläuft.

74. Man untersuche nun die Änderung des Arguments der Ausdrücke $\sqrt{z}$, $\sqrt{z-1}$ und $\sqrt{z(z-1)}$, wenn z eine ebensolche Kurve wie in der vorigen Aufgabe durchläuft.

75. Wie ändern sich die Werte der Funktion $u = (z-a)^\alpha (z-b)^\beta$ bei reellem α und β, wenn z eine geschlossene Kurve, die die Punkte a und b einschließt, im positiven Sinn durchläuft.

76. Man löse dieselbe Aufgabe für die Funktion $u = (z-a)^\alpha \ln(z-a)$ und eine geschlossene Kurve, die den Punkt a einschließt.

§ 2. Faktorzerlegung von Polynomen. Der Zusammenhang zwischen Koeffizienten und Nullstellen

77. Man bestimme a und b so, daß $x^4 + 3x^2 + ax + b$ ohne Rest durch $x^2 - 2ax + 2$ teilbar ist.

78. Man zeige, daß bei ganzzahligen m, n und p das Polynom

$$x^{3m} + x^{3n+1} + x^{3p+2}$$

durch $x^2 + x + 1$ teilbar ist.

79. Man zeige, daß der Ausdruck $(x+y)^n - x^n - y^n$ für $n = 6m+5$ durch $x^2 + xy + y^2$ und für $n = 6m+1$ durch $(x^2+xy+y^2)^2$ teilbar ist.

80. Die Gleichung $3x^4 - 5x^3 + 3x^2 + 4x - 2 = 0$ besitzt die Wurzel $1+i$. Man suche die übrigen Wurzeln.

81. Man beweise, daß eine Doppelwurzel der Gleichung $\varphi(x)^2 + \psi(x)^2 = 0$ die Gleichung $\varphi'(x)^2 + \psi'(x)^2 = 0$ befriedigt, wenn die Polynome $\varphi(x)$ und $\psi(x)$ teilerfremd sind.

82. Man beweise: Eine n-fache Wurzel der Gleichung $F[u(x), v(x)] = 0$ ist $(n-1)$-fache Wurzel der Gleichung $F[u'(x), v'(x)] = 0$. Hierbei sind $u(x)$ und $v(x)$ teilerfremde Polynome und $F(u, v)$ eine homogene Funktion, die keine mehrfachen Linearfaktoren besitzt.

83. Man beweise, daß ein Polynom $f(x)$ dann und nur dann für alle reellen x positiv ist, wenn

$$f(x) = |\alpha_0 + \alpha_1 x + \alpha_2 x^2 + \cdots + \alpha_n x^n|^2$$

ist, wobei $\alpha_0, \alpha_1, \alpha_2, \ldots, \alpha_n$ komplexe Zahlen sind.

Man beweise folgende Identitäten:

84. $$x^{2n} - 1 = (x^2-1)\prod_{k=1}^{n-1}\left(x^2 - 2x\cos\frac{k\pi}{n} + 1\right).$$

85. $$x^{2n+1} - 1 = (x-1)\prod_{k=1}^{n}\left(x^2 - 2x\cos\frac{2k\pi}{2n+1} + 1\right).$$

86. $x^{n+1} + 1 = (x+1)\prod_{k=1}^{n}\left(x^2 + 2x\cos\frac{2k\pi}{2n+1} + 1\right).$

87. $x^{2n} + 1 = \prod_{k=0}^{n-1}\left(x^2 - 2x\cos\frac{(2k+1)\pi}{2n} + 1\right).$

88. $\sin\frac{\pi}{2n}\sin\frac{2\pi}{2n}\cdots\sin\frac{(n-1)\pi}{2n} = \frac{\sqrt{n}}{2^{n-1}}.$

89. $\sin\frac{\pi}{2n+1}\sin\frac{2\pi}{2n+1}\cdots\sin\frac{n\pi}{2n+1} = \frac{\sqrt{2n+1}}{2^n}.$

90. $\cos\frac{\pi}{2n+1}\cos\frac{2\pi}{2n+1}\cdots\cos\frac{n\pi}{2n+1} = \frac{1}{2^n}.$

91. Man beweise, daß $\cos\frac{2\pi}{2n+1}\cos\frac{4\pi}{2n+1}\cdots\cos\frac{2n\pi}{2n+1} = \frac{(-1)^{\frac{n+1}{2}}}{2n}$ oder $\frac{(-1)^{\frac{n}{2}}}{2n}$ ist, je nachdem, ob n eine ungerade oder eine gerade Zahl ist.

92. $\sin\frac{\pi}{4n}\sin\frac{3\pi}{4n}\cdots\sin\frac{(2n-1)\pi}{4\pi} = \frac{\sqrt{2}}{2^n}.$

93. $\sin\frac{\pi}{2n}\sin\frac{3\pi}{2n}\cdots\sin\frac{(2n-1)\pi}{2n} = \frac{1}{2^{n-1}}.$

94. $\sin\frac{\pi}{n}\sin\frac{2\pi}{n}\cdots\sin\frac{(n-1)\pi}{n} = \frac{n}{2^{n-1}}.$

Man zerlege folgende Polynome in Faktoren:

95. $(x+1)^n + (x-1)^n.$

96. $x^{2n} + \binom{2n}{2}x^{2n-2}(x^2-1) + \binom{2n}{4}x^{2n-4}(x^2-1)^2 + \cdots + (x^2-1)^n.$

97. $x^{2n+1} + \binom{2n+1}{2}x^{2n-1}(x^2-1) + \binom{2n+1}{4}x^{2n-3}(x^2-1)^2 + \cdots + x(x^2-1)^n.$

98. Man berechne das Produkt $(x_1^2+1)(x_2^2+1)\cdots(x_n^2+1)$, wobei $x_1, x_2, \ldots, x_n$ die Nullstellen des Polynoms $x^n + a_1x^{n-1} + \cdots + a_n$ sind. Die a_i seien reell.

99. Zwischen den Nullstellen eines Polynoms $f(x) = a_0x^n + a_1x^{n-1} + \cdots + a_n$ bestehe die Beziehung: $x_s + x_{n-s} = m$, $s = 1, 2, \ldots, n$. Man beweise die Identität $f(x) = (-1)^n f(m-x)$.

100. Zwischen den Nullstellen eines Polynoms $f(x)$ vom Grade $2n$ bestehe folgende Beziehung $x_s + x_{n+s} = 2m$, $s = 1, 2, \ldots, n$. Man beweise, daß eine der Nullstellen von $f'(x)$ gleich m ist und für die anderen die Beziehung $y_s + y_{n+s-1} = 2m$, $s = 1, 2, \ldots, n-1$, gilt.

101. Die Gleichung $a_0x^n + a_1x^{n-1} + \cdots + a_n = 0$, wobei $a_0a_n \neq 0$, besitzt $n+1$ Glieder. Man zeige, daß mehrfache Wurzeln höchstens n-fach sein können.

102. Ist das Polynom $x^{2n} - n^2x^{n+1} + 2(n^2-1)x^n - n^2x^{n-1} + 1$ durch $(x-1)^4$ teilbar?

103. Man suche eine Beziehung zwischen den Koeffizienten des Polynoms $a_0 x^3 + a_1 x^2 + a_2 x + a_3$, wenn zwischen seinen Nullstellen die Beziehung $x_1 x_2 + x_2 x_3 = 2 x_1 x_3$ besteht.

104. In welchem Zusammenhang stehen p, q und r, wenn die Wurzeln der Gleichung $x^3 + p x^2 + q x + r = 0$ eine geometrische Zahlenfolge bilden?

105. Wie müssen μ und λ gewählt werden, damit die Wurzeln der Gleichung $x^4 + 2x^3 - 21 x^2 + \lambda x + \mu = 0$ eine arithmetische Folge bilden? Wie lautet diese arithmetische Folge?

106. Für welche p, q, α $(0 < \alpha < 4)$ besitzt die Gleichung

$$x^4 + p x^\alpha + q = 0$$

eine dreifache Wurzel?

107. Bei der Division eines Polynoms durch $x - a$, $x - b$, $x - c$ bleiben die Reste A, B, C. Man bestimme den Rest, der bei Division des Polynoms durch $(x - a)(x - b)(x - c)$ auftritt.

108. Die Nullstellen des Polynoms $x^3 + x^2 - 2$ seien 1, α und β. Man suche ein Polynom $\varphi(x)$ zweiten Grades, für das die Beziehungen $\varphi(1) = 1$, $\varphi(\alpha) = \beta$, $\varphi(\beta) = \alpha$ gelten, und beweise, daß $\varphi(\varphi(x)) - x$ durch $x^3 + x^2 - 2$ teilbar ist.

109. Man bestimme ein Polynom $f(x)$ siebenten Grades so, daß $f(x) + 1$ durch $(x - 1)^4$ und $f(x) - 1$ durch $(x + 1)^4$ teilbar ist.

110. Man suche ein Polynom $f(x)$ vom Grade $(2n - 1)$ mit der Eigenschaft, daß $(f(x) + 1)$ durch $(x - 1)^n$ und $(f(x) - 1)$ durch $(x + 1)^n$ teilbar ist.

111. Man suche ein Polynom n-ten Grades, das bei Division durch $(x - a_1)$, $(x - a_2)$, ..., $(x - a)_n$ die Reste A_1, A_2, ..., A_n ergibt.

112. Man beweise die Richtigkeit der EULERschen Relation

$$\sum_{k=1}^{m} \frac{\omega(x_k)}{\varphi'(x_k)} = 0,$$

wobei $\varphi(x) = (x - x_1)(x - x_2) \cdots (x - x_m)$ ist, die Zahlen $x_1, x_2, \ldots, x_m$ voneinander verschieden sind und $\omega(x)$ ein beliebiges Polynom höchstens $(m - 2)$-ten Grades ist.

113. In der Identität $\ln(1 - \lambda z) + \ln(1 - z\lambda^{-1}) = \ln[1 - (\lambda + \lambda^{-1}) z + z^2]$ kann man beide Seiten in Potenzen von z zerlegen, wenn die Zahlen $|\lambda z|$, $|z\lambda^{-1}|$ und $|(\lambda + \lambda^{-1}) z - z^2|$ kleiner als 1 sind. Durch Vergleich der Koeffizienten bei gleichen Potenzen von z ist folgende Identität zu beweisen:

$$\lambda^n + \lambda^{-n} = t_n - n t^{n-2} + \frac{n(n-3)}{1 \cdot 2} t^{n-4} - \frac{n(n-4)(n-5)}{1 \cdot 2 \cdot 3} t^{n-6} + - \cdots,$$

wobei $t = \lambda + \lambda^{-1}$ ist.

114. Man setze in der Gleichung der vorigen Aufgabe $\lambda = \cos\varphi + i \sin\varphi$ und leite für das TSCHEBYSCHEFFsche Polynom $T_n(x) = 2^{-(n-1)} \cos n \operatorname{arc} \cos x$, den expliziten Ausdruck

$$T_n(x) = x^n - \frac{n x^{n-2}}{2} + \frac{n(n-3)}{2 \cdot 4} \cdot \frac{x^{n-4}}{2} - \frac{n(n-4)(n-5)}{2 \cdot 4 \cdot 6} \cdot \frac{x^{n-6}}{2^2} + - \cdots$$

her.

115. Durch Untersuchung des Polynoms $T_n(x)$ im Intervall $-1 \leqq x \leqq 1$ beweise man, daß jedes andere Polynom $x^n + a_1 x^{n-1} + \cdots + a_n$ mit reellen Koeffizienten dem Betrag nach nicht dauernd kleiner als $2^{-(n-1)}$ sein kann, d. h., daß das TSCHEBYSCHEFFsche Polynom im Intervall $[-1, 1]$ am wenigsten von Null abweicht.

116. Es sei $F(x) = f(x)\varphi(x)^k$, wobei $f(x)$ und $\varphi(x)$ teilerfremde Polynome ohne mehrfache Nullstellen sind. Man setze $F(x) = P(x)Q(x)$, $F'(x) = P(x)R(x)$, wobei $Q(x)$ und $R(x)$ teilerfremd seien. Man beweise, daß $\varphi(x)$ der größte gemeinsame Teiler der Polynome $Q(x)$ und $R(x) - kQ'(x)$ ist (OSTROGRADSKI).

§ 3. Polynome mit reellen Koeffizienten. Der Satz von ROLLE

117. Für welche λ sind alle Nullstellen des Polynoms $x^3 - 3x + \lambda$ reell?

118. Die Polynome

$$\varphi(x) = (x - a_1)(x - a_2) \cdots (x - a_n)$$

und

$$\psi(x) = (x - b_1)(x - b_2) \cdots (x - b_n)$$

mögen die reellen Wurzeln $a_1 < b_1 < a_2 < b_2 < \cdots < a_n < b_n$ besitzen. Man beweise, daß für $\lambda > 0$ die Nullstellen c_i des Polynoms $\varphi(x) + \lambda\,\psi(x)$ reell sind und den Bedingungen $a_1 < c_1 < a_2 < c_2 < \cdots < a_n < c_n$ und $c_1 < b_1 < c_2 < b_2 < \cdots < c_n < b_n$ genügen.

119. Unter denselben Bedingungen und für $\mu > \lambda > 0$ beweise man, daß die Wurzeln c_i und d_i der Gleichungen

$$\varphi(x) + \lambda\psi(x) = 0 \quad \text{und} \quad \varphi(x) + \mu\,\psi(x) = 0$$

reell sind und den Bedingungen $c_1 < d_1 < c_2 < d_2 < \cdots < c_n < d_n$ genügen.

120. Man beweise, daß unter denselben Bedingungen die Wurzeln der Gleichung $\varphi(x) + \lambda\,\psi(x) = 0$ mit wachsendem λ ebenfalls wachsen.

121. Bei welchen Werten von p und q besitzt die Gleichung

$$x^5 + px + q = 0$$

drei reelle Wurzeln?

122. Man beweise, daß die Gleichung $x^m = 1 + \alpha x^{m+n}$ (wobei m und n ungerade Zahlen sind und $\alpha > 0$ ist) für $(m + n)^{m+n}\,\alpha^m < m^m n^n$ zwei positive Wurzeln besitzt.

123. Man beweise, daß die absoluten Beträge der Wurzeln der Gleichung $x^3 - 3px + q = 0$ $(p > 0)$ sämtlich kleiner als $2\sqrt{p}$ sind, wenn die Wurzeln reell sind. Sind die Wurzeln x_2 und x_3 imaginär, so gilt $|x_1| > 2\sqrt{p}$.

124.[1]) Man beweise, daß die Gleichung $x^{\lambda_1} + a_1 x^{\lambda_2} + \cdots + a_n = 0$, wobei $\lambda_1 > \lambda_2 > \cdots > \lambda_{n-1} > 0$, $a_1 a_2 a_3 \cdots a_n \neq 0$ gilt, nicht mehr als n positive Wurzeln besitzen kann.

---

[1]) Siehe Hinweis bei den Lösungen.

125.[1]) Man beweise, daß das Polynom

$$x^n + a_1 x^{n_1} + a_2 x^{n_2} + \cdots + a_{m-1} x^{n_{m-1}} + a_m$$

(wobei $n > n_1 > n_2 > \cdots > n_{m-1}$ ganze Zahlen sind und $a_1 a_2 \cdots a_m \neq 0$ ist) nicht mehr als $2m$ reelle Nullstellen besitzen kann.

126. Man beweise, daß alle Wurzeln der Gleichung $\frac{d^m x^m (x-1)^m}{d x^m} = 0$ positive echte Brüche sind.

127.[1]) Alle Nullstellen des Polynoms $a_0 x^n + a_1 x^{n-1} + \cdots + a_n$ seien reell, s sei ganzzahlig. Man beweise, daß dann auch die Nullstellen des Polynoms $(n+1)^s a_0 x^n + n^s a_1 x^{n-1} + \cdots + a_n$ reell sind.

128.[1]) Man beweise, daß alle Nullstellen des Polynoms

$$(m+1)^{m-1} x^m + m^m x^{m-1} + \frac{m(m-1)^m}{1 \cdot 2} x^{m-2} + \cdots + 1 = 0$$

im Intervall $[-1, 0]$ liegen.

129.[1]) Alle Nullstellen des Polynoms $a_0 x_n + a_1 x^{n-1} + \cdots + a_n$ seien reell. Man beweise, daß dann die Wurzeln der Gleichung

$$a_s x^k + \binom{k}{1} a_{s+1} x^{k-1} + \binom{k}{2} a_{s+2} x^{k-2} + \cdots + a_{s+k} = 0 \quad (s + k \leqq n)$$

ebenfalls reell sind.

130.[1]) Unter denselben Voraussetzungen beweise man die Ungleichungen $a_k^2 \geqq a_{k-1} a_{k+1}$ und $(a_k a_{k+3} - a_{k+1} a_{k+2})^2 \leqq 4 (a_{k+2}^2 - a_k a_{k+2})(a_{k+2}^2 - a_{k+1} a_{k+3})$.

131.[1]) Die Nullstellen des Polynoms $f(x) = a_0 x^n + a_1 x^{n-1} + \cdots + a_n$ seien reell und voneinander verschieden. Man beweise, daß das Polynom $nf(x) f''(x) - (n-1) f'(x)^2$ nur imaginäre Nullstellen hat.

132.[1]) Alle Nullstellen des Polynoms $f(x)$ seien reell. Man beweise, daß auch die Nullstellen des Polynoms $f(x) + \lambda f'(x)$ reell sind, wenn λ reell ist.

133.[1]) Alle Nullstellen des Polynoms $f(x)$ seien reell, und das Polynom $f(x) + m$ besitze k imaginäre Nullstellen. Man beweise, daß die Gleichung $f'(x)^2 - f(x) f''(x) - m f''(x) = 0$ nicht weniger als k reelle Wurzeln besitzt.

Man beweise folgende Sätze:

134.[1]) Wenn alle Nullstellen des Polynoms $f(x)$ reell sind, so sind für $\lambda > 0$ auch alle Nullstellen des Polynoms $x f'(x) + \lambda f(x)$ reell (Laguerre).

135.[1]) Sind alle Nullstellen des Polynoms

$$f(x) = a + a_1 x + a_2 x^2 + \cdots + a_n x^n$$

reell und die Nullstellen des Polynoms $\varphi(\nu)$ nicht positiv, so hat auch das Polynom $F(x) = \sum a_\nu \varphi(\nu) x^\nu$ nur reelle Nullstellen (Laguerre).

136.[1]) Hat das Polynom $f(x) = a + a_1 x + a_2 x^2 + \cdots + a_n x^n$ nur reelle Nullstellen, so sind auch alle Nullstellen des Polynoms $F(x) = \sum a_\nu \psi(\nu) x^\nu$ reell. Die Funktion $\psi(\nu)$ wird dabei dargestellt durch das Produkt

$$e^{A\nu} \Pi \left(1 + \frac{\nu}{\alpha_\nu}\right) e^{-\frac{\nu}{\alpha_\nu}},$$

wobei α_ν positiv und A reell ist (Laguerre).

---

[1]) Siehe Hinweis bei den Lösungen.

137.[1]) Liegen die Nullstellen des Polynoms $f(x) = \sum a_\nu x^\nu$ und der Punkt $x = 0$ im Inneren irgendeiner konvexen Kurve, so liegen im Inneren dieser Kurve auch die Nullstellen des Polynoms $F(x) = \sum a_\nu \psi(\nu) x^\nu$, wobei

$$\psi(\nu) = e^{A\nu} \prod \left(1 + \frac{\nu}{\alpha_\nu}\right) e^{-\frac{\nu}{\alpha_\nu}},$$

$\alpha_\nu > 0$ und $A < 0$ ist.

138.[1]) Die Nullstellen der Polynome $f'(x)$, $f''(x)$, ..., $f^{(n-1)}(x)$, wobei $f(x)$ ein Polynom n-ten Grades ist, liegen im Inneren jeder konvexen Kurve, innerhalb welcher auch die Nullstellen von $f(x)$ liegen.

139.[1]) Wenn die Funktion

$$\Phi(x) = f(x) + af'(x) + a^2 f''(x) + \cdots + a^n f^{(n)}(x),$$

(wobei $f(x)$ ein Polynom n-ten Grades ist) reelle Nullstellen besitzt, so besitzt auch $f(x)$ solche.

140.[1]) Liegen die Nullstellen des Polynoms $f(x) = P(x) + iQ(x)$, wobei die Polynome $P(x)$ und $Q(x)$ reelle Koeffizienten besitzen, auf einer Seite der reellen Achse, so sind die Wurzeln der Gleichungen $P(x) = 0$ und $Q(x) = 0$ reell, und es liegt jeweils eine Wurzel der einen Gleichung zwischen zwei Wurzeln der anderen (mit Ausnahme der größten und der kleinsten Wurzel) (HERMITE).

141.[1]) Durch Anwendung des Satzes von ROLLE auf die Funktion $x^m e^x$ beweise man, daß die Gleichung

$$x^m + \frac{m}{1^2} x^{m-1} + \frac{m(m-1)}{1^2 \cdot 2^2} x^{m-2} + \cdots + \frac{1}{1 \cdot 2 \cdot 3 \cdots m} = 0$$

nur reelle Wurzeln besitzt.

Man beweise, daß folgende Gleichungen nur reelle Wurzeln haben:

142.[1]) $x^n + \left(\frac{n}{1}\right)^m x^{n-1} + \left(\frac{n(n-1)}{1 \cdot 2}\right)^m x^{n-2} + \cdots + 1 = 0;\ m = 1, 2, 3, \ldots.$

143.[1]) $(1 + x^2)^{n+1} \frac{d^n (1 + x^2)^{-1}}{d x^n} = 0.$

144.[1]) $x^{2n} e^{-\frac{1}{x}} \frac{d^n e^{\frac{1}{x}}}{d x^n} = 0.$

145.[1]) $\frac{A_1}{x - a_1} + \frac{A_2}{x - a_2} + \cdots + \frac{A_n}{x - a_n} = 0,\ A_\nu > 0,\ a_1 < a_2 < a_n < \cdots < a_n.$

145a.[1]) $\frac{A_1}{x - a_1} + \frac{A_2}{x - a_2} + \cdots + \frac{A_n}{x - a_n} = 0,\quad a_1 < a_2 < \cdots < a_n,$

$A_\nu < 0$ für $\nu < m$, $A_\nu > 0$ für $\nu \geqq m$, $A_1 + A_2 + \cdots + A_n = 0.$

[1]) Siehe Hinweis bei den Lösungen.

146.[1]) Man beweise, daß die Nullstellen des Polynoms $e^{x^2}\frac{d^n e^{-x^2}}{d x^n}$ reell sind und im Intervall $[-\sqrt{2n+1}, \sqrt{2n+1}]$ liegen.

Wieviel reelle Wurzeln besitzen die Gleichungen:

147. $1 + x + \frac{x^2}{2!} + \frac{x^3}{3!} + \cdots + \frac{x^n}{n!} = 0.$

148. $1 + x + \frac{x^2}{2} + \frac{x^3}{3} + \cdots + \frac{x^n}{n} = 0.$

149.[1]) In der Entwicklung des Ausdruckes $\frac{\sinh\lambda + x\cosh\lambda}{\cosh\lambda + x\sinh\lambda} = \sum_{n=0}^{\infty} \varphi_n(x)\,\lambda^n$ nach Potenzen von λ sind die Koeffizienten $\varphi_n(x)$ Polynome $(n+1)$-ten Grades. Man beweise, daß alle Nullstellen der $\varphi_n(x)$ im Intervall $[-1, 1]$ liegen (HERMITE).

150. Man bestimme eine obere Schranke für die Anzahl der positiven und negativen und eine untere Schranke der Anzahl der komplexen Wurzeln der Gleichung $x^{10} + 7x - 2 = 0$.

151.[1]) In der Gleichung $a_0 x^n + a_1 x^{n-1} + \cdots + a_n = 0$ gelte für ein bestimmtes k die Beziehung $a_k^2 = a_{k-1}a_{k+1}$. Man zeige, daß auch komplexe Wurzeln existieren.

152.[1]) In derselben Gleichung mögen vier aufeinanderfolgende Koeffizienten eine arithmetische Folge bilden. Man beweise, daß die Gleichung komplexe Wurzeln besitzt (HERMITE).

153.[1]) Man beweise, daß die Gleichung

$$f(n)\,x^n + f(n-1)\,x^{n-1} + \cdots + f(0) = 0,$$

wobei $f(\nu)$ ein Polynom höchstens $(n-2)$-ten Grades ist, komplexe Wurzeln besitzt.

154.[1]) Man beweise, daß für reelle a und b die Gleichung

$$x^n + (a+b)\,x^{n-1} + (a^2 + ab + b^2)\,x^{n-2} + \cdots + (a^n + a^{n-1}b + \cdots + b^n) = 0$$

höchstens eine reelle Wurzel besitzt.

§ 4. Gebrochene rationale Funktionen. Zerlegung in Partialbrüche

Man zerlege folgende Ausdrücke in Partialbrüche:

155. $\frac{x^2+1}{x(x^2-1)}$.

156. $\frac{2}{(x-1)(x-2)(x-3)}$.

157. $\frac{x^5 - x^3 - x^2}{x^2-1}$.

158. $\frac{x^2}{(x-1)^2(x+1)}$.

159. $\frac{4}{(x^2-1)^2}$.

160. $\frac{x^6 - x^2 + 1}{(x-1)^3}$.

161. $\frac{x^2+1}{(x^2+x+1)^2}$.

162. $\frac{x^4+1}{x^3(x^2+1)}$.

[1]) Siehe Hinweis bei den Lösungen.

163. $\dfrac{2}{x^4+2x^3+2x^2+2x+1}$. **164.** $\dfrac{8}{x^4+4}$.

165. $\dfrac{2x^4}{x^4+x^2+1}$ **166.** $\dfrac{x^{m-1}}{x^n-1}$.

167. $\dfrac{1-x^2}{1-2x\cos\varphi+x^2}$. **168.** $\dfrac{1}{x^{2n}+1}$.

169. $\dfrac{1}{x^{2n+1}+1}$. **170.** $\dfrac{3x^3+15x+6}{x^4+x^3+3x^2+2x+2}$.

171. $\dfrac{2x^3+4x}{x^4+x^2+4}$. **172.** $\dfrac{3x^2-3}{x^3-3x+1}$.

173. Man bestimme die Koeffizienten in der Zerlegung der Funktion $f(x) = \dfrac{a_0x^n+a_1x^{n-1}+\cdots+a_n}{(x-x_1)(x-x_2)\cdots(x-x_n)}$ nach fallenden Potenzen von x, wenn die Nullstellen des Nenners einfach sind.

174. Man berechne die Summe der Reihe $\sum u_n^2 x^n$, wenn

$$\frac{x+a}{x^2+2ax+1} = u_0+u_1x+u_2x^2+\cdots$$

ist.

175. Ist x_1 dem absoluten Betrag nach größer als die übrigen Wurzeln der Gleichung $f(x) = x^n + a_1x^{n-1} + \cdots + a_n = 0$, so ist $x_1 = \lim\limits_{n\to\infty} \dfrac{u_{n+1}}{u_n}$, falls $\dfrac{\varphi(x)}{f(x)} = \sum u_n x^n$ und $\varphi(x_1) \neq 0$ ist. Die Zahlen u_n kann man dabei sukzessive aus der Gleichung

$$u_{s+n} + a_1u_{s+n-1} + \cdots + a_nu_s = 0$$

berechnen.

176.[1]) Die Entwicklung einer gebrochenen rationalen Funktion in eine Reihe habe die Form

$$\frac{\varphi(x)}{\psi(x)} = u_0+u_1x+u_2x^2+u_3x^3+\cdots,$$

wobei die Zahlen u_n die Werte 0 oder ± 1 besitzen mögen. Man beweise, daß $\psi(x) = 1 - x^m$ und $\varphi(x) = a_1x^{m-1}+a_2x^{m-2}+\cdots+a_m$ ist, wobei die Zahlen a_ν nur die Werte 0 oder ± 1 haben können (LAGUERRE).

177.[1]) Man beweise die Identität

$$\frac{1}{1-x_1}+\frac{1}{1-x_2}+\cdots+\frac{1}{1-x_{n-1}} = \frac{n-1}{2},$$

wobei die x_ν die von Eins verschiedenen Wurzeln der Gleichung $x^n = 1$ sind.

178.[1]) Alle Wurzeln einer Gleichung n-ten Grades $f(x) = 0$ seien reell. Man beweise, daß in dem Intervall $\left(-\dfrac{x_\nu-x_{\nu-1}}{n}+x_\nu, \dfrac{x_{\nu+1}-x_\nu}{n}+x_\nu\right)$, wobei $x_{\nu-1}$, x_ν, $x_{\nu+1}$ drei aufeinanderfolgende Wurzeln von $f(x)$ darstellen, keine Nullstellen von $f'(x)$ liegen.

---

[1]) Siehe Hinweis bei den Lösungen.

179.[1]) Alle Nullstellen eines Polynoms $f(x)$ vom Grade n seien reell. Man beweise, daß der Betrag des Imaginärteiles der Wurzeln der Gleichung

$$f(x) + imf'(x) = 0$$

kleiner als $|nm|$ ist (m reell).

§ 5. Determinanten. Systeme linearer Gleichungen

Man berechne folgende Determinanten:

180. $\begin{vmatrix} -1 & 2 & 2 \\ 2 & -1 & 2 \\ 2 & 2 & -1 \end{vmatrix}.$

181. $\begin{vmatrix} 10 & -5 & 10 \\ -11 & -2 & 10 \\ -2 & -14 & -5 \end{vmatrix}.$

182. $\begin{vmatrix} 3 & -6 & 2 \\ 2 & 3 & 6 \\ -6 & -2 & 3 \end{vmatrix}.$

183. $\begin{vmatrix} 5 & 0 & 4 & 2 \\ 1 & -1 & 2 & 1 \\ 4 & 1 & 2 & 0 \\ 1 & 1 & 1 & 1 \end{vmatrix}.$

184. $\begin{vmatrix} 3 & 1 & 2 & 3 \\ 4 & -1 & 2 & 4 \\ 1 & -1 & 1 & 1 \\ 4 & -1 & 2 & 5 \end{vmatrix}.$

185. $\begin{vmatrix} 1 & 4 & 9 & 16 \\ 4 & 9 & 16 & 25 \\ 9 & 16 & 25 & 36 \\ 16 & 25 & 36 & 49 \end{vmatrix}.$

186. $\begin{vmatrix} 1 & 1 & 1 \\ 1 & 1+a & 1 \\ 1 & 1 & 1+b \end{vmatrix}.$

187. $\begin{vmatrix} 1 & c & -b \\ -c & 1 & a \\ b & -a & 1 \end{vmatrix}.$

188. $\begin{vmatrix} 1+a & 1 & 1 & 1 \\ 1 & 1+b & 1 & 1 \\ 1 & 1 & 1+c & 1 \\ 1 & 1 & 1 & 1+d \end{vmatrix}.$

189. $\begin{vmatrix} x & y & x+y \\ y & x+y & x \\ x+y & x & y \end{vmatrix}.$

190. $\begin{vmatrix} (b+c)^2 & a^2 & a^2 \\ b^2 & (c+a)^2 & b^2 \\ c^2 & c^2 & (a+b)^2 \end{vmatrix}.$

191. $\begin{vmatrix} 1 & 1 & 1 \\ x & y & z \\ x^2 & y^2 & z^2 \end{vmatrix}.$

192. $\begin{vmatrix} a & 1 & 0 & 0 \\ -1 & b & 1 & 0 \\ 0 & -1 & c & 1 \\ 0 & 0 & -1 & d \end{vmatrix}.$

[1]) Siehe Hinweis bei den Lösungen.

193. Man berechne den Wert der VANDERMONDEschen Determinante

$$\Delta = \begin{vmatrix} 1 & 1 & 1 & \dots & 1 \\ x_1 & x_2 & x_3 & \dots & x_n \\ x_1^2 & x_2^2 & x_3^2 & \dots & x_n^2 \\ \dots & \dots & \dots & \dots & \dots \\ x_1^{n-1} & x_2^{n-1} & x_3^{n-1} & \dots & x_n^{n-1} \end{vmatrix}$$

unter der Voraussetzung, daß die Zahlen $x_1, x_2, \dots, x_n$ voneinander verschieden sind.

194. Man berechne die Determinanten Δ_n und Δ_{n+1}, die man aus der VANDERMONDEschen Determinante erhält, wenn man in der letzten Zeile den Exponenten $(n - 1)$ durch n bzw. $(n + 1)$ ersetzt.

195. Man berechne den Wert der Determinanten Δ_1 und Δ_2, die man aus der VANDERMONDEschen Determinante durch Differentiation der Glieder der ersten Spalte bzw. der ersten beiden Spalten und durch Ersetzen von x_1 durch x_2 bzw. von x_1 und x_2 durch x_3 erhält:

$$\Delta_1 = \begin{vmatrix} 0 & 1 & 1 & \dots & 1 \\ 1 & x_2 & x_3 & \dots & x_n \\ 2x_2 & x_2^2 & x_3^2 & \dots & x_n^2 \\ \dots & \dots & \dots & \dots & \dots \\ (n-1)\,x_2^{n-1} & x_2^{n-1} & x_3^{n-1} & \dots & x_n^{n-1} \end{vmatrix};$$

$$\Delta_2 = \begin{vmatrix} 0 & 0 & 1 & \dots & 1 \\ 0 & 1 & x_3 & \dots & x_n \\ 2 & 2x_3 & x_3^2 & \dots & x_n^2 \\ \dots & \dots & \dots & \dots & \dots \\ n(n-1)\,x_3^{n-2} & (n-1)\,x_3^{n-1} & x_3^{n-1} & \dots & x_n^{n-1} \end{vmatrix}.$$

196. Man beweise die Identität

$$\begin{vmatrix} 1 & 1 & \dots & 1 \\ \binom{x_1}{1} & \binom{x_2}{1} & \dots & \binom{x_n}{1} \\ \binom{x_1}{2} & \binom{x_2}{2} & \dots & \binom{x_n}{2} \\ \dots & \dots & \dots & \dots \\ \binom{x_1}{n-1} & \binom{x_2}{n-1} & \dots & \binom{x_n}{n-1} \end{vmatrix} = \frac{\Delta}{1!\,2!\,3!\cdots(n-1)!},$$

wobei $\binom{x}{m} = \frac{x(x-1)\cdots(x-m+1)}{1\cdot 2\cdots m}$ ist und Δ die VANDERMONDEsche Determinante bedeutet.

Man berechne folgende Determinanten:

197. $\begin{vmatrix} \cos(a-b) & \cos(b-c) & \cos(c-a) \\ \cos(a+b) & \cos(b+c) & \cos(c+a) \\ \sin(a+b) & \sin(b+c) & \sin(c+a) \end{vmatrix}$.

198. $\begin{vmatrix} \sin a & \cos a & \sin 2a \\ \sin b & \cos b & \sin 2b \\ \sin c & \cos c & \sin 2c \end{vmatrix}$.

199. $\begin{vmatrix} \sin a & \sin b & \sin c \\ \sin 3a & \sin 3b & \sin 3c \\ \sin 5a & \sin 5b & \sin 5c \end{vmatrix}$.

200. $\begin{vmatrix} \sin^3\alpha & \sin^2\alpha\cos\alpha & \sin\alpha\cos^2\alpha & \cos^3\alpha \\ \sin^3\beta & \sin^2\beta\cos\beta & \sin\beta\cos^2\beta & \cos^3\beta \\ \sin^3\gamma & \sin^2\gamma\cos\gamma & \sin\gamma\cos^2\gamma & \cos^3\gamma \\ \sin^3\delta & \sin^2\delta\cos\delta & \sin\delta\cos^2\delta & \cos^3\delta \end{vmatrix}$.

Man beweise die Identitäten:

201. $D_n = a_n D_{n-1} + D_{n-2}$; $D_n = \begin{vmatrix} a_1 & 1 & 0 & \dots & 0 & 0 \\ -1 & a_2 & 1 & \dots & 0 & 0 \\ 0 & -1 & a_3 & \dots & 0 & 0 \\ \dots & \dots & \dots & \dots & \dots & \dots \\ 0 & 0 & 0 & & a_{n-1} & 1 \\ 0 & 0 & 0 & & -1 & a_n \end{vmatrix}$.

202.[1] $\begin{vmatrix} a_1 & \lambda & \lambda & \dots & \lambda \\ \lambda & a_2 & \lambda & \dots & \lambda \\ \dots & \dots & \dots & \dots & \dots \\ \lambda & \lambda & \lambda & \dots & a_n \end{vmatrix} = \varphi(\lambda) - \lambda \frac{d\varphi}{d\lambda}$,

wobei $\varphi(\lambda) = (a_1 - \lambda)(a_2 - \lambda) \cdots (a_n - \lambda)$ ist.

203.[1] $\begin{vmatrix} a_1 & a_2 & a_3 & \dots & a_n \\ a_2 & a_3 & a_4 & \dots & a_1 \\ \dots & \dots & \dots & \dots & \dots \\ a_n & a_1 & a_2 & \dots & a_{n-1} \end{vmatrix} = (-1)^{\frac{(n-1)(n-2)}{2}} \varphi(\alpha_1)\,\varphi(\alpha_2) \cdots \varphi(\alpha_n)$,

dabei ist $\varphi(\alpha) = a_1 + a_2\alpha + \cdots + a_n\alpha^{n-1}$ und α eine Wurzel der Gleichung $\alpha^n = 1$.

204. $\begin{vmatrix} 1 & 2 & 3 & \dots & n \\ 2 & 3 & 4 & \dots & 1 \\ \dots & \dots & \dots & \dots & \dots \\ n & 1 & 2 & \dots & n-1 \end{vmatrix} = (-1)^{\frac{n(n-1)}{2}} \frac{n(n+1)}{2} n^{n-2}$.

---

[1]) Siehe Hinweis bei den Lösungen.

205.[1]) Man beweise die Ungleichung

$$\Delta = \begin{vmatrix} A_1 & a_2 & a_3 & \dots & a_n \\ b_1 & B_2 & b_3 & \dots & b_n \\ \cdot & \cdot & \cdot & \cdot & \cdot \\ m_1 & m_2 & m_3 & \dots & M_n \end{vmatrix} \neq 0,$$

wobei
$$A_1 > |a_2| + |a_3| + \dots + |a_n|,$$
$$B_2 > |b_1| + |b_3| + \dots + |b_n|,$$
$$M_n > |m_1| + |m_2| + \dots + |m_{n-1}|$$
ist.

206.[1]) Man beweise, daß die Determinante der vorigen Aufgabe positiv ist, wenn ihre Elemente reell sind und denselben Bedingungen wie in Aufgabe 205 genügen.

207. Man beweise, daß eine Determinante, bei der die symmetrisch zur Hauptachse gelegenen Elemente $a_{\nu\mu}$ und $a_{\mu\nu}$ konjugiert komplex sind, einen reellen Wert besitzt.

208. Die Elemente einer Determinante n-ter Ordnung mögen den Beziehungen $a_{\nu\nu} = 0$, $a_{\nu\mu} = i a_{\mu\nu}$, $\nu > \mu$, genügen, wobei die $a_{\nu\mu}$ reelle Zahlen sind. Man suche die Werte von n, für welche die Determinanten bei beliebigen $a_{\mu\nu}$ reellen Wert haben.

209. Für welche n ist dieselbe Determinante gleich einer rein imaginären Zahl?

210. Man beweise, daß bei ungeradem n dieselbe Determinante gleich $A(1 \pm i)$ ist, wobei A eine reelle Zahl bedeutet.

211. Man beweise die Gleichung

$$\begin{vmatrix} 1 + x_1 y_1 & 1 + x_1 y_2 & \dots & 1 + x_1 y_n \\ 1 + x_2 y_1 & 1 + x_2 y_2 & \dots & 1 + x_2 y_n \\ \cdot & \cdot & \cdot & \cdot \\ 1 + x_n y_1 & 1 + x_n y_2 & \dots & 1 + x_n y_n \end{vmatrix} = 0, \quad n > 2.$$

212. Man berechne den Wert der Determinante

$$\Delta = \begin{vmatrix} \alpha & \beta & \gamma \\ \alpha_1 & \beta_1 & \gamma_1 \\ \alpha_2 & \beta_2 & \gamma_2 \end{vmatrix},$$

deren Elemente die Kosinus der Winkel zwischen den Achsen zweier rechtwinkliger Koordinatensysteme sind.

213. Man beweise, daß die Determinante

$$\begin{vmatrix} x_1 & y_1 & z_1 \\ x_2 & y_2 & z_2 \\ x_3 & y_3 & z_3 \end{vmatrix},$$

[1]) Siehe Hinweis bei den Lösungen.

deren Elemente die Projektionen dreier Vektoren auf die Achsen eines rechtwinkligen Koordinatensystems darstellen, sich bei Transformation des Systems nicht ändert.

Man löse die folgenden Gleichungssysteme:

214. $$\begin{aligned} 2x - z &= 1, \\ 2x + 4y - z &= 1, \\ -x + 8y + 3z &= 2. \end{aligned}$$

215. $$\begin{aligned} x + y + z &= a, \\ x + (1+a)\,y + z &= 2a, \\ x + y + (1+a)\,z &= 0. \end{aligned}$$

216. $$\begin{aligned} x + 2y + z + t &= 0, \\ 2x + y + z + 2t &= 0, \\ x + 2y + 2z + t &= 0, \\ x + y + z + t &= 0. \end{aligned}$$

217. $$\begin{aligned} 5x + 4z + 2t &= 3, \\ x - y + 2z + t &= 1, \\ 4x + y + 2z &= 1, \\ x + y + z + t &= 0. \end{aligned}$$

218. $$\begin{aligned} x - 4y + 2z &= -1, \\ 2x - 3y - z - 5t &= -7, \\ 3x - 7y + z - 5t &= -8, \\ y - z - t &= -1. \end{aligned}$$

219. Man bestimme u aus dem Gleichungssystem $x + y + 2z = 0$, $2x - y + z = 0$, $x + y + z = t$, $2x - 2y + z = u$ als Funktion von t.

Man löse die Systeme:

220. $$\begin{aligned} x_1 + x_2 + x_3 + \cdots + x_n &= n, \\ x_1 + 2x_2 + 3x_3 + \cdots + nx_n &= \frac{n(n+1)}{2}, \\ x_1 + 3x_2 + 6x_3 + \cdots + \frac{n(n+1)}{2}x_n &= \frac{n(n+1)(n+2)}{6}, \\ \cdots\cdots\cdots\cdots\cdots\cdots\cdots\cdots \\ x_1 + nx_2 + \frac{n(n+1)}{2}x_3 + \cdots + \frac{n(n+1)\cdots(2n-2)}{1\cdot 2\cdots(n-1)}x_n &= \frac{n(n+1)\cdots(2n-1)}{1\cdot 2\cdot 3\cdots n}. \end{aligned}$$

221. $$\begin{aligned} x_2 + x_3 + \cdots + x_{n-1} + x_n &= 1, \\ x_1 + x_3 + \cdots + x_{n-1} + x_n &= 2, \\ x_1 + x_2 + \cdots + x_{n-1} + x_n &= 3, \\ \cdots\cdots\cdots\cdots\cdots\cdots \\ x_1 + x_2 + x_3 + \cdots + x_{n-1} &= n. \end{aligned}$$

222. Man zeige, daß eine Determinante n-ten Grades gleich Null ist, wenn folgende Proportion gilt: $\frac{A_{1\mu}}{A_{1\nu}} = \frac{A_{2\mu}}{A_{2\nu}} = \cdots = \frac{A_{n\mu}}{A_{n\nu}}$, wobei A_{kl} das algebraische Komplement des Elements a_{kl} bedeutet.

---

[1]) Siehe Hinweis bei den Lösungen.

223. Man löse das Gleichungssystem $a_{\nu 1} x_1 + \cdots + a_{\nu n} x_n = \lambda_\nu$ $(\nu = 1, 2, \ldots, n)$ unter der Voraussetzung, daß die aus den Koeffizienten des Gleichungssystems bestehende Matrix orthogonal ist, und zeige, daß $A_{\nu\mu} = a_{\nu\mu} \Delta$ ist.

224.[1]) Es sei

$$\Delta = \begin{vmatrix} a_{11} & a_{12} & \ldots & a_{1p} \\ a_{21} & a_{22} & \ldots & a_{2p} \\ \cdot & \cdot & \cdot & \cdot \\ a_{p1} & a_{p2} & \ldots & a_{pp} \end{vmatrix} \neq 0,$$

aber alle Determinanten $(p+1)$-ter Ordnung, die aus der Matrix

$$\begin{pmatrix} a_{11} & a_{12} & \ldots & a_{1m} \\ a_{21} & a_{22} & \ldots & a_{2m} \\ \cdot & \cdot & \cdot & \cdot \\ a_{n1} & a_{n2} & \ldots & a_{nm} \end{pmatrix} \quad (m > p, \; n > p)$$

gebildet werden können und Δ als Unterdeterminante enthalten, seien gleich Null. Man beweise, daß der Rang der Matrix gleich p ist.

225. Unter welcher Bedingung liegen die drei Punkte

$$(x_1, y_1), \quad (x_2, y_2), \quad (x_3, y_3)$$

auf einer Geraden?

226. Unter welcher Bedingung schneiden sich die drei Geraden

$$a_1 x + b_1 y + c_1 = 0, \quad a_2 x + b_2 y + c_2 = 0, \quad a_3 x + b_3 y + c_3 = 0$$

in einem Punkt?

227. Unter welcher Bedingung liegen die vier Punkte

$$M_1(x_1, y_1, z_1), \quad M_2(x_2, y_2, z_2), \quad M_3(x_3, y_3, z_3), \quad M_4(x_4, y_4, z_4)$$

in einer Ebene?

228. Unter welcher Bedingung liegen die n Punkte

$$M_\nu(x_\nu, y_\nu, z_\nu), \quad \nu = 1, 2, \ldots, n,$$

in einer Ebene, und unter welcher Bedingung liegen sie auf einer Geraden?

229. Unter welcher Bedingung schneiden sich die n Ebenen

$$A_\nu x + B_\nu y + C_\nu z + D_\nu = 0, \quad \nu = 1, 2, \ldots, n,$$

in einem Punkt bzw. in einer Geraden?

§ 6. Matrizen. Die charakteristische Gleichung. Quadratische Formen

230. Die größte positive Wurzel der charakteristischen Gleichung der Matrix (a_{ik}) mit positiven Elementen sei λ. Welche Vorzeichen besitzen die Lösungen des Gleichungssystems

$$\lambda x_\nu = a_{\nu 1} x_1 + a_{\nu 2} x_2 + \cdots + a_{\nu n} x_n \quad (\nu = 1, 2, \ldots, n)?$$

---

[1]) Siehe Hinweis bei den Lösungen.

231. Wie sehen die Elemente der rechteckigen Matrix

$$\begin{pmatrix} a_{11} & a_{12} & \dots & a_{1m} \\ \dots & \dots & \dots & \dots \\ a_{n1} & a_{n2} & \dots & a_{nm} \end{pmatrix}$$

aus, wenn ihr Rang gleich Eins ist?

232. Man zeige, daß eine Matrix vom Range r als Summe von r Matrizen vom Range 1 dargestellt werden kann.

Welche Folgerungen ergeben sich daraus für die Bilinearformen?

233. Man beweise, daß $(\mathfrak{A}\mathfrak{B})' = \mathfrak{B}'\mathfrak{A}'$ ist, wenn $\mathfrak{A}'$ und $\mathfrak{B}'$ die zu $\mathfrak{A}$ und $\mathfrak{B}$ transponierten Matrizen darstellen.

234. Man bestimme die Rechenregeln für die hyperkomplexen Zahlen $q = ae + bi + cj + dk$, wobei e, i, j und k folgende Matrizen darstellen:

$$e = \begin{pmatrix} 1 & 0 \\ 0 & 1 \end{pmatrix}, \qquad i = \begin{pmatrix} \sqrt{-1} & 0 \\ 0 & \sqrt{-1} \end{pmatrix},$$

$$j = \begin{pmatrix} 0 & 1 \\ -1 & 0 \end{pmatrix}, \qquad k = \begin{pmatrix} 0 & \sqrt{-1} \\ \sqrt{-1} & 0 \end{pmatrix}.$$

235. Wie sieht eine Matrix aus, die mit jeder Matrix vertauschbar ist?

236. In welchem Fall erfüllt die zu der linearen Transformation

$$y_\nu = a_{\nu 1} x_1 + a_{\nu 2} x_2 + \cdots + a_{\nu n} x_n \quad (\nu = 1, 2, \dots, n)$$

gehörende Matrix $\mathfrak{A}$ die Gleichung $\mathfrak{A} \cdot \mathfrak{A}' = \mathfrak{E}$, wobei $\mathfrak{E}$ die Einheitsmatrix, $\mathfrak{A}'$ die zu $\mathfrak{A}$ transponierte Matrix darstellt?

237. Man suche die reellen Wurzeln der Gleichung

$$\begin{vmatrix} a_{11} - x & a_{12} & \dots & a_{1n} \\ a_{21} & a_{22} - x & \dots & a_{2n} \\ \dots & \dots & \dots & \dots \\ a_{n1} & a_{n2} & \dots & a_{nn} - x \end{vmatrix} = 0$$

unter der Bedingung, daß $a_{\nu\mu} = -a_{\nu\mu}$ ist und alle $a_{\nu\mu}$ reell sind.

238.[1]) Man beweise, daß je zwei Wurzeln der charakteristischen Gleichung einer orthogonalen Matrix der Bedingung $x_\nu x_{n-\nu} = 1$ genügen.

239. Die quadratische Form $\sum\limits_{\mu=1}^{n} \sum\limits_{\nu=1}^{n} b_{\mu\nu} x_\nu x_\mu$ sei definit, und die Zahl λ liege zwischen der größten und der kleinsten Wurzel der Gleichung

$$\begin{vmatrix} a_{11} + x b_{11} & a_{12} + x b_{12} & \dots & a_{1n} + x b_{1n} \\ a_{21} + x b_{21} & a_{22} + x b_{22} & \dots & a_{2n} + x b_{2n} \\ \dots & \dots & \dots & \dots \\ a_{n1} + x b_{n1} & a_{n2} + x b_{n2} & \dots & a_{nn} + x b_{nn} \end{vmatrix} = 0.$$

Man beweise, daß die quadratische Form $\sum\limits_{\mu=1}^{n} \sum\limits_{\nu=1}^{n} (a_{\mu\nu} + \lambda b_{\mu\nu}) x_\mu x_\nu$ indefinit ist. Hierbei sind x_μ und x_ν unabhängige Veränderliche.

[1]) Siehe Hinweis bei den Lösungen.

240.[1]) Man beweise, daß die Wurzeln der charakteristischen Gleichung einer Matrix mit den Elementen $a_{\mu\nu}$ einen Realteil besitzen, der zwischen der größten und der kleinsten Wurzel der charakteristischen Gleichung der symmetrischen Matrix $(b_{\mu\nu})$ mit $2b_{\mu\nu} = a_{\mu\nu} + a_{\nu\mu}$ liegt. Dabei seien alle $a_{\mu\nu}$ reell.

241. Man schätze den Realteil einer Wurzel der charakteristischen Gleichung einer schiefsymmetrischen Matrix mit reellen Elementen seiner Größe nach ab.

242. Man beweise, daß der absolute Betrag einer Wurzel s der charakteristischen Gleichung einer Matrix mit den Elementen $a_{\mu\nu}$ kleiner ist als die größte positive Wurzel σ der charakteristischen Gleichung der Matrix mit den Elementen $|a_{\mu\nu}|$.

243. Man beweise, daß die größte positive Wurzel der charakteristischen Gleichung einer Matrix mit positiven Elementen größer ist als der Absolutbetrag jeder beliebigen anderen Wurzel derselben Gleichung.

244.[1]) Man beweise, daß der absolute Betrag der größten Wurzel der charakteristischen Gleichung einer Matrix mit positiven Elementen $a_{\mu\nu}$ größer ist als jede Wurzel der charakteristischen Gleichung der Matrix mit den Elementen $b_{\mu\nu} = \sqrt{a_{\mu\nu}\, a_{\nu\mu}}$.

245. Man zeige, daß die Wurzeln der charakteristischen Gleichung einer Matrix mit positiven Elementen $a_{\mu\nu}$ dem absoluten Betrage nach kleiner sind als die größte Wurzel der charakteristischen Gleichung der Matrix mit den Elementen $b_{\mu\nu}$, wobei $2b_{\mu\nu} = a_{\mu\nu} + a_{\nu\mu}$ ist.

246. Die Elemente der Matrix $(b_{\mu\nu})$ seien bestimmt durch die Formeln,

$$b_{\mu+1,\nu} = b_{\mu 1}\, a_{1\nu} + b_{\mu 2}\, a_{2\nu} + \cdots + b_{\mu n}\, a_{\nu n}, \quad \mu = 1, 2, \ldots, n,$$

wobei $b_{11}, b_{12}, \ldots, b_{1m}$ und die $a_{\mu\nu}$ vorgegebene Zahlen seien. Man berechne das Produkt der Determinanten

$$\begin{vmatrix} b_{11} & b_{12} & \ldots & b_{1n} \\ b_{21} & b_{22} & \ldots & b_{2n} \\ \cdot & \cdot & \cdot & \cdot \\ b_{n1} & b_{n2} & \ldots & b_{nn} \end{vmatrix}, \quad \begin{vmatrix} a_{11} - x & a_{12} & \ldots & a_{1n} \\ a_{21} & a_{22} - x & \ldots & a_{2n} \\ \cdot & \cdot & \cdot & \cdot \\ a_{n1} & a_{n2} & \ldots & a_{nn} - x \end{vmatrix}.$$

247. Man bestimme die Elementarteiler der Matrix

$$\begin{pmatrix} 2-\lambda & 1 & 1 \\ 1 & 2-\lambda & 1 \\ 1 & 1 & 2-\lambda \end{pmatrix}.$$

248. Desgleichen die der Matrix

$$\begin{pmatrix} 5-\lambda & 30 & -48 \\ 3 & 14-\lambda & -24 \\ 3 & 15 & -25-\lambda \end{pmatrix}.$$

[1]) Siehe Hinweis bei den Lösungen.

249. Sind folgende Matrizen äquivalent?

$$\begin{pmatrix} 1-\lambda & 1 & 0 \\ 0 & 1-\lambda & 0 \\ 0 & 0 & 2-\lambda \end{pmatrix}, \quad \begin{pmatrix} 4-\lambda & 1 & -1 \\ -6 & -1-\lambda & 2 \\ 2 & 1 & 1-\lambda \end{pmatrix}.$$

250. Man zeige, daß die Determinante $(a_{\mu\nu})$ die charakteristische Gleichung der zugehörigen Matrix befriedigt:

$$\begin{vmatrix} a_{11}-x & a_{12} & \dots & a_{1n} \\ a_{21} & a_{22}-x & \dots & a_{2n} \\ \dots & \dots & \dots & \dots \\ a_{n1} & a_{n2} & \dots & a_{nn}-x \end{vmatrix} = 0.$$

251. Man bestimme die Elementarteiler der Matrix

$$\begin{pmatrix} \lambda & 1 & 0 & 0 & 0 \\ 0 & \lambda & 0 & 0 & 0 \\ 0 & 0 & \lambda & 0 & 0 \\ 0 & 0 & 0 & \lambda-1 & 0 \\ 0 & 0 & 0 & 0 & \lambda-1 \end{pmatrix},$$

indem man sie vermittels elementarer Transformationen auf die kanonische Form bringt.

252. Es sei $M(b_1, b_2, \dots, b_n)$ ein Doppelpunkt der quadratischen Form

$$\sum_{\mu=1}^{n} \sum_{\nu=1}^{n} a_{\mu\nu} x_\mu x_\nu \quad (a_{\mu\nu} = a_{\nu\mu}),$$

die im Punkt $N(c_1, c_2, \dots, c_n)$ Null werde. Man suche den Wert der Form in den Punkten der Geraden MN.

Man forme folgende Ausdrücke in Quadratsummen um (Hauptachsentransformation):

253. $4xy + 4xz + 4yz$.

254. $8x^2 + 5y^2 + 2z^2 - 6yz + 4xz - 2xy$.

255. $3x^2 + 3y^2 + 3z^2 + 31v^2 - 2xy + 2xz + 10xv - 6yz + 2yv + 6zv$.

256. Die quadratische Form $\sum_{\mu=1}^{n} \sum_{\nu=1}^{n} a_{\mu\nu} x_\mu x_\nu$ sei mittels der linearen Transformation $x_\mu = c_{\mu 1} y_1 + c_{\mu 2} y_2 + \cdots + c_{\mu n} y_n$ in die quadratische Form $\sum_{\mu=1}^{n} \sum_{\nu=1}^{n} b_{\mu\nu} y_\mu y_\nu$ übergeführt. Man suche die lineare Transformation, durch welche die zu der ersten Form assoziierte Form in die assoziierte der zweiten übergeführt werden kann.

257. Die Formen $\sum_{\mu=1}^{n}\sum_{\nu=1}^{n} a_{\mu\nu}\,x_\mu x_\nu$ und $\sum_{\mu=1}^{n}\sum_{\nu=1}^{n} b_{\mu\nu}\,x_\mu\,x_\nu$ seien positiv. Man beweise, daß dann auch die Form $\sum_{\mu=1}^{n}\sum_{\nu=1}^{n} a_{\mu\nu}\,b_{\mu\nu}\,x_\mu\,x_\nu$ positiv ist.

258. Jede Bilinearform $\sum_{\mu=1}^{3}\sum_{\nu=1}^{3} a_{\mu\nu}x_\mu\,y_\nu$ bestimmt eine Korrelation zwischen den Punkten $P(y_1, y_2, y_3)$ und den Geraden $A_1 x_1 + A_2 x_2 + A_3 x_3 = 0$. Durch Einsetzen der Koordinaten des Punktes P in die Bilinearform erhält man die Gleichung der entsprechenden Geraden in den Koordinaten x_1, x_2, x_3.

a) Welcher Bedingung müssen die Koeffizienten der Bilinearform genügen, damit jeder Geraden nur ein Punkt entspricht?

b) Welcher Bedingung müssen die Koeffizienten der Bilinearform genügen, damit sich die Geraden, die den Punkten einer gegebenen Geraden entsprechen, in dem dieser Geraden zugeordneten Punkt schneiden?

259. Man beantworte dieselben Fragen für die Bilinearform

$$\sum_{\mu=1}^{4}\sum_{\nu=1}^{4} a_{\mu\nu}\,x_\mu\,y_\nu\,,$$

den Punkt $P(y_1, y_2, y_3, y_4)$ und die Ebene $A_1 x_1 + A_2 x_2 + A_3 x_3 + A_4 x_4 = 0$.

§ 7. Invarianten

260. Man prüfe, ob $ab_1^2 + 2ba_1b_1 + ca_1^2$ eine Invariante der quadratischen Form $ax^2 + 2bxy + cy^2$ und der Linearform $a_1 x + b_1 y$ ist.

261. Man beweise, daß $(ac - b^2)x + (ad - bc)xy + (bd - c^2)y^2$ Kovariante der kubischen Form $ax^3 + 3bx^2y + 3cxy^2 + dy^3$ ist.

262. Man suche die lineare Kovariante der quadratischen Form

$$F(x, y, z) \equiv ax^2 + by^2 + cz^2 + 2fyz + 2gxz + 2hxy$$

und der beiden Linearformen $a_1 x + b_1 y + c_1 z$ und $a_2 x + b_2 y + c_2 z$ und deute das gewonnene Ergebnis geometrisch.

263. Die binäre quadratische Form $f(x, y)$ und die Linearform $l(x, y)$ besitzen als lineare Kovariante ihre Jacobiform $J(x, y)$. Man beweise, daß die Jacobiform $J(x, y)$ und $l(x, y)$ die Invarianten von $f(x, y)$ und $l(x, y)$ sind.

264. Man zeige, daß die Jacobiform einer Binärform $f(x, y)$ und ihrer Hesseschen Form $H(x, y)$ eine Kovariante der Form $f(x, y)$ ist. (Als Hessesche Form einer Funktion bezeichnet man die Funktionaldeterminante ihrer partiellen Ableitungen erster Ordnung.)

265. Man beweise, daß die Determinante

$$\begin{vmatrix} a & b & c \\ b & c & d \\ c & d & e \end{vmatrix}$$

eine Invariante der Form $f(x, y) = ax^4 + 4bx^3y + 6cx^2y^2 + 4dxy^3 + ey^4$ ist.

266. Man beweise, daß die Determinante

$$\begin{vmatrix} \frac{\partial^2 u}{\partial x^2} & \frac{\partial^2 u}{\partial x\, \partial y} & \frac{\partial^2 u}{\partial y^2} \\ \frac{\partial^2 v}{\partial x^2} & \frac{\partial^2 v}{\partial x\, \partial y} & \frac{\partial^2 v}{\partial y^2} \\ y^2 & -xy & x^2 \end{vmatrix}$$

eine Kovariante der beiden binären Formen u und v ist.

267. Man beweise, daß die Determinante

$$\begin{vmatrix} \frac{\partial^3 u}{\partial x^3} & \frac{\partial^3 u}{\partial x^2\, \partial y} & \frac{\partial^3 u}{\partial x\, \partial y^2} \\ \frac{\partial^3 u}{\partial x^2\, \partial y} & \frac{\partial^3 u}{\partial x\, \partial y^2} & \frac{\partial^3 u}{\partial y^3} \\ y^2 & -xy & x^2 \end{vmatrix}$$

eine Kovariante der binären Form $u = f(x, y)$ ist.

268. Die Hessesche Form einer binären Form vierten Grades sei durch die dritte Potenz einer Linearform teilbar. Man beweise, daß sie dann das Produkt der vierten Potenz dieser Linearform mit irgendeiner Konstanten ist.

269. Man suche die binären Formen $f(x, y)$ p-ten Grades, deren Hessesche Form gleich Null ist.

270. Man beweise, daß das Verschwinden der Hesseschen Form des Ausdrucks $f(x_1, x_2, \ldots, x_n)$ eine notwendige Bedingung dafür ist, daß der Ausdruck durch eine kleinere Anzahl Veränderlicher dargestellt werden kann.

271. Man beweise, daß jede Invariante einer quadratischen Form mit mehr als zwei Veränderlichen gleich Null wird, wenn die Form in zwei Linearfaktoren zerfällt.

Man beweise folgende Sätze:

272. Wenn eine binäre Form n-ten Grades durch die k-te Potenz eines linearen Polynoms teilbar ist, wobei $2k > n$ ist, dann sind ihre Invarianten gleich Null.

273. Eine binäre Form geradzahligen Grades kann keine Kovariante ungeradzahligen Grades besitzen.

274. Eine binäre Form ungeradzahligen Grades kann keine Invariante geradzahligen Grades besitzen.

275.[1] Man zeige, daß es möglich ist, durch die Substitutionen

$$X = px + qy, \quad Y = p_1 x + q_1 y$$

eine kubische Binärform auf den Ausdruck $AX^3 + BY^3$ zu reduzieren.

276. Man reduziere die Form $x^3 + 6x^2y + 12xy^2 + dy^3$ auf einen Ausdruck der Gestalt $X^3 + AY^3$.

---

[1]) Siehe Hinweis bei den Lösungen.

277. Man beweise, daß sich die Form $a x^4+4b x^3 y+6c x^2 y^2+4d x y^3+e y^4$ mit Hilfe der Substitutionen

$$x = (\gamma\delta - \alpha\beta) X - [\alpha\beta(\gamma+\delta) - \gamma\delta(\alpha+\beta)] Y,$$
$$y = (\gamma+\delta-\alpha-\beta) X - (\gamma\delta - \alpha\beta) Y$$

in Faktoren zerlegen läßt. Hierbei seien $\alpha, \beta, \gamma, \delta$ die Wurzeln der zugehörigen Gleichung vierten Grades.

278. Man beweise, daß man die binäre biquadratische Form

$$f(x, y) = a x^4 + 4b x^3 y + 6c x^2 y^2 + 4d x y^3 + e y^4$$

durch die lineare Transformation $X = -y, Y = x - dy$ und eine anschließende lineare unimodulare Umformung auf den Ausdruck

$$f = (4 x_1^3 - g_2 x_1 y_1^2 - g_3 y_1^3)\, y_1$$

reduzieren kann. Hierbei bedeuten d die Wurzel der Gleichung $f(x, 1) = 0$,

$$g_2 = ae - 4bd + 3c^2 = I, \quad g_3 = ace - 2bcd - ad^2 - b^2 e - c^3 = J.$$

279. Man beweise: Ersetzt man die Koeffizienten $a_0, a_1, \ldots, a_n$ in einer Kovarianten der Form

$$f(x, y) = a_0 x^n + n a_1 x^{n-1} y + \frac{n(n-1)}{1\cdot 2} a_2 x^{n-2} y^2 + \cdots + a_n y^n$$

durch die Linearformen $a_0 x + a_1 y$, $a_1 x + a_2 y, \ldots, a_n x + a_{n+1} y$, so erhält man eine Kovariante der Form

$$\varphi(x, y) = a_0 x^{n+1} + (n+1) a_1 x^n y + \frac{(n+1)n}{1\cdot 2} a_2 x^{n-1} y^2 + \cdots + a_{n+1} y^{n+1}.$$

§ 8. Symmetrische Funktionen

280. Durch Anwendung des Hauptsatzes über symmetrische Funktionen beweise man, daß eine ganze rationale symmetrische Funktion m-ten Grades der Wurzeln der Gleichung $x^n + p_1 x^{n-1} + \cdots + p_n = 0$ rational durch $p_1, p_2, p_3, \ldots, p_m$ darstellbar ist.

281. Unter Verwendung des Resultates der vorhergehenden Aufgabe beweise man, daß die Summen $S_1, S_2, \ldots, S_m$ der Potenzen der Wurzeln der Gleichungen

$$x^n + p_1 x^{n-1} + p_2 x^{n-2} + \cdots + p_n = 0$$

und

$$x^m + p_1 x^{m-1} + p_2 x^{m-2} + \cdots + p_m = 0$$

gleich sind. Hierbei ist $m \leqq n$.

282. Mit Hilfe der Ergebnisse der beiden vorhergehenden Aufgaben beweise man, daß bei $m \leqq n$ für die Summen der Potenzen der Wurzeln einer Gleichung die Formel

$$S_m + p_1 S_{m-1} + \cdots + p_{m-1} S_1 + m p_m = 0$$

gilt.

283. Durch Multiplikation der linken Seite der Gleichung

$$x^n + p_1 x^{n-1} + p_2 x^{n-2} + \cdots + p_n = 0$$

mit einer geeigneten Potenz von x leite man eine Identität für die Summe der Potenzen der Wurzeln der Gleichung

$$S_m + p_1 S_{m-1} + p_2 S_{m-2} + \cdots + p_n S_{m-n} = 0$$

für $m > n$ ab.

Man suche den Wert der angegebenen symmetrischen Funktionen der Wurzeln folgender Gleichungen:

284. $x^5 - 3x^3 - 5x + 1 = 0; \quad \sum x_\nu^4.$

285. $x^3 + 3x^2 - x - 7 = 0; \quad \sum x_\nu^6.$

286. $x^4 + ax^3 + bx^2 + cx + d = 0; \quad \sum x_\nu^3 x_\mu, \quad \nu < \mu.$

287. $x^3 - x - 1 = 0; \quad \sum x_1 (x_2 - x_3)^2.$

288. $x^4 - 5x^2 - 2x + 1 = 0; \quad \sum (x_1 - x_2)^2 (x_3 - x_4)^2.$

289. $x^n + x^{n-1} + \cdots + x + 1 = 0; \quad \sum x_1^3 x_2^3 x_3^3; \quad n > 8.$

290. $x^5 - 4x^3 + x^2 + 3x + 1 = 0; \quad \sum x_1^2 x_2^2 x_3 x_4.$

291. $x^n + (a + b) x^{n-1} + (a^2 + ab + b^2) x^{n-2} + \cdots$

$+ (a^n + a^{n-1} b + \cdots + b^n) = 0.$ Man bestimme S_m für $m \leqq n$.

292. $x^n + a x^{n-1} + \dfrac{a(a+1)}{1 \cdot 2} x^{n-2} + \cdots + \dfrac{a(a+1)\cdots(a+n-1)}{1 \cdot 2 \cdots n} = 0.$

Man bestimme S_m für $m \leqq n + 1$.

293. Man beweise die WARINGschen Formeln, welche die S_m (die Summe der m-ten Potenzen der Wurzeln der Gleichung $x^n + p_1 x^{n-1} + \cdots + p_n = 0$) durch die Koeffizienten p_i der gegebenen Gleichung ausdrücken. Diese Formeln kann man in folgender Gestalt schreiben:

$$\frac{1}{m} S_m = p_n - \frac{1}{2} \sum_{\nu+\mu=m}' p_\nu p_\mu + \frac{1}{3} \sum_{\nu+\mu+\lambda=m} p_\nu p_\mu p_\lambda - \cdots,$$

$$p_m = -\frac{S_m}{m} + \frac{1}{2!} \sum_{\nu+\mu=m} \frac{S_\mu S_\nu}{\mu\,\nu} - \frac{1}{3!} \sum_{\nu+\mu+\lambda=m} \frac{S_\mu S_\nu S_\lambda}{\mu\,\nu\,\lambda} + \cdots.$$

(In jeder der Summen auf der rechten Seite sind die Indizes $\mu, \nu, \lambda, \ldots$ positiv, und ihre Summe ist gleich m.)

294. Für die kubische Gleichung $x^3 + a x^2 + b x + c = 0$ berechne man folgende symmetrische Funktionen:

$$\frac{x_1^2 + x_2^2}{x_1 + x_2} + \frac{x_1^2 + x_3^2}{x_1 + x_3} + \frac{x_2^2 + x_3^2}{x_2 + x_3}; \quad \frac{x_1^2 + x_2 x_3}{x_2 + x_3} + \frac{x_2^2 + x_1 x_3}{x_1 + x_3} + \frac{x_3^2 + x_1 x_2}{x_1 + x_2}.$$

295. Man berechne den Flächeninhalt des Dreiecks mit den Seiten x_1, x_2, x_3.

Man stelle folgende gebrochene Funktionen der Wurzeln der angegebenen Gleichungen in Form einer ganzen Funktion von x (durch Beseitigung der Irrationalität des Nenners) dar:

296. $\frac{6+5x}{1+x+x^2}$; $x^3 - 2 = 0$.

297. $\frac{1}{x^3-x+2}$; $x^4 - 5 = 0$.

298. $\frac{1}{1+2x+x^2}$; $x^3 - x - 1 = 0$.

299. $\frac{1}{a+bx+cx^2}$; $x^3 - N = 0$.

Besitzen die folgenden Polynome $\varphi(x)$ und $\psi(x)$ gemeinsame Nullstellen?

300. $\varphi(x) = x^3 - 3x^2 + x + 1$, $\psi(x) = 2x^3 - 4x + 2$.

301. $\varphi(x) = x^2 + x + 1$, $\psi(x) = x^3 + x - 1$.

302. $\varphi(x) = x^5 + x^2 + 1$, $\psi(x) = x^5 - x^3 + 2$.

303. Für welche λ und μ besitzen die Gleichungen

$$x^3 - 6x^2 + \lambda x - 3 = 0 \quad \text{und} \quad x^3 - x^2 + \mu x + 2 = 0$$

zwei gemeinsame Wurzeln?

Man löse die Gleichungssysteme:

304. $5x^2 - 5y^2 - 3x + 9y = 0$.
$5x^3 + 5y^3 - 15x^2 - 13xy - y^2 = 0$.

305. $3x^3 + 9x^2y + 9xy^2 + 3y^3 + 2x^2 - 4xy + 2y^2 = 5$,
$4x^3 + 12x^2y + 12xy^2 + 4y^3 - x^2 + 2xy - y^2 = 3$.

Man berechne x aus den Gleichungssystemen:

306. $x^3 + (y-1)x^2 + (3y-10)x + 12 = 0$,
$x^3 + (y-8)x^2 + (y+16)x - 3 = 0$.

307. $x^3 + mx^2 - 4 = 0$,
$x^3 + mx + 2 = 0$.

308. $x^3 + 4mx^2 - 3x + 2 = 0$,
$2x^3 + (m+2)x^2 - 5x + 1 = 0$.

309. Man bestimme die Diskriminante von $x^n + a = 0$.

310. Man bestimme die Diskriminante der Gleichung

$$x^3 + px^2 + qx + r = 0.$$

311. In dem Ausdruck für die Diskriminante $D(a_0, a_1, \ldots, a_n)$ tritt ein Glied $M a_0^{n-1} a_n^{n-1}$ auf. Man bestimme M.

312. Man beweise, daß $D(a_0, a_1, \ldots, a_n)$ eine irreduzible Funktion von $a_0, a_1, \ldots, a_n$ ist.

313.[1]) Man beweise den Satz: Besitzen alle Wurzeln der Gleichung $x^n + p_1 x^{n-1} + \cdots + p_n = 0$ mit ganzzahligen Koeffizienten den Betrag Eins, so sind es n-te Einheitswurzeln (Kronecker).

§ 9. Umformung und algebraische Lösung von Gleichungen

314. Die Wurzeln der Gleichung $x^3 + px + q = 0$ sind reell, wenn $4p^3 + 27q^2 \leqq 0$ ist.

Wann sind die Wurzeln der Gleichung $x^3 + ax^2 + bx + c = 0$ reell?

315. Man löse die Gleichung $x^4 + 4x^3 + 11x^2 + 14x + 12 = 0$ durch die Substitution $x = y + \sigma$ bei passender Wahl von σ.

Folgende Gleichungen sollen durch eine Substitution der Form $y = ax$ so umgeformt werden, daß sie ganzzahlige Koeffizienten haben und der Koeffizient der höchsten Potenz gleich Eins ist:

316. $5x^4 - 9x^3 + 15x^2 - 12x + 18 = 0$.

317. $900x^4 - 750x^3 + 375x^2 - 13 = 0$.

318. Man beweise, daß die Gleichung $a_0 x^{2n} + a_1 x^{2n-2} + \cdots + a_n = 0$ imaginäre Wurzeln besitzt, wenn die Gleichung

$$a_0 x^{2n} - a_1 x^{2n-2} + \cdots + (-1)^n a_n = 0$$

reelle Wurzeln hat.

319. Man suche die Gleichung, deren Wurzeln gleich den Quadraten der Wurzeln der Gleichung $x^5 + x^3 + x^2 + 2x + 3 = 0$ sind, und beweise, daß die Wurzeln der gegebenen Gleichung imaginär sind.

320. Eine der Wurzeln der Gleichung $x^4 - 2x^3 - 3x^2 + 4x - 1 = 0$ ist gleich dem Quadrat einer andern. Man löse die Gleichung.

Man löse die Gleichungen:

321. $x^4 - 6mx^3 + 2(4m^2 + n)x^2 - 6mnx + n^2 = 0$.

322. $4(x^2 - x + 1)^3 - 27x^2(x - 1)^2 = 0$.

323. Unter welcher Bedingung unterscheiden sich zwei Wurzeln der Gleichung $x^3 + px + q = 0$ nur durch das Vorzeichen.

Man beweise folgende Sätze:

324. Die Auflösung der symmetrischen Gleichung

$$a x^{2n} + a_1 x^{2n-1} + \cdots + a_1 x + a = 0$$

läßt sich durch die Substitution $y = \left(\frac{x+1}{x-1}\right)^2$ auf die Auflösung einer Gleichung n-ten Grades und einer quadratischen Gleichung zurückführen.

---

[1]) Siehe Hinweis bei den Lösungen.

325.[1]) Die symmetrische Gleichung

$$x^{2n} + a_1 x^{2n-1} + \cdots + a_n x^n + \cdots + a_2 x^2 + a_1 x + 1 = 0$$

mit reellen Koeffizienten, für die $|a_n| \leqq 2$ ist, besitzt mindestens ein Paar imaginärer Wurzeln.

326. Der Absolutbetrag des Polynoms $f(x) = x^n + a_1 x^{n-1} + \cdots + a_n$ mit reellen Koeffizienten kann im Intervall $(-2, 2)$ nicht stets kleiner als 2 sein.

327. Die Gleichung $x^{2n+1} + a_1 x^{2n-1} + \cdots + a_n x = m$ mit reellen Koeffizienten besitzt im Intervall $(-2, 2)$ mindestens eine Wurzel, wenn $|m| < 2$ ist.

328. Die Gleichung $x^{2n+1} + a_1 x^{2n-1} + \cdots + a_n x = m$ besitzt im Intervall $(-2l, 2l)$ eine Wurzel, wobei $2l^{2n+1} = |m|$ ist (Tschebyscheff).

Man forme folgende Gleichungen durch die angegebenen Substitutionen um (Tschirnhaus-Transformation):

329. $x^3 - x^2 - 4x + 4 = 0; \quad y = x^2 + x - 1.$

330. $2x^3 - 5x^2 + x + 2 = 0; \quad y = 2x^2 + 3x - 1.$

331. $x^3 - 6x^2 + 15x - 14 = 0; \quad 2y = x^2 - 5x + 8.$

332. $x^4 + 2x^3 - 13x^2 - 14x + 48 = 0; \quad y = x^2 + x - 7.$

Man suche die Gleichungen in y, deren Wurzeln sich durch die Wurzeln der gegebenen Gleichungen in der angegebenen Weise ausdrücken:

333. $x^3 + 2x - 1 = 0; \quad y_1 = x_1 x_2, \quad y_2 = x_1 x_3, \quad y_3 = x_2 x_3.$

334. $x^3 - x^2 - 3 = 0; \quad y_1 = \dfrac{x_1}{x_2 + x_3 - x_1}$ usw.

335. $x^3 + px + q = 0; \quad y_1 = x_1^2 + x_1 x_2 + x_2^2.$

336. $x^3 + 3x^2 - 4x + 3 = 0; \quad y_1 = \dfrac{x_1 x_2 - x_3^2}{x_1 + x_2 - 2x_3}.$

337. $ax^3 + 3a_1 x^2 + 3a_2 x + a_3 = 0; \quad y_1 = (x_1 - x_2)(x_1 - x_3).$

Man löse die Gleichungen:

338. $x^3 - 3ax^2 + (3a^2 - b^2)x - a^3 + ab^2 = 0.$

339. $x^3 - 3(a - b)x^2 + (3a^2 - 6ab - b^2)x - a^3 + 3a^2 b + ab^2 - 3b^3 = 0.$

340. $x^3 - (a + 1)^2 x^2 + (2a^3 + a^2 + 2a - 1)x - a^4 + 1 = 0.$

341. $x^3 - 5x^2 + 3x + 6 = 0.$

342. $x^4 - 12ax^3 + (45a^2 - b^2)x^2 - 2a(29a^2 - 5b^2)x + 24a^2(a^2 - b^2) = 0.$

343. $x^4 - 4(a + 1)x^3 + (5a^2 + 14a + 4)x^2 - (2a^3 + 14a^2 + 12a)x + 4a^3 + 8a^2 = 0.$

344. $2x^4 + 7x^3 + 10x^2 + 11x + 6 = 0.$

---

[1]) **Siehe Hinweis bei den Lösungen.**

Die allgemeine kubische Gleichung $y^3 + Ay^2 + By + C = 0$ geht durch die lineare Substitution $y = x - \frac{A}{3}$ über in die Gleichung $x^3 + px + q = 0$. Diese läßt sich durch die Substitution $x = u + v$ lösen, d. h. durch die Einführung zweier neuer Unbekannter. Nach der Substitution geht die gegebene Gleichung über in $u^3 + v^3 + (3uv + p)(u + v) + q = 0$. Diese Gleichung ist sicher erfüllt, wenn $u^3 + v^3 = -q$ und $3uv + p = 0$ ist. Aus den letzten beiden Gleichungen findet man u und v und damit auch x. Man erhält so die Cardanische Formel (Cardano)

$$x = \sqrt[3]{-\frac{q}{2} + \sqrt{\frac{q^2}{4} + \frac{p^3}{27}}} + \sqrt[3]{-\frac{q}{2} - \sqrt{\frac{q^2}{4} + \frac{p^3}{27}}}.$$

Für die Kubikwurzeln in dieser Formel nimmt man nur solche Werte, deren Produkt gleich $-\frac{p}{3}$ ist (Methode von Hudde).

Ähnlich wie die Gleichung dritten Grades läßt sich auch die allgemeine Gleichung vierten Grades,

$$y^4 + Ay^3 + By^2 + Cy + D = 0,$$

auf die Gleichung $x^4 + ax^2 + bx + c = 0$ durch die Substitution $y = x - \frac{A}{4}$ reduzieren. Eines der einfachsten Verfahren zu ihrer Lösung stammt von Ferrari. Man schreibt die Gleichung zunächst in der Form

$$4x^4 + 4ax^2 = -4bx - 4c.$$

Nach der Addition gleicher Summanden auf beiden Seiten der Gleichung bekommt man

$$4x^4 + 4(a + \lambda)x^2 + (a + \lambda)^2 = 4\lambda x^2 - 4bx - 4c + (a + \lambda)^2$$

oder

$$(2x^2 + a + \lambda)^2 = 4\lambda x^2 - 4bx + \lambda^2 + 2a\lambda + a^2 + 4c. \qquad (*)$$

Man kann λ so wählen, daß die rechte Seite der Gleichung ein vollständiges Quadrat wird. Dazu muß λ die Gleichung $\lambda^3 + 2a\lambda^2 + (a^2 - 4c)\lambda - b^2 = 0$ erfüllen. Für ein solches λ kann man die Gleichung (*) in der Form

$$(2x^2 + a + \lambda)^2 = 4\lambda\left(x - \frac{b}{2\lambda}\right)^2$$

schreiben und erhält daraus zwei quadratische Gleichungen

$$2x^2 + a + \lambda = \pm 2\sqrt{\lambda}\left(x - \frac{b}{2\lambda}\right).$$

Man löse folgende Gleichungen durch die Cardanische Formel bzw. durch das Verfahren von Ferrari:

345. $x^3 - 6x - 9 = 0$.

346. $x^3 + 6x - 7 = 0$.

347. $x^3 + 3x - 2 = 0$.

348. $x^3 + 3x - 4 = 0$.

349. $x^3 - 7x - 6 = 0$.

350. $x^4 + 3x^2 + 2x + 3 = 0$.

351. $x^4 + 2x^2 + 4x + 8 = 0$. **352.** $x^4 - x^3 + 3x^2 - 5x + 2 = 0$.

353. $x^4 - 17x^2 - 20x - 6 = 0$.

Eine Menge von Zahlen, in der man beliebige rationale Operationen nach bestimmten Regeln ausführen kann und stets wieder Zahlen der gleichen Menge erhält, heißt Zahlkörper oder auch Rationalitätsbereich. Ein einfaches Beispiel für einen Zahlkörper ist die Gesamtheit der rationalen Zahlen. Die Gleichung $x^n + p_1 x^{n-1} + \cdots + p_n = 0$, deren Koeffizienten irgendeinem Körper angehören, heißt irreduzibel in diesem Körper, wenn ihre linke Seite sich nicht in Faktoren mit Koeffizienten aus diesem Körper zerlegen läßt.

354. Man beweise den Satz: Wenn ein Polynom mit ganzzahligen Koeffizienten in Faktoren mit rationalen Koeffizienten zerlegbar ist,

$$x^n + p_1 x^{n-1} + \cdots + p_n$$
$$= (\alpha x^s + \alpha_1 x^{s-1} + \cdots + \alpha_s)(\beta x^r + \beta_1 x^{r-1} + \cdots + \beta_r),$$

dann ist es auch in Faktoren mit ganzzahligen Koeffizienten zerlegbar:

$$x^n + p_1 x^{n-1} + \cdots + p_n$$
$$= (a x^s + a_1 x^{s-1} + \cdots + a_s)(b x^r + b_1 x^{r-1} + \cdots + b_r)$$

(GAUSS).

355. Man beweise den Satz: Wenn das Polynom $x^3 + Ax^2 + Bx + C$ mit ganzzahligen Koeffizienten keine ganzzahligen Wurzeln besitzt, dann ist es irreduzibel, d. h., die Gleichung $x^3 + Ax^2 + Bx + C = 0$ ist im Bereich der rationalen Zahlen irreduzibel.

Um festzustellen, ob ein Polynom n-ten Grades mit ganzzahligen Koeffizienten irreduzibel ist, muß man dieses durch ein Polynom

$$a x^m + a_1 x^{m-1} + \cdots + a_m$$

dividieren, wobei $2m \leqq n$ ist. Durch Koeffizientenvergleich erhält man Gleichungen für $a, a_1, \ldots, a_m$. Wenn diese Gleichungen im Bereich der ganzen Zahlen keine Lösung besitzen, dann hat das gegebene Polynom keine rationalen Teiler m-ten Grades. Für die Irreduzibilität eines Polynoms n-ten Grades ist aber notwendig und hinreichend, daß es für kein $m \leqq \frac{n}{2}$ Teiler m-ten Grades mit ganzzahligen Koeffizienten besitzt.

Sind folgende Gleichungen im Körper der rationalen Zahlen irreduzibel?

356. $x^2 + x + 1 = 0$. **357.** $x^4 + x^2 + 1 = 0$.

358. $x^4 + x + 1 = 0$. **359.** $x^3 + 7x + 7 = 0$.

360. $x^3 + 3x^2 + 3x + 12 = 0$. **361.** $x^5 + 3x + 2 = 0$.

362. Man beweise den EISENSTEINschen Satz: Wenn die Koeffizienten $p_1, \ldots, p_n$ eines Polynoms $x^n + p_1 x^{n-1} + \cdots + p_n$ durch die Primzahl p teilbar sind, aber der Koeffizient p_n nicht durch p^2 teilbar ist, dann ist das Polynom im Körper der rationalen Zahlen irreduzibel.

363. Man beweise: Die Gleichung $x^{p-1} + x^{p-2} + \cdots + x + 1 = 0$ ist irreduzibel, falls p eine Primzahl ist.

364. In welchen Körpern ist die Gleichung $x^4 + 1 = 0$ reduzibel?

365.[1]) Man beweise den Satz: Wenn die kubische Gleichung

$$x^3 + a x^2 + b x + c = 0$$

mit Koeffizienten aus irgendeinem Körper die Wurzel $x_1 = p + \sqrt{q}$ besitzt (wobei p und q Zahlen aus demselben Körper sind), aber $\sqrt{q}$ nicht in diesem Körper liegt, dann besitzt sie auch die Wurzel $x_3 = -a - 2p$, die in diesem Körper rational ist.

366.[1]) Wenn eine kubische Gleichung mit rationalen Koeffizienten keine rationalen Wurzeln besitzt, dann hat sie auch keine Wurzeln, die sich durch Quadratwurzeln ausdrücken lassen. Insbesondere ist es z. B. unmöglich, $\sqrt[3]{2}$ durch endlich viele Quadratwurzeln auszudrücken.

367.[1]) Eine Gleichung vierten Grades mit rationalen Koeffizienten besitzt dann und nur dann zwei Wurzeln, die sich durch Quadratwurzeln ausdrücken lassen, wenn ihre Resolvente rationale Wurzeln besitzt.

368. Welche GALOISsche Gruppe der Gleichung $x^3 - 2 = 0$ gibt es im Körper R der rationalen Zahlen und welche im Körper $R(\omega)$, wobei ω eine Kubikwurzel aus Eins ist?

369. Man bestimme die GALOISsche Gruppe der Gleichung $x^4 + 1 = 0$ im Körper der rationalen Zahlen.

370. Die Gleichung $a_0 x^n + a_1 x^{n-1} + \cdots + a_n = 0$ sei irreduzibel im Bereich der rationalen Zahlen, und ihre Koeffizienten seien ganzzahlig. Unter welchen Bedingungen ist das Quadrat des Betrages einer ihrer Wurzeln eine rationale Zahl?

371. Die Gleichung $a_1 x^n + a_2 x^{n-2} + a_3 x^{n-3} + \cdots + a_n = 0$ mit ganzzahligen Koeffizienten sei irreduzibel im Körper der rationalen Zahlen, und der Realteil einer ihrer Wurzeln sei rational. Man beweise, daß

$$a_3 = a_5 = \cdots = a_{n-1} = 0$$

und $n = 2m$ ist.

372. Das Volumen eines Kugelsegments sei gleich einem Viertel des Volumens der Kugel. Man beweise, daß die Höhe des Segments nicht mittels Zirkel und Lineal aus dem gegebenen Kugelradius konstruiert werden kann.

373. Man beweise, daß die Funktion

$$D = \begin{vmatrix} x_{11} & \dots & x_{1n} & y_{11} & \dots & y_{1p} \\ \cdot & \cdot & \cdot & \cdot & \cdot & \cdot \\ x_{n1} & \dots & x_{nn} & y_{n1} & \dots & y_{np} \\ z_{11} & \dots & z_{1n} & 0 & \dots & 0 \\ \cdot & \cdot & \cdot & \cdot & \cdot & \cdot \\ z_{p1} & \dots & z_{pn} & 0 & \dots & 0 \end{vmatrix}$$

für $p < n$ irreduzibel ist und es auch bleibt, wenn $x_{\mu\nu} = x_{\nu\mu}$ und $y_{\mu\nu} = z_{\nu\mu}$ ist.

[1]) Siehe Hinweis bei den Lösungen.

§ 10. Abspaltung und Berechnung von Wurzeln

Man bestimme die rationalen Wurzeln folgender Gleichungen:

374. $6x^4 - 11x^3 - x^2 - 4 = 0$.

375. $4x^4 - 11x^2 + 9x - 2 = 0$.

376. $2x^3 + 12x^2 + 13x + 15 = 0$.

377. $2x^4 - 4x^3 + 3x^2 - 5x - 2 = 0$.

378. $6x^5 + 11x^4 - x^5 + 5x - 6 = 0$.

379. $x^5 - 5x^4 + 2x^3 - 25x^2 + 21x + 270 = 0$.

380. $x^6 + 3x^5 + 4x^4 + 3x^3 - 15x^2 - 16x + 20 = 0$.

381. $2x^6 + x^5 - 9x^4 - 6x^3 - 5x^2 - 7x + 6 = 0$.

Man bestimme die mehrfachen Wurzeln folgender Gleichungen:

382. $x^3 - 12x + 16 = 0$. **383.** $x^3 + x^2 - 8x - 12 = 0$.

384. $x^4 + 2x^3 - 3x^2 - 4x + 4 = 0$. **385.** $x^4 - 6x^2 - 8x + 24 = 0$.

386. $x^5 - x^3 - 4x^2 - 3x - 2 = 0$.

387. $x^5 + 2x^4 - 8x^3 - 16x^2 + 16x + 32 = 0$.

388. $x^6 + 6x^5 + 3x^4 + 12x^3 + 3x^2 + 6x + 1 = 0$.

389. $(x + 1)^7 - x^7 + 7x + 6 = 0$.

390. $x^6 - x^5 + 2x^4 - x^3 + 2x^2 - x + 1 = 0$.

391. $x^8 + 2x^6 - 2x^2 - 1 = 0$.

In welchen ganzzahligen Intervallen liegen die reellen Wurzeln folgender Gleichungen:

392. $x^3 - 12x + 5 = 0$. **393.** $x^3 - 27x - 17 = 0$.

394. $x^4 - 2x^3 - 5x^2 + 2x + 2 = 0$.

395. $x^4 - 2x^3 - 5x^2 + 3x + 1 = 0$.

396. $x^5 - 2x^4 - 5x^3 + 19x^2 - 17x + 1 = 0$.

397. $x^5 + 3x^4 - 9x^3 - 7x^2 + 39x - 21 = 0$.

398. $x^{2n+1} + px + q = 0$.

Man gebe nach dem Verfahren von Fourier ganzzahlige Intervalle für die Wurzeln folgender Gleichungen an:

399. $x^3 - 12x - 4 = 0$. **400.** $x^3 - 24x + 11 = 0$.

401. $x^4 - 4x^3 - 3x + 23 = 0$. **402.** $x^4 - x^3 + 4x^2 + x - 4 = 0$.

403. $x^4 + 6x^3 - 2x^2 + 1 = 0$. **404.** $x^5 - 10x^3 + 6x + 1 = 0$.

405. $x^5 + 3x^4 + 2x^3 - 3x^2 - 2x - 2 = 0$.

406. $x^5 + x^4 + x^3 - 2x^2 + 2x - 1 = 0$.

Man bestimme nach dem STURMschen Verfahren ganzzahlige Intervalle für die Wurzeln folgender Gleichungen:

407. $x^3 + 2x - 7 = 0$. **408.** $x^3 - 21x + 7 = 0$.

409. $x^4 - 6x^3 + x^2 - 1 = 0$. **410.** $x^4 + x^3 - 4x^2 - 4x + 1 = 0$.

411. $x^4 - 12x^3 - 55x^2 + 96 = 0$. **412.** $x^5 + 5x^3 - 7x + 2 = 0$.

413. $x^5 + 7x^3 - 5x + 11 = 0$.

414. Man bestimme die STURMschen Ketten für die Gleichungen

a) $x^2 + px + q = 0$ und b) $x^3 + px + q = 0$.

415. Man suche nach der STURMschen Methode die Bedingung dafür, daß die Wurzeln der Gleichung $x^5 - 5p x^3 + 5p^2 x + 2q = 0$ reell sind.

416. Wieviel reelle Wurzeln besitzt die Gleichung der vorigen Aufgabe, wenn $p^5 \lessgtr q^2$ ist?

417. Die Zahlen a_ν seien reell und die b_ν positiv. Unter diesen Bedingungen sei $\prod_{\nu=1}^{n} (x - a_\nu - b_\nu i) = \varphi(x) + i\,\psi(x)$, wobei $\varphi(x)$ und $\psi(x)$ Polynome mit reellen Koeffizienten sind. Man beweise, daß die Wurzeln der Gleichung $p\,\varphi(x) + q\,\psi(x) = 0$ reell sind, wenn p und q beliebige reelle Zahlen darstellen.

418. In welchen Intervallen liegen die Wurzeln λ der Gleichung

$$\frac{x^2}{a^2 + \lambda} + \frac{y^2}{b^2 + \lambda} + \frac{z^2}{c^2 + \lambda} - 1 = 0, \quad a^2 > b^2 > c^2?$$

419. Man bestimme die Anzahl der reellen Wurzeln der Gleichung

$$f(x) = 1 + ax + \frac{a(a+1)}{1 \cdot 2} x^2 + \cdots + \frac{a(a+1)\cdots(a+n-1)}{1 \cdot 2 \cdots n} x^n = 0$$

unter Benutzung des STURMschen Satzes und der Beziehung

$$(1 - x) f'(x) = a f(x) - \frac{a(a+1)\cdots(a+n-1)(a+n)}{1 \cdot 2 \cdots n} x^n.$$

Man berechne die Wurzeln folgender Gleichungen auf fünf Dezimalen genau:

420. $x^3 - 5x + 1 = 0$. **421.** $x^3 - 9x^2 + 20x - 11 = 0$.

422. $x^3 + 3x^2 - 4x - 1 = 0$. **423.** $x^3 + 6x^2 + 6x - 7 = 0$.

424. $x^3 - 3x^2 + 8x + 10 = 0$. **425.** $x^4 + 2x^2 - 6x + 2 = 0$.

426. $x^5 + 5x + 1 = 0$.

Man berechne die Wurzeln folgender Gleichungen auf drei Dezimalen genau:

427. $x^4 + 2x^3 + 6x^2 - 1 = 0$ **428.** $10x = 10 + \sin x$.

429. $10x = e^{-x}$. **430.** $x = e^{-x}$.

431. $10 \ln x = x^3 - 3$.

432. Wie weit ragt eine schwimmende Kugel vom Radius $r = 1$ m und dem spezifischen Gewicht 0,75 aus dem Wasser?

VII. ABSCHNITT

Integralrechnung

§ 1. Einführende Aufgaben

1. Man beweise, daß die Fläche, die von der Sinuskurve $y = \sin x$ und der x-Achse zwischen den Punkten (0, 0) und (π, 0) begrenzt wird, den Flächeninhalt 2 hat.

2. Man beweise, daß die trapezartige Fläche, die (unten) von der x-Achse zwischen den Punkten (N, 0) und ($2N$, 0), (seitlich) von den Senkrechten in diesen Punkten und (oben) von der Hyperbel $y = \frac{1}{x}$ begrenzt wird, den Inhalt $\ln 2$ hat.

3. Man beweise, daß die Fläche der gesamten BERNOULLIschen Lemniskate $r^2 = a^2 \cos 2\varphi$ den Inhalt a^2 hat (vgl. S. 231, Aufg. 417).

4. Man beweise, daß der Flächeninhalt des Segmentes zwischen der Parabel $y = a\,x^2$ und der Geraden $y = h$ gleich $\frac{2}{3}$ der Fläche des Rechtecks aus der Höhe des Segmentes und seiner „Basis" ist (ARCHIMEDES).

5. Man beweise, daß das Volumen eines Rotationsparaboloids, das mit einem gegebenen Zylinder Grundfläche und Höhe gemeinsam hat, gleich der Hälfte des Zylindervolumens ist (ARCHIMEDES).

6. Aus einem zylindrischen Gefäß mit dem Radius a und der Höhe h werde eine Flüssigkeit ausgegossen. Man beweise: In dem Augenblick, in dem die Hälfte des Bodens von der Flüssigkeit frei wird, ist das Volumen der noch im Gefäß enthaltenen Flüssigkeit gleich $\frac{2}{3}\,a^2 h$ (ARCHIMEDES).

7. Man beweise, daß das Volumen des Gefäßes, das man durch Rotation der Kurve $y = r + b \sin \frac{2\pi x}{h}$ um die x-Achse zwischen 0 und h erhält, gleich $\pi\, r^2 h + \frac{1}{2}\,\pi\, b^2 h$ ist.

8. Ein Stab der Länge l rotiere um einen seiner Endpunkte n-mal in der Sekunde. Man bestimme die Größe der Zugkraft im Befestigungspunkt, wenn das Gewicht einer Längeneinheit des Stabes gleich σ und die Zentrifugalkraft auf die Masse m, die sich auf einem Kreis mit dem Radius r und der Winkelgeschwindigkeit ω bewegt, gleich $m\,r\,\omega^2$ ist.

9. Unter dem Einfluß einer Belastung f verlängert sich ein Draht der Länge l mit dem Querschnitt s und dem YOUNGschen Elastizitätsmodul E um $\Delta l = \frac{f\,l}{E\,s}$. Man bestimme die Verlängerung eines senkrecht hängenden Drahtes unter dem Einfluß seines eigenen Gewichtes. Das spezifische Gewicht des Drahtes sei δ.

10. Durch Belastung mit einem Kilogramm verlängert sich ein Draht um 1 cm. Welche Arbeit muß geleistet werden, um ihn um 4 cm zu verlängern?

11. Ein Trog mit dreieckigem Querschnitt (Basis a, Höhe h) und vertikalen Stirnwänden ist bis zum Rand mit Wasser gefüllt. Man berechne den Wasserdruck auf eine der beiden Stirnwände.

12. Man löse die gleiche Aufgabe für einen halbkreisförmigen Querschnitt mit dem Durchmesser $2a$.

13. Welche Arbeit muß aufgewendet werden, um einen kegelförmigen Sandhaufen aufzuschütten? Der Radius des Kegels sei 1,2 m, die Höhe 1 m und das spezifische Gewicht des Sandes 2.

14. Man bestimme die Lage des Schwerpunktes eines homogenen Kegels.

15. Man bestimme den Schwerpunkt einer Halbkugel mit dem Radius R.

16. Ein Zylinder mit dem Radius 15 cm und der Höhe 60 cm sei mit Luft unter einem Druck von 1 kg/cm² gefüllt. Welche Arbeit muß geleistet werden, um das Gas isotherm auf das halbe Volumen zu komprimieren?

17. Ein Punkt bewegt sich auf der x-Achse vom Punkt $(1, 0)$ aus so, daß seine Geschwindigkeit immer gleich der Abszisse ist. Wo befindet sich der Punkt 10 Sekunden nach Beginn der Bewegung?

18. Zwei elektrische Ladungen stoßen sich ab mit der Kraft $\frac{e_1 e_2}{r}$, wobei e_1 und e_2 die Größen der Ladungen sind und r ihr Abstand in cm ist. Man bestimme die Arbeit, die nötig ist, um die Ladung $e_2 = 1$ aus dem Unendlichen bis auf die Entfernung 1 cm an die Ladung e_1 heranzubringen.

19. Die Erde zieht einen Körper der Masse m mit der Kraft $f = mg\,\frac{R^2}{r^2}$ an, wobei R der Erdradius und r die Entfernung des Körpers vom Erdmittelpunkt ist ($r \geqq R$). Man berechne die Arbeit, die notwendig ist, um den Körper von der Erdoberfläche ins Unendliche zu entfernen.

20. Nach dem Jouleschen Gesetz ist die Wärmemenge, die ein elektrischer Strom erzeugt, gleich $c\,i^2 t$, wobei $c = 0{,}24$ cal, t die Zeit in Sekunden, i die konstante Stromstärke ist. Man berechne die erzeugte Wärme, wenn die Stromstärke durch die Formel $i = a \cos bt$ gegeben ist.

21. Nach dem Gesetz von Torricelli ist die Ausflußgeschwindigkeit einer Flüssigkeit gleich $\sqrt{2\,g\,h}$, wobei h die Höhe der Flüssigkeitsoberfläche über der Ausflußöffnung ist. Man berechne die Ausflußzeit einer Flüssigkeit aus einem Zylinder mit der Höhe h und dem Querschnitt S aus einer Öffnung mit dem Flächeninhalt σ.

22. Man löse die gleiche Aufgabe für einen kegelförmigen Trichter; s sei die Grundfläche, h die Höhe des Trichters.

23. Eine Scheibe der Dicke h mit dem Radius r besteht aus einem Material mit dem spezifischen Gewicht σ und vollführt n Umdrehungen in der Sekunde. Welche Arbeit muß geleistet werden, um die Scheibe zum Stillstand zu bringen?

24. Auf Karten in Merkator-Projektion vergrößert sich der Abbildungsmaßstab vom Äquator zu den Polen hin so, daß die Entfernung zwischen zwei Meridianen konstant bleibt. Die Entfernung zwischen zwei Meridianen, die sich um 10° unterscheiden, sei auf der Karte gleich a. Man berechne die Entfernung zwischen dem Äquator und dem Breitenkreis φ.

§ 2. Grundformeln und Regeln der Integralrechnung

Bei der Berechnung unbestimmter Integrale spielen folgende Grundformeln eine bedeutende Rolle. Man merkt sie sich am besten in der Form:

1. $\int x^n\,dx = \frac{x^{n+1}}{n+1} + C;\quad n \neq -1.$
2. $\int \frac{dx}{x+a} = \ln|x+a| + C.$
3. $\int e^{ax}\,dx = \frac{1}{a}e^{ax} + C.$
4. $\int \cos ax\,dx = \frac{1}{a}\sin ax + C.$
5. $\int \sin ax\,dx = -\frac{1}{a}\cos ax + C.$
6. $\int \cosh ax\,dx = \frac{1}{a}\sinh ax + C.$
7. $\int \sinh ax\,dx = \frac{1}{a}\cosh ax + C.$
8. $\int \frac{dx}{\cos^2 ax} = \frac{1}{a}\tan ax + C.$
9. $\int \frac{dx}{\sin^2 ax} = -\frac{1}{a}\cot ax + C.$
10. $\int \frac{dx}{\cosh^2 ax} = \frac{1}{a}\tanh ax + C.$
11. $\int \frac{dx}{\sinh^2 ax} = -\frac{1}{a}\coth ax + C.$
12. $\int \frac{x\,dx}{x^2+a} = \frac{1}{2}\ln|x^2+a| + C.$
13. $\int \frac{dx}{x^2+a^2} = \frac{1}{a}\arctan\frac{x}{a} + C.$
14. $\int \frac{dx}{x^2-a^2} = \frac{1}{2a}\ln\left|\frac{x-a}{x+a}\right| + C;\quad a>0.$
15. $\int \frac{x\,dx}{\sqrt{a \pm x^2}} = \pm\sqrt{a \pm x^2} + C.$
16. $\int \frac{dx}{\sqrt{a^2-x^2}} = \arcsin\frac{x}{a} + C;\quad a>0.$
17. $\int \frac{dx}{\sqrt{x^2+a}} = \ln\left|x + \sqrt{x^2+a}\right| + C.$

Folgende vier Gleichungen sind Grundregeln der Integralrechnung:

I. $\int (u+v+w)\,dx = \int u\,dx + \int v\,dx + \int w\,dx.$

II. $\int cu\,dx = c\int u\,dx.$

III. $\int u\,dv = uv - \int v\,du.$

IV. $\int f(x)\,dx = \int f(\varphi(t))\,\varphi'(t)\,dt;\qquad x = \varphi(t).$

Man berechne durch Anwendung der Formeln 1 und 2 und der Regeln I und II folgende Integrale:

25. $\int x^3\,dx.$

26. $\int \sqrt{x}\,dx.$

27. $\int x\sqrt{x}\,dx.$

28. $\int \sqrt{x\sqrt{x\sqrt{x}}}\,dx.$

29. $\int \frac{dx}{\sqrt{x}}.$

30. $\int \frac{dx}{\sqrt[3]{x}}.$

31. $\int \frac{dx}{x^3}.$

32. $\int \frac{dx}{x\sqrt{x}}.$

33. $\int (x^2 + 6x - 5)\, dx.$

34. $\int (x^4 - 3x^2 + 5x)\, dx.$

35. $\int x^2(x^2 - 1)\, dx.$

36. $\int (x^2 - 1)^2\, dx.$

37. $\int \frac{x^2 - 3x + 4}{x}\, dx.$

38. $\int \frac{x^3 + 2x^2 - x + 3}{x}\, dx.$

39. $\int \frac{x^2 - x + 1}{\sqrt{x}}\, dx.$

40. $\int \frac{(x + 1)^2\, dx}{\sqrt{x}}.$

41. $\int \frac{dx}{x - 2}.$

42. $\int \frac{dx}{3x + 2}.$

43. $\int \frac{x^2 - x + 1}{x - 2}\, dx.$

44. $\int \frac{x^4\, dx}{x - 1}.$

Folgende Integrale findet man unmittelbar durch Anwendung der Formeln 3 bis 17 und durch Substitution der Veränderlichen nach der Formel $a x + b = t$:

45. $\int e^{-x}\, dx.$

46. $\int e^{-3x}\, dx.$

47. $\int \sin 2x\, dx.$

48. $\int \cos(3x - 5)\, dx.$

49. $\int \cosh 3x\, dx.$

50. $\int \sinh(2x - 5)\, dx.$

51. $\int \frac{dx}{\cos^2 3x}.$

52. $\int \frac{dx}{1 + \cos x}.$

53. $\int \frac{dx}{\sin^2(5x - 2)}.$

54. $\int \frac{dx}{(e^x - e^{-x})^2}.$

55. $\int \frac{dx}{(e^x + e^{-x})^2}.$

56. $\int \frac{dx}{e^{2x} + e^{-2x} + 2}.$

57. $\int \frac{x\, dx}{x^2 - 3}.$

58. $\int \frac{dx}{x^2 + 2}.$

59. $\int \frac{dx}{x^2 - 3}.$

60. $\int \frac{x\, dx}{\sqrt{5 - x^2}}.$

61. $\int \frac{dx}{\sqrt{5 - x^2}}.$

62. $\int \frac{x\, dx}{\sqrt{x^2 - 6}}.$

63. $\int \frac{dx}{\sqrt{x^2 - 6}}.$

64. $\int \frac{dx}{\sqrt{x^2 + 7}}.$

Durch partielle Integration (Regel III) sind folgende Integrale zu berechnen:

65. $\int x^2 \ln x\, dx.$

66. $\int x \cos x\, dx.$

67. $\int x \cosh x\, dx.$

68. $\int x \sin x\, dx.$

69. $\int x \arctan x \, dx$. **70.** $\int (x^2 + x) \ln(x + 1) \, dx$.

71. $\int x^2 e^{-x} \, dx$. **72.** $\int x^2 \sin x \, dx$.

73. $\int x \ln(x^2 - 1) \, dx$. **74.** $\int \ln x \, dx$.

75. $\int x \ln^2 x \, dx$.

Folgende Integrale berechne man durch einfache Substitutionen:

76. $\int \sqrt{3x - 2} \, dx$. **77.** $\int \frac{dx}{(2x - 1)\sqrt{2x - 1}}$.

78. $\int \frac{\ln x}{x} \, dx$. **79.** $\int \frac{dx}{x \ln x}$.

80. $\int \frac{\arctan x}{1 + x^2} \, dx$. **81.** $\int \sin^3 x \cos x \, dx$.

82. $\int \cos^2 x \sin x \, dx$. **83.** $\int e^{x^2} x \, dx$.

84. $\int \frac{x \, dx}{(x^2 + 1)^2}$. **85.** $\int \frac{x \, dx}{(x^2 + 1)\sqrt{x^2 + 1}}$.

86. $\int \sqrt{x^3 + 1} \, x^2 \, dx$. **87.** $\int \frac{\cos x \, dx}{\sqrt[3]{\sin^2 x}}$.

88. $\int \frac{dx}{\arcsin x \sqrt{1 - x^2}}$. **89.** $\int \frac{\sin x \, dx}{\sqrt{2 + \cos x}}$.

90. $\int \frac{\sin 2x \, dx}{\sin^2 x + 3}$. **91.** $\int \frac{\sqrt{\tan x} \, dx}{\cos^2 x}$.

92. $\int \frac{\cos^3 x \, dx}{\sin^4 x}$. **93.** $\int \frac{dx}{\sin^2 x + 5 \cos^2 x}$.

94. $\int \frac{dx}{\sin x}$. **95.** $\int \frac{dx}{\cos x}$.

Mit Hilfe der trigonometrischen Substitutionen $x = a \sin \varphi$, $x = a \tan \varphi$, $x = a \sin^2 \varphi$ sind folgende Integrale zu berechnen:

96. $\int \frac{dx}{(a^2 + x^2)\sqrt{a^2 + x^2}}$. **97.** $\int \frac{dx}{(1 - x^2)\sqrt{1 - x^2}}$.

98. $\int \frac{dx}{\sqrt{x(a - x)}}$. **99.** $\int \frac{x^2 \, dx}{\sqrt{a^2 - x^2}}$.

100. Man berechne das Integral $\int \frac{dx}{x \ln x}$ durch partielle Integration, indem man $\frac{dx}{x} = dv$ und $\frac{1}{\ln x} = u$ setzt.

Bestimmte Integrale kann man mit Hilfe unbestimmter Integrale nach dem Hauptsatz der Differential- und Integralrechnung berechnen:

$$\int_a^b f(x)\,dx = F(b) - F(a)\,.$$

Dabei ist $F(x)$ irgendeine Stammfunktion von $f(x)$, also eine Funktion, deren Ableitung im Intervall (a, b) gleich $f(x)$ ist. Dieselbe Formel kann man auch bei Integralen mit unendlichen Grenzen und bei uneigentlichen Integralen mit nichtbeschränktem Integranden anwenden.

Ist z. B. $b = \infty$, so ist

$$\int_a^\infty f(x)\,dx = \lim_{b\to\infty} \int_a^b f(x)\,dx\,, \quad F(\infty) = \lim_{x\to+\infty} F(x),$$

falls diese Grenzwerte existieren.

Man berechne folgende bestimmte Integrale:

101. $\int_0^1 \sqrt[m]{x^n}\,dx.$

102. $\int_0^1 \frac{dx}{\sqrt[m]{x^n}}; \quad m > n.$

103. $\int_0^1 \frac{dx}{x^2+1}.$

104. $\int_0^\infty \frac{dx}{x^2+3}.$

105. $\int_{-2}^{-1} \frac{dx}{x}.$

106. $\int_0^{\frac{\pi}{3}} \tan x\,dx.$

107. $\int_0^a \frac{x\,dx}{\sqrt{a^2-x^2}}.$

108. $\int_0^a \frac{dx}{\sqrt{a^2-x^2}}.$

109. $\int_0^\infty \frac{dx}{x^2+a^2}.$

110. $\int_{-1}^{+1} \frac{dx}{x^2}.$

111. $\int_{-1}^1 \frac{dx}{x^2-1}.$

112. Man beweise die Identität $\int_0^{\frac{\pi}{2}} \sin^n x\,dx = \int_0^{\frac{\pi}{2}} \cos^n x\,dx; \quad n > -1.$

113. Man beweise die Identität $\int_{-a}^a \frac{dx}{\sqrt{a^2+b^2-2bx}} = \begin{cases} 2 & \text{für } b \leqq a, \\ \frac{2a}{b} & \text{für } b \geqq a. \end{cases}$

§ 3. Integration gebrochener rationaler Funktionen

Man berechne folgende Integrale:

114. $\int \frac{dx}{4x+7}$.

115. $\int \frac{dx}{(x-2)^3}$.

116. $\int \frac{x\,dx}{(2x-1)^2}$.

117. $\int \frac{dx}{x^2+6x+13}$.

118. $\int \frac{2x+11}{x^2+6x+13}\,dx$.

119. $\int \frac{x}{x^2+x+1}\,dx$.

120. $\int \frac{4x+8}{3x^2+2x+5}\,dx$.

121. Man beweise die Identitäten (für $4ac-b^2>0$):

$$\int \frac{dx}{ax^2+bx+c} = \frac{2}{\sqrt{4ac-b^2}}\arctan\frac{2ax+b}{\sqrt{4ac-b^2}}+C,$$

$$\int \frac{Mx+N}{ax^2+bx+c}\,dx = \frac{M}{2a}\ln(ax^2+bx+c) + \frac{2aN-Mb}{a\sqrt{4ac-b^2}}\arctan\frac{2ax+b}{\sqrt{4ac-b^2}}+C.$$

122. Man berechne das Integral $\int \frac{x\,dx}{x^2-3x+2}$ unter Benutzung der Identität

$$\frac{x}{x^2-3x+2} = \frac{-1}{x-1}+\frac{2}{x-2}.$$

123. Man berechne das Integral $\int \frac{2x+3}{x^2-5x+6}\,dx$ mit Hilfe der Identität

$$\frac{2x+3}{x^2-5x+6} = \frac{A}{x-2}+\frac{B}{x-3},$$

wobei A und B durch Koeffizientenvergleich leicht zu bestimmen sind.

Man berechne folgende Integrale:

124. $\int \frac{dx}{x^4-1}$.

125. $\int \frac{x\,dx}{x^3-1}$.

126. $\int \frac{2x^2+4}{x^3-x^2+x-1}\,dx$.

127. $\int \frac{dx}{x^2(x-1)}$.

128. $\int \frac{dx}{(x+a)(x^2+b^2)}$.

129. $\int \frac{x^2-x+2}{x^4-5x^2+4}\,dx$.

130. $\int \frac{x^2\,dx}{(x-1)(x-2)(x-3)}$.

131. $\int \frac{x\,dx}{x^3-6x^2+11x-6}$.

132. $\int \frac{dx}{x^3+1}$.

133. $\int \frac{x^5+1}{x^6+x^4}\,dx$.

134. $\int \frac{x^3+x^2+2}{x(x^2-1)^2}\,dx$.

135. $\int \frac{x^3-2x^2+4}{x^3(x-2)^2}\,dx$.

136. $\int \frac{x^2\,dx}{x^4 - 1}$. **137.** $\int \frac{x\,dx}{x^3 + 1}$.

138. $\int \frac{9x^2 - 14x + 1}{x^3 - 2x^2 - x + 2}\,dx$. **139.** $\int \frac{dx}{(x^2 + 9)^2}$.

140. $\int \frac{dx}{x^3 + 2x - 3}$.

Wenn man die Nenner der folgenden Integrale in Faktoren zerlegt, ist es angebracht, den Summanden ax^2 hinzuzufügen und wieder abzuziehen, wobei a ein geeignet gewählter Koeffizient ist.

141. $\int \frac{dx}{x^4 + 1}$. **142.** $\int \frac{x^2\,dx}{x^4 + x^2 + 1}$.

143. $\int \frac{(x^2 + 2)\,dx}{x^4 + x^2 + 4}$. **144.** $\int \frac{dx}{x^4 + x^2 + 1}$.

Wenn sich der Nenner in Faktoren ersten Grades zerlegen läßt, dann gilt für die Zerlegung eines Bruches in Partialbrüche die Formel

$$\frac{\varphi(x)}{\psi(x)} = \sum_{k=1}^{n} \frac{\varphi(a_k)}{\psi'(a_k)} \, \frac{1}{x - a_k},$$

wobei $a_1, \ldots, a_n$ die Nullstellen des Polynoms $\psi(x)$ sind. Wenn unter den Nullstellen ein Paar konjugiert komplex ist, dann sind in der obigen Formel die beiden entsprechenden Summanden auf der rechten Seite durch den Ausdruck

$$\frac{\left[\frac{\varphi(a)}{\psi'(a)} + \frac{\varphi(\bar{a})}{\psi'(\bar{a})}\right] x - \left[\bar{a}\,\frac{\varphi(a)}{\psi'(a)} + a\,\frac{\varphi(\bar{a})}{\psi'(\bar{a})}\right]}{x^2 - (a + \bar{a})\,x + a\,\bar{a}}$$

zu ersetzen. Hierbei ist $\bar{a} = \alpha - \beta\,i$ die zu $a = \alpha + \beta\,i$ konjugiert komplexe Zahl.

Man berechne folgende Integrale:

145. $\int \frac{6\,dx}{x(x-1)(x-2)(x-3)}$. **146.** $\int \frac{24\,dx}{x(x^2-1)(x^2-4)}$.

147. $\int \frac{dx}{x^{2n} + 1}$.

Folgende Integrale lassen sich durch Ausführung der Division auf den vorigen Typ zurückführen:

148. $\int \frac{x^4\,dx}{x^2 + 3}$. **149.** $\int \frac{x^6\,dx}{x^2 - 1}$.

150. $\int \frac{x^3\,dx}{x^2 + x + 1}$. **151.** $\int \frac{x^3\,dx}{x^2 - 3x + 2}$.

152. $\int \frac{x^6 + 16}{x^4 - 4}\,dx$. **153.** $\int \frac{x^4\,dx}{x^3 - 6x^2 + 11x - 6}$.

154. $\int \frac{x^2+x+1}{x^2-x+1}\,dx.$ **155.** $\int \frac{x^4+1}{x^3-x^2+x-1}\,dx.$

156. $\int \frac{x^6\,dx}{(x^2-1)^2}.$

Unter Berücksichtigung der Gleichung

$$4a\,(a\,x^2+b\,x+c)-(2\,a\,x+b)^2=4\,a\,c-b^2$$

ist es durch partielle Integration des Ausdrucks $\frac{(2ax^2+b)^2}{(ax^2+bx+c)^n}$ möglich, die Rekursionsformel

$$(4ac-b^2)\,u_n=\frac{2n-3}{n-1}\,2au_{n-1}+\frac{1}{n-1}\,\frac{2ax+b}{(ax^2+bx+c)^{n-1}}$$

zu beweisen, wobei

$$u_n=\int\frac{dx}{(ax^2+bx+c)^n}\qquad (n>1,\quad \text{ganz};\quad a\,x^2+b\,x+c\neq 0).$$

Folgende Integrale sind mit Hilfe dieser Rekursionsformel zu berechnen:

157. $\int \frac{dx}{(x^2+1)^3}.$ **158.** $\int \frac{dx}{(x^2+x+1)^3}.$

159. $\int \frac{dx}{(x^2+4)^4}.$ **160.** $\int \frac{dx}{(x^2-3x+3)^2}.$

161. Man beweise die Gleichung

$$\int\frac{dx}{(x^2+a^2)^n}=\frac{1}{2n-2}\,\frac{x}{a^2(x^2+a^2)^{n-1}}+\frac{2n-3}{(2n-2)\,(2n-4)}\,\frac{x}{a^4(x^2+a^2)^{n-2}}+\cdots$$
$$+\frac{(2n-3)\,(2n-5)\cdots3\cdot1}{(2n-2)\,(2n-4)\cdots4\cdot2}\,\frac{1}{a^{n-1}}\arctan\frac{x}{a}+C.$$

162. Man beweise die Gleichung

$$\int\frac{(2ax+b)^m}{(ax^2+bx+c)^n}\,dx=-\frac{(2ax+b)^{m-1}}{(n-1)\,(ax^2+bx+c)^{n-1}}$$
$$+\frac{2a\,(m-1)}{n-1}\int\frac{(2ax+b)^{m-2}}{(ax^2+bx+c)^{n-1}}\,dx.$$

Man berechne die Integrale:

163. $\int \frac{x^4\,dx}{(x^2+3)^3}.$ **164.** $\int \frac{x^6\,dx}{(x^2-5)^4}.$

165. $\int \frac{x^6\,dx}{(x^2+4)^4}.$ **166.** $\int \frac{x^4\,dx}{(x^3-3)^3}.$

In den folgenden Integralen hat der Integrand die Form $x^m(a\,x^n+b)^{-p}$ (m, n, p ganz). Zur Berechnung dieser Integrale setzt man zweckmäßig $x^\sigma=t$, wobei σ der größte gemeinsame Teiler der Zahlen $(m+1)$ und n ist.

167. $\int \frac{x^5\,dx}{x^4+1}.$ **168.** $\int \frac{x^3\,dx}{(x^8+4)^2}.$

169. $\int \frac{x^3\,dx}{x^8+1}.$ **170.** $\int \frac{x^5\,dx}{(x^{12}+1)^2}.$

171. $\int \frac{dx}{x(x^3+4)}$. **172.** $\int \frac{x^5\,dx}{(x^2+2)^2}$.

173. $\frac{x^3+1}{x(x^3-8)}\,dx$. **174.** $\int \frac{x^3-1}{x(x^3+1)}\,dx$.

175. $\int \frac{dx}{x(x^6+1)^2}$. **176.** $\int \frac{x^5\,dx}{x^{12}-1}$.

In folgenden Aufgaben berechne man die Integrale durch Zerlegung des Nenners:

177. $\int \frac{x^3+4x^2+6x}{x^4+2x^3+3x^2+4x+2}\,dx$.

178. $\int \frac{2x^2+x+4}{x^4+x^3+2x^2-x+3}\,dx$.

179. $\int \frac{4x^3-x^2+10x+5}{x^4-x^3+4x^2+3x+5}\,dx$.

180. $\int \frac{4x^3-17x^2+28x-15}{x^4-7x^3+20x^2-27x+15}\,dx$.

Man zerlege die folgenden Integrale in ihren rationalen und nichtrationalen Anteil:

181. $\int \frac{x^2+1}{x(x^3+1)^2}\,dx$. **182.** $\int \frac{dx}{x^2(x^2+1)^2}$.

183. $\int \frac{-3x+2}{(x+1)^2(x^2+x+1)^2}\,dx$. **184.** $\int \frac{4x^5-1}{(x^5+x+1)^2}\,dx$.

Die weiteren Aufgaben sollen durch Anwendung verschiedener spezieller Methoden unter Umgehung der Partialbruchzerlegung gelöst werden.

Bei der Lösung der folgenden Aufgaben ist die Substitution $\frac{x-a}{x-b}=t$ nützlich:

185. $\int \frac{dx}{(x+1)^2(x-2)^3}$. **186.** $\int \frac{dx}{(x^2-x)^3}$.

187. $\int \frac{dx}{(x^2-1)^4}$. **188.** $\int \frac{dx}{(x-1)^2(x^2-1)^3}$.

Die Substitutionen $x+\frac{1}{x}=u$ und $x-\frac{1}{x}=v$ gestatten es, leicht die folgenden Integrale zu berechnen:

189. $\int \frac{x^2-1}{x^4+3x^3+5x^2+3x+1}\,dx$. **190.** $\int \frac{x^2-1}{x^2+1}\,\frac{dx}{x^2+x+1}$.

191. $\int \frac{x^2+1}{x^4+2x^3+3x^2-2x+1}\,dx$. **192.** $\int \frac{x^2+1}{x^4+x^2+1}\,dx$.

193. Man berechne das Integral $\int \frac{dx}{x^4+x^2+1}$ unter Benutzung der Gleichungen

$$1=\frac{1}{2}(x^3+1)-\frac{1}{2}(x^3-1),\qquad 1=\frac{1}{2}(x^2+1)-\frac{1}{2}(x^2-1).$$

194. Man berechne das Integral $\int \frac{x^4+1}{x^6+1}\,dx$ durch Addition der Größe $x^2 - x^2$ im Zähler.

195. Man berechne das Integral $A = \int \frac{dx}{x^4+1}$ durch Einführung des Hilfsintegrals $B = \int \frac{x^2\,dx}{x^4+1}$; dann lassen sich nämlich die Integrale $A + B$ und $A - B$ leicht durch Substitution $x - \frac{1}{x} = u$ und $x + \frac{1}{x} = v$ berechnen.

196. Man berechne das Integral $A = \int \frac{dx}{x^6+1}$ mit Hilfe des Integrals $B = \int \frac{x^4\,dx}{x^4+1}$.

197. Man berechne die Integrale $C = \int \frac{x^2\,dx}{x^8+1}$ und $D = \int \frac{x^4\,dx}{x^8+1}$.

§ 4. Integration irrationaler Funktionen

198. Man berechne das Integral $\int \sqrt{\frac{1-x}{1+x}}\,dx$ durch Beseitigung der Irrationalität im Zähler.

199. Man berechne das Integral $\int \frac{dx}{\sqrt{x-1} - \sqrt{x-2}}$ durch Beseitigung der Irrationalität im Nenner.

Wenn im Integranden eines Integrals eine beliebige Wurzel aus dem linear gebrochenen Ausdruck $\frac{\alpha x + \beta}{\gamma x + \delta}$ vorkommt, so kann man durch die Substitution $\frac{\alpha x + \beta}{\gamma x + \delta} = t^n$ diese Irrationalität beseitigen. Hierbei ist n ein passend gewählter Exponent. Mit Hilfe dieser Methode sind folgende Integrale zu berechnen:

200. $\int \frac{dx}{\sqrt{2x-1} - \sqrt[3]{2x-1}}$.

201. $\int \frac{x\,dx}{(3x-1)\sqrt{3x-1}}$.

202. $\int \sqrt{\frac{1-x}{1+x}}\,\frac{dx}{x}$.

203. $\int \frac{x\,dx}{\sqrt{x+1} - \sqrt[3]{x+1}}$.

204. $\int \frac{\sqrt[3]{x^2}}{1+\sqrt{x}}\,dx$.

205. $\int \frac{2+\sqrt[3]{x}}{\sqrt[6]{x} + \sqrt[3]{x} + \sqrt{x} + 1}\,dx$.

Die folgenden vier Integrale sind ebenfalls durch die Substitution $\frac{x-a}{x-b} = t^n$ zu berechnen, obgleich sie von anderem Typ sind:

206. $\int \frac{dx}{\sqrt{(x-1)^3(x-2)}}$.

207. $\int \frac{dx}{\sqrt[3]{(x-1)^2(x+1)}}$.

208. $\int \frac{dx}{\sqrt[3]{(x+1)^2(x-1)^4}}$.

209. $\int \frac{dx}{\sqrt[3]{(x-1)^7(x+1)^2}}$.

Durch ähnliche Methoden sind auch die drei folgenden Integrale zu berechnen:

210. $\int \frac{\sqrt[3]{1+\sqrt[4]{x}}}{\sqrt{x}}\,dx.$ **211.** $\int \sqrt[3]{\frac{(x+1)^5}{(x-1)^2}}\,dx.$

212. $\int \frac{dx}{(\sqrt{x+2}+1)\sqrt{\sqrt{x+2}-1}}.$

Die folgenden Integrale haben die Form $\int x^m(a\,x^n+b)^p\,dx$, wobei m, n und p rationale Zahlen sind. Sie lassen sich in drei Fällen auf Integrale rationaler Funktionen zurückführen; nämlich wenn

I. p eine positive oder negative ganze Zahl ist. Die Substitution, die zur Lösung führt, ist $x = t^N$, wobei N der Hauptnenner der Brüche m und n ist;

II. $\frac{m+1}{n}$ ganzzahlig ist. Man setzt $a\,x^n + b = t^M$, wobei M der Nenner der Zahl p ist;

III. $\frac{m+1}{n} + p$ ganzzahlig ist. Man setzt dann $a + b\,x^{-n} = t^M$.

Bemerkung 1. Wenn keine der drei Zahlen p, $\frac{m+1}{n}$ und $\frac{m+1}{n}+p$ ganz ist, dann lassen sich die Integrale der angegebenen Form nicht durch endlich viele elementare Funktionen darstellen (TSCHEBYSCHEFF).

Bemerkung 2. Ist $\frac{m+1}{n}$ keine ganze Zahl, sondern ein Bruch, der sich durch σ kürzen läßt, dann verwendet man oft die Substitution $x^\sigma = t$.

Man berechne folgende Integrale:

213. $\int \frac{dx}{\sqrt{x}\,(\sqrt[3]{x}+1)^2}.$ **214.** $\int \frac{dx}{\sqrt[3]{x^2}\,(\sqrt[3]{x}+1)^3}.$

215. $\int \frac{\sqrt[3]{x}\,dx}{\sqrt{\sqrt[3]{x}+1}}.$ **216.** $\int \frac{x^7\,dx}{\sqrt{x^2-1}}.$

217. $\int \frac{x^5\,dx}{\sqrt[3]{(x^2-1)^2}}.$ **218.** $\int \frac{dx}{x^6\sqrt{x^2-1}}.$

219. $\int \frac{dx}{x\sqrt[3]{1+x^5}}.$ **220.** $\int x^7\sqrt{1+x^2}\,dx.$

221. $\int \frac{dx}{\sqrt[3]{1+x^3}}.$ **222.** $\int \frac{dx}{\sqrt[4]{1+x^4}}.$

223. $\int \sqrt[3]{x(1-x^2)}\,dx.$ **224.** $\int \frac{x^2\,dx}{\sqrt{x^6-1}}.$

Die beiden folgenden Integrale sind ähnlich wie in Fall III des vorigen Typs zu berechnen:

225. $\displaystyle\int \frac{dx}{(5x^3+3)\sqrt[3]{4x^3+3}}$. **226.** $\displaystyle\int \frac{dx}{(x^4+1)\sqrt[4]{2x^4+1}}$.

In vielen Fällen kommt es bei der Berechnung eines Integrals der Form $u_{m,p} = \int x^m (ax^n+b)^p\,dx$ vor, daß dieses in ein Integral übergeführt werden muß, bei dem die Größen m oder p günstigere Werte besitzen. Diese Umwandlung kann man mit Hilfe von Rekursionsformeln durchführen. Die wichtigsten Formeln dieser Art sind:

$$a(m+np+1)\,u_{m,p} = x^{m-n+1}(ax^n+b)^{p+1} - b(m-n+1)\,u_{m-n,p},$$

$$(m+np+1)\,u_{m,p} = x^{m+1}(ax^n+b)^p + bnp\,u_{m,p-1}.$$

Mit Hilfe dieser Rekursionsformeln sind folgende Integrale zu berechnen:

227. $\displaystyle\int \frac{x^6\,dx}{\sqrt{x^2+1}}$. **228.** $\displaystyle\int \frac{x^8\,dx}{\sqrt{x^2-1}}$.

229. $\displaystyle\int \frac{dx}{x^7\sqrt{x^4+1}}$. **230.** $\displaystyle\int \frac{dx}{(x^2+1)^3\sqrt{x^2+1}}$.

231. $\displaystyle\int (x^2-1)^2\sqrt{x^2-1}\,dx$. **232.** $\displaystyle\int \frac{x^9\,dx}{\sqrt[3]{x^3+1}}$.

In einer großen Anzahl der weiteren Aufgaben sind Integrale gegeben, die Quadratwurzeln aus Polynomen zweiten Grades enthalten. Sie können durch Anwendung der drei Eulerschen Substitutionen in Integrale rationaler Funktionen verwandelt werden.

Die Eulerschen Substitutionen lauten

$$\sqrt{ax^2+bx+c} = x\sqrt{a}+t \quad (a>0), \qquad \sqrt{ax^2+bx+c} = \sqrt{c}+tx \quad (c>0),$$

$$\sqrt{ax^2+bx+c} = t(x-x_1),$$

wobei x_1 eine Nullstelle des Polynoms ax^2+bx+c ist.

Die Eulerschen Substitutionen führen jedoch oft zu längeren Rechnungen als direkte Methoden, zu deren Anwendung im wesentlichen drei Integraltypen betrachtet werden müssen:

I. Integrale der Form $\displaystyle\int \frac{f(x)\,dx}{\sqrt{ax^2+bx+c}}$, wobei $f(x)$ ein Polynom ist. Ein einfacher Spezialfall ist $f(x)=1$. So erhält man zum Beispiel aus den Identitäten

$$x^2-3x+5 = \left(x-\frac{3}{2}\right)^2 + \frac{11}{4}, \qquad -x^2+3x+2 = \frac{17}{4} - \left(x-\frac{3}{2}\right)^2$$

durch die Substitution $x - \frac{3}{2} = t$ die Integrale

$$\int \frac{dx}{\sqrt{x^2 - 3x + 5}} = \int \frac{dt}{\sqrt{t^2 + \frac{11}{4}}} = \ln\left(t + \sqrt{t^2 + \frac{11}{4}}\right) + C$$

$$= \ln\left(x - \frac{3}{2} + \sqrt{x^2 - 3x + 5}\right) + C;$$

$$\int \frac{dx}{\sqrt{-x^2 + 4x + 2}} = \int \frac{dt}{\sqrt{\frac{17}{4} - t^2}} = \arcsin \frac{2t}{\sqrt{17}} + C = \arcsin \frac{2x - 3}{\sqrt{17}} + C.$$

Man berechne auf ähnliche Art die Integrale:

233. $\int \frac{dx}{\sqrt{x^2 + 5x + 7}}$. **234.** $\int \frac{dx}{\sqrt{2x^2 + x - 3}}$.

235. $\int \frac{dx}{\sqrt{3 + x - x^2}}$. **236.** $\int \frac{dx}{\sqrt{1 + 2x - 3x^2}}$.

Man beweise die Gleichungen:

237. $\int \frac{dx}{\sqrt{ax^2 + bx + c}} = \frac{1}{\sqrt{a}} \ln\left| x + \frac{b}{2a} + \sqrt{x^2 + \frac{b}{a}x + \frac{c}{a}} \right| + C; \; a > 0.$

238. $\int \frac{dx}{\sqrt{ax^2 + bx + c}} = -\frac{1}{\sqrt{-a}} \arcsin \frac{2ax + b}{\sqrt{b^2 - 4ac}} + C; \; a < 0.$

Die Integrale der Form $\int \frac{Mx + N}{\sqrt{ax^2 + bx + c}} dx$ sind leicht auf bekannte Integrale zurückzuführen, wenn man beachtet, daß

$$\int \frac{2ax + b}{\sqrt{ax^2 + bx + c}} dx = 2\sqrt{ax^2 + bx + c} + C$$

ist.

Wir wählen als Beispiel das Integral $\int \frac{3x + 5}{\sqrt{x^2 + x + 1}} dx$. Teilt man den Zähler durch die Ableitung des Polynoms unter der Wurzel, so erhält man als Quotienten $\frac{3}{2}$, als Rest $\frac{7}{2}$. Es ist also $3x + 5 = \frac{3}{2}(2x + 1) + \frac{7}{2}$. Daraus folgt

$$\int \frac{3x + 5}{\sqrt{x^2 + x + 1}} dx = \frac{3}{2} \int \frac{2x + 1}{\sqrt{x^2 + x + 1}} dx + \frac{7}{2} \int \frac{dx}{\sqrt{x^2 + x + 1}}$$

$$= \frac{3}{2} \cdot 2 \cdot \sqrt{x^2 + x + 1} + \frac{7}{2} \ln\left(x + \frac{1}{2} + \sqrt{x^2 + x + 1}\right) + C.$$

Man berechne folgende Integrale:

239. $\int \frac{5x + 7}{\sqrt{5 - 4x - x^2}} dx$. **240.** $\int \frac{3x + 2}{\sqrt{3 + x + x^2}} dx$.

241. $\displaystyle\int \frac{x\,dx}{\sqrt{x^2 - ax}}$. **242.** $\displaystyle\int \frac{x\,dx}{\sqrt{x^2 + x - 1}}$.

243. $\displaystyle\int \frac{x\,dx}{\sqrt{1 + x - x^2}}$. **244.** $\displaystyle\int \frac{(x + a)\,dx}{\sqrt{ax - x^2}}$.

Ein wenig komplizierter ist die Berechnung von Integralen der Form $\displaystyle\int \frac{f(x)\,dx}{\sqrt{ax^2 + bx + c}}$, wenn $f(x)$ ein Polynom n-ten Grades ist. Zwei Methoden sind besonders bequem:

A. Für die Integrale $u_n = \displaystyle\int \frac{x^n\,dx}{\sqrt{ax^2 + bx + c}}$ beweist man leicht die Rekursionsformel

$$a \cdot 2nu_n + b(2n - 1)\,u_{n-1} + c(2n - 2)\,u_{n-2} = 2x^{n-1}\sqrt{ax^2 + bx + c}\,.$$

B. Häufig ist die Methode der unbestimmten Koeffizienten bequemer. Bei dieser Methode macht man den Ansatz

$$\int \frac{f(x)\,dx}{\sqrt{ax^2 + bx + c}} = (A_1x^{n-1} + A_2x^{n-2} + \cdots + A_n)\sqrt{ax^2 + bx + c} + A_{n+1}\int \frac{dx}{\sqrt{ax^2 + bx + c}}\,.$$

Die Differentiation dieser Gleichung ergibt

$$\frac{f(x)}{\sqrt{ax^2 + bx + c}} = [(n - 1)\,A_1x^{n-2} + (n - 2)\,A_2x^{n-3} + \cdots + A_{n-1}]\sqrt{ax^2 + bx + c} + (A_1x^{n-1} + A_2x^{n-2} + \cdots + A_n)\frac{2ax + b}{2\sqrt{ax^2 + bx + c}} + \frac{A_{n+1}}{\sqrt{ax^2 + bx + c}}\,.$$

Wenn man die Gleichung auf den Hauptnenner bringt und die Koeffizienten der x-Potenzen im Zähler vergleicht, erhält man $n + 1$ Gleichungen, aus denen die Größen $A_1, \ldots, A_{n+1}$ berechnet werden können.

Man berechne folgende Integrale:

245. $\displaystyle\int \frac{(x^2 + 1)\,dx}{\sqrt{-x^2 + 3x - 2}}$. **246.** $\displaystyle\int \frac{x^2 + x + 1}{\sqrt{-x^2 + x + 4}}\,dx$.

247. $\displaystyle\int \frac{x^3 + 2x^2 + x - 1}{\sqrt{x^2 + 2x - 1}}\,dx$. **248.** $\displaystyle\int \frac{x^3 - x + 1}{\sqrt{x^2 + 2x + 2}}\,dx$.

249. $\displaystyle\int \frac{x^4\,dx}{\sqrt{1 - x^2}}$. **250.** $\displaystyle\int x^2\sqrt{x^2 + 2}\,dx$.

B e m e r k u n g. Das Integral $\displaystyle\int \frac{Ax^2 + Bx + C}{\sqrt{ax^2 + bx + c}}\,dx$ läßt sich oft bequem auswerten, wenn man es zusammen mit dem Integral $\displaystyle\int \sqrt{ax^2 + bx + c}\,dx$

berechnet. Bei der Berechnung der Integrale $\int \frac{x^2\,dx}{\sqrt{a^2-x^2}}$ und $\int \sqrt{a^2-x^2}\,dx$ zum Beispiel erhält man

$$\int \sqrt{a^2-x^2}\,dx = \int \frac{a^2-x^2}{\sqrt{a^2-x^2}}\,dx = a^2 \arcsin\frac{x}{a} - \int \frac{x^2\,dx}{\sqrt{a^2-x^2}}. \qquad (*)$$

Andererseits kann man das Integral $\int \sqrt{a^2-x^2}\,dx$ partiell integrieren, indem man $\sqrt{a^2-x^2} = u$ und $dx = dv$ setzt. Auf diese Weise bekommt man die Gleichung

$$\int \sqrt{a^2-x^2}\,dx = x\sqrt{a^2-x^2} + \int \frac{x^2\,dx}{\sqrt{a^2-x^2}}. \qquad (**)$$

Addition von (*) und (**) und Division durch 2 ergibt

$$\int \sqrt{a^2-x^2}\,dx = \frac{1}{2}x\sqrt{a^2-x^2} + \frac{a^2}{2}\arcsin\frac{x}{a}.$$

Daraus erhält man auch das andere Integral:

$$\int \frac{x^2\,dx}{\sqrt{a^2-x^2}} = -\frac{1}{2}x\sqrt{a^2-x^2} + \frac{a^2}{2}\arcsin\frac{x}{a}.$$

Die letzten Aufgaben enthielten Integrale der Form $\int \frac{f(x)\,dx}{\sqrt{ax^2+bx+c}}$, wobei $f(x)$ ein Polynom war. Um allgemein Integrale der Form $\int f(x, y)\,dx$ (wobei $f(x, y)$ eine rationale Funktion von x und y und $y = \sqrt{ax^2+bx+c}$ ist) betrachten zu können, müssen wir uns noch mit den beiden folgenden Integraltypen befassen.

II. Gegeben seien Integrale der Form $\int \frac{f_m(x)\,dx}{(x-\alpha)^n\sqrt{ax^2+bx+c}}$, wobei $f_m(x)$ ein Polynom m-ten Grades mit $m < n$ ist. Diese Integrale lassen sich durch die Substitution $x - \alpha = \frac{1}{t}$ in Integrale des vorigen Typs umwandeln. Wenn der Grad m des Polynoms $f_m(x)$ nicht kleiner als n ist, dann muß der Bruch $\frac{f_m(x)}{(x-\alpha)^n}$ ausdividiert werden. Mit Hilfe dieser Methode bestimme man folgende Integrale:

251. $\int \frac{dx}{x\sqrt{x^2-1}}$.

252. $\int \frac{dx}{x\sqrt{x^2+x+1}}$.

253. $\int \frac{dx}{x^3\sqrt{2x^2+2x+1}}$.

254. $\int \frac{dx}{(x-1)^2\sqrt{x^2-1}}$.

255. $\int \frac{x^3+x-1}{(x-1)\sqrt{x^2+2x-1}}\,ax$.

256. $\int \frac{x^3\,dx}{(x-1)^2\sqrt{x^2+2x+4}}$.

257. $\int \frac{\sqrt{x^2+2x+4}}{(x-1)^2}\,dx$.

258. $\int \frac{x\,dx}{(x-1)^2\sqrt{x^2+1}}$.

III. Der dritte und komplizierteste Typ wird durch die Integrale

$$I = \int \frac{(Mx + N)\,dx}{(x^2 + px + q)^n \sqrt{ax^2 + bx + c}}$$

dargestellt, wobei die Nullstellen des Polynoms $x^2 + px + q$ imaginär sind. Für $p = b = 0$ gilt

$$I = M \int \frac{x\,dx}{(x^2 + q)^n \sqrt{a x^2 + c}} + N \int \frac{dx}{(x^2 + q)^n \sqrt{a x^2 + c}}$$

$$= M \int \frac{x\,dx}{(x^2 + q)^n \sqrt{a x^2 + c}} + N \int \frac{x^{-2n-1}\,dx}{(1 + q x^{-2})^n \sqrt{a + c x^{-2}}}.$$

Hierbei kann das erste Integral durch die Substitution $a x^2 + c = u^2$ und das zweite durch die Substitution $a + c x^{-2} = v^2$ berechnet werden. Im allgemeinen Fall wird das Integral I durch die Substitution $x = \frac{\alpha t + \beta}{t + 1}$ auf das einfachere Integral

$$I = \int \frac{f_n(t)\,dt}{(A t^2 + B t + C)^n \sqrt{A_1 t^2 + B_1 t + C_1}}$$

zurückgeführt, wobei $f_n(t)$ ein Polynom n-ten Grades ist und die Koeffizienten B und B_1 die Werte

$$B = 2\alpha\beta + p(\alpha + \beta) + 2q, \qquad B_1 = 2 a\alpha\beta + b(\alpha + \beta) + 2c$$

besitzen. Setzt man $B = 0$ und $B_1 = 0$, so erhält man Gleichungen, die für α und β reelle Werte ergeben, wenn p, q, a, b, c reell sind und dabei eines der Polynome $x^2 + px + q$, $ax^2 + bx + c$ komplexe Nullstellen hat. Bei solcher Wahl der Zahlen α und β zerfällt das Integral I in eine Summe von Integralen der zwei Arten

$$\int \frac{t^{2\nu+1}\,dt}{(A t^2 + C)\sqrt{A_1 t^2 + C_1}} \quad \text{und} \quad \int \frac{t^{2\nu}\,dt}{(A t^2 + C)\sqrt{A_1 t^2 + C_1}},$$

die sich durch die Substitution

$$A_1 t^2 + C_1 = \sigma^2 \quad \text{und} \quad A_1 + C_1 t^{-2} = \tau^2$$

berechnen lassen.

Man berechne folgende Integrale:

259. $\displaystyle\int \frac{dx}{(x^2 - x + 1)\sqrt{x^2 + x + 1}}$. **260.** $\displaystyle\int \frac{(x + 3)\,dx}{(x^2 + 1)\sqrt{x^2 + x + 1}}$.

261. $\displaystyle\int \frac{(2x + 3)\,dx}{(x^2 + 2x + 3)\sqrt{x^2 + 2x + 4}}$. **262.** $\displaystyle\int \frac{x\,dx}{(x^2 + x + 2)\sqrt{4x^2 + 4x + 3}}$.

263. $\displaystyle\int \frac{(2x + 1)\,dx}{(3x^2 + 4x + 4)\sqrt{x^2 + 6x - 1}}$. **264.** $\displaystyle\int \frac{x\,dx}{(3x^2 + 2x + 3)\sqrt{4x^2 - 2x + 4}}$.

Das allgemeinste Integral der Form $\int f(x, \sqrt{ax^2 + bx + c})\,dx$, wobei $f(x, y)$ eine rationale Funktion von x und y ist, läßt sich auf Integrale der drei behandelten Typen zurückführen. Zu diesem Zweck führen wir $f(x, y)$ unter Beseitigung der Irrationalität im Nenner in die Form $\varphi(x) + \psi(x) y$ über, wobei $\varphi(x)$ und $\psi(x)$ rationale Funktionen von x sind. Dabei ist

$$\psi(x)\,y = \frac{\psi(x)\,y^2}{y} = \frac{\psi(x)\,(ax^2 + bx + c)}{y} = \frac{\omega(x)}{\sqrt{ax^2 + bx + c}}\,.$$

Damit läuft die Aufgabe auf die Integration der rationalen Funktion $\varphi(x)$ und der Funktion $\dfrac{\omega(x)}{\sqrt{ax^2 + bx + c}}$ hinaus, wobei $\omega(x)$ ein rationaler Ausdruck ist, den man in einen ganzen und in einen gebrochenen rationalen Teil zerlegen kann. Dann erhält man Integrale der drei betrachteten Typen. In einfachen Fällen ist ein Teil dieser Umformungen nicht nötig.

Man berechne die Integrale:

265. $\displaystyle\int \sqrt{\frac{a - x}{x - b}}\,dx.$ **266.** $\displaystyle\int \frac{\sqrt{1 + x^2}}{x^2 + 2}\,dx.$

267. $\displaystyle\int \sqrt{\frac{1 - \sqrt{x}}{1 + \sqrt{x}}}\,dx.$ **268.** $\displaystyle\int \frac{dx}{x - \sqrt{x^2 - 1}}\,.$

269. $\displaystyle\int \frac{x + \sqrt{x^2 - 1}}{(x - 1)^2}\,dx.$ **270.** $\displaystyle\int \frac{dx}{x - \sqrt{x^2 - x + 1}}\,.$

271. $\displaystyle\int \frac{x^2 + x + 1}{(x^2 + 1)\sqrt{x^2 + 1}}\,dx.$ **272.** $\displaystyle\int \frac{x^2\,dx}{2x + 1 + 2\sqrt{x^2 + x + 1}}\,.$

273. $\displaystyle\int \frac{dx}{1 + \sqrt{x^2 + 2x + 2}}\,.$ **274.** $\displaystyle\int \frac{x^3\,dx}{(x^2 - 1)\sqrt{x^2 + 2x + 4}}\,.$

275. $\displaystyle\int \frac{dx}{(x^3 - x)\sqrt{x^2 + x + 4}}\,.$ **276.** $\displaystyle\int \frac{x\,dx}{(x^2 - 1)\sqrt{x^2 + 2x + 4}}\,.$

277. $\displaystyle\int \frac{dx}{(x^2 + x - 2)\sqrt{x^2 + 2x + 3}}\,.$ **278.** $\displaystyle\int \frac{(x^2 + 1)\,dx}{(x^2 - 1)\sqrt{x^2 - 2x - 1}}\,.$

Die Substitution $\dfrac{2ax + b}{\sqrt{ax^2 + bx + c}} = t$ bezeichnet man manchmal als ABELsche Substitution. Sie erweist sich bei der Berechnung des Integrals einer Funktion $(ax^2 + bx + c)^{-n-\frac{1}{2}}$ (mit ganzzahligem n) als günstig.

Man berechne die Integrale:

279. $\displaystyle\int \frac{dx}{\sqrt{(2x - x^2)^3}}\,.$ **280.** $\displaystyle\int \frac{dx}{(x^2 + x + 1)^2\sqrt{x^2 + x + 1}}\,.$

281. $\displaystyle\int \frac{(3x + 2)\,dx}{(x^2 + 4x + 1)\sqrt{x^2 + 4x + 1}}\,.$ **282.** $\displaystyle\int \frac{(x^3 + 1)\,dx}{(x^2 + x + 1\sqrt{x^2 + x + 1}}\,.$

Die Integrale $\int f(x, y)\,dx$, wobei $f(x, y)$ eine rationale Funktion und $y = \sqrt{Ax^4 + Bx^3 + Cx^2 + Dx + E}$ ist, heißen elliptisch. Sie sind im allgemeinen nicht in einem endlichen Ausdruck anzugeben, wenn nicht zwischen den Koeffizienten der Funktion $f(x, y)$ oder denen des Polynoms

$$A x^4 + B x^3 + C x^2 + D x + E$$

spezielle Beziehungen gelten.

Folgende Beispiele sind relativ einfach durch eine der Substitutionen $x + \frac{1}{x} = u$ oder $x - \frac{1}{x} = v$ zu berechnen:

283. $\int \frac{x^2 - 1}{x^2 + 1} \frac{dx}{\sqrt{x^4 + 1}}$.

284. $\int \frac{x^2 + 1}{x^2 - 1} \frac{dx}{\sqrt{x^4 + 1}}$.

285. $\int \frac{x^2 - 1}{x \sqrt{1 + 3x^2 + x^4}} dx$.

286. $\int \frac{(x^2 + 1)\, dx}{x \sqrt{x^4 + 3x^3 - 2x^2 - 3x + 1}}$.

Abelscher Satz. Es sei y eine algebraische Funktion n-ten Grades von x, d. h., y soll die Gleichung $\varphi(x, y) = 0$ erfüllen, wobei $\varphi(x, y)$ ein Polynom in x und y vom Grade n bezüglich y ist. Wenn das Integral $\int f(x, y)\, dx$, wobei $f(x, y)$ rational bezüglich x und y sei, überhaupt durch algebraische Funktionen darstellbar ist, dann gilt sogar die Gleichung

$$\int f(x, y)\, dx = p_0(x) + p_1(x) y + \cdots + p_{n-1}(x) y^{n-1};$$

dabei sind $p_0(x), p_1(x), \ldots, p_{n-1}(x)$ rationale Funktionen von x.

Folgerung. Wenn $y = \sqrt[m]{\varphi(x)}$ und $\varphi(x)$ ein Polynom n-ten Grades ist und ferner das Integral $\int \frac{a_0 x^\lambda + a_1 x^{\lambda-1} + \cdots + a_\lambda}{y} dx$ durch eine algebraische Funktion dargestellt werden kann, dann ist das Integral gleich $f(x) y^{m-1}$, wobei $f(x)$ ein Polynom $(\lambda - n)$-ten Grades ist.

Man berechne die algebraischen Integrale der folgenden Funktionen:

287. $\int \frac{3x^4 + 2x^3 + 8x^2 + 6x + 1}{\sqrt[3]{(x^3 + 3x + 1)^2}} dx$.

288. $\int \frac{5x^5 + 11x^3 + 3x^2}{\sqrt[3]{x^3 + 3x + 1}} dx$.

289. $\int \frac{5x^7 + 17x^4 + 4x^3}{\sqrt[4]{(x^4 + 4x + 1)^3}} dx$.

§ 5. Integration transzendenter Funktionen

Ausdrücke, die die Funktionen $\ln \varphi$, $\arctan \varphi$, $\arcsin \varphi$ (dabei ist φ irgendeine algebraische Funktion von x) enthalten, lassen sich oft partiell integrieren, wenn man $u = \ln \varphi$, $u = \arctan \varphi$ oder $u = \arcsin \varphi$ setzt. Nach dieser Methode sind folgende Integrale zu ermitteln:

290. $\int \ln x\, dx$.

291. $\int \frac{\ln x}{(2x + 5)^3} dx$.

292. $\int \ln(1 + x^2)\, dx$.

293. $\int \frac{\ln(x - 1)}{(x + 1)^3} dx$.

294. $\int \frac{\ln(x^2 - x + 1)}{x^2}\, dx$.

295. $\int \frac{x \ln x}{(x^2 - 1)\sqrt{x^2 - 1}}\, dx$.

296. $\int \ln\left(\sqrt{1 - x} + \sqrt{1 + x^2}\right) dx$.

297. $\int \ln\left(x + \sqrt{1 + x^2}\right) dx$.

298. $\int \frac{x}{\sqrt{1 - x^2}} \ln \frac{x}{\sqrt{1 - x^2}}\, dx$.

299. $\int \arctan x \, dx$.

300. $\int x^6 \arctan x \, dx$.

301. $\int x^7 \arctan x \, dx$.

302. $\int \arcsin x \, dx$.

303. $\int x \arcsin x \, dx$.

304. $\int \frac{\arcsin x}{x^2}\, dx$.

305. $\int \frac{x \arcsin x \, dx}{(1 - x^2)\sqrt{1 - x^2}}$.

Integrale der Form $\int f(x) g(x)\, dx$, wobei $f(x)$ ein Polynom und $g(x)$ eine der Funktionen e^{ax}, $\cos ax$, $\sin bx$ ist, berechnet man durch mehrmalige Anwendung der partiellen Integration. Diese Methode wird dargestellt durch die Formel

$$\int u v^{(n)}\, dx = u v^{(n-1)} - u' v^{(n-2)} + u'' v^{(n-3)} + \cdots + (-1)^m u^{(m)} v^{(n-m-1)} + (-1)^{m+1} \int u^{(m+1)} v^{(n-m-1)}\, dx.$$

Wenn u ein Polynom m-ten Grades ist, dann wird der letzte Ausdruck Null.

Man beweise die folgenden Gleichungen, in denen $f(x)$ ein Polynom m-ten Grades ist.

306. $$\int f(x)\, e^{ax}\, dx = \frac{e^{ax}}{a}\left[f(x) - \frac{f'(x)}{a} + \frac{f''(x)}{a^2} - \cdots + (-1)^m \frac{f^{(m)}(x)}{a^m}\right] + C.$$

307. $$\int f(x) \cos ax \, dx = \frac{\sin ax}{a}\left[f(x) - \frac{f''(x)}{a^2} + \frac{f^{\mathrm{IV}}(x)}{a^4} - \cdots\right] + \frac{\cos ax}{a^2}\left[f'(x) - \frac{f'''(x)}{a^2} + \frac{f^{\mathrm{V}}(x)}{a^4} - \cdots\right] + C.$$

308. $$\int f(x) \sin ax \, dx = \frac{\cos ax}{a}\left[f(x) - \frac{f''(x)}{a^2} + \frac{f^{\mathrm{IV}}(x)}{a^4} - \cdots\right] + \frac{\sin ax}{a}\left[f'(x) - \frac{f'''(x)}{a^2} + \frac{f^{\mathrm{V}}(x)}{a^4} - \cdots\right] + C.$$

Man berechne folgende Integrale:

309. $\int x^4 e^{-x}\, dx$.

310. $\int x^5 \cos x \, dx$.

311. $\int x^3 \sin(2x + 3)\, dx$.

312. $\int x^4 \sin x \, dx$.

313. $\int (x^3 - 2x^2 + 5)\, e^{3x}\, dx$. **314.** $\int (x^2 + 3x + 5) \cos 2x\, dx$.

315. $\int x^3 e^{5x}\, dx$. **316.** $\int (x^3 - x^2 + x) \sin x\, dx$.

Die folgenden Integrale, die Exponentialfunktionen enthalten, sind durch partielle Integration und einfache Substitutionen zu berechnen:

317. $\int \frac{e^x - e^{-x}}{e^x + e^{-x}}\, dx$. **318.** $\int \frac{dx}{\sqrt{e^x + 1}}$.

319. $\int \frac{dx}{\sqrt{e^{2x} + e^x + 1}}$. **320.** $\int x^5 e^{-x^3}\, dx$.

321. $\int x(x^2 + 1)\, e^{-x^2}\, dx$. **322.** $\int \frac{x e^x}{(x+1)^2}\, dx$.

323. $\int \frac{x^3 + 2x^2 + 3x + 3}{x^4}\, e^{-x}\, dx$. **324.** $\int \frac{x^3 + 2x^2 - 2x - 2}{(x^2 + x)^2}\, e^x\, dx$.

Man berechne die folgenden Integrale unter Berücksichtigung der Tatsache, daß die Integrationsformeln für Funktionen, die e^{ax} enthalten, auch bei komplexen Werten von a gültig bleiben:

325. $\int e^{ax} \cos bx\, dx$. **326.** $\int e^{ax} \sin bx\, dx$.

327. $\int x^2 \sin x\, e^x\, dx$. **328.** $\int x^2 \cos x\, e^x\, dx$.

Die folgenden Integrale sind vom Typ $\int f(\cos x, \sin x)\, dx$, wobei $f(u, v)$ eine rationale Funktion ist. Zu ihrer Berechnung ist es nützlich, folgende Regeln zu kennen:

a) Wenn $f(\cos x, \sin x)$ bei Änderung des Vorzeichens einer der Größen $\cos x$ bzw. $\sin x$ auch nur sein Vorzeichen ändert, dann empfiehlt es sich, die andere Größe durch t zu ersetzen.

b) Wenn $f(\cos x, \sin x)$ bei Änderung des Vorzeichens von $\cos x$ oder $\sin x$ das Vorzeichen nicht wechselt, dann setzt man am besten $\tan x = t$ oder $\cot x = t$.

c) Die Substitution $\tan \frac{x}{2} = t$ verwandelt in allen Fällen ein Integral des betrachteten Typs in ein Integral über rationale Ausdrücke. Diese Substitution führt zu längeren Rechnungen als in den Spezialfällen a) und b).

Man berechne folgende Integrale:

329. $\int \sin^3 x\, dx$. **330.** $\int \sin^3 x \cos^4 x\, dx$.

331. $\int \frac{\cos^3 x}{\sin^4 x}\, dx$. **332.** $\int \frac{dx}{\sin^2 x \cos^4 x}$.

333. $\int \frac{dx}{\sin x}$. **334.** $\int \frac{dx}{\cos x}$.

335. $\int \tan x \, dx$. **336.** $\int \cot x \, dx$.

337. $\int \frac{dx}{\cos^4 x}$. **338.** $\int \sin^7 x \cos^6 x \, dx$.

339. $\int \frac{\cos^5 x}{\sin^3 x} dx$. **340.** $\int \frac{\cos^3 x}{\sin^5 x} dx$.

341. $\int \frac{dx}{\sin x \cos^3 x}$. **342.** $\int \frac{dx}{\sin^4 x \cos^4 x}$.

Für die Integrale $U_{m,n} = \int \sin^m x \cos^n x \, dx$ existieren Rekursionsformeln, die es gestatten, die Integrale auf solche zurückzuführen, bei denen die Werte m und n kleiner sind. Die wichtigsten lauten

$$(m+n)\, U_{m,n} = -\sin^{m-1} x \cos^{n+1} x + (m-1)\, U_{m-2,n};$$
$$(m+n)\, U_{m,n} = \sin^{m+1} x \cos^{n-1} x + (n-1)\, U_{m,n-2};$$
$$(n+1)\, U_{m,n} = -\sin^{m-1} x \cos^{n+1} x + (m-1)\, U_{m-2,n+2};$$
$$(m+1)\, U_{m,n} = \sin^{m+1} x \cos^{n-1} x + (n-1)\, U_{m+2,n-2}.$$

Bezeichnet man das Integral $U_{0,n}$ mit U_n und das Integral $U_{m,0}$ mit V_m, so erhält man noch zwei Rekursionsformeln für die Integrale $U_n = \int \cos^n x \, dx$ und $V_m = \int \sin^m x \, dx$, und zwar

$$m V_m = -\sin^{m-1} x \cos x + (m-1)\, V_{m-2},$$
$$n U_n = \sin x \cos^{n-1} x + (n-1)\, U_{n-2}.$$

Unter Anwendung der Rekursionsformeln sind folgende Integrale zu berechnen:

343. $\int \sin^4 x \cos^2 x \, dx$. **344.** $\int \sin^6 x \cos^4 x \, dx$.

345. $\int \sin^2 x \cos^6 x \, dx$. **346.** $\int \sin^4 x \cos^6 x \, dx$.

347. $\int \sin^6 x \, dx$. **348.** $\int \frac{\cos^8 x}{\sin^2 x} dx$.

349. $\int \sin^8 x \, dx$. **350.** $\int \frac{\sin^{10} x}{\cos^4 x} dx$.

In einer Reihe von Fällen ist es vorteilhaft, Produkte und Potenzen von $\sin x$ und $\cos x$ in Summen oder Differenzen zu verwandeln. Dabei verwendet man die Formeln

$$\cos a \cos b = \frac{1}{2}[\cos(a-b) + \cos(a+b)]; \quad \cos^2 a = \frac{1+\cos 2a}{2};$$

$$\sin a \sin b = \frac{1}{2}[\cos(a-b) - \cos(a+b)]; \quad \sin^2 a = \frac{1-\cos 2a}{2};$$

$$\sin a \cos b = \frac{1}{2}[\sin(a-b) + \sin(a+b)]; \quad \sin a \cos a = \frac{1}{2}\sin 2a.$$

Bequemer sind manchmal die EULERschen Formeln

$$\cos x = \frac{e^{xi} + e^{-xi}}{2}, \quad \sin x = \frac{e^{xi} - e^{-xi}}{2i}.$$

Man berechne die Integrale:

351. $\int \cos x \cos 3x \, dx$.

352. $\int \cos x \sin 3x \, dx$.

353. $\int \cos 3x \cos 4x \, dx$.

354. $\int \cos x \cos 3x \cos 5x \, dx$.

355. $\int \sin x \sin 2x \sin 3x \, dx$.

356. $\int \sin\frac{x}{2} \cos\frac{x}{12} \, dx$.

357. $\int \sin^2 x \cos^2 3x \, dx$.

358. $\int \sin^4 x \, dx$.

359. $\int \cos^4 x \, dx$.

360. $\int \sin^4 x \cos^4 x \, dx$.

Die folgenden Integrale über trigonometrische Funktionen berechne man nach verschiedenen Verfahren.

361. Man berechne das Integral $\int \frac{\sin x - \cos x}{\sin x + \cos x} dx$ durch Vergleich des Zählers mit der Ableitung des Nenners.

362. Man berechne das Integral $\int \frac{3\cos x + 7\sin x}{5\cos x + 2\sin x} dx$, indem man den Zähler in die Form $Au - Au'$ bringt, wobei $u = 5\cos x + 2\sin x$ ist.

363. Man berechne das Integral $\int \frac{dx}{\sin x + \cos x}$ nach Überführung des Nenners in logarithmische Gestalt.

364. Nach demselben Verfahren ist das Integral $\int \frac{dx}{a\sin x + b\cos x}$ zu berechnen.

365. Man berechne das Integral $\int \sqrt{1 + \sin x} \, dx$ unter Benutzung der Formel $1 = \cos^2\frac{x}{2} + \sin^2\frac{x}{2}$.

Mit Hilfe der Substitution $\tan x = t$ sind folgende Integrale zu berechnen:

366. $\int \frac{dx}{\sqrt[4]{\sin^3 x \cos^5 x}}$.

367. $\int \sqrt{\frac{\sin^3 x}{\cos^7 x}} \, dx$.

368. $\int \frac{dx}{\sqrt[3]{\tan x}}$.

369. $\int \tan^4 x \, dx$.

370. $\int \frac{dx}{1 + \tan x}$.

371. $\int \frac{dx}{4 + 3\tan x}$.

372. $\int \frac{dx}{a^2 \sin^2 x + b^2 \cos^2 x}$.

373. $\int \frac{1 + \tan^2 x}{(4 + \tan^2 x) \tan^3 x} dx$.

374. $\int \frac{1 + \tan x}{\sin 2x} dx$

375. $\int \frac{dx}{2 + 3 \cos^2 x}$.

376. $\int \frac{\sin^2 x \cos^2 x}{(\cos^3 x + \sin^3 x)^2} dx$.

377. $\int \frac{dx}{a^2 - b^2 \sin^2 x}$; $a^2 \neq b^2$.

378. $\int \frac{2\sqrt{\tan x - 1}}{(1 + \cos 2x)\sqrt{1 + \tan x}} dx$.

379. $\int \frac{\cos x \, dx}{\sin^3 x - \cos^3 x}$.

Man berechne folgende Integrale:

380. $\int \frac{\sin 2x \, dx}{\sin^4 x + \cos^4 x}$.

381. $\int \frac{\cos 2x \, dx}{\sin^4 x + \cos^4 x}$.

382. $\int \frac{\sin 2x}{\cos^3 x} dx$.

383. $\int \frac{\sin 3x}{\cos x} dx$.

384. $\int \frac{\cos^2 x}{\sin x \cos 3x} dx$.

385. $\int \frac{\cos^2 x}{\sin 4x} dx$.

386. $\int \frac{\cos^4 x}{\sin 6x} dx$.

387. $\int \frac{\cos 2x}{\sin^4 x} dx$.

388. $\int \frac{\cos 2x}{\sin^6 x} dx$.

389. $\int \frac{\cos 3x}{\cos^4 x} dx$.

390. $\int \frac{\cos 3x}{\sin^5 x} dx$.

391. $\int \frac{\cos x}{\sqrt{\sin 2x}} dx$.

392. $\int \frac{\sin x}{\sqrt{\cos 2x}} dx$.

393. $\int \frac{\cos x + \sin x}{\sqrt{\sin 2x}} dx$.

Anmerkung. In Aufgabe 393 empfiehlt sich die Substitution $\frac{\pi}{4} - x = t$.

394. $\int \frac{dx}{a + b \cos x}$ für $a^2 > b^2$ und für $a^2 < b^2$.

Folgende Integrale enthalten Hyperbelfunktionen. Zur Berechnung drückte man die Integranden durch Exponentialfunktionen aus.

395. $\int \frac{x + \sinh x}{\cosh x - \sinh x} dx$.

396. $\int \frac{\cosh^3 x - \sinh^3 x}{\cosh^3 x + \sinh^3 x} dx$.

397. $\int \sqrt{\tanh x}\, dx$.

398. $\int \frac{\tanh x}{\sqrt{1 - \tanh x}} dx$.

399. $\int (\cosh x + \sinh x) \sqrt{\cosh x - \sinh x}\, dx$.

In den folgenden Beispielen ist es besser, die Hyperbelfunktionen nicht durch Exponentialfunktionen auszudrücken.

400. $\int \frac{dx}{(1 - \cosh x)^2}$.

401. $\int \frac{dx}{(1 + \cosh^2 x)^2}$.

402. $\int \frac{\cosh^3 x \, dx}{1 - \tanh x}$.

403. $\int \frac{dx}{1 - \sinh^4 x}$.

404. $\int \frac{dx}{\sinh^2 x}$. **405.** $\int \frac{\sinh^3 x\, dx}{\sqrt{\cosh x}}$.

406. $\int \tanh^3 x\, dx$. **407.** $\int \cosh x \cosh 2x \cosh 3x\, dx$.

§ 6. Flächenberechnung (Quadratur von Kurven)

408. Man beweise, daß der Flächeninhalt S des krummlinigen Trapezes, das von der x-Achse, den Geraden $x = a$ und $x = b$ und der kubischen Parabel $y = Ax^3 + Bx^2 + Cx + D$ begrenzt wird, durch die Formel

$$S = \frac{b-a}{6}(y_0 + 4y_1 + y_2)$$

ausgedrückt werden kann; y_0, y_1 und y_2 sind die Ordinaten an den Stellen $x = a$, $\frac{a+b}{2}$, b.

409. Man beweise, daß der Flächeninhalt eines Parabelsegmentes durch die Formel $S = \frac{2}{3} l \cdot h$ ausgedrückt werden kann, wobei l die Länge der Sehne des Segmentes, h die Höhe des Segmentes ist.

410. Man berechne den Flächeninhalt der Figur, die von den Parabeln $y = x^2$ und $y^2 = x$ begrenzt wird.

411. Man berechne den Inhalt der Fläche, die von einem Bogen der Zykloide $x = a(t - \sin t)$, $y = a(1 - \cos t)$ und der x-Achse begrenzt wird.

412. Man berechne den Inhalt der Fläche der Kardioide $r = a(1 + \cos\varphi)$.

413. Man berechne den Inhalt der Fläche zwischen der y-Achse und der Kurve $y = \pm\sqrt{\frac{1-x}{x}}$.

414. Man berechne den Flächeninhalt der Astroide $x^{\frac{2}{3}} + y^{\frac{2}{3}} = a^{\frac{2}{3}}$ mit Hilfe ihrer Parameterdarstellung.

415. Man berechne den Inhalt der von der Kurve $x^4 + y^4 = x^2 + y^2$ begrenzten Fläche durch Übergang zu Polarkoordinaten.

Man berechne nach dem gleichen Verfahren die Flächeninhalte folgender Figuren:

416. des Cartesischen Blattes $x^3 + y^3 = 3axy$ (vgl. S. 240, Aufg. 37);

417. der Lemniskate $(y^2 + x^2)^2 = 2a^2xy$ (vgl. S. 207, Aufg. 3);

418. der Kurve $(x^2 + y^2)^2 = a^2x^2 + b^2y^2$.

419. Man berechne die Fläche, die von der x-Achse und der Traktrix

$$x = a \ln\frac{a + \sqrt{a^2 - y^2}}{y} - \sqrt{a^2 - y^2}, \quad 0 < y < a,$$

begrenzt wird. Dabei ist es bequem, durch $y = a\sin\varphi$ den Parameter φ einzuführen.

420. Man berechne den Inhalt der Fläche, die vom Kreis $x^2 + y^2 = 4px$ und der Parabel $y^2 = 2px$ eingeschlossen wird.

421. Man berechne den Inhalt der Fläche zwischen den Kurven $y^2 = 2px$ und $27py^2 = 8(x-p)^3$.

422. Man berechne den Inhalt der Fläche zwischen einer Parabel und irgendeiner ihrer Normalen.

Man berechne die Flächeninhalte der von folgenden in Polarkoordinaten gegebenen Kurven begrenzten Gebiete:

423. $r = a\cos\varphi$. **424.** $r = a\cos 2\varphi$.

425. $r = a\cos 3\varphi$. **426.** $r = a\cos 4\varphi$.

427. $r^2 = a^2 \dfrac{\sin 3\varphi}{\sin\varphi}$ für $0 < \varphi < \dfrac{\pi}{3}$.

428. Von der Ellipse

$$r = \frac{p}{1 + e\cos\varphi}, \quad e < 1. \quad 0 < \varphi < \varphi_0.$$

429. Von der Hyperbel

$$r = \frac{p}{1 + e\cos\varphi}, \quad e > 1, \quad 0 < \varphi < \varphi_0; \quad e\cos\varphi_0 > -1.$$

430. Von der gleichseitigen Hyperbel $r^2\cos 2\varphi = a^2$ für $-\varphi_0 < \varphi < \varphi_0$.

431. $r = a\sqrt{1+\omega^2}$, $\varphi = \omega - \arctan\omega$, $0 < \omega < \omega_0$.

432. $r = \dfrac{a}{\sqrt{1+\omega^2}}$, $\varphi = \omega - \arctan\omega$, $0 < \omega < \omega_0$.

433. Man beweise, daß der Flächeninhalt des krummlinigen Trapezes, das von der x-Achse, den Geraden $x = a$ und $x = b$ sowie von der kubischen Parabel $y = Ax^3 + Bx^2 + Cx + D$ begrenzt wird, nach der Formel

$$S = \frac{b-a}{3}(y_1 + y_2 + y_3)$$

berechnet werden kann, wobei y_1, y_2, y_3 die y-Werte in den Punkten

$$x = \frac{a+b}{2} - \frac{b-a}{2}\,\frac{1}{\sqrt{2}}, \quad x = \frac{a+b}{2}, \quad x = \frac{a+b}{2} + \frac{b-a}{2}\,\frac{1}{\sqrt{2}}$$

darstellen (Tschebyscheff).

434. Man beweise, daß der Flächeninhalt des krummlinigen Trapezes, das von der x-Achse, den Geraden $x = a$ und $x = b$ sowie von der Parabel fünften Grades $y = Ax^5 + Bx^4 + Cx^3 + Dx^2 + Ex + F$ begrenzt wird, nach der Formel $S = \dfrac{b-a}{9}(5y_1 + 8y_2 + 5y_3)$ berechnet werden kann, wobei y_1, y_2, y_3 die y-Werte in den Punkten

$$x = \frac{a+b}{2} - \frac{b-a}{2}\sqrt{\frac{3}{5}}, \quad x = \frac{a+b}{2}, \quad x = \frac{a+b}{2} + \frac{b-a}{2}\sqrt{\frac{3}{5}}$$

sind (Gauss).

§ 7. Berechnung der Bogenlänge von Kurven

Man berechne die Bogenlänge folgender Kurven:

435. $y = \sqrt{x}$ im Intervall $0 < x < 1$ (Parabel).

436. $y = \ln x$ im Intervall $\sqrt{3} < x < \sqrt{8}$.

437. $y = 1 - \ln \cos x$ im Intervall $0 < x < \frac{\pi}{4}$

438. $y = a \ln \cos \frac{x}{a}$ im Intervall $0 < x < b$.

439. $y = a \cosh \frac{x}{a}$ im Intervall $0 < x < x_0$ (Kettenlinie).

440. $y = \frac{x - 3a}{3} \sqrt{\frac{x}{a}}$ im Intervall $0 < x < x_0$.

441. $y = 2a \ln \frac{\sqrt{a} + \sqrt{x}}{\sqrt{a} - \sqrt{x}} - 4\sqrt{ax}$ im Intervall $0 < x < x_0$.

442. $x = a \ln \frac{a + \sqrt{a^2 - y^2}}{a} - \sqrt{a^2 - y^2}$ im Intervall $b < y < a$.

443. $y^3 = px^2$ im Intervall $0 < y < y_0$.

444. $(2a - x)\, y^2 = x^3$ im Intervall $0 < x < x_0$ mit $x_0 < 2a$.

445. $x^{\frac{2}{3}} + y^{\frac{2}{3}} = a^{\frac{2}{3}}$ im Intervall $0 < x < a$ (Astroide).

446. $x = a \cos^5 t$, $y = a \sin^5 t$ im Intervall $0 < x < a$.

447. $x = a(t - \sin t)$, $y = a(1 - \cos t)$ im Intervall $0 < x < 2\pi a$ (Zykloide).

448. $r = a(1 + \cos \varphi)$.

449. Man berechne die Länge einer Windung der Archimedischen Spirale $r = a\varphi$, $0 < \varphi < 2\pi$.

450. Man berechne die Länge der logarithmischen Spirale $r = ae^{m\varphi}$, $0 < r < a$.

451. Man beweise, daß die Länge eines Bogens der Epizykloide

$$x = a[(n+1)\cos t - \cos(n+1)\,t], \quad y = a[(n+1)\sin t - \sin(n+1)\,t]$$

gleich $8a\,\frac{n+1}{n}$ ist.

452. Man beweise, daß die Länge eines Bogens der Hypozykloide

$$x = a[(n-1)\cos t + \cos(n-1)\,t], \quad y = a[(n-1)\sin t - \sin(n-1)\,t]$$

gleich $8a\,\frac{n-1}{n}$ ist.

Man berechne die Bogenlänge folgender Raumkurven:

453. $x = a \cos t$, $y = a \sin t$, $z = bt$ im Intervall $0 < t < t_0$.

454. $x = e^t \cos t$, $y = e^t \sin t$, $z = e^t$ im Intervall $-\infty < t < 0$.

455. $x = at, \quad y = \sqrt{3ab}\,t^2, \quad z = 2bt^3$ im Intervall $0 < t < t_0$.

456. $x^2 = 3y, \quad 2xy = 9z$ im Intervall $0 < x < x_0$.

457. $y = a \arcsin \frac{x}{a}, \quad z = \frac{a}{4} \ln \frac{a+x}{a-x}$ im Intervall $0 < x < x_0$.

458. $y^2 = 2ax - x^2, \quad z = -a \ln\left(1 - \frac{x}{2a}\right); \quad 0 < x < x_0$.

459. $4ax = (y+z)^2, \quad 4x^2 + 3y^2 = 3z^2; \quad 0 < x < x_0$.

460. $(y-z)^2 = 3a(y+z); \quad 9x^2 + 8y^2 = 8z^2; \quad 0 < x < x_0$.

461. $x^2 + y^2 = az, \quad y = x \tan \frac{z}{a}$.

462. $x^2 + y^2 + z^2 = a^2, \quad \sqrt{x^2+y^2} \cosh \arctan \frac{y}{x} = a$.

463. Die Parabel $4ay = x^2$ rolle auf der x-Achse entlang. Man beweise, daß ihr Brennpunkt die Kettenlinie $y = a \cosh \frac{x}{a}$ beschreibt.

464. Man beweise, daß eine Kardioide auf einer Zykloide so abrollen kann, daß ihr Umkehrpunkt eine Gerade beschreibt.

§ 8. Volumenberechnung

Man berechne das Volumen der Körper, die man durch Rotation der angegebenen Kurven erhält:

465. Der Hyperbel $xy = a^2$ um die x-Achse zwischen a und ∞.

466. Der Sinuskurve $y = \sin x$ um die x-Achse zwischen 0 und π.

467. Der Zissoide $(2a - x)y^2 = x^3$ um die x-Achse zwischen 0 und $b < 2a$.

468. Der Lemniskate $(x^2 + y^2)^2 = a^2(x^2 - y^2)$ um die x-Achse.

469. Der Kardioide $r = a(1 + \cos\varphi)$ um die Polarachse.

470. Der Zykloide $x = a(t - \sin t), \quad y = a(1 - \cos t)$ um die x-Achse zwischen 0 und $2\pi a$.

471. Der Parabel $y^2 = 2px$ um die x-Achse zwischen 0 und a.

472. Der Ellipse $\frac{x^2}{a^2} + \frac{y^2}{b^2} = 1$ um die x-Achse.

473. Der Hyperbel $\frac{x^2}{a^2} - \frac{y^2}{b^2} = 1$ um die x-Achse zwischen a und m.

474. Derselben Hyperbel um die y-Achse zwischen 0 und h.

475. Der Zykloide $x = a(t - \sin t), \quad y = a(1 - \cos t)$ um die Gerade $x = a\pi$.

Bei der Lösung folgender Aufgaben ist es vorteilhaft, für die Volumenberechnung die Formel $V = \int_a^b S(x)\,dx$ anzuwenden, wobei $S(x)$ die Fläche des Querschnitts durch den Körper senkrecht zur x-Achse im Punkt x ist. Statt der x-Achse kann man auch eine beliebige andere Achse nehmen.

476. Man berechne das Volumen des Körpers, der von den Flächen $z^2 + y^2 = 1$, $x^2 + z^2 = 1$ begrenzt wird, mit Hilfe eines horizontalen Schnittes.

477. Man berechne das Volumen des Körpers, der von den Flächen $x^2 + y^2 = ax$, $x - z = 0$, $x + z = 0$ begrenzt wird, mit Hilfe eines Schnittes senkrecht zur x-Achse.

Man berechne die Volumina der Körper, die von folgenden Flächen begrenzt werden:

478. $x^2 + 4y^2 = 8z, \quad x^2 + 4y^2 = 1, \quad z = 0.$

479. $y^2 = 2p(a - x), \quad x - z = 0, \quad x - 2z = 0.$

480. $z^2 = a - x - y, \quad x = 0, \quad y = 0, \quad z = 0.$

481. $z^2 = b(a - x), \quad x^2 + y^2 = ax.$

482. $z = 0, \quad by = x(a - z), \quad by = -x(a - z), \quad x = b.$

483. $y^2 + z^2 = a^2 \cosh^2 \frac{x}{a}, \quad -b < x < b.$

484. In einem geraden Kreiszylinder (Becherglas) befinde sich Wasser. Die Achse des Zylinders sei unter dem Winkel α gegen die Waagerechte geneigt. Der mit Wasser bedeckte Teil des Bodens sei ein Kreisabschnitt mit dem Zentriwinkel 2φ. Man berechne das Volumen des Wassers.

485. Ein gerader Kreiskegel wird durch eine Ebene, die das Zentrum des Grundkreises enthält und parallel zu einer Mantellinie ist, in zwei Teile geschnitten. Man berechne das Volumen der beiden Teile unter Berücksichtigung der Tatsache, daß die Schnittfläche des Kegels mit der Ebene ein Parabelsegment ist.

486. Ein Viertel eines geraden Kreiszylinders wird durch eine Ebene geschnitten, die einen Radius der Deckfläche und den Endpunkt eines Radius der Grundfläche enthält. Der erwähnte Radius der Grundfläche soll dabei senkrecht zu dem Radius des oberen Viertelkreises verlaufen. Durch die Achse des Zylinders führt eine Ebene, die mit dem oberen Radius den Winkel φ bildet. Man berechne die Volumina der Teile des Viertelzylinders.

487. Man berechne das Volumen des Körpers, der von der Fläche $a^2 l^2 y^2 = b^2 x^2 (a^2 - z^2)$ und der Ebene $x = l$ begrenzt wird.

§ 9. Berechnung von Oberflächen

Man berechne die Oberflächen der Körper, die man durch Rotation der folgenden Kurven um die angegebenen Achsen erhält:

488. $y = \sin x$ um die x-Achse im Intervall $0 < x < \pi$.

489. $y = \tan x$ um die x-Achse im Intervall $0 < x < a < \frac{\pi}{2}$.

490. $y^2 + x^2 = 2ay$ um die x-Achse im Intervall $-a < x < a$.

491. $x^2 + (y - b)^2 = r^2$, $b > r$, um die x-Achse im Intervall $-r < x < r$.

492. $y^2 = 2px$ um die x-Achse im Intervall $0 < x < a$.

493. $y^3 = px^2$ um die x-Achse im Intervall $0 < y < a$.

494. $\frac{x^2}{a^2} + \frac{y^2}{b^2} = 1$, $a > b$, um die x-Achse (langgestrecktes Ellipsoid).

495. $\frac{x^2}{a^2} + \frac{y^2}{b^2} = 1$, $a > b$, um die y-Achse (abgeplattetes Ellipsoid).

496. $\frac{x^2}{a^2} - \frac{y^2}{b^2} = 1$ um die y-Achse im Intervall $-h < y < h$.

497. $\frac{x^2}{a^2} - \frac{y^2}{b^2} = 1$ um die x-Achse im Intervall $a < x < m$.

498. $x = a(t - \sin t)$, $y = a(1 - \cos t)$ [Zykloide] um die x-Achse im Intervall $0 < x < 2\pi a$.

499. $x = a(t - \sin t)$, $y = a(1 - \cos t)$ um die Gerade $x = \pi a$ für $0 < t < \pi$.

500. $x = a\cos^3 t$, $y = a\sin^3 t$ um die x-Achse.

501. $x = a \ln \frac{a + \sqrt{a^2 - y^2}}{y} - \sqrt{a^2 - y^2}$ (Traktix) um die x-Achse.

502. $r = a(1 + \cos\varphi)$ (Kardioide) um die Polarachse.

VIII. ABSCHNITT

Mehrfache Integrale, Kurven- und Flächenintegrale

§ 1. Einführung

1. Man bestimme die Integrationsgrenzen für das Integral $\iint\limits_S f(x, y)\, dx\, dy$, wobei S der Kreis $x^2 + y^2 = a^2$ im ersten Quadranten ist, wenn erst über x, danach über y integriert werden soll.

2. Man löse die gleiche Aufgabe, wenn S die Fläche ist, die von den Geraden $x = 0,\ y = 0,\ x + y = a$ begrenzt wird.

3. Im Integral $\iint\limits_S f(x, y)\, dx\, dy$ sei S die Fläche, die von den Geraden $= y,\ y = 0,\ x + y = 2$ begrenzt wird. Man berechne die Integrationsgrenzen, wenn einmal zuerst über y und einmal zuerst über x integriert werden soll.

4. Man bestimme die Integrationsgrenzen für das Integral $\iint\limits_S f(x, y)\, dx\, dy$, wenn S das Parallelogramm mit den Seiten $y = 0,\ y = a,\ y = x,\ y = x - 2a$ ist. Man untersuche beide Möglichkeiten der Integrationsreihenfolge.

5. Man löse die gleiche Aufgabe, wenn S die Fläche ist, die von den Geraden $y = h,\ ay = hx,\ ay = 4ah - hx$ $(a > 0,\ h > 0)$ begrenzt wird.

Man ändere die Integrationsreihenfolge bei folgenden Integralen:

6. $\displaystyle\int_0^1 \left(\int_0^x f(x, y)\, dy\right) dx.$

7. $\displaystyle\int_0^2 dx \int_{-\sqrt{1-(x-1)^2}}^{0} f(x, y)\, dy.$

8. $\displaystyle\int_0^1 dy \int_{-\sqrt{1-y^2}}^{1-y} f(x, y)\, dx.$

9. $\displaystyle\int_0^a dx \int_{\frac{a^2-x^2}{2a}}^{\sqrt{a^2-x^2}} f(x, y)\, dy.$

10. $\displaystyle\int_0^{2a} \int_{\sqrt{2ax-x^2}}^{\sqrt{2ax}} f(x, y)\, dy\, dx.$

Man führe für x und y neue Veränderliche ein und berechne die Integrationsgrenzen für die neuen Veränderlichen in folgenden Integralen:

11. $\iint_S f(x, y)\,dx\,dy$, wenn $x = u\cos v$, $y = u\sin v$ gesetzt wird und die Fläche S durch die Ungleichungen $x > 0$, $y > 0$, $x^2 + y^2 < a^2$ gegeben ist.

12. Man löse die gleiche Aufgabe, wenn die Fläche S ein Teil eines Ringes ist und durch die Ungleichungen $a^2 < x^2 + y^2 < b^2$, $x > 0$, $y > 0$, gegeben wird.

13. $\int_0^a \int_{\alpha x}^{\beta x} f(x, y)\,dx\,dy$, $u = x + y$, $uv = y$.

14. $\int_0^a dx \int_0^b f(x, y)\,dy$, $u = y + \alpha x$, $uv = y$.

15. $\iint_S f(x, y)\,dx\,dy$, $x = r\cos^3\varphi$, $y = r\sin^3\varphi$; die Fläche S wird von der Astroide $x^{\frac{2}{3}} + y^{\frac{2}{3}} = a^{\frac{2}{3}}$ begrenzt.

16. Im Integral $\iint_S f(x, y)\,dx\,dy$ wird die Fläche S von den Geraden $y = \alpha x$, $y = \beta x$, $x = a$ begrenzt. So entsteht als Integrationsgebiet ein Dreieck. Durch eine geeignete Transformation der Veränderlichen ist das Integrationsgebiet in ein Rechteck zu verwandeln.

17. Im Integral $\iint_S f(x, y)\,dx\,dy$ sei das Integrationsgebiet ein Viertelkreis $x^2 + y^2 = a^2$, $x > 0$, $y > 0$. Durch Transformation der Veränderlichen ist das Integrationsgebiet in ein Rechteck zu verwandeln.

18. Für das gleiche Integral ist der Integrationsbereich in ein gleichschenklig-rechtwinkliges Dreieck zu verwandeln.

Man berechne folgende Doppelintegrale:

19. $\iint_S (x + y)\,dx\,dy$. Die Grenzen des Gebietes S seien $x = 0$, $y = 0$, $x + y = 2$.

20. $\iint_S (x^2 + y^2)\,dx\,dy$. Die Grenzen des Gebietes S seien $y = 0$, $x = y$, $x = 1$.

21. $\iint_S (x + y)\,dx\,dy$. Die Grenzen des Gebietes S seien $x = y$, $x = y^2$.

22. $\iint_{|x| + |y| < 1} x^2\,dx\,dy$.

23. $\iint_S (x - y)\,dx\,dy$. Die Grenzen des Gebietes S seien $y = 0$, $x = y$, $x + y = 2$.

24. $\iint_S xy\,dx\,dy$. Die Grenzen des Gebietes S seien $y^2 = 2x$, $x = 2$.

25. Man beweise die Gleichung

$$\iint_S x^2\,dx\,dy = \iint_S y^2\,dx\,dy = \frac{1}{2}\iint_S (x^2 + y^2)\,dx\,dy,$$

wobei S das Gebiet ist, das durch die Ungleichungen $x > 0$, $y > 0$, $x^2 + y^2 < a^2$ bestimmt ist.

26. Man berechne das Integral $\iint_S (x^2 + y^2)\,dx\,dy$ durch Einführung von Polarkoordinaten $x = r\cos\varphi$, $y = r\sin\varphi$. Das Gebiet S sei das gleiche wie in der vorhergehenden Aufgabe.

§ 2. Berechnung ebener Flächen

Man berechne die Inhalte der Flächen, die von folgenden Kurven begrenzt werden, mit Hilfe der Formel $S = \iint_S dx\,dy$:

27. $y = x^2$, $x = y^2$.

28. $y = 2x - x^2$, $y = x^2$.

29. $2y = x^2$, $x = y$.

30. $4y = x^2 - 4x$, $x - y - 3 = 0$.

Mit Hilfe derselben Formel und durch Übergang zu Polarkoordinaten sind die Inhalte der von folgenden Kurven eingeschlossenen Flächen zu berechnen (man berechne den Inhalt der Fläche, die zugleich im Innern beider Kurven liegt):

31. Von der Lemniskate $(x^2 + y^2)^2 = 2a^2(x^2 - y^2)$ und dem Kreis $x^2 + y^2 = 2ax$.

32. Von der Kardioide $(x^2 + y^2 - ax)^2 = a^2(x^2 + y^2)$ und dem Kreis $x^2 + y^2 = ay\sqrt{3}$.

Durch Übergang zu Polarkoordinaten sind die Flächeninhalte der Figuren zu berechnen, die von den folgenden Kurven begrenzt werden:

33. $(x^2 + y^2)^2 = 2a^2xy$ (Lemniskate).

34. $(x^2 + y^2)^2 = a^2x^2 + b^2y^2$.

35. $(x^2 + y^2)^3 = a^2(x^4 + y^4)$.

36. $(x^2 + y^2)^2 = a^2x^2 - b^2y^2$.

37. $x^3 + y^3 = a\,x\,y$ (Cartesisches Blatt; betrachtet wird die Fläche der Schlinge).

38. $(x^2 + y^2)^2 = a(x^3 + y^3)$.

39. $x^4 + y^4 = 2a^2xy$.

40. $\omega(x, y)$, $\varphi(x, y)$, $\psi(x, y)$ seien homogene Funktionen vom Grade n, $n-2$, $n-2$, die nur bei $x = 0$, $y = 0$ verschwinden und bei allen anderen Werten von x und y positiv sind. Das Symbol $S(a, b)$ bezeichne den Inhalt der von der Kurve

$$\omega(x, y) = a\varphi(x, y) + b\psi(x, y), \quad a \geqq 0, \quad b \geqq 0,$$

berandeten Fläche. Man beweise, daß $S(a+\alpha, b+\beta) = S(a, b) + S(\alpha, \beta)$ ist.

41. Setzt man insbesondere $\omega(x, y) = (x^2 + y^2)^2$, $\varphi(x, y) = x^2$ und $\psi(x, y) = y^2$, dann ist $S(a, b) = S(b, a)$. Man leite unter diesen Bedingungen her, daß $S(a, b) = \frac{\pi}{2}(a + b)$ ist.

In den folgenden Aufgaben empfiehlt es sich, verallgemeinerte Polarkoordinaten durch $x = ar\cos^\sigma\varphi$, $y = br\sin^\sigma\varphi$ einzuführen, wobei a, b und σ passend gewählte Konstanten sind. Für diese Transformation findet man die Funktionaldeterminante J bequem nach der Formel $J = J_1 J_2$, wobei $J_1 = ab$ die Funktionaldeterminante der Substitution $x = a\xi$, $y = b\eta$ und $J_2 = \sigma r\cos^{\sigma-1}\varphi\sin^{\sigma-1}\varphi$ die Funktionaldeterminante der Substitution $\xi = r\cos^\sigma\varphi$, $\eta = r\sin^\sigma\varphi$ ist.

Man berechne die Inhalte der Flächen, die von folgenden Kurven begrenzt werden:

42. $\frac{x^4}{a^4} + \frac{y^4}{b^4} = \frac{x^2}{h^2} + \frac{y^2}{k^2}$.

43. $\left(\frac{x}{a} + \frac{y}{b}\right)^2 = \frac{x}{a} - \frac{y}{b}$; $y > 0$.

44. $\left(\frac{x}{a} + \frac{y}{b}\right)^3 = \frac{x^2}{h^2}$; $y > 0$; $a > 0$, $b > 0$.

45. $\left(\frac{x}{a} + \frac{y}{b}\right)^3 = \frac{xy}{c^2}$ (betrachtet wird die Fläche der Schlinge).

46. $\left(\frac{x}{a} + \frac{y}{b}\right)^4 = \frac{x^2}{h^2} + \frac{y^2}{k^2}$; $x > 0$, $y > 0$.

47. $\left(\frac{x}{a} + \frac{y}{b}\right)^4 = \frac{x^2}{h^2} - \frac{y^2}{k^2}$; $x > 0$, $y > 0$.

48. $\left[\left(\frac{x}{a}\right)^{\frac{2}{3}} + \left(\frac{y}{b}\right)^{\frac{2}{3}}\right]^6 = \frac{x^2}{h^2} + \frac{y^2}{k^2}$.

49. $\left(\sqrt{\frac{x}{a}} + \sqrt{\frac{y}{b}}\right)^8 = \frac{x^2}{h^2} + \frac{y^2}{k^2}$; $x > 0$, $y > 0$.

50. $\left(\sqrt{\frac{x}{a}} + \sqrt{\frac{y}{b}}\right)^{12} = \frac{xy}{c^2}$ (betrachtet wird die Fläche der Schlinge).

Die Begrenzungen der Flächen in den folgenden Aufgaben sind durch Gleichungen der Form $\varphi(x, y, a) = 0$, $\varphi(x, y, b) = 0$, $\psi(x, y, \alpha) = 0$, $\psi(x, y, \beta) = 0$ gegeben. Zur Lösung der Aufgaben ist es nützlich, x und y durch neue Veränderliche u und v auszudrücken, die den Gleichungen $\varphi(x, y, u) = 0$ und $\psi(x, y, v) = 0$ genügen. Nach Bestimmung der Funktionaldeterminante J kann man die Flächeninhalte S nach der Formel

$$S = \iint_S dx\,dy = \int_a^b du \int_\alpha^\beta |J|\,dv$$

berechnen.

Man berechne die Inhalte der Flächen, die von folgenden Kurven begrenzt werden:

51. $x + y = a, \quad x + y = b, \quad y = \alpha x, \quad y = \beta x; \quad a < b, \quad \alpha < \beta.$

51a. $x^2 = ay, \quad x^2 = by, \quad y = m, \quad y = n; \quad a < b, \quad m < n.$

51b. $\sqrt{\frac{x}{a}} + \sqrt{\frac{y}{b}} = 1, \quad \sqrt{\frac{x}{a}} + \sqrt{\frac{y}{b}} = 2, \quad \frac{x}{a} = \frac{y}{b}, \quad \frac{x}{a} = 9\frac{y}{b};$
$x > 0, \quad y > 0.$

52. $xy = a^2, \quad xy = b^2, \quad y = m, \quad y = n.$

53. $y^2 = mx, \quad y^2 = nx, \quad x = \alpha y, \quad x = \beta y.$

54. $xy = a^2, \quad xy = b^2, \quad x = \alpha y, \quad x = \beta y; \quad x > 0, \quad y > 0.$

55. $y^2 = ax, \quad y^2 = bx, \quad x^2 = my, \quad x^2 = ny; \quad a > b, \quad m > n.$

56. $xy = a^2, \quad xy = b^2, \quad y^2 = mx, \quad y^2 = nx.$

57. $y^2 = a^2 - 2ax, \quad y^2 = b^2 - 2bx, \quad y^2 = m^2 + 2mx,$
$y^2 = n^2 + 2nx; \quad y > 0.$

58. $\frac{x^2}{\cosh^2 u_0} + \frac{y^2}{\sinh^2 u_0} = c^2, \quad \frac{x^2}{\cosh^2 u_1} + \frac{y^2}{\sinh^2 u_1} = c^2; \quad u_1 > u_0, \quad x > 0,$
$\frac{x^2}{\cos^2 v_0} - \frac{y^2}{\sin^2 v_0} = c^2, \quad \frac{x^2}{\cos^2 v_1} - \frac{y^2}{\sin^2 v_1} = c^2; \quad v_1 > v_0, \quad y > 0.$

Bemerkung. Die Kurven, die das Gebiet begrenzen, sind konfokale Ellipsen und Hyperbeln, die sich unter einem rechten Winkel schneiden. Hier empfiehlt sich die Einführung elliptischer Koordinaten durch die Beziehungen $x = c \cosh u \cos v$ und $y = c \sinh u \sin v$.

59. Man berechne den Inhalt der Fläche, die von der Ellipse

$$(ax + by + c)^2 + (a_1 x + b_1 y + c_1)^2 = h^2, \quad ab_1 - a_1 b \neq 0,$$

begrenzt wird.

60. Man berechne den Inhalt der Fläche, die von der Kurve

$$|ax + by + c| + |a_1 x + b_1 y + c_1| = h, \quad ab_1 - a_1 b \neq 0,$$

begrenzt wird.

§ 3. Volumenberechnung

Man berechne die Volumina der von folgenden Flächen begrenzten Körper:

61. $x + y + z = 6;\quad x = 0;\quad z = 0;\quad x + 2y = 4.$

62. $x - y + z = 6,\quad x + y = 2,\quad x = y,\quad y = 0,\quad z = 0.$

63. $x + y + z = 6,\quad x = y,\quad y = 0,\quad x = 3,\quad z = 0.$

64. $z = a + x,\quad z = -x - a,\quad x^2 + y^2 = a^2.$

65. $z^2 = xy,\quad x = a,\quad x = 0,\quad y = b,\quad y = 0.$

66. $x + y + z = a,\quad 3x + y = a,\quad 3x + 2y = 2a,\quad y = 0,\quad z = 0.$

67. $x + y + z = a,\quad x^2 + y^2 = b^2,\quad z = 0,\quad a > b\sqrt{2}.$

68. $\frac{x^2}{a^2} + \frac{z^2}{c^2} = 1,\quad y = \frac{b}{a}x,\quad y = 0,\quad z = 0;\quad x > 0.$

69. $x^2z^2 + a^2y^2 = c^2x^2,\quad 0 < x < a.$

70. $y^2 + z^2 = x,\quad x = y;\quad z > 0.$

71. $z = x^2 + y^2,\quad y = x^2;\quad 0 < y < 1.$

72. $z = \cos x \cos y;\quad |x + y| < \frac{\pi}{2};\quad z = 0.$

73. $z = \sin(x^2 + y^2),\quad z = 0;\quad n\pi < x^2 + y^2 < (n + 1)\pi.$

74. $x^2 + y^2 = cz,\quad x^2 + y^2 = ax,\quad z = 0.$

75. $x^2 + y^2 = 2ax,\quad z = \alpha x,\quad z = \beta x;\quad \alpha < \beta.$

76. $x^2 + y^2 = \alpha z^2,\quad x^2 + y^2 = ax;\quad z > 0.$

77. $x^2 + y^2 = az,\quad x + z = 2a.$

78. $cz = xy,\quad x^2 + y^2 = ax,\quad z = 0;\quad y > 0.$

79. $z = x^2 + y^2,\quad z = x + y.$

80. Man beweise den Satz: Der Inhalt des von der Ebene $z = mx + ny + p$ und dem Paraboloid $z = x^2 + y^2$ begrenzten Raumes ist gleich dem halben Flächeninhalt des Kreises $x^2 + y^2 = mx + ny + p$, multipliziert mit der Differenz der Größen $x^2 + y^2$ und $mx + ny + p$ im Mittelpunkte dieses Kreises.

81. Man beweise, daß das Volumen des Segments, das durch eine Ebene von einem elliptischen Paraboloid abgeschnitten wird, gleich dem Inhalt der Grundfläche des Segments, multipliziert mit der halben Höhe des Segments ist.

Bei der Lösung der folgenden Aufgaben ist es wie in einigen der vorangegangenen Aufgaben nützlich, Polarkoordinaten einzuführen.

Man berechne das Volumen der Körper, die von folgenden Flächen begrenzt werden:

82. $x^2 + y^2 = cz, \quad x^4 + y^4 = a^2(x^2 + y^2), \quad z = 0.$

83. $z^2 = 2xy, \quad (x^2 + y^2)^2 = 2a^2xy, \quad z = 0; \quad x > 0, \quad y > 0.$

84. $x^2 + y^2 + z^2 = a^2, \quad (x^2 + y^2)^2 = a^2(x^2 - y^2).$

85. $x^2 + y^2 + z^2 = a^2; \quad x^2 + y^2 > |ax|$ (Aufgabe von VIVIANI).

86. $z = x^2 + y^2, \quad z^2 = xy; \quad x > 0, \quad y > 0.$

87. $z(x + y) = ax + by, \quad z = 0; \quad 1 < x^2 + y^2 < 4, \quad x > 0, \quad y > 0, \quad a > 0, \quad b > 0.$

88. Man beweise, daß das Volumen des von den Flächen

$$z = 0, \quad x^2 + y^2 = c^2, \quad z[\varphi(x) + \varphi(y)] = a\varphi(x) + b\varphi(y)$$

begrenzten Körpers gleich $\frac{1}{2}\pi c^2(a + b)$ ist. Dabei ist $\varphi(x)$ eine beliebige positive integrierbare Funktion, $a > 0$ und $b > 0$.

89. Man beweise, daß das Volumen des von den Flächen $z = 0$ und $z = e^{-x^2-y^2}$ begrenzten Körpers gleich π ist.

90. Man berechne die Größe des von den Flächen $z = 0$ und $z = Ae^{-(ax^2+bxy+cy^2)}$ $(a > 0,\ b^2 - 4ac < 0)$ begrenzten Raumes mit Hilfe einer linearen Substitution der unabhängigen Veränderlichen.

Bei der Lösung der weiteren Aufgaben führt man zweckmäßig durch die Formeln

$$x = ar\cos^\sigma\varphi, \quad y = br\sin^\sigma\varphi, \quad J = ab\sigma r\cos^{\sigma-1}\varphi\sin^{\sigma-1}\varphi$$

verallgemeinerte Polarkoordinaten ein.

Man berechne das Volumen der Körper, die von den folgenden Flächen begrenzt werden:

91. $\frac{x^2}{p} + \frac{y^2}{q} = 2z, \quad \frac{x^2}{a^2} + \frac{y^2}{b^2} = 1, \quad z = 0.$

92. $cz = xy, \quad \frac{x^2}{a^2} + \frac{y^2}{b^2} = 1, \quad z = 0; \quad x > 0, \quad y > 0.$

93. $\left(\frac{x^2}{a^2} + \frac{y^2}{b^2}\right)^2 + \frac{z^2}{c^2} = 1.$

94. $\left(\frac{x^2}{a^2} + \frac{y^2}{b^2}\right)^k + \frac{z}{c} = 1; \quad z > 0.$

95. $\frac{x^2}{a^2} + \frac{y^2}{b^2} = \frac{z^2}{c^2}, \quad \frac{x^2}{a^2} + \frac{y^2}{b^2} = \frac{x}{h}; \quad z > 0.$

96. $\frac{x^2}{a^2} + \frac{y^2}{b^2} = \frac{z}{c}, \quad \frac{x^4}{a^4} + \frac{y^4}{b^4} = \frac{x^2}{a^2} + \frac{y^2}{b^2}, \quad z = 0.$

97. $z^2 = 2xy, \quad \left(\frac{x^2}{a^2} + \frac{y^2}{b^2}\right)^2 = \frac{2xy}{c^2}; \quad x > 0, \quad y > 0, \quad z > 0.$

98. $\frac{x^2}{a^2} + \frac{y^2}{b^2} = \frac{z}{c}, \quad \frac{x}{a} + \frac{z}{c} = 2.$

99. $\left(\frac{x}{a} + \frac{y}{b}\right)^2 + \frac{z^2}{c^2} = 1; \quad x > 0, \quad y > 0, \quad z > 0.$

100. $\left(\frac{x}{a} + \frac{y}{b}\right)^4 + \frac{z^2}{c^2} = 1; \quad x > 0, \quad y > 0, \quad z > 0.$

101. $z = x\sqrt{x} + y\sqrt{y}, \quad x + y = 1; \quad x > 0, \quad y > 0, \quad z > 0.$

102. $z^2 = xy, \quad x + y = 1; \quad z > 0.$

103. $cz = xy, \quad \left(\frac{x}{a} + \frac{y}{b}\right)^4 = \frac{xy}{ab}; \quad x > 0, \quad y > 0, \quad z > 0.$

104. $\left(\frac{x}{a} + \frac{y}{b}\right)^2 + \frac{z^2}{c^2} = 1, \quad \left(\frac{x}{a} + \frac{y}{b}\right)^2 = \frac{x}{a}; \quad y > 0, \quad z > 0.$

105. $\left[\left(\frac{x}{a}\right)^{\frac{2}{3}} + \left(\frac{y}{b}\right)^{\frac{2}{3}}\right]^3 + \left(\frac{z}{c}\right)^2 = 1.$

106. $\left(\sqrt{\frac{x}{a}} + \sqrt{\frac{y}{b}}\right)^8 + \left(\frac{z}{c}\right)^2 = 1; \quad x > 0, \quad y > 0, \quad z > 0.$

107. $\left(\sqrt{\frac{x}{a}} + \sqrt{\frac{y}{b}}\right)^4 + \left(\frac{z}{c}\right)^2 = 1; \quad x > 0, \quad y > 0, \quad z > 0.$

Folgende Aufgaben sind nach einem ähnlichen Verfahren zu lösen wie die Aufgaben 51—58.

Man berechne das Volumen der Körper, die von den folgenden Flächen begrenzt werden:

108. $z = ye^{-\frac{xy}{a^2}}, \quad xy = a^2, \quad xy = 2a^2, \quad y = m, \quad y = n, \quad z = 0.$

109. $cz = xy, \quad y^2 = mx, \quad y^2 = nx, \quad x = \alpha y, \quad x = \beta y, \quad z = 0.$

110. $z^2 = xy, \quad xy = a^2, \quad xy = 4a^2, \quad x = 2y, \quad x = 3y, \quad z = 0.$

111. $cz = xy, \quad y^2 = 2x, \quad y^2 = 3x, \quad x^2 = y, \quad x^2 = 2y, \quad z = 0.$

112. $z^2 = xy, \quad xy = 1, \quad xy = 4, \quad y^2 = x, \quad y^2 = 3x, \quad z = 0.$

113. $z = x^2y, \quad y^2 = a^2 - 2ax, \quad y^2 = m^2 + 2mx, \quad y = 0, \quad z = 0.$

§ 4. Berechnung gekrümmter Flächen

Der Inhalt der durch die Gleichung $F(x, y, z) = 0$ gegebenen Fläche wird nach der Formel

$$\iint\limits_S \frac{\sqrt{\left(\frac{\partial F}{\partial x}\right)^2 + \left(\frac{\partial F}{\partial y}\right)^2 + \left(\frac{\partial F}{\partial z}\right)^2}}{\left|\frac{\partial F}{\partial z}\right|}\, dx\, dy$$

berechnet, wobei S die Projektion des betrachteten Flächenstückes auf die x, y-Ebene ist.

Wenn die Fläche durch eine Parameterdarstellung $x=\varphi(u,v)$, $y=\psi(u,v)$, $z=\omega(u,v)$ gegeben ist und das Linienelement einer Kurve, die auf dieser Fläche liegt, durch die Formel

$$ds^2 = E\,du^2 + 2F\,du\,dv + G\,dv^2$$

bestimmt wird, wobei

$$E = \left(\frac{\partial x}{\partial u}\right)^2 + \left(\frac{\partial y}{\partial u}\right)^2 + \left(\frac{\partial z}{\partial u}\right)^2, \quad G = \left(\frac{\partial x}{\partial v}\right)^2 + \left(\frac{\partial y}{\partial v}\right)^2 + \left(\frac{\partial z}{\partial v}\right)^2,$$

$$F = \frac{\partial x}{\partial u}\frac{\partial x}{\partial v} + \frac{\partial y}{\partial u}\frac{\partial y}{\partial v} + \frac{\partial z}{\partial u}\frac{\partial z}{\partial v}$$

gilt, dann wird der gesuchte Flächeninhalt durch das Integral

$$\iint \sqrt{EG - F^2}\,du\,dv$$

gegeben, dessen Integrationsbereich sich über das Gebiet der Werte von u und v erstreckt, die den Punkten des betrachteten Flächenstückes entsprechen.

Man berechne den Inhalt folgender Flächen:

114. Der Fläche $z^2 = 2xy$ für $z > 0$, $0 < x < a$, $0 < y < b$.

115. Der Fläche $x^2 = 2pz$ für $\alpha x > y > \beta x$, $0 < x < a$.

116. Des Teils der Fläche $z^2 = 2px$, der von den Flächen $y^2 = 2qx$ und $x = a$ abgeschnitten wird.

117. Des Teils des Zylinders $\frac{x^2}{a^2} + \frac{z^2}{b^2} = 1$, der vom Zylinder $\frac{x^2}{a^2} + \frac{y^2}{b^2} = 1$, $a > b$, eingeschlossen wird.

118. Des Teils der Kugel $x^2 + y^2 + z^2 = a^2$, der von dem Zylinder $\frac{x^2}{a^2} + \frac{y^2}{b^2} = 1$, $a > b$, eingeschlossen wird.

119. Des Teils der Kugel $x^2 + y^2 + z^2 = a^2$, der außerhalb der Zylinder $x^2 + y^2 = \pm ax$ liegt (Aufgabe von VIVIANI).

120. Der Teile der Zylinder $x^2 + y^2 = \pm ax$, die im Innern der Kugel $x^2 + y^2 + z^2 = a^2$ liegen.

121. Des Teils des Kegels $y^2 + z^2 = x^2$, der im Innern des Zylinders $x^2 + y^2 = a^2$ liegt.

122. Des Teils desselben Kegels, der von der Fläche $x^2 = ay$ abgeschnitten wird.

123. Des Teils der Fläche $z = \arctan\frac{y}{x}$, dessen Projektion auf die x,y-Ebene die erste Windung der Archimedischen Spirale $r = \varphi$ ergibt.

124. Der Fläche $2cz = y^2 - x^2 + 2xy\cot\alpha$ unter den Bedingungen $z \geqq 0$ und $x^2 + y^2 < a^2$.

125. $x^2 + y^2 = 2az$ im Innern des Zylinders $(x^2 + y^2)^2 = a^2(x^2 - y^2)$.

126. $az = xy$ im Innern des Zylinders $(x^2 + y^2)^2 = 2a^2xy$.

127. $x^2 + y^2 + z^2 = a^2$ im Innern des Zylinders $(x^2 + y^2)^2 = a^2(x^2 - y^2)$.

128. $x^2 + y^2 = z^2$ im Innern des Zylinders $(x^2 + y^2)^2 = 2xy$ für $z \geqq 0$.

129. $(x\cos\alpha + y\sin\alpha)^2 + z^2 = a^2$ mit $x > 0,\ y > 0,\ z > 0$.

130. $(x + y)^2 + z = 1$ mit $x > 0,\ y > 0,\ z > 0$.

131. $(x + y)^2 + 2z^2 = 2a^2$ mit $x > 0,\ y > 0,\ z > 0$.

132. $(x^2 + y^2)z = x + y$ mit $1 < x^2 + y^2 < 4,\ x > 0,\ y > 0$.

133. $\frac{x^2}{a} + \frac{y^2}{b} = 2z$ im Innern des Zylinders $\frac{x^2}{a^2} + \frac{y^2}{b^2} = 1$.

134. $\frac{x^2}{a} - \frac{y^2}{b} = 2z$ im Innern des Zylinders $\frac{x^2}{a^2} + \frac{y^2}{b^2} = 1$ mit $z > 0$.

135. $\frac{x^2}{a} + \frac{y^2}{b} = 2z$ im Innern des Zylinders $\left(\frac{x^2}{a^2} + \frac{y^2}{b^2}\right)^2 = \frac{x^2}{a^2} - \frac{y^2}{b^2}$.

136. $x^2 + y^2 + z^2 = a^2$ mit $0 < x,\ 0 < y,\ x + y < a,\ z > 0$.

137. $z^2 = 2xy$ mit $0 < x,\ 0 < y,\ 0 < z,\ \sqrt{\frac{x}{a}} + \sqrt{\frac{y}{b}} < 1$.

138. $\sin z = \sinh x \sinh y$ mit $1 < x < 2$.

139. Des Teils der Schraubenfläche $x = r\cos\varphi,\ y = r\sin\varphi,\ z = h\varphi$, für den die Bedingungen $0 < r < a$ und $0 < \varphi < 2\pi$ gelten.

140. Man berechne den Inhalt der Fläche

$$(x^2 + y^2 + z^2)^2 = a^2(x^2 + y^2).$$

141. Man bestimme die Größe des räumlichen Winkels, unter dem das Rechteck $0 < y < b,\ 0 < z < c,\ x = a > 0$ vom Koordinatenursprung aus gesehen wird. Mit anderen Worten: Man bestimme den Inhalt des Teils der Oberfläche der Kugel $x^2 + y^2 + z^2 = 1$, auf den das Rechteck durch Strahlen aus dem Koordinatenursprung projiziert wird.

§ 5. Kurvenintegrale

Wenn eine Kurve durch eine einzige Gleichung $f(x, y) = 0$ oder in der Parameterdarstellung $x = \varphi(t)$, $y = \psi(t)$ gegeben ist, dann können die Koordinaten eines sich auf dieser Kurve bewegenden Punktes $M(x, y)$ durch eine unabhängige Veränderliche ausgedrückt werden. Im ersten Fall ist es zum Beispiel unter gewissen Voraussetzungen möglich, y mit Hilfe der Kurvengleichung durch x auszudrücken, und im zweiten Fall sind x und y bereits als Funktionen von t dargestellt. Als Kurvenintegral über die Kurve AB bezeichnet man das Integral

$$\int_{AB} [P(x, y)\,dx + Q(x, y)\,dy],$$

wobei $P(x, y)$ und $Q(x, y)$ längs der Kurve stetig sind.

Zu seiner Berechnung drückt man die Koordinaten des sich auf der Kurve AB bewegenden Punktes $M(x, y)$ und deren Differentiale durch eine Veränderliche aus. Damit verwandelt sich das Kurvenintegral in ein gewöhnliches bestimmtes Integral. Ist zum Beispiel die Kurve AB durch die Parameterdarstellung $x = \varphi(t)$, $y = \psi(t)$ gegeben, dann ist $dx = \varphi'(t)dt$, $dy = \psi'(t)\,dt$. Bezeichnet man mit a und b die zu den Punkten A und B gehörigen Werte des Parameters, dann erhält man die Gleichung

$$\int_{AB} [P(x, y)\,dx + Q(x, y)\,dy] = \int_a^b [P(\varphi, \psi)\,\varphi' + Q(\varphi, \psi)\,\psi']\,dt.$$

Auf ihrer rechten Seite steht ein gewöhnliches bestimmtes Integral, das eventuell nach irgendeinem bekannten Verfahren zu berechnen ist.

Ein zweiter Typ von Kurvenintegralen wird durch $\int_{AB} f(x, y)\,ds$ gegeben, wobei s der Bogen der Kurve AB ist. Die Berechnung dieses Integrals ähnelt der des vorangegangenen Typs. Es ist

$$ds = \pm\sqrt{dx^2 + dy^2} = \pm\sqrt{\varphi'^2(t) + \psi'^2(t)}\,dt.$$

Die Zeichen Plus oder Minus stehen je nachdem, ob man die Bogenlänge von A nach B mißt oder umgekehrt.

In einigen Aufgaben treten Integrale auf, die oft auch als $\int_{AB} f(x, y)\,ds$ bezeichnet werden, obgleich sie präziser durch $\int_{AB} f(x, y)\,|ds|$ angegeben werden müßten. Hierbei ist

$$ds = +\sqrt{dx^2 + dy^2} = +\sqrt{\varphi'^2(t) + \psi'^2(t)}\,|dt|.$$

Integrale dieses Typs werden wir Kurvenintegrale 2. Art nennen.

Die Grundeigenschaften von Kurvenintegralen werden durch folgende Formeln ausgedrückt:

$$\int_{AB} [P\,dx + Q\,dy] + \int_{BC} [P\,dx + Q\,dy] = \int_{AC} [P\,dx + Q\,dy],$$

$$\int_{AB} f(x, y)\,ds + \int_{BC} f(x, y)\,ds = \int_{AC} f(x, y)\,ds.$$

Bei der Umkehrung des Integrationsweges multipliziert sich der Wert eines gewöhnlichen Kurvenintegrals mit (-1):

$$\int_{AB} [P\,dx + Q\,dy] = -\int_{BA} [P\,dx + Q\,dy]; \quad \int_{AB} f(x, y)\,ds = -\int_{BA} f(x, y)\,ds.$$

Der Wert eines Kurvenintegrals zweiter Art ändert sich bei der Umkehrung des Integrationsweges nicht:

$$\int_{AB} f(x, y)\,|ds| = \int_{BA} f(x, y)\,|ds|.$$

Die Kurvenintegrale lassen sich auf einfache Art geometrisch und physikalisch deuten. Das Integral $\int\limits_{AB} P(x, y)\,dx$ (der Integrationsweg AB verlaufe auf der Kurve $f(x, y) = 0$) bezeichnet den Flächeninhalt der Projektion eines Teiles der Zylinderfläche, die senkrecht zur x, y-Ebene über der Kurve AB errichtet wurde, auf die x, z-Ebene. Dieser Teil wird durch die x, y-Ebene und die Fläche $z = P(x, y)$ begrenzt. Ähnlich ist das Kurvenintegral zweiter Art $\int\limits_{AB} f(x, y)\,|ds|$ gleich dem Inhalt der zylindrischen Fläche über der Kurve AB, die von der x, y-Ebene und der Fläche $z = f(x, y)$ begrenzt wird.

Endlich gibt das Integral $\int\limits_{AB} (P\,dx + Q\,dy)$ diejenige Arbeit an, die ein Kraftfeld bei der Bewegung eines Massenpunktes längs der Kurve AB an diesem leistet. $P(x, y)$ und $Q(x, y)$ sind dabei die Komponenten der die Bewegung hervorbringenden Kraft bezüglich der x- und y-Achse.

Man berechne folgende Kurvenintegrale:

142. $\int\limits_{AB} (x\,dx - y\,dy)$ längs der Parabel $y = x^2$ zwischen den Punkten $A(0, 0)$ und $B(2, 4)$.

143. $\int\limits_{AB} [(x + y)\,dx + (x - y)\,dy]$. Der Integrationsweg sei die Parabel $y = x^2$ zwischen den Punkten $(-1, 1)$ und $(1, 1)$.

144. $\int\limits_{AB} x^2 ds$. Der Integrationsweg sei die obere Hälfte des Kreises $x^2 + y^2 = a^2$ zwischen den Punkten $A(a, 0)$ und $B(-a, 0)$.

145. $\int\limits_{AB} x\,dy$. Der Integrationsweg sei die rechte Hälfte des Kreises $x^2 + y^2 = a^2$ zwischen den Punkten $A(0, -a)$ und $B(0, a)$.

146. $\int\limits_{ABCA} [(x^2 + y^2)\,dx + (x^2 - y^2)\,dy]$. Der Integrationsweg sei der Umfang des Dreiecks mit den Eckpunkten $A(0, 0)$, $B(1, 0)$, $C(0, 1)$.

Die Greensche Formel

$$\int\limits_C (P\,dx + Q\,dy) = \iint\limits_S \left(\frac{\partial Q}{\partial x} - \frac{\partial P}{\partial y}\right) dx\,dy$$

verwandelt ein Kurvenintegral über eine geschlossene Kurve, die im positiven Sinn durchlaufen wird, in ein Integral über die Fläche S, die von der geschlossenen Kurve begrenzt wird. Aus ihr folgt, daß das Integral $\int\limits_{AB} (P\,dx + Q\,dy)$ für zwei verschiedene Integrationswege ein und denselben

Wert besitzt, wenn in dem von den beiden Integrationswegen eingeschlossenen Gebiet die Funktionen P und Q der Gleichung $\frac{\partial Q}{\partial x} = \frac{\partial P}{\partial y}$ genügen.

147. Aus der GREENschen Formel beweise man die Gleichung

$$S = \frac{1}{2} \int\limits_C (x\,dy - y\,dx),$$

wobei C die in positiver Richtung durchlaufene geschlossene Randkurve der Fläche mit dem Inhalt S ist.

148. Man berechne mit Hilfe der letzten Formel den Flächeninhalt der Ellipse $x = a \cos t$, $y = b \sin t$.

149. Man berechne mit Hilfe derselben Formel den Flächeninhalt eines Sektors der Hyperbel $x = a \cosh t$, $y = b \sinh t$, der von der x-Achse, dem Hyperbelbogen bis zum Punkte $M(x_0, y_0)$ und der Geraden OM begrenzt wird.

150. Man berechne den Inhalt der Fläche, die von den Geraden OM_1 und OM_2 und dem Bogen der Astroide $x = a \cos^3 t$, $y = a \sin^3 t$ zwischen M_1 und M_2 begrenzt wird.

151. Man berechne den Inhalt der Fläche, die von der Hypozykloide mit drei Spitzen eingeschlossen wird:

$$x = a(2 \cos t + \cos 2t), \quad y = a(2 \sin t - \sin 2t).$$

152. Man berechne das Kurvenintegral $\int\limits_C \frac{x\,dy - y\,dx}{x^2 + y^2}$. Dabei sei C eine geschlossene Kurve, die in positiver Richtung durchlaufen wird.

153. Die Kurven $X(x, y) = 0$ und $Y(x, y) = 0$ mögen einige einfache Schnittpunkte besitzen. Man berechne das Integral $\frac{1}{2\pi} \int\limits_C \frac{X\,dY - Y\,dX}{X^2 + Y^2}$ längs der in positiver Richtung durchlaufenen geschlossenen Kurve C.

Die Kurvenintegrale über räumlichen Kurven lassen sich ähnlich wie die Integrale über ebenen Kurven berechnen. Wenn $x = \varphi(t)$, $y = \psi(t)$, $z = \omega(t)$, die Parameterdarstellung einer Kurve zwischen den Punkten A und B ist und a und b die Werte sind, die vom Parameter t in diesen Punkten angenommen werden, dann gilt die Gleichung

$$\int\limits_{AB} P(x, y, z)\,dx + Q(x, y, z)\,dy + R(x, y, z)\,dz$$
$$= \int\limits_a^b [P(\varphi, \psi, \omega)\,\varphi' + Q(\varphi, \psi, \omega)\,\psi' + R(\varphi, \psi, \omega)\,\omega']\,dt.$$

Sie führt die Berechnung des Kurvenintegrals auf die Berechnung eines bestimmten Integrals zurück.

Eine Anwendung der Kurvenintegrale ist die Berechnung des Schwerpunktes (x_c, y_c, z_c) einer Kurve. Dazu dienen die Formeln

$$M x_c = \int_{AB} x \mu \, ds, \quad M y_c = \int_{AB} y \mu \, ds, \quad M z_c = \int_{AB} z \mu \, ds, \quad M = \int_{AB} \mu \, ds.$$

Hierbei ist μ die Dichte der Kurve im Punkt (x, y, z), die längs AB variieren kann. Das letzte Integral gibt die Gesamtmasse der Kurve an.

154. Man berechne den Schwerpunkt eines homogenen Kreisbogens. Der Radius des Kreises sei a, der zum Bogen gehörige Zentriwinkel sei 2φ.

155. Man bestimme den Schwerpunkt des ganzen Bogens einer homogenen Kardioide $r = a(1 + \cos\varphi)$.

156. Man bestimme den Schwerpunkt eines vollen Bogens der homogenen Zykloide $x = a(t - \sin t)$, $y = a(1 - \cos t)$ $(0 < t < 2\pi)$.

157. Man berechne die Koordinaten des Schwerpunkts der Schraubenlinie $x = a\cos t$, $y = a\sin t$, $z = ht$ für $0 < t < m$.

158. Man berechne die Koordinaten des Schwerpunkts der Kurve $x = e^{-t}\cos t$, $y = e^{-t}\sin t$, $z = e^{-t}$ für $0 < t < \infty$.

§ 6. Einige Anwendungen der Doppelintegrale in der Mechanik und Festigkeitslehre

Die Koordinaten des Schwerpunktes einer ebenen, mit Masse belegten Fläche findet man mit Hilfe der Formeln

$$M x_c = \iint_S x \mu \, dx \, dy, \quad M y_c = \iint_S y \mu \, dx \, dy, \quad M = \iint_S \mu \, dx \, dy.$$

Hierbei ist $\mu = \mu(x, y)$ die Dichte der Belegung im Punkte (x, y). M gibt die Masse der Fläche an, und die Größen $M x_c$ und $M y_c$ stellen die Drehmomente der Fläche bezüglich der x- und y-Achse dar.

Man suche die Koordinaten des Schwerpunktes homogener Platten, die durch folgende Kurven begrenzt werden:

159. $x = 0$, $y = 0$, $x + y = a$.

160. $y^2 = 2px$, $y = 0$, $x = x_0$.

161. $x^{\frac{2}{3}} + y^{\frac{2}{3}} = a^{\frac{2}{3}}$; $x > 0$, $y > 0$.

162. $x^2 + y^2 = a^2$; $x > 0$, $y > 0$.

163. $x^2 + y^2 = a^2$; $|y| < x\tan\alpha$.

164. $r^2 = a^2\cos 2\varphi$ (rechte Schleife).

165. $r = a(1 + \cos\varphi)$.

166. $x^3 + y^3 = 3axy$ (Schleife).

167. $x = a(t - \sin t), \quad y = a(1 - \cos t); \quad 0 < t < 2\pi.$

168. $x^4 + y^4 = x^2 y$ (rechte Schleife).

169. $\sqrt{x} + \sqrt{y} = \sqrt{a}, \quad x = 0, \quad y = 0.$

170. $\left(\frac{x}{a} + \frac{y}{b}\right)^4 = \frac{xy}{ab}$ (rechte Schleife).

171. Man beweise, daß der Schwerpunkt einer homogenen dreieckigen Platte im Schnittpunkt der Seitenhalbierenden liegt.

172. Man beweise, daß das Drehmoment einer homogenen Fläche bezüglich irgendeiner Geraden gleich Sh ist, wobei S die Größe der Fläche und h der Abstand des Schwerpunktes von der Geraden ist.

173. Von einem geraden Zylinder (oder Prisma) schneidet eine nicht notwendig zur Grundfläche des Zylinders (oder Prismas) parallele Ebene einen Stumpf ab. Man beweise, daß dessen Volumen gleich seiner Grundfläche, multipliziert mit seiner Höhe über dem Schwerpunkt der Grundfläche, ist.

174. Man beweise, daß das Volumen eines Körpers, den man durch Rotation einer ebenen Fläche S um eine Achse erhält, die in der Ebene von S liegt, S jedoch nicht schneidet, gleich der Fläche S, multipliziert mit der Länge des Kreisbogens, ist, den der Schwerpunkt der Fläche S beschreibt (Satz von PAPPUS, häufig auch GULDINsche Regel genannt).

Als Trägheitsmoment einer ebenen Fläche S bezüglich irgendeiner Achse, die in derselben Ebene liegt, bezeichnet man das Integral

$$J = \iint_S [\delta(x, y)]^2 \, dx \, dy,$$

wobei $\delta(x, y)$ die Entfernung des Punktes (x, y) von der Achse ist. Insbesondere ist das Trägheitsmoment bezüglich der x- und y-Achse gleich den Integralen $\iint_S y^2 \, dx \, dy$ und $\iint_S x^2 \, dx \, dy$.

Als polares Trägheitsmoment der ebenen Fläche S bezüglich eines gewissen Punktes bezeichnet man das Integral $\iint_S [r(x, y)]^2 \, dx \, dy$, wobei r der Abstand des Punktes (x, y) von dem gegebenen Punkt ist. Insbesondere ist das Trägheitsmoment in bezug auf den Koordinatenursprung gleich $\iint_S (x^2 + y^2) \, dx \, dy$.

Als Zentrifugalmoment bezeichnet man das Integral $\iint_S xy \, dx \, dy$.

Bei der Betrachtung der Durchbiegung von Balken hat das Trägheitsmoment eines Balkenquerschnitts bezüglich einer Achse, die senkrecht zu den an dem Balken angreifenden Kräften steht und durch den Schwerpunkt des Querschnitts geht, eine große Bedeutung. Wenn ein homogener Balken, der an den Enden unterstützt ist, sich im Gleichgewicht befindet, gilt die Gleichung

$$EJK = xF_1 - \int_0^x (x - \xi) f(\xi)\, d\xi .$$

Dabei ist E der Elastizitätsmodul, J das Trägheitsmoment, K die Krümmung des Balkens in dem Punkte, der vom linken Ende den Abstand x hat, F_1 die Reaktion der linken Stütze, $f(\xi)$ die Belastung des Balkens in dem Punkt mit der Entfernung ξ vom linken Ende. Diese Gleichung zeigt, daß J die Festigkeit des Balkens charakterisiert.

175. Man beweise, daß das Trägheitsmoment einer ebenen Fläche S bezüglich irgendeiner Achse gleich $Sd^2 + J_c$ ist. Hierbei ist d die Entfernung des Schwerpunktes der Fläche von der Achse und J_c das Trägheitsmoment der Fläche bezüglich einer Achse, die durch den Schwerpunkt dieser Fläche geht und parallel zur ersten Achse verläuft.

176. Man beweise, daß das Trägheitsmoment J bezüglich der Geraden $x \sin\alpha - y \cos\alpha = 0$, die durch den Schwerpunkt $(0, 0)$ geht, durch die Formel

$$J = J_x \cos^2\alpha - 2 J_{xy} \cos\alpha \sin\alpha + J_y \sin^2\alpha$$

gegeben wird. Hierbei sind J_x und J_y die Trägheitsmomente bezüglich der x- und y-Achse, und J_{xy} ist das Zentrifugalmoment.

177. Man beweise, daß das Zentrifugalmoment bei Drehung der Achsen um 90° sein Vorzeichen ändert und folglich mindestens zwei zueinander senkrechte Achsen existieren, die durch den Schwerpunkt gehen und bezüglich derer das Zentrifugalmoment Null ist.

178. Auf jeder Achse, die durch den Schwerpunkt der ebenen Fläche S geht, sei der Abschnitt $\frac{n}{\sqrt{J}}$ abgetragen, wobei J das Trägheitsmoment bezüglich der jeweiligen Achse ist und n eine Konstante bedeutet. Man beweise, daß die Enden dieser Abschnitte auf einer Ellipse liegen. Wenn

$$n\,S = J_x J_y - J_{xy}^2$$

ist, heißt diese **Ellipse Trägheitsellipse** der Fläche S.

179. Man beweise, daß die Trägheitsmomente eines Rechtecks mit den Seiten a und b bezüglich der durch den Mittelpunkt parallel zu den Seiten verlaufenden Achsen gleich $\frac{ab^3}{12}$ und $\frac{a^3 b}{12}$ sind.

180. Man beweise, daß die Trägheitsellipse des Rechtecks mit den Seiten $x = \pm\frac{a}{2}$, $y = \pm\frac{b}{2}$ die Gleichung $\frac{x^2}{a^2} + \frac{y^2}{b^2} = \frac{1}{12}$ besitzt.

181. Ein gleichschenkliges Dreieck besitzt die Basis a und die Höhe h. Welche Beziehung besteht zwischen a und h, wenn die Trägheitsellipse zu einem Kreis ausartet.

182. Man berechne das Trägheitsmoment eines Kreissektors mit dem Radius a und dem Zentriwinkel 2φ bezüglich a) seiner Symmetrieachse und b) der Senkrechten zu ihr, die durch den Schwerpunkt geht.

183. Man berechne das Trägheitsmoment eines Kreissegments mit dem Radius a und dem Zentriwinkel 2φ bezüglich der Symmetrieachse.

184. Ist es möglich, daß die Trägheitsellipse eines Kreissektors ein Kreis ist?

185. Man berechne die Trägheitsmomente der Ellipse $\frac{x^2}{a^2} + \frac{y^2}{b^2} = 1$ bezüglich der beiden Hauptachsen und suche die Gleichung der Trägheitsellipse.

186. Der Ring zwischen zwei konzentrischen Kreisen mit den Radien 12 und 13 besitzt den gleichen Flächeninhalt wie der Kreis mit dem Radius 5. Wievielmal größer ist das Trägheitsmoment des Ringes als das des flächengleichen Kreises, wenn man beide Momente auf denselben Durchmesser bezieht?

187. Man berechne das Trägheitsmoment des Parallelogramms mit den Seiten $a_1 x + b_1 y = \pm h_1$, $a_2 x + b_2 y = \pm h_2$ bezüglich der x-Achse.

188. Man berechne das Zentrifugalmoment für dieselbe Fläche.

189. Man berechne das Trägheitsmoment der von der Kurve

$$x^4 + y^4 = x^2 + y^2$$

eingeschlossenen Fläche bezüglich der x- und y-Achse und vergleiche es mit dem Trägheitsmoment des Quadrats $|x + y| + |x - y| = 2$.

Der Torsionswiderstand eines Drahtes mit dem Querschnitt S hat die Größe $C = 2\mu \iint\limits_S \psi(x, y)\, dx\, dy$, wobei μ eine Materialkonstante und $\psi(x, y)$ die Spannungsfunktion ist, die auf dem Rand des Querschnitts Null ist und im Innern die Gleichung $\frac{\partial^2 \psi}{\partial x^2} + \frac{\partial^2 \psi}{\partial y^2} = -2$ erfüllt.

190. Man berechne C für einen kreisförmigen Querschnitt, wenn $2\psi = a^2 - x^2 - y^2$ ist.

191. Man berechne C für einen elliptischen Querschnitt, wenn

$$(a^2 + b^2)\,\psi = a^2 b^2 - b^2 x^2 - a^2 y^2$$

ist (a und b sind die Halbachsen der Ellipse).

192. Man löse dieselbe Aufgabe für ein gleichseitiges Dreieck mit den Seiten $x \pm y\sqrt{3} = h$, $x = 0$. In diesem Fall ist

$$2h\psi = x\left(h - x - y\sqrt{3}\right)\left(h - x + y\sqrt{3}\right).$$

193. Die x-Achse eines Koordinatensystems, dessen y-Achse nach unten zeigt, verlaufe längs der Oberfläche einer Flüssigkeit. Man beweise, daß der Druck der Flüssigkeit auf eine vertikale Fläche S gleich $\gamma \iint\limits_S y\, dx\, dy$ ist, wobei γ das spezifische Gewicht der Flüssigkeit ist. Man beweise weiterhin, daß der Angriffspunkt der Resultierenden der Druckkräfte in der Tiefe h liegt, wobei

$$h \iint_S y\,dx\,dy = \iint_S y^2\,dx\,dy$$

gilt.

§ 7. Oberflächenintegrale, Trägheitsmomente und Massenmittelpunkte gekrümmter Flächen

Als Flächenintegral bezeichnet man ein Integral der Form

$$\iint_\sigma [P\,dy\,dz + Q\,dz\,dx + R\,dx\,dy].$$

Zu seiner Berechnung werden die Veränderlichen x, y und z unter Benutzung der Gleichung der Fläche $f(x, y, z) = 0$ (oder ihrer Parameterdarstellung $x = \varphi(u, v)$, $z = \omega(u, v)$, $y = \psi(u, v)$) durch nur zwei unabhängige Veränderliche ausgedrückt. Eine andere, deutlichere Schreibart der Flächenintegrale hat die Form

$$\iint_\sigma (P \cos\alpha + Q \cos\beta + R \cos\gamma)\,d\sigma,$$

wobei α, β, γ die Winkel zwischen den Flächennormalen und den Koordinatenachsen sind. Wenn man die Richtung der Normalen umkehrt, ändert sich auch das Vorzeichen des Integrals.

Als Beispiel für ein Flächenintegral betrachten wir das Trägheitsmoment eines Teils der Oberfläche der Kugel $x^2 + y^2 + z^2 = a^2$ bezüglich der z-Achse, d. h. das Integral $\iint_\sigma (x^2 + y^2)\,d\sigma$, erstreckt über den gegebenen Teil der Kugeloberfläche. Zu seiner Berechnung ersetzen wir $d\sigma$ nach der Formel

$$d\sigma = \frac{dx\,dy}{\cos\gamma} = \frac{\sqrt{\left(\frac{\partial f}{\partial x}\right)^2 + \left(\frac{\partial f}{\partial y}\right)^2 + \left(\frac{\partial f}{\partial z}\right)^2}}{\frac{\partial f}{\partial z}}\,dx\,dy.$$

Danach erhalten wir (weil $f(x, y, z) = x^2 + y^2 + z^2 - a^2$ ist)

$$d\sigma = \frac{\sqrt{4x^2 + 4y^2 + 4z^2}}{2z}\,dx\,dy = \frac{a\,dx\,dy}{\sqrt{a^2 - x^2 - y^2}}.$$

Das Integral geht dann über in

$$\iint_\sigma (x^2 + y^2)\,d\sigma = a \iint_S \frac{(x^2 + y^2)\,dx\,dy}{\sqrt{a^2 - x^2 - y^2}},$$

wobei rechts über den Viertelkreis $x^2 + y^2 = a^2$ mit $x > 0$, $y > 0$ integriert wird.

In dem angeführten Beispiel ist ein anderer Weg bequemer. Man führt mit Hilfe der Formeln $x = a \sin\theta \cos\varphi$, $y = a \sin\theta \sin\varphi$, $z = a \cos\theta$ Kugelkoordinaten ein. Dann wird $d\sigma = a^2 \sin\theta \, d\varphi \, d\theta$, $x^2 + y^2 = a^2 \sin\theta$, und man erhält schließlich

$$\iint\limits_{\sigma} (x^2 + y^2) \, d\sigma = a^4 \iint\limits_{(\sigma)} \sin^2\theta \, d\varphi \, d\theta = a^4 \int\limits_0^{\pi/2} d\varphi \int\limits_0^{\pi/2} \sin^3\theta \, d\theta = \frac{\pi a^4}{3}.$$

Die Koordinaten des Massenmittelpunkts eines homogenen gekrümmten Flächenstücks erhält man mit Hilfe der Formeln

$$F x_c = \iint\limits_S x \, ds, \quad F y_c = \iint\limits_S y \, ds, \quad F z_c = \iint\limits_S z \, ds, \quad F = \iint\limits_S ds,$$

in denen F das gegebene Flächenstück bezeichnet.

194. Man ermittle den Massenmittelpunkt des Teils der homogenen Kugelhülle $x^2 + y^2 + z^2 = a^2$, für den $x > 0$, $y > 0$, $z > 0$ gilt.

195. Man bestimme den Massenmittelpunkt der Oberfläche des Segments derselben Kugel, für das $h < z < a$ gilt.

196. Man berechne die Koordinaten des Massenmittelpunktes der Schraubenfläche $x = u \cos v$, $y = u \sin v$, $z = h v$ für $0 < u < a$, $0 < v < \pi$.

197. Man ermittle den Massenmittelpunkt des Teils der Fläche

$$3z = 2(x\sqrt{x} + y\sqrt{y}),$$

der von den Ebenen $x = 0$, $y = 0$, $x + y = 1$ ausgeschnitten wird.

Man berechne die Trägheitsmomente folgender Teile homogener Flächen:

198. der Kegelfläche $h^2(x^2 + y^2) = a^2 z^2$ für $0 < z < h$ bezüglich der z-Achse;

199. der Kugelfläche $x^2 + y^2 + z^2 = a^2$ bezüglich eines Kugeldurchmessers;

200. der Fläche des elliptischen Paraboloids $x^2 + y^2 = 2az$ für $0 < z < a$ bezüglich der z-Achse;

201. der Oberfläche des Kugelsegments $x^2 + y^2 + z^2 = a^2$, $h < z < a$, bezüglich der z-Achse.

202. Man berechne das Doppelintegral $\iint \frac{ds}{\varrho}$, erstreckt über die Oberfläche des Ellipsoids $\frac{x^2}{a^2} + \frac{y^2}{b^2} + \frac{z^2}{c^2} = 1$, wenn ϱ die Entfernung des Ellipsenmittelpunktes von der dem Element ds entsprechenden Tangentialebene an das Ellipsoid ist.

203. Man berechne das Integral $\iint \frac{ds}{\varrho^n}$, erstreckt über die Kugeloberfläche $x^2 + y^2 + z^2 = a^2$, wenn ϱ die Entfernung des Flächenelementes vom außerhalb der Kugel gelegenen Punkte $(0, 0, c)$ ist.

204. Man zeige, daß das Integral

$$w = \iint\limits_S \frac{\cos(r, n)}{r^2} \, ds = \iint\limits_S \frac{\partial \frac{1}{r}}{\partial n} \, ds,$$

erstreckt über die Fläche S, gleich dem Raumwinkel ist, unter dem die Fläche vom Koordinatenursprung aus erscheint. Hierbei ist r der Radiusvektor vom Koordinatenursprung zum Flächenelement ds, n die Flächennormale, die mit dem Vektor r einen spitzen Winkel bildet. Die Größe $\frac{du}{dn}$ ist gleich

$$\frac{\partial u}{\partial x} \cos(n, x) + \frac{\partial u}{\partial y} \cos(n, y) + \frac{\partial u}{\partial z} \cos(n, z).$$

§ 8. Volumenberechnung

In den folgenden Aufgaben soll das Volumen von Körpern berechnet werden, die von vorgegebenen Flächen begrenzt werden. Als wichtigste Methode zur Berechnung der dabei auftretenden Integrale erwähnen wir die Einführung geeigneter neuer Veränderlicher, die die Integration einfacher gestalten. Wenn zum Beispiel das Volumen des Körpers, der von den Flächen

$$x^2 + y^2 + z^2 = 2az, \quad x^2 + y^2 = z^2 \tan^2\alpha, \quad x^2 + y^2 = z^2 \tan^2\beta$$

begrenzt wird, berechnet werden soll (dabei ist $\alpha < \beta$), dann muß man mit Hilfe der Formeln

$$x = r \sin\theta \cos\varphi, \quad y = r \sin\theta \sin\varphi, \quad z = r \cos\theta$$

Kugelkoordinaten einführen. Bei dieser Transformation ist die Funktionaldeterminante J bequem nach der Formel $J = J_1 J_2$ zu berechnen. Hierbei ist J_1, die Determinante der Transformation $x = \varrho \cos\varphi$, $y = \varrho \sin\varphi$, $z = z$, gleich ϱ und J_2, die Funktionaldeterminante der Transformation $\varrho = r \sin\theta$, $z = r \cos\theta$, $\varphi = \varphi$, gleich r. Auf diese Weise erhält man für J den Wert $J = \varrho \cdot r = r^2 \sin\theta$.

Der Wertebereich der alten Veränderlichen ist durch die Ungleichungen

$$x^2 + y^2 + z^2 < 2az, \quad z^2 \tan^2\alpha < x^2 + y^2 < z^2 \tan\beta$$

gegeben. Für die neuen Veränderlichen gehen diese Ungleichungen in die Form

$$r < 2a \cos\theta, \quad \cos^2\theta \tan^2\alpha < \sin^2\theta < \cos^2\theta \tan^2\beta$$

über. Wegen $z > 0$ ist $\cos\theta > 0$. Daraus folgen schließlich die Ungleichungen

$$r < 2a \cos\theta, \quad \tan\alpha < \tan\theta < \tan\beta.$$

Bei beliebig gegebenem r und θ kann also die Veränderliche φ beliebige Werte zwischen 0 und 2π annehmen, die Veränderliche r kann sich bei gegebenem θ zwischen 0 und $2a \cos\theta$ bewegen, und der Winkel θ kann sich von α bis β

ändern. Auf Grund dieser Überlegungen erhalten wir für die Größe des gesuchten Volumens die Gleichungen

$$V = \iiint\limits_{v} dx\,dy\,dz = \iiint\limits_{(V)} J\,dr\,d\varphi\,d\theta = \int\limits_{\alpha}^{\beta} \sin\theta\,d\theta \int\limits_{0}^{2a\cos\theta} r^2\,dr \int\limits_{0}^{2\pi} d\varphi$$

$$= 2\pi \int\limits_{\alpha}^{\beta} \sin\theta\,d\theta\,\frac{r^3}{3}\Bigg|_{0}^{2a\cos\theta} = \frac{16\pi a^3}{3}\int\limits_{\alpha}^{\beta}\cos^3\theta\sin\theta\,d\theta = \frac{16\pi a^3}{3}\,\frac{-\cos^4\theta}{4}\Bigg|_{\alpha}^{\beta}$$

$$= \frac{4}{3}\pi a^3(\cos^4\alpha - \cos^4\beta).$$

In den folgenden Aufgaben erhält man die Lösung bequem durch Einführung von Polarkoordinaten.

Man berechne das Volumen der Körper, die von folgenden Flächen begrenzt werden:

205. $(x^2 + y^2 + z^2)^2 = a^3 x.$

206. $(x^2 + y^2 + z^2)^2 = a x y z.$

207. $(x^2 + y^2 + z^2)^2 = a z (x^2 + y^2).$

208. $(x^2 + y^2 + z^2)^2 = a^2 (x^2 + y^2).$

209. $(x^2 + y^2 + z^2)^2 = a^2 (x^2 + y^2 + z^2).$

210. $(x^2 + y^2 + z^2)^3 = a^2 y^2 z^2.$

211. $(x^2 + y^2 + z^2)^3 = a^3 x y z.$

212. $(x^2 + y^2 + z^2)^3 = a^3 (x^3 + y^3 + z^3); \quad x > 0, \quad y > 0, \quad z > 0.$

213. $(x^2 + y^2 + z^2)^5 = (a^3 x^2 + b^3 y^2 + c^3 z^2)^2.$

214. $(x^2 + y^2 + z^2)^2 = a^3 z \exp\left[-\dfrac{x^2 + y^2}{x^2 + y^2 + z^2}\right].$

215. $(x^2 + y^2)^2 + z^4 = a^3 (x - y).$

216. $(x^2 + y^2)^2 + z^4 = a^3 z.$

217. $(x^2 + y^2)^3 + z^6 = a^3 x y z.$

218. $(x^2 + y^2 + z^2)^2 = m x y z.$

219. $(x^2 + y^2 + z^2)^3 = \dfrac{a^6 z^2}{x^2 + y^2}.$

220. $(x^2 + y^2 + z^2)^2 = \dfrac{a^6}{x^2 + y^2}.$

In den folgenden Aufgaben ist es angebracht, mit Hilfe der Formeln

$$x = ar\sin\theta\cos\varphi, \quad y = br\sin\theta\sin\varphi, \quad z = cr\cos\theta, \quad J = abc\,r^2\sin\theta$$

verallgemeinerte Polarkoordinaten einzuführen.

Man berechne das Volumen der Körper, die von folgenden Flächen begrenzt werden:

221. $\left(\frac{x^2}{a^2}+\frac{y^2}{b^2}+\frac{z^2}{c^2}\right)^2=\frac{x}{h}$.

222. $\left(\frac{x^2}{a^2}+\frac{y^2}{b^2}+\frac{z^2}{c^2}\right)^2=\frac{xyz}{h^3}$.

223. $\left(\frac{x^2}{a^2}+\frac{y^2}{b^2}+\frac{z^2}{c^2}\right)^3=\frac{z^4}{h^4}$.

224. $\left(\frac{x^2}{a^2}+\frac{y^2}{b^2}+\frac{z^2}{c^2}\right)^3=\frac{xyz}{h^3}$.

225. $\left(\frac{x^2}{a^2}+\frac{y^2}{b^2}+\frac{z^2}{c^2}+\alpha^2\right)^2=4\left(\frac{x^2}{a^2}+\frac{y^2}{b^2}\right)$; $\alpha^2<1$.

226. $\left(\frac{x^2}{a^2}+\frac{y^2}{b^2}+\frac{z^2}{c^2}\right)^2=\frac{z}{h}\exp\left[-\frac{\frac{z^2}{c^2}}{\frac{x^2}{a^2}+\frac{y^2}{b^2}+\frac{z^2}{c^2}}\right]$.

227. $\left(\frac{x^2}{a^2}+\frac{y^2}{b^2}\right)^2+\frac{z^4}{c^4}=\frac{z}{k}$.

228. $\left(\frac{x^2}{a^2}+\frac{y^2}{b^2}\right)^3+\frac{z^6}{c^6}=\frac{xyz}{h^3}$.

In den weiteren Aufgaben ist es nützlich, zur Berechnung des Volumens verallgemeinerte Polarkoordinaten durch die Formeln

$$x=ar\sin^\sigma\theta\cos^\sigma\varphi,\quad y=br\sin^\sigma\theta\sin^\sigma\varphi,\quad z=cr\cos^\sigma\theta$$

einzuführen. Die Funktionaldeterminante läßt sich in diesen Fällen nach der Formel $J=J_1J_2J_3$ berechnen, wobei J_1, J_2 und J_3 die Funktionaldeterminanten der Substitutionen

$$x=a\xi^\sigma,\quad y=b\eta^\sigma,\quad z=c\zeta^\sigma;\quad \xi=\varrho\sin\theta\cos\varphi,\quad \eta=\varrho\sin\theta\sin\varphi,$$

$$\zeta=\varrho\cos\theta;\quad \varrho=r^{\frac{1}{\sigma}},\quad \theta=\theta,\quad \varphi=\varphi$$

sind.

Somit ist

$$J=abc\,\sigma^2r^2\sin^{2\sigma-1}\theta(\cos\theta\sin\varphi\cos\varphi)^{\sigma-1}.$$

229. $\left(\frac{x}{a}+\frac{y}{b}+\frac{z}{c}\right)^2=\frac{z}{l}$; $x>0$, $y>0$, $z>0$.

230. $\left(\frac{x}{a}+\frac{y}{b}+\frac{z}{c}\right)^2=\frac{x}{h}+\frac{y}{k}$; $x>0$, $y>0$, $z>0$.

231. $\left(\frac{x}{a}+\frac{y}{b}+\frac{z}{c}\right)^2=\frac{x}{h}-\frac{y}{k}$; $x>0$, $y>0$, $z>0$.

232. $\left(\frac{x}{a}+\frac{y}{b}+\frac{z}{c}\right)^2=\frac{x}{a}+\frac{y}{b}-\frac{z}{h}$; $x>0$, $y>0$, $z>0$.

233. $\left(\frac{x}{a}+\frac{y}{b}+\frac{z}{c}\right)^6=\frac{xyz}{h^3}$; $x>0$, $y>0$, $z>0$.

234. $\left(\frac{x}{a}+\frac{y}{b}\right)^2+\frac{z^2}{c^2}=\frac{x}{h}+\frac{y}{k}; \quad x>0, \quad y>0, \quad z>0.$

235. $\left(\frac{x}{a}+\frac{y}{b}\right)^2+\frac{z^2}{c^2}=\frac{x}{h}-\frac{y}{k}; \quad x>0, \quad y>0, \quad z>0.$

236. $\left(\frac{x}{a}+\frac{y}{b}+\frac{z}{c}\right)^3=\ln\frac{\frac{x}{a}+\frac{y}{b}+\frac{z}{c}}{\frac{x}{a}+\frac{y}{b}}; \quad x>0, \quad y>0, \quad z>0.$

237. $\left(\frac{x}{a}+\frac{y}{b}+\frac{z}{c}\right)^3=\sin\frac{\pi\left(\frac{x}{a}+\frac{y}{b}\right)}{\frac{x}{a}+\frac{y}{b}+\frac{z}{c}}; \quad x>0, \quad y>0, \quad z>0.$

238. $\left(\frac{x}{a}\right)^{\frac{2}{3}}+\left(\frac{y}{b}\right)^{\frac{2}{3}}+\left(\frac{z}{c}\right)^{\frac{2}{3}}=1.$

239. $\sqrt{\frac{x}{a}}+\sqrt{\frac{y}{b}}+\sqrt{\frac{z}{c}}=1; \quad x>0, \quad y>0, \quad z>0.$

240. $\sqrt[3]{\frac{x}{a}}+\sqrt[3]{\frac{y}{b}}+\sqrt[3]{\frac{z}{c}}=1; \quad x>0, \quad y>0, \quad z>0.$

Durch Transformation der Veränderlichen ist das Volumen der von folgenden Flächen begrenzten Körper zu berechnen:

241. $x+y+z=a, \quad x+y+z=2a, \quad x+y=z, \quad x+y=2z, \quad y=x, \quad y=3x.$

242. $a_1x+b_1y+c_1z=\pm h_1, \quad a_2x+b_2y+c_2z=\pm h_2, \quad a_3x+b_3y+c_3z=\pm h_3.$

243. $(a_1x+b_1y+c_1z)^2+(a_2x+b_2y+c_2z)^2+(a_3x+b_3y+c_3z)^2=1.$

244. $(a_1x+b_1y+c_1z)^2+(a_2x+b_2y+c_2z)^2=1, \quad a_3x+b_3y+c_3z=\pm h.$

245. $|a_1x+b_1y+c_1z|+|a_2x+b_2y+c_2z|+|a_3x+b_3y+c_3z|=1.$

§ 9. Trägheits- und Drehmomente von Körpern

Als statische Momente eines Körpers vom Volumen V bezüglich der Ebenen, die senkrecht zu den Koordinatenachsen x, y, z verlaufen, werden die Integrale

$$M_x=\iiint\limits_V \mu x\,dx\,dy\,dz, \quad M_y=\iiint\limits_V \mu y\,dx\,dy\,dz, \quad M_z=\iiint\limits_V \mu z\,dx\,dy\,dz$$

bezeichnet, wobei μ das spezifische Gewicht des Körpers im Punkte (x, y, z) ist. Mit ihrer Hilfe erhalten wir die Koordinaten des Schwerpunktes (x_c, y_c, z_c) nach den Formeln

$$M x_c=M_x, \quad M y_c=M_y, \quad M z_c=M_z; \quad M=\iiint\limits_V \mu\,dx\,dy\,dz.$$

Als Trägheitsmomente des Körpers bezüglich derselben Ebenen werden die Integrale

$$I_x = \iiint\limits_V \mu x^2 \, dx \, dy \, dz, \quad I_y = \iiint\limits_V \mu y^2 \, dx \, dy \, dz, \quad I_z = \iiint\limits_V \mu z^2 \, dx \, dy \, dz$$

bezeichnet.

Das Integral

$$\iiint\limits_V \mu (x^2 + y^2 + z^2) \, dx \, dy \, dz$$

heißt Trägheitsmoment bezüglich des Koordinatenursprungs, und das Integral

$$I_L = \iiint\limits_V \mu l^2 \, dx \, dy \, dz$$

heißt Trägheitsmoment des Körpers bezüglich einer gewissen Achse L, wobei $l = l(x, y, z)$ die Entfernung des Punktes (x, y, z) des Körpers von der Achse L bedeutet.

In den folgenden Aufgaben wird der Körper stets als homogen von der Dichte $\mu = 1$ angenommen.

Man berechne die Koordinaten des Schwerpunktes der Körper, die von folgenden Flächen begrenzt werden:

246. $x + y + z = a, \quad x = 0, \quad y = 0, \quad z = 0.$

247. $z^2 = xy, \quad x = a, \quad y = b, \quad z = 0.$

248. $abz = c(a - x)(b - y), \quad z = 0, \quad 0 < x < a, \quad 0 < y < b.$

249. $h^2(x^2 + y^2) = a^2 z^2; \quad 0 < z < h.$

250. $x^2 + y^2 + z^2 = a^2; \quad x > 0, \quad y > 0, \quad z > 0.$

251. $x^2 + y^2 + z^2 = a^2, \quad h < z < a.$

252. $x^2 + y^2 + z^2 = a^2, \quad x^2 + y^2 = ax.$

253. $x^2 + y^2 = z, \quad x + y + z = 0.$

254. $(x^2 + y^2 + z^2)^2 = axyz; \quad x > 0, \quad y > 0, \quad z > 0.$

255. $(x^2 + y^2 + z^2)^2 = a^3 z.$

256. $\frac{x^2}{a^2} + \frac{y^2}{b^2} + \frac{z^2}{c^2} = 1, \quad \frac{x^2}{a^2} + \frac{y^2}{b^2} = \frac{z^2}{c^2}; \quad z > 0.$

257. $\frac{x^2}{a^2} + \frac{y^2}{b^2} = \frac{z}{c}, \quad \frac{x}{a} + \frac{y}{b} = \pm 1, \quad \frac{x}{a} - \frac{y}{b} = \pm 1, \quad z = 0.$

258. $\sqrt{\frac{x}{a}} + \sqrt{\frac{y}{b}} + \sqrt{\frac{z}{c}} = 1; \quad x > 0, \quad y > 0, \quad z > 0.$

259. $\left(\frac{x}{a}\right)^{\frac{2}{3}} + \left(\frac{y}{b}\right)^{\frac{2}{3}} + \left(\frac{z}{c}\right)^{\frac{2}{3}} = 1; \quad x > 0, \quad y > 0, \quad z > 0.$

Besonders wichtig ist das Trägheitsmoment bezüglich einer Achse. In den folgenden Aufgaben soll das Trägheitsmoment von Körpern, die von gegebenen

Flächen begrenzt sind, bezüglich der z-Achse ermittelt werden. Die Körper seien homogen, und es sei $\mu = 1$.

260. $x = 0, \quad x = a, \quad y = 0, \quad y = b, \quad z = 0, \quad z = c.$

261. $z^2 = 2ax, \quad z = 0, \quad x^2 + y^2 = ax.$

262. $h^2(x^2 + y^2) = a^2 z^2; \quad 0 < z < h.$

263. $x + y + z = a\sqrt{2}, \quad x^2 + y^2 = a^2, \quad z = 0.$

264. $(x^2 + y^2 + z^2)^2 = a^3 z.$

265. $\frac{x^2}{a^2} + \frac{y^2}{b^2} + \frac{z^2}{c^2} = 1.$

266. $\frac{x}{a} + \frac{y}{b} + \frac{z}{c} = 1, \quad x = 0, \quad y = 0, \quad z = 0.$

267. $\left(\frac{x}{a}\right)^{\frac{2}{3}} + \left(\frac{y}{b}\right)^{\frac{2}{3}} + \left(\frac{z}{c}\right)^{\frac{2}{3}} = 1.$

268. Man berechne das Trägheitsmoment des Torus

$$x = (a + r\cos\theta)\cos\varphi, \quad y = (a + r\cos\theta)\sin\varphi, \quad z = r\sin\theta$$

bezüglich seiner Drehachse.

269. Man berechne das Trägheitsmoment desselben Torus bezüglich seines Äquatorialdurchmessers.

In den folgenden Aufgaben sind die Körper im allgemeinen als nicht homogen vorausgesetzt.

270. Man beweise die Gleichung $J_1 = Mh^2 + J$. Hierbei ist M die Masse des Körpers, J_1 das Trägheitsmoment bezüglich einer gegebenen Achse, J das Trägheitsmoment bezüglich einer zur ersten parallelen und durch den Schwerpunkt gehenden Achse, h die Entfernung zwischen beiden Achsen.

271. Das Volumen eines Körpers sei V, sein Schwerpunkt liege im Koordinatenursprung. Man beweise, daß das Moment J_σ des Körpers bezüglich der Achse

$$\frac{x}{\cos\alpha} = \frac{y}{\cos\beta} = \frac{z}{\cos\gamma}$$

durch die Formel

$$J_\sigma = A\cos^2\alpha + B\cos^2\beta + C\cos^2\gamma$$
$$- 2D\cos\alpha\cos\beta - 2E\cos\alpha\cos\gamma - 2F\cos\beta\cos\gamma$$

ausgedrückt wird. Hierbei sind die Koeffizienten gleich den entsprechenden Trägheits- und Zentrifugalmomenten:

$$A = J_x, \quad B = J_y, \quad C = J_z, \quad D = J_{xy}, \quad E = J_{xz}, \quad F = J_{yz}.$$

272. Auf jeder durch den Schwerpunkt eines Körpers gehenden Geraden σ sei von dem Schwerpunkt aus ein Abschnitt der Länge $\frac{1}{\sqrt{J_\sigma}}$ abgetragen. Man beweise, daß die Endpunkte dieser Abschnitte auf dem Ellipsoid

$$Ax^2 + By^2 + Cz^2 - 2Dxy - 2Exz - 2Fyz = 1$$

liegen; dieses Ellipsoid heißt Trägheitsellipsoid des gegebenen Körpers.

273. Man bestimme die Höhe h und den Radius a des homogenen geraden Kreiszylinders, dessen Trägheitsellipsoid eine Kugel ist.

274. Man löse dieselbe Aufgabe für einen homogenen Kegel.

275. Man bestimme die Höhe h des rechtwinkligen homogenen Parallelepipeds mit quadratischer Grundfläche (Seitenlänge a), dessen Trägheitsellipsoid eine Kugel ist.

276. Man beweise, daß von allen homogenen Ellipsoiden nur die Kugel eine Kugel als Trägheitsellipsoid besitzt.

277. Man beweise, daß für die zur y, z-Ebene symmetrischen Körper die Größe J_{xy} gleich Null ist.

278. Man beweise, daß das Trägheitsellipsoid eines homogenen regelmäßigen Polyeders eine Kugel ist.

279. Man beweise, daß ein homogenes Ellipsoid nur dann seinem Trägheitsellipsoid ähnlich sein kann, wenn es eine Kugel ist.

280. Ein Körper dreht sich mit der Winkelgeschwindigkeit ω um die Achse L. Man beweise, daß seine kinetische Energie gleich $\frac{\omega^2}{2} J_L$ ist.

281. Ein Körper rotiere mit der Winkelgeschwindigkeit ω um die z-Achse. Dabei treten Zentrifugalkräfte parallel zur x, y-Ebene auf. Man beweise, daß ihre Gleichgewichtsbedingungen durch die Gleichungen

$$\iiint\limits_V p x \, dv = 0, \qquad \iiint\limits_V p y \, dv = 0,$$

$$\iiint\limits_V p x y \, dv = \iiint\limits_V p x z \, dv = \iiint\limits_V p y z \, dv = 0$$

ausgedrückt werden. Hierbei ist dv ein Volumenelement und p seine Dichte.

Die ersten beiden Gleichungen zeigen, daß die Drehachse durch den Schwerpunkt des Körpers gehen muß, und die übrigen drei Gleichungen zeigen, daß sie mit einer Hauptachse des Trägheitsellipsoids zusammenfallen muß.

§ 10. Integrale aus der Feld- und Potentialtheorie

Wenn $u(x, y, z)$ eine beliebige Funktion des Ortes ist, dann bezeichnet man die Fläche $u(x, y, z) = c$ als Niveaufläche (Äquipotentialfläche). Der Vektor, dessen Komponenten bezüglich der x-, y- und z-Achse die Größen $\frac{\partial u}{\partial x}, \frac{\partial u}{\partial y}, \frac{\partial u}{\partial z}$ sind, heißt Gradient von u und wird mit $\operatorname{grad} u$ bezeichnet. Er besitzt die Richtung der Normalen an die Niveaufläche und geht durch den gegebenen Punkt. Seine Richtung fällt mit der des schnellsten Anwachsens der Funktion $u(x, y, z)$ zusammen, und seine Größe gibt die Geschwindigkeit dieses Anwachsens an. Die Änderungsgeschwindigkeit der Funktion in der

Richtung l, die mit den Achsen die Winkel α, β, γ bildet, ist gleich der Ableitung der Funktion nach dieser Richtung, das heißt, gleich $\frac{\partial u}{\partial l}$, wobei

$$\frac{\partial u}{\partial l} = \frac{\partial u}{\partial x} \cos\alpha + \frac{\partial u}{\partial y} \cos\beta + \frac{\partial y}{\partial z} \cos\gamma \quad .$$

ist. Mit anderen Worten: $\frac{\partial u}{\partial l} = \operatorname{grad} u \cdot \cos(n, l)$, wobei n die Normale zur Niveaufläche in Richtung wachsender u ist.

Wenn wir jedem Punkt eines Raumes durch eine gegebene Funktion einen Vektor $\mathfrak{u}$ mit den Komponenten u_x, u_y, u_z zuordnen, so sprechen wir von einem Vektorfeld. Die skalare Größe $\frac{\partial u_x}{\partial x} + \frac{\partial u_y}{\partial y} + \frac{\partial u_z}{\partial z}$ heißt die Divergenz des Feldes und wird mit $\operatorname{div} \mathfrak{u}$ bezeichnet. Der Vektor, dessen Komponenten bezüglich der x-, y- und z-Achse gleich den Größen

$$\frac{\partial u_z}{\partial y} - \frac{\partial u_y}{\partial z}, \quad \frac{\partial u_x}{\partial z} - \frac{\partial u_z}{\partial x}, \quad \frac{\partial u_y}{\partial x} - \frac{\partial u_x}{\partial y}$$

sind, heißt Rotation oder Wirbel des Feldes und wird mit $\operatorname{rot} \mathfrak{u}$ bezeichnet. Durch Einführung des HAMILTONschen symbolischen Vektors ∇ (sprich: nabla[1])), dessen Komponenten gleich $\frac{\partial}{\partial x}, \frac{\partial}{\partial y}, \frac{\partial}{\partial z}$ sind, ist es möglich, die Ausdrücke $\operatorname{div} \mathfrak{u}$ und $\operatorname{rot} \mathfrak{u}$ als Skalar- bzw. Vektorprodukt zu schreiben:

$$\operatorname{div} \mathfrak{u} = (\nabla, \mathfrak{u}), \quad \operatorname{rot} \mathfrak{u} = [\nabla \mathfrak{u}].$$

Wenn eine Fläche σ gegeben ist und u_n die Projektion des Vektors $\mathfrak{u}$ auf eine gerichtete Normale dieser Fläche ist, so wird das Flächenintegral $\iint_\sigma u_n \, d\sigma$ als der Fluß des Feldes durch die Fläche σ bezeichnet. In Vektorschreibweise ist dieser Fluß das Integral $\iint_\sigma (\mathfrak{u}, \mathfrak{n}) \, d\sigma$. Wenn der Vektor $\mathfrak{u}$ die Geschwindigkeit einer sich bewegenden Flüssigkeit darstellt, dann gibt der Fluß des Vektorfeldes $\mathfrak{u}$ das Volumen der Flüssigkeit an, das in der Zeiteinheit durch die Fläche hindurchtritt. Ein anderer wichtiger Begriff in der Feldtheorie ist die Zirkulation des Vektors $\mathfrak{u}$ um eine gegebene Kurve L. Sie ist definiert als das Kurvenintegral $\int_L (\mathfrak{u}, d\mathfrak{r})$, wobei $\mathfrak{r}$ der Radiusvektor vom Koordinatenursprung aus ist. Drückt man die Zirkulation durch die Komponenten des Vektors $\mathfrak{u}$ aus, so kann man schreiben:

$$\int_L (\mathfrak{u}, d\mathfrak{r}) = \int_L [u_x \, dx + u_y \, dy + u_z \, dz].$$

282. $\operatorname{grad}(x^2 + y^2 + z^2) = 2\mathfrak{r}$.

---

[1]) *Nabla* ist ein hebräisches Wort und bezeichnet ein Harfeninstrument von der Form ∇. (Anm. der wiss. Red.)

283. $\operatorname{grad} \frac{1}{\sqrt{x^2+y^2+z^2}} = -\frac{\mathfrak{r}}{r^3}$.

284. $\operatorname{div} \operatorname{grad}(x^2+y^2+z^2) = 6$.

285. $\operatorname{div} \frac{\mathfrak{r}}{r^3} = 0$.

286. Wenn $u_x = -\frac{ay}{x^2+y^2}$, $u_y = \frac{ax}{x^2+y^2}$, $u_z = 0$ gilt, dann ist die Zirkulation des Vektorfeldes um eine geschlossene Kurve gleich Null, wenn die Kurve die z-Achse nicht umschlingt. Die Zirkulation ist gleich $2\pi n$, wenn die Kurve die z-Achse n-mal so umschlingt, daß die Projektion der Kurve auf die x, y-Ebene den Koordinatenursprung n-mal im positiven Sinn umläuft.

287. Man beweise, daß bei dem Vektorfeld der vorigen Aufgabe in allen Punkten mit Ausnahme der z-Achse $\operatorname{rot} \mathfrak{u} = 0$ ist.

288. Ein Raumteil rotiere wie ein fester Körper mit der Winkelgeschwindigkeit ω um die z-Achse. Der Geschwindigkeitsvektor besitzt die Komponenten $v_x = -\omega y$, $v_y = \omega x$, $v_z = 0$. Man berechne $\operatorname{rot} \mathfrak{v}$.

289. Man berechne die Zirkulation des Vektorfeldes der vorigen Aufgabe um den Kreis $x^2 + y^2 = a^2$ in positiver Richtung.

290. Man berechne die Zirkulation desselben Vektorfeldes um den Kreis $(x-2)^2 + y^2 = 2$.

Besonders wichtig in der Feldtheorie sind folgende beiden Formeln:

I. *Der* Gausssche *Integralsatz*:

$$\iiint\limits_V \left(\frac{\partial P}{\partial x} + \frac{\partial Q}{\partial y} + \frac{\partial R}{\partial z}\right) dv = \iint\limits_\sigma [P\cos(x, \mathfrak{n}) + Q\cos(y, \mathfrak{n}) + R\cos(z, \mathfrak{n})]\, d\sigma.$$

Hierbei ist V das Volumen, σ die Fläche, die den Körper begrenzt, und $\mathfrak{n}$ der Einheitsvektor in Richtung der äußeren Normalen; P, Q, R sind die Projektionen u_x, u_y, u_z des Feldvektors $\mathfrak{u}$ auf die Koordinatenachsen. In vektorieller Schreibweise hat der Satz die Form

$$\iiint\limits_V \operatorname{div} \mathfrak{u}\, dv = \iint\limits_\sigma (\mathfrak{u}, \mathfrak{n})\, d\sigma = \iint\limits_\sigma u_n\, d\sigma.$$

In Worten: Das Volumenintegral über die Divergenz des Feldes ist gleich dem Fluß des Feldes durch die Oberfläche des Körpers.

II. *Der* Stokessche *Integralsatz*: Wenn P, Q und R Funktionen des Ortes sind, die in dem Gebiet der von der geschlossenen Kurve L begrenzten Fläche σ partielle Ableitungen besitzen, dann gilt

$$\int\limits_L P\,dx + Q\,dy + R\,dz$$
$$= \iint\limits_\sigma \left[\left(\frac{\partial R}{\partial y} - \frac{\partial Q}{\partial z}\right)\cos\alpha + \left(\frac{\partial P}{\partial z} - \frac{\partial R}{\partial x}\right)\cos\beta + \left(\frac{\partial Q}{\partial x} - \frac{\partial P}{\partial y}\right)\cos\gamma\right] d\sigma,$$

wobei α, β, γ die Winkel zwischen der Flächennormalen und den Koordinatenachsen sind. Der Satz kann kürzer in Vektorform geschrieben werden. Faßt man P, Q, R als Komponenten des Vektors $\mathfrak{u}$ auf, so erhält man

$$\int_L (\mathfrak{u}, d\mathfrak{r}) = \iint_\sigma (\operatorname{rot}\mathfrak{u}, \mathfrak{n})\, d\sigma = \iint_\sigma \operatorname{rot}_n \mathfrak{u}\, d\sigma,$$

das heißt, die Zirkulation eines Vektors um eine geschlossene Kurve ist gleich dem Wirbelfluß durch die Fläche, die von der geschlossenen Kurve begrenzt wird. Die Richtung des Integrationsweges längs L und die Richtung der Normalen $\mathfrak{n}$ im STOKESschen Satz müssen passend gewählt werden, und zwar muß die Richtung des Integrationsweges mit der Normalenrichtung ein Rechtssystem bilden.

291. Man beweise die Gleichung $\iint_S \cos(\mathfrak{n}, x)\, d\sigma = 0$, wobei S eine geschlossene Fläche, $\mathfrak{n}$ ihre äußere Normale ist.

292. Man berechne das Integral

$$\iint_S (x \cos\alpha + y \cos\beta + z \cos\gamma)\, ds,$$

wobei α, β, γ die Winkel zwischen der äußeren Normalen der Fläche S und den Koordinatenachsen sind und S die gesamte Oberfläche eines Körpers bedeutet.

293. Man berechne das Integral

$$\iint_S (x^3 \cos\alpha + y^3 \cos\beta + z^3 \cos\gamma)\, ds,$$

erstreckt über die Kugeloberfläche $x^2 + y^2 + z^2 = a^2$. Hierbei sind α, β, γ die Winkel zwischen der äußeren Normalen und den Koordinatenachsen.

294. Man berechne das Integral

$$\iint_S [(z^n - y^n) \cos\alpha + (x^n - z^n) \cos\beta + (y^n - x^n) \cos\gamma]\, ds,$$

erstreckt über die obere Hälfte der Kugeloberfläche $x^2 + y^2 + z^2 = a^2$; α, β, γ sind die Winkel zwischen der äußeren Normalen und den Koordinatenachsen.

295. Durch Anwendung des GAUSSschen Satzes auf den Vektor $u \operatorname{grad} v$ bekommt man die GREENsche Formel

$$\iiint_\omega \left[u \Delta v + \frac{\partial u}{\partial x}\frac{\partial v}{\partial x} + \frac{\partial u}{\partial y}\frac{\partial v}{\partial y} + \frac{\partial u}{\partial z}\frac{\partial v}{\partial z}\right] d\omega = -\iint_\sigma u \frac{\partial v}{\partial n}\, d\sigma.$$

Hierbei ist ω das Volumen eines Körpers, σ seine Oberfläche,

$$\frac{\partial v}{\partial n} = \frac{\partial v}{\partial x}\cos\alpha + \frac{\partial v}{\partial y}\cos\beta + \frac{\partial v}{\partial z}\cos\gamma$$

die Ableitung in Richtung der inneren Normalen und

$$\Delta v = \frac{\partial^2 v}{\partial x^2} + \frac{\partial^2 v}{\partial y^2} + \frac{\partial^2 v}{\partial z^2}.$$

296. Mit Hilfe des Ergebnisses der vorigen Aufgabe ist die zweite GREENsche Formel zu beweisen:

$$\iiint\limits_{\omega} (u\,\Delta v - v\,\Delta u)\,d\omega = -\iint\limits_{\sigma}\left(u\frac{\partial v}{\partial n} - v\frac{\partial u}{\partial n}\right)d\sigma.$$

297. Eine Funktion u, für die die Gleichung $\frac{\partial^2 u}{\partial x^2} + \frac{\partial^2 u}{\partial y^2} + \frac{\partial^2 u}{\partial z^2} = 0$ gilt, heißt harmonisch. Man beweise für harmonische Funktionen die Richtigkeit der Formel

$$\iiint\limits_{\omega} |\operatorname{grad} u|^2\,d\omega = -\iint\limits_{\sigma} u\frac{\partial u}{\partial n}\,d\sigma.$$

298. Man beweise die dem GAUSSschen Satz ähnliche Formel

$$\iint\limits_{\sigma}\left(\frac{\partial u}{\partial x} + \frac{\partial v}{\partial y}\right)d\sigma = \int\limits_{S}(u\cos\alpha + v\cos\beta)\,ds.$$

Hierbei ist σ eine Fläche und S die Kurve, die diese umschließt; α und β sind die Winkel zwischen der äußeren Normalen und den Koordinatenachsen.

299. Man beweise die der GREENschen Formel ähnliche Formel

$$\iint\limits_{\sigma}\left(u\,\Delta v + \frac{\partial u}{\partial x}\frac{\partial v}{\partial x} + \frac{\partial u}{\partial y}\frac{\partial v}{\partial y}\right)d\sigma = -\int\limits_{S} u\frac{\partial v}{\partial n}\,ds.$$

Hierbei ist σ eine ebene Fläche, S ihre Randkurve, n die innere Normale und $\Delta v = \frac{\partial^2 v}{\partial x^2} + \frac{\partial^2 v}{\partial y^2}$.

300. Man beweise die Gleichung

$$\iint\limits_{\sigma}(u\,\Delta v - v\,\Delta u)\,d\sigma = -\int\limits_{S}\left(u\frac{\partial v}{\partial n} - v\frac{\partial u}{\partial n}\right)ds.$$

301. Man beweise, daß für harmonische Funktionen von zwei Veränderlichen die Gleichung

$$\iint\limits_{\sigma}\left[\left(\frac{\partial u}{\partial x}\right)^2 + \left(\frac{\partial u}{\partial y}\right)^2\right]d\sigma = -\int\limits_{S} u\frac{\partial u}{\partial n}\,ds$$

gilt.

302. Man beweise für harmonische Funktionen die Formel:

$$\int\limits_{S}\frac{\partial u}{\partial n}\,ds = 0.$$

303. Man beweise, daß für harmonische Funktionen von drei Veränderlichen die Formel

$$\iint\limits_{\sigma} \frac{\partial u}{\partial n} d\sigma = 0$$

gilt.

304. Mit Hilfe der zweiten GREENschen Formel, angewandt auf das Gebiet zwischen der Fläche σ und der Kugel vom Radius $\varrho \to 0$ mit dem Mittelpunkt im Punkte $M(\xi, \eta, \zeta)$, ist für harmonische Funktionen von drei Veränderlichen die Gleichung

$$u_M = \frac{1}{4\pi} \iint\limits_{\sigma} u \frac{\cos(r, \mathfrak{n})}{r^2} d\sigma + \frac{1}{4\pi} \iint\limits_{\sigma} \frac{\partial u}{\partial n} \frac{d\sigma}{r}$$

zu beweisen. Hierbei ist r die Entfernung eines die Fläche σ durchlaufenden Punktes von M und $\mathfrak{n}$ der Vektor der äußeren Normalen.

305. Man beweise, daß das Integral $\iint\limits_{\sigma} \frac{\cos(r, \mathfrak{n})}{r^2} d\sigma$ gleich 4π oder gleich Null ist, je nachdem, ob der Punkt, von dem die Radiusvektoren $\mathfrak{r}$ zu den Punkten der Fläche σ ausgehen, innerhalb oder außerhalb der Fläche liegt; σ ist dabei eine einfach zusammenhängende geschlossene Fläche und besitzt keine singulären Punkte.

306. Man beweise, daß für harmonische Funktionen von zwei Veränderlichen die Formel

$$u_M = \frac{1}{2\pi} \int\limits_{S} \left(\ln r \frac{\partial u}{\partial n} - u \frac{\partial \ln r}{\partial n} \right) ds$$

gilt, wobei n die innere Normale ist und der Punkt M im Innern von S liegt.

307. Man beweise die Gleichung

$$\int\limits_{AB} \frac{\cos(r, n)}{r} ds = \varphi,$$

wobei φ der Winkel ist, unter dem die Kurve AB vom Punkte (ξ, η) aus erscheint, $r = \sqrt{(x-\xi)^2 + (y-\eta)^2}$ ist und n die Normale zur Kurve AB ist.

308. Man beweise, daß für harmonische Funktionen von drei Veränderlichen die Formel

$$u(x\ \ y, z) = \frac{1}{4\pi r^2} \iint\limits_{\sigma} u\, d\sigma$$

gilt, wobei σ die Oberfläche einer Kugel mit dem Zentrum im Punkte (x, y, z) ist (GAUSS).

309. Man beweise, daß für harmonische Funktionen von zwei Veränderlichen die Formel

$$u(x, y) = \frac{1}{2\pi r} \int\limits_{S} u\, ds$$

gilt, wobei S ein Kreis mit dem Mittelpunkt (x, y) ist.

310. Man beweise, daß für die Funktion $u(x, y, z)$, die im Innern einer Kugel vom Volumen ω harmonisch ist, die Formel

$$u_c = \frac{1}{\omega} \iiint_{\omega} u \, d\omega$$

gilt; hierbei ist u_c der Wert von u im Mittelpunkt der Kugel.

Man beweise, daß für die Funktion $u(x, y)$, die im Innern des Kreises mit der Fläche σ harmonisch ist, die Formel

$$u_c = \frac{1}{\sigma} \iint_{\sigma} u \, d\sigma$$

gilt, wobei u_c der Wert von u im Kreismittelpunkt ist.

311. Durch Entwicklung in eine TAYLORsche Reihe ist die Gleichung

$$\frac{1}{2\pi r} \int_S u \, ds = u + \sum_{n=1}^{\infty} \frac{1}{(n!)^2} \left(\frac{r}{2}\right)^{2n} \Delta^n u$$

zu beweisen. Hierbei ist

$$\Delta u = \frac{\partial^2 u}{\partial x^2} + \frac{\partial^2 u}{\partial y^2}, \quad \Delta^2 u = \Delta(\Delta u) = \frac{\partial^4 u}{\partial x^4} + 2 \frac{\partial^4 u}{\partial x^2 \partial y^2} + \frac{\partial^4 u}{\partial y^4}, \ldots;$$

die Integration wird über einen Kreis vom Radius r mit dem Mittelpunkt (x, y) erstreckt.

312. Man beweise die Gleichung

$$\frac{1}{4\pi r^2} \iint_{\sigma} u \, d\sigma = u(x, y, z) + 2 \sum_{n=1}^{\infty} \frac{r^{2n}}{(2n+1)!} \Delta^n u,$$

wobei

$$\Delta u = \frac{\partial^2 u}{\partial x^2} + \frac{\partial^2 u}{\partial y^2} + \frac{\partial^2 u}{\partial z^2}, \quad \Delta^2 u = \Delta(\Delta u), \quad \Delta^3 u = \Delta(\Delta^2 u), \ldots$$

gilt und die Integration über die Oberfläche einer Kugel vom Radius r mit dem Mittelpunkt (x, y, z) erstreckt wird.

313. Man beweise die MAXWELLsche Formel

$$\iiint_{\omega} \frac{\partial v}{\partial x} \Delta v \, d\omega = \frac{1}{2} \iint_{\sigma} \left[\left(\frac{\partial v}{\partial x}\right)^2 - \left(\frac{\partial v}{\partial y}\right)^2 - \left(\frac{\partial v}{\partial z}\right)^2\right] \cos(n, x) \, d\sigma$$
$$+ \iint_{\sigma} \frac{\partial v}{\partial x} \frac{\partial v}{\partial y} \cos(n, y) \, d\sigma + \iint_{\sigma} \frac{\partial v}{\partial x} \frac{\partial v}{\partial z} \cos(n, z) \, d\sigma.$$

Hierbei ist σ die Oberfläche eines Körpers mit dem Volumen ω, auf der die Funktion v nebst ihren zweiten Ableitungen stetig ist.

314. Man beweise die RIEMANNsche Gleichung

$$\iint_{\sigma} [u F(v) - v G(u)] \, d\sigma = \int_S (M \, dx + N \, dy).$$

Hierbei ist S die Randkurve der Fläche σ und

$$F(v) = \frac{\partial^2 v}{\partial x \partial y} - a\frac{\partial v}{\partial x} - b\frac{\partial v}{\partial y} - cv,$$

$$G(u) = \frac{\partial^2 u}{\partial x \partial y} + a\frac{\partial u}{\partial x} + b\frac{\partial u}{\partial y} - cu,$$

$$M = -u\frac{\partial v}{\partial x} + buv; \quad N = -v\frac{\partial u}{\partial y} - auv.$$

315. Wenn die Komponenten der Geschwindigkeit, mit der sich eine Flüssigkeit im Punkte (x, y, z) zur Zeit t bewegt, durch die Funktionen $u(x, y, z, t)$, $v(x, y, z, t)$ und $w(x, y, z, t)$ gegeben sind, dann ist die Flüssigkeitsmenge, die während der Zeit $(t_2 - t_1)$ durch eine Fläche σ hindurchtritt, gleich dem Integral

$$\int_{t_1}^{t_2} dt \int_{\sigma} (u\cos\alpha + v\cos\beta + w\cos\gamma)\, d\sigma;$$

hierbei sind α, β, γ die Winkel zwischen der Flächennormalen und den Koordinatenachsen. Man leite daraus her, daß für eine inkompressible Flüssigkeit die Beziehung

$$\frac{\partial u}{\partial x} + \frac{\partial v}{\partial y} + \frac{\partial w}{\partial z} = 0$$

gelten muß.

316. Man studiere den Verlauf der Funktion $P(x) = \mu \int_a^b |y - x|\, dy$, wenn x das Intervall $(-\infty, +\infty)$ durchläuft.

317. Man berechne die zweite Ableitung der Funktion

$$P(x) = \int_a^b \mu(y)\, |y - x|\, dy.$$

Dabei ist $\mu(y)$ eine stetige Funktion.

318. Man berechne durch Anwendung des Poissonschen Integrals

$$\int_0^{\pi} \ln(a^2 - 2a\cos\varphi + 1)\, d\varphi,$$

das gleich 0 ist für $|a| < 1$ und gleich $2\pi \ln|a|$ für $|a| > 1$, das logarithmische Potential für einen homogenen Kreis, das heißt das Integral $\mu \iint_{\sigma} \ln r\, d\sigma$, wobei r die Entfernung der Punkte der Kreisfläche σ (Radius R) vom Punkt M ist.

319. Als logarithmisches Potential der homogenen Strecke $(-1, 1)$ bezeichnet man das Integral $P = \mu \int_{-1}^{1} \ln r\, d\xi$, wobei r die Entfernung zwischen den Punkten (x, y) und $(\xi, 0)$ ist. Man suche die Gleichung der Kurve, für welche $P(x, y) = P(1, 0)$ ist.

320. Man berechne das logarithmische Potential des Kreises $x^2 + y^2 = a^2$, wenn die Dichte μ im Punkte (x, y) eine gegebene Funktion $\mu = f(r)$ des Radius $r = \sqrt{x^2 + y^2}$ ist.

Als logarithmisches Potential der ebenen Fläche σ im Punkte (x, y) bezeichnet man das Integral

$$P(x, y) = \iint_{\sigma} \mu(\xi, \eta) \ln \sqrt{(x - \xi)^2 + (y - \eta)^2}\, d\xi\, d\eta .$$

321. Man berechne das NEWTONsche Potential im Punkte $M(x, y, z)$ einer homogenen Kugelfläche $x^2 + y^2 + z^2 = a^2$ mit der konstanten Flächendichte μ, das heißt, man berechne das Integral $\iint_{\sigma} \mu \frac{d\sigma}{r}$, wobei σ die Kugeloberfläche und $r = r(\xi, \eta, \zeta)$ die Entfernung des Punktes (ξ, η, ζ) der Oberfläche von dem gegebenen Punkt M ist.

322. Man berechne das NEWTONsche Potential im Punkte $M(x, y, z)$ einer homogenen Kugel mit konstanter Dichte μ, das heißt, man berechne das Integral

$$P = \iiint_{\omega} \mu \frac{d\xi\, d\eta\, d\zeta}{r} ,$$

wobei (ξ, η, ζ) ein Punkt im Innern der Kugel $\xi^2 + \eta^2 + \zeta^2 = a^2$ und $r = \sqrt{(x - \xi)^2 + (y - \eta)^2 + (z - \zeta)^2}$ die Entfernung zwischen den Punkten (ξ, η, ζ) und (x, y, z) ist.

323. Man löse die gleiche Aufgabe für eine Kugel, bei der die Dichte eine gegebene Funktion $f(\varrho)$ mit $\varrho^2 = \xi^2 + \eta^2 + \zeta^2$ ist.

324. Man berechne das NEWTONsche Potential im Punkte $(0, 0, z)$ der oberen Hälfte der Kugel $x^2 + y^2 + z^2 = a^2$ mit konstanter Dichte.

325. Man berechne das NEWTONsche Potential einer homogenen Kugelschale zwischen den beiden konzentrischen Kugeln vom Radius a und b, wobei $a < b$ ist.

326. Man berechne das NEWTONsche Potential im Punkt $M(x, y)$ der inhomogenen Strecke $(-a, a)$, d. h. das Integral $\int_{-a}^{a} \mu(\xi) \frac{d\xi}{\sqrt{(\xi - x)^2 + y^2}}$, wenn $\mu(\xi) = \frac{\xi}{a}$ ist.

327. Man berechne das NEWTONsche Potential einer homogenen Kreisscheibe $x^2 + y^2 = a^2$ im Punkte $(0, 0, z)$.

328. Man beweise, daß für $r_1 \to \infty$ die Gleichung

$$\lim r_1 \iiint_{\omega} \mu \frac{d\omega}{r} = \iiint_{\omega} \mu\, d\omega$$

gilt. Hierbei ist $r_1^2 = x^2 + y^2 + z^2$ und r die Entfernung des Punktes (x, y, z) vom Punkte (ξ, η, ζ), der einen Körper mit dem Volumen ω durchläuft

329. Man beweise die Gleichung

$$\iiint_{\omega} \frac{d\xi\, d\eta\, d\zeta}{r} = \frac{1}{2} \iint_{\sigma} \cos(\mathfrak{r}, \mathfrak{n})\, d\sigma .$$

Hierbei ist σ die Oberfläche eines Körpers mit dem Volumen ω, $\mathfrak{n}$ äußere Normale an σ, $\mathfrak{r}$ der Vektor vom Punkt (x, y, z) zum Punkt (ξ, η, ζ) und r dessen Länge.

330. Man beweise unter den gleichen Voraussetzungen die Gleichung

$$\iiint_{\sigma} \frac{d\xi\, d\eta\, d\zeta}{r^2} = \iint_{\sigma} \frac{\cos(\mathfrak{r}, \mathfrak{n})}{r}\, d\sigma .$$

331. Man ermittle die analogen Gleichungen für eine ebene Fläche σ und ihren Rand S.

332. Man beweise, daß das Integral $\int_S \frac{\cos(\mathfrak{r}, \mathfrak{n})}{r}\, ds$ gleich Null ist, wenn der Punkt (x, y) außerhalb der geschlossenen Kurve S liegt, und gleich 2π ist, wenn der Punkt (x, y) von der Kurve S einmal umschlungen wird.

333. Durch Anwendung der Greenschen Formel zeige man, daß sich die Ableitung $\frac{\partial P}{\partial x}$ des Potentials $P(x, y, z) = \iiint_{\omega} \frac{\mu\, d\omega}{r}$ durch die Formel

$$\frac{\partial P}{\partial x} = \iiint_{\omega} \frac{\partial \mu}{\partial \xi} \frac{d\omega}{r} - \iint_{S} \mu \cos(x, \mathfrak{n}) \frac{d\sigma}{r}$$

ausdrücken läßt und daß für $\frac{\partial P}{\partial y}$ und $\frac{\partial P}{\partial z}$ analoge Formeln gelten; hierbei ist $r^2 = (x - \xi)^2 + (y - \eta)^2 + (z - \zeta)^2$, der Punkt (x, y, z) liegt außerhalb des Körpers mit dem Volumen ω, und μ besitzt partielle Ableitungen. Man prüfe, ob die Formel auch gilt, wenn der Punkt (x, y, z) im Innern des Körpers liegt.

334. Die Komponenten der Kraft, mit der ein Punkt der Masse m nach dem Newtonschen Gravitationsgesetz von einem Körper der Dichte μ angezogen wird, lassen sich durch die Formeln

$$X = fm \frac{\partial P}{\partial x} = fm \iiint_{\omega} \mu \frac{(\xi - x)\, d\omega}{r^3},$$

$$Y = fm \frac{\partial P}{\partial y} = fm \iiint_{\omega} \mu \frac{(\eta - y)\, d\omega}{r^3},$$

$$Z = fm \frac{\partial P}{\partial z} = fm \iiint_{\omega} \mu \frac{(\zeta - z)\, d\omega}{r^3}$$

ausdrücken, wobei

$$P = \iiint \mu \frac{d\omega}{r}, \qquad r = \sqrt{(\xi - x)^2 + (\eta - y)^2 + (\xi - z)^2}$$

und f die Gravitationskonstante ist. Durch Anwendung dieses Gesetzes ist die Anziehungskraft einer Kugel vom Radius a und der Dichte μ auf die Punkte ihrer Oberfläche zu berechnen.

335. Aus Messungen weiß man, daß die Gravitationskonstante f gleich $6{,}57 \cdot 10^{-8}\,\mathrm{cm}^3\,\mathrm{s}^{-2}\,\mathrm{g}^{-2}$ ist; die Länge des Äquators werde mit 40000 km angenommen. Die Erde zieht eine Masse von 1 g mit einer Kraft von 981 dyn an. Man berechne aus diesen Zahlen die mittlere Dichte der Erdkugel.

336. Man berechne die Kraft, mit der ein Punkt mit der Masse 1 von einem homogenen Zylinder $x^2 + y^2 = a^2$, $0 < z < h$, angezogen wird; der Punkt befinde sich auf der Zylinderachse im Punkte $(0, 0, z)$.

337. Nach dem BIOT-SAVARTschen Gesetz erzeugt jedes Element $\mathfrak{ds}$ eines vom Strom π durchflossenen Drahtes S im Punkte $M(x, y, z)$ ein Magnetfeld, dessen Stärke mit Hilfe des Vektorproduktes $-\frac{kI}{r^2}[\mathfrak{ds}, \mathfrak{r}]$ ausgedrückt werden kann, wobei $\mathfrak{r}$ der von $\mathfrak{ds}$ nach M verlaufende Vektor ist.

Man beweise, daß die magnetische Feldstärke $\mathfrak{H}$, die von einem in einem geschlossenen Leiter S fließenden Strom erzeugt wird, durch das Vektorintegral $\mathfrak{H} = -kI \int\limits_S \frac{|\mathfrak{ds}\,\mathfrak{r}|}{r^3}$ ausgedrückt werden kann. Hierbei ist k ein Proportionalitätsfaktor.

338. Durch Anwendung des vorigen Resultats und des STOKESschen Gesetzes ist die Gleichung $\mathfrak{H} = -kJ \operatorname{grad} W$ zu beweisen; W ist der Winkel, unter dem die Fläche σ mit dem Umfang S vom Punkte M aus erscheint, also gleich dem Integral $\iint\limits_\sigma \frac{\cos(\mathfrak{r}, \mathfrak{n})}{r^2}\, d\sigma$.

§ 11. Mehrfache Integrale

In einfachen Fällen können mehrfache Integrale unmittelbar nach der Formel

$$\iint\limits_\omega \cdots \int f(x_1, x_2, \ldots, x_n)\, dx_1\, dx_2 \cdots dx_n = \int\limits_{x_1'}^{x_1''} dx_1 \int\limits_{x_2'}^{x_2''} dx_2 \cdots \int\limits_{x_n'}^{x_n''} f(x_1, x_2, \ldots, x_n)\, dx_n$$

berechnet werden.

Hierbei ergeben sich die Integrationsgrenzen aus den Bedingungen, durch die das Gebiet ω festgelegt ist. Die Integrationsgrenzen für irgendeine Veränderliche können von den im Integral links von ihr stehenden Veränderlichen abhängen. Die Grenzen der letzten Integration, das heißt die Zahlen x_1' und x_1'', müssen Konstanten sein. In komplizierteren Fällen muß man eine

Substitution der Veränderlichen durchführen. Wenn dabei die Substitutionsformeln die Form

$$x_1 = \varphi_1(\xi_1, \xi_2, \ldots, \xi_n), \quad x_2 = \varphi_2(\xi_1, \xi_2, \ldots, \xi_n), \quad \ldots, \quad x_n = \varphi_n(\xi_1, \xi_2, \ldots, \xi_n)$$

besitzen, dann hat die Transformationsformel des Integrals die Gestalt

$$\iint\limits_{\omega} \cdots \int f(x_1, x_2, \ldots, x_n)\, dx_1\, dx_2 \cdots dx_n = \iint\limits_{\omega_1} \cdots \int f(\varphi_1, \varphi_2, \ldots, \varphi_n)\, |J|\, d\xi_1\, d\xi_2 \cdots d\xi_n .$$

Hierbei ist J die Funktionaldeterminante und ω_1 der Definitionsbereich der Veränderlichen $\xi_1, \xi_2, \ldots, \xi_n$, der dem Definitionsbereich ω der Veränderlichen $x_1, x_2, \ldots, x_n$ entspricht.

Man berechne die folgenden Integrale:

339. $\iint \cdots \int dx_1\, dx_2 \cdots dx_n$, wobei alle $x_k > 0$ und $x_1 + x_2 + \cdots + x_n \leqq 1$.

340. $\iint \cdots \int x_1\, dx_1\, dx_2 \cdots dx_n$ für $x_k > 0$ und $x_1 + x_2 + \cdots + x_n \leqq 1$.

341. $$\iint\limits_{|x_1| + |x_2| + \cdots + |x_n| < a} \cdots \int dx_1\, dx_2 \cdots dx_n .$$

342. $$\int_0^1 \int_0^1 \cdots \int_0^1 (x_1^2 + x_2^2 + \cdots + x_n^2)\, dx_1\, dx_2 \cdots dx_n .$$

343. $$\int_0^1 \int_0^1 \cdots \int_0^1 (x_1 x_2 + x_1 x_3 + \cdots + x_{n-1} x_n)\, dx_1\, dx_2 \cdots dx_n .$$

344. Man beweise die Gleichung

$$u_n(a) = a^n v_n ,$$

wobei

$$u_n(a) = \iint\limits_{x_1^2 + x_2^2 + \cdots + x_n^2 < a^2} \cdots \int dx_1\, dx_2 \cdots dx_n , \quad v_n = u_n(1) \quad \text{ist.}$$

345. Bei den früheren Bezeichnungen gelten offenbar die Gleichungen

$$v_n = \iint\limits_{x_1^2 + x_2^2 < 1} dx_1\, dx_2 \iint\limits_{x_3^2 + x_4^2 + \cdots + x_n^2 < 1 - x_1^2 - x_2^2} \cdots \int dx_3\, dx_4 \cdots dx_n$$

$$= \iint\limits_{x_1^2 + x_2^2 < 1} (1 - x_1^2 - x_2^2)^{\frac{n}{2} - 1}\, v_{n-2}\, dx_1\, dx_2 .$$

Durch Anwendung derselben beweise man

$$u_n(a) = \frac{\pi^{\frac{n}{2}} a^n}{\Gamma\left(\frac{n}{2}+1\right)}.$$

Im einzelnen ist

$$u_1 = 2a, \quad u_2 = \pi a^2, \quad u_3 = \frac{4}{3}\pi a^3, \quad u_4 = \frac{\pi^2}{2} a^4, \ldots.$$

346. Wenn

$$u_n = \underset{\substack{x_1+x_2+\cdots+x_n<a \\ 0<x_1,\, 0<x_2,\, \ldots,\, 0<x_n}}{\iint\cdots\int} x_1^{\alpha_1-1} x_2^{\alpha_2-1} \cdots x_n^{\alpha_n-1}\, dx_1\, dx_2 \cdots dx_n$$

gilt, ist leicht zu beweisen, daß $u_n(a) = a^{\alpha_1+\alpha_2+\cdots+\alpha_n} v_n$ mit $v_n = u_n(1)$ ist. Hiermit und mit Hilfe der Gleichung

$$v_n = \int_0^1 x_1^{\alpha_1-1}\, dx_1 \underset{\substack{x_2+x_3+\cdots+x_n<1-x_1 \\ 0<x_2,\, \ldots,\, 0<x_n}}{\iint\cdots\int} x_2^{\alpha_2-1} x_3^{\alpha_3-1} \cdots x_n^{\alpha_n-1}\, dx_2\, dx_3 \cdots dx_n,$$

beweise man die Formel

$$u_n(a) = \frac{\Gamma(\alpha_1)\,\Gamma(\alpha_2)\cdots\Gamma(\alpha_n)}{\Gamma(1+\alpha_1+\alpha_2+\cdots+\alpha_n)}\, a^{\alpha_1+\alpha_2+\cdots+\alpha_n}.$$

Man beweise die Gleichungen:

347. $$\int_0^x dx_1 \int_0^{x_1} dx_2 \cdots \int_0^{x_{n-1}} f(x_n)\, dx_n = \int_0^x f(t)\, \frac{(x-t)^{n-1}}{(n-1)!}\, dt.$$

348. $$\int_0^x x_1\, dx_1 \int_0^{x_1} x_2\, dx_2 \cdots \int_0^{x_{n-1}} x_n\, dx_n \int_0^{x_n} f(t)\, dt$$

$$= \frac{1}{2\cdot 4 \cdots 2n} \int_0^x f(t)\,(x^2-t^2)^n\, dt.$$

349. Man reduziere das mehrfache Integral

$$\iint\cdots\int x_1^{\alpha_1-1} x_2^{\alpha_2-1} \cdots x_n^{\alpha_n-1}\, F(x_1+x_2+\cdots+x_n)\, dx_1\, dx_2 \cdots dx_n$$

auf ein einfaches Integral; das Integral wird über ein Gebiet erstreckt, das durch die Ungleichungen

$$0 < x_1, \quad 0 < x_2, \ldots, \quad 0 < x_n, \quad x_1 + x_2 + \cdots + x_n < a$$

bestimmt ist.

Anmerkung. Ein Weg zur Lösung ist die Transformation der Veränderlichen nach den Formeln

$$x_1 + x_2 + \cdots + x_n = u, \quad x_1 = x_1, \quad x_2 = x_2, \quad x_3 = x_3, \quad \ldots, \quad x_{n-1} = x_{n-1}.$$

350. Die Punkte $M(x, y, z)$ und $M_1(\xi, \eta, \zeta)$ mögen unabhängig voneinander das ganze Volumen eines Körpers der Dichte $p = p(x, y, z)$ durchlaufen. Das Integral

$$\iiint\iiint \frac{p(x, y, z)\, p(\xi, \eta, \zeta)\, dx\, dy\, dz\, d\xi\, d\eta\, d\zeta}{\sqrt{(x-\xi)^2 + (y-\eta)^2 + (z-\zeta)^2}}$$

heißt dann das auf den Körper selbst bezogene Potential. Man berechne das auf die Kugel selbst bezogene Potential für die homogene Kugel $x^2 + y^2 + z^2 = a^2$. Sein Wert gibt die Arbeit an, die zu verrichten ist, wenn die einzelnen Teilchen des Körpers aus dem Unendlichen herangeholt werden und der Körper aus ihnen zusammengesetzt wird (hierbei gilt das Gravitationsgesetz).

Anmerkung. Zwei Wege führen schnell zum Ziel: 1. Man benutze die Tatsache, daß das Integral über die Veränderlichen ξ, η, ζ das Potential in einem inneren Punkt (x, y, z) der Kugel ist, das schon in früheren Aufgaben berechnet wurde. 2. Man berechne die Arbeit dA, die aufzuwenden ist, wenn die aus dem Unendlichen herangeholte Masse den Radius r der Kugel auf $r + dr$ vergrößert, und integriere den erhaltenen Ausdruck nach r zwischen 0 und a.

IX. ABSCHNITT

Differentialgleichungen

§ 1. Bildung von Differentialgleichungen

Die Gleichung $f(x, y, a) = 0$ stellt gewöhnlich eine Kurvenschar dar; a ist dabei ein Parameter, der für jede einzelne Kurve einen festen Wert hat. Differenziert man diese Gleichung, so erhält man $\frac{\partial f}{\partial x} + \frac{\partial f}{\partial y} y' = 0$. Wenn man a aus beiden Gleichungen eliminiert, so erhält man eine Gleichung der Gestalt $\varphi(x, y, y') = 0$. Sie drückt eine allen Kurven der gegebenen Schar gemeinsame Eigenschaft aus und heißt Differentialgleichung der Kurvenschar $f(x, y, a) = 0$. Die Ausgangsgleichung $f(x, y, a) = 0$ selbst heißt allgemeines Integral der Differentialgleichung $\varphi(x, y, y') = 0$.

Wenn eine Gleichung $f(x, y, a_1, a_2, a_3, \ldots, a_n) = 0$ gegeben ist, die n Parameter $a_1, a_2, \ldots, a_n$ enthält, so stellt sie eine n-parametrige Kurvenschar dar. Differenziert man die Gleichung n-mal und eliminiert die Parameter $a_1, \ldots, a_n$ aus diesen n Gleichungen und der gegebenen Gleichung $f(x, y, a_1, \ldots, a_n) = 0$, so erhält man eine Gleichung, welche die n Parameter nicht enthält. Sie hat die Gestalt $\psi(x, y, y', \ldots, y^{(n)}) = 0$ und heißt Differentialgleichung der n-parametrigen Kurvenschar. Die Ausgangsgleichung $f(x, y, a_1, a_2, \ldots, a_n) = 0$ selbst heißt allgemeines Integral der Differentialgleichung $\psi(x, y, y', \ldots, y^{(n)}) = 0$.

Man stelle Differentialgleichungen für die folgenden Kurvenscharen auf und ermittle in einfachen Fällen die Eigenschaften der Kurven, die durch diese Gleichungen ausgedrückt werden:

1. $y = ax$.

2. $x^2 + y^2 = a^2$.

3. $x^2 + y^2 = ax$.

4. $y = ax^2$.

5. $y = ax + a^2$.

6. $(x^2 + y^2)^2 = a^2(x^2 - y^2)$.

7. $(x - a)^2 + y^2 = 1$.

8. $y = a e^{\frac{x}{a}}$.

9. Für die Schar der konfokalen Kurven zweiter Ordnung

$$\frac{x^2}{a^2 + \lambda} + \frac{y^2}{b^2 + \lambda} = 1,$$

wobei λ der Parameter ist.

10. Für die Zykloidenschar $x = a(t - \sin t)$, $y = a(1 - \cos t)$, wobei a der Parameter ist.

11. Für die Zykloidenschar $x + C = a(t - \sin t)$, $y = a(1 - \cos t)$, wobei C der Parameter ist.

12. Für die Traktrixschar $x + C = a \ln \frac{a + \sqrt{a^2 - y^2}}{y} - \sqrt{a^2 - y^2}$ mit dem Parameter C.

Man stelle Differentialgleichungen für die folgenden Kurvenscharen mit mehreren Parametern auf und ermittle in einfachen Fällen die Eigenschaften, die durch diese Gleichungen ausgedrückt werden.

13. $y = ax + b$.

14. $y = ax^2 + bx + c$.

15. $(x - a)^2 + (y - b)^2 = 1$.

16. $(x - a)^2 + (y - b)^2 = c^2$.

17. $y = A \sin(x + \alpha)$.

18. $y = e^x (Ax + B)$.

19. Man beweise, daß alle Parabeln

$$Ax^2 + Bxy + Cy^2 + Dx + Ey + F = 0, \qquad B^2 - 4AC = 0,$$

einer Differentialgleichung der Gestalt

$$\left[(y'')^{-\frac{2}{3}}\right]'' = 0 \quad \text{oder} \quad 5y''' - 3y''y^{\mathrm{IV}} = 0$$

genügen.

20. Man beweise, daß alle Kurven 2. Ordnung einer Differentialgleichung der Gestalt

$$\left[(y'')^{-\frac{2}{3}}\right]''' = 0$$

genügen.

Man suche die Systeme von Differentialgleichungen für die Koordinaten (x, y, z) der Punkte folgender Kurvenscharen:

21. $y = ax, \quad z = bx$.

22. $x^2 + y^2 + z^2 = a^2, \quad x + y + z = b$.

23. $y = a \cos x, \quad z = a \sin x$.

24. $x = a \cos t, \quad y = a \sin t, \quad z = bt$ (Schraubenlinie).

25. Man suche eine Differentialgleichung aller Normalen des Kegels $x^2 + y^2 = z^2$.

26. Man löse dieselbe Aufgabe für das elliptische Paraboloid $x^2 + y^2 = 2z$.

§ 2. Bestimmung von Funktionen aus ihren vollständigen Differentialen

Der Ausdruck $P(x, y)\,dx + Q(x, y)\,dy$ ist dann und nur dann vollständiges Differential einer gewissen Funktion $u(x, y)$, wenn $\frac{\partial Q}{\partial x} = \frac{\partial P}{\partial y}$ ist. Man erhält die Funktion $u(x, y)$ leicht als Kurvenintegral:

$$u(x, y) = \int_{(x_0, y_0)}^{(x, y)} [P(x, y)\,dx + Q(x, y)\,dy].$$

Ähnliches gilt auch für Funktionen einer größeren Anzahl Veränderlicher. So zum Beispiel ist der Ausdruck $P\,dx + Q\,dy + R\,dz$ dann und nur dann vollständiges Differential einer Funktion $u(x, y, z)$, wenn

$$\frac{\partial R}{\partial y} = \frac{\partial Q}{\partial z}, \quad \frac{\partial P}{\partial z} = \frac{\partial R}{\partial x}, \quad \frac{\partial Q}{\partial x} = \frac{\partial P}{\partial y}$$

gilt.

Dann ist

$$u(x, y, z) = \int\limits_{(x_0, y_0, z_0)}^{(x, y, z)} [P\,dx + Q\,dy + R\,dz].$$

In diesen Formeln können die Konstanten x_0, y_0, z_0 und der Integrationsweg willkürlich gewählt werden. Darum gilt speziell für zwei Veränderliche:

$$u(x, y) = \int\limits_{x_0}^{x} P(x, y)\,dx + \int\limits_{y_0}^{y} Q(x_0, y)\,dy.$$

Die analoge Formel für drei Veränderliche lautet

$$u(x, y, z) = \int\limits_{x_0}^{x} P(x, y, z)\,dx + \int\limits_{y_0}^{y} Q(x_0, y, z)\,dy + \int\limits_{z_0}^{z} R(x_0, y_0, z)\,dz.$$

Man berechne die Funktionen aus ihren vollständigen Differentialen:

27. $dz = (x^2 - y^2)\,dx - 2xy\,dy.$

28. $dz = y\,dx + x\,dy + \dfrac{x\,dy - y\,dx}{x^2}.$

29. $dz = \dfrac{x\,dx + y\,dy}{\sqrt{x^2 + y^2}} + x\,dy + y\,dx.$

30. $dz = \dfrac{2x(1 - e^y)\,dx}{(1 + x^2)^2} + \dfrac{e^y\,dy}{1 + x^2}.$

31. $dz = \dfrac{(x + 2y)\,dx + y\,dy}{(x + y)^2}.$

32. $du = \dfrac{dx - 3dy}{z} + \dfrac{3y - x}{z^2}\,dz.$

33. $du = (x^2 - yz)\,dx + (y^2 - xz)\,dy + (z^2 - xy)\,dz.$

Wenn eine Kraft, die in einem Kraftfeld wirkt, gleich $\operatorname{grad} u$ ist, das heißt, wenn ihre Komponenten f_x, f_y, f_z gleich den partiellen Ableitungen

$$f_x = \frac{\partial u}{\partial x}, \quad f_y = \frac{\partial u}{\partial y} \quad \text{bzw.} \quad f_z = \frac{\partial u}{\partial z}$$

sind, dann heißt u das Potential der Kraft.

34. Man berechne das Potential u der Kraft mit den Komponenten

$$f_x = 2x, \quad f_y = f_z = 2y + 2z.$$

35. Man suche das Potential u der Kraft $\mathfrak{f} = \frac{\mathfrak{r}}{|\mathfrak{r}|^3}$, wobei $\mathfrak{r}$ der Radiusvektor vom Koordinatenursprung zum Punkte (x, y, z) ist.

36. Die Komponenten einer Kraft seien durch folgende Formeln gegeben:

$$f_x = \frac{x + y - 3z}{(x + y + z)^3}, \quad f_y = \frac{ax + by + cz}{(x + y + z)^3}, \quad f_z = \frac{\alpha x + \beta y + \gamma z}{(x + y + z)^3}.$$

Man bestimme die Konstanten $a, b, c, \alpha, \beta, \gamma$ so, daß die Kraft das Potential u besitzt, und ermittle die Kraft selbst.

37. Man bestimme die Konstanten a und b so, daß der Ausdruck

$$\frac{(ax^2 + 2xy + y^2)\,dx - (x^2 + 2xy + by^2)\,dy}{(x^2 + y^2)^2}$$

vollständiges Differential einer gewissen Funktion $z(x, y)$ wird, und gebe diese Funktion an.

38. Man beweise, daß der Ausdruck $\frac{\partial^{n+1} \ln r}{\partial x^n \partial y} dx - \frac{\partial^{n+1} \ln r}{\partial x^{n+1}} dy$ vollständiges Differential einer gewissen Funktion u ist, und ermittle diese Funktion unter Benutzung der Tatsache, daß $\frac{\partial^2 \ln r}{\partial x^2} + \frac{\partial^2 \ln r}{\partial y^2} = 0$ ist.

39. Das Differential der Bogenlänge einer Kurve auf einer gekrümmten Fläche wird durch die Formel $ds^2 = A(x, y)\,dx^2 + B(x, y)\,dy^2$ bestimmt. Nach Einführung neuer Veränderlicher durch die Formeln $u = P(x, y)$, $v = Q(x, y)$ (P und Q sind irgendwelche Funktionen) kann die Formel für ds^2 in der Form $ds^2 = du^2 + dv^2$ geschrieben werden, wenn die Funktionen P und Q die Bedingungen

$$\left(\frac{\partial P}{\partial x}\right)^2 + \left(\frac{\partial Q}{\partial x}\right)^2 = A(x, y), \quad \left(\frac{\partial P}{\partial y}\right)^2 + \left(\frac{\partial Q}{\partial y}\right)^2 = B(x, y), \quad \frac{\partial P}{\partial x}\frac{\partial P}{\partial y} + \frac{\partial Q}{\partial x}\frac{\partial Q}{\partial y} = 0$$

erfüllen. Man beweise, daß P und Q nur dann so gewählt werden können, wenn die Funktionen $A(x, y)$ und $B(x, y)$ die Bedingung

$$\frac{\partial\left(\frac{1}{\sqrt{A}}\frac{\partial\sqrt{B}}{\partial x}\right)}{\partial x} + \frac{\partial\left(\frac{1}{\sqrt{B}}\frac{\partial\sqrt{A}}{\partial y}\right)}{\partial y} = 0$$

erfüllen.

§ 3. Integration vollständiger Differentiale

Wenn eine Differentialgleichung die Gestalt

$$P(x, y)\,dx + Q(x, y)\,dy = 0$$

hat, wobei

$$\frac{\partial Q}{\partial x} = \frac{\partial P}{\partial y}$$

ist, dann ist die linke Seite der Gleichung Differential einer bestimmten Funktion $u(x, y)$. Die Gleichung kann also in der Form $du = 0$ geschrieben werden und besitzt daher das allgemeine Integral $u = c$.

Man löse folgende Differentialgleichungen:

40. $(x + y)\,dx + (x - y)\,dy = 0$.

41. $(3x^2 + 6xy^2)\,dx + (6x^2 y + 4y^3)\,dy = 0$.

42. $(x^3 - 3xy^2)\,dx + (y^3 - 3x^2 y)\,dy = 0$.

43. $\dfrac{x\,dx + y\,dy}{\sqrt{x^2 + y^2}} + \dfrac{x\,dy - y\,dx}{x^2} = 0$.

44. $x\,dx + y\,dy + \dfrac{x\,dy - y\,dx}{x^2 + y^2} = 0$.

In den folgenden Aufgaben soll nach Bestimmung eines regulären Integrals die Integrationskonstante C so gewählt werden, daß die Integralkurve durch den gegebenen Punkt $M(1, 1)$ geht.

45. $\dfrac{2x\,dx}{y^3} + \dfrac{y^2 - 3x^2}{y^4}\,dy = 0$.

46. $\left(1 + e^{\frac{x}{y}}\right) dx + e^{\frac{x}{y}}\left(1 - \dfrac{x}{y}\right) dy = 0$.

§ 4. Trennung der Variablen

Wenn in der Gleichung $P\,dx + Q\,dy = 0$ die Funktionen P und Q in je zwei Faktoren zerfallen, von denen jeder nur von einer Veränderlichen, von x oder von y, abhängt, das heißt, wenn

$$P = \psi(x)\,F(y) \quad \text{und} \quad Q = f(y)\,\varphi(x)$$

ist, dann kann man die Gleichung in der Gestalt

$$\psi(x)\,F(y)\,dx + f(y)\,\varphi(x)\,dy = 0$$

schreiben. Sind $F(y)$ und $\varphi(x)$ von Null verschieden, so folgt daraus

$$\frac{\psi(x)}{\varphi(x)}\,dx + \frac{f(y)}{F(y)}\,dy = 0.$$

Das allgemeine Integral dieser Gleichung ist dann

$$\int \frac{\psi(x)}{\varphi(x)}\,dx + \int \frac{f(y)}{F(y)}\,dx = C.$$

Anmerkung. Die Gleichungen $F(y) = 0$ und $\varphi(x) = 0$ stellen singuläre Integrale der gegebenen Gleichung dar, wenn man im Sinne der Aufgabe die Veränderlichen durch Konstanten ersetzen kann.

Man löse folgende Differentialgleichungen:

47. $(1 + y^2)\,dx + xy\,dy = 0$.

48. $xy(1 + x^2)\,y' = 1 + y^2$.

49. $(1 + y^2)\,dx = x\,dy$.

In den folgenden Aufgaben ist nach Bestimmung des allgemeinen Integrals diejenige Kurve anzugeben, die durch den vorgegebenen Punkt $M(x_0, y_0)$ geht.

50. $\frac{x\,dx}{1+y} - \frac{y\,dy}{1+x} = 0$; $M(1, 1)$; $M(0, 1)$.

51. $y' \sin x = y \ln y$; $M(0, 1)$; $M\left(\frac{\pi}{2}, 1\right)$.

52. $(1 + e^x)\, y\, y' = e^x$; $M(1, 1)$

53. $x\sqrt{1 - y^2}\, dx + y\sqrt{1 - x^2}\, dy = 0$; $M(0, 1)$.

54. $2\sqrt{y}\, dx = dy$; $M(0, 1)$.

55. $y \ln y\, dx + x\, dy = 0$; $M(1, 1)$.

56. $(a^2 + y^2)\, dx + 2x\sqrt{ax - x^2}\, dy = 0$; $M(a, 0)$.

Manchmal lassen sich die Veränderlichen nicht unmittelbar trennen, und erst die Einführung neuer Veränderlicher ermöglicht dies. In den folgenden Aufgaben erreicht man die Trennung der Variablen durch die Substitution $ax + by + c = u$. Dabei sind a, b und c geeignete Konstanten.

Man löse folgende Differentialgleichungen:

57. $y' = (x - y)^2 + 1$.

58. $y' = \sin(x - y)$.

59. $y' = ax + by + c$.

60. $y'^2 = ax + by + c$.

61. $y' = (ax + by + c)^2$.

62. $(x + y)^2\, y' = a^2$.

In den folgenden Beispielen ist die Substitution $xy = u$ zu empfehlen.

63. $2y' + y^2 + \frac{1}{x^2} = 0$.

64. $x^2(y' + y^2) = a(xy - 1)$.

65. $xy^2(xy' + y) = a^2$.

In den nächsten beiden Beispielen ist die etwas kompliziertere Einführung zweier neuer Veränderlicher nach den Formeln $xy = u$ und $\frac{x}{y} = v$ zweckmäßig.

66. $y(1 + xy)\, dx + (1 - xy)\, x\, dy = 0$.

67. $(x^2 y^2 + 1)\, y\, dx + (x^2 y^2 - 1)\, x\, dy = 0$.

Die Substitution der Form $x^\alpha y^\beta = u$ führt bei geeigneter Wahl von α und β zur Lösung der folgenden Gleichungen:

68. $(x^2 - y^4)\, y' - xy = 0$.

69. $\left(y + y\sqrt{x^2 y^4 - 1}\right) dx + 2x\, dy = 0$.

70. Man bestimme das allgemeine Integral der Gleichung

$$(y - x)\sqrt{1 + x^2}\,dy = (1 + y^2)^{\frac{3}{2}}\,dx$$

durch Anwendung der Substitution $x = \tan u$, $y = \tan v$.

Folgende Aufgaben führen bei geeigneter Wahl der Veränderlichen zu Gleichungen mit getrennten Variablen.

71. Man bestimme die Kurven, bei denen die Länge der Subtangente eine Konstante a ist (LEIBNIZ, 1684).

72. Man bestimme die Kurven, bei denen die Subnormale überall die konstante Länge p hat.

73. Man bestimme die Kurven, bei denen die Tangentenabschnitte zwischen den Koordinatenachsen durch die entsprechenden Berührungspunkte der Tangenten halbiert werden.

74. Man bestimme die Kurven, bei denen die Tangentenabschnitte zwischen den Koordinatenachsen durch die Berührungspunkte im Verhältnis $m : n$ geteilt werden.

75. Mit Hilfe von Polarkoordinaten ermittle man die Kurven, die alle Radiusvektoren unter dem gleichen Winkel α schneiden: $\tan\alpha = a$.

76. Man bestimme die Kurven, bei denen der Winkel φ zwischen Polarachse und Radiusvektor eines Kurvenpunktes gleich dem Winkel μ zwischen der Verlängerung des Radiusvektors und der Tangente in diesem Punkt ist.

77. Man löse dieselbe Aufgabe für $\mu = 2\varphi$.

78. Durch ein absorbierendes Medium falle Licht der Helligkeit f_0. Die Absorption ist bei dünnen Schichten Δx annähernd proportional der Schichtdicke Δx und der Helligkeit f. Man beweise, daß in der Tiefe x die Helligkeit durch die Gleichung $f = f_0 \cdot e^{-kx}$ ausgedrückt wird. Dabei ist k ein Proportionalitätsfaktor.

79. Die Strahlen einer Lichtquelle werden im umgebenden Medium absorbiert. Die Absorption des Lichtes zwischen den Kugeln mit den Radien r und $r + \Delta r$ und dem Mittelpunkt in der Lichtquelle ist näherungsweise gleich $kf\,4\pi r^2 \Delta r$. Man beweise, daß die Helligkeit in der Entfernung r von der Lichtquelle gleich $f_0 \dfrac{e^{-kr}}{r^2}$ ist; hierbei ist $f_0 e^{-k}$ die Helligkeit in der Entfernung $r = 1$ und k ein Proportionalitätsfaktor.

80. Ein Gefäß enthalte M cm³ einer Lösung. In das Gefäß mögen ununterbrochen in jeder Sekunde q cm³ Wasser hineinfließen, die sich mit der Lösung vermischen. Gleichzeitig mögen in der Sekunde q cm³ Lösung herausfließen. Man beweise, daß die Menge m des gelösten Stoffes durch die Formel $m = m_0 e^{-\frac{q}{M}t}$ ausgedrückt werden kann; hierbei ist m_0 die Stoffmenge zur Zeit $t = 0$ und t die vergangene Zeit in Sekunden.

81. Ein Seil sei auf einen Zylinder mit dem Radius r gewickelt. Die Kraft, mit der das Seilelement Δs auf den Zylinder drückt, ist gleich der Größe

$\frac{T}{r} \Delta s$, wobei T die Spannung des Seils in einem gegebenen Punkt ist. Durch die Reibung kann das Element nur in dem Fall gleiten, in dem die bewegende Kraft größer als kf ist, wobei k der Reibungskoeffizient und f die Kraft ist, mit der das Element auf den Zylinder drückt. Man leite daraus die Differentialgleichung $dT = -\frac{kT}{r}ds$ und ihr Integral $T = T_0 e^{-\frac{ks}{r}}$ her, wobei T die Spannung ist, bei der das Gleiten beginnt; T_0 ist die Spannung im Anfangspunkt.

§ 5. Homogene[1]) Differentialgleichungen und Differentialgleichungen, die sich auf solche zurückführen lassen

Homogene Differentialgleichungen können in der Form $y' = f\left(\frac{y}{x}\right)$ oder $P(x, y)\,dx + Q(x, y)\,dy = 0$ geschrieben werden, wobei P und Q homogene Funktionen sind. Sie werden durch die Substitution $y = tx$ oder $x = ty$ auf Gleichungen mit getrennten Variablen zurückgeführt.

Man löse die folgenden Gleichungen und suche die Integralkurven, die durch den Punkt $M(x_0, y_0)$ gehen, wenn ein solcher angegeben ist:

82. $(x + y)\,dx - (x - y)\,dy = 0$.

83. $(y^2 - 3x^2)\,dx + 2xy\,dy = 0$; $M(0, 1)$.

84. $(x^2 + 2xy - y^2)\,dx + (y^2 + 2xy - x^2)\,dy = 0$; $M(1, -1)$.

85. $x\,dy - y\,dx = y\,dy$.

86. $y^2\,dx + (x^2 - xy)\,dy = 0$.

87. $(x^2 + xy + y^2)\,dx = x^2\,dy$.

88. $(3x^2 + 6xy + 3y^2)\,dx + (2x^2 + 3xy)\,dy = 0$.

89. $\frac{dx}{x^2 - xy + y^2} = \frac{dy}{2y^2 - xy}$.

90. $\frac{dy}{dx} = \frac{2xy}{3x^2 - y^2}$.

91. $y' = \frac{x}{y} + \frac{y}{x}$; $M(-1, 0)$.

92. $xy' = y + \sqrt{y^2 - x^2}$.

93. $y\,dx + (2\sqrt{xy} - x)\,dy = 0$.

94. $xy' = y \ln \frac{y}{x}$.

Manchmal kann man eine inhomogene Gleichung durch die Substitutionen $x = u^\lambda$, $y = v^\mu$ (λ und μ sind passende Konstanten) in eine homogene verwandeln.

Auf diese Art sind die folgenden Gleichungen zu lösen:

95. $(y^4 - 3x^2)\,dy + xy\,dx = 0$.

96. $y^3\,dx + 2(x^2 - xy^2)\,dy = 0$.

97. $(x^2y^2 - 1)\,y' + 2xy^3 = 0$.

98. $(x^6 - y^4)\,dy = 3x^5 y\,dx$.

---

[1]) Diese Bezeichnung wird in verschiedenem Sinn gebraucht; vgl. § 16, S. 304. (Anm. d. Red.)

Die Gleichung $y' = f\left(\frac{ax + by + c}{a_1 x + b_1 y + c}\right)$ kann durch die Substitutionen $x = \xi + \alpha$, $y = \eta + \beta$ homogen gemacht werden, wenn $a b_1 - a_1 b \neq 0$ ist. Dabei ist (α, β) der Schnittpunkt der Geraden $ax + by + c = 0$ und $a_1 x + b_1 y + c_1 = 0$. Wenn $a b_1 - a_1 b = 0$ ist, dann führt die Substitution $ax + by + c = u$ auf eine Trennung der Variablen.

Man löse die Gleichungen:

99. $(x + y + 1)\,dx + (2x + 2y - 1)\,dy = 0$.

100. $(x + y - 2)\,dx + (x - y + 4)\,dy = 0$.

101. $(2x - y + 1)\,dx + (2y - x - 1)\,dy = 0$.

102. $(x - 2y + 5)\,dx + (2x - y + 4)\,dy = 0$.

103. Man beweise, daß die Integralkurven der Gleichung

$$(ax + by + c)\,dx + (ay - bx + c_1)\,dy = 0$$

logarithmische Spiralen sind.

104. Man beweise den Satz: Wenn $P\,dx + Q\,dy = 0$ eine homogene Differentialgleichung und der Ausdruck $P\,dx + Q\,dy$ ein vollständiges Differential ist, dann hat das allgemeine Integral dieser Differentialgleichung die Gestalt $Px + Qy = C$, wenn der Grad von P und Q verschieden von -1 ist.

105. Man bestimme die Kurven, bei denen das Dreieck aus der y-Achse, der Tangente und dem Radiusvektor zum Berührungspunkt gleichschenklig ist.

106. Man bestimme die Kurve $f(x)$, für die die Fläche des krummlinigen Trapezes, das aus den Punkten $(a, 0)$, $(x, 0)$ und den Punkten $A(a, f(a))$ und $B(x, y)$ der Kurve gebildet wird, proportional der Bogenlänge AB ist.

§ 6. Lineare Differentialgleichungen und Differentialgleichungen, die sich auf solche zurückführen lassen

Die linearen Differentialgleichungen erster Ordnung haben die Gestalt $y' + Py + Q = 0$. Ein Verfahren zur Lösung besteht darin, daß man eine solche Gleichung mit einem Faktor u multipliziert, der so gewählt ist, daß die Größe $P \cdot u$ gleich u' wird. Dann nimmt die Gleichung die Form

$$uy' + u'y = -uQ \quad \text{oder} \quad (uy)' = uQ$$

an und ist ohne Mühe zu integrieren. Ein solcher integrierender Faktor ist

$$u = e^{\int P\,dx}$$

Für die folgenden Gleichungen ist das allgemeine Integral zu ermitteln und, wenn ein Punkt $M(x_0, y_0)$ angegeben ist, die Integralkurve durch diesen Punkt anzugeben.

107. $xy' + 2y = 3x;\quad x_0 = 0,\quad y_0 = 0$.

108. $xy' + 3y = x^2$.

109. $y' + ay = e^{mx}$.

110. $(1 + x^2)\,y' - 2xy = (1 + x^2)^2$.

111. $y' + 2xy = 2xe^{-x^2}$.

112. $y' \sin x - y = 1 - \cos x$.

113. $y' + y\cos x = \sin x \cos x; \quad x_0 = 0, \quad y_0 = 1$.

114. $(1 - x^2)\,y' + xy = 1; \quad y = 1, \quad x = 0$.

115. $y' + x^2 y = x^2; \quad y = 1, \quad x = 2$.

Folgende Gleichungen erweisen sich als linear, wenn man y als unabhängige Veränderliche und x als Funktion ansieht:

116. $(y^2 - 6x)\,y' + 2y = 0$.

117. $(x - 2xy - y^2)\,y' + y^2 = 0$.

Die Gleichung $y' + Py + Qy^n = 0$ heißt BERNOULLIsche Differentialgleichung. Sie wird zu einer linearen Differentialgleichung, wenn man durch y^n dividiert und danach die Substitution $y^{1-n} = u$ durchführt.

Man berechne das allgemeine Integral der Gleichungen:

118. $xy' + y = y^2 \ln x$.

119. $y' + 2xy = 2x^3y^3$.

120. $(1 - x^2)\,y' - xy = axy^2$.

121. $3y^2y' - ay^3 = x + 1$.

122. $y^{n-1}(ay' + y) = x$.

123. $dy + (xy - xy^3)\,dx = 0$.

124. $dx + (x + y^2)\,dy = 0$.

125. $(xy + x^2y^3)\,y' = 1$.

Folgende Gleichungen sind durch einfache Substitutionen in lineare überzuführen:

126. $(x^2 + y^2 + 1)\,dy + xy\,dx = 0$.

127. $(x^2 + y^2 + 2x - 2y)\,dx + 2(y - 1)\,dy = 0$.

128. $y' - 1 = e^{x+2y}$.

129. $xy' + 1 = e^y$.

130. $y' \cos y + \sin y = x + 1$.

131. $y' + \sin y + x\cos y + x = 0$.

Die weiteren Aufgaben führen zu linearen oder anderen Gleichungen, die schon früher betrachtet wurden.

132. Man löse die Funktionalgleichung

$$\int_0^1 \varphi(\alpha x)\,d\alpha = n\varphi(x).$$

133. $\int_a^x xy\,dx = x^2 + y$. Man bestimme $y(x)$.

134. $x\int\limits_0^x y\,dx = (x+1)\int\limits_0^x xy\,dx$. Man bestimme $y(x)$.

135. $\int\limits_0^x \sqrt{1+(y')^2}\,dx = 2\sqrt{x} + y$. Man bestimme $y(x)$.

136. $2\int\limits_0^x y\sqrt{1+y'^2}\,dx = 2x + y^2$.

137. Man bestimme die Kurve, bei der die mittlere Ordinate, das heißt die Größe $\frac{1}{x}\int\limits_0^x y\,dx$, proportional der Endordinate ist.

138. Man bestimme die Kurve, bei welcher die Abszisse des Schwerpunktes der von den Geraden $x = 0$, $y = 0$, $x = \xi$ und der Kurve begrenzten Fläche gleich $\frac{3}{4}\xi$ ist.

139. Wenn R der Ohmsche Widerstand eines Leiters, L sein Selbstinduktionskoeffizient und V die angelegte Spannung ist, dann gilt für die Stromstärke I die Gleichung $L\frac{dI}{dt} + RI = V$. Man berechne die Stromstärke t Sekunden nach dem Einschalten, wenn V konstant und I_0 die Stromstärke für $t = 0$ ist.

140. Man löse dieselbe Aufgabe für $V = V_0 \sin 2\pi n t$ und

$$I_0 = \frac{-2\pi n V_0 L}{R^2 + 4\pi^2 n^2 L^2}.$$

141. Ein Punkt mit der Masse m bewege sich in einem Medium, dessen Widerstand proportional der Geschwindigkeit ist. Bezeichnet man mit $\mathfrak{v}$ die Geschwindigkeit, dann ist $\frac{d\mathfrak{v}}{dt}$ die Beschleunigung. Aus den Gesetzen der Mechanik folgt die Gleichung $m\frac{d\mathfrak{v}}{dt} = -mg\mathfrak{k} - a\mathfrak{v}$, wobei $\mathfrak{k}$ der Einheitsvektor in Richtung der vertikalen z-Achse und a ein Proportionalitätsfaktor ist. Man suche die Formel für $\mathfrak{v}$ und für den zurückgelegten Weg $\mathfrak{s}$.

§ 7. Die Riccatische Differentialgleichung

So heißt jede Gleichung der Gestalt $y' + Py + Qy^2 + R = 0$. Wenn man eine spezielle Lösung y_1 gefunden hat, so kann man diese Gleichung mit Hilfe der Substitution $y = y_1 + u$ auf die Bernoullische Differentialgleichung zurückführen.

Man bestimme allgemeine Integrale der folgenden Gleichungen, die die partikuläre Lösung $y_1 = \frac{a}{x}$ besitzen.

142. $x^2 y' = x^2 y^2 + xy + 1$.

143. $y' + y^2 = 2x^{-2}$.

144. $4y' + y^2 + 4x^{-2} = 0$.

145. $x^2 y' + (xy - 2)^2 = 0$.

Die von RICCATI untersuchte Gleichung (spezielle RICCATIsche Differentialgleichung) besitzt die Gestalt $y' + Ay^2 = Bx^m$, wobei A, B und m Konstanten sind. Nach den Substitutionen $y = \frac{u}{x}$ und $x^{m+2} = t$ geht sie über in $tu' + \alpha u + \beta u^2 = \gamma t$. Diese Gleichung stellt für $\beta = 0$ eine lineare und für $\gamma = 0$ eine BERNOULLIsche Differentialgleichung dar. Wenn $\alpha = -\frac{1}{2}$ ist, kann man sie in der Form $-\sqrt{t}\left(\frac{\sqrt{t}}{u}\right)' + \beta = \gamma\left(\frac{\sqrt{t}}{u}\right)^2$ schreiben, in der sie leicht zu integrieren ist. Wenn $\gamma\beta \neq 0$ und $\alpha \neq -\frac{1}{2}$ ist, dann kann man die Gleichung auf zwei Arten umformen:

I. Durch die Substitution $u = \frac{t}{a + v}$ mit $a = \frac{1 + \alpha}{\gamma}$ geht sie über in die Form $tv' + (\alpha + 1)v + \gamma v^2 = \beta t$.

II. Durch die Substitution $u = a + \frac{t}{v}$ mit $a = -\frac{\alpha}{\beta}$ geht sie über in die Form $tv' + (\alpha - 1)v + \gamma v^2 = \beta t$.

Für $\alpha = \nu + \frac{1}{2}$, wobei ν eine ganze Zahl ist, führen die erwähnten Substitutionen zu einer vollständigen Lösung. Deshalb ist die spezielle RICCATIsche Differentialgleichung, das heißt die Gleichung $y' + Ay^2 = Bx^m$, integrierbar, wenn $m = -\frac{4n}{2n - 1}$ ist, wobei n eine beliebige, nicht notwendig positive ganze Zahl ist.

Man löse die Gleichungen:

146. $xy' + 3y + y^2 = x^2$.

147. $xy' - 5y - y^2 = x^2$.

148. $3xy' - 9y - y^2 = x^{\frac{2}{3}}$.

149. $5y' + y^2 = x^{-\frac{12}{5}}$.

150. $y' + y^2 = x^{-4}$.

151. $y' + y^2 = -x^{-4}$.

152. $y' - y^2 = x^{-\frac{8}{3}}$.

153. $y' - y^2 = -x^{-\frac{4}{3}}$

§ 8. Die JACOBIsche Differentialgleichung

Die JACOBIsche Gleichung hat die Gestalt

$$(Ax + By + C)\,dx + (A_1x + B_1y + C_1)\,dy + (A_2x + B_2y + C_2)(x\,dy - y\,dx) = 0.$$

Eines der einfachsten Verfahren zu ihrer Lösung besteht darin, daß durch die Substitution $x = \frac{\xi}{\zeta}$, $y = \frac{\eta}{\zeta}$ die gegebene Gleichung in

$$-s_1(\zeta\, d\eta - \eta\, d\zeta) + s_2(\zeta\, d\xi - \xi\, d\zeta) + s_3(\xi\, d\eta - \eta\, d\xi) = 0 \qquad (*)$$

übergeht, wobei

$$s_1 = A_1\xi + B_1\eta + C_1\zeta, \qquad s_2 = A\xi + B\eta + C\zeta, \qquad s_3 = A_2\xi + B_2\eta + C_2\zeta$$

gilt.

Die Gleichung (*) kann man in Form einer Determinante schreiben:

$$\begin{vmatrix} d\xi & d\eta & d\zeta \\ \xi & \eta & \zeta \\ s_1 & s_2 & s_3 \end{vmatrix} = 0.$$

Man kann

$$\frac{d\xi}{dt} = s_1, \qquad \frac{d\eta}{dt} = s_2, \qquad \frac{d\zeta}{dt} = s_3 \qquad (**)$$

setzen, wobei t eine neue Hilfsveränderliche ist. Das erhaltene System linearer Gleichungen ist durch relativ einfache Methoden zu lösen, die in einem der nächsten Paragraphen behandelt werden. Die Lösung dieser Gleichung ergibt drei Beziehungen zwischen ξ, η, ζ, t. Nimmt man die Formeln $x = \frac{\xi}{\zeta}$, $y = \frac{\eta}{\zeta}$ hinzu, so erhält man fünf Gleichungen. Eliminiert man aus ihnen ξ, η, ζ und t, so bekommt man das allgemeine Integral der gegebenen Gleichung.

Im einfachsten Fall, der nicht selten auftritt, ergibt sich die Lösung der Gleichungen (**) durch die Beziehungen

$$a\xi + b\eta + c\zeta = C_1 e^{\lambda_1 t}, \quad a_1\xi + b_1\eta + c_1\zeta = C_2 e^{\lambda_2 t},$$
$$a_2\xi + b_2\eta + c_2\zeta = C_3 e^{\lambda_3 t}.$$

Daraus folgt

$$(a\xi + b\eta + c\zeta)^{\lambda_2 - \lambda_3}(a_1\xi + b_1\eta + c_1\zeta)^{\lambda_3 - \lambda_1}(a_2\xi + b_2\eta + c_2\zeta)^{\lambda_1 - \lambda_2} = C,$$

wobei C eine neue Konstante ist. Weil die linke Seite eine homogene Funktion nullten Grades ist, können die Ausdrücke in den Klammern durch ζ geteilt werden, und man erhält das allgemeine Integral der Jacobischen Differentialgleichung in der Form

$$(ax + by + c)^{\lambda_2 - \lambda_3}(a_1x + b_1y + c_1)^{\lambda_3 - \lambda_1}(a_2x + b_2y + c_2)^{\lambda_1 - \lambda_2} = C.$$

Es ist auch möglich, die Jacobische Gleichung zu lösen, ohne sie in ein System von Gleichungen überzuführen.

Ein solches Verfahren besteht darin, daß man ein lineares Integral der Gleichung sucht, das die Form $\alpha x + \beta y + \gamma = 0$ hat, und eine neue Veränderliche einführt, indem man

$$x_1 = \frac{x}{\alpha x + \beta y + \gamma}, \quad y_1 = \frac{y}{\alpha x + \beta y + \gamma}$$

setzt. Die Gleichung mit den neuen Veränderlichen x_1 und y_1 führt man dann auf eine homogene Gleichung zurück.

Man löse die Differentialgleichungen:

154. $(x + 3y)\,dx + 2y\,dy + a(x + y)(x\,dy - y\,dx) = 0$.

155. $(x - y + 1)\,dx + (x - y - 1)\,dy + (x + y - 1)(x\,dy - y\,dx) = 0$.

156. $(y - x - 1)(dx + dy) + (x + y + 1)(x\,dy - y\,dx) = 0$.

157. $(x + 3y + 2)\,dx - (x - y - 2)\,dy + (x + y + 2)(x\,dy - y\,dx) = 0$.

158. $(14x + 13y + 6)\,dx + (4x + 5y + 3)\,dy - (7x + 5y)(x\,dy - y\,dx) = 0$.

159. $(7x - 8y + 5)\,dx + (7x - 8y)\,dy + 5(x + y)(x\,dy - y\,dx) = 0$.

160. $(-x + 1)\,dx + (1 - y)\,dy + (x - y)(x\,dy - y\,dx) = 0$.

161. Man suche die Kurve, für die der Tangentenabschnitt zwischen dem Berührungspunkt und der x-Achse vom Punkte (0, 1) aus unter einem Winkel von 45° erscheint.

§ 9. Der integrierende Faktor

Wenn der Ausdruck $P\,dx + Q\,dy$ kein vollständiges Differential irgendeiner Funktion ist, dann kann man ihn durch Multiplikation mit einem Faktor $M(x, y)$ zu einem vollständigen Differential machen. Der Faktor M muß der partiellen Differentialgleichung $P\frac{\partial M}{\partial y} - Q\frac{\partial M}{\partial x} = M\left(\frac{\partial Q}{\partial x} - \frac{\partial P}{\partial y}\right)$ genügen. Wenn M ein integrierender Faktor für den Ausdruck $P\,dx + Q\,dy$ ist, dann ist auch $\varphi(u) \cdot M$ (φ ist dabei eine beliebige differenzierbare Funktion von $u(x, y)$) ein integrierender Faktor für $P\,dx + Q\,dy$. Somit existieren unendlich viele integrierende Faktoren. Trotzdem ist das Auffinden auch nur eines von ihnen im allgemeinen schwierig.

Eine Ausnahme bildet der Fall, wenn der Faktor die Form $M = f(u)$ hat, wobei u eine gegebene Funktion ist. In diesem Fall muß das Verhältnis der Größen $P\frac{\partial u}{\partial y} - Q\frac{\partial u}{\partial x}$ und $\frac{\partial P}{\partial y} - \frac{\partial Q}{\partial x}$ eine Funktion von u allein sein, so daß die partielle Differentialgleichung für den Faktor M in eine lineare gewöhnliche Differentialgleichung erster Ordnung übergeht und vollständig gelöst werden kann. Wenn nun ein integrierender Faktor M für den Ausdruck $P\,dx + Q\,dy$ gefunden ist, kann man die Gleichung $P\,dx + Q\,dy = 0$ durch die Gleichung $MP\,dx + MQ\,dy = 0$ ersetzen. Diese Gleichung kann man integrieren, weil die linke Seite ein vollständiges Differential ist.

Man ermittle Integrale der folgenden Gleichungen, die einen integrierenden Faktor von der Form $M = f(x)$ oder $M = f(y)$ besitzen.

162. $(x^2 + y)\,dx - x\,dy = 0$.

163. $(x^2 + y^2)(x\,dy - y\,dx) = (a + x)\,x^4\,dx$.

164. $(xy^2 + y)\,dx - x\,dy = 0$.

165. $(2xy^2 - y)\,dx + (y^2 + x + y)\,dy = 0$.

166. $(1 - x^2y)\,dx + x^2(y - x)\,dy = 0$.

167. $(x^2 + y^2 + 2x)\,dx + 2y\,dy = 0$.

168. $(x\cos y - y\sin y)\,dy + (x\sin y + y\cos y)\,dx = 0$.

Man integriere folgende Gleichungen mit einem Faktor der Form $M = f(x + y)$ oder $M = f(xy)$:

169. $(x^2 + x^2y + 2xy - y^2 - y^3)\,dx + (y^2 + xy^2 + 2xy - x^2 - x^3)\,dy = 0$.

170. $(2x^3y^2 - y)\,dx + (2x^2y^3 - x)\,dy = 0$.

171. $xy^2\,dx + (x^2y - x)\,dy = 0$.

172. $x^2y^3 + y + (x^3y^2 - x)\,y' = 0$.

Man löse folgende Gleichungen mit Hilfe eines Faktors der Form $M = f(x^2 + y^2)$ oder $M = f(x^2 - y^2)$:

173. $(x^2 + y^2 + 1)\,dx - 2xy\,dy = 0$.

174. $(y + x^2)\,dy + (x - xy)\,dx = 0$.

175. $\omega(x^2 + y^2)\,x\,dx + \omega_1(x^2 + y^2)\,y\,dy = 0$.

Manchmal gelingt es, den integrierenden Faktor schrittweise zu finden, wenn man die Größe $P\,dx + Q\,dy$ in eine Summe der Gestalt

$$P\,dx + Q\,dy = (P_1\,dx + Q_1\,dy) + (P_2\,dx + Q_2\,dy) + \cdots + (P_n\,dx + Q_n\,dy)$$

zerlegt. Nach Auffinden des Faktors M_1 für den ersten Summanden der rechten Seite erhält man

$$M_1(P\,dx + Q\,dy) = (M_1P_1\,dx + M_1Q_1\,dy) + (M_1P_2\,dx + M_1Q_2\,dy) + \cdots.$$

Wenn sich dabei $M_1P_1\,dx + M_1Q_1\,dy = du$ ergibt, wobei u irgendeine Funktion ist, dann bemüht man sich, $M_2 = \varphi(u)$ so zu wählen, daß in der Gleichung

$$M_1M_2(P\,dx + Q\,dy) = \varphi(u)\,du + (M_1M_2P_2\,dx + M_1M_2Q_2\,dy) + \cdots$$

der zweite Summand der rechten Seite ein vollständiges Differential wird. Der erste Summand bleibt dabei ein vollständiges Differential. Indem man auf diese Weise fortfährt, erreicht man schließlich, daß die ganze rechte Seite zu einem vollständigen Differential wird. So sind zum Beispiel in der Gleichung $x\,dx + y\,dy + x(x\,dy - y\,dx) = 0$ die ersten beiden Summanden gleich $\frac{1}{2}\,du$, wenn $u = x^2 + y^2$ ist. Darum geht die Gleichung nach Multiplikation mit $\varphi(u)$ in die Form $\frac{1}{2}\,\varphi(u)\,du + \varphi(u)\,x^3\,\frac{x\,dy - y\,dx}{x^2} = 0$ über. Der rechte Teil wird zu einem vollständigen Differential, wenn $\varphi(u) \cdot x^3$

eine Funktion von $v = \frac{y}{x}$ ist. Das geschieht für $\varphi(u) = \frac{1}{\sqrt{u^3}}$. Man erhält dann die Gleichung $\frac{du}{2u\sqrt{u}} + \frac{dv}{\sqrt{(v^2+1)^3}} = 0$, die ohne Mühe zu integrieren ist.

Man suche die Integrale der Gleichungen:

176. $(x^2 + y^2 + y)\,dx - x\,dy = 0$.

177. $x\,dy + y\,dx + y^2(x\,dy - y\,dx) = 0$.

178. $y(x^2 + y^2)\,dx + x(x\,dy - y\,dx) = 0$.

179. $y^2(x + a)\,dx + x(x^2 - ay)\,dy = 0$.

180. $2x\,dy + y\,dx + xy^2(x\,dy + y\,dx) = 0$.

181. $x\,dy - 2y\,dx + xy^2(2x\,dy + y\,dx) = 0$.

182. Man beweise, daß die Größe $\frac{1}{Mx + Ny}$ integrierender Faktor für die homogene Gleichung $M\,dx + N\,dy = 0$ ist.

183. Man beweise den Satz: Wenn die Gleichung $M\,dx + N\,dy = 0$ nomogen und $M\,dx + N\,dy$ ein vollständiges Differential ist, dann kann das allgemeine Integral der Gleichung in der Form $Mx + Ny = C$ geschrieben werden.

§ 10. Die EULERsche Differentialgleichung

Wenn die Gleichung $P\,dx + Q\,dy$ zwei integrierende Faktoren M_1 und M besitzt, deren Quotient keine Konstante ist, dann gibt die Gleichung $\frac{M_1}{M} = C$ das allgemeine Integral der Gleichung. Wenn das allgemeine Integral in den beiden Formen $u(x, y) = C$, $v(x, y) = C_1$ dargestellt werden kann, dann ist $v = \varphi(u)$.

Zum Beispiel geht die Gleichung $\frac{dx}{x} + \frac{dy}{y} = 0$ nach Multiplikation mit xy in $y\,dx + x\,dy$ über und besitzt folglich die beiden integrierenden Faktoren 1 und xy. Daher ist ihr allgemeines Integral $xy = C$. Andererseits läßt sich dieses in der Form $\ln x + \ln y = C_1$ schreiben. Also ist $\ln x + \ln y = \varphi(x, y)$. Für $y = 1$ erhalten wir $\ln x = \varphi(x)$. Daraus bekommt man die für die Theorie der Logarithmen wichtige Gleichung

$$\ln x + \ln y = \ln(xy).$$

Ein wenig schwieriger erhält man ähnliche Resultate für die Gleichung

$$\frac{dx}{x^2 + 1} + \frac{dy}{y^2 + 1} = 0,$$

die einen integrierenden Faktor $M = 1$ hat. Um noch einen anderen zu finden, bezeichnen wir die linke Seite der Gleichung mit ω und multiplizieren mit $(x^2 + 1)(y^2 + 1)$. Dann erhalten wir

$$(x^2 + 1)(y^2 + 1)\,\omega = y^2\,dx + x^2\,dy + d(x + y).$$

Andererseits ist

$$(x + y)\, d(xy) = y^2\, dx + x^2\, dy + xy\, d(x + y).$$

Daraus folgt

$$(x^2 + 1)(y^2 + 1)\, \omega = (x + y)\, d(xy) + (1 - xy)\, d(x + y).$$

Nach Division durch $(1 - xy)^2$ erhält man

$$\frac{(x^2 + 1)(y^2 + 1)}{(1 - xy)^2}\, \omega = \frac{(1 - xy)\, d(x + y) - (x + y)\, d(1 - xy)}{(1 - xy)^2} = d\, \frac{x + y}{1 - xy}.$$

Die gegebene Gleichung $\omega = 0$ ist der Gleichung $d\frac{x + y}{1 - xy} = 0$ äquivalent. Ihr allgemeines Integral ist $\frac{x + y}{1 - xy} = C$.

Andererseits ist bekannt, daß $\arctan x + \arctan y = C_1$ das allgemeine Integral der Gleichung $\omega = 0$ ist. Deshalb gilt

$$\arctan x + \arctan y = \varphi\left(\frac{x + y}{1 - xy}\right).$$

Für $y = 0$ finden wir $\arctan x = \varphi(x)$. Folglich ist

$$\arctan x + \arctan y = \arctan \frac{x + y}{1 - xy}.$$

Man suche die algebraische Form der Integrale folgender vier Gleichungen:

184. $\dfrac{dx}{a + 2bx + cx^2} + \dfrac{dy}{a + 2by + cy^2} = 0.$

185. $\dfrac{dx}{a + 2bx + cx^2} = \dfrac{dy}{a + 2by + cy^2}.$

186. $\dfrac{dx}{\sqrt{a + bx + cx^2}} + \dfrac{dy}{\sqrt{a + by + cy^2}} = 0.$

187. $\dfrac{dx}{x\sqrt{a + bx + cx^2}} = \dfrac{dy}{y\sqrt{a + by + cy^2}}.$

188. Man beweise, daß das allgemeine Integral der Gleichung

$$\frac{dx}{\sqrt{1 - x^4}} + \frac{dy}{\sqrt{1 - y^4}} = 0$$

in der Form

$$y\sqrt{1 - x^4} + x\sqrt{1 - y^4} = C(1 + x^2 y^2)$$

geschrieben werden kann.

189. Man beweise, daß ein partikuläres Integral derselben Gleichung, das die Bedingung $y = 1$ für $x = 0$ erfüllt, durch die Gleichung

$$x^2 y^2 + x^2 + y^2 = 1$$

ausgedrückt werden kann.

190. Auf dem Bogen der Lemniskate $r^2 = a^2 \cos 2\varphi$ seien zwei verschiedene Punkte $M(\varphi, r)$ und $M_1(\varphi_1, r_1)$ so gegeben, daß die Bogen OM und AM_1 gleich sind, wobei O der Punkt $\left(\frac{\pi}{4}, 0\right)$ und A der Punkt $(0, a)$ ist. Man beweise, daß $\cos\varphi \cdot \cos\varphi_1 = \frac{1}{\sqrt{2}}$ ist.

191. Die Gleichung $\frac{dx}{\sqrt{1-x^2}} + \frac{dy}{\sqrt{1-y^2}} = 0$ besitzt das allgemeine Integral $\arcsin x + \arcsin y = C$. Man zeige, daß sie auch das algebraische Integral $x\sqrt{1-y^2} + y\sqrt{1-x^2} = C_1$ besitzt.

192. Man setze $x = \sin\varphi$, $y = \sin\psi$, $\sqrt{1-x^2} = \cos\varphi$, $\sqrt{1-y^2} = \cos\psi$ und beweise mit Hilfe des vorigen Resultats das Additionstheorem für die Sinusfunktion: $\sin\varphi\cos\psi + \sin\psi\cos\varphi = \sin(\varphi + \psi)$.

193. Zur Lösung der Gleichung

$$\frac{dx}{\sqrt{(1-x^2)(1-k^2x^2)}} + \frac{dy}{\sqrt{(1-y^2)(1-k^2y^2)}} = 0$$

setze man $\sqrt{(1-x^2)(1-k^2x^2)} = R(x)$. $dx = R(x)\,dt$, $dy = R(y)\,dt$ und beweise die Beziehungen

$$\begin{aligned} yx' - xy' &= yR(x) + xR(y), \\ yx' + xy' &= yR(x) - xR(y), \\ yx'' - xy'' &= 2k^2xy(x^2 - y^2). \end{aligned}$$

194. Man beweise, daß man das allgemeine Integral der Gleichung aus Aufgabe 193 in der Form

$$y\sqrt{(1-x^2)(1-k^2x^2)} + x\sqrt{(1-y^2)(1-k^2y^2)} = C(1 - k^2x^2y^2)$$

schreiben kann.

195. Wir definieren die Funktion $x = \operatorname{sn} u$ (Sinus amplitudinis) durch die Beziehung

$$u = \int_0^x \frac{dx}{\sqrt{(1-x^2)(1-k^2x^2)}}$$

und führen die Funktionen $\sqrt{1-x^2} = \operatorname{cn} u$ (Cosinus amplitudinis) und $\sqrt{1-k^2x^2} = \operatorname{dn} u$ (Delta amplitudinis) ein. Man beweise die Gleichung

$$\frac{\operatorname{sn} u \operatorname{cn} v \operatorname{dn} v + \operatorname{sn} v \operatorname{cn} u \operatorname{dn} u}{1 - k^2 \operatorname{sn}^2 u \operatorname{sn}^2 v} = \operatorname{sn}(u + v).$$

196. Man beweise, daß das allgemeine Integral der Gleichung

$$\frac{dx}{\sqrt{x(1-x)(1-\lambda x)}} + \frac{dy}{\sqrt{y(1-y)(1-\lambda y)}} = 0$$

in der Form

$$\sqrt{y(1-x)(1-\lambda x)} + \sqrt{x(1-y)(1-\lambda y)} = C(1 - \lambda xy)$$

geschrieben werden kann.

197. Man beweise, daß man das allgemeine Integral der Gleichung

$$\frac{d\varphi}{\sqrt{\cos\varphi}} + \frac{d\psi}{\sqrt{\cos\psi}} = 0$$

in der Form

$$\sqrt{\cos\varphi} - \sqrt{\cos\psi} = C\sin\frac{\varphi-\psi}{2}$$

angeben kann.

§ 11. Implizite Differentialgleichungen

Ein Verfahren zur Lösung einer solchen Gleichung besteht darin, die gegebene Gleichung zuerst nach y' aufzulösen. Auf diese Weise können die Aufgaben 198—206 gelöst werden.

Man löse die Gleichungen:

198. $yy' + y'^2 = x^2 + xy$. **199.** $xy' = \sqrt{1+y'^2}$.

200. $x^2y'^2 + 3xyy' + 2y^2 = 0$. **201.** $xy'^2 + 2yy' - x = 0$.

202. $x^3 + y'^2 = x^2$. **203.** $(xy' - y)^2 = 2xy(1 + y'^2)$.

204. $x^2y'^2 - 2xyy' + y^2 = x^2y^2 - x^4$.

205. $(xy' - y)(xy' - 2y) + x^2 = 0$. (Hier ist es möglich, $y = ux$ und dann $x = e^t$ zu setzen.)

206. $x^2y'^2 - 3xyy' + 2y^2 = 0$.

Man berechne die Integrale der beiden folgenden Gleichungen, indem man y' als konstant ansetzt.

207. $y'^3 - 3y' + 1 = 0$. **208.** $y' = e^{y'}\sin y'$.

Wenn eine Gleichung die Gestalt $f(x, y') = 0$ oder $f(y, y') = 0$ besitzt, dann ist es oft nützlich, y' als Parameter oder als irgendeine Funktion eines Parameters anzusehen. Wenn man $y' = p$ setzt und aus der Gleichung $f(x, y') = 0$ die Beziehung $x = \varphi(p)$ erhält, dann ist $dx = \varphi'(p)\,dp$. Also ist $dy = p\,dx = p\varphi'(p)\,dp$. Daraus und aus dem vorhergehenden erhält man für x und y die Parameterdarstellungen

$$x = \varphi(p), \quad y + C = \int p\varphi'(p)\,dp.$$

Analog verläuft die Lösung der Gleichung des Typs $f(y, y') = 0$.

Man löse die Gleichungen:

209. $x(1 + y'^2) = 1$. **210.** $x(1 + y'^2)^{\frac{3}{2}} = a$.

211. $x = ay' + by'^2$. **212.** $x = \dfrac{ay'}{\sqrt{1+y^2}}$.

213. $y = y'^2 + 2y'^3$. **214.** $y\sqrt{1+y'^2} = y$.

215. $y = y' \ln y'$. **216.** $y'^2 - 2xy' - 1 = 0$.

217. $x^{y'} = y'^x$. **218.** $x^3 + y'^3 = axy'$.

(In den beiden letzten Aufgaben muß man x und y' durch einen Hilfsparameter ausdrücken.)

Um die Gleichung $F(x, y, y') = 0$ zu integrieren, löst man sie am besten erst nach y auf. Wenn man dabei $y = \varphi(y')x + \psi(y')$ erhält, dann kann die Gleichung integriert werden. Hier ist es nötig, zwei Fälle zu untersuchen:

I. $y = y'x + \psi(y')$ (CLAIRAUTsche Differentialgleichung). Jede Gleichung besitzt ein allgemeines Integral der Form $y = Cx + \psi(C)$. Außerdem kann noch ein singuläres Integral vorhanden sein, das man durch Elimination von p aus den Gleichungen $y = px + \psi(p)$ und $x + \psi'(p) = 0$ erhält.

II. $y = \varphi(y')x + \psi(y')$, $\varphi(y') \neq y'$ (LAGRANGEsche Differentialgleichung). Wenn man y' gleich p setzt und x als Funktion von p auffaßt, dann erhält man die lineare Differentialgleichung

$$[\varphi(p) - p]\frac{dx}{dp} + x\varphi'(p) + \psi'(p) = 0.$$

Außerdem kann die Gleichung ein singuläres Integral der Gestalt $y = \varphi(C)x + \psi(C)$ haben, wobei man C aus der Gleichung $C = \varphi(C)$ erhält

Man löse die Gleichungen:

219. $y = xy' + y'^2$. **220.** $y = xy' + y' - y'^2$.

221. $y = xy' - a\sqrt{1 + y'^2}$. **222.** $y^2 - 2xyy' + (1 + x^2)y'^2 = 1$.

223. $x = \frac{y}{y'} + \frac{1}{y'^2}$. **224.** $(xy' + y)^2 = y^2 y'$.

225. $y'^3 - 3y' = y - x$. **226.** $2y(y' + 2) = xy'^2$.

227. $y = xy'^2 + y'^2$. **228.** $y = x(1 + y') + y'^2$.

229. $y = 2xy' - y'^2$. **230.** $yy' = 2xy'^2 + 1$.

231. Man suche die Kurve, deren Tangenten auf den Koordinatenachsen jeweils zwei Strecken abschneiden, deren Summe gleich $2a$ ist.

232. Man suche die Kurve, bei der die Länge der Tangentenabschnitte zwischen den Achsen stets gleich a ist.

233. Man suche die Kurven, bei denen das Produkt der Entfernungen der Tangenten von zwei gegebenen Punkten konstant ist.

234. Man suche die Kurve, deren Tangenten mit den Koordinatenachsen Dreiecke mit dem Flächeninhalt $2a^2$ bilden.

235. Man suche die Integralkurve der Gleichung $y'^2 + 2xy' + 2y = 0$, welche die y-Achse unter einem Winkel von 45° schneidet.

236. Man suche die Integralkurve der Gleichung

$$2yy' = x(y'^2 + 1) + y'^4 - 3y'^2,$$

die durch den Punkt $(0, -1)$ geht und in diesem Punkt die Tangente $y + 1 = 0$ besitzt.

237. Man suche die Kurve, bei der die Fläche des Trapezes, das von den Koordinatenachsen, der Tangente an die Kurve und der Ordinate im Berührungspunkt begrenzt wird, gleich a^2 ist. Man bestimme die Kurve, die durch den Punkt (a, a) geht.

§ 12. Singuläre Lösungen

Hat das Integral einer Differentialgleichung die Gestalt $f(x, y, C) = 0$, dann kann man eine singuläre Lösung der vorgegebenen Gleichung durch Elimination von C aus den Gleichungen $f(x, y, C) = 0$ und $\frac{\partial f}{\partial C} = 0$ erhalten. Es kann jedoch vorkommen, daß diese Gleichungen überhaupt keine oder keine reellen Lösungen besitzen. Ebenso ist es möglich, daß die Gleichung, die man nach dem angegebenen Verfahren erhält, keine singuläre Lösung ist. Wenn die Differentialgleichung selbst die Gestalt $f(x, y, y') = 0$ hat, dann kann man durch Elimination von y' aus den Gleichungen $f(x, y, y') = 0$ und $\frac{\partial f}{\partial y'} = 0$ ebenfalls eine singuläre Lösung erhalten.

Man suche singuläre Lösungen der Gleichungen:

238. $y = xy' + y' + y'^2$.

239. $(xy' + y)^2 + 3x^5(xy' - 2y) = 0$.

240. $2xy(1 + y'^2) - (xy' + y)^2 = 0$.

241. $x^2y'^2 - 2(xy - 2)y' + y^2 = 0$.

242. $(y - xy')(ay' - b) = aby'$.

243. $y'^2 - yy' + e^x = 0$.

244. $y = xy' + \sqrt{1 - y'^2}$.

245. $y'^2 - 2xy'\sqrt{y} + 4y\sqrt{y} = 0$.

246. $xy^2y'^2 - y^3y' + a^2x = 0$.

§ 13. Trajektorien

Orthogonale Trajektorien einer Kurvenschar $f(x, y, a) = 0$ heißen diejenigen Kurven, die jede einzelne Kurve der Schar unter einem rechten Winkel schneiden. Die Differentialgleichung einer vorgegebenen Kurvenschar erhält man durch Elimination von a aus den Gleichungen

$$f(x, y, a) = 0, \quad \frac{\partial f}{\partial x} + \frac{\partial f}{\partial y}\, y' = 0.$$

Durch Elimination von a aus den Gleichungen

$$f(x, y, a) = 0, \quad \frac{\partial f}{\partial x} + \frac{\partial f}{\partial y}\left(-\frac{1}{y'}\right) = 0$$

erhält man die Differentialgleichung der orthogonalen Trajektorien.

Die orthogonalen Trajektorien begegnen uns in einer Reihe von Fragen der Physik.

Man suche die orthogonalen Trajektorien folgender Kurvenscharen:

247. Der Parabelschar $y = a x^2$.

248. Der Kurvenschar $y = a x^\sigma$ bei festem σ.

249. Der Ellipsenschar $\frac{x^2}{a^2} + \frac{y^2}{b^2} = \lambda$ bei festem a und b.

250. Der Ellipsenschar $\frac{x^2}{a^2} + \frac{y^2}{b^2} = 1$ bei festem a.

251. Der Kurvenschar $x^\sigma + y^\sigma = a^\sigma$.

252. Der konfokalen Ellipsenschar $\frac{x^2}{a^2} + \frac{y^2}{a^2 - c^2} = 1$ mit festem c.

Anmerkung. Eine Methode zur Lösung der Aufgaben ist die Substitution $x^2 = \xi$, $y^2 = \eta$.

253. Der Kreisschar $(x - \lambda)^2 + y^2 = a^2$ bei festem a.

254. Der Schar der Parabeln $(y - h)^2 = 2px$ mit dem Scheitelpunkt auf der y-Achse.

255. Der Schar der Parabeln $(y - \eta)^2 = 2p(x - \xi)$ $(\eta^2 + 2p\xi = 0)$, deren Scheitelpunkte auf einer anderen Parabel liegen.

256. Der Zissoidenschar $(2a - x)\, y^2 = x^3$.

257. Der Lemniskatenschar $(x^2 + y^2)^2 = a^2(x^2 - y^2)$. (Hier ist es am besten, Polarkoordinaten einzuführen.)

258. Der Strophoidenschar $x(x^2 + y^2) = a^2(x^2 - y^2)$.

259. Der Schar von Parabeln, für die die x-Achse Symmetrieachse, die y-Achse Leitlinie ist.

260. Der Kreisschar, deren Kreise die beiden Geraden $y = \pm a x$ als Tangenten haben.

261. Der Kardioidenschar $r = a(1 + \cos\varphi)$.

262. Der Kurvenschar $r^2(\pi - \varphi) = a^2\varphi$.

263. Der Kurvenschar $r^2 = \ln\tan\varphi + C$.

264. Der Kurven $r^{2n} - 2a^n r^n \cos n\varphi + a^{2n} = c^{2n}$ bei festem a und n.

265. Man berechne die Evolvente einer Parabel, das heißt die orthogonale Trajektorie ihrer Tangenten.

266. Man bestimme die Evolvente der Kettenlinie $y = a\cosh\frac{x}{a}$.

267. Man bestimme die Evolvente der Kreisevolvente

$$x = 2a(\cos t + t\sin t), \quad y = 2a(\sin t - t\cos t).$$

268. Man bestimme die Kurven, die die Kardioidenschar $r = a(1 + \cos\varphi)$ unter dem Winkel α schneiden.

269. Man löse dieselbe Aufgabe für die Kurvenschar $r^2 \cos 2\varphi = a^2$.

270. Man löse dieselbe Aufgabe für die Kreise $r = a \cos\varphi$.

271. Man bestimme eine Kurvenschar $r = a\, f(\varphi)$ so, daß jede ihrer Kurven bei Drehung um den Winkel β alle übrigen Kurven der Schar unter dem Winkel α schneidet, wobei α eine beliebige Funktion von β ist.

272. Man bestimme die Kurven, die die Tangenten an den Kreis $x^2 + y^2 = r^2$ unter einem Winkel von 45° schneiden.

273. Auf der Fläche $z^2 = 2ay$ sind die Kurven zu ermitteln, deren Tangenten mit der z-Achse den Winkel γ bilden.

274. Man löse dieselbe Aufgabe für die Fläche $x^2 + y^2 = 2az$.

275. Gesucht sind die Kurven, die alle Parallelen der Rotationsfläche $x^2 + y^2 = a^2 \cosh^2 \frac{z}{a}$ unter dem Winkel 45° schneiden.

276. Man löse dieselbe Aufgabe für den Kegel $x^2 + y^2 = z^2$.

277. Man suche die Kurven, die alle Erzeugenden des Zylinders $y = \varphi(x)$ unter dem Winkel α schneiden.

278. Man löse dieselbe Aufgabe für den Kegel $y = z\,\varphi\left(\frac{x}{z}\right)$.

279. Man berechne die Loxodrome, das heißt die Kurve, die alle Meridiane der Kugel $x^2 + y^2 + z^2 = a^2$ unter dem Winkel α schneidet. (Hier ist es am besten, alle Punkte der Kugelfläche durch die Parameter *Länge* und *Breite* auszudrücken.)

280. Welchen Winkel mit den Meridianen bildet die Loxodrome, die von Ismail an der Donau ($\varphi = 45°\,20'$ n. B., $\theta = 28°\,45'$ ö. L.) zum Kap Deschnew ($\varphi = 66°$ n. B., $\theta = 170°$ ö. L.) verläuft.

281. Man suche die Kurve, die die Meridiane eines Rotationsparaboloids unter dem Winkel α schneidet.

282. Man löse dieselbe Aufgabe für den Torus

$$(r - l)^2 + z^2 = a^2; \quad r^2 = x^2 + y^2; \quad l > a.$$

283. Man bestimme eine Rotationsfläche um die z-Achse so, daß die Projektion der Kurven, die die Meridiane dieser Flächen unter dem Winkel α schneiden, auf die x, y-Ebene Parabeln mit dem Brennpunkt im Koordinatenursprung ergibt.

§ 14. Verschiedene Aufgaben

Man suche die Integrale folgender Gleichungen:

284. $(x + y)(1 - xy)\,dx + (x + 2y)\,dy = 0$.

285. $(x^2 + xy - ay)\,dx + ax\,dy = 0$.

286. $\left(y + \sqrt{x^2 + y^2}\right) dx = x\,dy$.

287. $2x\,dx + (x^2 + y^2 + 2y)\,dy = 0.$

288. $(x - y - 4)\,dx = (x + y - 2)\,dy.$

289. $2xy' + y^2 - 1 = 0.$

290. $(x^2 + y^2)\,y' = xy.$

291. $y = xy' + y'^2.$

292. $xy' + 2y = \sqrt{y}.$

293. $xy' - y = y^2.$

294. $(3x^2 + 6xy + y)\,dx + (3x^2 + x - 1)\,dy = 0.$

295. $x(x - 1)\,y' - y = (x - 1)^2.$

296. $(y^2 + 2xy - x)\,y' = y^2.$

297. $(y + xy')^2 = x^2 y'.$

298. $xy' = 2y + \sqrt{1 + y'^2}.$

299. $y'^3 - 4xyy' + 8y^2 = 0.$

300. $y^2(1 + y'^2) = a(x + yy').$

301. $2y = x^2 + xy' + y'^2.$

302. $4y = (x + y')^2.$

303. $4y = x^2 + y'^2.$

304. $2y = 2x^2 + 4xy' + 4y'^2.$

305. $x(1 + y'^2)(y - xy') = 2a^2.$

306. $y' = m \ln x + \ln(xy' - y).$

307. Welche Form muß ein Spiegel haben (die Spiegelfläche ist eine Rotationsfläche), wenn er alle Strahlen, die parallel zur Achse einfallen, in den Koordinatenursprung spiegeln soll.

308. Man bestimme die Kurven, bei denen die Länge jeder Normalen gleich der Entfernung ihres Berührungspunktes vom Koordinatenursprung ist.

309. Man ermittle die Kurve, bei der die Entfernungen des Koordinatenursprungs von der Tangente und der Normalen in jedem Punkt der Kurve in einem konstanten Verhältnis stehen.

310. Man bestimme die Kurve, für die das Produkt der Strecken, die die Normale und die Tangente auf der x-Achse abschneiden, gleich a^2 ist.

311. Man bestimme die Kurve, für die das Verhältnis der Entfernungen zwischen der Normalen und zwei gegebenen Punkten eine konstante Größe ist.

312. Man bestimme die Kurve, bei der die Subnormale in einem beliebigen Punkt ebenso lang wie der Radiusvektor vom Koordinatenursprung zu diesem Punkt ist.

313. Ein Punkt bewege sich auf der x-Achse und ziehe einen Punkt M nach sich, der mit ihm durch eine starre Stange der Länge a verbunden ist. Man berechne den Weg des Punktes M (Traktrix mit gerader Leitlinie).

314. Man löse dieselbe Aufgabe für den Fall, daß sich der ziehende Punkt auf dem Kreis $x^2 + y^2 = a^2$ bewegt und die Anfangslage des Punktes M die Polarachse ist.

315. Man bestimme die Kurve, auf der ein unter dem Einfluß der Schwerkraft sich reibungslos bewegender Massenpunkt eine konstante Geschwindigkeit in horizontaler Richtung hat.

316. Man bestimme die Kurve, auf der ein unter dem Einfluß seiner Schwere gleitender Massenpunkt in gleichen Zeiten gleiche Strecken zurücklegt.

317. Man beweise, daß unter allen Funktionen, die für $x = 0$ differenzierbar sind, nur die Funktionalgleichung $f(2x) = 2f(x)$ die Lösung $f(x) = ax$ besitzt.

318. Man bestimme die Kurven, bei denen die Bogenlänge s proportional dem Quadrat der Abszisse ist.

319. Man bestimme die Kurven, für die $s = f(y)$ ist, wobei $f(y)$ eine gegebene Funktion bedeutet.

320. Man bestimme die Kurve, für die $s^2 = 8ay$ ist.

321. Man bestimme die Kurve, für die $s^2 = y^2 - a^2$ ist.

322. Man bestimme die Kurve, für die $y = a\,e^{\frac{s}{a}}$ ist.

323. Man bestimme die asymptotischen Kurven der Konoide $z = \varphi\left(\frac{y}{x}\right)$. Die Tangentialebene der asymptotischen Kurve fällt mit der Tangentialebene der Fläche zusammen.

324. Man bestimme die Krümmungskurven des hyperbolischen Paraboloids $az = xy$. Krümmungskurven einer Fläche zweiter Ordnung erfüllen die Gleichung

$$\frac{(1+p^2)\,dx + pq\,dy}{r\,dx + s\,dy} = \frac{pq\,dx + (1+q^2)\,dy}{s\,dx + t\,dy},$$

wobei

$$p = \frac{\partial z}{\partial x}, \quad q = \frac{\partial z}{\partial y}, \quad r = \frac{\partial^2 z}{\partial x^2}, \quad s = \frac{\partial^2 z}{\partial x\,\partial y}, \quad t = \frac{\partial^2 z}{\partial y^2}$$

ist.

325. Man suche die Krümmungskurven des Ellipsoids $\frac{x^2}{a^2} + \frac{y^2}{b^2} + \frac{z^2}{c^2} = 1$ (MONGE).

§ 15. Differentialgleichungen höherer Ordnung, die auf Gleichungen niedrigerer Ordnung zurückgeführt werden können

Die folgenden Gleichungen werden unmittelbar durch Integration gelöst:

326. $y'' = x + \sin x$. **327.** $y''' \sin^4 x = \sin 2x$. **328.** $y^{\mathrm{IV}} = x$.

Das allgemeine Integral der Gleichung $y^{(n)} = f(x)$ kann man durch die Formel

$$y = \int_a^x \frac{(x-t)^{n-1}}{(n-1)!} f(t)\,dt + C_0 + C_1 x + \cdots + C_{n-1} x^{n-1}$$

angeben.

329. Man berechne das allgemeine Integral der Gleichung $y^{\text{IV}} = f(x)$, wobei $f(x) = x$ für $0 < x < 1$ und $f(x) = 0$ für $x > 1$ ist.

330. Man berechne ein Integral der Gleichung $y^{\text{IV}} = f(x)$ ($f(x) = |x|$ für $|x| < 1$ und $f(x) = 0$ für $|x| > 1$) so, daß für $x = 0$ die Größen y, y', y'', y''' sämtlich Null werden.

Die folgenden Differentialgleichungen können durch die einfachen Substitutionen $y' = u$ oder $y'' = u$ usw. in Gleichungen niedrigerer Ordnung übergeführt werden.

331. $(1 + x^2)\, y'' + y'^2 + 1 = 0$.

332. $xy'' = y' \ln \frac{y'}{x}$.

333. $y''^2 = y'$.

334. $ay''' = y''$.

335. $y''' + y''^2 = 0$.

336. $4y' + y''^2 = 4xy''$.

337. $y'' = (1 + y'^2)^{\frac{3}{2}}$.

338. $y'\, y''' - 3y''^2 = 0$.

339. $1 + y'^2 + xy'\, y'' = ay'' \sqrt{1 + y'^2}$.

340. $y'(1 + y'^2) = ay''$.

341. $y''' = y''^3$.

342. $y'''(1 + y'^2) - 3y'\, y''^2 = 0$.

Gleichungen der Gestalt $f(y, y', y'') = 0$ können durch die Substitution $y' = p$ in Gleichungen erster Ordnung übergeführt werden. Dann ist

$$dy = p\, dx, \quad dp = y''\, dx, \quad y'' = \frac{p\, dp}{dy}.$$

343. $yy''^2 = 1$.

344. $y'' = ae^y$.

345. $3y'' = y^{-\frac{5}{3}}$.

346. $2(2a - y)\, y'' = 1 + y'^2$.

347. $1 + y'^2 = 2yy''$.

348. $y^4 - y^3 y'' = 1$.

349. $2y'^2 = (y - 1)\, y''$.

350. $y''(1 + yy') = y'(1 + y'^2)$.

351. $yy'' = y'^2$.

352. $2yy'' + y'^2 + y'^4 = 0$.

353. $2yy'' - 3y'^2 = 4y^2$.

In den folgenden Aufgaben sollen die Werte der Konstanten in den allgemeinen Integralen so gewählt werden, daß man partikuläre Integrale erhält, die die angegebenen Bedingungen erfüllen.

354. Aus dem allgemeinen Integral der Gleichung $yy'' + y'^2 = 1$ ist diejenige Integralkurve zu berechnen, die durch den Punkt $(0, 1)$ geht und dort die Tangente $x + y = 1$ hat.

355. Aus dem allgemeinen Integral der Gleichung $yy'\, y'' = y'^3 + y''^2$ ist diejenige partikuläre Lösung zu berechnen, die durch den Punkt $(0, 0)$ geht und dort die Tangente $x + y = 0$ hat.

356. Man berechne das Integral der Gleichung $y^3 y'' + 1 = 0$ mit der Anfangsbedingung $y = 1$, $y' = 0$ für $x = 1$.

357. Man berechne die Integralkurve der Gleichung $y'^2 + 2yy'' = 0$, die im Punkte $(1, 1)$ die Tangente $y = x$ hat.

358. Man berechne diejenige Integralkurve der Gleichung

$$2yy'' - 3y'^2 = 4y^2,$$

die im Punkte (0, 1) die Tangente $y = 1$ hat.

359. Man ermittle das Integral der Gleichung $y\,y'' + n^2 y^2 - k\,y'^2 = 0$, das die Anfangsbedingungen $y = a$, $y' = 0$ für $x = 0$ erfüllt. Hierbei ist $n^2 > 0$, $0 < k < 1$.

Folgende Gleichungen sind leicht mit Hilfe der Substitution

$$y - xy' = u, \quad yy' = u \quad \text{und} \quad y \pm x = u$$

zu integrieren.

360. $yy'' + y'^2 = \dfrac{yy'}{\sqrt{1 + x^2}}$.

361. $y''^2 - 2xy'' + x^2 = y^2$.

362. $x^4 y'' + (xy' - y)^3 = 0$.

363. $x^3 y'' = (y - xy')^2$.

Von den Gleichungen, deren Ordnung sich herabsetzen läßt, muß man besonders die Gleichungen $f(x, y, y', y'') = 0$ erwähnen, die homogen bezüglich y, y', y'' sind. In ihnen kann man $y' = u\,y$, $y'' = (u' + u^2)y$ setzen, wodurch ihre Ordnungen um Eins erniedrigt werden. Manchmal ist es nützlich, eine neue unabhängige Veränderliche durch die Beziehung $x = e^t$ einzuführen. Durch diese Verfahren sind die folgenden Gleichungen zu lösen.

364. $x^2 yy'' - 2x^2 y'^2 + xyy' + y^2 = 0$.

365. $x^2 yy'' = (y - xy')^2$.

366. $x^2(yy'' - y'^2) + xyy' = y\sqrt{x^2 y'^2 + y^2}$.

367. $xyy'' + xy'^2 - yy' = 0$.

368. Man berechne das Integral der Gleichung

$$x^4 y'' - (x^3 + 2xy)\,x' + 4y^2 = 0$$

durch Einführung einer neuen Funktion mit Hilfe der Substitution $y = x^2 u$.

Man löse bis auf Quadraturen die folgenden Gleichungen:

369. $f(x^2 y'', xy', y) = 0$, wobei f eine homogene Funktion ihrer Argumente ist.

370. $x^3 y'' = F\left(\dfrac{y}{x}\right) f(xy' - y)$. Hierbei setzt man am besten $x = e^t$, $y = z\,e^t$.

371. $y'' = (1 + y'^2)^{\frac{3}{2}} F\left(\dfrac{xy' - y}{\sqrt{1 - y^{2'}}}\right) f(x^2 + y^2)$. Hierbei führe man Polarkoordinaten ein.

372. Man integriere die Differentialgleichung der Kegelschnitte:

$$40y'''^3 - 45y''y'''y^{\mathrm{IV}} + 9y''^2 y^{\mathrm{V}} = 0.$$

Die vollständige Lösung einer partiellen Differentialgleichung ist schwieriger als die Bestimmung des allgemeinen Integrals einer gewöhnlichen Differentialgleichung. Sie wird wesentlich vereinfacht, wenn ein Integral der partiellen Differentialgleichung gesucht wird, das nicht einzeln von x und y, sondern von einer gegebenen Funktion dieser beiden Variablen abhängt. Die folgenden vier Aufgaben sind Beispiele dafür.

373. Man bestimme die Funktion $u = f(x^2 + y^2)$, welche die LAPLACEsche Gleichung $\frac{\partial^2 u}{\partial x^2} + \frac{\partial^2 u}{\partial y^2} = 0$ erfüllt.

374. Man bestimme die allgemeine Form der Funktionen

$$u = f(x^2 + y^2 + z^2),$$

die die LAPLACEsche Gleichung in drei Veränderlichen

$$\frac{\partial^2 u}{\partial x^2} + \frac{\partial^2 u}{\partial y^2} + \frac{\partial^2 u}{\partial z^2} = 0$$

erfüllen.

375. Man bestimme die allgemeine Form der Funktionen $u = f(x^2 + y^2)$, die die MAXWELLsche Gleichung $\frac{\partial^4 u}{\partial x^4} + 2\frac{\partial^4 u}{\partial x^2 \partial y^2} + \frac{\partial^4 u}{\partial y^4} = 0$ erfüllen.

Anmerkung. Die LAPLACEsche Gleichung besitzt außerordentliche Bedeutung in einigen Gebieten der mathematischen Physik. Die MAXWELLsche Gleichung ist wichtig in der Elastizitätstheorie.

376. Flächen, für die die mittlere Krümmung Null ist, heißen Minimalflächen. Die Koordinaten ihrer Punkte genügen der Gleichung

$$(1 + p^2)\,t - 2pqs + (1 + q^2)\,r = 0,$$

wobei

$$p = \frac{\partial z}{\partial x}, \quad q = \frac{\partial z}{\partial y}, \quad r = \frac{\partial^2 z}{\partial x^2}, \quad s = \frac{\partial^2 z}{\partial x\,\partial y}, \quad t = \frac{\partial^2 z}{\partial y^2}$$

ist. Für eine Rotationsfläche um die z-Achse muß $z = f(x^2 + y^2)$ sein. Man suche minimale Rotationsflächen (MONGE).

377. Man bestimme die ebenen Kurven, für die der Krümmungsradius proportional der Normalen ist. Man betrachte die Fälle, in denen der Proportionalitätsfaktor ± 1 oder ± 2 ist.

378. Man bestimme die ebenen Kurven, für die der Krümmungsradius proportional der dritten Potenz der Normalen ist.

379. Man bestimme die ebenen Kurven, für die der Krümmungsradius proportional dem Radiusvektor zum Kurvenpunkt ist.

380. Bei welchen ebenen Kurven außer dem Kreis ist der Krümmungsradius gleich dem Radiusvektor zum Kurvenpunkt?

381. Man berechne die Form eines an beiden Enden aufgehängten nicht dehnbaren Fadens, auf den eine Belastung einwirkt, die für jede Einheit der Projektion des Fadens auf die Horizontale gleich groß ist.

382. Man berechne die Form eines an beiden Enden aufgehängten nicht dehnbaren Fadens unter dem Einfluß seines Gewichts (Kettenlinie).

Man bestimme die Kurven, für die der Krümmungsradius R eine gegebene Funktion $f(\alpha)$ des Winkels α ist, den die Tangente mit der x-Achse bildet:

383. $f(\alpha) = a$. **384.** $f(\alpha)\sin^3\alpha = a$.

385. $f(\alpha)\cos^2\alpha = a$. **386.** $f(\alpha) = a e^{m\alpha}$.

387. $f(\alpha) = a\alpha$. **388.** $f(\alpha) = a\sin\alpha$.

389. $f(\alpha) = a\sin m\alpha$.

390. $f(\alpha)(1 - a^2\cos^2\alpha)^{\frac{3}{2}} = p; \quad 0 < a < 1$.

Man bestimme die Kurven, bei denen die Bogenlänge s eine gegebene Funktion des Winkels α ist, den die Tangente im Endpunkt des Bogens mit der x-Achse bildet:

391. $s = a\alpha$. **392.** $s = a\tan\alpha$.

393. $s = a e^{m\alpha}$. **394.** $2s = a\alpha^2$.

395. $s = a\cos\alpha$. **396.** $s = a\cos m\alpha$.

In den folgenden Aufgaben sind die Kurven zu bestimmen, für die der Krümmungsradius R eine gegebene Funktion der Bogenlänge s ist:

397. $s^2 = a(R - a)$. **398.** $R = ms$.

399. $R^2 + s^2 = a^2$. **400.** $R^2 = 2as$.

Man ermittle die Kurven, bei denen die angegebenen Beziehungen zwischen den Krümmungsradien R der Kurven und den entsprechenden Krümmungsradien R_1 ihrer Evoluten bestehen:

401. $R^2 + R_1^2 = a^2$. **402.** $R_1^2 = 2aR$.

403. $\frac{R^2}{a^2} + \frac{R_1^2}{b^2} = 1$.

404. Man berechne die Kurve, deren Bogen, gemessen von einem gewissen Anfangspunkt aus, gleich dem Abstand der Tangente im Endpunkt des Bogens vom Koordinatenursprung ist.

§ 16. Lineare Differentialgleichungen mit konstanten Koeffizienten und Differentialgleichungen, die sich auf solche zurückführen lassen

Lineare Gleichungen mit konstanten Koeffizienten kommen in zwei Formen vor, in der homogenen (vgl. die Fußnote auf S. 283)

$$y^{(n)} + p_1 y^{(n-1)} + \cdots + p_n y = 0$$

und in der inhomogenen

$$y^{(n)} + p_1 y^{(n-1)} + \cdots + p_n y = f(x).$$

Das allgemeine Integral der linearen homogenen Gleichung mit konstanten Koeffizienten findet man mit Hilfe der charakteristischen Gleichung

$$s^n + p_1 s^{n-1} + \cdots + p_n = 0.$$

Wenn

$$s^n + p_1 s^{n-1} + \cdots + p_n = (s - s_1)^\alpha (s - s_2)^\beta \ldots (s - s_\nu)^\lambda$$

gilt, wobei $\alpha + \beta + \cdots + \lambda = n$ ist, das heißt, wenn s_1 eine α-fache, s_2 eine β-fache Nullstelle ist usw., dann kann man das allgemeine Integral in der Form

$$y = e^{s_1 x} P_\alpha(x) + e^{s_2 x} P_\beta(x) + \cdots + e^{s_\nu x} P_\lambda(x)$$

schreiben, wobei $P_\alpha(x)$, $P_\beta(x), \ldots,$ $P_\lambda(x)$ Polynome vom Grade $\alpha - 1$, $\beta - 1, \ldots,$ $\lambda - 1$ mit willkürlichen Koeffizienten sind.

Ist speziell $\alpha = \beta = \cdots = \lambda = 1$, das heißt, hat die charakteristische Gleichung nur einfache Nullstellen, so erhält man

$$y = C_1 e^{x_1 s} + C_2 e^{s_2 x} + \cdots + C_n e^{s_n x}.$$

In der Mehrzahl der Anwendungen sind die Koeffizienten $p_1, p_2, \ldots, p_n$ der charakteristischen Gleichung reell. Dann erscheinen die Nullstellen dieser Gleichung, wenn sie komplex sind, als paarweise konjugiert. Infolgedessen kann man dem allgemeinen Integral der linearen homogenen Gleichung eine andere Form geben. Wenn $s_1 = \alpha_1 + \beta_1 i$ eine ν_1-fache, $s_2 = \alpha_2 + \beta_2 i$ eine ν_2-fache Nullstelle ist usw., dann kann man das allgemeine Integral in der Form

$$\begin{aligned} y &= e^{\alpha_1 x}[\cos(\beta_1 x) P_1(x) + \sin(\beta_1 x) Q_1(x)] \\ &+ e^{\alpha_2 x}[\cos(\beta_2 x) P_2(x) + \sin(\beta_2 x) Q_2(x)] \\ &+ \ldots\ldots\ldots\ldots \end{aligned}$$

schreiben. Hierbei sind $P_1(x)$ und $Q_1(x)$ Polynome $(\nu_1 - 1)$-ten Grades mit willkürlichen Koeffizienten, $P_2(x)$ und $Q_2(x)$ Polynome $(\nu_2 - 1)$-ten Grades mit willkürlichen Koeffizienten usw.

Man gebe die allgemeinen Integrale der folgenden linearen Gleichungen mit konstanten Koeffizienten an:

405. $y'' - y = 0.$

406. $y'' - 5y' + 6y = 0.$

407. $y'' + 3y' + 2y = 0.$

408. $y'' + 2y' + y = 0.$

409. $y'' - 4y' + 4y = 0.$

410. $y'' + 2y' + 5y = 0.$

411. $y'' + 4y' + 13y = 0.$

412. $y'' + y' + y = 0.$

413. $y'' + y = 0.$

414. $y''' - 8y = 0.$

415. $y^{\mathrm{IV}} - 16y = 0.$

416. $y^{\mathrm{IV}} + 4y = 0.$

417. $y''' - 6y'' + 11y' - 6y = 0.$

418. $y''' - 5y'' + 17y' - 13y = 0.$

419. $y^{\mathrm{IV}} - 5y'' + 4y = 0.$

420. $y^{\mathrm{IV}} + 5y'' + 4y = 0.$

421. $y''' - 6y'' + 12y' - 8y = 0.$

422. $y^{\mathrm{IV}} + 2y''' + 3y'' + 2y' + y = 0.$

423. $y^{\mathrm{IV}} + 4y''' + 6y'' + 4y' + y = 0.$

424. $y^{\mathrm{IV}} - y''' + y'' - y' + 12y = 0.$

425. $y^{\mathrm{VII}} + 3y^{\mathrm{VI}} + 3y^{\mathrm{V}} + y^{\mathrm{IV}} = 0.$

Für die Lösung der inhomogenen linearen Gleichung mit konstanten Koeffizienten

$$y^{(n)} + p_1 y^{(n-1)} + p_2 y^{(n-2)} + \cdots + p_n y = f(x)$$

beruht ein sehr einfaches Verfahren, das jedoch nicht immer anwendbar ist, auf dem Satz: Ist y_1 ein partikuläres Integral der inhomogenen Gleichung, dann ist ihr allgemeines Integral gleich $y_1 + u$, wobei u das allgemeine Integral der zugehörigen homogenen Gleichung

$$u^{(n)} + p_1 u^{(n-1)} + \cdots + p_n u = 0$$

ist. Das Integral y_1 ist in vielen Fällen nach der Methode der unbestimmten Koeffizienten zu finden.

Beispiel. $y'' + y' - 2y = x\,e^{2x} + \sin x + x^2$. Man macht hier den Ansatz

$$y_1 = (Ax + B)\,e^{2x} + C\sin x + D\cos x + Ex^2 + Fx + G.$$

Die rechte Seite dieser Gleichung entspricht der rechten Seite der gegebenen Gleichung. Nur der Faktor x vor e^{2x} ist durch ein allgemeines lineares Glied ersetzt worden, an Stelle des Summanden x^2 ist ein allgemeines Polynom 2. Grades getreten, und für die sin-Funktion in der gegebenen Gleichung wurde im Ansatz der Ausdruck $C\sin x + D\cos x$ eingeführt. Die weitere Rechnung sieht nun so aus:

$$\begin{array}{r|l} -2 & y_1 = (Ax + B)\,e^{2x} + C\sin x + D\cos x + Ex^2 + Fx + G \\ 1 & y_1' = 2(Ax + B)\,e^{2x} + Ae^{2x} + C\cos x - D\sin x + 2Ex + F \\ 1 & y_1'' = 4(Ax + B)\,e^{2x} + 4Ae^{2x} - C\sin x - D\cos x + 2E \end{array}$$

$$\begin{aligned} y_1'' + y_1' - 2y_1 = {} & 4(Ax + B)\,e^{2x} + 5Ae^{2x} + (-3C - D)\sin x \\ & + (C - 3D)\cos x - 2Ex^2 + (2E - 2F)\,x + (2E + F - 2G). \end{aligned}$$

Damit y_1 Integral der gegebenen Gleichung ist, genügt es, die unbestimmten Koeffizienten so zu wählen, daß die rechte Seite der zuletzt erhaltenen Beziehung mit der rechten Seite der gegebenen Gleichung übereinstimmt. Durch Koeffizientenvergleich erhält man

$$4A = 1, \quad 4B + 5A = 0, \quad -3C - D = 1, \quad C - 3D = 0, \quad -2E = 1,$$
$$2E - 2F = 0, \quad 2E + F - 2G = 0.$$

Daraus folgt

$$A = \frac{1}{4}, \quad B = -\frac{5}{16}, \quad C = -\frac{3}{10}, \quad D = -\frac{1}{10}, \quad E = -\frac{1}{2},$$
$$F = -\frac{1}{2}, \quad G = -\frac{3}{4}.$$

Somit gilt

$$y_1 = \left(\frac{x}{4} - \frac{5}{16}\right) e^{2x} - \frac{3 \sin x + \cos x}{10} - \frac{1}{4}(2x^2 + 2x + 3).$$

Das allgemeine Integral der zugehörigen homogenen Gleichung

$$u'' + u' - 2u = 0$$

hat die Gestalt $u = C_1 e^x + C_2 e^{-2x}$.

Aus der Gleichung $y = y_1 + u$ erhält man

$$y = \frac{4x - 5}{16} e^{2x} - \frac{3 \sin x + \cos x}{10} - \frac{1}{4}(2x^2 + 2x + 3) + C_1 e^x + C_2 e^{-2x}.$$

Das dargelegte Verfahren führt in den Fällen zum Ziel, in denen $f(x)$, d. h. die rechte Seite der gegebenen Differentialgleichung, aus Summen und Produkten der Gestalt e^{ax}, $\sin b\,x$, $\cos b\,y$ und x^n besteht, wobei n eine ganze positive Zahl ist.

Wir müssen nun eine Komplikation besprechen, die manchmal bei Anwendung dieses Verfahrens auftritt. Wir betrachten folgende Gleichung:

$$y^{\mathrm{V}} - y^{\mathrm{IV}} - y' + y = x^2 e^x + x \sin x + e^{2x}.$$

Es gilt $y = y_1 + u$, wobei $u^{\mathrm{V}} - u^{\mathrm{IV}} - y' + u = 0$ ist. Um das allgemeine Integral der zugehörigen homogenen Gleichung zu finden, muß man die charakteristische Gleichung

$$s^5 - s^4 - s + 1 = 0 \quad \text{oder} \quad (s-1)^2 (s^2 + 1)(s + 1) = 0$$

lösen. Deswegen wird

$$u = e^x (C_1 + C_2 x) + C_3 \cos x + C_4 \sin x + C_5 e^{-x}. \tag{*}$$

Hier entsprechen der Summand, der e^x enthält, der zweifachen Nullstelle $s = 1$ und die Summanden $\sin x$ und $\cos x$ der einfachen Nullstelle $s = i$. Bei der Berechnung von y_1 würde man naturgemäß schreiben:

$$y_1 = (A x^2 + B x + C) e^x + (D x + E) \sin x + (F x + G) \cos x + H e^{2x}. \tag{**}$$

In unserem Fall stehen jedoch zwei der Summanden, die den Faktor e^x enthalten, auch im allgemeinen Integral u, wo ihre Anwesenheit mit der Existenz der zweifachen Nullstelle $s = 1$ zusammenhängt. Daher muß der Summand $(A x^2 + B x + C) e^x$ in der Formel für y_1 mit x^2 multipliziert werden. Ebenso stehen die Summanden, die $\sin x$ und $\cos x$ enthalten, auch auf der rechten Seite von (*) wegen der Existenz der einfachen Nullstelle $s = i$ der charakteristischen Gleichung. Daher muß man die Summanden auf der rechten Seite von (**), die $\sin x$ und $\cos x$ enthalten, mit x multiplizieren. Somit erhält man an Stelle von (**)

$$y_1 = (A x^4 + B x^3 + C x^2)\, e^x + (D x^2 + E x) \sin x + (F x^2 + G x) \cos x + H e^{2x}.$$

Durch Anwendung des vorigen Verfahrens lassen sich nun die Koeffizienten A, B, C, D, E, F, G und H bestimmen.

Man ermittle die allgemeinen Integrale der folgenden inhomogenen linearen Differentialgleichungen mit konstanten Koeffizienten:

426. $y'' + a^2 y = e^x$. **427.** $y'' - y = x e^x + e^{2x}$.

428. $y'' - 3y' + 2y = e^{3x}(x^2 + x)$.

429. $y''' - 4y' = x e^{2x} + \sin x + x^2$.

430. $y'' + 2y' + y = e^{-x} \cos x + x e^{-x}$.

431. $y'' + 2y' + 2y = e^{-x} \cos x + x e^{-x}$.

432. $y'' - 7y' + 6y = \sin x$.

433. $y'' - 2y' + y = \sin x + e^{-x} + e^x$.

434. $y'' + y = 2 \sin x \sin 2x$.

435. $y'' - a^2 y = e^{bx}$ für $b \neq a$ und $b = a$.

436. $y'' + a^2 y = \sin bx$ für $b \neq a$ und $b = a$.

437. $y^{\mathrm{IV}} + 2y''' + 5y'' + 8y' + 4y = \cos x + 40 e^x$.

In komplizierteren Fällen ist das angegebene Verfahren nicht anwendbar, weil das „Erraten“ eines partikulären Integrals y_1 sehr schwierig oder ganz unmöglich ist. Dann muß man das kompliziertere Verfahren der Variation der Konstanten (Lagrange) anwenden. Für die Gleichung dritter Ordnung

$$y''' + p y'' + q y' + r y = f(x)$$

besteht es in folgendem. Man ermittelt zunächst das allgemeine Integral der zugehörigen homogenen Gleichung

$$y''' + p y'' + q y' + r y = 0.$$

Es möge die Gestalt $y = C_1 y_1 + C_2 y_2 + C_3 y_3$ besitzen. Die hierbei von Null verschiedene Determinante

$$\begin{vmatrix} y_1 & y_2 & y_3 \\ y_1' & y_2' & y_3' \\ y_1'' & y_2'' & y_3'' \end{vmatrix}$$

nennt man die Wronski-Determinante. Dann schreibt man das unbekannte Integral y der gegebenen Gleichung in der Form $y = u\, y_1 + v\, y_2 + w\, y_3$, wobei u, v und w noch zu bestimmende Funktionen sind. Wir finden sie aus den Gleichungen

$$u' y_1 + v' y_2 + w' y_3 = 0,$$
$$u' y_1' + v' y_2' + w' y_3' = 0,$$
$$u' y_1'' + v' y_2'' + w' y_3'' = f(x).$$

Die Auflösung dieser Gleichungen nach u', v', w' ergebe $u' = \varphi(x)$, $v' = \psi(x)$, $w' = \omega(x)$. Dann erhalten wir für y die Beziehung

$$y = C_1 y_1 + C_2 y_2 + C_3 y_3 + y_1 \int \varphi(x)\, dx + y_2 \int \psi(x)\, dx + y_3 \int \omega(x)\, dx.$$

Dieses Verfahren ist auf lineare Differentialgleichungen beliebiger Ordnung mit veränderlichen Koeffizienten anwendbar, falls es gelingt, das allgemeine Integral der zugehörigen homogenen Gleichung zu finden.

Die folgenden Gleichungen sind nach dem LAGRANGEschen Verfahren zu lösen:

438. $y'' + y = \tan x$.

439. $y'' - y = \dfrac{2e^x}{e^x - 1}$.

440. $y'' + y = \dfrac{1}{\cos x}$.

441. $y'' + y = \dfrac{1}{\cos 2x \sqrt{\cos 2x}}$.

442. $y'' - 6y' + 9y = \dfrac{9x^2 + 6x + 2}{x^3}$.

Auf eine lineare Gleichung mit konstanten Koeffizienten führt die EULERsche Gleichung

$$x^n y^{(n)} + p_1 x^{n-1} y^{(n-1)} + \cdots + p_n y = f(x) \quad (p_1, \ldots, p_n \text{ sind Konstanten}).$$

Dazu genügt es, nach der Formel $x = e^t$ eine neue unabhängige Veränderliche einzuführen. Noch einfacher ist es, die homogene EULERsche Gleichung mit Hilfe der charakteristischen Gleichung zu lösen. Man ermittelt die Lösungen der Gleichung, indem man $y = x^\sigma$ setzt und die Gleichung durch x^σ teilt, und erhält dann für den Exponenten σ die Gleichung

$$\sigma(\sigma - 1) \cdots (\sigma - n + 1) + p_1 \sigma(\sigma - 1) \cdots (\sigma - n + 2) + \cdots + p_n = 0.$$

Danach bekommt man das allgemeine Integral in Gestalt einer Summe, deren Summanden den Nullstellen der Gleichung für σ entsprechen. Jeder ν-fachen reellen Wurzel entspricht ein Summand $x^{\sigma} P_\nu(\ln x)$, wobei P_ν ein Polynom $(\nu - 1)$-ten Grades mit willkürlichen Koeffizienten ist.

Jedem Paar konjugiert komplexer μ-facher Nullstellen entspricht der Summand

$$x^\alpha [Q_\mu(\ln x) \cos(\beta \ln x) + R_\mu(\ln x) \sin(\beta \ln x)],$$

wobei Q_μ und R_μ Polynome $(\mu - 1)$-ten Grades mit unbestimmten Koeffizienten sind.

Anmerkung. Die allgemeine EULERsche Gleichung

$$(ax + b)^n y^{(n)} + p_1 (ax + b)^{n-1} y^{(n-1)} + \cdots + p_n y = f(x)$$

läßt sich mit Hilfe der Substitution $ax + b = t$ auf den eben betrachteten einfachen Fall zurückführen.

Man integriere die Gleichungen:

443. $x^2 y'' + x y' + y = 0.$ **444.** $x^2 y'' + x y' - y = 0.$

445. $x^2 y''' = 2 y'.$ **446.** $x^3 y''' + x y' - y = 0.$

447. $x^3 y''' + 2 x^2 y' - x y' + y = 0.$ **448.** $x^2 y'' + x y' + y = x.$

449. $x^2 y'' - x y' + y = 2 x.$ **450.** $x^2 y'' - 2 x y' + 2 y = 2 x^3 - x.$

451. $x^3 y''' - x^2 y'' + 2 x y' - 2 y = x^3 + 3 x.$

452. $(3 x + 2)^2 y'' + 7 (3 x + 2) y' = - 63 x + 18.$

453. $x^2 y'' - 4 x y' + 6 y = 2 a x + \frac{12 b}{x}.$

454. $x^4 y^{\mathrm{IV}} + 6 x^3 y''' + 5 x^2 y'' - x y' + y = x^2.$

455. $(x + 1)^3 y'' + 3 (x + 1)^2 y' + (x + 1) y = 6 \ln (x + 1).$

456. $x^3 y'' - x^2 y' - 3 x y + 16 \ln x = 0.$

457. $(x + 1)^2 y'' + (x + 1) y' + y = x^2 + 2 \sin \ln (1 + x).$

In den folgenden Aufgaben soll ein partikuläres Integral der Differentialgleichung gesucht werden, das die angegebenen ergänzenden Bedingungen erfüllt.

458. Man bestimme diejenige Integralkurve der Gleichung $y'' - k^2 y = 0$, die im Punkte (x_0, y_0) die Tangente $y - y_0 = a(x - x_0)$ hat.

459. Man löse dieselbe Aufgabe für die Gleichung $y'' + k^2 y = 0.$

460. Man bestimme das Integral der Gleichung $y'' + 2 h y' + h^2 y = 0$, das die Anfangsbedingungen $y = a$, $y' = b$ für $x = 0$ erfüllt.

461. Man löse dieselbe Aufgabe für die Gleichung $y'' + n^2 y = h \sin p x.$

462. Man bestimme das Integral der Gleichung

$$y''' - y'' - y' + y = (24 x - 4) e^x + 3 x,$$

für das $y = 1$, $y' = -1$, $y'' = 0$ für $x = 0$ ist.

463. Man bestimme das Integral der Gleichung

$$y^{\mathrm{IV}} - 2 y''' + 2 y'' - 2 y' + y = \frac{\pi}{2} + 4 \cos x,$$

das die Bedingungen $y = y' = 0$ für $x = 0$ und $x = \pi$ erfüllt.

464. Man suche die im Intervall $0 < x < 2$ stetige Funktion von x, die für $x < 1$ die Gleichung $y'' - y = 0$, für $x > 1$ die Gleichung $y'' - 4 y = 0$ erfüllt und für die $y = 0$, $y' = 1$ für $x = 0$ ist.

465. Ein Körper fällt aus der Höhe h unter dem Einfluß der Schwerkraft $f_1 = - m g$ und einer Reibungskraft f_2 herab, die proportional der Geschwindigkeit ist: $f_2 = - k v$. Die Anfangsgeschwindigkeit ist Null. Man ermittle die Formel für die Höhe y, in der sich der Körper t Sekunden nach dem Beginn der Bewegung befindet (vgl. S. 125, Aufg. 350).

466. Ein Körper gleitet auf einer Ebene, die um den Winkel α gegen die Wirkungsrichtung der Schwerkraft geneigt ist. Die Reibung wird durch die Formel $f = -l\,p$ ausgedrückt, wobei p der Druck auf die Ebene ist. Man ermittle die Formel für den zurückgelegten Weg.

467. Ein Körper der Masse m hänge an einer Feder, und es herrsche Gleichgewicht. Die Feder wird durch die Kraft $k\,h$ um die Länge h auseinandergezogen und dann losgelassen. Man berechne die weitere Bewegung des Körpers unter der Voraussetzung, daß der Widerstand f des Mediums proportional der Geschwindigkeit ist: $f = -n\,v$.

468. Nach dem NEWTONschen Bewegungsgesetz gilt bei der Bewegung eines Körpers auf der x-Achse $m\,\frac{d^2x}{dt^2} = f$, wobei f die Kraft ist, die auf den Körper wirkt. Man berechne die Bewegung des Körpers, wenn auf ihn noch zwei Kräfte einwirken: 1. die elastische Kraft f_1, die proportional der Auslenkung aus der Gleichgewichtslage ist: $f_1 = -a^2x$; 2. die Reibungskraft f_2, die proportional der Geschwindigkeit ist: $f_2 = -k\,\frac{dx}{dt}$.

469. Man berechne bei denselben Bezeichnungen die Bewegung des Körpers, wenn auf ihn die beiden Kräfte $f_1 = -a^2x$ und $f_2 = b\sin nt$ wirken. Man betrachte die Fälle $n \neq a$ und $n = a$. Zur Zeit $t = 0$ seien die Größen x und $\frac{dx}{dt}$ gleich 0.

470. Ein Körper gleite auf einer horizontalen Ebene unter dem Einfluß eines Stoßes, der ihm die Anfangsgeschwindigkeit v_0 erteilt hat. Auf den Körper wirkt die Reibungskraft $-km$. Man berechne den Weg und die Geschwindigkeit des Körpers in Abhängigkeit von der Zeit. Wann und wo kommt der Körper zur Ruhe?

471. Auf einen Körper der Masse 1 wirken die beiden Kräfte $f_1 = -k^2x$ und $f_2 = -f\,k^2 \operatorname{sign} x' = f\,k^2$. Die Anfangsgeschwindigkeit ist $x' = 0$, die Anfangsentfernung vom Koordinatenursprung ist $x_0 = n\,f$. Man berechne die Bewegung des Körpers.

472. Eine Saite der Länge l sei längs der x-Achse zwischen den Punkten $(0, 0)$ und $(l, 0)$ eingespannt und schwinge in der x, y-Ebene. Die Auslenkung y im Punkte x zur Zeit t genügt der Bedingung $\frac{\partial^2 y}{\partial t^2} = a^2\,\frac{\partial^2 y}{\partial x^2}$. Man bestimme die Formen der Schwingung, bei denen $y = u(x)\sin bt$ ist, wobei b die Frequenz der Schwingung charakterisiert. Die Enden der Saite sind fest, und es ist $y = 0$ für $x = 0$ und $x = l$ bei beliebigem t.

473. Bei der Temperaturverteilung in einem homogenen Körper genügt die Temperatur u der LAPLACEschen Gleichung $\frac{\partial^2 u}{\partial x^2} + \frac{\partial^2 u}{\partial y^2} + \frac{\partial^2 u}{\partial z^2} = 0$. Das Innere einer zylindrischen Röhre mit homogenen Wänden sei mit einer Flüssigkeit der Temperatur t_1 angefüllt, außen befinde sich eine Flüssigkeit der Temperatur t_2. Man berechne die Temperaturverteilung in der Wand des Zylinders.

474. Man löse dieselbe Aufgabe für die Schicht zwischen zwei konzentrischen Kugeln mit den Radien r_1 bzw. r_2.

475. Ein Balken liege auf der x-Achse zwischen den Punkten (0, 0) und $(l, 0)$. Seine Durchbiegung im Punkte x sei gleich y und erfülle die Bedingung $y^{IV} = a\,f(x)$, wobei $f(x)$ die Belastung und a ein Koeffizient ist, der vom Material und vom Querschnitt des Balkens abhängt. Man berechne die Form des durchgebogenen Balkens, wenn $f(x) = 1$ und der Balken an den Enden fest ist ($y = y' = 0$ für $x = 0$ und $x = l$).

476. Eine Stange zwischen den Punkten (0, 0) und $(l, 0)$ rotiere um die x-Achse. Dabei erfüllt ihre Durchbiegung y, wenn sie überhaupt möglich ist, die Gleichung $y^{IV} - a^4 y = 0$, wobei a von der Geschwindigkeit und den Eigenschaften der Stange abhängt. In den Punkten $x = 0$ und $x = l$ sind die Größen y und y'' gleich 0. Für welche Werte von a ist eine Durchbiegung möglich?

477. Eine elastische Platte liege in der x, y-Ebene und werde durch Kräfte, die an den Rändern angreifen, gebogen. Der Abstand u im Punkte (x, y) von der x, y-Ebene erfüllt die Differentialgleichung

$$\frac{\partial^4 u}{\partial x^4} + 2\frac{\partial^4 u}{\partial x^2 \partial y^2} + \frac{\partial^4 u}{\partial y^4} = 0.$$

Man berechne u für die Kreisscheibe $x^2 + y^2 \leqq a^2$, wenn die Neigung des Randes der Scheibe überall konstant ist ($\tan\alpha = m$) und wenn $u = \varphi(r)$ mit $r = \sqrt{x^2 + y^2}$ ist.

478. Man löse dieselbe Aufgabe für die ringförmige Platte

$$r_1^2 \leqq x^2 + y^2 \leqq r_2^2.$$

§ 17. Lineare Differentialgleichungen. Verschiedene Aufgaben

Wenn y_1 eine partikuläre Lösung der homogenen Gleichung

$$y^{(n)} + p_1 y^{(n-1)} + \cdots + p_n y = 0$$

ist, dann führt die Substitution $y = y_1 u$ zu einer Gleichung, deren Ordnung leicht herabgesetzt werden kann, indem $u_1 = v$ gesetzt wird. Auf diese Weise ist es möglich, die Integrale der folgenden Gleichungen zu finden:

479. $x y'' + 2y' + x y = 0; \quad x y_1 = \sin x.$

480. $(2x - x^2)\,y'' + (x^2 - 2)\,y' + 2(1 - x)\,y = 0; \quad y_1 = x^2.$

481. $x^2(\ln x - 1)\,y'' - x y' + y = 0; \quad y_1 = x.$

482. $x y'' - (1 + x)\,y' + y = 0; \quad y_1 = 1 + x.$

483. $y'' + (\tan x - 2\cot x)\,y' + 2\cot^2 x \cdot y = 0; \quad y_1 = \sin x.$

484. $y'' \sin^3 x = 4y \sin 3x; \quad x_1 = \sin^4 x.$

485. $x(1-x)^2 y'' = 2y$; $\quad (1-x)\,y_1 = x$.

486. $(1+x^2)\,y'' + xy' - n^2 y = 0$; $\quad y_1 = \left(x + \sqrt{x^2+1}\right)^n$.

487. $(2x+1)\,y'' + (4x-2)\,y' - 8y = 0$; $\quad y_1 = e^{mx}$ bei entsprechend gewähltem m.

Wenn man weiß, daß eine lineare Differentialgleichung mit rationalen Koeffizienten als partikuläre Lösung ein Polynom besitzt, dann ist dieses leicht zu finden. Weiß man zum Beispiel, daß die Gleichung

$$(1-x^2)\,y'' - x\,y' + 9y = 0$$

eine Lösung in Gestalt eines Polynoms $y = A\,x^n + B\,x^{n-1} + \cdots + M$ besitzt, dann müssen nach dem Einsetzen des Polynoms in die Gleichung und nach der Zusammenfassung gleicher Potenzen von x die einzelnen Koeffizienten des erhaltenen Polynoms Null sein.

Für die Koeffizienten der höchsten Potenz von x erhält man dann die Beziehung $-An(n-1) - An + 9A = 0$ oder $A(n^2-9) = 0$. Weil $A \neq 0$ und $n \neq -3$ ist, muß $n = 3$ sein. Wenn also die Lösung ein Polynom ist, dann kann es nur ein Polynom dritten Grades sein. Setzt man nun

$$y = A\,x^3 + B\,x^2 + C\,x + D$$

in die Differentialgleichung ein, dann erhält man durch Koeffizientenvergleich $B = 0$, $4C = -3A$, $D = 0$. Daraus folgt, daß $y = A\,(4x^2 - 3x)$ eine Lösung der gegebenen Gleichung ist.

Man integriere folgende Gleichungen, die als partikuläre Lösung ein Polynom besitzen:

488. $xy'' - (x+5)\,y' + 3y = 0$. $\qquad$ **489.** $(x^2-1)\,y'' = 6y$.

490. $y'' - 2xy' + 4y = 0$.

491. Bei welchen Werten von μ besitzt die Gleichung

$$(1-x^2)\,y'' - 2xy' + \mu y = 0$$

eine partikuläre Lösung in Gestalt eines Polynoms dritten Grades?

492. Man zeige, daß die Gleichung

$$xy'' - (x+p+q)\,y' + py = 0,$$

wobei p und q positive, ganze Zahlen sind, eine partikuläre Lösung in Gestalt eines Polynoms und eine andere von der Form $e^x P(x)$ besitzt, wobei $P(x)$ ein Polynom ist.

493. Man zeige, daß die LEGENDREsche Gleichung

$$(x^2-1)\,y'' - n(n+1)\,y = 0,$$

wobei n eine ganze positive Zahl ist, partikuläre Lösungen der Gestalt

$$y_1 = P(x) \quad \text{und} \quad y_2 = P(x)\ln\frac{x+1}{x-1} + Q(x)$$

besitzt, wobei $P(x)$ und $Q(x)$ Polynome sind.

In den folgenden fünf Aufgaben sind die allgemeinen Integrale der angegebenen Gleichungen rationale Funktionen. Wenn man dies weiß, ist es möglich, die Integrale zu finden. Dabei ist es wichtig, diese so anzusetzen, daß ihre Nenner nur aus linearen Faktoren bestehen, welche Teiler des Polynoms $a(x)$ sind, wenn die gegebene Differentialgleichung die Gestalt

$$a(x)\,y'' + b(x)\,y' + c(x)\,y = 0$$

besitzt; $a(x)$, $b(x)$ und $c(x)$ sind dabei Polynome.

Man integriere die Gleichungen:

494. $(x^2 - x)\,y'' + (2x - 3)\,y' - 2y = 0.$

495. $(x^2 - x)\,y'' + (x + 1)\,y' - y = 0.$

496. $(x^2 - x)\,y'' + (4x - 2)\,y' + 2y = 0.$

497. $x^2(2x + 1)(x + 1)\,y'' - 2x(x^2 + 3x + 1)\,y' + (6x + 2)\,y = 0.$

498. $(1 + x^2)\,y'' + 6xy' + 6y = 0.$

In den folgenden Aufgaben erhält man die Lösung, indem man durch die Formel $x = \varphi(t)$ eine neue unabhängige Veränderliche einführt und die Funktion $\varphi(t)$ so wählt, daß der Koeffizient von $\frac{dy}{dt}$ in der umgeformten Gleichung Null wird.

499. $2xy'' + y' - 2y = 0.$

500. $x^4 y'' + 2x^3 y' + n^2 y = 0.$

501. $(1 + x^2)^2 y'' + 2x(1 + x^2)\,y' + y = 0.$

502. $(1 - x^2)\,y'' - xy' + n^2 y = 0.$

503. $y'' \cosh^2 2x + y' \sinh 4x + \frac{m^2}{4} y = 0.$

504. $y'' \sin x \cos x - y' + m^2 y \tan x \sin^2 x = 0.$

Die folgenden vier Gleichungen sind durch spezielle Verfahren zu lösen, die von der Struktur dieser Gleichungen abhängen.

505. Man löse die Gleichung $y''' = P(x^2 y'' - 2xy' + 2y) + Q(x)$ mit Hilfe der Substitution $x^2 y'' - 2x\,y' + 2y = u$. Hier sind P und Q gegebene Funktionen von x.

506. Man integriere die Gleichung $x\,y'' - 4y' - x\,y = 0$ unter Benutzung der Gleichungen, die man erhält, wenn man die Ausgangsgleichung viermal differenziert.

507. Man berechne das allgemeine Integral der STOKESschen Gleichung

$$x^2(1 - x)^2\,y'' + \beta y = 0$$

(β ist eine Konstante), nachdem man ein spezielles Integral der Gestalt

$$y = x^m (1 - x)^n$$

gefunden hat.

508. Man bestimme eine Lösung der STOKESschen Gleichung

$$x^2(1-x)^2 y'' + \beta y = \beta x^2(1-x^2),$$

für die $y = y' = 0$ für $x = 0$ wird.

§ 18. Systeme von Differentialgleichungen

Ein System von Differentialgleichungen, die höhere Ableitungen enthalten, kann durch Einführung von neuen Veränderlichen in ein System übergeführt werden, das nur Ableitungen erster Ordnung besitzt. Durch Elimination der Unbekannten bringt man das System auf die Form

$$\frac{dx_1}{X_1} = \frac{dx_2}{X_2} = \cdots = \frac{dx_n}{X_n}. \tag{*}$$

Andererseits kann man durch Differentiation und durch Elimination der Veränderlichen das System (*) in eine oder mehrere Gleichungen mit je einer Unbekannten in jeder Funktion umwandeln. Das System (*) hat dann die Form

$$\frac{dx_1}{dt} = X_1, \quad \frac{dx_2}{dt} = X_2, \quad \ldots, \quad \frac{dx_n}{dt} = X_n. \tag{**}$$

Ein Lösungsverfahren besteht darin, die Gleichungen so zu kombinieren, daß man andere integrierbare Gleichungen erhält. Wenn es zum Beispiel gelingt, eine Gleichung zu bekommen, die nur zwei Veränderliche x_l und x_m enthält, dann kann man sie integrieren und erhält ein Integral $\varphi(x_l, x_m) = C$.

Manchmal gelingt es durch Multiplikation mit geeigneten Faktoren und durch Addition eine Gleichung der Form $A_1 dx_1 + A_2 dx_2 + \cdots + A_n dx_n = 0$ zu erhalten, wobei die linke Seite das vollständige Differential einer gewissen Funktion $u(x_1, x_2, \ldots, x_n)$ ist. Dann erkennt man in der Gleichung $u(x_1, x_2, \ldots, x_n) = C$ ein Integral des Gleichungssystems. Wenn man $(n-1)$ Integrale des Systems mit n Veränderlichen kennt, dann ist die Lösung beendet, sofern diese Integrale voneinander unabhängig sind. Die gefundenen Integrale gestatten es, durch Elimination der Veränderlichen das Gleichungssystem in ein System mit einer kleineren Anzahl von Veränderlichen zu überführen.

Beispiel 1. $\dfrac{dx}{x} = \dfrac{dy}{y} = \dfrac{z\,dz}{xy}$.

Hier stellt die erste Gleichung $\dfrac{dx}{x} = \dfrac{dy}{y}$ eine integrierbare Kombination dar und ergibt das Integral $y = Cx$. Setzt man diese Lösung in die Gleichung $\dfrac{dx}{x} = \dfrac{z\,dz}{xy}$ ein, so findet man $Cx\,dx = z\,dz$, $Cx^2 = z^2 + C_1$. Die Gleichungen $y = Cx$, $Cx^2 = z^2 + C_1$ sind die vollständige Lösung des Systems.

Beispiel 2. $\frac{dx}{\Delta_1} = \frac{dy}{\Delta_2} = \frac{dz}{\Delta_3}$, wobei Δ_1, Δ_2, Δ_3 die zu den Elementen der dritten Zeile gehörigen Unterdeterminanten der Determinante

$$\begin{vmatrix} \frac{\partial f_1}{\partial x} & \frac{\partial f_1}{\partial y} & \frac{\partial f_1}{\partial z} \\ \frac{\partial f_2}{\partial x} & \frac{\partial f_2}{\partial y} & \frac{\partial f_2}{\partial z} \\ \frac{\partial f_3}{\partial x} & \frac{\partial f_3}{\partial y} & \frac{\partial f_3}{\partial z} \end{vmatrix}$$

sind. Durch Einführung der Veränderlichen t schreiben wir das System in der Form

$$\frac{dx}{dt} = \Delta_1, \quad \frac{dy}{dt} = \Delta_2, \quad \frac{dz}{dt} = \Delta_3.$$

Daraus ergibt sich

$$\frac{\partial f_1}{\partial x} dx + \frac{\partial f_1}{\partial y} dy + \frac{\partial f_1}{\partial z} dz = \left(\frac{\partial f_1}{\partial x}\Delta_1 + \frac{\partial f_1}{\partial y}\Delta_2 + \frac{\partial f_1}{\partial z}\Delta_3\right) dt = 0,$$

$$\frac{\partial f_2}{\partial x} dx + \frac{\partial f_2}{\partial y} dy + \frac{\partial f_2}{\partial z} dz = \left(\frac{\partial f_2}{\partial x}\Delta_1 + \frac{\partial f_2}{\partial y}\Delta_2 + \frac{\partial f_2}{\partial z}\Delta_3\right) dt = 0.$$

Hieraus erhält man sofort zwei Integrale des Systems:

$$f_1(x, y, z) = C_1, \quad f_2(x, y, z) = C_2.$$

Beispiel 3.

$$x\,dx + y\,dy + z\,dz = a\sqrt{dx^2 + dy^2 + dz^2}\,\sqrt{x^2 + y^2 + z^2}; \quad x^2 + y^2 = z^2.$$

Wegen der letzten Gleichung setzen wir $x = z\cos\varphi$, $y = z\sin\varphi$. Dann erhält die erste Gleichung die Form

$$2z\,dz = a\sqrt{z^2\,d\varphi^2 + 2dz^2}\cdot z\sqrt{2}$$

und ist ohne Mühe zu integrieren.

Die in den folgenden Aufgaben gegebenen Gleichungssysteme sind leicht zu lösen, weil man ohne Mühe aus ihren Gleichungen integrierbare Kombinationen bilden kann.

509. $\frac{dx}{x} = \frac{dy}{y} = \frac{dz}{z}$.

510. $\frac{dx}{x} = \frac{dy}{y} = \frac{dz}{x+y}$.

511. $\frac{dx}{x} = -\frac{dy}{x} = \frac{dp}{q} = -\frac{dq}{p}$.

512. $\frac{dx}{x-y} = \frac{dy}{x+y} = \frac{dz}{z}$.

513. $(z-y)^2\,dy = z\,dx, \quad (z-y)^2\,dz = y\,dx$.

514. $dx = (x^3 + 3xy^2)\,dt, \quad dy = 2y^3\,dt, \quad dz = 2y^2 z\,dt$.

515. $z\,dy = (z-1)\,dx, \quad dx = (y-x)\,dz$.

516. $\frac{dx}{z-y} = \frac{dy}{x-z} = \frac{dz}{y-x}$.

517. $\dfrac{dx}{x} = \dfrac{dy}{y} = \dfrac{dz}{z - \sqrt{x^2 + y^2 + z^2}}$.

518. $\dfrac{dx}{dt} = \dfrac{x-y}{z-t}, \quad \dfrac{dy}{dt} = \dfrac{x-y}{z-t}, \quad \dfrac{dz}{dt} = x - y + 1$.

519. $\dfrac{dx}{x^2 - y^2 - z^2} = \dfrac{dy}{2xy} = \dfrac{dz}{2xz}$.

520. $\dfrac{dx}{y(x+y)} = \dfrac{-dy}{x(x+y)} = \dfrac{dz}{(z-y)(2x+2y+z)}$.

521. $\dfrac{dx}{x^2 - yz} = \dfrac{dy}{y^2 - yz} = \dfrac{dz}{z(x+y)}; \quad z = -1, \quad y = 1$ für $x = 0$.

Bei den beiden folgenden Aufgaben beachte man: In Ausdrücken der Form $a^2 + b^2 = c^2$ kann man $a = c\cos\varphi$, $b = c\sin\varphi$ setzen.

522. $x\,dy - y\,dx = s\,ds, \quad dx^2 + dy^2 = ds^2$.

523. $dx^2 + dy^2 = a^2\,dt^2, \quad (d^2x)^2 + (d^2y)^2 = b^2\,dt^4$.

Es ist möglich, ein System von Differentialgleichungen durch Elimination der Veränderlichen und durch Differentiation in Gleichungen höherer Ordnung zu überführen. So folgt zum Beispiel für das System

$$x' = x + y + z + t, \quad y' = 3x - y + z + t, \quad z' = 2x + 2y - z, \qquad (*)$$

wobei t eine unabhängige Veränderliche ist, aus der ersten Gleichung $z = x' - x - y - t$. Setzen wir dies in die beiden anderen Gleichungen ein, so bekommen wir

$$y' = x' + 2x - 2y,$$
$$y' = x'' - 3x - 3y - t - 1.$$

Durch Subtraktion erhalten wir die Gleichung

$$x'' - x' - 5x - y - t - 1 = 0.$$

Daraus folgt $y = x'' - x' - 5x - t - 1$. Durch Einsetzen in die Beziehung $y' = x' + 2x - 2y$, ergibt sich

$$x''' + x'' - 8x' - 12x = 2t + 3.$$

Integrieren wir diese lineare Differentialgleichung, so finden wir

$$x = C_1 e^{3t} + e^{-2t}(C_2 + C_3 t) - \frac{t}{6} - \frac{5}{36}.$$

Danach ergeben sich y und z ohne Integration aus den Gleichungen

$$y = x'' - x' - 5x - t - 1, \quad z = x' - x - y - t.$$

Dasselbe System kann auch durch ein anderes Verfahren gelöst werden. Durch Multiplikation der Gleichungen (*) mit a, b und c und Addition ergibt sich

$$ax' + by' + cz' = (a + 3b + 2c)\,x + (a - b + 2c)\,y + (a + b - c)\,z + (a + b)\,t. \qquad (**)$$

Die Koeffizienten a, b und c bestimmen wir aus den Gleichungen

$$a + 3b + 2c = \lambda a, \quad a - b + 2c = \lambda b, \quad a + b - c = \lambda c.$$

Das ist möglich, wenn die Determinante

$$D = \begin{vmatrix} 1-\lambda & 3 & 2 \\ 1 & -1-\lambda & 2 \\ 1 & 1 & -1-\lambda \end{vmatrix}$$

gleich Null ist. Dann wird (**) in die Gleichung

$$(ax + by + cz)' = \lambda(ax + by + cz) + (a + b)\,t$$

übergeführt, und es folgt

$$ax + by + cz = Ce^{\lambda t} - \frac{a+b}{\lambda}t - \frac{a+b}{\lambda^2}. \qquad (***)$$

Die Gleichung $D = 0$ ergibt für die λ-Werte $\lambda_1 = 3$, $\lambda_2 = \lambda_3 = -2$. Für $\lambda = 3$ erhalten wir $\frac{a}{14} = \frac{b}{6} = \frac{c}{5}$ und können $a = 14$, $b = 6$, $c = 5$ setzen. Für $\lambda = -2$ können wir $a = 1$, $b = -1$, $c = 0$ setzen. Aus der Gleichung (***) ergeben sich also zwei Integrale des Systems:

$$14x + 6y + 5z = C_1 e^{3t} - \frac{20}{3}t - \frac{20}{9},$$

$$x - y = C_2 e^{-2t}.$$

Nachdem wir hieraus x und y bestimmt haben, setzen wir die gefundenen Werte in eine geeignete Gleichung des Systems ein und erhalten eine lineare Differentialgleichung erster Ordnung für z.

Man löse folgende Gleichungssysteme und beachte die Anfangsbedingungen, wenn solche angegeben sind.

524. $\frac{dy}{dx} + 3y + z = 0, \quad \frac{dz}{dx} - y + z = 0; \quad y = z = 1$ für $x = 0$.

525. $\frac{dx}{dt} + 7x - y = 0, \quad \frac{dy}{dt} + 2x + 5y = 0; \quad x = y = 1$ für $t = 0$.

526. $\frac{dx}{dt} = z + y - x, \quad \frac{dy}{dt} = z + x - y, \quad \frac{dz}{dt} = x + y + z; \quad x = 1, \ y = z = 0$ für $t = 0$.

527. $\frac{dx}{dt} = y + z, \quad \frac{dy}{dt} = z + x, \quad \frac{dz}{dt} = x + y; \quad x = -1, \ y = 1, \ z = 0$ für $t = 0$.

528. $\frac{dy}{dx} + \frac{dz}{dy} = 2z, \quad 3\frac{dy}{dx} + \frac{dz}{dx} = y + 9z.$

529. $\frac{dx}{dt} = z - y, \quad \frac{dy}{dt} = z, \quad \frac{dz}{dt} = z - x.$

530. $\frac{dx}{y} = \frac{dy}{z} = \frac{dz}{x}.$

531. $\frac{dx}{dt} = y - z, \quad \frac{dy}{dt} = z - 2x, \quad \frac{dz}{dt} = 2x - y.$

532. $\frac{d^2x}{dt^2} + 2m^2 y = 0, \quad \frac{d^2y}{dt^2} - 2m^2 x = 0.$

533. $\frac{d^2x}{dt^2} = 3(y - x - z), \quad \frac{d^2y}{dt^2} = x - y, \quad \frac{d^2z}{dt^2} = -z.$

534. $\frac{dx}{dt} = -x + y + z, \quad \frac{dy}{dt} = x - y + z, \quad \frac{dz}{dt} = x + y - z.$

535. $\frac{d^2x}{dt^2} = -x + y + z, \quad \frac{d^2y}{dt^2} = x - y + z, \quad \frac{d^2z}{dt^2} = x + y - z$

536. $\frac{d^2y}{dx^2} = 3y + 4z - 3, \quad \frac{d^2z}{dx^2} + y + z - 5 = 0.$

537. $\frac{dx}{dt} = y, \quad \frac{dy}{dt} = x + e^t + e^{-t}.$

538. $x' + 5x - 2y = e^t, \quad y' - x + 6y = e^{2t}.$

539. $y' = 3z - y, \quad z' = z + y + e^{ax}.$

540. $x' = 2x + 4y + \cos t, \quad y' + x + 2y = \sin t.$

541. $y'' + y' + z'' - z = e^x, \quad y' + 2y - z' + z = e^{-x}.$

542. $y' - y + z = 3x^2, \quad z' + 4y + 2z = 2 + 8x.$

543. $x^2y'' + xz' + y + z = x + 1, \quad x^2z'' + xy' - y - z = -x - 1.$

544. $x' + n^2 y = \cos nt, \quad y' + n^2 x = \sin nt.$

545. $x^2 y' + z = x^2, \quad z' + y = x.$

546. $y' + z = 1, \quad x^2 z' + 2y = x^2 \ln x.$

547. $tx'' + 2x' + tx = 0, \quad ty' + 2y - tx' = 0.$

548. $tx' = t - 2x, \quad ty' = t(x + y) + 2x - t.$

549. Man löse das LIOUVILLEsche System

$$9x'' + 8[x - 3\cos t(x\cos t + y\sin t)] = 0,$$
$$9y'' + 8[y - 3\sin t(x\cos t + y\sin t)] = 0$$

durch Einführung neuer Veränderlicher

$$u = x\cos t + y\sin t, \quad v = x\sin t - y\cos t.$$

550. Man beweise, daß die Integration des HESSEschen Systems

$$x' = X + xT, \quad y' = Y + yT, \quad z' = Z + zT,$$

wobei X, Y, Z und T Linearformen der Veränderlichen x, y und z sind, durch die Substitutionen $x = \frac{\xi}{\tau}$, $y = \frac{\eta}{\tau}$, $z = \frac{\zeta}{\tau}$ auf die Integration eines Systems linearer homogener Gleichungen führt.

Man integriere mit Hilfe des HESSEschen Verfahrens die Gleichungssysteme:

551. $\frac{dx}{dt} = y + xz, \quad \frac{dy}{dt} = x + yz, \quad \frac{dz}{dt} = x + z^2.$

552. $\frac{dx}{dt} = x + x(x + y), \quad \frac{dy}{dt} = z + y(x + y), \quad \frac{dz}{dt} = y + z(x + y).$

Bei der Lösung linearer Gleichungen mit konstanten Koeffizienten ist es günstig, die folgende symbolische Schreibweise anzuwenden: Wir führen einen symbolischen Faktor D ein, der die Operation der Differentiation bezeichnet, das heißt, wir schreiben $(D^2 + 3D + 2)u$ an Stelle von $u'' + 3u' + 2u$.

Auf diese Faktoren wendet man die gewöhnlichen Rechenregeln an. So ist zum Beispiel die Beziehung $(D + 1)(D + 2) = D^2 + 3D + 2$ der Gleichung $(u' + 2u)' + (u' + 2u) = u'' + 3u' + 2u$ äquivalent. Wenn zwei Gleichungen

$$ax'' + bx' + cx + a_1y'' + b_1y' + c_1y = 0,$$

$$\alpha x'' + \beta x' + \gamma x + \alpha_1y'' + \beta_1y' + \gamma_1y = f(t)$$

gegeben sind, wobei t die unabhängige Veränderliche ist, dann kann man sie in der Form

$$(aD^2 + bD + c)\,x + (a_1D^2 + b_1D + c_1)\,y = 0,$$

$$(\alpha D^2 + \beta D + \gamma)\,x + (\alpha_1D^2 + \beta_1D + \gamma_1)\,y = f(t)$$

schreiben. Damit die erste Gleichung erfüllt ist, genügt es,

$$x = (a_1D^2 + b_1D + c_1)\,u, \quad y = -(aD^2 + bD + c)\,u$$

zu setzen, wobei u eine unbekannte Funktion ist. Dadurch geht die zweite Gleichung in

$$[(\alpha D^2 + \beta D + \gamma)(a_1D^2 + b_1D + c_1) - (\alpha_1D^2 + \beta_1D + \gamma_1)(aD^2 + bD + c)]\,u = f(t)$$

über. Löst man die Klammern auf und ersetzt die Potenzen von D durch die entsprechenden Ableitungen, so erhält man für u eine lineare Gleichung mit konstanten Koeffizienten, deren Lösung die Größen x und y gemäß den Formeln $x = a_1u'' + b_1u' + c_1u$, $y = -(au'' + bu' + cu)$ ergibt.

Dieselbe Methode ist auch auf eine größere Anzahl von Gleichungen anwendbar. So zum Beispiel auf die Gleichungen

$$\varphi(D)\,x + \psi(D)\,y + \omega(D)\,z = 0,$$

$$\varphi_1(D)\,x + \psi_1(D)\,y + \omega_1(D)\,z = 0,$$

$$\varphi_2(D)\,x + \psi_2(D)\,y + \omega_2(D)\,z = f(t),$$

wobei $\varphi(D)$, $\psi(D)$ und $\omega(D)$ Polynome in D sind. Die ersten beiden Gleichungen sind erfüllt, wenn

$$x = [\psi(D)\,\omega_1(D) - \psi_1(D)\,\omega(D)]\,u, \quad y = (\omega\varphi_1 - \omega_1\varphi)\,u,$$
$$z = (\varphi\psi_1 - \varphi_1\psi)\,u \tag{*}$$

gesetzt wird. Durch Einsetzen in die dritte Gleichung bekommt man

$$[\psi\omega_2 - \varphi\psi_2\omega_1 + \varphi_1\psi_2\omega - \varphi_1\psi\omega_2 + \varphi_2\psi\omega_1 - \varphi_2\psi_1\omega]\,u = f(t).$$

Löst man die Klammern auf und ersetzt die Potenzen von D durch die entsprechenden Ableitungen, so erhält man für u eine lineare Gleichung mit konstanten Koeffizienten, deren Lösung die Größen x, y und z gemäß (*) ergibt. Eine ausführliche Darlegung des angegebenen Verfahrens ist in dem Buch W. I. Smirnow, „Lehrgang der höheren Mathematik", Teil II, zu finden.

Man löse die Gleichungssysteme:

553. $x'' + 2x' + x + y'' + y' + 2y = 0,$

$x'' + x' + 2x + y'' + 3y = 4t + 5.$

554. $x'' - x' + 6x + y'' - y' + 2y = 0,$

$2x'' + x' + 3x + y'' + y = t - 1.$

555. $x''' - x'' - x' + x - y'' + 3y' - 2y + z' - z = 0,$

$3x'' - 6x' + 3x - y'' + 4y' - 3y + 2z' - 2z = 0,$

$x'' - 2x' + x + y' - y + z' - z = 0.$

556. $5x'' + 5x + 3y'' + 3y + 8z'' + 8z = 0,$

$x'' + 4x + 3y'' + 12y + 3z'' + 12z = 0,$

$x'' - 2x - 2y'' - 11y - 9z = 0.$

Die Bewegung eines Punktes mit der Masse m unter dem Einfluß einer Kraft, deren Komponenten X, Y und Z sind, wird durch die Gleichungen

$$m\frac{d^2x}{dt^2} = X, \quad m\frac{d^2y}{dt^2} = Y, \quad m\frac{d^2z}{dt^2} = Z$$

beschrieben, wobei x, y und z die Koordinaten des sich bewegenden Punktes sind.

557. Man bestimme die Bahn, die ein Massenpunkt beschreibt, wenn er unter dem Einfluß einer Kraft steht, die senkrecht zur z-Achse wirkt und der Entfernung des Punktes von der z-Achse proportional ist.

558. Wenn die Komponenten einer Kraft gleich den Ableitungen einer gewissen Funktion u nach den entsprechenden Koordinaten sind, d. h., ist $X = \frac{\partial u}{\partial x}$, $Y = \frac{\partial u}{\partial y}$, $Z = \frac{\partial u}{\partial z}$, dann gilt die Gleichung $\frac{mv^2}{2} = u + C$, wobei $v = \sqrt{x'^2 + y'^2 + z'^2}$ die Geschwindigkeit des Massenpunktes ist. Man beweise diese Gleichung.

559. Wenn die Wirkungslinie der auf einen Massenpunkt wirkenden Kraft die z-Achse schneidet, dann überstreicht der Radiusvektor zur Projektion des Massenpunktes auf die x, y-Ebene in gleichen Zeiten gleiche Flächen. Man beweise diesen Satz.

560. Ein Massenpunkt wird vom Koordinatenursprung nach dem Gravitationsgesetz angezogen. Sein Anfangsort und seine Anfangsgeschwindigkeit liegen in der x, y-Ebene. Man beweise, daß auch die weitere Bewegung in der x, y-Ebene erfolgt.

561. Ein Massenpunkt wird vom Koordinatenursprung mit einer Kraft angezogen, die umgekehrt proportional dem Quadrat der Entfernung ist: $f = -\frac{km}{r^2}$ (m ist die Masse des Punktes und k ein Proportionalitätsfaktor). Man beweise, daß auch die Bahn des Punktes eine Kurve zweiter Ordnung ist.

562. Die Sonne mit der Masse M und ein Planet mit der Masse m ziehen sich gegenseitig mit der Kraft $f = -k\frac{Mm}{r^2}$ an, wobei k eine Konstante und r die Entfernung zwischen Sonne und Planet ist. Man beweise, daß sowohl die Bewegung der Sonne als auch die des Planeten um den gemeinsamen Schwerpunkt erfolgt und daß die Bahnen Kurven zweiter Ordnung mit dem Brennpunkt im Schwerpunkt sind.

563. Man berechne die Bewegung eines Körpers, der aus der Höhe h in einem Medium herabfällt, dessen Widerstand dem Ausdruck v^n proportional ist, wobei v die Geschwindigkeit des Körpers ist. Die Anfangsgeschwindigkeit v_0 soll mit der Horizontalen den Winkel α_0 bilden.

564. Wenn V das Potential eines elektrischen Feldes und $\mathfrak{H}$ seine magnetische Feldstärke ist, dann ist die Bewegungsgleichung eines elektrisch geladenen Teilchens durch die Vektorgleichung

$$m\frac{d^2\mathfrak{r}}{dt^2} = e \operatorname{grad} V + e\left[\mathfrak{H}\frac{d\mathfrak{r}}{dt}\right]$$

gegeben. Man berechne die Bewegung des Teilchens unter der Voraussetzung, daß $\operatorname{grad} V$ und $\mathfrak{H}$ konstant sind.

565. Man löse dieselbe Aufgabe, wenn $V = \text{const}$, $\mathfrak{H} = \operatorname{grad}\frac{h}{r}$ und $r = \sqrt{x^2 + y^2 + z^2}$ ist.

566. Ein starrer Körper rotiere. Die Koordinatenachsen mögen mit den Hauptträgheitsachsen des Körpers zusammenfallen, und die Resultante der wirkenden Kräfte gehe durch den ruhenden Schwerpunkt. Unter diesen Bedingungen haben die Bewegungsgleichungen des Körpers die Gestalt

$$A\frac{dp}{dt} - (B - c)\,qr = 0, \qquad B\frac{dq}{dt} - (C - A)\,rp = 0,$$

$$C\frac{dr}{dt} - (A - B)\,pq = 0.$$

Hierbei sind A, B, C die Trägheitsmomente bezüglich der Achsen und p, q, r die Komponenten der Winkelgeschwindigkeit in Richtung der Achsen. Man beweise die Existenz der Integrale

$$Ap^2 + Bq^2 + Cr^2 = h, \quad A^2p^2 + B^2q^2 + C^2r^2 = l.$$

Weiterhin ist mit Hilfe dieser Integrale zu beweisen, daß die momentane Drehachse $\frac{x}{p} = \frac{y}{q} = \frac{z}{v}$ den Kegel

$$A(Ah - l)\,x^2 + B(Bh - l)\,y^2 + C(Ch - l)\,z^2 = 0$$

beschreibt.

Anmerkung. Die vollständige Lösung dieser Aufgabe führt auf elliptische Funktionen.

X. ABSCHNITT

Bestimmte Integrale

§ 1. Das bestimmte Integral als Grenzwert einer Summe

Das Intervall $[a, b]$ wird durch $n + 1$ Zahlen in n Teilintervalle zerlegt:

$$a = x_0 < x_1 < x_2 < \cdots < x_{n-1} < x_n = b.$$

Die Länge dieser Intervalle ist $\Delta x_\nu = x_\nu - x_{\nu-1}$. Wenn dann eine Funktion $f(x)$ gegeben ist, die für jeden Wert von x im Intervall a, b definiert und in diesem Intervall beschränkt ist, dann ist es möglich, die Summe $\sum_{\nu=1}^{n} f(\xi_\nu)\, \Delta x_\nu$ zu bilden. Hierbei ist ξ_ν irgendeine Zahl aus dem Intervall $[x_{\nu-1}, x_\nu]$, das heißt $x_{\nu-1} \leqq \xi_\nu \leqq x_\nu$. Diese Summe heißt RIEMANNsche Summe. Wenn nun die Anzahl der Teilintervalle unbeschränkt so wächst ($n \to \infty$), daß $\max \Delta x_\nu \to 0$ geht, dann strebt die RIEMANNsche Summe für alle stetigen und eine Anzahl unstetiger Funktionen unabhängig von der Wahl der Teilung und für alle ξ_ν mit $x_{\nu-1} \leqq \xi_\nu \leqq x_\nu$ gegen ein und denselben Grenzwert, den wir als bestimmtes Integral bezeichnen:

$$\int_a^b f(x)\, dx = \lim_{\max \Delta x_\nu \to 0} \sum f(\xi_\nu)\, \Delta x_\nu .$$

Die Differenz $O(\Delta x_\nu)$ zwischen der oberen Grenze M_ν und der unteren Grenze m_ν der Funktion im Intervall Δx_ν heißt die Schwankung der Funktion im Intervall Δx_ν. Funktionen, für die das bestimmte Integral im angegebenen Sinn existiert, heißen integrierbar im RIEMANNschen Sinne oder auch einfach integrierbar im gegebenen Intervall.

Als notwendige und hinreichende Bedingung dafür, daß $f(x)$ in einem gegebenen Intervall integrierbar ist, besteht die Beziehung

$$\lim_{\max \Delta x_\nu \to 0} \sum O_\nu \Delta x_\nu = 0, \quad \text{wobei} \quad O_\nu = O(\Delta x_\nu) \quad \text{ist.}$$

Nimmt man an Stelle der Zahlen $f(\xi_\nu)$ in der RIEMANNschen Summe die Zahlen M_ν oder m_ν, so bekommt man die obere Summe $\sum M_\nu\, \Delta x_\nu$ oder die untere Summe $\sum m_\nu\, \Delta x_\nu$.

Verfeinert man die Zerlegung in Teilintervalle, dann nähert sich, falls $f(x) \geqq 0$, die obere Summe ihrem Grenzwert, indem sie monoton fällt, und die untere Summe, indem sie monoton wächst.

Eine stetige Funktion $F(x)$, für die in allen Punkten, in denen $f(x)$ stetig ist, $F'(x) = f(x)$ gilt, nennt man ein unbestimmtes Integral von $f(x)$. Zwischen bestimmten und unbestimmten Integralen besteht die Beziehung

$$\int_a^b f(x)\,dx = F(b) - F(a)$$

(Hauptsatz der Integralrechnung).

Man berechne mit Hilfe bestimmter Integrale die Grenzwerte der folgenden Summen:

1. $\lim\limits_{n\to\infty}\left[\frac{1}{n^2} + \frac{2}{n^2} + \frac{3}{n^2} + \cdots + \frac{2n-1}{n^2}\right].$

2. $\lim\limits_{n\to\infty}\left[\frac{1^3}{n^4} + \frac{2^3}{n^4} + \frac{3^3}{n^4} + \cdots + \frac{(4n-1)^3}{n^4}\right].$

3. $\lim\limits_{n\to\infty}\frac{\pi}{n}\left[\sin\frac{\pi a}{n} + \sin\frac{2\pi a}{n} + \cdots + \sin\frac{(n-1)\pi a}{\pi}\right].$

4. $\lim\limits_{n\to\infty}\left[\frac{1}{n+1} + \frac{1}{n+2} + \cdots + \frac{1}{2n}\right].$

5. $\lim\limits_{n\to\infty}\left[\frac{n}{n^2+1^2} + \frac{n}{n^2+2^2} + \cdots + \frac{n}{n^2+(n-1)^2}\right].$

6. $\lim\limits_{n\to\infty}\left[\frac{2}{\sqrt{4n^2-1^2}} + \frac{2}{\sqrt{4n^2-2^2}} + \cdots + \frac{2}{\sqrt{4n^2-n^2}}\right].$

7. Man berechne

$$\lim_{n\to\infty}\frac{\sqrt[n]{(n+1)(n+2)\cdots 2n}}{n}.$$

8. Man berechne das Integral $\int_0^1 e^x\,dx$, indem man es als Grenzwert einer Summe betrachtet.

9. Man berechne das Integral $\int_a^b x_n\,dx$ für $b > a > 0$, indem man es als Grenzwert der Summe $\sum x_\nu^n \Delta x_\nu$ betrachtet, wobei die Werte x_ν eine geometrische Folge bilden (Fermat).

10. Mit Hilfe der Partialbruchzerlegung

$$\frac{n\,x^{n-1}}{x^n-1} = \frac{1}{x-x_0} + \frac{1}{x-x_1} + \cdots + \frac{1}{x-x_{n-1}}, \quad x_\nu = e^{\frac{2\pi\nu i}{n}},$$

beweise man die Beziehung

$$\int_0^{2\pi}\frac{d\varphi}{x-e^{\varphi i}} = \begin{cases} 0 & \text{für } |x| < 1, \\ \dfrac{2\pi}{x} & \text{für } |x| > 1. \end{cases}$$

11. Mit Hilfe der Formel

$$x^{2n} - 1 = (x^2 - 1)\prod_{k=1}^{n-1}\left(x^2 - 2x\cos\frac{k\pi}{n} + 1\right)$$

beweise man

$$\int_0^\pi \ln(1 - 2x\cos\varphi + x^2)\,d\varphi = \begin{cases} 0 & \text{für } |x| < 1, \\ \pi\ln(x^2) & \text{für } |x| > 1 \end{cases}$$

(Poissonsches Integral).

12. Mit Hilfe der Partialbruchzerlegung

$$\frac{2n x^{2n-1}}{x^{2n} - 1} = \frac{1}{x^2 - 1} + \sum_{k=1}^{n-1} \frac{2x - 2\cos\frac{k\pi}{n}}{x^2 - 2x\cos\frac{k\pi}{n} + 1}$$

beweise man die Beziehung

$$\int_0^\pi \frac{x - \cos\varphi}{x^2 - 2x\cos\varphi + 1}\,d\varphi = \begin{cases} 0 & \text{für } |x| < 1, \\ \frac{\pi}{2} & \text{für } |x| > 1. \end{cases}$$

13. Die Funktion $[u]$ nimmt überall den ganzzahligen Wert m an, der die Beziehung $m \leqq u < m + 1$ erfüllt. $[2u] - 2[u]$ ist gleich 0, wenn $u - m < \frac{1}{2}$, und gleich 1, wenn $\frac{1}{2} \leqq u - m < 1$ ist. Man beweise, daß für die Funktion $f(x) = \left[\frac{2}{x}\right] - 2\left[\frac{1}{x}\right]$ im Intervall (0,1) die Ungleichung

$$\sum_{\nu=1}^{n} O_\nu \Delta x_\nu < 3\sqrt{\max \Delta x_\nu}$$

gilt und daß folglich die Funktion $f(x)$ im Riemannschen Sinne integrierbar ist.

14. Die Funktion $f(x)$ ist definiert durch die Vorschriften $f(x) = 0$, wenn x irrational ist, und $f(x) = \frac{1}{q}$, wenn $x = \frac{p}{q}$ ist; hierbei sind p und q teilerfremde ganze Zahlen. Man beweise, daß für das Intervall (0, 1) die Ungleichung

$$\sum_{\nu=1}^{n} O_\nu \Delta x_\nu < 2\sqrt{\max \Delta x_\nu}$$

gilt und daß damit $f(x)$ im Intervall (0, 1) integrierbar ist, obwohl sie in jedem rationalen Punkt eine Unstetigkeitsstelle besitzt.

15. Die Funktion $f(x)$ ist definiert durch $f(x) = 0$ für irrationale x und $f(x) = 1$ für rationale x. Man beweise, daß sie in jedem beliebigen Intervall nicht integrierbar ist.

§ 2. Die Mittelwertsätze. Uneigentliche Integrale

Erster Mittelwertsatz. Wenn $f(x)$ im Intervall (a, b) stetig ist und $\varphi(x)$ in diesem Intervall nirgends das Vorzeichen wechselt, dann gilt

$$\int_a^b f(x)\,\varphi(x)\,dx = f(c)\int_a^b \varphi(x)\,dx,$$

wobei c irgendein Wert zwischen a und b ist.

In Anwendungen kommt häufig der Satz vor: Wenn im Intervall $a < x < b$ die Ungleichungen $\varphi(x) \leqq f(x) \leqq \psi(x)$ gelten, dann ist

$$\int_a^b \varphi(x)\,dx \leqq \int_a^b f(x)\,dx \leqq \int_a^b \psi(x)\,dx.$$

Dabei ist das Gleichheitszeichen ausgeschlossen, wenn in einem gewissen Teil des Intervalls die Differenz $f(x) - \varphi(x)$ oder $\psi(x) - f(x)$ größer als eine feste positive Zahl h bleibt.

Zweiter Mittelwertsatz. Wenn $f(x)$ und $\varphi(x)$ integrierbare Funktionen sind und $\varphi(x)$ monoton ist, dann gilt

$$\int_a^b f(x)\,\varphi(x)\,dx = \varphi(a)\int_a^\xi f(x)\,dx + \varphi(b)\int_\xi^b f(x)\,dx,$$

wobei ξ ein gewisser Wert zwischen a und b ist.

Ist $\varphi(a) > \varphi(b) = 0$, so kann man schreiben

$$\int_a^b f(x)\,\varphi(x)\,dx = \varphi(a)\int_a^\xi f(x)\,dx, \quad a < \xi < b.$$

Man beweise die folgenden Ungleichungen:

16. $0 < \int_0^1 \frac{x^{19}\,dx}{\sqrt[3]{1+x^6}}\,dx < \frac{1}{20}$.

17. $0 < \int_0^{200} \frac{e^{-5x}\,dx}{20+x} < 0{,}01$.

18. $-\frac{\pi}{4} < \int_0^\infty \frac{\cos a x}{4+x^2}\,dx < \frac{\pi}{4}$.

19. $0 < \int_2^\infty e^{-x^2}\,dx < \frac{1}{4e^4}$.

20. $0 < \int_{10}^{20} \frac{x^2\,dx}{x^4+x+1} < \frac{1}{20}$.

21. $\frac{1}{19} < \int_1^\infty \frac{1+x^{20}}{1+x^{40}}\,dx < \frac{1}{19} + \frac{1}{39}$.

22. $1 < \int\limits_0^1 \frac{1+x^{20}}{1+x^{40}}\,dx < 1 + \frac{1}{42}$.

23. $\frac{20}{19} < \int\limits_0^\infty \frac{1+x^{20}}{1+x^{40}}\,dx < \frac{20}{19} + \frac{1}{20}$.

24. $0 < \int\limits_1^\infty e^{-x^n}\,dx < \frac{1}{n}$; $n > 1$.

25. $1 - \frac{1}{n} < \int\limits_0^1 e^{-x^n}\,dx < 1$; $n > 1$.

26. $1 - \frac{1}{n} < \int\limits_0^\infty e^{-x^n}\,dx < 1 + \frac{1}{n}$.

27. Mit Hilfe der Beziehung

$$\frac{1}{100+x} = \frac{1}{100} - \frac{x}{100(100+x)}$$

beweise man

$$\int\limits_0^\infty \frac{e^{-x}\,dx}{100+x} = 0{,}01 - 0{,}0001\,\theta; \quad 0 < \theta < 1.$$

28. Mit Hilfe der Beziehung

$$\frac{x^3}{x^4+x+1} = \frac{1}{x} - \frac{x^3}{x(x^4+x+1)}$$

beweise man

$$\int\limits_{100}^{200} \frac{x^3\,dx}{x^4+x+1} = \ln 2 - \frac{\theta}{3\cdot 10^6}; \quad 0 < \theta < 1.$$

Man beweise die Beziehungen:

29. $\int\limits_{100}^{200} \frac{\sin \pi x}{x}\,dx = \frac{\theta}{100\pi}$; $|\theta| < 1$.

30. $\int\limits_a^b \frac{\cos x}{\sqrt{x}}\,dx = \frac{2\theta}{\sqrt{a}}$; $|\theta| < 1$; $b > a > 0$.

31. $\int\limits_{100}^{200} \sin \pi x^2 \, dx = \frac{\theta}{200\pi}; \quad |\theta| < 1.$

32. $\int\limits_{100}^{200} \frac{\sin \pi x}{x} \, dx = \frac{0{,}005}{\pi} + \frac{2\theta}{\pi^3 \cdot 10^6}; \quad |\theta| < 1.$

Integrale von der Form

$$\int\limits_a^\infty f(x)\,dx, \quad \int\limits_{\infty}^b f(x)\,dx, \quad \int\limits_{-\infty}^\infty f(x)\,dx$$

werden durch Grenzwertbildungen definiert:

$$\int\limits_a^\infty f(x)\,dx = \lim_{n\to\infty} \int\limits_a^n f(x)\,dx, \quad \int\limits_{-\infty}^b f(x)\,dx = \lim_{m\to\infty} \int\limits_{-m}^b f(x)\,dx,$$

$$\int\limits_{-\infty}^\infty f(x)\,dx = \lim_{m,\,n\to\infty} \int\limits_{-m}^n f(x)\,dx.$$

Dabei ist vorausgesetzt, daß die entsprechenden Grenzwerte wirklich existieren; man sagt dann, das Integral sei konvergent. Ist das nicht der Fall, so haben die auf der linken Seite der Gleichungen stehenden Integrale keinen Sinn; man sagt, sie seien divergent. Eine notwendige und hinreichende Bedingung dafür, daß das Integral $\int\limits_a^\infty f(x)\,dx$ konvergiert, besteht darin, daß bei beliebig vorgegebenem positivem ε die Ungleichung

$$\left| \int\limits_{n_1}^{n_2} f(x)\,dx \right| < \varepsilon$$

für alle Zahlen n_1 und n_2 erfüllt ist, die größer als ein gewisses $n_0 = n_0(\varepsilon)$ sind. Analoge Kriterien gibt es auch für die Integrale der beiden anderen Typen.

Wenn die Funktion $f(x)$ im Intervall (a, b) an einer oder mehreren Stellen unendlich wird, dann hat das Integral $\int\limits_a^b f(x)\,dx$ als Grenzwert der Riemannschen Summe zunächst ebenfalls keinen Sinn. Das Integral kann aber durch einen ergänzenden Grenzübergang sinnvoll gemacht werden. Liegt zum Beispiel die Stelle, an der $f(x)$ unendlich wird, im Punkte $x = c$, so definieren wir

$$\int\limits_a^b f(x)\,dx = \lim_{\eta\to 0} \int\limits_a^{c-\eta} f(x)\,dx + \lim_{\delta\to 0} \int\limits_{c+\delta}^b f(x)\,dx$$

unter der Voraussetzung, daß diese Grenzwerte existieren. Ist das nicht der Fall, so ist das Integral auf der linken Seite der Gleichung divergent. Notwendig und hinreichend für die Konvergenz des Integrals ist, daß jedes der Integrale

$$\int_{c-\eta_1}^{c-\eta_2} f(x)\,dx \quad \text{und} \quad \int_{c+\delta_1}^{c+\delta_2} f(x)\,dx$$

dem absoluten Betrag nach kleiner als eine willkürlich vorgegebene Zahl ε ist, wenn die positiven Zahlen η_1, η_2, δ_1, δ_2 kleiner als eine hinreichend kleine Zahl $h = h(\varepsilon)$ sind.

In den beiden betrachteten Fällen sind zwei Formen der Konvergenz besonders wichtig. Das Integral über die Funktion $f(x)$ heißt absolut konvergent, wenn das Integral über $|f(x)|$ konvergiert. Das Integral $\int_a^\infty f(x, y)\,dx$ heißt gleichmäßig konvergent bezüglich y, wenn der absolute Wert des Integrals $\int_n^\infty f(x, y)\,dx$ kleiner als ε wird für alle $n > n_0(\varepsilon)$, wobei $n_0(\varepsilon)$ für alle betrachteten Werte des Parameters y dieselbe Größe ist.

Man untersuche folgende Integrale auf Konvergenz:

33. $\int_0^\infty \frac{x^2\,dx}{x^4 + x + 1}$.

34. $\int_0^\infty \frac{x^2\,dx}{x^3 + x + 1}$.

35. $\int_0^\infty \sin a x\,dx$.

36. $\int_0^\infty \sin x^n\,dx$,

37. $\int_0^\infty x^n e^{-x}\,dx$.

38. $\int_0^\infty \frac{x^\sigma\,dx}{x^2 + 1}$.

39. $\int_0^\infty x^\sigma \frac{x+2}{x+1}\,dx$.

40. $\int_0^\infty x^m \sin x^n\,dx$.

41. $\int_0^1 x^m (1 - x^2)^n\,dx$.

42. $\int_0^{+\infty} e^{-a x^2} x^n\,dx$.

43. $\int_0^2 \frac{dx}{\ln x}$.

44. $\int_0^\infty \frac{dx}{1 + (\ln x)^n}$.

45. $\int_0^\pi \frac{\ln \sin x}{\sqrt{x}}\,dx$.

46. $\int_0^\infty x^x e^{-x^n}\,dx$.

47. $\int\limits_{-\infty}^{+\infty} x^n e^{-\left(x^2+\frac{1}{x^2}\right)} dx.$ **48.** $\int\limits_0^{\infty} \sin\left(x+\frac{1}{x}\right)\frac{dx}{\sqrt{x}}.$

49. Man beweise, daß für $a \geqq 0$ die Integrale

$$\int\limits_0^{\infty} f(x) e^{-ax}\, dx \quad \text{und} \quad \int\limits_0^{\infty} f(x) e^{-ax^2}$$

gleichmäßig konvergieren, wenn das Integral $\int\limits_0^{\infty} f(x)\, dx$ konvergiert.

50. Man beweise, daß

$$\lim_{a\to 0} \int\limits_0^{\infty} f(x)\, \varphi(x, a)\, dx = \int\limits_0^{\infty} f(x)\, dx$$

ist, wenn das Integral auf der rechten Seite konvergiert und $\varphi(x, a)$ die folgenden Bedingungen erfüllt:

1. Für $a \to 0$ konvergiert $\varphi(x, a)$ gleichmäßig bezüglich x gegen 1 in einem beliebigen endlichen Intervall $0 < x < N$;

2. für alle a, die hinreichend nahe bei Null liegen, ist $\varphi(x, a)$ monoton in x, und der absolute Betrag von $\varphi(x, a)$ ist beschränkt.

51. Das Integral $\int\limits_0^{\infty} f(x)\, dx$ sei absolut konvergent. Man beweise

$$\int\limits_0^{\infty} f(x) \sin nx\, dx \to 0 \quad \text{für} \quad n \to \infty.$$

52. Man beweise

$$\lim_{n\to\infty} \int\limits_0^{1} n^2 x^{n-1}(1-x)\, dx \neq \int\limits_0^{1} \lim_{n\to\infty} n^2 x^{n-1}(1-x)\, dx.$$

53. Man beweise, daß

$$\lim_{y\to y_0} \int\limits_a^{b} f(x, y)\, dx = \int\limits_a^{b} \lim_{y\to y_0} f(x, y)\, dx$$

ist, wenn $f(x, y)$ gleichmäßig bezüglich x gegen $f(x, y_0)$ konvergiert.

54 Man beweise, daß

$$\lim_{y\to y_0} \int\limits_0^{\infty} f(x, y)\, dx = \int\limits_0^{\infty} \lim_{y\to y_0} f(x, y)\, dx$$

ist, wenn $f(x, y)$ in x in einem beliebigen Intervall $(0, n)$ gegen $f(x, y_0)$ konvergiert und außerdem $|f(x, y)| < F(x)$ ist, wobei $\int\limits_0^{\infty} F(x)\, dx$ konvergiert.

55. Man beweise: Wenn das Integral $\int\limits_0^\infty f(x)\,dx$ absolut konvergiert, dann gilt

$$\lim_{n\to\infty} \int\limits_0^\infty f(x)\,|\sin n x|\,dx = \frac{2}{\pi} \int\limits_0^\infty f(x)\,dx.$$

56. Man beweise, daß

$$\lim_{\sigma\to 0} \sigma \int\limits_0^\infty e^{-\sigma t} f(t)\,dt = \lim_{t\to\infty} f(t)$$

ist, wenn das Integral auf der linken Seite und der Grenzwert auf der rechten Seite sinnvoll sind.

57. Im Briefwechsel von Euler und Lagrange findet man das Integral

$$\int\limits_0^\infty \frac{e^{-ax} - e^{-bx}}{x}\,dx,$$

dessen Wert für $b > a > 0$ gleich $\ln \frac{b}{a}$ ist (vgl. S. 347) und das sich folgendermaßen umformen läßt:

$$\int\limits_0^\infty \frac{e^{-ax} - e^{-bx}}{x}\,dx = \int\limits_0^\infty \frac{e^{-ax}\,dx}{x} - \int\limits_0^\infty \frac{e^{-bx}\,dx}{x}.$$

Auf das erste Integral der rechten Seite wendet man nun die Substitution $ax = t$ an, auf das zweite die Substitution $bx = t$. Dann erhält man

$$\ln \frac{b}{a} = \int\limits_0^\infty \frac{e^{-ax} - e^{-bx}}{x}\,dx = \int\limits_0^\infty \frac{e^{-t}\,dt}{t} - \int\limits_0^\infty \frac{e^{-t}\,dt}{t} = 0.$$

Wo liegt der Grund für diese Absurdität?

§ 3. Berechnung bestimmter Integrale durch unbestimmte Integration und Substitution

Für die Einführung neuer Veränderlicher in ein bestimmtes Integral gilt die Formel

$$\int\limits_a^b f(x)\,dx = \int\limits_\alpha^\beta f(\varphi(t))\,\varphi'(t)\,dt$$

unter der Annahme, daß die Integrale auf beiden Seiten existieren. Dabei ist $x = \varphi(t)$ im Intervall $\alpha \leqq t \leqq \beta$ monoton von t abhängig, und es ist $\varphi(\alpha) = a$ und $\varphi(\beta) = b$.

Die Anwendung von Substitutionen gestattet in vielen Fällen eine bedeutende Vereinfachung der Berechnung bestimmter Integrale mit Hilfe unbestimmter Integrale.

Wir führen einige charakteristische Beispiele an:

I. $A = \int_0^\pi \frac{\sin 2nx}{\sin x}\,dx$, wobei n ganzzahlig ist. Wir setzen $x = \pi - u$ und erhalten

$$A = -\int_\pi^0 \frac{\sin(2\pi n - 2nu)}{\sin(\pi - u)}\,du = -\int_0^\pi \frac{\sin 2nu}{\sin u}\,du = -A.$$

Daraus folgt $2A = 0$, $A = 0$.

II. $B = \int_0^1 \frac{\ln(1+x)}{1+x^2}\,dx$. Setzen wir $x = \tan\varphi$, so erhalten wir

$$B = \int_0^{\pi/4} \ln(\cos\varphi + \sin\varphi)\,d\varphi - \int_0^{\pi/4} \ln\cos\varphi\,d\varphi.$$

Setzen wir im letzten Integral $\varphi = \frac{\pi}{4} - \psi$, so finden wir

$$\int_0^{\pi/4} \ln\cos\varphi\,d\varphi = -\int_{\pi/4}^0 \ln\left(\cos\psi\cos\frac{\pi}{4} + \sin\psi\sin\frac{\pi}{4}\right)d\psi$$

$$= \int_0^{\pi/4} \ln\left[(\cos\psi + \sin\psi)\frac{1}{\sqrt{2}}\right]d\psi = \int_0^{\pi/4} \ln(\cos\varphi + \sin\varphi)\,d\varphi - \frac{\ln 2}{2}\int_0^{\pi/4} d\varphi$$

$$= \int_0^{\pi/4} \ln(\cos\varphi + \sin\varphi)\,d\varphi - \frac{\pi\ln 2}{8}.$$

Durch Einsetzen in die Gleichung für B bekommen wir

$$\int_0^1 \frac{\ln(1+x)}{1+x^2}\,dx = \frac{\pi\ln 2}{8}.$$

III. $C = \int_0^{\pi/2} \cos^2\varphi\,d\varphi$. Substituieren wir $\varphi = \frac{\pi}{2} - \psi$, so erhalten wir

$$C = -\int_{\pi/2}^0 \cos^2\left(\frac{\pi}{2} - \psi\right)d\psi = \int_0^{\pi/2} \sin^2\psi\,d\psi = \int_0^{\pi/2} \sin^2\varphi\,d\varphi.$$

Daraus folgt

$$C = \frac{1}{2}\int_0^{\pi/2} \cos^2\varphi\,d\varphi + \frac{1}{2}\int_0^{\pi/2} \sin^2\varphi\,d\varphi = \frac{1}{2}\int_0^{\pi/2} (\cos^2\varphi + \sin^2\varphi)\,d\varphi = \frac{1}{2}\int_0^{\pi/2} d\varphi = \frac{\pi}{4}.$$

IV. $D = \int\limits_0^\infty \frac{Ax^2+B}{x^4+ax^2+1}\,dx$, wobei $a > -2$ ist. Setzt man $x = \frac{1}{t}$ und bezeichnet dann t wieder mit x, so erhält man

$$D = -\int\limits_\infty^0 \frac{\frac{A}{t^2}+B}{\frac{1}{t^4}+\frac{a}{t^2}+1}\,\frac{dt}{t^2} = \int\limits_0^\infty \frac{A+Bx^2}{1+ax^2+x^4}\,dx.$$

Weiter findet man

$$D = \frac{A+B}{2}\int\limits_0^\infty \frac{x^2+1}{x^4+ax^2+1}\,dx = \frac{A+B}{2}\int\limits_0^\infty \frac{\left(1+\frac{1}{x^2}\right)dx}{x^2+\frac{1}{x^2}+a}.$$

Durch Anwendung der Substitution $x - \frac{1}{x} = t$ erhält man schließlich

$$D = \frac{A+B}{2}\int\limits_{-\infty}^\infty \frac{dt}{t^2+a+2} = \frac{A+B}{\sqrt{a+2}}\,\frac{\pi}{2}.$$

Auf ähnliche Weise, und zwar durch die Substitution $x = u\sqrt[4]{b}$, erhalten wir die Gleichung

$$\int\limits_0^\infty \frac{Ax^2+B}{x^4+ax^2+b}\,dx = \frac{\pi}{2\sqrt{b}}\,\frac{A\sqrt{b}+B}{\sqrt{a+2\sqrt{b}}}; \qquad b > 0, \quad a+2\sqrt{b} > 0.$$

Die folgenden Integrale sind verhältnismäßig leicht mit Hilfe einfacher Substitutionen durch Verfahren zu berechnen, die den oben angegebenen sehr ähnlich sind.

Man beweise die folgenden Gleichungen:

58. $\int\limits_0^\infty \frac{dx}{1+x^3} = \frac{2\pi}{3\sqrt{3}}.$

59. $\int\limits_0^1 \frac{x^2+1}{x^4+1}\,dx = \frac{\pi}{2\sqrt{2}}.$

60. $\int\limits_{-1}^1 \frac{dx}{(a-x)\sqrt{1-x^2}} = \frac{\pi}{\sqrt{a^2-1}}; \qquad a > 1.$

61. $\int\limits_{-1}^1 \frac{x^4\,dx}{(x^2+1)\sqrt{1-x^2}} = \frac{\pi}{2}(\sqrt{2}-1).$

62. $\int\limits_0^b \sqrt{\frac{x-a}{b-x}}\,x\,dx = \frac{\pi}{8}(b-a)(a+3b).$

63. $$\int_0^a x^2\sqrt{a^2-x^2}\,dx=\frac{\pi a^4}{16}.$$

64. $$\int_0^{2\pi}\frac{dx}{a+b\cos x}=2\int_0^{\pi}\frac{dx}{a+b\cos x}=\frac{2\pi}{\sqrt{a^2-b^2}};\qquad |b|<a$$

65. $$\int_{-1}^{1}\frac{dx}{x^2-2x\cos\alpha+1}=\frac{\pi}{2\,|\sin\alpha|}.$$

66. $$\int_0^{\pi}\frac{\sin x\,dx}{\sqrt{1+2a\cos x+a^2}}=\begin{cases}2 & \text{für } |a|\leqq 1,\\ \dfrac{2}{|a|} & \text{für } |a|>1.\end{cases}$$

67. $$\int_0^{\pi}\frac{\sin^2 x\,dx}{1+2a\cos x+a^2}=\begin{cases}\dfrac{\pi}{2} & \text{für } |a|<1,\\ \dfrac{\pi}{2a^2} & \text{für } |a|>1.\end{cases}$$

68. $$\int_{-1}^{1}\frac{dx}{\sqrt{(1-2ax+a^2)(1-2bx+b)}}=\frac{1}{\sqrt{ab}}\ln\frac{1+\sqrt{ab}}{1-\sqrt{ab}};\quad |a|<1,$$
$$|b|<1,\quad ab>0.$$

69. $$\int_0^{\infty}e^{-ax}\cos bx\,dx=\frac{a}{a^2-b^2},\quad a>0.$$

70. $$\int_0^{\infty}e^{-ax}\sin bx\,dx=\frac{b}{a^2+b^2},\quad a>0.$$

71. $$\int_0^{\pi/2}\frac{dx}{a^2\sin^2 x+b^2\cos^2 x}=\frac{\pi}{2ab}.$$

72. $$\int_0^{\pi/2}\frac{dx}{(a^2\sin^2 x+b^2\cos^2 x)^2}=\frac{\pi}{4}\,\frac{a^2+b^2}{a^3b^3}.$$

73. $$\int_0^{\pi/2}\frac{dx}{\sqrt{\tan x}}=\int_0^{\pi/2}\sqrt{\tan x}\,dx=\frac{\pi}{\sqrt{2}}.$$

Durch Anwendung der Eulerschen Formeln

$$\cos x=\frac{e^{xi}+e^{-xi}}{2},\qquad \sin x=\frac{e^{xi}-e^{-xi}}{2i}$$

sind die folgenden Gleichungen zu beweisen (m und n sind ganze positive Zahlen).

74. $$\int_0^\pi \sin^{2n} x\, dx = \frac{\pi}{2^{2n}} \frac{(2n)!}{(n!)^2}\,; \quad n \geqq 0 \text{ und ganzzahlig.}$$

75. $$\int_0^\pi \frac{\cos(4n+1)x}{\cos x}\, dx = \pi.$$

76. $$\int_0^\pi \frac{\sin mx}{\sin x}\, dx = \begin{cases} 0 & \text{für} \quad m = 2n, \\ \pi & \text{für} \quad m = 2n+1. \end{cases}$$

77. $$\int_0^\pi \cos^n x \cos nx\, dx = \frac{\pi}{2^n}.$$

78. $$\int_0^\pi \cos^n x \sin nx\, dx = 0.$$

79. $$\int_0^\pi \cos^m x \cos nx\, dx = \begin{cases} 0, & \text{wenn } m - n \text{ ungerade ist,} \\ \dfrac{\pi}{2^{m-1}} \dbinom{m}{m-n}, & \text{wenn } m - n \text{ gerade ist;} \end{cases}$$

$$\binom{m}{k} = \frac{m!}{k!(m-k)!}, \quad n \leqq m.$$

80. $$\int_0^\infty e^{-ax} \frac{\cos(2m-1)x}{\cos x}\, dx = \frac{(-1)^{m+1}}{a} + 2 \sum_{n=1}^{m-1} \frac{(-1)^{m+n-1} a}{a^2 + 4n^2}; \quad a > 0.$$

In den folgenden Aufgaben muß man die Formel für die mehrfache partielle Integration anwenden, die man in folgender Weise schreiben kann:

$$\int u v^{(n)}\, dx = u v^{(n-1)} - u' v^{(n-2)} + u'' v^{(n-3)} + \cdots + (-1)^\nu u^{(\nu)} v^{(n-\nu-1)}$$
$$+ (-1)^{\nu+1} \int u^{(\nu+1)} v^{(n-\nu-1)}\, dx.$$

81. Man beweise die Gleichungen

$$\int_{-1}^{1} P_n(x) f(x)\, dx = 0, \quad \int_0^\infty e^{-x} L_n(x)\, dx = 0, \quad \int_{-\infty}^{\infty} e^{-x^2} H_n(x) f(x)\, dx = 0.$$

Hierbei ist $f(x)$ ein beliebiges Polynom $(n-1)$-ten Grades, P_n das LEGENDREsche, L_n das LAGUERREsche und H_n das HERMITE-TSCHEBYSCHEFFsche Polynom:

$$P_n(x) = \frac{1}{2^n n!} \frac{d^n (x^2-1)^n}{dx^n}; \quad L_n(x) = e^x \frac{d^n x^n e^{-x}}{dx^n}; \quad H_n(x) = e^{x^2} \frac{d^n e^{-x^2}}{dx^n}$$

82. Man berechne für ganzzahlige positive n das EULERsche Integral

$$\Gamma(n) = \int_0^\infty x^{n-1} e^{-x}\, dx .$$

83. Man berechne für ganzzahlige positive p und q das EULERsche Integral

$$B(p, q) = \int_0^1 x^{p-1}(1-x)^{q-1}\, dx .$$

§ 4. Berechnung bestimmter Integrale mit Hilfe von Rekursionsformeln

Für Integrale, die von einem ganzzahligen positiven Parameter abhängen, lassen sich manchmal Rekursionsformeln angeben, die diese Integrale durch Integrale des gleichen Typs, aber mit kleineren Werten des Parameters ausdrücken. Wenn sich dann das Integral, bei dem der Parameter Null ist, berechnen läßt, dann findet man auch das gesuchte vorgegebene Integral.

Ein Beispiel ist die EULERsche Gammafunktion

$$\Gamma(n) = \int_0^\infty x^{n-1} e^{-x}\, dx, \quad n > 0, \quad \text{ganz.}$$

Durch partielle Integration erhält man

$$\Gamma(n) = \frac{1}{n} e^{-x} x^n \Big|_0^\infty + \frac{1}{n}\int_0^\infty e^{-x} x^n\, dx = \frac{1}{n}\Gamma(n+1) .$$

Daraus folgt $\Gamma(n+1) = n \cdot \Gamma(n)$. Durch mehrmalige Anwendung dieser Formel erhalten wir

$$\Gamma(n) = (n-1)!$$

Man berechne die Werte der folgenden Integrale:

84. $\int\limits_0^{\pi/4} \tan^{2n} x\, dx .$

85. $\int\limits_0^1 (1-x^2)^n\, dx .$

86. $\int\limits_0^\infty \frac{dx}{(a^2+x^2)^n} .$

87. $\int\limits_{-\infty}^\infty \frac{dx}{(Ax^2+2Bx+C)^n}, \quad AC - B^2 > 0 .$

88. $\int\limits_0^{\pi/2} \sin^{2n} x\, dx .$

89. $\int\limits_0^{\pi/2} \sin^{2n+1} x\, dx .$

90. $\int\limits_0^{\pi/2} \sin^{2n+1} x \cos^{2m+1} x \, dx$.

91. Mit Hilfe der Beziehung $\int\limits_0^{\infty} e^{-x^2} dx = \frac{1}{2}\sqrt{\pi}$ berechne man das Integral $\int\limits_0^{\infty} e^{-x^2} x^{2n} dx$.

92. Für die in Aufgabe 81 erwähnten Polynome sind die Beziehungen

$$\int\limits_{-1}^{1} P_n^2(x)\, dx = \frac{2}{2n+1}, \quad \int\limits_0^{\infty} e^{-x} L_n^2(x)\, dx = (n!)^2,$$

$$\int\limits_{-\infty}^{\infty} e^{-x^2} H_n^2(x)\, dx = 2^n n! \sqrt{\pi}$$

zu beweisen.

Man berechne die folgenden Integrale (m und n sind ganzzahlig und positiv):

93. $\int\limits_0^1 x^m (\ln x)^n dx$.

94. $\int\limits_0^{\infty} x^n e^{-x} \sin x \, dx$.

95. $\int\limits_0^{\infty} x^n e^{-x} \cos x \, dx$.

96. $\int\limits_0^{\pi/4} \frac{\cos n x}{\cos x} dx = u_n$.

97. $\int\limits_0^{\pi/2} \frac{\cos(2n-1)x}{\cos x} dx$.

Anmerkung. In den beiden letzten Aufgaben ist es nützlich, zwei Integrale zu addieren, in denen sich n um 1 bzw. 2 unterscheidet. In den beiden folgenden Aufgaben ist es angebracht, zweimal partiell zu integrieren.

98. $\int\limits_0^{\infty} e^{-ax} \sin^{2n} x \, dx, \quad a > 0$.

99. $\int\limits_0^{\infty} e^{-ax} \sin^{2n+1} x \, dx, \quad a > 0$.

100. $\int\limits_{-\pi/2}^{\pi/2} e^{-mx} \cos^{2n+1} x \, dx$.

101. $\int\limits_0^{\infty} e^{-ax^2} \frac{\cos(2n+1)x}{\cos x} dx, \quad a > 0$.

102. Man beweise die Beziehung

$$\int\limits_0^{\pi/2} \frac{\sin m x}{\sin x} dx = \frac{\pi}{2} - 2\cos\frac{m\pi}{2} \int\limits_0^1 \frac{x^m dx}{1+x^2},$$

indem man ihre Gültigkeit für $m = 0$ und $m = 1$ prüft und dann feststellt, daß sich beide Seiten der Gleichung um den gleichen Betrag ändern, wenn m um 2 zunimmt.

103. Man berechne das Integral

$$U_m = \int_0^{\pi/2} \ln \cos x \cdot \cos 2mx \, dx$$

durch Aufstellung einer linearen Beziehung zwischen U_m und U_{m-1}.

§ 5. Integration mit Hilfe von Reihen

Nicht jede beliebige Reihe kann gliedweise integriert werden. Mit anderen Worten: Die Beziehung

$$\int_a^b [u_1(x) + u_2(x) + u_3(x) + \cdots] \, dx$$

$$= \int_a^b u_1(x) \, dx + \int_a^b u_2(x) \, dx + \int_a^b u_3(x) \, dx + \cdots$$

ist nicht immer richtig. So zum Beispiel, wenn wir

$$u_1(x) = \cos x, \quad u_2(x) = (2 \sin x - 1) \cos x, \quad u_3(x) = (3 \sin^2 x - 2 \sin x) \cos x, \ldots$$

und allgemein

$$u_n(x) = [n \sin^{n-1} x - (n-1) \sin^{n-2} x] \cos x$$

setzen. Dann wird $S = u_1(x) + u_2(x) + u_3(x) + \cdots$ für jedes x gleich Null, wovon man sich mühelos durch Betrachtung der Teilsummen S_n überzeugt. Daraus erhalten wir in dem gegebenen Fall

$$\int_0^{\pi/2} [u_1(x) + u_2(x) + u_3(x) + \cdots] \, dx = \int_0^{\pi/2} 0 \cdot dx = 0.$$

Andererseits zeigt die unmittelbare Rechnung, daß

$$\int_0^{\pi/2} u_1(x) \, dx = \int_0^{\pi/2} \cos x \, dx = 1$$

ist. Für $n > 1$ bekommen wir

$$\int_0^{\pi/2} u_n(x) \, dx = \int_0^{\pi/2} [n \sin^{n-1} x - (n-1) \sin^{n-2} x] \cos x \, dx = 1 - 1 = 0.$$

Daraus folgt

$$\int_0^{\pi/2} u_1(x)\,dx + \int_0^{\pi/2} u_2(x)\,dx + \int_0^{\pi/2} u_3(x)\,dx + \cdots = 1 + 0 + 0 \cdots = 1.$$

Somit folgt, daß die Beziehung am Anfang des Paragraphen in diesem Fall nicht richtig ist.

Es existiert nun ein Satz, der die Bedingung festlegt, unter der eine Reihe gliedweise integriert werden darf: Wenn die Reihe $\sum_{n=1}^{\infty} u_n(x)$ im Intervall (a, b) gleichmäßig konvergiert, ist die gliedweise Integration erlaubt. Daraus folgt insbesondere, daß Potenzreihen gliedweise integriert werden dürfen, wenn das Intervall, über das die Integration zu erstrecken ist, innerhalb des Konvergenzkreises der Potenzreihe liegt.

Eine allgemeine Methode, um festzustellen, ob die Reihe $S(x)$ gliedweise integriert werden darf, besteht darin, daß man $S(x)$ in der Form $S(x) = S_n(x) + R_n(x)$ darstellt, wobei $S_n(x)$ die Summe der n ersten Glieder, $R_n(x)$ den Rest bezeichnet. Notwendig und hinreichend für die gliedweise Integrierbarkeit der Reihe $S(x)$ zwischen den Grenzen a und b ist dann

$$\int_a^b R_n(x)\,dx \to 0 \quad \text{für} \quad n \to \infty.$$

Dieses Kriterium ist auch im Falle unendlicher Integrationsgrenzen anwendbar.

Die folgenden Aufgaben sind zu lösen, indem die Funktionen unter den Integralen in Potenzreihen entwickelt werden.

Man berechne die folgenden Integrale bis auf 5 Dezimalen genau:

104. $\int_0^1 e^{-x^2}\,dx.$

105. $\int_0^1 \frac{\sin x}{x}\,dx.$

106. $\int_5^{\infty} \frac{dx}{\sqrt{x^4 - 1}}.$

107. $\int_{100}^{\infty} \frac{\sqrt{x}\,dx}{\sqrt{x^4 - 1}}.$

108. $\int_3^{\infty} \frac{x\,dx}{e^x - 1}.$

109. $\int_0^{1/2} \ln \frac{1 + x^2}{1 - x^2} \frac{dx}{x^2}.$

110. $\int_{1/2}^{3/2} \frac{\ln x}{x - 1}\,dx = \int_{-1/2}^{1/2} \frac{\ln(1 + t)}{t}\,dt.$

111. Man drücke die Länge des Umfangs der Ellipse $x = a\cos t$, $y = b\sin t$ durch die Exzentrizität mit Hilfe einer Potenzreihe aus.

112. Die Geschwindigkeit eines Massenpunktes, der auf irgendeiner Kurve von der Höhe h zur Höhe y gleitet, ist gleich $\sqrt{2g(h-y)}$. Daher läßt sich die halbe Schwingungszeit T eines Pendels der Länge l, das um den Winkel α aus der Ruhelage schwingt, durch die Formel

$$T = 2\sqrt{\frac{l}{2g}}\int_0^\alpha \frac{d\varphi}{\sqrt{\cos\varphi - \cos\alpha}} = 2\sqrt{\frac{l}{2g}}\int_0^\alpha \frac{d\varphi}{\sqrt{2\left(\sin^2\frac{\alpha}{2} - \sin^2\frac{\varphi}{2}\right)}}$$

ausdrücken. Daraus erhalten wir nach der Substitution

$$\sin\frac{\varphi}{2} = \sin\frac{\alpha}{2}\sin\psi$$

die Beziehung

$$T = 2\sqrt{\frac{l}{g}}\int_0^{\pi/2} \frac{d\psi}{\sqrt{1-\sigma^2\sin^2\psi}}; \qquad \sigma = \sin\frac{\alpha}{2}.$$

Durch Potenzreihenentwicklung nach σ und gliedweise Integration beweise man die Formel

$$T = \pi\sqrt{\frac{l}{g}}\left[1 + \left(\frac{1}{2}\right)^2\sin^2\frac{\alpha}{2} + \left(\frac{1\cdot 3}{2\cdot 4}\right)^2\sin^4\frac{\alpha}{2} + \left(\frac{1\cdot 3\cdot 5}{2\cdot 4\cdot 6}\right)^2\sin^6\frac{\alpha}{2} + \cdots\right].$$

Die folgenden Aufgaben setzen die Kenntnis der drei EULERschen Reihen voraus:

$$\sum_{n=1}^\infty \frac{1}{n^2} = \frac{\pi^2}{6}; \quad \sum_{n=0}^\infty \frac{1}{(2n+1)^2} = \frac{\pi^2}{8}; \quad \sum_{n=1}^\infty \frac{(-1)^{n-1}}{n^2} = \frac{\pi^2}{12}.$$

Man berechne die folgenden Integrale:

113. $\int_0^1 \frac{\ln x\,dx}{1-x^2}$.

114. $\int_0^1 \ln\frac{1+x}{1-x}\frac{dx}{x}$.

115. $\int_0^1 \frac{\ln(1+x)}{x}\,dx$.

116. $\int_0^1 \frac{\ln(1-x)}{x}\,dx$.

117. $\int_0^\infty \frac{x\,dx}{e^x-1}$.

118. $\int_0^\infty \frac{x\,dx}{e^x+1}$.

119. $\int_0^\infty \frac{x\,dx}{e^{ax}-e^{-ax}}$.

120. $\int_0^{\pi/2} (\ln\tan x)^2\,dx = 2\int_0^{\pi/4} \ln^2\tan x\,dx$.

121. Man beweise:

$$\int_0^1 \frac{\arctan x}{x}\,dx = 1 - \frac{1}{3^2} + \frac{1}{5^2} - \frac{1}{7^2} + \frac{1}{9^2} - \cdots.$$

122. Man beweise für jedes beliebige a die Beziehung

$$2\int_0^\infty e^{-x^2}\sin a x\,dx = \sum_{n=0}^\infty \frac{(-1)^n n!}{(2n+1)!}a^{2n+1}.$$

123. Unter Benutzung der Formel

$$\int_0^\infty e^{-x^2}x^{2n}dx = \frac{1\cdot 3\cdots(2n-1)}{2^{n+1}}\sqrt{\pi}$$

ist die Beziehung

$$\int_0^\infty e^{-x^2}\cos 2ax\,dx = \frac{\sqrt{\pi}}{2}\sum_{n=1}^\infty \frac{(-1)^n}{n!}a^{2n} = \frac{\sqrt{\pi}}{2}e^{-a^2}$$

zu beweisen (LAPLACE).

124. Mit Hilfe der Beziehung

$$\frac{1}{a+x} = \frac{1}{a} - \frac{x}{a^2} + \frac{x^2}{a^3} - \cdots - \frac{x^{2n-1}}{a^{2n}} + \frac{x^{2n}}{a^{2n}(a+x)}$$

ist die Formel

$$\int_0^\infty \frac{e^{-x}dx}{a+x} = \frac{1}{a} - \frac{1!}{a^2} + \frac{2!}{a^3} - \cdots - \frac{(2n-1)!}{a^{2n}} + \frac{\theta\cdot(2n)!}{a^{2n+1}}, \quad 0<\theta<1,$$

zu beweisen, die äußerst nützlich für die Berechnung von anderen Integralen des Typs $\int_0^\infty \frac{e^{-x}dx}{a+x}$ ist, wenn a positiv und genügend groß ist.

125. Man wende die TAYLORsche Formel mit dem Restglied von LAGRANGE auf die Funktion $(1+x)^{-m}$ für $x>-1$ an und beweise damit die Gleichung

$$\int_a^\infty \frac{e^{-x}dx}{x^m} = e^{-a}\left[\frac{1}{a^m} - \frac{m}{a^{m+1}} - \frac{m(m+1)}{a^{m+2}} - \cdots + (-1)^n\frac{m(m+1)\cdots(m+n-1)}{a^{m+n}} + \theta R\right],$$

$$0<\theta<1, \quad R = (-1)^{n+1}\frac{m(m+1)\cdots(m+n)}{a^{m+n+1}}; \quad m>0, \quad a>0.$$

126. Man beweise die Beziehung

$$\int_a^\infty e^{-x^2}dx = \frac{e^{-a^2}}{2a}\left[1 - \frac{1\cdot 3}{2a^2} + \frac{1\cdot 3\cdot 5}{(2a^2)^2} - \cdots + (-1)^{n-1}\frac{1\cdot 3\cdot 5\cdots(2n-1)}{(2a^2)^{n-1}} + \theta R\right];$$

$$0<\theta<1, \quad a>0, \quad R = (-1)^n\frac{1\cdot 3\cdot 5\cdots(2n+1)}{(2a^2)^n}.$$

Für viele Fragen ist die trigonometrische Reihe

$$\sum_{n=0}^{\infty} (a_n \cos n x + b_n \sin n x)$$

von großer Bedeutung. Es gilt der Satz:

Wenn die Summe der trigonometrischen Reihe eine Funktion $\varphi(x)$ ist, die im RIEMANNschen Sinne integrierbar ist, dann ist die Gleichung

$$\varphi(x) = \sum_{n=0}^{\infty} (a_n \cos n x + b_n \sin n x) \tag{*}$$

gliedweise integrierbar, obgleich die Reihe auf der rechten Seite nicht gleichmäßig zu konvergieren braucht. Es gilt sogar folgendes: Wenn man die Gleichung (*) mit einer anderen Gleichung desselben Typs

$$\psi(x) = \sum_{m=0}^{\infty} (\alpha_m \cos m x + \beta_m \sin m x)$$

multipliziert, so kann man die formal gebildete Gleichung

$$\varphi(x)\, \psi(x) = \sum_{n=0}^{\infty} \sum_{m=0}^{\infty} (a_n \cos n x + b_n \sin n x)(\alpha_m \cos m x + \beta_m \sin m x)$$

im ganzen Intervall $(0, 2\pi)$ gliedweise integrieren, ohne voraussetzen zu müssen, daß die Doppelreihe auf der rechten Seite konvergiert. Man erhält

$$\int_0^{2\pi} \varphi(x)\, \psi(x)\, dx = 2\pi a_0 \alpha_0 + \pi \sum_{n=1}^{\infty} (a_n \alpha_n + b_n \beta_n)$$

(Vollständigkeitssatz von LJAPUNOW[1])).

Speziell bekommt man für $\psi(x) = \varphi(x)$ die Formel

$$\int_0^{2\pi} \varphi^2(x)\, dx = 2\pi a_0^2 + \pi \sum (a_n^2 + b_n^2).$$

Die Lösung der folgenden Aufgaben basiert auf den drei Identitäten

$$\frac{\sin x}{1 - 2a \cos x + a^2} = \sin x + a \sin 2x + a^2 \sin 3x + \cdots,$$

$$\ln(1 - 2a \cos x + a^2) = -2\left[a \cos x + \frac{a^2}{2} \cos 2x + \frac{a^3}{3} \cos 3x + \cdots\right],$$

$$\frac{1 - a^2}{1 - 2a \cos x + a^2} = 1 + 2 \sum_{n=1}^{\infty} a^n \cos n x; \quad |a| < 1.$$

[1]) Auch PARSEVALsche Formel genannt. Vgl. etwa W. ROGOSINSKI, Fouriersche Reihen, Sammlung Göschen 1022, W. de Gruyter, Berlin-Leipzig 1930. (Anm. d. Red.)

Man berechne die folgenden Integrale (m und n sind positive ganze Zahlen):

127. $\int\limits_0^\pi \frac{\cos mx\,dx}{1-2a\cos x+a^2}$. **128.** $\int\limits_0^\pi \frac{\sin x\sin mx}{1-2a\cos x+a^2}\,dx$

129. $\int\limits_0^{2\pi} \frac{\cos mx}{1-a\cos x}\,dx, |a|<1$. $\left(\text{Man setze } a=\frac{2\alpha}{1+\alpha^2}.\right)$

130. $\int\limits_0^{2\pi} \frac{\cos mx}{1-a\cos x}\,x\,dx,\ |a|<1$. **131.** $\int\limits_0^\pi \frac{x\sin x}{1-2a\cos x+a^2}\,dx,\ |a|<1$.

132. $\int\limits_0^\pi \ln(1-2a\cos x+a^2)\,dx$.

133. $\int\limits_0^{2\pi} \sin nx\ln(1-2a\cos x+a^2)\,dx$.

134. $\int\limits_0^\pi \ln(1-2a\cos x+a^2)\cos mx\,dx$. **135.** $\int\limits_0^{\pi/2} \ln\sin x\,dx$.

136. $\int\limits_0^\pi x\ln\sin x\,dx$. **137.** $\int\limits_0^{\pi/2} \cos 2mx\ln\sin x\,dx$.

138. $\int\limits_0^\pi \frac{(1-a^2)(1-b^2)\,dx}{(1-2a\cos nx+a^2)(1-2b\cos mx+b^2)}$, $|a|<1,\ |b|<1$.

139. $\int\limits_0^\pi \frac{\sin^2 x\,dx}{(1-2a\cos x+a^2)(1-2b\cos x+b^2)}$. **140.** $\int\limits_0^{\pi/2} \ln^2\sin x\,dx$.

In den folgenden drei Aufgaben ist es zweckmäßig, die LAPLACEschen Integrale

$$\int\limits_0^\infty \frac{\cos ax\,dx}{1+x^2}=\frac{\pi}{2}e^{-|a|};\quad \int\limits_0^\infty \frac{x\sin ax}{1+x^2}\,dx=\frac{\pi}{2}e^{-|a|}\operatorname{sign}a$$

anzuwenden.

141. $\int\limits_0^\infty \frac{dx}{(1+x^2)(1+2a\cos mx+a^2)}$, $|a|<1$.

142. $\int\limits_0^\infty \frac{x \sin m x}{(1 + x^2)\,(1 + 2a \cos m x + a^2)}\, dx, \quad |a| < 1.$

143. $\int\limits_0^\infty \ln(1 - 2a \cos x + a^2) \frac{dx}{1 + x^2}.$

Manchmal empfiehlt es sich, eine Funktion nicht in eine Potenzreihe oder in eine trigonometrische Reihe zu entwickeln, sondern in eine Reihe, deren Glieder rationale Funktionen sind. Die folgenden Formeln geben solche Entwicklungen an:

$$\frac{1}{\sin^2 x} = \sum_{-\infty}^{\infty} \frac{1}{(x + n\pi)^2};$$

$$\cot x = \frac{1}{x} + \sum_{n=1}^{\infty} \frac{2x}{x^2 - \pi^2 n^2};$$

$$\frac{1}{\sin x} = \frac{1}{x} - \frac{2x}{x^2 - \pi^2} + \frac{2x}{x^2 - 4\pi^2} - \frac{2x}{x^2 - 9\pi^2} + \cdots;$$

$$\frac{1}{\cos x} = -\frac{\pi}{x^2 - \frac{\pi^2}{4}} + \frac{3\pi}{x^2 - \frac{9\pi^2}{4}} - \frac{5\pi}{x^2 - \frac{25\pi^2}{4}} + \cdots;$$

$$\frac{1}{e^x - 1} = \frac{1}{x} - \frac{1}{2} + \sum_{n=1}^{\infty} \frac{2x}{x^2 + 4\pi^2 n^2};$$

$$\frac{1}{\sinh x} = \frac{1}{x} - \frac{2x}{x^2 + \pi^2} + \frac{2x}{x^2 + 4\pi^2} - \frac{2x}{x^2 + 9\pi^2} + \cdots;$$

$$\frac{1}{e^x + 1} = \frac{1}{2} - \sum_{n=1}^{\infty} \frac{2x}{x^2 + (2n + 1)^2 \pi^2}.$$

Mit Hilfe der angegebenen Formeln lassen sich die folgenden Beziehungen beweisen:

144. $2 \int\limits_0^\infty \frac{\sin u x \, du}{e^{2\pi u} - 1} = \frac{1}{e^x - 1} - \frac{1}{x} + \frac{1}{2}.$

145. $2 \int\limits_0^\infty \frac{\sin u x \, du}{e^u + 1} = \frac{1}{x} - \frac{\pi}{\sinh \pi x}.$

146. $2 \int\limits_0^\infty \frac{t \cosh x t}{e^{\pi t} - 1}\, dt = \frac{1}{\sin^2 x} - \frac{1}{x^2}, \quad |x| < \pi.$

147. $\int\limits_0^\infty \frac{2 \sinh x t}{e^{\pi t} - 1}\, dt = \frac{1}{x} - \cot x, \quad |x| < \pi.$

§ 6. Differentiation und Integration unter dem Integralzeichen

Für die Differentiation nach einem Parameter gilt die Formel

$$\frac{\partial}{\partial y}\int_a^b f(x, y)\,dx = \int_a^b \frac{\partial f}{\partial y}\,dx\,,$$

wenn $\frac{\partial f}{\partial y}$ stetig in y und gleichmäßig stetig in x ist. Bei entsprechenden Bedingungen bleibt sie auch für uneigentliche Integrale gültig.

Zum Beispiel gilt sie, wenn das Integral auf der linken Seite für ein gegebenes y konvergiert und das Integral auf der rechten Seite für alle y-Werte gleichmäßig konvergiert, die hinreichend nahe bei dem gegebenen y-Wert liegen.

Für die Integration unter dem Integralzeichen gilt die Formel

$$\int_a^b\left[\int_\alpha f(x, y)\,dx\right]dy = \int_\alpha^\beta\left[\int_a^b f(x, y)\,dy\right]dx\,.$$

Sie ist gleichbedeutend mit der Änderung der Integrationsreihenfolge bei einem Doppelintegral und gilt für Funktionen, die im RIEMANNschen Sinne integrierbar sind. Unter entsprechenden Zusatzbedingungen ist sie auch für uneigentliche Integrale gültig. Den beiden vorangegangenen Operationen ist der Grenzübergang unter dem Integralzeichen ähnlich:

$$\lim_{y\to y_0}\int_a^b f(x, y)\,dx = \int_a^b \lim_{y\to y_0} f(x, y)\,dz\,.$$

Für die Gültigkeit der letzten Gleichung ist hinreichend, daß $f(x, y)$ gleichmäßig für alle x gegen einen Grenzwert konvergiert.

Sie ist auch richtig für uneigentliche Integrale, wenn entsprechende Zusatzbedingungen erfüllt sind.

Die Bedingungen für die Richtigkeit der drei betrachteten Gleichungen für uneigentliche Integrale sind relativ kompliziert.

Es wäre schwierig, sie kurz, vollständig und präzise wiederzugeben. Wir weisen darauf hin, daß sie ausführlich in dem Buch von W. I. SMIRNOW, „Lehrgang der höheren Mathematik“, Teil II, behandelt werden.

Wir berechnen einige klassische Integrale als Beispiele.

I. $\int_0^\infty \frac{x^{p-1}\,dx}{1+x}$ für $0 < p < 1$. Es gilt die Beziehung

$$\int_0^\infty \frac{x^{p-1}\,dx}{1+x} = \int_0^1 \frac{x^{p-1}\,dx}{1+x} + \int_1^\infty \frac{x^{p-1}\,dx}{1+x}\,.$$

Im ersten dieser Integrale ersetzen wir die Größe $\frac{1}{1+x}$ durch die Reihe $1 - x + x^2 - x^3 + \cdots$ und im zweiten durch die Reihe

$$\frac{1}{x} - \frac{1}{x^2} + \frac{1}{x^3} - \frac{1}{x^4} + \cdots .$$

Durch gliedweise Integration ergibt sich

$$\int_0^\infty \frac{x^{p-1}\,dx}{1+x} = \left[\frac{1}{p} - \frac{1}{p+1} + \frac{1}{p+2} - \frac{1}{p+3} + \cdots\right]$$

$$+ \left[\frac{1}{1-p} - \frac{1}{2-p} + \frac{1}{3-p} - \frac{1}{4-p} + \cdots\right]$$

$$= \frac{1}{p} - \frac{2p}{p^2-1} + \frac{2p}{p^2-2^2} - \frac{2p}{p^2-3^2} + \cdots = \frac{\pi}{\sin \pi p}.$$

Man kann zeigen, daß man gliedweise integrieren darf, obwohl die Reihen nicht gleichmäßig konvergieren.

II. $\int_0^\infty \frac{e^{-ax} - e^{-bx}}{x}\,dx$, $0 < a < b$. Wir gehen von der Gleichung

$$\int_0^\infty e^{-xy}\,dx = \frac{1}{y}, \quad y > 0,$$

aus. Integration über y im Intervall (a, b) ergibt

$$\int_0^\infty \left[\int_a^b e^{-xy}\,dy\right] dx = \int_a^b \frac{dy}{y}.$$

Daraus folgt

$$\int_0^\infty \frac{e^{-ax} - e^{-bx}}{x}\,dx = \ln \frac{b}{a}.$$

Die Integration unter dem Integralzeichen ist erlaubt, weil für $a \leqq y \leqq b$ das Integral $\int_0^\infty e^{-xy}\,dx$ gleichmäßig konvergiert.

III. $\int_0^\infty \frac{\sin ax}{x}\,dx$. Wir gehen von der Gleichung

$$\int_0^\infty e^{-\alpha x} \cos \beta x\,dx = \frac{\alpha}{\alpha^2 + \beta^2}$$

aus, die man für $\alpha > 0$ durch unmittelbare Integration erhält. Durch Integration über β von 0 bis a erhalten wir

$$\int_0^\infty e^{-\alpha x} \frac{\sin a x}{x} dx = \int_0^a \frac{\alpha\, d\beta}{\alpha^2 + \beta^2} = \operatorname{arc\,tan} \frac{a}{\alpha}. \qquad (*)$$

Das Integral $\int_0^\infty e^{-\alpha x} \cos \beta x\, dx$ konvergiert bei gegebenem $\alpha > 0$ gleichmäßig für beliebige reelle Werte von β. Daher ist die Integration unter dem Integrationszeichen erlaubt.

In der Gleichung (*) lassen wir (für $a > 0$) α gegen Null gehen. Das Integral auf der linken Seite konvergiert für $\alpha \geqq 0$ gleichmäßig. Daher ist der Grenzwert des Integrals gleich dem Integral des Grenzwertes, und aus (*) erhält man für $\alpha \to 0$, $\alpha > 0$,

$$\int_0^\infty \frac{\sin a x}{x} dx = \frac{\pi}{2}.$$

Für $a < 0$ würden wir $-\frac{\pi}{2}$ erhalten, und für $a = 0$ ist auch das Integral gleich Null. Unter Benutzung der Kroneckerschen Bezeichnung können wir schreiben:

$$\int_0^\infty \frac{\sin a x}{x} dx = \frac{\pi}{2} \operatorname{sign} a.$$

Hier ist $\operatorname{sign} a$ gleich $+1$ für $a > 0$, gleich -1 für $a < 0$ und gleich Null für $a = 0$.

IV. Die Laplaceschen Integrale

$$\int_0^\infty \frac{\cos a x}{1 + x^2} dx \quad \text{und} \quad \int_0^\infty \frac{x \sin a x}{1 + x^2} dx.$$

Es sei $a > 0$ und $y = \int_0^\infty \frac{\cos a x}{1 + x^2} dx$. Durch Differentiation nach dem Parameter a erhalten wir

$$y' = -\int_0^\infty \frac{x \sin a x}{1 + x^2} dx.$$

Eine weitere unmittelbare Differentiation ist unmöglich, weil man dann divergente Integrale erhält. Addieren wir zur letzten Gleichung die Gleichung

$$\frac{\pi}{2} = \int_0^\infty \frac{\sin a x}{x} dx,$$

so ergibt sich

$$y' + \frac{\pi}{2} = \int_0^\infty \frac{\sin a x}{x(1+x^2)}\, dx.$$

Jetzt ist die Differentiation möglich:

$$y'' = \int_0^\infty \frac{\cos a x}{1+x^2}\, dx,$$

das heißt $y'' = y$. Daraus folgt $y = C e^a + C_1 e^{-a}$, wobei C und C_1 beliebige Konstanten sind. Weil $|y| < \int_0^\infty \frac{dx}{1+x^2} = \frac{\pi}{2}$ für alle $a > 0$ ist, wird $C = 0$ und $y = C_1 e^{-a}$.

Für $a \to 0$ erhalten wir $\frac{\pi}{2} = C_1$. Daher ist $y = \frac{\pi}{2} e^{-a}$, $y' = -\frac{\pi}{2} e^{-a}$. Daraus folgen die Beziehungen

$$\int_0^\infty \frac{\cos a x}{1+x^2}\, dx = \frac{\pi}{2} e^{-|a|}, \quad \int_0^\infty \frac{x \sin a x}{1+x^2}\, dx = \frac{\pi}{2} e^{-|a|} \operatorname{sign} a.$$

V. Das Eulersche Integral $\int_0^\infty e^{-x^2}\, dx$. Wir gehen von den Ungleichungen

$$\iint_{S_1} e^{-x^2-y^2}\, dx\, dy < \int_{-n}^{n}\int_{-n}^{n} e^{-x^2-y^2}\, dx\, dy < \iint_{S_2} e^{-x^2-y^2}\, dx\, dy$$

aus; hierbei ist S_2 die Fläche des Kreises $x^2 + y^2 = 2n^2$ und S_1 die Fläche des Kreises $x^2 + y^2 = n^2$. Die Integrale, erstreckt über S_1 und S_2, sind leicht durch Einführung von Polarkoordinaten zu berechnen und sind gleich $\pi(1 - e^{-n^2})$ bzw. $\pi(1 - e^{-2n^2})$. Beide streben für $n \to \infty$ gegen π. Andererseits gilt

$$\int_{-n}^{n}\int_{-n}^{n} e^{-x^2-y^2}\, dx\, dy = \int_{-n}^{n} e^{-x^2}\, dx \int_{-n}^{n} e^{-y^2}\, dy = \left(\int_{-n}^{n} e^{-x^2}\, dx\right)^2,$$

woraus dann

$$\int_{-\infty}^{\infty} e^{-x^2}\, dx = \sqrt{\pi}, \quad \int_0^\infty e^{-x^2}\, dx = \frac{1}{2}\sqrt{\pi}$$

folgt.

VI. Das Laplacesche Integral $\int_0^\infty e^{-x^2} \cos 2 a x\, dx$. Wir bezeichnen es mit y und differenzieren nach a. So erhalten wir

$$y' = -2\int_0^\infty e^{-x^2} \sin 2 a x \cdot x\, dx.$$

Das Integral auf der rechten Seite wird partiell integriert, indem $-2e^{-x^2} \cdot x\,dx = dv$, $\sin 2ax = u$ gesetzt wird. Danach bekommen wir

$$y' = \sin 2ax \cdot e^{-x^2}\Big|_0^\infty - 2a\int_0^\infty e^{-x^2}\cos 2ax\,dx; \quad y' = -2ay.$$

Integrieren wir die erhaltene Differentialgleichung, so finden wir $y = Ce^{-a^2}$. Weil das LAPLACEsche Integral für $a = 0$ in das EULERsche Integral übergeht, müssen wir $C = \frac{\sqrt{\pi}}{2}$ wählen. Daraus folgt

$$\int_0^\infty e^{-x^2}\cos 2ax\,dx = \frac{\sqrt{\pi}}{2}e^{-a^2}.$$

VII. Die FRESNELschen Integrale

$$\int_0^\infty \sin x^2\,dx \quad \text{und} \quad \int_0^\infty \cos x^2\,dx$$

gehen durch die Substitution $x = \sqrt{t}$ über in

$$\frac{1}{2}\int_0^\infty \frac{\sin t}{\sqrt{t}}\,dt \quad \text{und} \quad \frac{1}{2}\int_0^\infty \frac{\cos t}{\sqrt{t}}\,dt;$$

andererseits finden wir, wenn wir im EULERschen Integral $x = \sqrt{ut}$ setzen,

$$\frac{\sqrt{\pi}}{2} = \int_0^\infty e^{-x^2}\,dx = \frac{\sqrt{t}}{2}\int_0^\infty \frac{e^{-ut}\,du}{\sqrt{u}}.$$

Daher ist

$$\frac{1}{\sqrt{t}} = \frac{1}{\sqrt{\pi}}\int_0^\infty \frac{e^{-ut}\,du}{\sqrt{u}}.$$

Jetzt können wir schreiben

$$\int_0^\infty \sin x^2\,dx = \frac{1}{2}\int_0^\infty \frac{\sin t}{\sqrt{t}}\,dt = \frac{1}{2\sqrt{\pi}}\int_0^\infty \sin t\,dt\int_0^\infty \frac{e^{-ut}\,du}{\sqrt{u}}.$$

Durch Änderung der Integrationsreihenfolge erhalten wir

$$\int_0^\infty \sin x^2\,dx = \frac{1}{2\sqrt{\pi}}\int_0^\infty \frac{du}{\sqrt{u}}\int_0^\infty e^{-ut}\sin t\,dt = \frac{1}{2\sqrt{\pi}}\int_0^\infty \frac{du}{\sqrt{u}\,(1+u^2)}$$

$$= \frac{1}{2\sqrt{\pi}}\,\frac{\pi}{\sqrt{2}} = \sqrt{\frac{\pi}{8}}.$$

Um die Änderung der Integrationsreihenfolge zu rechtfertigen, betrachten wir die Beziehung

$$\frac{1}{2}\int_0^\infty e^{-\alpha t}\frac{\sin t}{\sqrt{t}}\,dt = \frac{1}{2\sqrt{\pi}}\int_0^\infty e^{-\alpha t}\sin t\,dt\int_0^\infty \frac{e^{-ut}\,du}{\sqrt{u}}$$

$$= \frac{1}{2\sqrt{\pi}}\int_0^\infty \frac{du}{\sqrt{u}}\int_0^\infty e^{-(u+\alpha)t}\sin t\,dt = \frac{1}{2\sqrt{\pi}}\int_0^\infty \frac{du}{\sqrt{u}\,[1+(u+\alpha)^2]}$$

für $\alpha > 0$. Hier ist die Richtigkeit des Grenzübergangs leicht zu beweisen. Auf dieselbe Weise ist auch das andere FRESNELsche Integral zu berechnen. Schließlich erhalten wir

$$\int_0^\infty \sin x^2\,dx = \int_0^\infty \cos x^2\,dx = \frac{1}{2}\sqrt{\frac{\pi}{2}}.$$

VIII. Der DIRICHLETsche diskontinuierliche Faktor, das heißt das Integral

$$\frac{2}{\pi}\int_0^\infty \frac{\sin x\cos a x}{x}\,dx.$$

Wir können

$$\frac{2}{\pi}\int_0^\infty \frac{\sin x\cos a x}{x}\,dx = \frac{1}{\pi}\int_0^\infty \frac{\sin(1+a)x}{x}\,dx + \frac{1}{\pi}\int_0^\infty \frac{\sin(1-a)x}{x}\,dx$$

schreiben, weil die beiden letzten Integrale einen Sinn haben und schon berechnet sind. Daher ist

$$\frac{2}{\pi}\int_0^\infty \frac{\sin x\cos a x}{x}\,dx = \frac{1}{2}\operatorname{sign}(1+a) + \frac{1}{2}\operatorname{sign}(1-a).$$

Für $-1 < a < 1$ ist also das DIRICHLETsche Integral gleich Eins. Liegt a außerhalb des Intervalls $(-1, 1)$, so ist das Integral gleich Null, und für $a = \pm 1$ ist es gleich $\frac{1}{2}$.

Die weiteren Aufgaben dieses Paragraphen sind durch Differentiation oder Integration nach dem Parameter und gegebenenfalls unter Berücksichtigung der betrachteten Beispiele zu lösen.

148. Mit Hilfe der Beziehung $\int_0^\infty e^{-ax}\,dx = \frac{1}{a}$ $(a > 0)$ berechne man für ganzzahlige positive n das Integral $\int_0^\infty 2e^{-ax}\,x^{n-1}\,dx$.

149. Mit Hilfe der Beziehung $\int\limits_0^\infty \frac{dx}{x^2+a^2} = \frac{\pi}{2a}$ berechne man das Integral $\int\limits_0^\infty \frac{dx}{(x^2+a^2)^n}$.

150. Mit Hilfe der Beziehung $\int\limits_0^\infty e^{-ax^2}\,dx = \frac{1}{2}\sqrt{\frac{\pi}{a}}$ $(a>0)$ berechne man das Integral $\int\limits_0^\infty \frac{e^{-ax^2}-e^{-bx^2}}{x^2}\,dx$ $(b>a>0)$.

151. Mit Hilfe der Beziehung $\int\limits_0^\infty \frac{\sin ax}{x}\,dx = \frac{\pi}{2}\operatorname{sign} a$ berechne man das Integral $\int\limits_0^\infty \frac{\cos ax - \cos bx}{x^2}\,dx$.

Man berechne die folgenden Integrale:

152. $\int\limits_0^\infty \frac{Ae^{-\alpha x}+Be^{-\beta x}+Ce^{-\gamma x}+De^{-\delta x}}{x}\,dx;\quad A+B+C+D=0,$
$\alpha>0,\ \beta>0,\ \gamma>0,\ \delta>0.$

153. $\int\limits_0^\infty \left(\frac{e^{-\alpha x}-e^{-\beta x}}{x}\right)^2 dx;\quad \alpha>0,\quad \beta>0.$

154. $\int\limits_0^\infty \frac{e^{-\alpha x}-e^{-\beta x}}{x}\sin mx\,dx;\quad \alpha>0,\quad \beta>0.$

155. $\int\limits_0^\infty e^{-\left(x^2+\frac{a}{x^2}\right)}\,dx;\quad a>0$ (LAPLACE).

156. $\int\limits_0^\infty \left(e^{-\frac{a^2}{x^2}} - e^{-\frac{b^2}{x^2}}\right)dx.$

157. $\int\limits_0^\infty e^{-ax}\sin^2 bx\,\frac{dx}{x};\quad a>0.$

158. $\int\limits_0^\infty e^{-ax}\sin^2 bx\,\frac{dx}{x^2};\quad a>0.$

159. $\int\limits_0^\infty x e^{-a^2x^2}\sin 2bx\,dx.$

160. $\int\limits_0^\infty x^{2n}e^{-x^2}\cos 2\beta x\,dx.$

161. $\int\limits_0^\infty \frac{e^{-ax^2}-\cos bx}{x^2}\,dx;\quad a>0,\ b>0.$

162. $\displaystyle\int_0^\infty \frac{\ln(x^2+a^2)}{x^2+b^2}\,dx.$

163. $\displaystyle\int_0^1 \frac{\ln(1-a^2x^2)\,dx}{x^2\sqrt{1-x^2}}; \quad a^2<1.$

164. $\displaystyle\int_0^\alpha \frac{\ln(1+\alpha x)}{1+x^2}\,dx.$

165. $\displaystyle\int_0^1 \frac{\ln(1-\alpha x^2)}{\sqrt{1-x^2}}\,dx; \quad |\alpha|<1.$

166. $\displaystyle\int_0^1 \frac{\ln(1-\alpha^2x^2)}{x\sqrt{1-x^2}}\,dx; \quad |\alpha|<1.$

167. $\displaystyle\int_0^{\pi/2} \ln(\cos^2 x + m^2\sin^2 x)\,dx.$

168. $\displaystyle\int_0^{\pi/2} \ln\frac{1+a\sin x}{1-a\sin x}\,\frac{dx}{\sin x}; \quad |a|<1.$

169. $\displaystyle\int_0^{\pi/2} \frac{\ln(1+a\cos x)}{\cos x}\,dx; \quad |a|<1.$

170. $\displaystyle\int_0^{\pi/2} \frac{\arctan(a\tan x)}{\tan x}\,dx.$

171. $\displaystyle\int_0^\infty \frac{\arctan\alpha x}{x(1+\beta^2x^2)}\,dx.$

172. $\displaystyle\int_0^\infty \frac{\arctan\alpha x\cdot\arctan\beta x}{x^2}\,dx.$

173. $\displaystyle\int_0^\infty \frac{\ln(1+\alpha^2x^2)\cdot\arctan\beta x}{x^2}\,dx.$

174. $\displaystyle\int_0^\infty \frac{\ln(1+a^2x^2)\ln(1+b^2x^2)}{x^2}\,dx.$

175. $\displaystyle\int_0^\infty \frac{\cos ax+\cos bx-2}{x^2}\,dx.$

Man beweise die folgenden Beziehungen:

176. $\displaystyle\int_0^x e^{-x^2}\,dx = \frac{1}{\sqrt{\pi}}\int_0^\infty e^{-t^2}\,\frac{\sin 2tx}{t}\,dt.$

177. $\displaystyle\int_0^x e^{t^2}\,dt = e^{x^2}\int_0^\infty e^{-t^2}\sin 2xt\,dt.$

178. $\displaystyle\int_0^\infty \frac{\ln(1+\alpha x)}{1+x^2}\,dx = \frac{\pi}{4}\ln(1+\alpha^2) - \int_0^\alpha \frac{\ln\alpha}{1+\alpha^2}\,d\alpha; \quad \alpha>0.$

179. $\displaystyle\left(\int_0^x e^{-t^2}\,dt\right)^2 = \frac{\pi}{4} - \int_0^1 \frac{e^{-x^2(u^2+1)}\,du}{1+u^2}.$

§ 7. EULERsche Integrale

Auf der Suche nach einer Funktion, die die Funktionalgleichung $\Gamma(p+1) = p\Gamma(p)$ erfüllt, fand EULER, daß diese Funktion als Grenzwert des unendlichen Produkts

$$\Gamma(p) = \lim_{n\to\infty} \frac{1\cdot 2\cdot 3\cdots n}{p(p+1)\cdots(p+n)}\, n^p$$

erscheint. Daraus folgt

$$\Gamma(p) = \lim_{n\to\infty} \int_0^n \left(1-\frac{x}{n}\right)^n x^{p-1}\,dx$$

(für $p > 1$) und nach Ausführung des (erlaubten) Grenzübergangs unter dem Integralzeichen

$$\Gamma(p) = \int_0^\infty x^{p-1}e^{-x}\,dx.$$

Wenn n ganzzahlig und positiv ist, gilt

$$\Gamma(n) = (n-1)! = 1\cdot 2\cdots(n-1); \quad \Gamma\left(n+\frac{1}{2}\right) = \frac{1\cdot 3\cdots(2n-1)}{2^n}\sqrt{\pi}.$$

Eine der Grundeigenschaften dieser Funktion, die man Gammafunktion nennt, wird durch die Gleichung

$$\Gamma(p)\,\Gamma(1-p) = \frac{\pi}{\sin \pi p}$$

ausgedrückt. Eine andere Eigenschaft, die von GAUSS und für den Spezialfall $n = 2$ von LEGENDRE gefunden wurde, ist die Beziehung

$$\Gamma(p)\,\Gamma\left(p+\frac{1}{n}\right)\cdots\Gamma\left(p+\frac{n-1}{n}\right) = n^{\frac{1}{2}-np}(2\pi)^{\frac{n-1}{2}}\,\Gamma(np).$$

Mit Hilfe der Gammafunktion läßt sich ein anderes EULERsches Integral, die Betafunktion $B(p, q)$, darstellen:

$$B(p, q) = \int_0^1 x^{p-1}(1-x)^{q-1}\,dx, \qquad p>0,\ q>0.$$

Es gilt die Formel

$$B(p, q) = \frac{\Gamma(p)\,\Gamma(q)}{\Gamma(p+q)}.$$

Durch Substitutionen der Veränderlichen lassen sich Integrale des Typs

$$\int_0^\infty \frac{x^m}{(a+bx^n)^p}\,dx, \quad a>0,\ b>0,$$

auf die Betafunktion zurückführen.

Man benutzt oft die Substitution

$$\frac{1}{a^n} = \frac{1}{\Gamma(n)} \int_0^\infty e^{-ax} x^{n-1}\, dx,$$

wobei $n > 0$ und $a > 0$ ist.

Man beweise die folgenden Beziehungen für ganzzahlige positive n und m:

180. $$\int_0^\infty \frac{\sin^{2m} x}{x^p}\, dx = \frac{(2m)!}{\Gamma(p)} \int_0^\infty \frac{t^{p-2}\, dt}{(t^2+2^2)(t^2+4^2)\cdots(t^2+4m^2)},$$
$1 < p < 2m+1$.

181. $$\int_0^\infty \frac{\sin^{2m+1} x}{x^p}\, dx = \frac{(2m+1)!}{\Gamma(p)} \int_0^\infty \frac{t^{p-1}\, dt}{(t^2+1)(t^2+3^2)\cdots[t^2+(2m+1)^2]},$$
$0 < p < 2m+2$.

182. $$\int_0^\infty \frac{\sin x\, dx}{x+a} = \int_0^\infty \frac{e^{-at}\, dt}{1+t^2}; \quad a > 0.$$

183. $$\int_0^\infty \frac{\cos x\, dx}{x+a} = \int_0^\infty \frac{t e^{-at}\, dt}{1+t^2}; \quad a > 0.$$

184. $$\int_0^\infty \left(\frac{1}{e^x-1} - \frac{1}{x} + \frac{1}{2}\right) e^{-nx} \sin nx\, dx = 4n^2 \int_0^\infty \frac{x\, dx}{(x^4+4n^4)(e^{2\pi x}-1)}.$$

Man berechne die folgenden Integrale:

185. $\int_0^\infty \frac{\sin^2 x}{x^2}\, dx.$ **186.** $\int_0^\infty \frac{\sin^4 x}{x^2}\, dx.$ **187.** $\int_0^\infty \frac{\sin^3 x}{x}\, dx.$

188. $\int_0^\infty \frac{\sin^3 x}{x^2}\, dx.$ **189.** $\int_0^\infty \frac{\sin^4 x}{x^3}\, dx.$

190. $\int_0^1 x \sqrt[3]{1-x^3}\, dx.$ **191.** $\int_{-1}^1 \frac{dx}{\sqrt[3]{(1+x)^2(1-x)}}.$

192. $\int_0^1 \frac{x^{2n}\, dx}{\sqrt[3]{x(1-x^2)}}.$ **193.** $\int_0^1 \frac{dx}{\sqrt[n]{1-x^n}}.$

194. $\int_0^1 \frac{dx}{\sqrt{1-x^4}}.$ **195.** $\int_0^\infty \frac{x^{2n-1}}{1+x^2}\, dx; \quad 0 < n < 1.$

196. $\int\limits_0^\infty \frac{x\,dx}{(1+x^3)^2}$.

197. $\int\limits_0^\infty \frac{dx}{(1+x^2)^n}$.

198. $\int\limits_0^\infty \frac{x^m\,dx}{(a+bx^n)^p}$; $a>0$, $b>0$, $np>m+1>0$.

199. $\int\limits_0^{\pi/2} \tan^{2n-1} x\,dx$; $0<n<1$.

200. $\int\limits_0^{\pi/2} \sin^n x\,dx$; $n>-1$.

201. $\int\limits_0^{\pi/2} \sin^{m-1} x \cos^{n-1} x\,dx$; $m>0$, $n>0$.

202. $\int\limits_0^{\pi} \frac{\sin^{n-1}\varphi\,d\varphi}{(1-k\cos\varphi)^n}$; $0<k<1$, $n>0$.

203. $\int\limits_0^1 \frac{x^{a-1}-x^{-a}}{1-x}\,dx$; $0<a<1$.

204. $\int\limits_0^1 \frac{x^{\alpha-1}(1-x)^{\beta-1}}{(x+a)^{\alpha+\beta}}\,dx$; $\alpha>0$, $\beta>0$.

205. $\int\limits_0^\infty \frac{x^{a-1}-x^{b-1}}{(1+x)\ln x}\,dx$; $0<a<1$, $0<b<1$.

206. $\int\limits_0^\infty \frac{x^{m-1}\,dx}{1+x^n}$; $m>0$, $n>0$.

207. $\int\limits_0^\infty \frac{x^{a-1}}{(1+x)^2}\,dx$; $0<a<2$.

208. $\int\limits_0^\infty \frac{x^a \ln x}{1+x^2}\,dx$; $-1<a<1$.

209. $\int\limits_0^\infty \frac{x^a \ln^2 x}{1+x^2}\,dx$; $a^2<1$.

210. $\int\limits_0^\infty \frac{\sinh \mu x}{\sinh \nu x}\,dx$; $\nu>\mu>0$.

211. $\int\limits_0^\infty \frac{\cosh \mu x}{\cosh \nu x}\,dx$; $\nu>\mu>0$.

212. $\int\limits_0^1 \ln\Gamma(x)\,dx$.

213. $\int\limits_0^{a+1} \ln\Gamma(x)\,dx$.

Man beweise die folgenden Gleichungen:

214. $\int_0^\infty e^{-x^4}\,dx \int_0^\infty x^2 e^{-x^4}\,dx = \frac{\pi}{8\sqrt{2}}$.

215. $\int_0^1 \frac{dx}{\sqrt{1-x^4}} \int_0^1 \frac{x^2\,dx}{\sqrt{1-x^4}} = \frac{\pi}{4}$.

216. $\int_0^\infty x^{p-1} \cos ax\,dx = \frac{1}{a^p}\Gamma(p) \sin\frac{\pi p}{2}; \quad 0 < p < 1$.

217. $\int_0^\infty x^{p-1} \sin ax\,dx = \frac{1}{a^p}\Gamma(p) \sin\frac{\pi p}{2}; \quad -1 < p < 1$.

218. $\int_0^\infty \frac{x^{p-\frac{3}{2}}\,dx}{(x^2+ax+b)^p} = \frac{\sqrt{\pi}}{\sqrt{b}\,(a+2\sqrt{b})^{p-\frac{1}{2}}} \frac{\Gamma\left(p-\frac{1}{2}\right)}{\Gamma(p)};$

$b > 0, \quad a + 2\sqrt{b} > 0, \quad p > \frac{1}{2}$.

219. Man berechne die Fläche, welche von der Kurve $x^n + y^n = a^n$ für $x > 0$, $y > 0$, $n > 0$ begrenzt wird.

220. Man berechne das Volumen, das von der Fläche $x^n + y^n + z^n = a^n$ für $x > 0$, $y > 0$, $z > 0$, $n > 0$ begrenzt wird.

§ 8. Verschiedene Aufgaben

221. Für $F(x) = \operatorname{arc\,tan}\frac{1}{x}$ gilt $F'(x) = -\frac{1}{1+x^2}$.

Ist die Beziehung $-\int_a^b \frac{dx}{1+x^2} = \operatorname{arc\,tan}\frac{1}{b} - \operatorname{arc\,tan}\frac{1}{a}$ richtig?

222. Für $F(x) = \frac{1}{1+e^{\frac{1}{x}}}$ gilt $F'(x) = \frac{e^{\frac{1}{x}}}{x^2\left(1+e^{\frac{1}{x}}\right)^2} = f(x)$. Ist die Beziehung $\int_a^b f(x)\,dx = F(b) - F(a)$ richtig?

Man beweise die folgenden Beziehungen:

223. $\lim_{n\to\infty} \int_0^\infty e^{-x^n}\,dx = 1$.

224. $\lim_{n\to\infty} \int_0^\infty \frac{1+x^n}{1+x^{2n}} = 1$.

225. $\lim\limits_{n\to\infty} n\left(1-\int\limits_0^\infty e^{-x^n}\,dx\right) = -\Gamma'(1).$

226. $\lim\limits_{\alpha\to 0} \alpha \int\limits_{-\infty}^{\infty} \frac{f(x+u)\,du}{\alpha^2+u^2} = \pi\,\frac{f(x+0)+f(x-0)}{2}$, wenn das Integral absolut konvergiert und $f(x+0)$ und $f(x-0)$ den rechts- bzw. linksseitigen Grenzwert von $f(\xi)$ für $\xi \to x$ bedeuten.

227. $\int\limits_0^\infty \frac{f(a x)-f(b x)}{x}\,dx = f(0)\ln\frac{b}{a}$, $a>0$, $b>0$, wenn für $A>0$ das Integral $\int\limits_A^\infty \frac{f(x)}{x}\,dx$ sinnvoll ist.

228. $\lim\limits_{a\to\infty} a^n \int\limits_0^\infty f(x)\cos a x\,dx = 0$, wenn $f(x)$ eine ganze Funktion ist, für die das Integral $\int\limits_{-\infty}^\infty |f^{(n)}(x)|\,dx$ für jedes n konvergiert.

229. $\lim\limits_{a\to\infty} a^n \int\limits_0^\infty f(x)\sin a x\,dx = 0$, wenn $f(x)$ eine ungerade Funktion ist und das Integral $\int\limits_{-\infty}^\infty |f^{(n)}(x)|\,dx$ für jedes n konvergiert.

230. Man beweise, daß $f(x)\equiv 0$ ist für $0\leqq x\leqq \pi$, wenn $f(x)$ stetig ist und für jedes $n\geqq 0$ das Integral $\int\limits_a^b f(x)\,x^n\,dx$ gleich Null ist.

231. Man beweise, daß die Funktion $f(x)$ im Intervall $0\leqq x\leqq 2\pi$ gleich Null ist, wenn sie dort stetig ist und die Integrale $\int\limits_0^{2\pi} f(x)\cos n x\,dx$ und $\int\limits_0^{2\pi} f(x)\sin n x\,dx$ für jedes ganzzahlige positive n gleich Null sind.

232. Man beweise, daß für die Funktion $f(x) = e^{-\sqrt[4]{x}}\sin\sqrt[4]{x}$ für alle ganzzahligen $n\geqq 0$ die Beziehung $\int\limits_0^\infty f(x)\,x^n\,dx = 0$ richtig ist.

233. Man beweise, daß für die Funktion $f(x) = \frac{1-\cos x}{x}$ für jedes ganzzahlige n die Beziehungen

$$\int\limits_{-\infty}^\infty f(x)\cos n x\,dx = 0,\qquad \int\limits_{-\infty}^\infty f(x)\sin n x\,dx = 0$$

richtig sind.

234. Man beweise die Beziehung

$$\int_0^1 \frac{dx}{x^\alpha (x+h)^{1-\alpha}} = \ln\frac{1}{h} + A + O(h).$$

Hierbei bezeichnet $O(h)$ eine Größe, für die $\frac{O(h)}{h}$ beschränkt ist für $h \to 0$.

235. Man beweise, daß der absolute Betrag des Integrals $\int_a^b \varphi(x) e^{i\mu x}\, dx$ die Größe $\frac{2\varphi(a)}{\mu}$ nicht übertrifft, wenn $a < b$ und $\varphi(x)$ eine monoton fallende Funktion ist.

Man beweise folgende Ungleichungen:

236. $\int_0^\infty f(x) \sin a x\, dx > 0$, wenn $f(x)$ eine monoton fallende Funktion und $a > 0$ ist.

237. $\int_0^\infty f(x) \cos a x\, dx > 0$, wenn $f(x)$ eine monoton fallende Funktion und $f''(x) < 0$ ist.

238. Man beweise, daß die Beziehung

$$\lim_{h\to 0} \frac{1}{h\sqrt{\pi}} \int_{-\infty}^{\infty} f(t)\, e^{-\frac{(t-x)^2}{h^2}}\, dt = f(x)$$

gilt, wenn $f(x)$ eine stetige Funktion ist, für die das Integral

$$\int_{-\infty}^{\infty} |f(t)|\, e^{-\frac{t^2}{h^2}}\, dt$$

bei hinreichend kleinem h existiert.

239. Man beweise den Laplaceschen Satz: Wenn $f(x)$ im Intervall (a, b) eine endliche Ableitung besitzt und die Funktion $\varphi(x) > 0$ im Punkte $x = c\ (a < c < 0)$ ihren größten Wert erreicht, dann gilt für $n \to \infty$ die Gleichung

$$\int_a^b f(x)\, [\varphi(x)]^n\, dx = f(c)\, [\varphi(c)]^n \sqrt{-\frac{2\pi\varphi(c)}{n\varphi''(c)}} \left[1 + O\left(\frac{1}{\sqrt{n}}\right)\right],$$

wobei $O\left(\frac{1}{\sqrt{n}}\right)$ dem absoluten Betrag nach nicht größer als $\frac{K}{\sqrt{n}}$ ist (K ist eine Konstante). Wenn c mit a oder b zusammenfällt, muß auf der rechten Seite der Faktor $\frac{1}{2}$ vorangestellt werden.

Man beweise die folgenden Beziehungen:

240. $\int\limits_0^1 (1-x^2)^n\,dx = \frac{1}{2}\sqrt{\frac{\pi}{n}} + O\left(\frac{1}{n}\right).$

241. $\int\limits_0^\infty e^{-x}x^{n-1}\,dx = n^n e^{-n}\sqrt{\frac{2\pi}{n}}\left[1 + O\left(\frac{1}{\sqrt{n}}\right)\right].$

242. $\int\limits_0^{\pi/2} \frac{\cos^{2n} x}{1+x}\,dx = \frac{1}{2}\sqrt{\frac{\pi}{n}} + O\left(\frac{1}{n}\right).$

243. $\int\limits_0^{\pi/2} \frac{\sin^{2n} x}{1+x}\,dx = \frac{1}{\pi+2}\sqrt{\frac{\pi}{n}} + O\left(\frac{1}{n}\right).$

Man beweise die folgenden Ungleichungen:

244. $\left(\int\limits_a^b \varphi(x)\,\psi(x)\,dx\right)^2 \leqq \int\limits_a^b \varphi^2(x)\,dx \int\limits_a^b \psi^2(x)\,dx$ (SCHWARZ).

245. $\varphi\left[\frac{\int\limits_a^b p(x)\,f(x)\,dx}{\int\limits_a^b p(x)\,dx}\right] \leqq \frac{\int\limits_a^b p(x)\,\varphi[f(x)]\,dx}{\int\limits_a^b p(x)\,dx}$, wobei $p(x) \geqq 0$ und die Kurve $y = \varphi(x)$ von unten konvex ist.

246. Man leite eine analoge Ungleichung für den Fall her, daß die Kurve $y = \varphi(x)$ von oben konvex ist.

247. Man beweise, daß

$$\left[\frac{1}{b-a}\int\limits_a^b [f(x)]^t\,dx\right]^{\frac{1}{t}} \quad (a < b)$$

als Funktion von t bei wachsendem t nicht fällt, wenn $f(x)$ eine positive untere Grenze besitzt.

248. Als Moment der Funktion $f(x)$ im Intervall (a, b) wird das Integral $M_n = \int\limits_a^b f(x)\,x^n\,dx$ bezeichnet. Man beweise, daß die Reihe $\sum \frac{t^n}{M_n}$ für $0 < a < b$, $f(x) > 0$, $x > 0$ einen endlichen oder unendlichen Kurvenradius besitzt, je nachdem, ob das Intervall (a, b) endlich oder unendlich ist.

249. Durch Zerlegung des Intervalls $(-\infty, \infty)$ in die Teilintervalle $(-\infty, x-h)$, $(x-h, x)$, $(x, x+h)$, $(x+h, \infty)$, wobei h irgendeine positive Zahl ist, soll die Gleichung

$$\lim_{n\to\infty} \frac{1}{\pi}\int\limits_{-\infty}^{\infty} f(u)\,\frac{\sin n(u-x)}{u-x}\,du = f(x)$$

bewiesen werden. Dabei ist vorausgesetzt, daß die Funktion $f(x)$ überall stetig ist, daß $f'(x)$ existiert und in jedem gegebenen Intervall beschränkt ist und daß das Integral $\int_{-\infty}^{\infty} f(u)\,du$ absolut konvergiert.

250. Unter denselben Bedingungen für die Funktion $f(x)$ beweise man die FOURIERsche Formel

$$f(x) = \frac{1}{2\pi}\int_{-\infty}^{\infty} du \int_{-\infty}^{\infty} f(v)\cos u(v-x)\,dv.$$

251. Man zeige, daß das FOURIERsche Integral auch in dem Fall gültig bleibt, wenn $f(x)$ in isolierten Punkten endliche Sprungstellen besitzt und in den übrigen Punkten die gemachten Voraussetzungen erhalten bleiben. Dabei ist das Integral an den Sprungstellen gleich $\frac{1}{2}[f(x+0)+f(x-0)]$, wobei $f(x+0)$ und $f(x-0)$ der rechts- beziehungsweise linksseitige Grenzwert der Größe $f(\xi)$ für $\xi \to x$ ist.

252. Man beweise für Funktionen $\varphi(x)$, die die Bedingungen der vorigen Aufgabe erfüllen: Wenn

$$\psi(x) = \frac{1}{\sqrt{2\pi}}\int_{-\infty}^{\infty} \varphi(t)\,e^{ixt}\,dt$$

ist, dann gilt

$$\varphi(x) = \frac{1}{\sqrt{2\pi}}\int_{-\infty}^{\infty} \psi(t)\,e^{-ixt}\,dt.$$

253. Man beweise für die in der vorigen Aufgabe eingeführten Funktionen $\varphi(x)$ und $\psi(x)$ die Gleichung

$$\int_{-\infty}^{\infty} |\varphi(x)|^2\,dx = \int_{-\infty}^{\infty} |\psi(x)|^2\,dx.$$

254. Die Schreibweise $\varphi(x) \sim \frac{a_0}{x^\sigma} + \frac{a_1}{x^{\sigma+1}} + \frac{a_2}{x^{\sigma+2}} + \cdots$ bedeute, daß die Funktion $\varphi(x)$ durch eine Reihe approximiert wird, daß also für jedes ν die Beziehung

$$\lim_{x\to\infty} x^{\sigma+\nu}\left[\varphi(x) - \frac{a_0}{x^\sigma} - \frac{a_1}{x^{\sigma+1}} - \cdots - \frac{a_\nu}{x^{\sigma+\nu}}\right] = 0$$

gilt. Man beweise:

$$\int_0^{\infty} e^{-xt} f(t)\,dt \sim \frac{a_0}{x} + \frac{a_1\cdot 1!}{x^2} + \frac{a_2\cdot 2!}{x^3} + \frac{a_3\cdot 3!}{x^4} + \cdots,$$

wenn $f(t) = a_0 + a_1 t + a_2 t^2 + \cdots$ ist.

255. Man beweise: Für $n \to \infty$ gilt

$$\int_0^1 x^{n-1} \frac{dx}{\sqrt{1-x}} \sim \frac{\sqrt{\pi}}{\sqrt{n}} + \frac{a_1 \Gamma\left(\frac{3}{2}\right)}{n\sqrt{n}} + \frac{a_2 \Gamma\left(\frac{5}{2}\right)}{n^2\sqrt{n}} + \cdots,$$

wenn

$$\frac{1}{\sqrt{1-e^{-t}}} = \frac{1}{\sqrt{t}} + a_1 \sqrt{t} + a_2 t \sqrt{t} + \cdots$$

ist.

256. Durch Anwendung der Gleichungen

$$\int_0^\infty \frac{\sin u \, du}{u+m} = \int_0^\infty \frac{e^{-mu} \, du}{1+u^2}, \quad \int_0^\infty \frac{\cos u \, du}{u+m} = \int_0^\infty \frac{u e^{-mu} \, du}{1+u^2}$$

ist die Formel

$$\int_m^\infty \frac{\sin x}{x} \, dx$$

$$= \frac{\cos m}{m}\left[1 - \frac{2!}{m^2} + \frac{4!}{m^4} - \cdots + (-1)^{\nu-1} \frac{(2\nu-2)!}{m^{2\nu-2}} + \theta(-1)^\nu \frac{(2\nu)!}{m^{2\nu}}\right]$$

$$+ \frac{\sin m}{m^2}\left[1 - \frac{3!}{m^2} + \frac{5!}{m^4} - \cdots + (-1)^{\nu-1} \frac{(2\nu-1)!}{m^{2\nu-2}} + \theta_1(-1)^\nu \frac{(2\nu+1)!}{m^{2\nu}}\right]$$

zu beweisen, wobei θ und θ_1 echte Brüche sind.

Man berechne die folgenden Integrale:

257. $\displaystyle\int_0^\infty \frac{dx}{(x^4+1)^2}$. **258.** $\displaystyle\int_0^\infty \frac{dx}{(x^2+x+1)^2}$. **259.** $\displaystyle\int_0^\infty \frac{dx}{(x^4-x^2+1)^2}$.

260. $\displaystyle\int_0^\infty \frac{\cos ax - \cos bx}{x} \, dx; \quad a > 0, \; b > 0.$ **261.** $\displaystyle\int_0^\infty \frac{\sin ax \sin bx}{x} \, dx.$

262. $\displaystyle\int_0^\infty \frac{\arctan ax - \arctan bx}{x} \, dx; \quad a > 0, \; b > 0.$

263. $\displaystyle\int_0^\infty \frac{\sin ax - a \sin x}{x^2} \, dx; \quad a \geqq 0.$

264. $\displaystyle\int_0^\infty \frac{ax \cos x - \sin ax}{x^2} \, dx; \quad a \geqq 0.$

265. $\displaystyle\int_0^\infty \frac{1 - \cos ax}{x^2} \, dx.$ **266.** $\displaystyle\int_0^\infty \frac{\cos ax}{(1+x^2)^2} \, dx.$

267. $\int\limits_0^\infty \frac{\sin^2 x}{x^2+a^2}\,dx.$ **268.** $\int\limits_0^\infty \frac{\sin^4 ax}{x^4}\,dx.$

269. $\int\limits_0^\infty \frac{\sin ax \sin bx}{x^2}\,dx; \quad a \geqq b > 0.$

270. $\int\limits_0^\infty \frac{\sin^2 x \cos ax}{x^2}\,dx; \quad a > 0.$ **271.** $\int\limits_0^\infty \frac{\sin^3 x \cos ax}{x}\,dx; \quad a > 0.$

272. $\int\limits_0^\infty \frac{\sin ax \sin^2 x}{x^3}\,dx.$ **273.** $\int\limits_0^\infty \frac{x - \sin x}{x^3}\,dx.$

274. $\int\limits_0^\infty \frac{\sin x - x\cos x}{x^3}\,dx.$ **275.** $\int\limits_0^\infty \frac{\cos mx}{e^x + e^{-x}}\,dx.$

276. $\int\limits_0^\infty e^{-x^2}\,\frac{x\sin 2x - \sin^2 x}{x^2}\,dx.$ **277.** $\int\limits_0^\infty \frac{x^{n-1}\ln x}{(x^2+a^2)^n}\,dx.$

278. $\int\limits_0^\infty \frac{x\sin ax}{(1+x^2)^2}\,dx.$ **279.** $\int\limits_0^\infty \frac{x^2-a^2}{x^2+a^2}\,\frac{\sin x}{x}\,dx.$

280. Man beweise, daß für $p > 0$ die Gleichung

$$\int\limits_0^{\pi/2} \frac{\sin px}{\sin x}\cos^{p-1} x\,dx = \frac{\pi}{2}$$

gilt (Liouville).

281. Man beweise die Beziehung

$$\sqrt{\alpha}\int\limits_0^\infty \frac{e^{-x^2}\,dx}{\cosh \alpha x} = \sqrt{\beta}\int\limits_0^\infty \frac{e^{-x^2}\,dx}{\cosh \beta x}; \quad \alpha\beta = \pi.$$

282. Man beweise, daß für $n \to \infty$ der absolute Wert des Integrals

$$\int\limits_0^n x\left(1 - \frac{x^2}{1}\right)\left(1 - \frac{x^2}{4}\right)\cdots\left(1 - \frac{x^2}{n^2}\right)dx$$

gegen Unendlich strebt.

283. Man beweise die Beziehung

$$\int\limits_0^\infty f\left(x + \frac{a}{x}\right)dx = \int\limits_0^\infty f\left(\sqrt{x^2+4a}\right)dx, \quad a > 0,$$

unter der Voraussetzung, daß beide Integrale sinnvoll sind.

284. Unter Benutzung der FRESNELschen Integrale und des Resultats der vorigen Aufgabe beweise man die Beziehung

$$\int_0^\infty \cos\left(x^2 + \frac{a^2}{x^2}\right) dx = \frac{1}{2}\sqrt{\frac{\pi}{2}}\,(\cos 2a - \sin 2a).$$

285. Mit Hilfe der Substitution $\frac{x-a}{b-x} = \frac{\alpha}{\beta}\,\frac{e^t}{e^{-t}}$ beweise man die Beziehung

$$\int_a^b [(x-a)(b-x)]^{-\frac{3}{2}} e^{-\left(\frac{\alpha^2}{x-a} + \frac{\beta^2}{b-x}\right)} dx = \sqrt{\pi}\,\frac{\alpha+\beta}{\alpha\beta}\,(b-a)^{-\frac{3}{2}}\, e^{\frac{(\alpha+\beta)^2}{b-a}}.$$

286. Unter Benutzung der Beziehung

$$4\cos^2 x = (1 + e^{2xi})(1 + e^{-2xi})$$

sind für $0 < x < \frac{\pi}{2}$ die Relationen

$$\int_0^x \ln\cos x\, dx = -x\ln 2 + \frac{1}{2}\sum_{\nu=1}^{\infty} \frac{(-1)^\nu}{\nu^2}\sin 2\nu x,$$

$$\int_0^x \ln\sin x\, dx = -x\ln 2 + \frac{1}{2}\sum_{\nu=1}^{\infty} \frac{1}{\nu^2}\sin 2\nu x$$

zu beweisen (LOBATSCHEWSKI).

287. Durch Entwicklung nach Potenzen von a, wobei $|a| < 1$ ist, beweise man die Beziehung

$$\int_0^\pi \frac{\sin^n x\, dx}{(1 + a\cos x)^{n+1}} = \frac{2^n \Gamma\left(\frac{n+1}{2}\right)}{(1-a^2)^{\frac{n+1}{2}}}$$

(LOBATSCHEWSKI).

Man verifiziere die Identitäten:

288. $$\int_0^\infty \frac{(e^x - e^{-x})\, x\, dx}{e^{2x} + e^{-2x} + 2\cos 2a} = \frac{\pi a}{4\sin a}; \qquad 0 < a < \frac{\pi}{2}$$ (LOBATSCHEWSKI).

289. $$\int_0^\infty \frac{(e^x - e^{-x})\, x\, dx}{e^{2x} + e^{-2x} + 2\cos 2a} = \frac{\pi(\pi - a)}{4\sin a}; \qquad \frac{\pi}{2} < a < \pi$$ (OSTROGRADSKI).

290. $$\int_0^\infty e^{-\sqrt{n^2+x^2}} \cos\alpha x\, dx = \frac{1}{\sqrt{1+\alpha^2}} \int_0^\infty e^{-\sqrt{1+\alpha^2}\sqrt{n^2+x^2}}\, dx; \qquad \alpha^2 < 1.$$

(LOBATSCHEWSKI).

LÖSUNGEN

Zu Abschnitt I

1. -5 und -3. **2.** $\cos\alpha = \frac{4}{5}$, $\sin\alpha = -\frac{3}{5}$; $AB = 5$. **3.** $\cos\theta = 0$.

4. $-\frac{33}{13}$. **5.** $-2\sqrt{2}$. **6.** $5\sqrt{2}$, $\alpha = -45°$. **7.** $(7, 3)$.

8. $(12, -7)$. **9.** $A(-1, 0)$, $B(5, 6)$. **10.** $(2, -2)$. **11.** $(8, 1)$, $(0, -3)$, $(-4, 5)$.

12. $(3, 10)$, $(-1, 7)$ oder $(9, 2)$, $(5, -1)$. **13.** $(6, \pm 2\sqrt{3})$. **14.** $(5, 1)$.

19. Die Koordinaten einer der Ecken sind $\xi = x_1 - x_2 + x_3 - \cdots - x_{2n-2} + x_{2n-1}$, $\eta = y_1 - y_2 + y_3 - \cdots - y_{2n-2} + y_{2n-1}$.

20. $(0, 0)$, $(10, 0)$. **21.** $\left(\frac{1}{2}, \frac{13}{2}\right)$; $\frac{\sqrt{130}}{2}$. **22.** 9,5. **23.** $-11{,}5$.

24. $(12 \pm 20, 0)$. **25.** -49. **26.** -35. **27.** 29, 5. **28.** $(5, 4)$.

29. $x\sqrt{2} = -x_1 - y_1$, $y\sqrt{2} = x_1 - y_1$. **30.** $(-7, 1)$.

31. $(x - 1)\sqrt{2} = x_1 + y_1$, $(y - 1)\sqrt{2} = -x_1 + y_1$. **32.** $\left(-\frac{3}{2}, -2\right)$.

33. $\alpha = 135°$, $-45°$; $(4n + 3)\,45°$. **35.** $(2 + 5\sqrt{3}, 8)$.

36. 7. **37.** $6\sqrt{2}$, $225°$; 4, $330°$. **39.** $y = \pm h$. **40.** $x = \pm h$.

41. $y = x$, $x + y - 1 = 0$. **42.** $(5, 7)$.

43. M_1 oberhalb, M_2 und M_4 unterhalb, M_3 auf der Gerade. **44.** $y = x - 1$.

45. $x + 3y - 5 = 0$. **46.** $x - 3 = 0$.

47. $3x - y - 4 = 0$, $3x + 2y - 1 = 0$, $3x + 5y - 34 = 0$. **48.** $2x + 3y - 1 = 0$.

49. $x + 2y + 4 = 0$. **50.** $5x + y - 20 = 0$, $x - 5y + 22 = 0$. **51.** $135°$, $30°$, $15°$.

52. $(-1, -1)$, $(-2, -2)$, $(8, -7)$. **53.** 10. **54.** $3x + 2y - 7 = 0$, $4x + y - 6 = 0$.

55. $x + 2y - 11 = 0$, $2x + y - 5 = 0$. **56.** $3x - 4y + 11 = 0$, $4x + 3y - 2 = 0$.

57. $7x - 24y - 62 = 0$, $x - 2 = 0$. **58.** $2x - 3y + 12 = 0$, $8x - 3y - 24 = 0$.

59. $4x - 3y + 25 = 0$. **60.** $4x + 3y + 1 \pm 15 = 0$. **61.** $\frac{3}{\sqrt{52}}$.

62. $2x + 4y - 3 = 0$. **63.** $12x + 8y - 7 = 0$. **64.** $2x + 3y \pm 6 = 0$.

65. $(0, 3)$, $(2, -1)$. **66.** $x - y + 1 = 0$, $3x + 2y - 7 = 0$, $2x + 3y + 7 = 0$.

67. $4x - y - 7 = 0$, $x + 3y - 31 = 0$, $x + 5y = 7$.

68. $3x + y = 25$, $x - 3y = 15$, $y = 2x$. **69.** $y = x + 3$.

70. $3x - 2y + 3 = 0$, $2x + 3y + 2 = 0$, $x - 5y + 1 = 0$. **71.** $2x + 7y - 5 = 0$.

72. $31x + 48y = 0$. **73.** $3x + 4y = 25$. **74.** $2x + 7y = 5$. **75.** $x = 0,\ y = 0$.

76. $x - 7y + 19 = 0,\ 7x + y - 17 = 0$. **77.** $7x + y + 4 = 0,\ x - 7y + 6 = 0$.

78. $4x + 2y + 1 = 0$. **79.** $x = y$. **80.** 5. **81.** $y = \pm(x - 4)$.

82. $5x - 4y + 2 = 0,\ 4x - 5y + 1 = 0$. **83.** $\left(-\frac{13}{5},\ \frac{31}{5}\right)$.

84. $3x - 46y + 28 = 0,\ 9x + 2y - 28 = 0,\ 46x - 3y - 77 = 0$.

85. $x = 1,\ 3x - 4y + 1 = 0,\ x - 8y + 27 = 0$. **86.** $2x - y + 4 = 0$.

90. $-x_1\sqrt{5} = x + 2y - 1,\ y_1\sqrt{5} = 2x - y + 1$.

91. $(x_1 + y_1)\sqrt{2} + 3 = 0,\ (x_1 - y_1)\sqrt{2} + 1 = 0$. **97.** $x^2 + y^2 = ay$.

98. $r = a\sin\varphi$. **99.** $(3, -4)$; 5. **100.** $x^2 + y^2 = 10x + 5y$.

101. $(0, 1),\ \left(\frac{3}{5},\ -\frac{4}{5}\right)$. **102.** $x^2 + y^2 = 25$. **103.** $x + 2y = 5$.

104. $-2x + y = 5,\ x + 2y = 5$. **105.** $ax = by$. **106.** $x + y = 3 \pm 3\sqrt{2}$

107. $l^2 = x_1^2 + y_1^2 + Ax_1 + By_1 + C$.

109. $(x - 4)^2 + (y - 4)^2 = 16;\ (x - 20)^2 + (y - 20)^2 = 20^2$. **110.** $x^2 + y^2 = 15x$.

111. $(-3, 0)$. **112.** $(x - a)^2 + y^2 = \frac{a^2}{2},\quad x^2 + (y + a)^2 = \frac{a^2}{2}$.

118. Der Kreis $x^2 + y^2 = ax$ oder $r = a\cos\varphi$.

119. Die Gerade $n\frac{Ax + By + C}{\sqrt{A^2 + B^2}} - m\frac{A_1x + B_1y + C}{\sqrt{A_1^2 + B_1^2}} = 0$.

120. Die Ellipse $\frac{x^2}{a^2} + \frac{y^2}{b^2} = 1$. **121.** Die Ellipse $\frac{x^2}{a^2} + \frac{y^2}{b^2} = 1$.

122. $y = x\cot\frac{\pi x}{2a}$. **123.** $(2a - x)y^2 = x^3$ (Abb. 35). **124.** $(x^2 + a^2)y = a^3$ (Abb. 20).

125. Wenn $(\pm a, 0)$ die gegebenen Punkte sind, so ist die gesuchte Gleichung:

$$[(x + a)^2 + y^2]\cdot[(x - a)^2 + y^2] = b^4.$$

In Polarkoordinaten: $r^4 = b^4 - a^4 + 2a^2r^2\cos 2\varphi$.

126. Wenn $(\pm a, 0)$ die gegebenen Punkte sind, so ist die gesuchte Gleichung: $(x^2 + y^2)^2 = 2a^2(x^2 - y^2)$. In Polarkoordinaten: $r^2 = 2a^2\cos 2\varphi$ (Spezialfall der Cassinischen Kurven).

127. Wenn $(0, 0)$ und $(c, 0)$ die gegebenen Punkte sind, dann lautet die gesuchte Gleichung in Polarkoordinaten: $r^2(1 - a^2) - 2r(ab + c\cos\varphi) = b^2 - c^2$.

128. $y^2[(a + y)^2 + x^2] = h^2(a + y)^2$. **129.** $(x^2 + y^2 - ax)^2 = b^2(x^2 + y^2)$.

130. $x = a(\cos t + t\sin t),\ y = a(\sin t - t\cos t)$.

131. $x = a(t - \sin t),\ y = a(1 - \cos t)$. **132.** $x = at - b\sin t,\ y = a - b\cos t$.

133. $x = a[(n + 1)\cos t - \cos(n + 1)t],\ y = a[(n + 1)\sin t - \sin(n + 1)t]$.

134. $x = a[(n - 1)\cos t + \cos(n - 1)t],\ y = a[(n - 1)\sin t - \sin(n - 1)t]$.

139. $bx = \pm ay$.

140. Die Gerade, die den Mittelpunkt der Höhe mit dem Mittelpunkt der Basis verbindet.

141. Die Gerade, die die Mittelpunkte der Diagonalen verbindet.

142. $3x^2 - y^2 + 2ax = a^2$. **143.** $x^2 - y^2 + 2xy\cot\varphi = a^2$. **144.** $x + y = 1$.

145. Eine Gerade. **148.** Zwei Geraden. **149.** $x^2 + y^2 = cx$.

152. $x^2 + 4y^2 = 36$. **153.** $\sqrt{10}$ und $\sqrt{6}$. **154.** $x^2 + 4y^2 = 65$.

155. $4y = x^2$. **156.** $y^2 = 2x$. **159.** Ungefähr 0,08. **160.** $5{,}1 \cdot 10^6$.

161. Etwa 1 cm. **162.** Der Brennpunktabstand beträgt 2,5 cm.

163. $\sqrt{2}$. **164.** 3. **165.** $\frac{1}{3}$. **166.** $2x_1y_1 = a^2$.

167. 5 und $2\sqrt{6}$. **168.** 120°. **169.** $\frac{1}{\sqrt{2}}$. **170.** $3x^2 + 4y^2 = 192$.

171. $2x^2 - 2y^2 = a^2 - b^2$. **172.** $\frac{x^2}{a^2} + \frac{y^2}{a^2 - c^2} = 1$. **173.** b.

174. $16x^2 + 25y^2 = 400$. **175.** $9x^2 - 16y^2 = 144$. **179.** $x \pm 2y = 0$.

185. 60°. **186.** Ihre Längen sind $\sqrt[4]{2}$. **187.** $\sqrt{\frac{10}{3}}$, $\sqrt{2}$.

188. $e^2 = \frac{5\sqrt{13} - 13}{6}$. **189.** $y = \pm\frac{x}{\sqrt{17}}$, $y = \pm\frac{8x}{\sqrt{17}}$.

190. $a = \frac{15}{11}$; $b = \frac{12}{11}$. **191.** $a_1 = b_1 = 2$.

192. $me^2 \sin\varphi = (m^2 - 1)\sqrt{e^2 - 1}$. **193.** $\tan\varphi = \frac{6}{5}\sqrt{2}$.

194. $2a_1 = 17{,}9$; $2b_1 = 17{,}1$. **200.** $y = x - 1$. **201.** $\pm 2x + y + 4 = 0$.

202. $x - 2y + 2 = 0$, $x + 4y + 8 = 0$. **203.** $y + 1 = 0$, $4x - 5y = 13$.

204. $x - 3 = 0$, $10x + 9y + 24 = 0$. **205.** $x - 1 = 0$, $5x + 4y + 3 = 0$.

206. $2x - 3y \pm 5 = 0$. **207.** $10x + 3y \pm 8 = 0$. **210.** Die Leitlinie.

212. $\frac{p}{2\sin\alpha}$. **214.** Die Tangente im Scheitelpunkt.

215. a), b) je ein Paar sich schneidender Geraden; c) eine zweifache Gerade; d) parallele Geraden; e) ein Punkt; f) keine Lösung.

216. a) keine Lösung; b) Hyperbel; c) Parabel. **217.** $k = 1$. **218.** $k = \frac{1}{2}$.

219. $\lambda = \pm\frac{4}{\sqrt{3}}$; $\sigma x\sqrt{3} - 2y = 0$, $x - 2\sigma y\sqrt{3} + 2 = 0$, $\sigma = \pm 1$.

220. $\lambda = 4\sigma$, $\mu = -7\sigma$, $x + \sigma y - 3 = 0$, $2x + 2\sigma y - 1 = 0$, $\sigma = \pm 1$.

221. $x + 1 = 0$, $2x - y + 1 = 0$. **223.** $xy = x + y$.

226. $xy - y^2 - x - 2y + 3 = 0$. **227.** $xy + 2y - x - 2 = 0$.

228. $(x-y)^2 = 2x + 2y + 3.$ **229.** $x^2 + xy + 6y^2 + 2x + 7y - 17 = 0.$

236. $C(-1, 0);\ x_1^2 + x_1 y_1 - 3 = 0.$ **237.** $C(2, 1);\ x_1^2 + 3x_1 y_1 - 2y_1^2 = 8.$

238. $C(1, -1);\ x_1^2 - 2x_1 y_1 + y_1^2 - 7 = 0.$ **241.** $C(3, 1);\ \alpha = 45°;\ x_1^2 + 3y_1^2 = 18.$

242. $C(-4, -1);\ \alpha = 45°;\ 4x_1^2 - 2y_1^2 + 23 = 0.$

243. $\alpha = 45°;\ x_1 = \frac{1}{2\sqrt{2}} + x_2;\ y_2^2 = x_2\sqrt{2}.$

246. $y_1\sqrt{2} = x + y - 2;\ x_1\sqrt{2} = x - y;\ y_1^2 = 2\sqrt{2}\,x_1.$

247. $5y_1 = 4x + 3y + 5;\ 5x_1 = 3x - 4y + 7;\ y_1^2 = 14x_1.$

248. $y_1 = \frac{3x + 5y - 1}{\sqrt{34}};\ x_1 = \frac{-10x + 6y - 7}{2\sqrt{34}};\ y_1^2 = \frac{2}{\sqrt{34}}x_1.$

253. $4x_1^2 + 9y_1^2 = 36.$ **254.** $x_1^2 + 9y_1^2 = 9.$ **255.** $x_1^2 + 4y_1^2 = 16.$

256. $9x_1^2 + 4y_1^2 = 324.$ **257.** $9x_1^2 - y_1^2 = 9.$ **258.** $9x_1^2 - 25y_1^2 = 225.$

259. $9x_1^2 - 16y_1^2 = 144.$ **260.** $x_1^2 - 9y_1^2 = 9.$ **261.** $y_1^2 = 2x_1.$

262. $(x + y - 1)(2x - 3y - 3) + 4 = 0.$ **263.** $(x - y + 1)(x + y - 4) + 2 = 0.$

264. $[A(x - a) + B(y - b)]\cdot[B(x - a) - A(y - b)] + k = 0.$

265. $(x + y)^2 + 5x - y = 0.$ **266.** $(x - y)^2 + x - 1 = 0.$ **267.** $(x - y)^2 = 8x.$

268. $4x^2 - 7xy + 4y^2 - 7x + 8y = 0.$ **271.** $(x - 2y - 1)^2 + (2x - y + 1)^2 = 9.$

272. $(x + y - 1)^2 + x + 2y - 1 = 0.$ **273.** $(x - y + 1)^2 \pm 4(x + y + 1) = 0.$

274. $(x - y + 1)^2 + 4(x + y - 1)^2 = 8,\ 4(x + y - 1)^2 + (x - y - 1)^2 = 8.$

275. $3(x + 2y - 4)^2 + 2(x - 3y + 2)^2 = 10,\ 8(x + 2y - 4)^2 + 3(x - 3y + 2)^2 = 20.$

277. $F\left(\frac{9 + \sqrt{2}}{4},\ -\frac{1 + \sqrt{2}}{4}\right);\ y = x - \frac{5 - \sqrt{2}}{2}.$ **278.** $F_1(-1, 2),\ F_2(3, 0);$ $\perp y = 2x,\ y = 2x - 2.$

279. $F_1(-2, 4),\ F_2(0, 0);\ x - 2y + 14 = 0,\ x - 2y - 4 = 0.$

280. $x^2 - 2xy + y^2 + 8x = 0.$ **281.** $5x^2 - 8xy + 5y^2 - 12x + 6y = 0.$

282. $100[(x - 2)^2 + (y - 1)^2] = (x - y - 50)^2.$ **283.** $2xy = 1.$

284. Die Brennpunkte liegen in den Punkten $\left(1 \pm \frac{\sqrt{7}}{4},\ \frac{3}{4}\right).$

285. $(5x - 1)^2 + (5y + 3)^2 = 5(x + 2y + 1)^2,\ (4x + 1)^2 + (4y + 6)^2 = 5(x + 2y + 1)^2.$

286. $(x - 1)^2 + (y - 1)^2 = [2 - x - y \pm \sqrt{2}(x + y - 1)]^2,$
$(x - 1)^2 + (y - 1)^2 = [2 - 3x - y \pm \sqrt{2}(x + y - 1)]^2.$

287. $(x - \alpha)^2 + (y - \alpha)^2 = 2\alpha^2(x + y + 1)^2;\ 6\alpha = -1 \pm \sqrt{7}.$

288. $9[(x - 1)^2 + (y - 1)^2] = 25(x - y + 4)^2,\ (x - 1)^2 + (y - 1)^2 = 25.$

289. $(x - y)^2 = 8(x + y).$ **290.** $2x^2 - 2y^2 + 4y - 1 = 0.$

291. $2(x - 1)^2 + 2(y + 1)^2 = 1.$

292. Ist die y-Achse die Leitlinie und $(a, 0)$ der gegebene Punkt, dann lautet die gesuchte Gleichung $4x^2 + y^2 = 4ax.$

293. $(x + 1)^2 + (y + 1)^2 = 1.$ **294.** Eine Hyperbel. **295.** $x - 2y = 0.$

296. $x + y - 2 = 0, \quad 5x + 5y - 6 = 0.$ **297.** $y \pm 2 = 0, \quad x \pm 2 = 0.$

298. $9x + 10y - 28 = 0.$ **299.** $x + y - 2 = 0, \quad 7x + 10y - 8 = 0.$

305. Ein zu dem gegebenen Kreis konzentrischer Kreis mit dem Radius r^2/R.

306. Im Satz von PASCAL wird die Seite, deren Länge Null wird, durch die Tangente in dem entsprechenden Punkt des entstandenen Fünfecks ersetzt. Im Satz von BRIANCHON gehen die zwei Seiten, zwischen denen die zu Null werdende Seite liegt, in eine Gerade über, und der Satz wird trivial.

311. $4x^2 - 5y^2 - 12x + 4 = 0.$

312. $(x + y)^2 + 6x - 26y - 55 = 0, \quad (x - y)^2 - 10x - 6y + 25 = 0.$

313. $xy - x - y - 1 = 0.$ **314.** $ax = a^2 - b^2.$ **315.** $x^2 + y^2 = a^2.$ **316.** Der Brennpunkt.

318. Wenn die Richtung parallel der Geraden $y = mx$ ist, dann lautet die gesuchte Gleichung $(x + my)(mx - y) = m(a^2 - b^2)$.

319. $x + y - 1 = 0.$ **320.** $x^2 + y^2 = y.$ **321.** Eine Parabel. **322.** Eine Parabel.

325. Ein Kreis. **328.** Eine Parabel.

330. $(A - B)xy - Abx + Bay = 0.$ **331.** Eine Gerade.

334. Ist $x^2 + y^2 = a^2$ die Gleichung des gegebenen Kreises und hat der Punkt A die Koordinaten $(c, 0)$, so lautet die gesuchte Gleichung

$$(c^2 - a^2)(x^2 + y^2) - 2a^2cx + 2a^4 = 0.$$

335. Eine Kurve zweiter Ordnung. **336.** Eine Ellipse.

Zu Abschnitt II

1. $r = 9, \quad \cos\alpha = \frac{1}{9}, \quad \cos\beta = -\frac{4}{9}, \quad \cos\gamma = \frac{8}{9}.$ **2.** $r = 11.$ **3.** $2abc.$

6. 13. **7.** 60°. **8.** $\sqrt{\sqrt{3} - 1}$, **9.** $\sqrt{8}$. **10.** $\sqrt{11}$.

11. $5; \quad \frac{7}{10}, \quad \frac{8}{10}, \quad \frac{9}{10}.$ **12.** $\cos\theta = \frac{7}{9}.$ **13.** 90°.

14. $-\frac{4}{7}.$ **15.** $\left(0, \frac{a}{\sqrt{2}}, \frac{a}{\sqrt{2}}\right), \left(\frac{a}{\sqrt{2}}, 0, \frac{a}{\sqrt{2}}\right), \left(\frac{a}{\sqrt{2}}, \frac{a}{\sqrt{2}}, 0\right).$

16. $\left(-\frac{1}{3}, 2, \frac{1}{3}\right).$ **17.** $(-3, 2, 3).$

18. $(7, -1, 7), (4, -4, 2), (1, 2, 4), (-2, 8, 1).$ **19.** $(6, -9, -2).$

20. $1331; \; (-9\sigma, 6\sigma, 2\sigma), \; \sigma = \pm 1.$

21. $3x = 3 + x_1 - 2y_1 - 2z_1, \; 3y = 6 - 2x_1 - 2y_1 - z_1, \; 3z = 9 + 2x_1 + y_1 - 2z_1.$

22. $v = 3375.$ **25.** $6v = 19.$ **26.** $3v = 4.$ **27.** $2s = \sqrt{101}.$

28. $2s = 81.$ **29.** $2s = 45.$ **30.** $\frac{x}{2} - \frac{y}{3} + \frac{z}{4} = 1.$

31. $-6, -3{,}2.$ **32.** $x + 2y + 2z = 2.$ **33.** $5x - 3y - 7z = 0.$

34. $x - 1 = 0, \quad y - 1 = 0, \quad z - 1 = 0, \; x + y + z = 1.$

35. $\cos\alpha = \frac{1}{\sqrt{6}}, \qquad \cos\beta = -\frac{2}{\sqrt{6}}, \qquad \cos\gamma = -\frac{1}{\sqrt{6}}.$

36. $\sin\alpha = \frac{6}{7}, \quad \sin\beta = -\frac{2}{7}, \quad \sin\gamma = -\frac{3}{7}.$

37. $\cos(P, XOY) = \frac{2}{3\sqrt{6}}, \; \cos(P, YOZ) = -\frac{5}{3\sqrt{6}}, \; \cos(P, ZOX) = \frac{5}{3\sqrt{6}}.$

38. $\cos\theta = \frac{16}{21}.$ **39.** $\cos\theta = \frac{2\sqrt{2}}{3}.$ **40.** $2x - y - 3z = 0.$ **41.** $x - y = 0.$

42. Auf verschiedenen Seiten. **43.** 6. **44.** $z = 1 \pm 20.$ **45.** $\sqrt{3}$. **46.** $\frac{1}{2\sqrt{6}}.$

47. $x + y - 2z + 1 = 0.$ **48.** $7z_1 = -2, \quad 5z_2 = -28.$ **49.** $(3, -1, 0).$

50. $z + 1 = 0.$ **51.** $x + y - z - 3 = 0.$ **52.** $x - 2y + z = 30.$

53. $(1, 2, 3).$ **55.** $x + y + 2z - 4 = 0.$

56. $3x_1 = -x + 2y - 2z + 7, \; 3y_1 = 2x - y - 2z + 1, \; 3z_1 = -2x - 2y - z + 2.$

57. $x + y \pm z = a.$ **58.** $\lambda = \pm\sqrt{2}.$ **59.** $\lambda = 3.$

62. $2x - y - 2z + 4 = 0, \; 4x - y - 2z + 2 = 0.$

64. $x - 3z - 2 = 0, \quad y - 5z - 5 = 0, \quad 5x - 3y + 5 = 0.$

65. $\cos\alpha = \frac{4}{\sqrt{61}}, \quad \cos\beta = \frac{6}{\sqrt{61}}, \quad \cos\gamma = -\frac{3}{\sqrt{61}}.$ **66.** $\cos\vartheta = \frac{1}{2}.$

67. 90°. **68.** 0°. **69.** $x = t + 1, \quad y = -t + 2, \quad z = 2t + 1.$

70. $x - 1 = 0, \; y - 2 = 0.$ **71.** $\frac{x-1}{1} = \frac{y-3}{2} = \frac{z-1}{-1}.$

72. $2x - y - 3 = 0, \quad y - 1 = 0.$ **73.** $x + y - 2z + 1 = 0, \; x + 2y - z - 2 = 0.$

74. $x - y + z - 2 = 0, \quad x + y + 2z - 5 = 0.$ **75.** $x + y + 3z - 7 = 0.$

76. $x - z + 1 = 0.$ **77.** $x - y + z = 0.$ **78.** $x - 5y + 5z - 2 = 0.$

79. $x - 2y + z - 1 = 0.$ **80.** $7x - 26y + 18z = 0.$ **81.** $x + 2y + 1 = 0.$

82. $3x - y + 4z - 12 = 0, \; x + 3y = 0.$ **83.** $(-7, -5, -11).$ **84.** $(1, 0, -2).$

85. $(-5, 2, 4).$ **86.** $3x - y + z - 1 = 0, \quad x + 2y - z = 0.$

87. $\left(-\frac{7}{3}, \quad -\frac{2}{3}, \quad \frac{4}{3}\right).$ **88.** $4\lambda = 5.$

89. $x + y + z + 1 = 0, \quad 2x - y - z + m = 0.$

90. $x + y + z - 1 = 0, \quad x - 1 = 0.$

91. $y + 1 = 0, \quad 2x - z + 1 = 0$; die Länge ist $\sqrt{5}$. **92.** $x + y + z = 0.$

93. $y + z - 2 = 0, \quad 2x + 5y + 4z + 8 = 0.$ **94.** $5x + 3y - z - 1 = 0.$

95. $x + 2y + 2z - 1 = 0.$ **96.** $x - z - 2 = 0.$

99. $d\sqrt{2} = 3.$ **102.** $d = 1.$ **103.** $d\sqrt{2} = 1.$ **106.** $h\sqrt{3} = 2.$

108. $x = 3 + t, \; y = -2, \; z = 1 + t$ und $x = 3 - 2t, \; y = -2 + 3t, \; z = 1 + 2t.$

109. $x = 1 + 7t, \; y = 2 + 15t, \; z = 3 + 4t$ und $x = 1 - t, \; y = 2 + t, \; z = 3 - 2t.$

110. $x = 0,\ x + y + z = a.$ **111.** $a(x-1) + z = 0,\ (a+1)(y-1) + z + 1 = 0.$

116. $(x-y)^2 + (x-z)^2 + (y-z)^2 = 1.$ **117.** $x \pm y = 0.$ **118.** $y + z = 2.$

119. $(x-1)^2 + y^2 = z^2.$ **120.** $x^2 + xy + xz = x + y.$

121. $2x^2 + z^2 - 3xy + 3xz - 3yz - 5x + 3y - 14z + 9 = 0.$

122. $xy + xz - yz = x.$

123. $4x^2 - 10xy + 4xz + 7y^2 - 5yz + 8x - 10y + 2z = 0.$ **124.** $y = z.$

125. $2x^2 + 2y^2 - 2z^2 + 12xy + 4xz - 4yz + 5x + 23y + 9z + 4 = 0.$

126. $x^2 + y^2 = (z-1)^2.$ **127.** $(x-z)^2 + (y-z)^2 = 1.$ **128.** $y = x \tan \alpha z.$

129. $b^2y^2 + [x(x+y+z) - b(x+y)]^2 = a^2x^2.$ **130.** $x^2 + y^2 - xz - yz - z - 1 = 0.$

131. $x^2 + y^2 = xz.$

133. $(2x - y - z)^2 + (x - 2y + z)^2 = (x + y + z - 3)^2.$ **134.** $y^2 = 6x - 9.$

135. Befindet sich die Lampe im Punkt (5, 0, 0), der Mittelpunkt des Schirmes, dessen Radius 1,5 beträgt, im Punkt (5, 0, —1) und stellt die y, z-Ebene die Wand dar, so hat der Umriß des Schattens die Gleichung $9z^2 - 4y^2 = 100,\ x = 0.$

136. $(0, 0, 2).$ **137.** $\left(0,\ 0,\ 2 \pm \frac{\sqrt{3}}{2}\right).$ **138.** $(0, 0, 4).$

139. $x^2 + y^2 = 2(z \pm a)^2.$ **142.** $y^2 + a^2 = 4az, \quad x = 0.$

143. $r^2 = r_1^2$, wobei $r^2(l^2 + m^2 + n^2) = [m(x-a) - l(y-b)]^2$

$$+ [n(x-a) - l(z-c)]^2 + [n(y-b) - m(z-c)]^2,$$

$$r_1^2(l_1^2 + m_1^2 + n_1^2) = [m_1(x-a_1) - l_1(y-b_1)]^2 + [n_1(x-a_1) - l_1(z-c)]^2$$

$$+ [n_1(y-b_1) - m_1(z-c_1)]^2$$

144. $(5x - 5y - 3)^2 + (5x - 5z + 5)^2 + (5y - 5z + 8)^2 = 98.$

145. $y^2 - x^2 = 4az.$

146. $\alpha x^2 + \beta xy + \gamma y^2 + Cz^2 + Exz + Fyz + \delta x + 6y + Jz + \zeta = 0.$

147. $x^2 + y^2 = 2z + 1.$ **148.** $x = 24t,\ y = -52t,\ z = 5t$ und $x = 2z,\ y = -2z.$

151. $A(x-2)^2 + B(y-1)^2 + C(z-1)^2 + D(x-2)(y-1) + B(x-2)(z-1)$

$+ F(y-1)(z-1) = 0$ unter den Bedingungen

$$A > 0, \quad \begin{vmatrix} 2A & D \\ D & 2B \end{vmatrix} > 0, \quad \begin{vmatrix} 2A & D & E \\ D & 2B & F \\ E & F & 2C \end{vmatrix} > 0.$$

152. $[\lambda(2x - 3y + 2) + \mu(3y - 2z)]^2 + [\lambda_1(2x - 3y + 2) + \mu_1(3y - 2z)]^2 = 0,\ \lambda\mu_1 - \lambda_1\mu \neq 0.$

153. $(x + 2y - z + 1)(x - y + z + 1) = 0.$

154. $x + y + 2z + 5 = 0, \quad y - 3x - 1 = \pm(x+1)\sqrt{8}.$

155. $x = 1, \quad y = z$ und $y = 1, \quad x = z.$

156. $x - y + 2 = 0,\ x + y + z = 0$ und $x + y = 0,\ z = 0.$

157. Wenn $b^2 \geqq \frac{pc^2}{q}$ ist, dann lauten die gesuchten Gleichungen

$$x = \pm \frac{az}{bc}\sqrt{b^2 - \frac{p}{q}c^2}, \qquad y = \pm z\sqrt{\frac{p}{q}}.$$

Wenn $b^2 < \frac{pc^2}{q}$ ist, dann existieren solche Geraden nicht.

158. $4x - 3y - 5z + 4 = 0$. **159.** $4x + 2y + 4 + \lambda(y + z) = 0$ für $\lambda < -5$.

160. $C(1, 1, -1)$; $x_1^2 + y_1^2 + z_1^2 + 2x_1y_1 - 2y_1z_1 + 6y_1z_1 = 1$.

161. $2x_1^2 + 6y_1^2 + 2z_1^2 + 8x_1z_1 + 1 = 0$. **162.** $4x_1y_1 + 4x_1z_1 = 1$.

163. $x^2 + y^2 + z^2 - x - y + z = 0$.

164. Die Erzeugenden des Kegels $5(x + 2)^2 + 20(y - 1)^2 = 8(5z + 1)^2$.

165. $x^2 + y^2 - z^2 = 4$. **174.** $2x - 3y + 2z - 2 = 0$.

175. $x + y + z = 6$. **176.** $x - y - z = 0$.

177. $z = 0$; $\mathfrak{P}(l, m, 0)$. **178.** $2x + y - z = 0$. **179.** $3x + 1 = 0$, $3z - 2 = 0$.

180. Die Steigungen dieser Sehnen sind 0, 1 und 0.

181. $x = C$. **182.** $z = 1, 2x = 3y$. **183.** $x = 2z - 2$, $y = z - 1$. **184.** $y = C$.

188. $\frac{x}{a} + \frac{y}{b} + \frac{z}{c} = \pm\sqrt{3}$. **189.** $\frac{x}{a} + \frac{y}{b} + \frac{z}{c} = \pm 1$.

190. (a^2t, b^2t, c^2t); $(a^2 + b^2 + c^2)t^2 = 1$.

191. $\left(\pm\frac{a}{\sqrt{3}}, \ \pm\frac{b}{\sqrt{3}}, \ \pm\frac{c}{\sqrt{3}}\right)$. **195.** (σ, a, σ), $\sigma = \pm 1$.

196. $(\sigma, \sigma, -3\sigma)$, $\sigma = \pm 1$. **197.** Die Punkte, für die $x^2 + y^2 = 1$ ist.

200. $90°$. **201.** $90°$. **202.** $\frac{x}{a} = \frac{y}{-b} = \frac{z}{c} = \pm\frac{1}{\sqrt{3}}$.

215. Ein Würfel mit der Kantenlänge $a\sqrt{3}$.

216. $2x^2 + 2y^2 - 2xy + 2x + 2y - 1 = 0$.

217. $2(x^2 + y^2 + z^2 - xy - xz - yz) = 3a^2$, $x + y + z = 0$.

218. Die Parabel $x^2 - 2xy + y^2 - 2(x + y) + 1 = 0$.

220. Seine Erzeugenden sind dem Vektor $\mathfrak{P}(\sqrt{a^2 - b^2}, 0, \sqrt{b^2 - c^2})$ parallel.

223. Der Schnitt der Fläche $\Phi(x, y, z, t) = 0$ für $t = 1$ mit der Polarebene des gegebenen Punktes:

$$\frac{\partial\Phi}{\partial x}x_1 \pm \frac{\partial\Phi}{\partial y}y_1 + \frac{\partial\Phi}{\partial z}z_1 + \frac{\partial\Phi}{\partial t} = 0,$$

wobei nach der Differentiation $t = 1$ gesetzt werden muß.

224. Der Schnitt der Fläche $F(x, y, z) = 0$ mit der Ebene

$$l\frac{\partial F}{\partial x} + m\frac{\partial F}{\partial y} + n\frac{\partial F}{\partial z} = 0.$$

225. Die Kugel $x^2 + y^2 + z^2 = 2a^2$.

227. $x - y + z - 1 = 0$. **228.** $l(x + 2) + m(y - 1) + n(2z + 9) = 0$.

229. $x + y + z = 0$ und $lx + my - (l + m)z = 0$.

233. $x_1^2 + y_1^2 + z_1^2 = 49$. Der neue Ursprung ist $O_1(3, -4, -5)$.

234. $x_1^2 + 2y_1^2 + 3z_1^2 = 6$. Transformationsformeln: $3(x - 1) = 2x_1 + 2y_1 - z_1$, $3y = 2x_1 - y_1 + 2z_1$, $3(z + 1) = -x_1 + 2y_1 + 2z_1$.

235. $2x_1^2 + y_1^2 - z_1^2 = 2$. Transformationsformeln: $3x = -x_1 + 2y_1 + 2z_1$, $3(y + 1) = 2x_1 - y_1 + 2z_1$, $3(z - 1) = 2x_1 + 2y_1 - z_1$.

236. $x_1^2 + 2y_1^2 - 3z_1^2 = 6$. Transformationsformeln: $3(x + 1) = -x_1 + 2y_1 + 2z_1$, $3(y + 1) = 2x_1 - y_1 + 2z_1$, $3z = 2x_1 + 2y_1 - z_1$.

237. $x_1^2 + 2y_1^2 - 3z_1^2 = 0$. Transformationsformeln: $x + 1 = \xi$, $y + 1 = \eta$, $z + 1 = \zeta$; $3\xi = -2x_1 - 2y_1 + z_1$, $3\eta = -2x_1 + y_1 - 2z_1$, $3\zeta = x_1 - 2y_1 - 2z_1$.

238. $x_1^2 + 2y_1^2 = 2z_1$. Transformationsformeln: $3(x - 1) = -2x_1 - 2y_1 + z_1$, $3y = -2x_1 + y_1 - 2z_1$, $3z = x_1 - 2y_1 - 2z_1$.

239. $x_1^2 - y_1^2 = 2z_1$. Transformationsformeln: $x = \xi$, $y + 1 = \eta$, $z + 1 = \zeta$; $3\xi = -2x_1 - 2y_1 + z_1$, $3\eta = -2x_1 + y_1 - 2z_1$, $3\zeta = x_1 - 2y_1 - 2z_1$.

240. $x_1^2 + 2y_1^2 = 2$. Transformationsformeln: $x + t + 1 = \xi$, $y - 2t - 1 = \eta$, $z - 2t = \zeta$; $3\xi = 2x_1 + 2y_1 + z_1$, $3\eta = 2x_1 - y_1 - 2z_1$, $3\zeta = -x_1 + 2y_1 - 2z_1$.

241. $x_1^2 - y_1^2 = 1$. Transformationsformeln: $x - m = \xi$, $y + 2m = \eta$, $z + 2m = \zeta$, $3\xi = 2x_1 + 2y_1 + z_1$, $3\eta = 2x_1 - y_1 - 2z_1$, $3\zeta = -x_1 + 2y_1 - 2z_1$.

242. $y_1^2 = 2x_1^2$. Die Transformationsformeln sind die gleichen wie in Aufgabe 241.

243. $x_1^2 - y_1^2 = 0$. Transformationsformeln: $9(x + 7m) = 4x_1 - 4y_1 + 7z_1$, $9(y + 4m) = x_1 + 8y_1 + 4z_1$, $9(z + 4m) = -8x_1 - y_1 + 4z_1$.

244. $x_1^2 + y_1^2 = 0$. Transformationsformeln: $3(x - 2m) = x_1 - 2y_1 - 2z_1$, $3(y - 2m) = -2x_1 + y_1 - 2z_1$, $3(z - m) = 2x_1 + 2y_1 - z_1$.

245. $x_1^2 = 1$. Transformationsformeln: $x - 3m + 2n = \xi$, $y + 2m - 6n = \eta$, $z + 6m + 3n = \zeta$; $7\xi = 6x_1 - 3y_1 + 2z_1$, $7\eta = 3x_1 + 2y_1 - 6z_1$, $7\zeta = 2x_1 + 6y_1 + 3z_1$.

246. $x_1^2 = 0$. Die Transformationsformeln sind die gleichen wie in Aufgabe 245.

247. $x_1^2 + y_1^2 + 2z_1^2 = 0$. Transformationsformeln: $x + 2 = x_1$, $y - 3 = y_1$, $z - 2 = z_1$.

248. $4y^2 - 2z^2 = x$.

249. $\lambda = \pm 1$, $\mu = \pm\sqrt{2}$.

250. $ab + ac + bc = 0$. **251.** $y = 0$; $\lambda^2 x + \lambda z + (1 + \lambda)(1 - \lambda)^2 - 1 = 0$.

252. $2c = 1 + \sigma\sqrt{5}$; $z = 0$, $2x = (\sqrt{5} - \sigma)\,y$; $\sigma = \pm 1$.

254.

$m < -1$:	Ellipsoid,
$m = -1$:	elliptischer Zylinder,
$-1 < m < \frac{1}{2}$:	einschaliges Hyperboloid,
$m = \frac{1}{2}$:	Kegel,
$\frac{1}{2} < m < 1$:	zweischaliges Hyperboloid,
$m = 1$:	Zylinder,
$m > 1$:	Ellipsoid.

255. $5(\alpha^2 + \beta^2 + 1) = (\alpha + 2\beta + 1)^2$. **256.** $xy + xz + yz + a^2 = 0$.

257. $Ax(z + a) + By(z - a) + C(z^2 - a^2) = 0$: hyperbolisches Paraboloid.

259. $4(x + y + z)^2 - 3(2x - y - z)^2 + (y - z + 1)^2 = 1$.

260. $(x + 2y + z)^2 + 4(x - z)^2 = 16$. **261.** $x^2 + 4y^2 + (z - 2)^2 = 5$.

262. $x^2 + y^2 + (z - 1)^2 = 2$. **263.** $(x + y + z)^2 + 4(x - y) = 9$.

267. $9(x - y)^2 + (x + 7y - 7z)^2 = 9(x + y + z)$ und

$9(x - y)^2 + (x - 5y + 5z)^2 = 9(x + y + z)$.

268. $x - y + (-2 \pm \sqrt{7})(2x - z) = 0$. **269.** $O(0, 0, 0)$.

270. $\left(\frac{1}{8}, -\frac{1}{2}, \frac{11}{8}\right)$. **271.** $x + 16y - 30z \pm \sqrt{33}(x - 6z) = 0$.

272. $x - y = 0$, $x + y - 2z = 1$.

273. $x - 4z - 1 \pm \sqrt{3}(x - 2y) = 0$. **274.** $y + 2z = 0$.

275. $2x - y - 4z = 0$. **276.** $lz \pm kx = \text{const}$; $bcl = \sqrt{b^2 - c^2}$, $abk = \sqrt{a^2 - b^2}$.

277. $y = 0$, $lxc^2 = kza^2$. **278.** $c^2y^2(a^2 - b^2) = b^2z^2(a^2 + c^2)$.

279. $x = c$, $x + y - z = c$.

280. $z + 1 = 0$, $x + 2y = 2$; $z + 1 = 0$, $3x + 4y - 4 = 0$.

281. $z = \alpha$ und $\lambda z + \mu y + z = \beta$.

282. $z = \alpha$ und $az + bx + cy + f = z + \beta$. **283.** $\lambda = \mu = 1$.

284. $x^2 + y^2 + z^2 - yz - 1 \pm xz\sqrt{3} = 0$.

285. Eine Hyperbel in der x, z-Ebene. **286.** $y = 0$, $z^2 + px = p^2$.

287. $x^2 + y^2 + z^2 - 4ax - 4by - 2cz + 2z\frac{a^2 + b^2}{c} - R^2 = 0$.

288. $x - 2y + z = 0$, $x - (1 \pm \sqrt{3})y = 0$. **289.** $x = 0$.

290. $2x = q - p$.

291. $x + 1 = \lambda z$, $\lambda(y + 1) = -x$ und $x + 1 = \lambda x$, $\lambda(y + 1) = -z$.

292. $x - y - z = \lambda(\sqrt{3} - y + z)$, $\lambda(x - y - z) = 2(\sqrt{3} + y - z)$.

293. $4y + 2\eta z = (2 - \zeta\sqrt{6})(x - 8y - 8z - 2)$,

$2y - \eta z = (2 - \zeta\sqrt{6})z$; $\eta = \pm 1$, $\zeta = \pm 1$.

294. $\theta = 135°$; $\alpha = 60°$, $\beta = 60°$, $\gamma = 45°$. **295.** $4x^2 + 4y^2 - z^2 - 1 = 0$.

296. $y^2 - z^2 - x = 0$. **297.** $(nx - lz)^2 + (ny - mz)^2 + Dz = a^2n^2$.

298. $x^2 + y^2 + z^2 + \frac{a^2 + b^2}{2ab}xz - 2bx - 2az = 0$.

299. $px = -2a^2$, $y = 0$, $z = 2a$. **300.** $z^2 + 3xz - yz + 6x + 2y - 4 = 0$.

301. $y^2 = 2x - z$. **302.** $x^2 + 2y^2 + z^2 + 2xz - 5y - 3z = 0$. **303.** Eine Parabel.

304. 2 und $\frac{2}{\sqrt{3}}$. **305.** Ein Kreis mit dem Radius $\frac{1}{\sqrt{2}}$. **306.** $\frac{1}{\sqrt{2}}$.

Zu Abschnitt III

1. $\frac{3}{2}$. **2.** -8. **3.** 6. **4.** $\frac{2}{3}$. **5.** n. **6.** $\frac{m}{n}$

7. -1. **8.** $\frac{a-b}{2}$. **9.** $\binom{n}{k}$. **10.** $\frac{ps}{qr}$. **11.** $\frac{1}{3}$. **12.** $\frac{5}{3}$.

13. $\frac{1}{n}$. **14.** 1. **15.** 0. **16.** 0. **17.** -1.

18. ± 1 für $x \to \pm\infty$. **19.** ± 1 für $x \to \pm\infty$. **20.** $-\frac{1}{2}$.

21. -1. **22.** $a^2 + a + \frac{1}{3}$. **23.** $\frac{1}{3}$. **24.** $\frac{1}{2}$. **25.** $\frac{4}{3}$.

26. $\frac{1}{3}$. **27.** $\frac{1}{2}$. **28.** 1. **29.** $\frac{1}{2}$. **30.** $\frac{15}{2}$. **31.** 1.

32. $\frac{1}{2}$. **33.** 2. **34.** 0 für $x \to +\infty$ und $+\infty$ für $x \to -\infty$.

35. 0. **36.** ± 1. **37.** 0. **38.** $\frac{1}{2}$. **39.** 0. **40.** 0.

41. $-\frac{1}{4}$. **42.** $\frac{\sqrt{2}}{8}$. **43.** $\frac{a_1 + a_2 + \cdots + a_n}{n}$. **44.** $\frac{2}{3}$.

45. $\lambda = -1, \quad \mu = 0$. **46.** $\lambda = \sum_{\nu=1}^{n} \sqrt{a_\nu}, \quad \mu = \frac{1}{2} \sum_{\nu=1}^{n} \frac{b_\nu}{\sqrt{a_\nu}}$.

47. $\frac{2}{n} a^{\frac{1-n}{n}}$. **48.** $\frac{313}{280}$. **49.** $\frac{2}{3} a^{\frac{1}{6}}$. **50.** $2n$.

51. 1 für $a > 1$, 0 für $a < 1$, $\frac{1}{2}$ für $a = 1$.

52. 0 für $a \neq 1$, $\frac{1}{2}$ für $a = 1$.

53. $+1$ für $a > 1$, -1 für $a < 1$, 0 für $a = 1$. **54.** 0. **55.** 4.

56. $\frac{2}{3}$. **57.** 5. **58.** $\frac{m}{n}$. **59.** $(-1)^{n-m} \frac{m}{n}$. **60.** 1.

61. x. **62.** $\frac{1}{2}$. **63.** $\frac{n^2 - m^2}{2}$. **64.** $\frac{2}{\pi}$. **65.** $\frac{1}{2}$.

66. $2 \cos a$. **67.** $-\sin a$. **68.** $-2 \cos a$. **69.** 0. **70.** $-\frac{1}{4}$.

71. $\frac{1}{\sqrt{2}}$. **72.** $\frac{1}{\sqrt{3}}$. **73.** $\frac{1}{4}$. **74.** 1. **75.** $\frac{\beta^2 - \alpha^2}{2m}$.

76. $-\frac{1}{3}$. **77.** $\frac{2}{3}$. **78.** 4. **79.** e^2. **80.** e. **81.** 0.

82. e. **83.** e^3. **84.** $e^{\frac{3}{2}}$. **85.** 1. **86.** $e^{-\frac{x^2}{2}}$. **87.** $e^{\lambda s}$.

88. $e^{\cot a}$. **89.** $e^{b \cot a}$. **90.** e^{-2}. **91.** 1. **92.** e. **93.** 0.

94. 0, wenn x wachsend gegen $\frac{\pi}{4}$ strebt; ∞, wenn x fallend gegen $\frac{\pi}{4}$ strebt.

95. 0. **96.** e^{-1}. **97.** $\frac{M}{10} = 0{,}0431\ldots$. **98.** -1.

99. $-\frac{\pi^2}{2}$. **100.** $\frac{\alpha^2}{\beta^2}$. **101.** 2π. **102.** 1. **103.** 1. **104.** $\frac{\alpha}{\beta}$.

105. $\ln a$. **106.** $\ln a$. **107.** $\ln^2 a$. **108.** $\ln a - \ln b$.

109. $\alpha - \beta$. **110.** 1. **111.** $a^a \ln a$. **112.** a für $a > 1$; 1 für $a < 1$.

113. $\sqrt{ab}$. **114.** $\sqrt[m]{a_1 a_2 \cdots a_m}$. **115.** 1. **116.** a. **129.** $\frac{1}{4}$.

130. $\frac{1}{9}$. **133.** $\sqrt{e}$. **143.** $\lim\limits_{n \to \infty} u_n = 2$.

145. $x_n = \frac{a}{3}\left(1 + \frac{(-1)^n}{2^{n-1}}\right) + \frac{2b}{3}\left(1 + \frac{(-1)^{n+1}}{2^n}\right)$, $x_n \to \frac{a+2b}{3}$ für $n \to \infty$.

148. $\lim\limits_{n \to \infty} a_n = b \frac{\sin \varphi}{\varphi}$ für $a = b \cos \varphi < b$,

$\lim\limits_{n \to \infty} a_n = b \frac{\sinh \varphi}{\varphi}$ für $a = b \cosh \varphi > b$.

152. $\lim\limits_{n \to \infty} y_n = 1 - \sqrt{1 - x}$.

154. Wird das Gewicht jedes Abschnittes AB des Balkens mit y bezeichnet, so ist

$y = 2x$ für $0 \leqq x \leqq 1$; $y = \frac{3x + 1}{2}$ für $1 \leqq x \leqq 3$,

$y = x + 2$ für $3 \leqq x \leqq 4$.

155. u für $x < -1$ und für $x > 1$; v für $x > 1$; y für $-1 \leq x \leq 1$; z für $x < 1$ und für $x > 2$.

156. y für $x \leq -3$ und $x \geq 3$; z für alle x.

157. y für $x \geq 0$; z für alle x.

158. Ja. **159.** Für $a = 0$.

160. Für $x = n^2$, wobei n ganz und größer als 0 ist.

161. Für $x = 0$; es ist $e^{\frac{1}{x}} \to 0$, wenn x wachsend, und $e^{\frac{1}{x}} \to \infty$, wenn x fallend gegen 0 strebt.

162. Für $x = 1$; es ist $y \to 1$, wenn x wachsend, und $y \to 0$, wenn x fallend gegen 1 strebt.

163. u für $x = \pm 2$, v für $x = \pm\sqrt{3}$, w für $x = 0$, $x = \pm 1$.

164. $x = \frac{(2n+1)\pi}{2}$, $x = \frac{(2n+1)\pi}{6}$, n ganz.

165. $x = n\pi$, $n \neq 0$, ganz.

166. $x = 0$. **167.** $x = 0$. **168.** Nein. **169.** Siehe Abb. 1. **170.** Abb. 2. **171.** Abb. 3. **172.** Abb. 5. **173.** Abb. 4. **174.** Abb. 6.

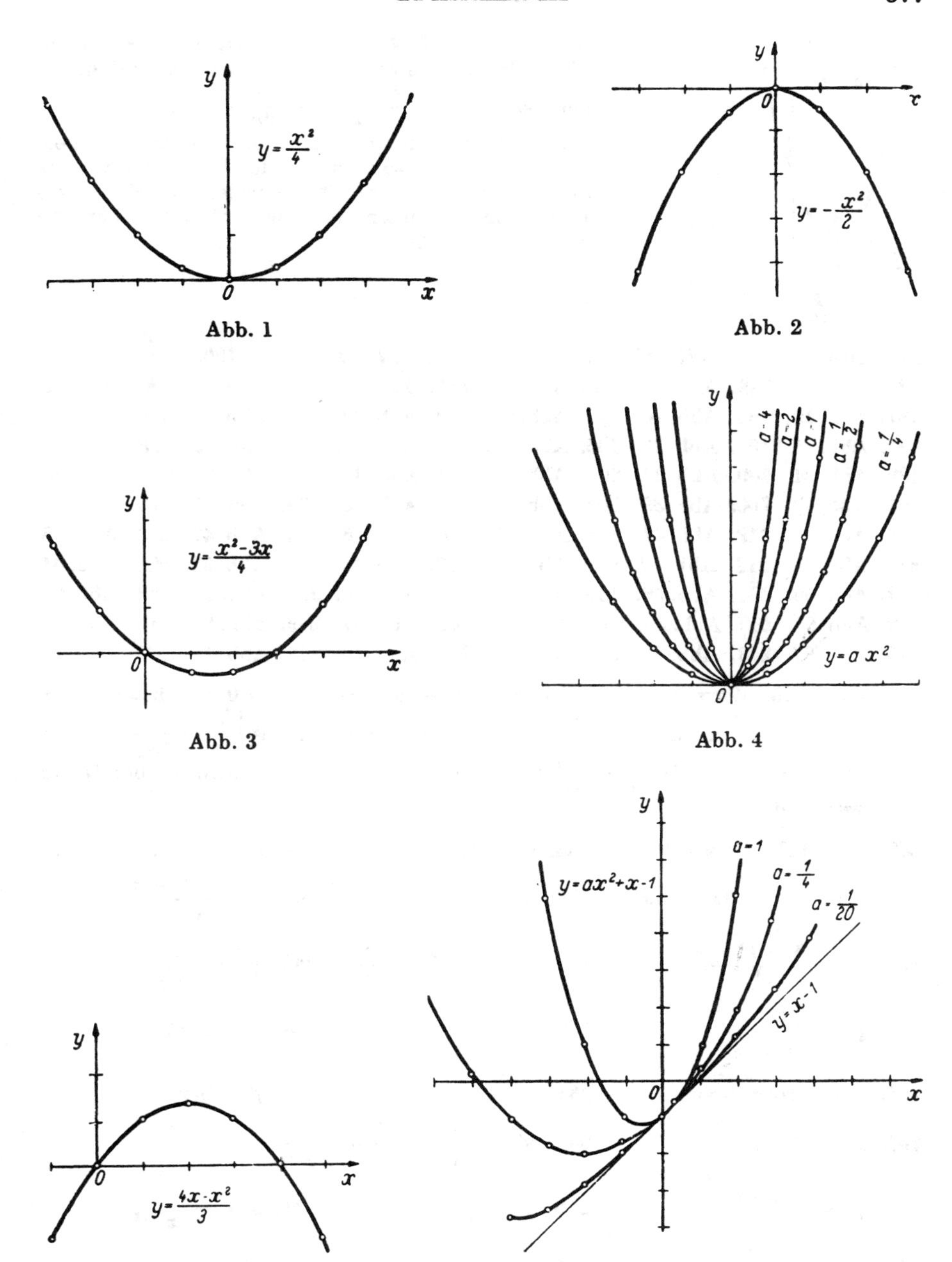

Abb. 1

Abb. 2

Abb. 3

Abb. 4

Abb. 5

Abb. 6

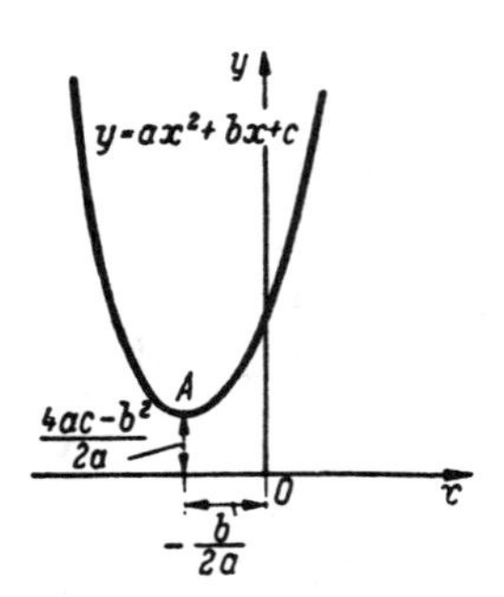

175. Für $a > 0$, $b > 0$, $4ac - b^2 > 0$ hat die Kurve die in Abb. 7 dargestellte Form. Die Koordinaten des Scheitelpunktes A sind $\left(-\frac{b}{2a}, \frac{4ac-b^2}{2a}\right)$. Für $a > 0$ ist die Kurve von unten konvex, für $a < 0$ von oben. Ist $4ac - b^2 > 0$, so schneidet die Kurve die x-Achse nicht; für $4ac - b^2 < 0$ schneidet die Kurve die x-Achse in 2 Punkten; für $4ac - b^2 = 0$ berührt die Kurve die x-Achse.

Abb. 7

176. Siehe Abb. 8. **177.** Abb. 9. **178.** Abb. 10. **179.** Abb. 11. **180.** Abb. 12.
181. Abb. 14. **182.** Abb. 13. **183.** Abb. 15. **184.** Abb. 16. **185.** Abb. 17. **186.** Abb. 18.
187. Abb. 19. **188.** Abb. 20. **189.** Abb. 21. **190.** Abb. 22. **191.** Abb. 23. **192.** Abb. 24.
193. Abb. 25. **194.** Abb. 26. **195.** Abb. 27. **196.** Abb. 28. **197.** Abb. 29. **198.** Abb. 30.
199. Abb. 31. **200.** Abb. 32. **201.** Abb. 33. **202.** Abb. 34. **203.** Abb. 35. **204.** Abb. 36.
205. Abb. 37. **206.** Abb. 38. **207.** Abb. 39. **208.** Abb. 40. **209.** Abb. 41. **210.** Abb. 42.
211. Abb. 43. **212.** Abb. 44. **213.** Abb. 45. **214.** Abb. 46. **215.** Abb. 47. **216.** Abb. 48.
217. Abb. 49. **218.** Abb. 50. **219.** Abb. 51. **220.** Abb. 52. **221.** Abb. 53. **222.** Abb. 54.
223. Abb. 55. **224.** Abb. 56. **225.** Abb. 57. **226.** Abb. 58. **227.** Abb. 59. **228.** Abb. 60.
229. Abb. 61. **230.** Abb. 62. **241.** Abb. 63. **242.** Abb. 64. **243.** Abb. 65. **244.** Abb. 66.
245. Abb. 67. **246.** Abb. 68. **247.** Abb. 69. **248.** Abb. 70. **249.** Abb. 71.

251. Wenn die Wurzeln der Gleichung $\gamma\omega^2 + (\delta - \alpha)\omega - \beta = 0$ voneinander verschieden sind, dann ist der gesuchte Grenzwert gleich ω_1, falls $\left|\frac{\alpha - \gamma\omega_1}{\alpha - \gamma\omega_2}\right| < 1$ ist, und gleich ω_2, falls $\left|\frac{\alpha - \gamma\omega_1}{\alpha - \gamma\omega_2}\right| > 1$ ist. Ist $\omega_1 = \omega_2 = \omega$, dann ist der Grenzwert gleich ω.

252. $y' = 6x^2 - 10x + 7$. **253.** $y' = 4x^3 - 6x$. **254.** $y' = 1 - x + x^2 - x^3$.

255. $y' = 7x^6 - 10x^4 + 3x^2$. **256.** $y' = \frac{2}{(x+1)^2}$. **257.** $y' = \frac{1+x^2}{(1-x^2)^2}$.

258. $y' = \frac{5-12x}{x^6}$. **259.** $y' = \frac{2(1-x^2)}{(x^2-x+1)^2}$. **260.** $y' = \frac{1}{2\sqrt{x}}$.

261. $y' = \frac{1}{3\sqrt[3]{x^2}}$. **262.** $y' = \frac{7}{8\sqrt[8]{x}}$. **263.** $y' = x^2 e^x$.

264. $y' = x\cos x + \sin x$. **265.** $y' = x^2 \cos x$. **266.** $y' = \ln x$.

267. $y' = x^2 \ln x$. **268.** $y' = \frac{1}{2\sqrt{x}} + \frac{1}{x} + \frac{1}{2x\sqrt{x}}$.

269. $y' = -\frac{\cos x}{\sin^2 x}$. **270.** $y' = \frac{\sin x}{\cos^2 x}$. **271.** $y' = -\frac{1}{x\ln^2 x}$.

272. $y' = \frac{2e^x}{(e^x+1)^2}$. **273.** $y' = 2e^x \sin x$. **274.** $y' = na(ax+b)^{n-1}$.

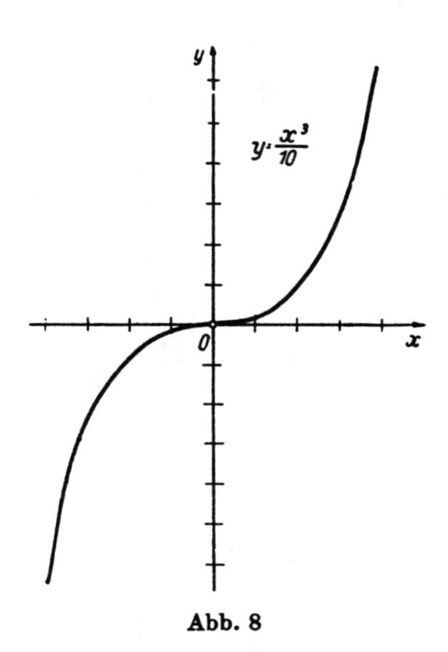

Abb. 8

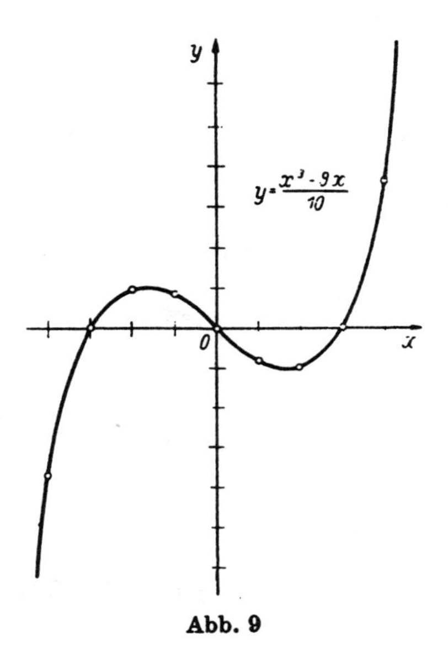

Abb. 9

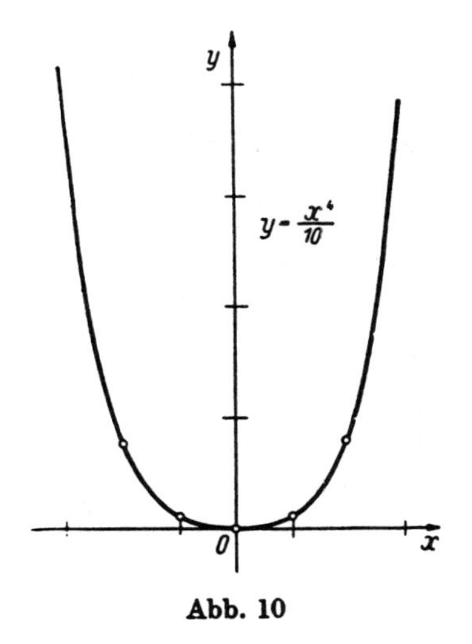

Abb. 10

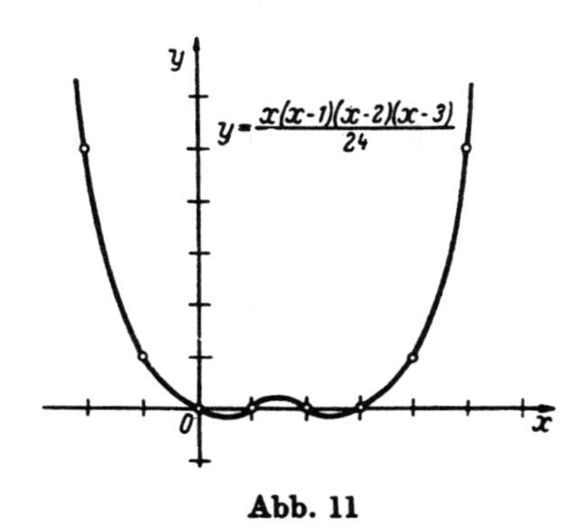

Abb. 11

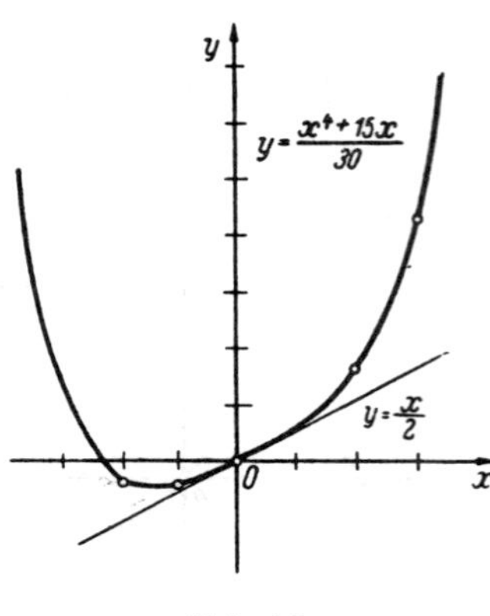

Abb. 12

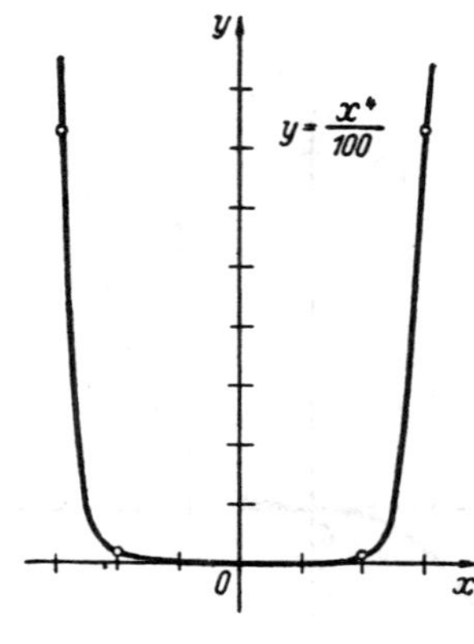

Abb. 13

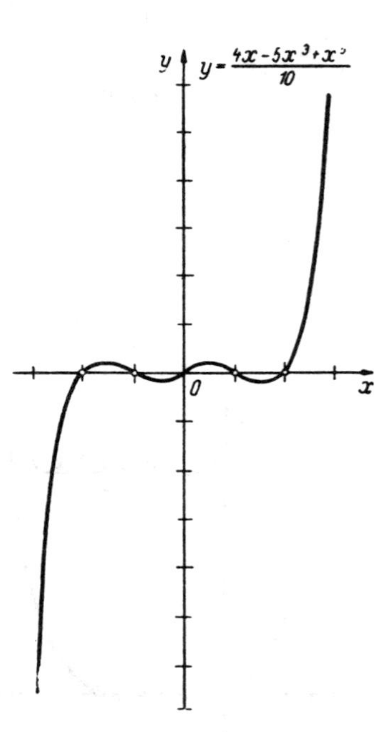

Abb. 14

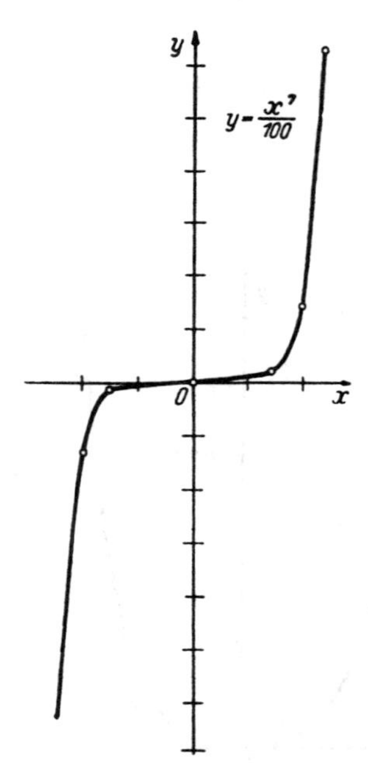

Abb. 15

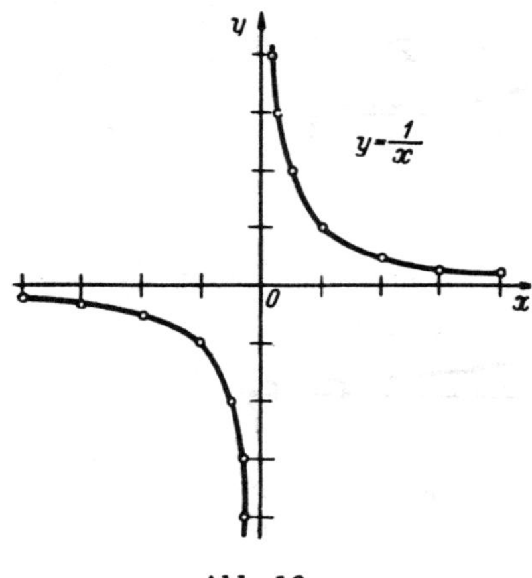

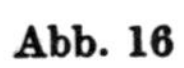
Abb. 16

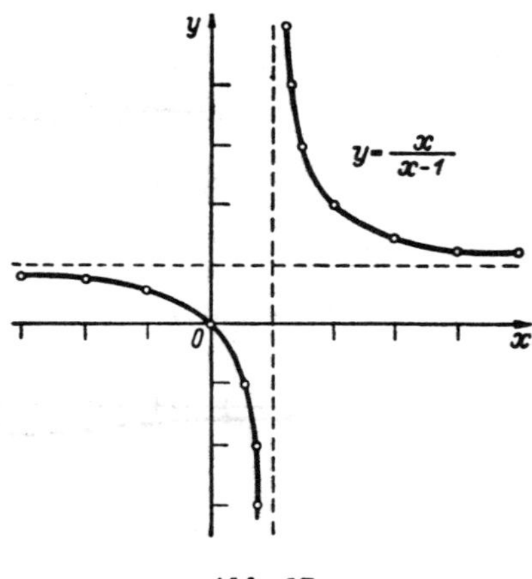

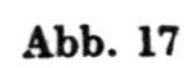
Abb. 17

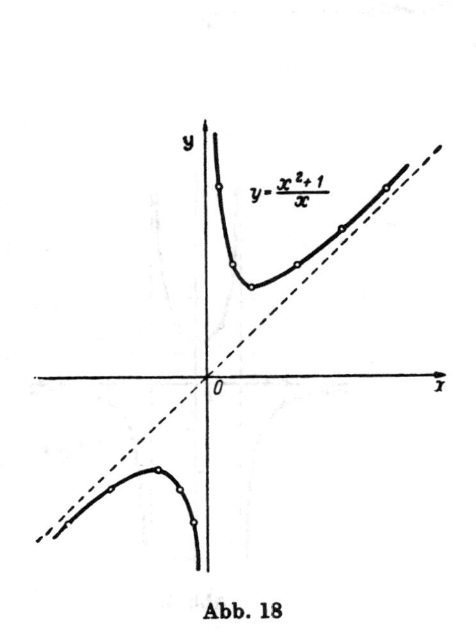

Abb. 18

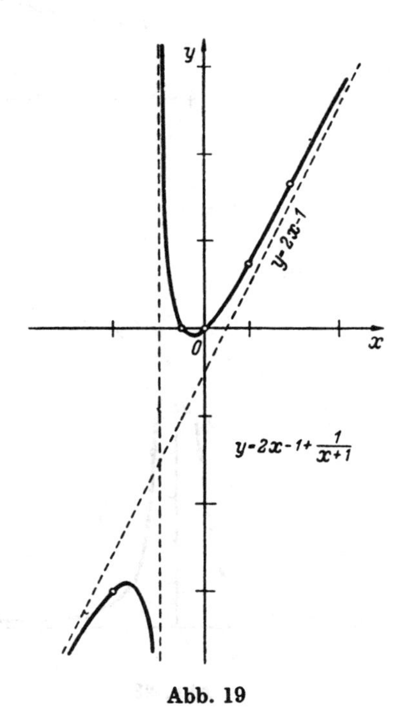

Abb. 19

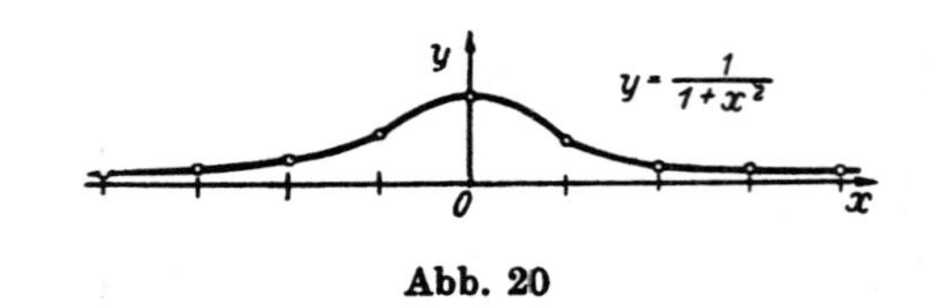

Abb. 20

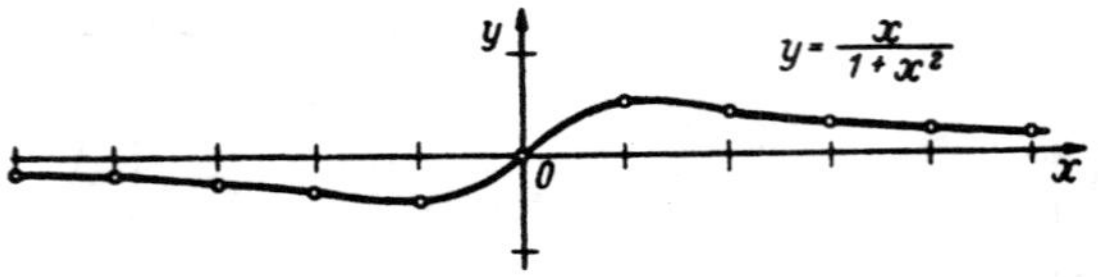

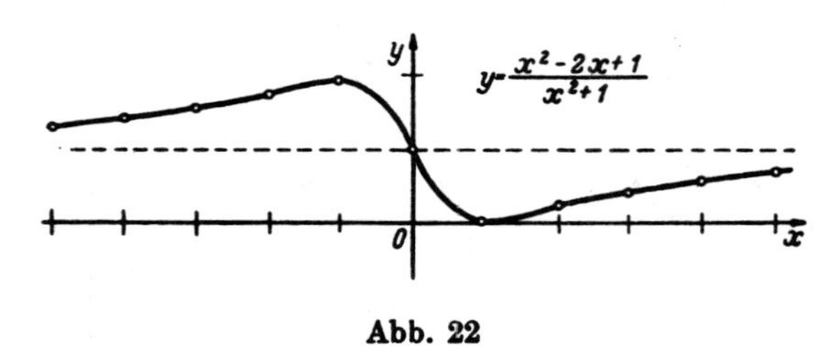

Abb. 21

Abb. 22

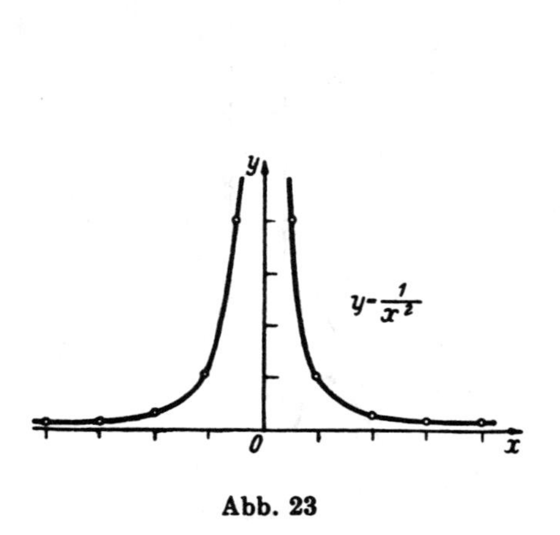

Abb. 23

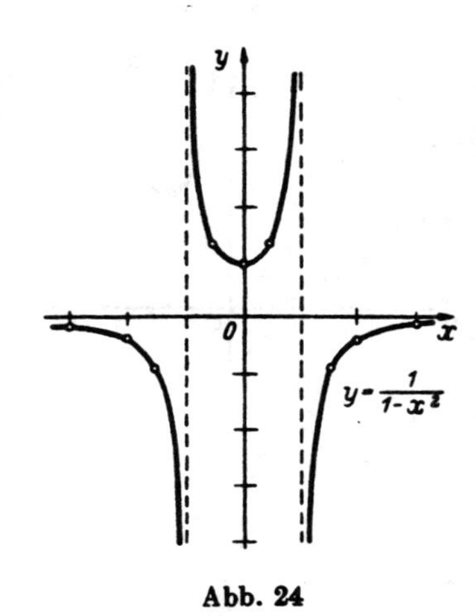

Abb. 24

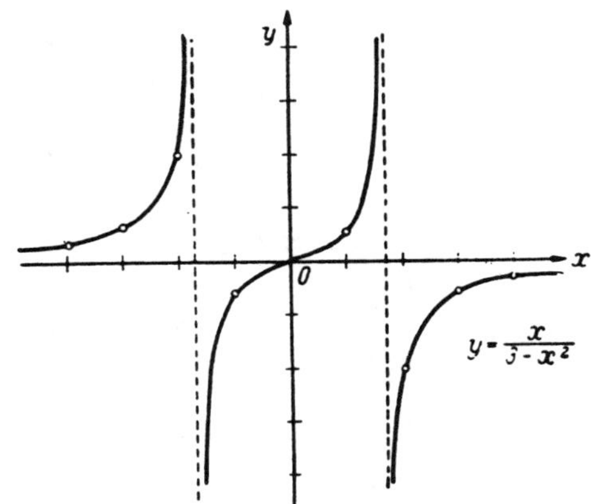

Abb. 25

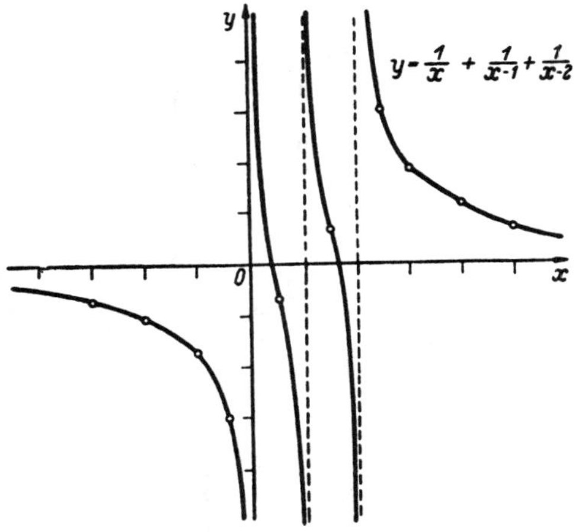

Abb. 26

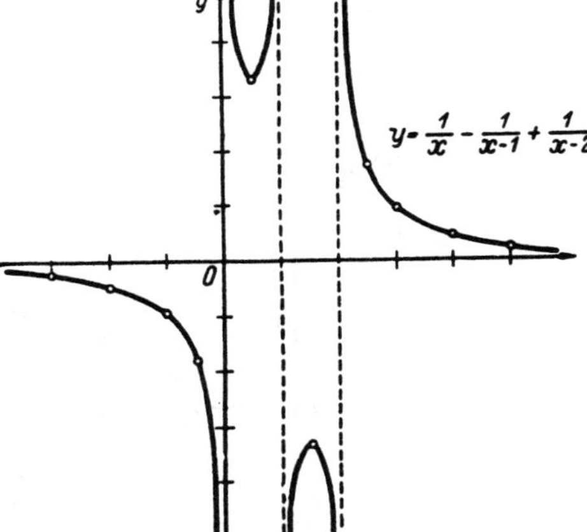

Abb. 27

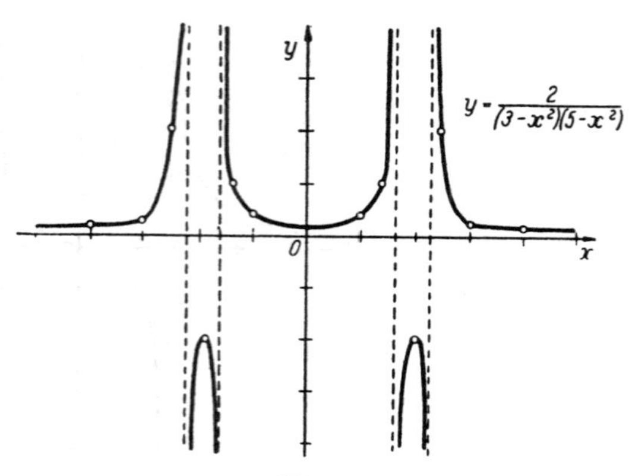

Abb. 28

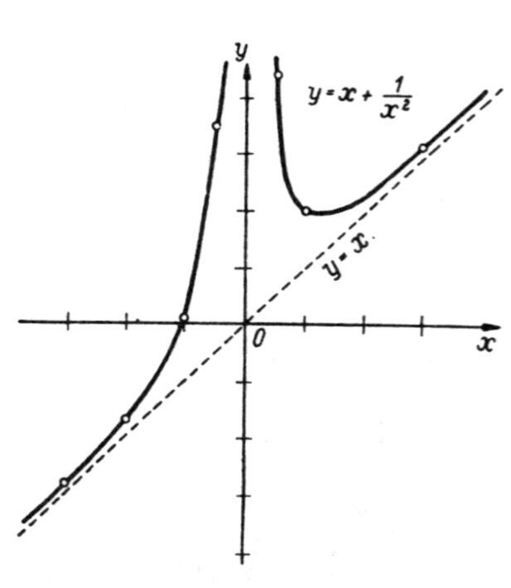

Abb. 29

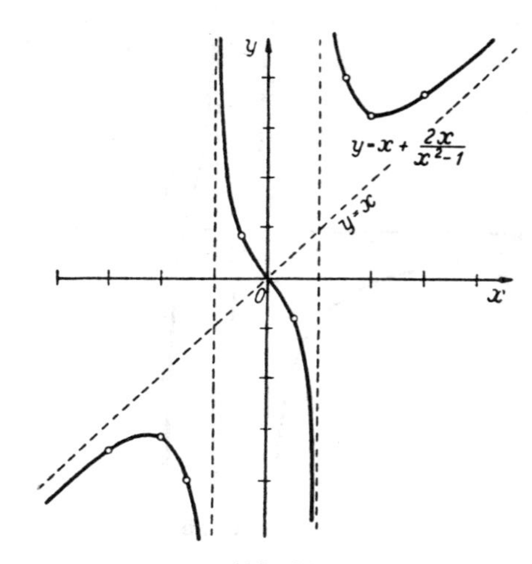

Abb. 30

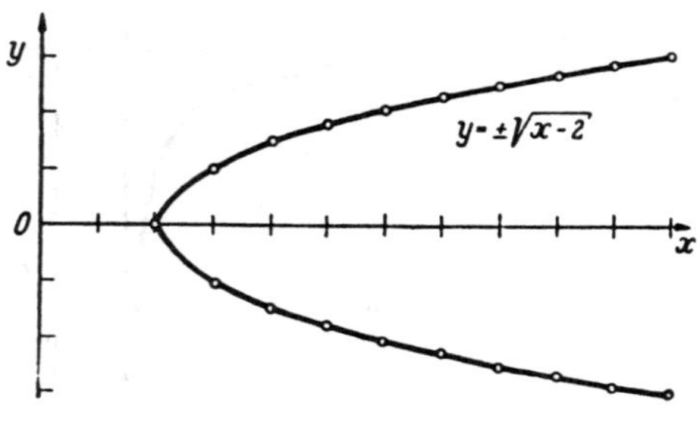

Abb. 31

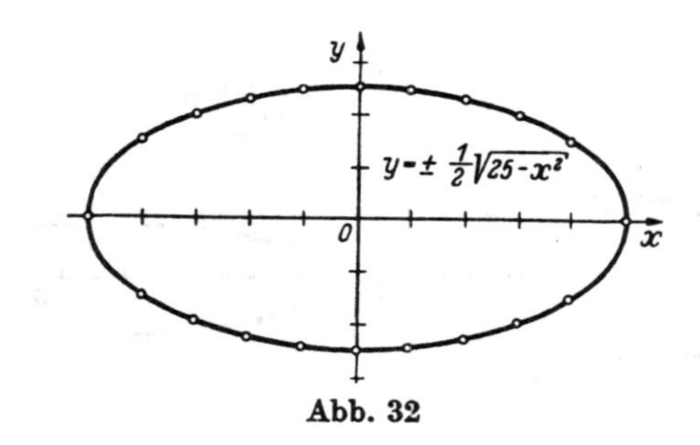

Abb. 32

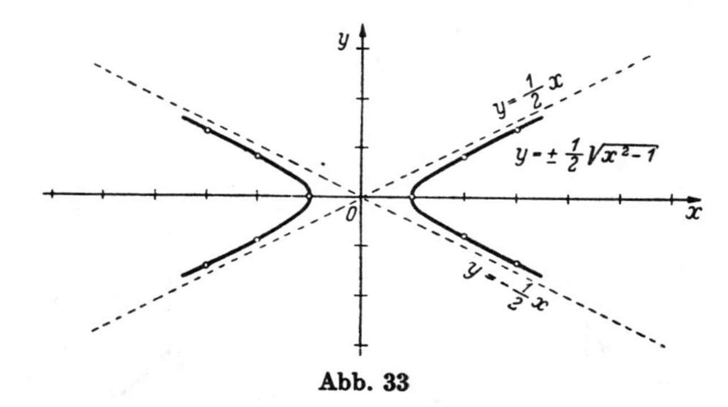

Abb. 33

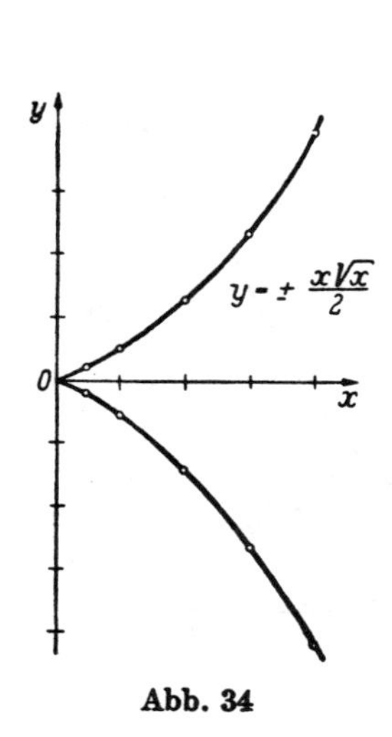

Abb. 34

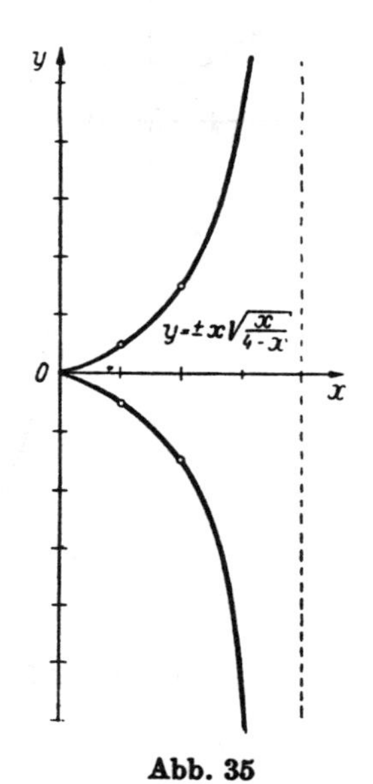

Abb. 35

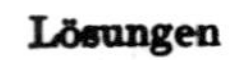

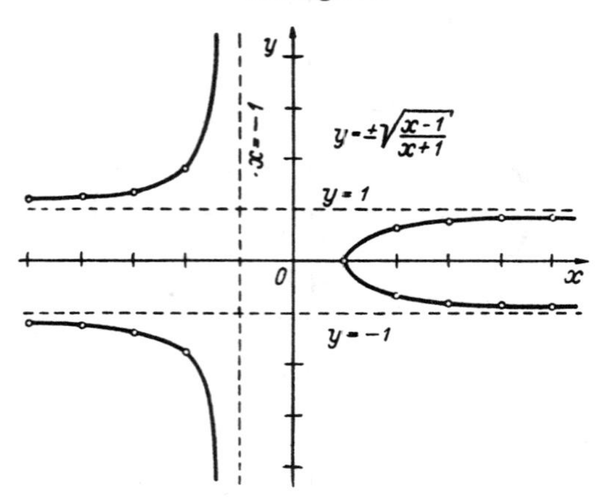

Abb. 36

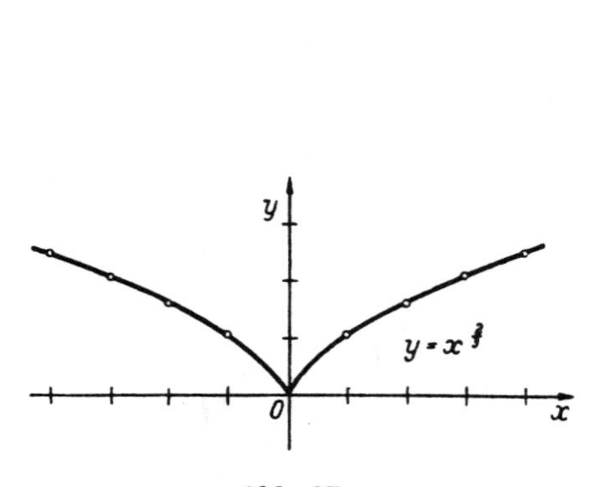

Abb 37

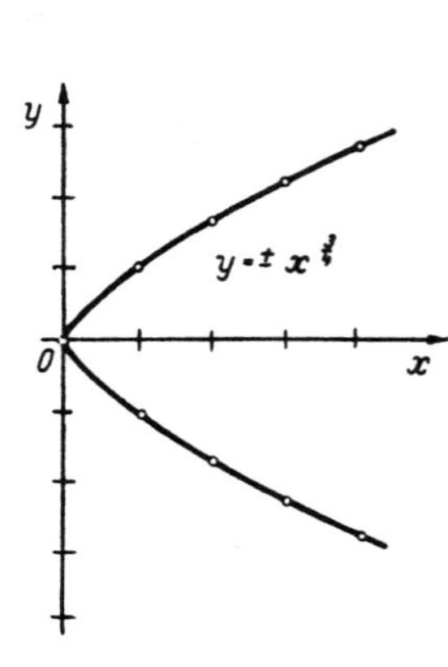

Abb. 38

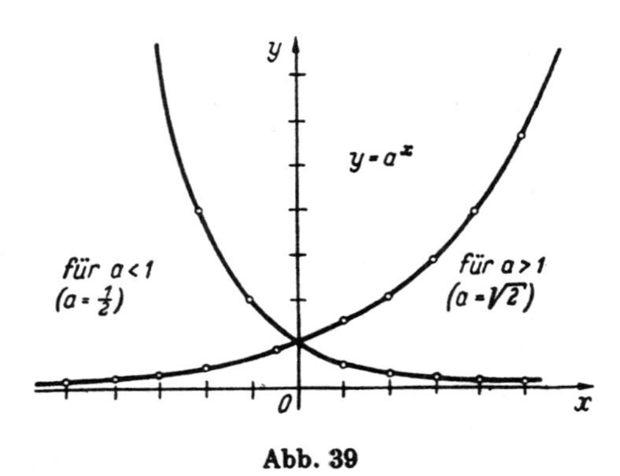

Abb. 39

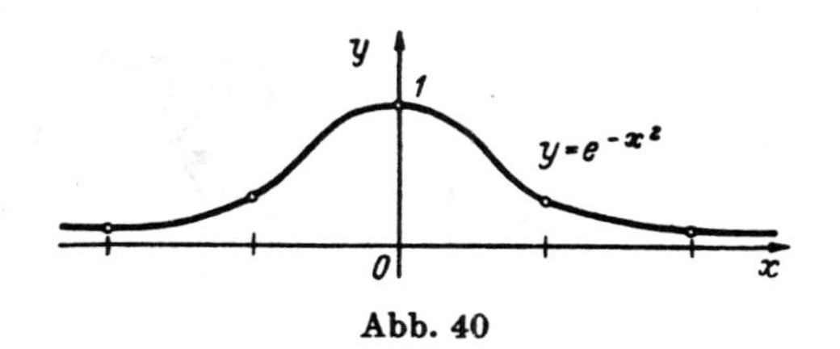

Abb. 40

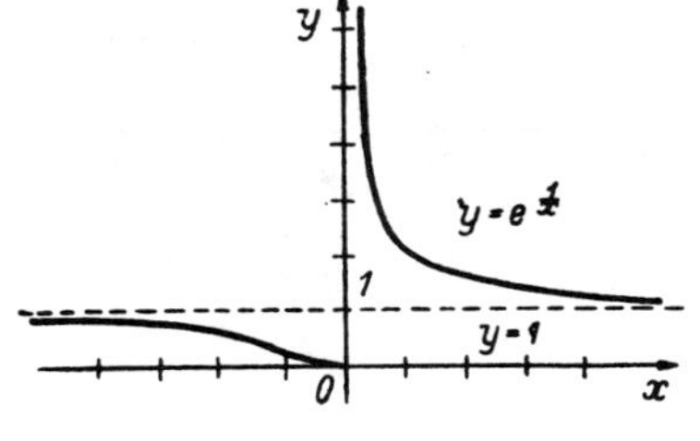

Abb. 41

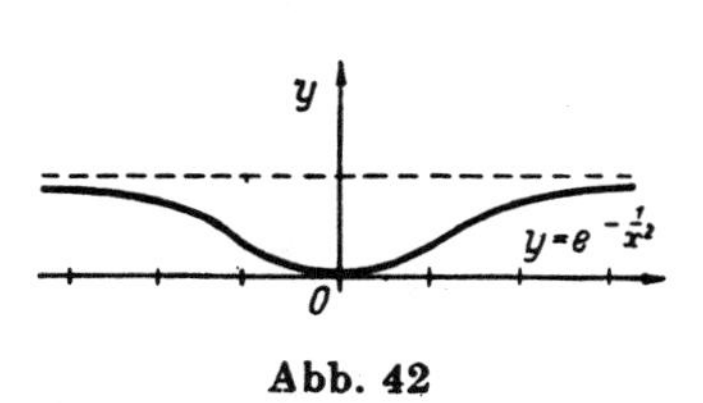

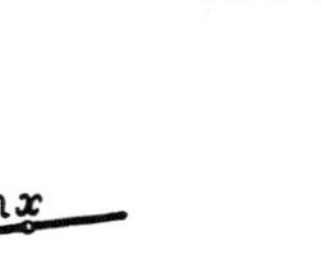

Abb. 42

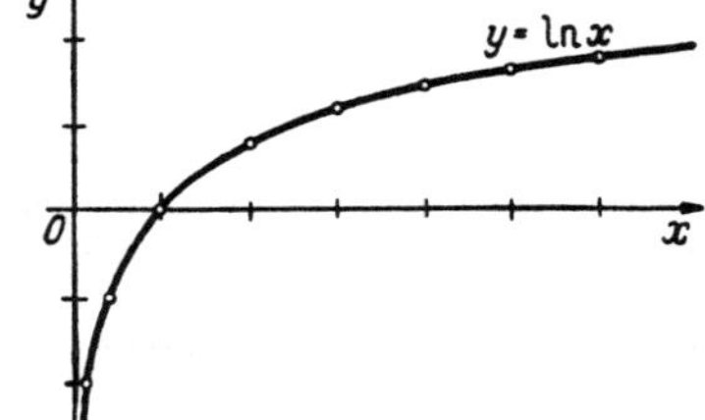

Abb. 43

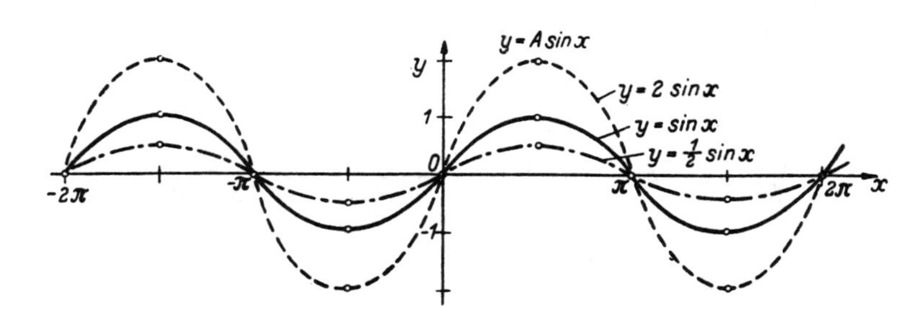

Abb. 44

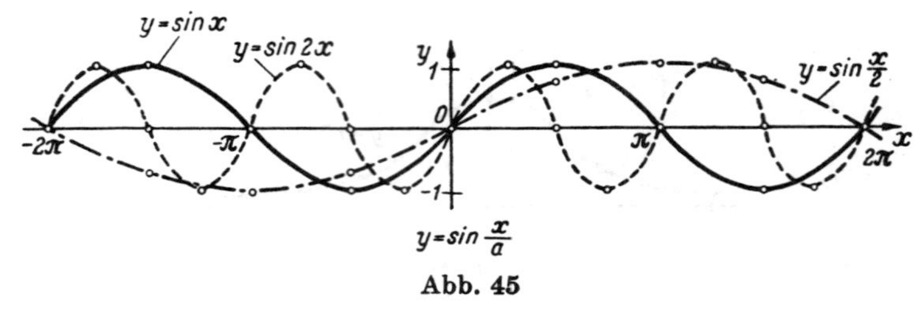

Abb. 45

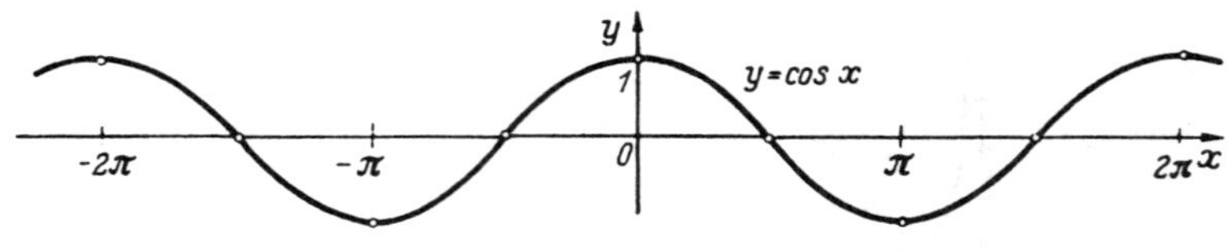

Abb. 46

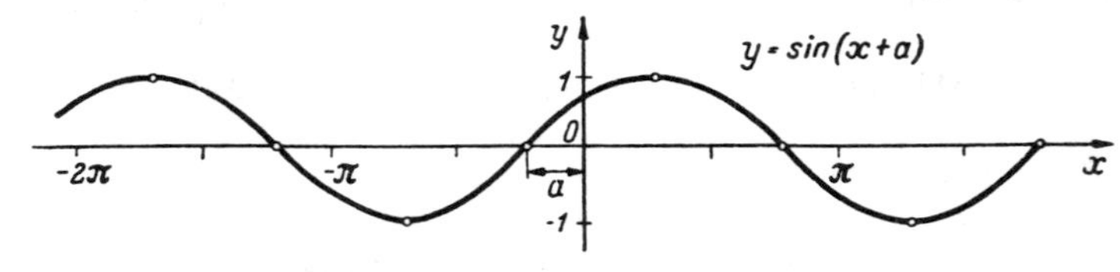

Abb. 47

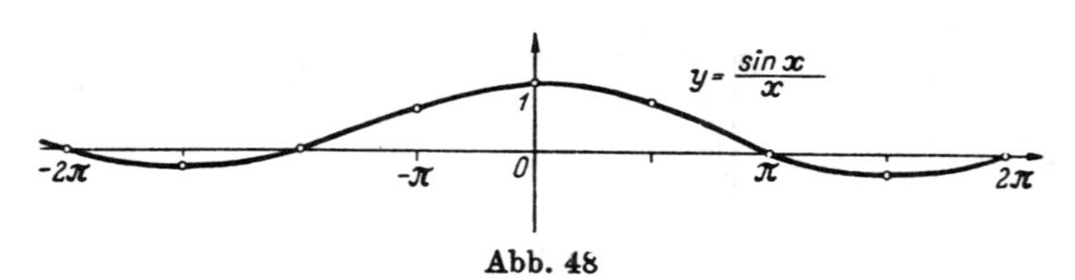

Abb. 48

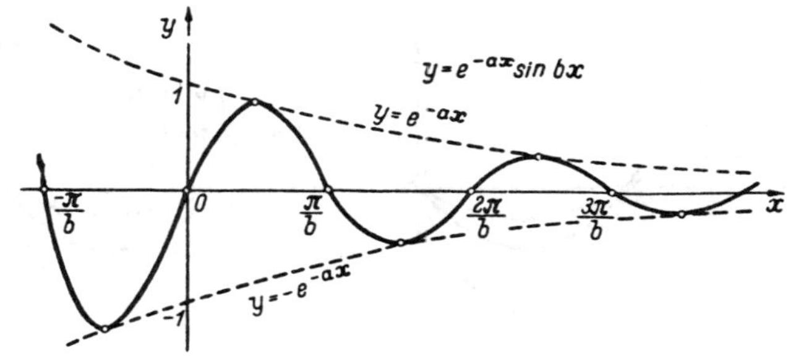

Abb. 49

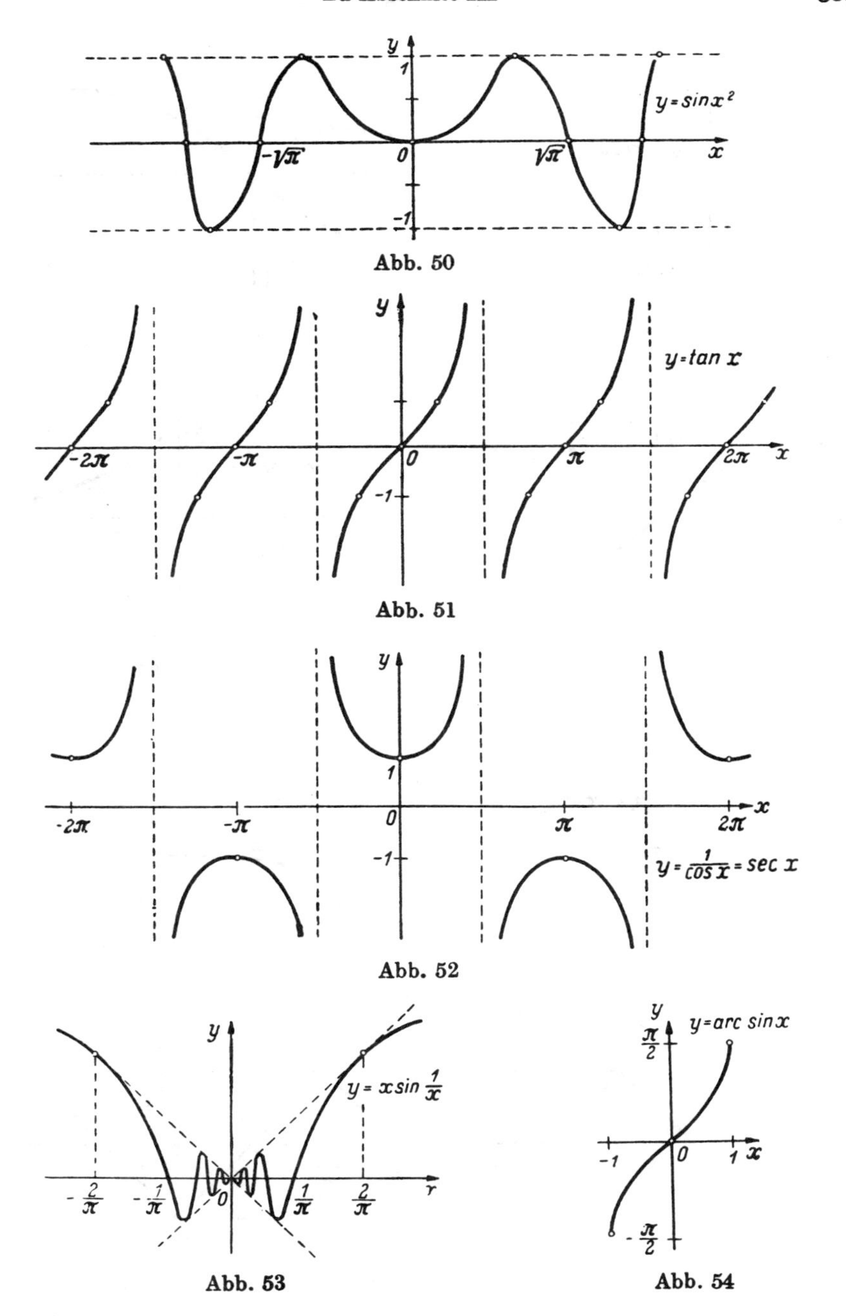
y
1
-1
$-\sqrt{\pi}$
0
$\sqrt{\pi}$
x
$y = \sin x^2$
Abb. 50
y
$y = \tan x$
-2π
$-\pi$
0
π
2π
x
-1
Abb. 51
y
1
0
-1
-2π
$-\pi$
π
2π
x
$y = \frac{1}{\cos x} = \sec x$
Abb. 52
y
$y = x \sin \frac{1}{x}$
$-\frac{2}{\pi}$
$-\frac{1}{\pi}$
0
$\frac{1}{\pi}$
$\frac{2}{\pi}$
Abb. 53
y
$y = \arcsin x$
$\frac{\pi}{2}$
$-\frac{\pi}{2}$
-1
0
1
x
Abb. 54

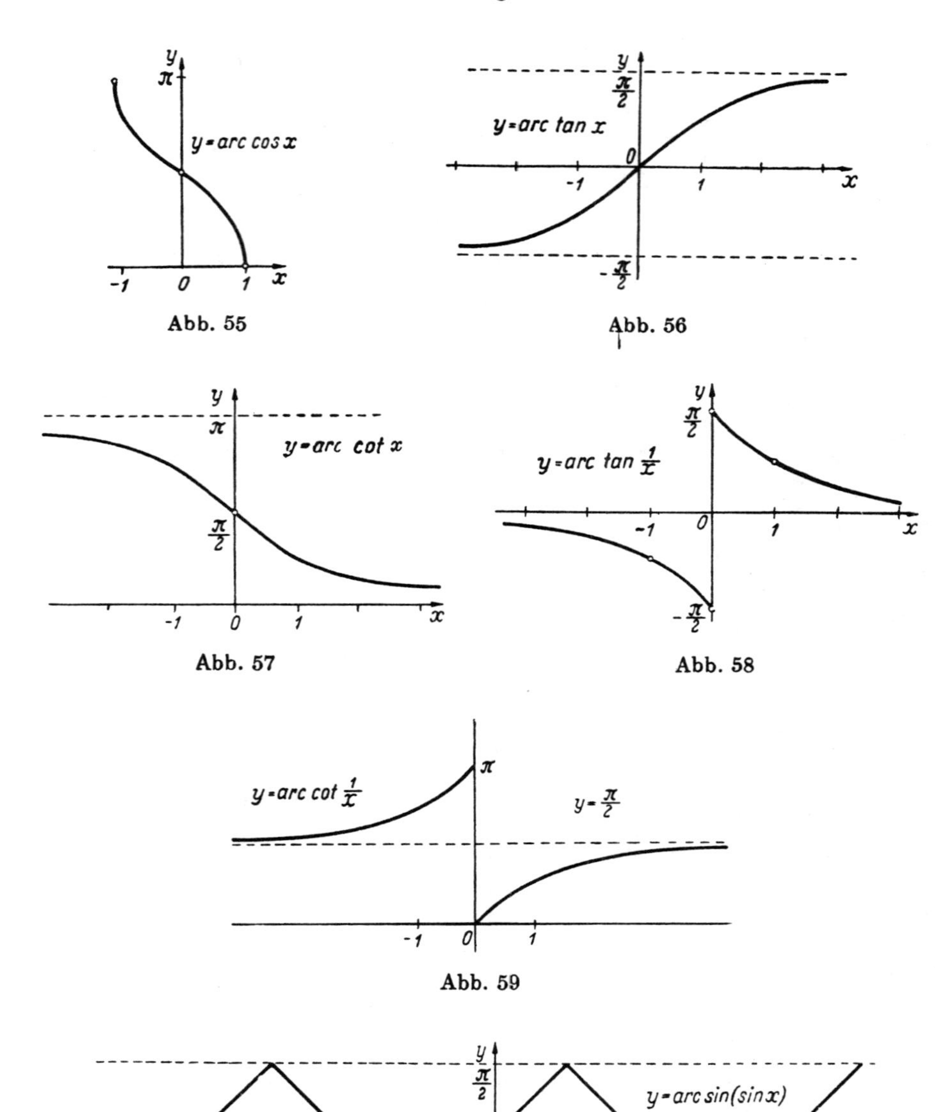

Abb. 55

Abb. 56

Abb. 57

Abb. 58

Abb. 59

Abb. 60

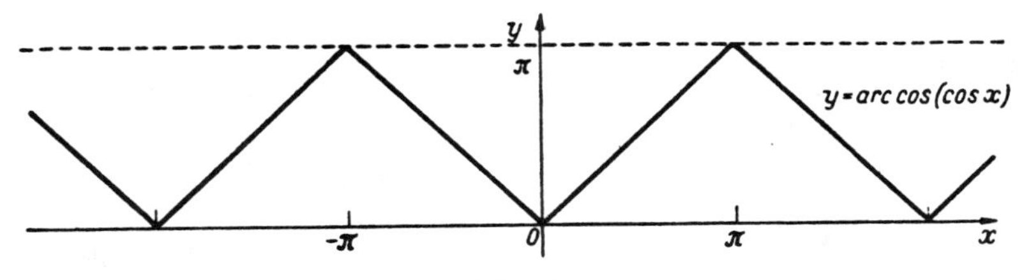

Abb. 61

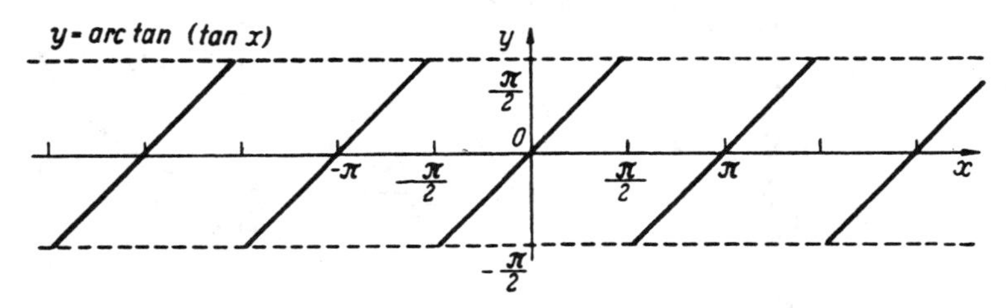

Abb. 62

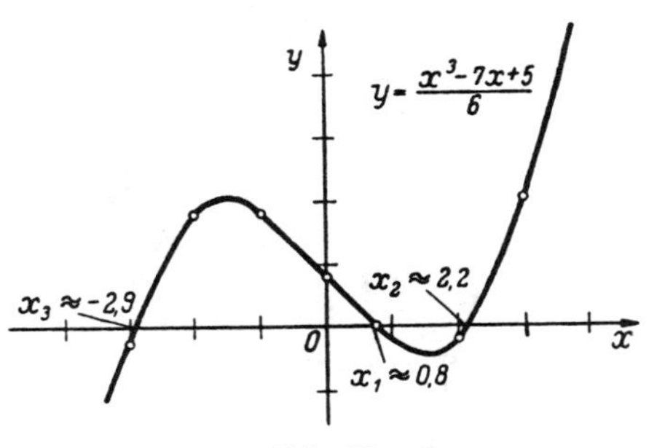

Abb. 63

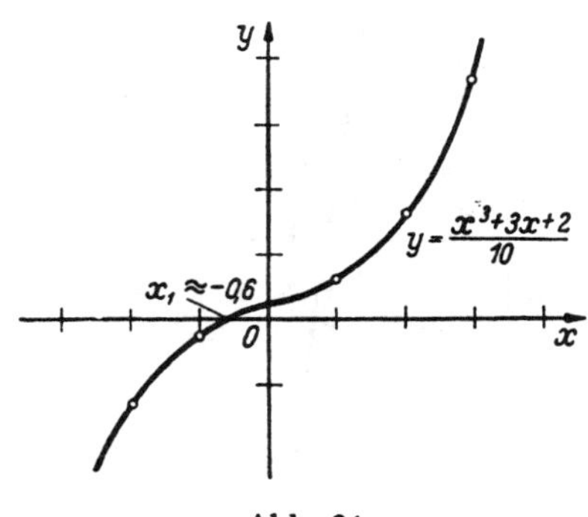

Abb. 64

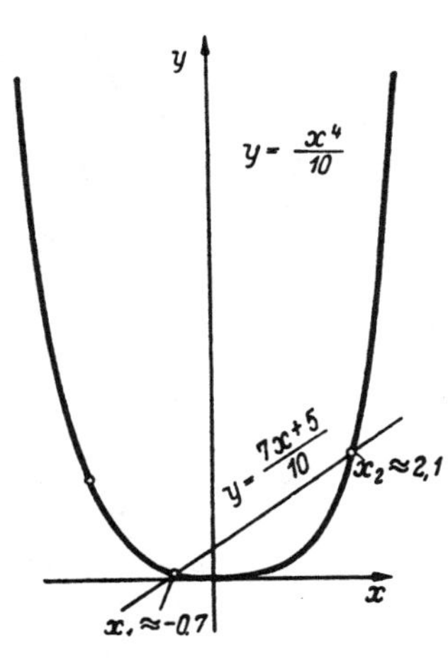

Abb. 65

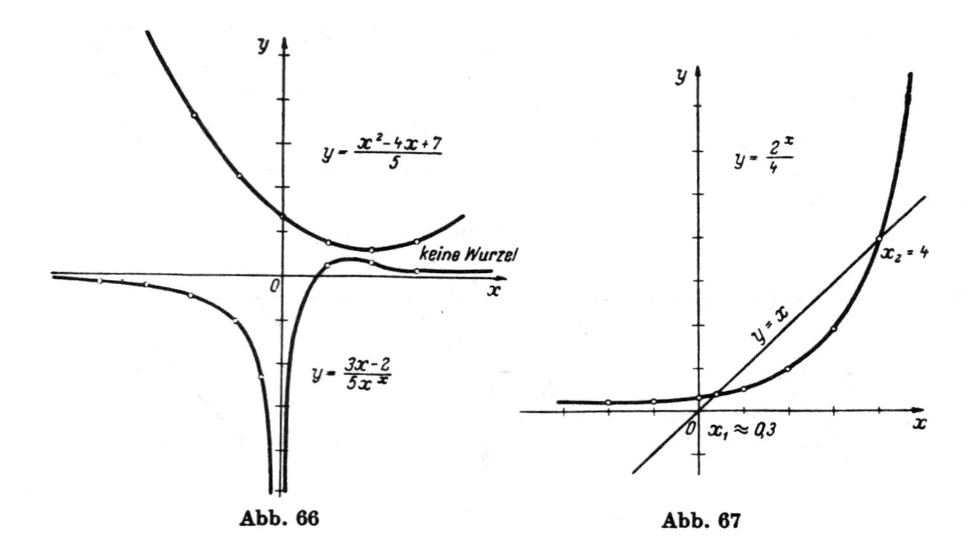

Abb. 66

Abb. 67

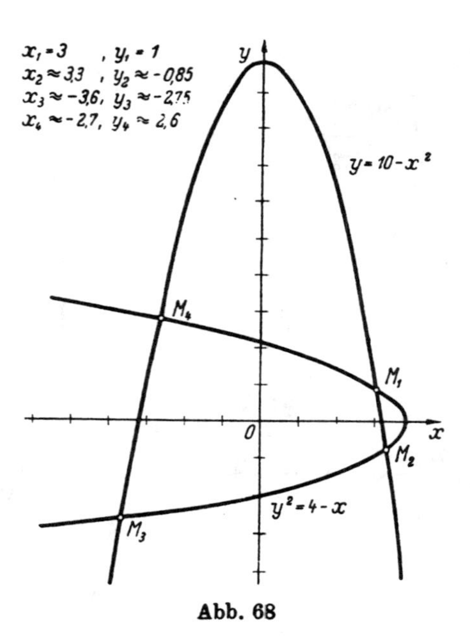

Abb. 68

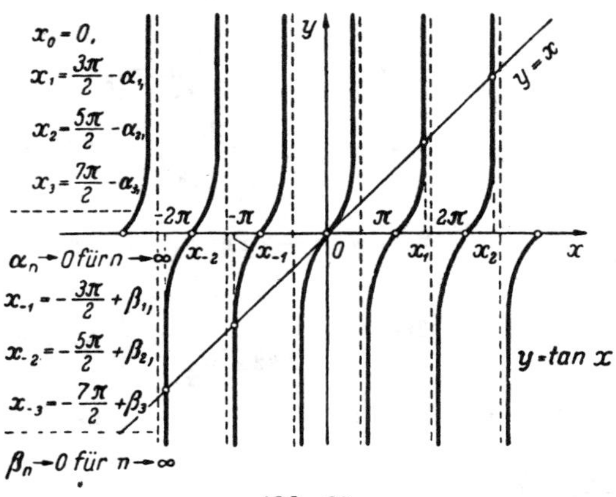

Abb. 69

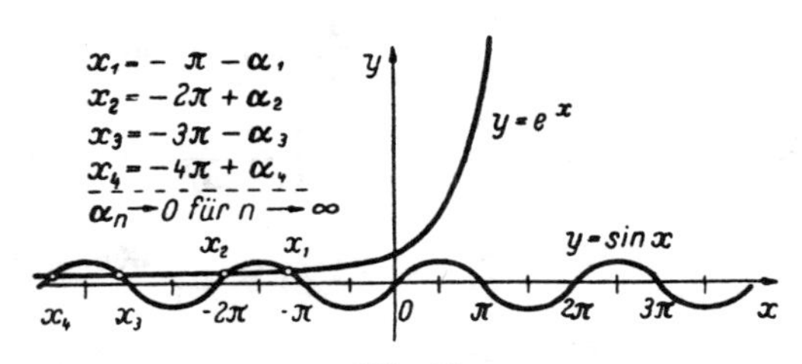

Abb. 70

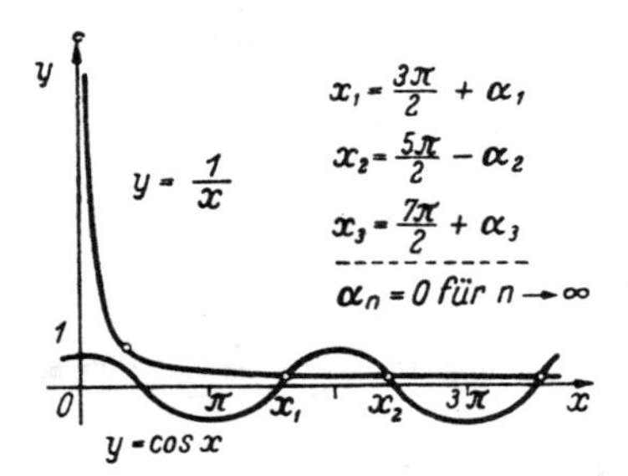

Abb. 71

275. $y' = 3\sin^2 x \cos x$. **276.** $y' = 10x(x^2-1)^4$. **277.** $y' = -5\cos^4 x \sin x$.

278. $y' = \frac{3}{2\sqrt{3x-5}}$. **279.** $y' = 5\cos 5x$. **280.** $y' = -\frac{x}{\sqrt{a^2-x^2}}$.

281. $y' = -e^{-x}$. **282.** $y' = \frac{1}{(1-x^2)\sqrt{1-x^2}}$.

283. $y' = \cot x$. **284.** $y' = -\frac{3x}{(1+x^2)^{\frac{5}{2}}}$. **285.** $y' = \frac{2}{\sin 2x}$.

286. $y' = \frac{2x^2+1}{\sqrt{x^2+1}}$. **287.** $y' = -2x\,e^{-x^2}$. **288.** $y' = \frac{2\sqrt{x}+1}{4\sqrt{x^2+x\sqrt{x}}}$.

289. $y' = \frac{3x+2}{x^2+x}$. **290.** $y' = \frac{4}{3\sqrt[3]{2x+1}}$. **291.** $y' = \frac{1}{\sqrt{x^2+a^2}}$.

292. $y' = b\cos ax \cos bx - a\sin ax \sin bx$. **293.** $y' = \frac{1}{x^2-1}$.

294. $y' = e^{ax}(a\cos bx - b\sin bx)$. **295.** $y' = \frac{-1}{\cos x}$.

296. $y' = \frac{4}{(e^x+e^{-x})^2} = \frac{1}{\cosh^2 x}$. **297.** $y' = \frac{1}{\cos x}$.

298. $y' = x^3 \ln^2 x$. **299.** $y' = -\frac{1}{x\sqrt{1-x^2}}$. **300.** $y' = -\frac{\sqrt{1+x^2}}{x}$.

301. $y' = \frac{2x}{x^4-5x^2+6}$. **302.** $y' = \frac{x^2}{(x^2+a^2)(x+a)^2}$.

303. $y' = \frac{2x^3}{1-x^4}$. **304.** $y' = \frac{1}{\cos^3 x}$. **305.** $y' = \frac{1}{\sin^3 x}$.

306. $y' = \tan^3 x$. **307.** $y' = \frac{1}{\cos^3 x}$. **308.** $y' = \frac{1}{a^2+x^2}$.

309. $y' = \frac{1}{\sqrt{a^2-x^2}}$. **310.** $y' = \frac{-1}{|x|\sqrt{x^2-1}}$. **311.** $y' = \frac{2\arcsin x}{\sqrt{1-x^2}}$.

312. $y' = \frac{\cos x}{|\cos x|} = \operatorname{sign}\cos x; \quad x \neq (2n+1)\frac{\pi}{2}$.

313. $y' = \frac{\sigma}{x\sqrt{x^2-1}}; \quad \sigma = \operatorname{sign} x, \quad x \neq 0$.

314. $y' = -\frac{x}{|x|}\frac{1}{\sqrt{1-x^2}} = -\frac{\operatorname{sign} x}{\sqrt{1-x^2}}$. **315.** $y' = -\frac{1}{1+x^2}$.

316. $y' = \frac{1}{x^2+x+1}$. **317.** $y' = -\frac{3\sigma}{\sqrt{1-x^2}}; \quad \sigma = \operatorname{sign}(1-4x^2); \ 1-4x^2 \neq 0$.

318. $y' = \frac{2\sigma}{1+x^2}; \quad \sigma = \operatorname{sign}(1-x^2); \quad x^2 \neq 1$.

319. $y' = \frac{-2\sigma}{1+x^2}$; $\sigma = \operatorname{sign} x$; $x \neq 0$.

320. $y' = \frac{1+x^2}{1+x^2+x^4}$.

321. $y' = \frac{\sigma}{a\cos^2 x + b\sin^2 x}$; $\sigma = \operatorname{sign} a$; $a \neq 0$.

322. $y' = \frac{1+x^4}{1+x^6}$.

323. $y' = \frac{1}{1+x^4}$.

324. $y' = \frac{1}{a + b\cos x}$.

325. $y' = x^x(\ln x + 1)$.

326. $y' = x^{\sin x}\left(\frac{\sin x}{x} + \cos x \ln x\right)$.

327. $y' = \operatorname{sign} x$; $x \neq 0$.

328. $y' = 2x\sin\frac{1}{x} - \cos\frac{1}{x}$, wenn $x \neq 0$; $y' = 0$ für $x = 0$.

329. $1 + 2x + 3x^2 + \cdots + nx^{n-1} = \frac{nx^{n+1} - (n+1)x^n + 1}{(x-1)^2}$.

330. $\sin x + 2\sin 2x + \cdots + n\sin nx = \frac{(n+1)\sin nx - n\sin(n+1)x}{2(1-\cos x)}$.

331. $\sin x + 3\sin 3x + \cdots + (2n-1)\sin(2n-1)x$

$$= \frac{(2n-1)\sin(2n+1)x - (2n+1)\sin(2n-1)x}{4\sin^2 x}.$$

333. $\tan\alpha = 1, 0$ und -1; also $\alpha = 45°$, $0°$ und $-45°$.

334. $135°$.

335. $45°$.

336. $45°$ für $x = 2n\pi$ und $135°$ für $x = (2n+1)\pi$.

337. $A = a$.

338. $a = e$.

339. $30°$, $45°$, $60°$; die Angaben gelten für den Winkel zwischen dem nach oben weisenden Tangentenstrahl und der positiven Richtung der y-Achse.

340. Für $a = 4$, im Koordinatenursprung.

347. $y = x + 1$.

348. $y = x - 1$.

351. $b^2 - 4ac = 0$.

352. $4p^3 + 27q^2 = 0$.

353. $a = e^{\frac{1}{e}}$; $x = e$.

355. $\tan\alpha = -\frac{b}{a}\cot t$.

356. $\frac{\pi}{4} = 45°$.

357. $\alpha = 90° - \frac{t}{2} = \frac{\pi}{2} - \frac{t}{2}$.

359. $y = 2x - 3$.

360. $(4, 3)$ und $(3, 7)$.

361. $\tan\alpha = 17 \pm 12\sqrt{2}$.

366. Für $x > 0$ von oben konkav; für $x < 0$ von oben konvex.

367. $x = \pm\frac{\sqrt{2}}{2}$.

368. $x = \pm\frac{\sqrt{3}}{3}$.

369. 120.

370. 0.

371. 12960.

372. $\frac{42}{125}x^{-\frac{12}{5}}$.

373. $x^2(60\ln x + 47)$.

374. $27a^{3x}\ln^3 a$.

375. $am(m+1)(m+2)(m+3)x^{-m^2-4}$.

376. $\frac{6}{(x-1)^4}$.

377. $16e^{2x}(x^2 + 4x + 3)$.

378. $27(3x^2\cos 3x + 8x\sin 3x - 4\cos 3x)$.

379. $2^{49}e^{2x}(2x^2 + 100x + 1225)$.

380. $x^2\sin x - 80x\cos x - 780\sin x$.

381. $-4e^x\sin x$.

385. $2n!\,(1-x)^{-n-1}$ $(n! = 1\cdot 2\cdot 3\cdots n)$.

386. $(-b)^{n-1}an!\,(a+bx)^{-n-1}$.

387. $(-1)^{n-1} n!\,(\alpha\delta - \beta\gamma)\gamma^{n-1}(\gamma x + \delta)^{-n-1}$.

388. $(-1)^n n!\,[x^{-n-1} - (x+1)^{-n-1}]$.

389. $(-1)^{n-1} \dfrac{(2n-2)!}{(n-1)!\,2^{2n-1}}\, x^{\frac{1}{2}-n}$.

390. $2^{n-1} \sin\left(2x + \dfrac{n+3}{2}\pi\right)$.

391. $m^{n-3} e^{mx}[m^3 x^3 + 3n m^2 x^2 + 3n(n-1)mx + n(n-1)(n-2)]$.

392. $$x^2 a^n \sin\left(ax + \frac{\pi n}{2}\right) + 2n x a^{n-1} \sin\left(ax + \frac{\pi n}{2} - \frac{\pi}{2}\right) + n(n-1)\, a^{n-2} \sin\left(ax + \frac{\pi n}{2} - \pi\right).$$

393. $(-1)^n 6(n-4)!\, x^{3-n};\ n \geqq 4$.

394. $(-1)^{n-1} a^n (n-1)!\,(ax+b)^{-n}$.

395. $(n-1)!\,[(1-x)^{-n} + (-1)^{n-1}(1+x)^{-n}]$.

396. $a^n \sin\left(ax + \dfrac{\pi n}{2}\right)$.

397. $(-1)^n (1+x)^{-n-1}\left[\ln(1+x) - 1 - \dfrac{1}{2} - \cdots - \dfrac{1}{n}\right]$.

422. $\dfrac{\partial u}{\partial x} = 3x^2 - 3y, \quad \dfrac{\partial u}{\partial y} = 3y^2 - 3x$.

423. $\dfrac{\partial u}{\partial x} = 6x^2 - 6xy^2, \quad \dfrac{\partial u}{\partial y} = -6x^2 y + 9y^2$.

424. $\dfrac{\partial u}{\partial x} = y + z, \quad \dfrac{\partial u}{\partial y} = x + z, \quad \dfrac{\partial u}{\partial z} = x + y$.

425. $\dfrac{\partial u}{\partial x} = y x^{y-1}, \quad \dfrac{\partial u}{\partial y} = x^y \ln x$.

426. $\dfrac{\partial u}{\partial x} = 3x^2 + 3y - 1, \quad \dfrac{\partial u}{\partial y} = z^2 + 3x, \quad \dfrac{\partial u}{\partial z} = 2yz + 1$.

427. $\dfrac{\partial u}{\partial x} = y e^{xy}, \quad \dfrac{\partial u}{\partial y} = x e^{xy}$.

428. $\dfrac{\partial u}{\partial x} = \dfrac{y}{x^2 + y^2}, \quad \dfrac{\partial u}{\partial y} = \dfrac{-x}{x^2 + y^2}$.

429. $\dfrac{\partial u}{\partial x} = y + \dfrac{3}{x^2}, \quad \dfrac{\partial u}{\partial y} = x - \dfrac{5}{y^2}$.

430. $\dfrac{\partial u}{\partial x} = 2x + y + z, \quad \dfrac{\partial u}{\partial y} = x + 2y + z, \quad \dfrac{\partial u}{\partial z} = x + y + 2z$.

431. $\dfrac{\partial u}{\partial x} = z x^{z-1} y^z, \quad \dfrac{\partial u}{\partial y} = z x^z y^{z-1}, \quad \dfrac{\partial u}{\partial z} = (xy)^z \ln(xy)$.

432. $\dfrac{\partial u}{\partial x} = y z^{xy} \ln z, \quad \dfrac{\partial u}{\partial y} = x z^{xy} \ln z, \quad \dfrac{\partial u}{\partial z} = x y z^{xy-1}$.

433. $du = \cos(x^2 + y^2)\,(2x\,dx + 2y\,dy)$.

434. $du = \dfrac{y\,dx - x\,dy}{x^2 + y^2}$.

435. $du = \dfrac{2}{\sin \dfrac{2x}{y}}\, \dfrac{y\,dx - x\,dy}{y^2}$.

436. $du = \dfrac{x\,dx + y\,dy + z\,dz}{\sqrt{x^2 + y^2 + z^2}}$.

437. $du = \dfrac{dx + dy + dz}{x + y + z}$.

438. $du = yx^{y-1}\,dx + x^y \ln x\,dy$.

445. $\dfrac{\partial^2 u}{\partial x^2} = \dfrac{y^2 - x^2}{(x^2+y^2)^2}$, $\quad \dfrac{\partial^2 u}{\partial x\,\partial y} = -\dfrac{2xy}{(x^2+y^2)^2}$, $\quad \dfrac{\partial^2 u}{\partial y^2} = \dfrac{x^2 - y^2}{(x^2+y^2)^2}$.

446. $\dfrac{\partial^2 u}{\partial x^2} = -\dfrac{2x}{(1+x^2)^2}$, $\quad \dfrac{\partial^2 u}{\partial x\,\partial y} = 0$, $\quad \dfrac{\partial^2 u}{\partial y^2} = -\dfrac{2y}{(1+y^2)^2}$.

447. $\dfrac{\partial^2 u}{\partial x^2} = (2-y)\cos(x+y) - x\sin(x+y)$,

$\dfrac{\partial^2 u}{\partial x\,\partial y} = (1-y)\cos(x+y) - (1+x)\sin(x+y)$,

$\dfrac{\partial^2 u}{\partial y^2} = -(2+x)\sin(x+y) - y\cos(x+y)$.

448. $\dfrac{\partial^2 u}{\partial x\,\partial y} = x^{y-1}(1+y)\ln x$. **449.** $\dfrac{\partial^3 u}{\partial x^2\,\partial y} = \dfrac{2}{(x+y)^3}$.

450. $\dfrac{\partial^4 u}{\partial x^2\,\partial y^2} = 12\,\dfrac{x^4 + y^4 - 6x^2y^2}{(x^2+y^2)^4}$.

451. $\dfrac{\partial^2 u}{\partial x^2} = \dfrac{r^2 - x^2}{r^3}$, $\quad \dfrac{\partial^2 u}{\partial y^2} = \dfrac{r^2 - y^2}{r^3}$, $\quad \dfrac{\partial^2 u}{\partial z^2} = \dfrac{r^2 - z^2}{r^3}$, $\quad r^2 = x^2 + y^2 + z^2$.

452. $\dfrac{\partial^3 u}{\partial x\,\partial y\,\partial z} = (x^2y^2z^2 + 3xyz + 1)e^{xyz}$. **453.** $d^2u = 2dx^2 - 2dx\,dy + 4dy^2$.

454. $d^2u = 2(y\,dx + x\,dy)^2 + 4xy\,dx\,dy$.

455. $d^2u = e^{xy}(y\,dx + x\,dy)^2 + 2e^{xy}\,dx\,dy$.

456. $d^2u = (x^2+y^2)^{-2}[(y\,dx - x\,dy)^2 - (x\,dx + y\,dy)^2]$.

457. $-\sin(x+y+z)\,(dx + dy + dz)^2$.

458. $24(dx^4 + 4\,dx^3\,dy + 2dx\,dy^2\,dz - 3dx\,dy\,dz^2 + dz^4)$.

459. $24(dx^4 - 3dx^2\,dy^2 + dy^4)$. **460.** $24(dx^4 + 3dx^3\,dy + dz^4)$. **461.** $6dx\,dy\,dz$.

462. $-\dfrac{6(2dx + 3dy - dz)^4}{(2x - 3y - z)^4}$.

463. $d^3u = -\cos(2x+y)\,(2\,dx + dy)^3$,

$\dfrac{\partial^3 u}{\partial x^3} = -8\cos(2x+y)$, $\quad \dfrac{\partial^3 u}{\partial x\,\partial y^2} = -2\cos(2x+y)$.

464. $d^4u = \cos(x+y)\,(dx + dy)^4$; $\quad \dfrac{\partial^4 u}{\partial x^2\,\partial y^2} = \cos(x+y)$.

465. $d^4u = -\dfrac{6(a\,dx + b\,dy + c\,dz)^4}{(ax + by + cz)^4}$; $\quad \dfrac{\partial^4 u}{\partial x^4} = \dfrac{-6a^4}{(ax+by+cz)^4}$,

$$\frac{\partial^4 u}{\partial x^2\,\partial y^2} = \frac{-6a^2b^2}{(ax+by+cz)^4}.$$

466. $d^3u = e^v\,dv^3$; $\quad \dfrac{\partial^3 u}{\partial x^3} = e^v$, $\quad \dfrac{\partial^3 u}{\partial x\,\partial y\,\partial z} = 6e^v$; $\quad v = x + 2y + 3z$.

467. $du = \varphi'(t)\,(x\,dy + y\,dx)$; $\quad d^2u = \varphi''(t)\,(x\,dy + y\,dx)^2 + \varphi'(t)\,2\,dx\,dy$.

468. $du = \varphi'(t)\,(2x\,dx + 2y\,dy)$; $d^2u = \varphi''(t)\,(2x\,dx + 2y\,dy)^2 + \varphi'(t)\,(2\,dx^2 + 2\,dy^2)$.

469. $du = \varphi'(t)\,(2x\,dx + 2y\,dy + 2z\,dz)$,

$$d^2u = \varphi''(t)\,(2x\,dx + 2y\,dy + 2z\,dz)^2 + \varphi'(t)\,(2dx^2 + 2dy^2 + 2dz^2).$$

470. $du = \frac{\partial\varphi}{\partial\xi}\,d\xi + \frac{\partial\varphi}{\partial\eta}\,d\eta$; $\quad d^2u = \frac{\partial^2\varphi}{\partial\xi^2}\,d\xi^2 + 2\frac{\partial^2\varphi}{\partial\xi\,\partial\eta}\,d\xi\,d\eta + \frac{\partial^2\varphi}{\partial\eta^2}\,d\eta^2$;

$d\xi = a\,dx + b\,dy + c\,dz,\quad d\eta = a_1\,dx + b_1\,dy + c_1\,dz.$

471. $du = a\frac{\partial\varphi}{\partial\xi}\,dx + b\frac{\partial\varphi}{\partial\eta}\,dy + c\frac{\partial\varphi}{\partial\zeta}\,dz$; $\quad d^2u = a^2\frac{\partial^2\varphi}{\partial\xi^2}\,dx^2 + b^2\frac{\partial^2\varphi}{\partial\eta^2}\,dy^2$

$$+ c^2\frac{\partial^2\varphi}{\partial\zeta^2}\,dz^2 + 2ab\frac{\partial^2\varphi}{\partial\xi\,\partial\eta}\,dx\,dy + 2ac\frac{\partial^2\varphi}{\partial\xi\,\partial\zeta}\,dx\,dz + 2bc\frac{\partial^2\varphi}{\partial\eta\,\partial\zeta}\,dy\,dz.$$

472. $du = \frac{\partial\varphi}{\partial\xi}\,(dx + dy) + \frac{\partial\varphi}{\partial\eta}\,(dx - dy)$,

$$d^2u = \frac{\partial^2\varphi}{\partial\xi^2}\,(dx + dy)^2 + 2\frac{\partial^2\varphi}{\partial\xi\,\partial\eta}\,(dx + dy)\,(dx - dy) + \frac{\partial^2\varphi}{\partial\eta^2}\,(dx - dy)^2.$$

Die Ableitungen erhält man durch Vergleich dieser Gleichungen mit den Formeln

$$du = \frac{\partial u}{\partial x}\,dx + \frac{\partial u}{\partial y}\,dy,\quad d^2u = \frac{\partial^2 u}{\partial x^2}\,dx^2 + 2\frac{\partial^2 u}{\partial x\,\partial y}\,dx\,dy + \frac{\partial^2 u}{\partial y^2}\,dy^2.$$

So ist zum Beispiel:

$$\frac{\partial u}{\partial x} = \frac{\partial\varphi}{\partial\xi} + \frac{\partial\varphi}{\partial\eta},\quad \frac{\partial^2 u}{\partial x\,\partial y} = \frac{\partial^2\varphi}{\partial\xi^2} - \frac{\partial^2\varphi}{\partial\eta^2};\quad \frac{\partial^2 u}{\partial y^2} = \frac{\partial^2\varphi}{\partial\xi^2} - 2\frac{\partial^2\varphi}{\partial\xi\,\partial\eta} + \frac{\partial^2\varphi}{\partial\eta^2}.$$

473. $du = \frac{\partial\varphi}{\partial\xi}\,d\xi + \frac{\partial\varphi}{\partial\eta}\,d\eta$; $\quad d^2u = \frac{\partial^2\varphi}{\partial\xi^2}\,d\xi^2 + 2\frac{\partial^2\varphi}{d\xi\,d\eta}\,d\xi\,d\eta + \frac{\partial^2\varphi}{\partial\eta^2}\,d\eta^2$

$$+ \frac{\partial\varphi}{\partial\xi}\,d^2\xi + \frac{\partial\varphi}{\partial\eta}\,d^2\eta,$$

wobei $d\xi = 2x\,dx + 2y\,dy$, $d\eta = x\,dy + y\,dx$, $d^2\xi = 2dx^2 + 2dy^2$, $d^2\eta = 2dx\,dy$ ist. Daher ist zum Beispiel:

$$\frac{\partial^2 u}{\partial x\,\partial y} = 4xy\frac{\partial^2\varphi}{\partial\xi^2} + 2(x^2 + y^2)\frac{\partial^2\varphi}{\partial\xi\,\partial\eta} + xy\frac{\partial^2\varphi}{\partial\eta^2} + \frac{\partial\varphi}{\partial y}.$$

474. $\frac{\partial^n u}{\partial x^\lambda\,\partial y^\mu\,\partial z^\nu} = a^\lambda b^\mu c^\nu \varphi^{(n)}(t)$; $\quad \lambda + \mu + \nu = n$.

475. $a^n \frac{\partial^n\varphi}{\partial\xi^n}$. **476.** ϱ. **477.** $\varrho^2 \sin\varphi$.

478. $\frac{r}{a\varrho\sin\varphi}$. **479.** $\xi\,\eta^2$. **502.** $y' = -1$.

503. $x = a\sqrt[3]{2}$. **504.** $y' = \dfrac{\frac{y}{x} - \ln y}{\frac{x}{y} - \ln x}$. **505.** $y' = \dfrac{-\sin y}{x\cos y + \sin y - 2\sin 2y}$.

506. $y' = \dfrac{1}{1 - \alpha\cos y}$; $\quad y'' = \dfrac{-\alpha\sin y\cdot y'}{(1 - \alpha\cos y)^2}$. **507.** $y''' = \frac{1}{3}$.

510. $(y-b)y^{(IV)} + 4y'y''' + 3y''^2 = 0.$ **511.** $y = \pm 1.$

512. $\pm\frac{\sqrt{b^2-a^2}}{a}$; $|b| \geqq a > 0.$ **513.** $y' = 0$ und $y' = \infty.$ **514.** $y' = 1,\ z'' = -\frac{2}{3}.$

515. $d^2y = -\frac{20y^2+16x^2}{25y^3}\,dx^2,\quad d^2z = \frac{5z^2-x^2}{25z^3}\,dx^2.$ **516.** $x' = 5,\ y'' = 12.$

517. $y' = \frac{z-x}{y-z},\quad z' = \frac{x-y}{y-z}.$ **518.** $y' = -1,\ z' = 0,\ 5y'' = -4,\ 5z'' = 4.$

519. $\frac{\partial^2 z}{\partial x^2} = -\frac{x^2+(z-1)^2}{(z-1)^3}.$ **520.** $(z^2-1)^3\frac{\partial^2 z}{\partial x\,\partial y} = -2zx^2y^2.$

521. $\frac{\partial z}{\partial x} = \frac{2-x}{1+z},\quad \frac{\partial^2 x}{\partial x\,\partial y} = \frac{2y(x-z)}{(1+z)^3}.$

522. $\frac{\partial z}{\partial x} = \frac{z\sin x - \cos y}{\cos x - y\sin z},\quad \frac{\partial z}{\partial y} = \frac{x\sin y - \cos z}{\cos x - y\sin z}.$

523. $(x+y)\,dz = -(y+z)\,dx - (x+z)\,dy,$
$(x+y)^2\,d^2z = 2(x+y)\,dx^2 + 4z\,dx\,dy + 2(z+x)\,dy^2.$

524. $\frac{\partial^n z}{\partial x^n} = (-1)^n n!\,\frac{y+z}{(x+y)^n}.$ **525.** $\frac{\partial^2 u}{\partial x^2} = \frac{55}{32},\quad \frac{\partial^2 v}{\partial x\,\partial y} = \frac{25}{32}.$

526. $\frac{dx}{dz} = \frac{\varphi'(t)}{2kt},\quad \frac{dy}{dz} = \frac{\psi'(t)}{2kt}.$

527. $\frac{\partial z}{\partial x} = -\frac{c}{a}\sin v\cot u,\quad \frac{\partial z}{\partial y} = -\frac{c}{b}\cos v\cot u.$

534. $\frac{d^2x}{dy^2} + x = e^y.$ **535.** $\frac{d^3x}{dy^3} = 0.$ **536.** $x^{IV} = 0.$

537. $\frac{d^2y}{dt^2} + a^2y = 0.$ **538.** $\frac{d^2y}{dt^2} + 2\frac{dy}{dt} + y = 0.$

539. $\frac{d^3y}{dt^3} - \frac{d^2y}{dt^2} - \frac{dy}{dt} + y = 0.$ **540.** $\frac{d^3y}{dt^3} + by = 0.$

541. $\frac{d^2y}{dt^2} + y = 0.$ **544.** $\frac{d^2y}{dt^2} + \tanh 2t\cdot y = 0.$

545. $\frac{r^2}{\sqrt{r^2+r'^2}};\quad r' = \frac{dr}{d\varphi}.$ **546.** $\frac{r'}{r}.$

547. $\frac{(r+r'^2)^{\frac{3}{2}}}{r^2+2r'^2-rr''}.$ **548.** $\eta'' + (b-1)\eta = \frac{1}{\cosh^3\xi}.$

549. $v'' + v = 0.$ **550.** $u'' - u' = \frac{A}{(\beta-\alpha)^2}u.$

553. $\frac{\partial z}{\partial u} = 0.$ **554.** $u\frac{\partial z}{\partial u} - z = 0.$ **555.** $\frac{\partial z}{\partial u} = 0.$

556. $w = \frac{\partial u}{\partial \varphi}.$ **557.** $w = r\frac{\partial u}{\partial r}\cos 2\varphi - \frac{\partial u}{\partial \varphi}\sin 2\varphi.$

558. $w = \left(\frac{\partial u}{\partial r}\right)^2 + \frac{1}{r^2}\left(\frac{\partial u}{\partial \varphi}\right)^2.$

559. $w = \frac{\partial^2 u}{\partial r^2} + \frac{1}{r}\frac{\partial u}{\partial r} + \frac{1}{r^2}\frac{\partial^2 u}{\partial \varphi^2}.$

560. $w = \frac{\partial^2 z}{\partial \varphi^2}.$

561. $\frac{\partial^2 z}{\partial u\, \partial v} = 0.$

562. $\frac{\partial^2 z}{\partial u^2} + \frac{\partial^2 z}{\partial v^2} + m^2(u^2 + v^2)\, z = 0.$

563. $\frac{\partial^2 z}{\partial u^2} + 2uv^2\frac{\partial z}{\partial u} + 2(v - v^3)\frac{\partial z}{\partial v} + u^2v^2z = 0.$

564. $\alpha = \frac{1}{a}, \quad \beta = \frac{1}{b}$ oder $\alpha = \frac{1}{b}, \quad \beta = \frac{1}{a}; \quad a \neq b.$

565. $\frac{\partial^2 w}{\partial u^2} = 0.$

566. $\frac{\partial^2 w}{\partial v^2} = 0.$

567. $\frac{\partial^2 w}{\partial u^2} = \frac{1}{2}.$

568. $\frac{d^2u}{dr^2} + \frac{1}{r}\frac{du}{dr} + u = 0.$

569. $r^3u^{IV} + 2r^2u''' - ru'' + u' = 0.$

570. $u\varphi'' + \varphi' + c\varphi = 0.$

571. $u'' + \frac{2}{r}u' + u = 0.$

572. $\Delta_1 v = \left(\frac{\partial v}{\partial r}\right)^2 + \frac{1}{r^2}\left(\frac{\partial v}{\partial \theta}\right)^2 + \frac{1}{r^2\sin^2\theta}\left(\frac{\partial v}{\partial \varphi}\right)^2,$

$$\Delta_2 v = \frac{\partial^2 v}{\partial r^2} + \frac{2}{r}\frac{\partial v}{\partial r} + \frac{1}{r^2}\frac{\partial^2 v}{\partial \theta^2} + \frac{1}{r^2\sin^2\theta}\frac{\partial^2 v}{\partial \varphi^2} + \frac{\cot\theta}{r}\frac{\partial v}{\partial \theta}.$$

Zu Abschnitt IV

1. $0 < x_1 < 1 < x_2 < 2 < x_3 < 3 < x_4 < 4$. Diese Wurzeln existieren nach dem Satz von Rolle. Die Ableitung kann nicht mehr Wurzeln besitzen, da sie ein Polynom 4. Grades ist.

7. Für $-1 < x < 1$.

8. Für $x > \frac{3}{4}$.

37. $y_{max} = 9$.

38. $y_{min} = -16$.

39. $y_{max} = 16$ für $x = -2$, $y_{min} = -16$ für $x = 2$.

42. Keine Extremwerte.

43. $y_{max} = 4$ für $x = 1$; $y_{min} = -28$ für $x = 5$.

44. $y_{min} = a$ für $x = b$.

45. Keine Extremwerte.

46. y_{max} für $x = 2$; y_{min} für $x = 1$ und $x = 3$.

47. y_{max} für $x = 1$; y_{min} für $x = 3$.

48. y_{min} für $x = 4$; y_{max} für $x = 0$.

49. y_{min} für $x = -1$; y_{max} für $x = 1$.

50. y_{max} für $x = \frac{a^2}{a-b}$; y_{min} für $x = \frac{a^2}{a+b}$.

51. y_{max} für $x = 4$; y_{min} für $x = 16$.

52. y_{min} für $x = \pm 1$.

53. y_{max} für $x = \pm\sqrt{2}$.

54. y_{min} für $x = \frac{1}{e}$.

55. y_{min} für $x = e^{-\frac{1}{2}}$.

56. y_{min} für $x = \frac{1}{e}$.

57. y_{max} für $x = e^{-\frac{1}{2}}$; y_{min} für $x = 1$.

58. y_{max} für $x = n$. Ist n gerade, so ist y_{min} für $x = 0$.

59. y_{max} für $x = \pm 1$. y_{min} für $x = 0$. **60.** y_{min} für $x = 0$. **61.** y_{max} für $x = \ln 2$.

62. y_{max} für $x = \frac{9}{11}$ und $x = 2$; y_{min} für $x = -2$ und $x = 1$.

63. Die Funktion wächst streng monoton.

64. y_{max} für $x = \frac{\pi}{4}$; y_{min} für $x = \frac{5\pi}{4}$.

65. 1. $2c^2 < 1$: y_{max} für $x = \frac{\pi}{2}$; y_{min} für $x = \frac{3\pi}{2}$.

2. $2c^2 > 1$: y_{min} für $x = \frac{\pi}{2}$ und $x = 2\pi - \alpha$; y_{max} für $x = \frac{3\pi}{2}$ und $x = \alpha$. Hier ist $c \sin\alpha = \sqrt{1 - c^2}$; $c > 0$.

66. y_{max} für $x = \frac{\pi}{4} - \frac{a}{2}$.

67. y_{max} für $x = \frac{\pi}{8}$, $\frac{7\pi}{8}$; y_{min} für $x = 0$, $\frac{3\pi}{8}$, $\frac{5\pi}{8}$.

68. y_{min} für $x = \frac{\pi}{2}$. y_{max} für $x = \frac{3\pi}{2}$.

69. y_{max} für $x = \frac{(4m + 1)\pi}{2}$; y_{min} für $x = \frac{(4m + 3)\pi}{2}$.

70. y_{max} für $x = -\frac{1}{2}$.

71. $y_{max} = 2$ für $2x = 1$.

72. An der Stelle $x = a$ hat die Funktion für $a > 0$ ein Minimum und für $a < 0$ ein Maximum.

73. $y_{max} = 1$ für $x = 1$. **74.** $y_{max} = 0$ für $x = 1$; $y_{min} = -\frac{1}{2}$ für $x = \frac{1}{2}$.

75. Kein Extremwert; y fällt monoton.

76. $y_{max} = a\sqrt[3]{4}$ für $x = a\sqrt[3]{2}$.

77. $y_{max} = \sqrt[8]{27}$ für $x = \sqrt[8]{3}$; $y_{min} = -\sqrt[8]{27}$ für $x = -\sqrt[8]{3}$.

78. Für $y > 0$ hat die Funktion der Stelle $x = 0$ ein Minimum, an den Stellen $x = \pm\frac{1}{\sqrt{2}}$ Maxima.

79. Minimum für $x = a$, Maximum für $x = -a$, Wendepunkt an der Stelle $x = 0$. Keine Asymptoten.

80. Asymptote: $y = a$. Minimum für $x = 0$. Wendepunkte für $x = \pm\frac{a}{\sqrt{3}}$.

81. Maximum für $x = -1$, Minimum für $x = 1$. Wendepunkt an der Stelle $x = 0$. Keine Asymptoten.

82. Asymptoten: $x = -1$, $y = 0$. Die Funktion ist monoton fallend und besitzt einen Wendepunkt an der Stelle $x = 2{,}49$.

83. Asymptote: $y = 0$. Wendepunkte für $x = \pm\frac{a}{\sqrt{3}}$. Maximum: $y = a$ für $x = 0$.

84. Asymptote: $y = 0$. Wendepunkte für $x = \pm\frac{a}{\sqrt{2}}$. Maximum: $y = A$ für $x = 0$.

85. Ist n gerade, so ergibt sich y_{min} für $x = 0$; y_{max} für $x = na$. Ist n ungerade, dann nur y_{max} für $x = na$. Wendepunkte an den Stellen $x = n \pm \sqrt{n}$, für ungerade n außerdem an der Stelle $x = 0$. Asymptote: $y = 0$.

86. Asymptote: $y = 0$. Minimum für $x = 0$, Maximum für $x = \pm a$. Wendepunkte an den Stellen $x = \pm\frac{a}{2}\sqrt{5 \pm \sqrt{17}}$.

87. Asymptoten: $x = 0$, $x = 1$, $y = 0$. Wendepunkt für $x = \frac{1}{2}$. Siehe Abb. 72.

88. Asymptotische Kurven: $y = \frac{x^2}{2}$ und $y = \frac{1}{x}$. Wendepunkt für $x = -\sqrt[3]{2}$. Minimum: $y = \frac{3}{2}$ für $x = 1$. Siehe Abb. 73.

89. Asymptoten: $x = \pm 1$, $x = 0$, $y = 0$; die Funktion ist monoton fallend.

90. Asymptoten: $x = 1$, $y = 0$. Wendepunkt an der Stelle $x = -2$. Maximum für $x = -1$.

91. Asymptoten: $x = 1$, $x = 3$, $y = 1$. Wendepunkt an der Stelle: $x = \frac{1}{2}(1 - \sqrt[3]{5} - \sqrt[3]{25})$. Maximum für $x = \frac{1}{2}(1 + \sqrt{5})$, Minimum für $x = \frac{1}{2}(1 - \sqrt{5})$.

92. Asymptoten: $x = -1$, $y = \pm 1$. Definitionsbereich der Funktion: $|x| > 1$.

93. Asymptote: $y = 0$. Umkehrpunkt an der Stelle $x = 1$ (Spitze). An der gleichen Stelle besitzt die Funktion ein Minimum. Maxima für $x = -\frac{3}{2}$ und $x = 3$. Siehe Abb. 74.

94. Minimum für $x = 0$. Asymptoten: $y = \pm x$. Die Kurve ist von oben konkav. Siehe Abb. 75.

95. Asymptoten: $y = \operatorname{sign} x$. Die Funktion wächst streng monoton. Wendepunkt an der Stelle $x = 0$. Siehe Abb. 76.

96. Maximum von $|y|$ an der Stelle $5x = -4$. Definitionsbereich: $x > -1$. Wendepunkt für $15x = \sqrt{24} - 12$. Siehe Abb. 77.

97. Maximum für $x = -\frac{2}{11}$; Wendepunkte für $x = -1$ und $44x = -16 \pm \sqrt{108}$. Siehe Abb. 78.

98. Maximum für $x = 0$. Umkehrpunkte: $x = \pm 1$. Die Kurve ist von oben konvex. Siehe Abb. 79.

99. Asymptote: $y = 0$. Wendepunkt: $x = 0$. Umkehrpunkte: $x = \pm 1$. Siehe Abb. 80

100. Die Kurve ist von oben konkav. An den Stellen $x = \pm 1$ bricht die Kurve ab. Asymptote: $y = 0$. Siehe Abb. 81.

101. Asymptote: $x = -1$. Der Koordinatenursprung ist Doppelpunkt der Kurve. Siehe Abb. 82.

102. Definitionsbereich: $0 < x \leq 1$. Asymptote: $x = 0$. Wendepunkte an der Stelle $x = \frac{3}{4}$. Siehe Abb. 83.

103. Der Koordinatenursprung ist Doppelpunkt der Kurve. Asymptoten: $x = \pm 1$. Siehe Abb. 84.

104. Extremwerte für $2x = -3 \pm \sqrt{17}$. Asymptote: $x = -1$. Der Koordinatenanfangspunkt ist Doppelpunkt. Siehe Abb. 85.

105. Der Koordinatenursprung ist Umkehrpunkt. Extremwerte für $4x = 3a$. Wendepunkte für $4x = 3 - \sqrt{3}$. Siehe Abb. 86.

106. Wendepunkte an der Stelle $x = \frac{p^2}{q}$. Siehe Abb. 87.

107. Siehe Abb. 88.

108. Siehe Abb. 89.

109. Maxima für $x = 0, \frac{\pi}{2}, \frac{5\pi}{4}$; Minima für $x = \frac{\pi}{4}, \pi, \frac{3\pi}{2}$; Wendepunkte an den Stellen $x = \frac{3\pi}{4}, \frac{7\pi}{4}$. Siehe Abb. 90.

110. Maxima für $x = 0, \frac{\pi}{2}, \pi, \frac{3\pi}{2}$; Minima für $x = \frac{\pi}{4}, \frac{3\pi}{4}, \frac{5\pi}{4}, \frac{7\pi}{4}$. Wendepunkte an den Stellen $x = \frac{(2n+1)\pi}{8}$, d. h. an den Stellen $\frac{\pi}{8}, \frac{3\pi}{8}, \frac{5\pi}{8}, \frac{7\pi}{8}, \frac{9\pi}{8}, \frac{11\pi}{8}, \frac{13\pi}{8}$ und $\frac{15\pi}{8}$.

111. Maxima für $x = 0, \frac{2\pi}{3}, \frac{4\pi}{3}$. Minima für $x = \frac{\pi}{2}, \pi, \frac{3\pi}{2}$. Siehe Abb. 91.

112. Maxima an den Stellen $x = \frac{\pi}{4}, \frac{3\pi}{4}, \frac{4\pi}{3}$. Minima an den Stellen $x = \frac{2\pi}{3}, \frac{5\pi}{4}, \frac{7\pi}{4}$. Siehe Abb. 92.

113. Asymptoten: $x = \frac{2n+1}{2}\pi$. Maxima für $x = 0, 2\pi, \ldots$; Minima für $x = \pi, 3\pi, \ldots$. Siehe Abb. 93.

114. Asymptoten: $x = n\pi \pm \frac{\pi}{6}$. Maxima $y = \frac{1}{3}$ für $x = (2n+1)\frac{\pi}{2}$; Minima $y = 3$ für $x = n\pi$. Siehe Abb. 94.

115. Asymptote: $y = 0$. Die Funktion besitzt Extremwerte an den Nullstellen der Gleichung $y = \tan x$. Gedämpfte Wellen mit konstanter Wellenlänge.

116. Minimum für $x = \frac{1}{e}$. Von oben konkav. An der Stelle $x = 0$ bricht die Funktion ab. Siehe Abb. 95.

117. Wendepunkt an der Stelle $x = e^{-\frac{3}{2}}$. An der Stelle $x = 0$ bricht die Funktion ab. Minimum für $x = e^{-\frac{1}{2}}$. Siehe Abb. 96.

118. Asymptoten: $x = \pm 1$. Von oben konvex. Siehe Abb. 97.

119. Asymptoten: $x = \pm 1$. Streng monoton wachsend. Wendepunkt an der Stelle $x = 0$. Siehe Abb. 98.

120. Die Funktion ist streng monoton fallend. Asymptoten: $x = -1$, $y = 1$. Siehe Abb. 99.

121. 2. **122.** 2. **123.** Eine reelle Wurzel für $a < 1$ und drei für $a > 1$.

124. Für $a > 0$ eine Wurzel; für $0 > a > -\frac{1}{e}$ zwei Wurzeln, für $a < -\frac{1}{e}$ keine Wurzel.

125. Für $a > e^{-1}$ keine Wurzeln, für $0 < a < e^{-1}$ zwei Wurzeln, für $a < 0$ eine Wurzel.

128. $m < 11$. **129.** $m > 175$; $27m < -188$. **130.** $0 < 16m < 621$.

131. $m = 72$; $27m = -860$. **132.** $m = -1$. **133.** $m > 0$.

134. $2m = \pm(3\pi - 2)$. **135.** $s = a^2$. **136.** $2a^2$.

137. Die Seite, die der Basis des Segments parallel ist, muß den Bogen 2φ abschneiden, wobei $4\cos\varphi = \cos\alpha + \sqrt{8 + \cos^2\alpha}$ ist.

138. $\frac{2m^3}{3p\sqrt{3}}$. **139.** $\frac{ah}{4}$.

140. Ist x die Seitenlänge des ausgeschnittenen Quadrates, so ist

$$6x = a + b - \sqrt{a^2 - ab + b^2}.$$

141. Ist x die Basis und y die Höhe des Querschnittes, so ist $y = x\sqrt{2}$.

142. $a^2 \tan\frac{\alpha}{2}$. **143.** $\frac{4}{3}\pi a^3 \cdot \frac{1}{\sqrt{3}}$. **144.** πm^3. **145.** $2\pi a^2$.

146. $\frac{4\pi r^2 h}{27}$. **147.** $\frac{\pi a h^2}{4}$. **148.** $\frac{4}{3}\pi a^3 \cdot \frac{8}{27}$. **149.** $\frac{\sqrt{3}}{2}\pi a^3$.

150. $\frac{8}{3}\pi a^3$. **151.** $\frac{\pi a^3}{6\sqrt{3}}$.

152. Die Höhe des gesuchten Zylinders ist $\frac{2a}{\sqrt{3}}$. **153.** $\frac{2\pi}{9\sqrt{3}} l^3$.

154. Der Zentriwinkel ist $\varphi = 2\pi\sqrt{\frac{2}{3}}$. **155.** 60°. **156.** $h = \frac{a}{\sqrt{2}}$.

157. $r^2(v_1^2 + v_2^2) = (av_2 - bv_1)^2$.

158. $a^2 = (lt + a - x_1)^2 + (mt + b - y_1)^2 + (nt + c - z_1)^2$, wobei $(l^2 + m^2 + n^2)t = l(x_1 - a) + m(y_1 - b) + n(z_1 - c)$.

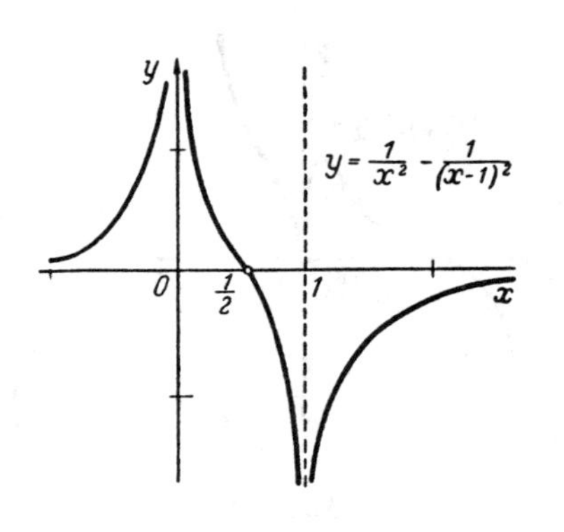

Abb. 72

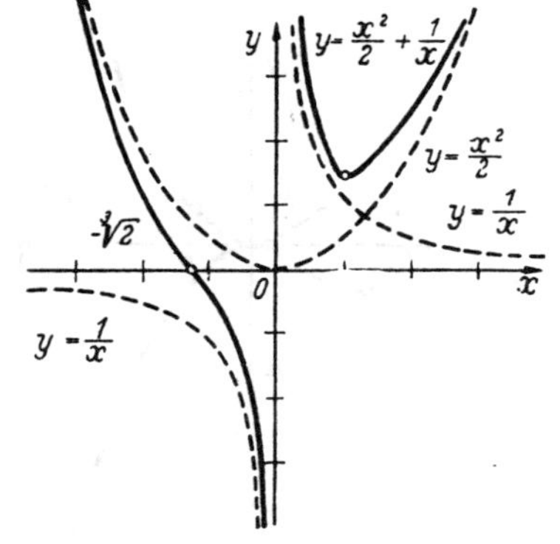

Abb. 73

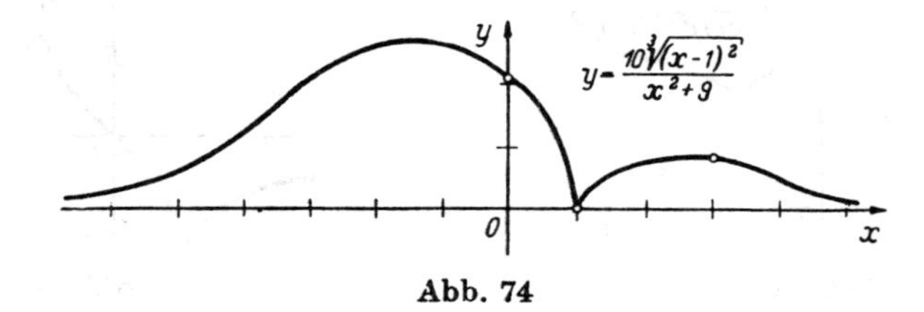

Abb. 74

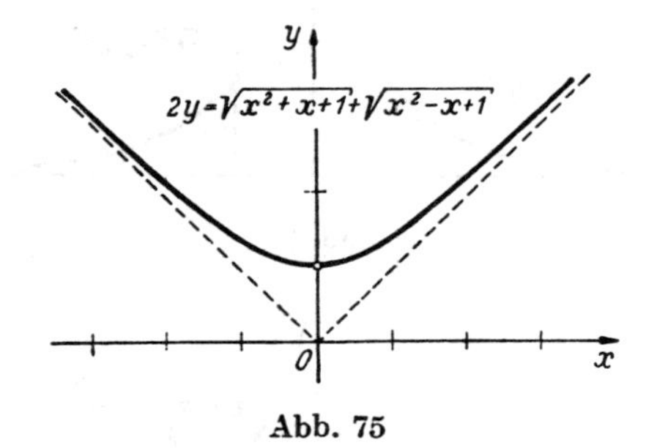

Abb. 75

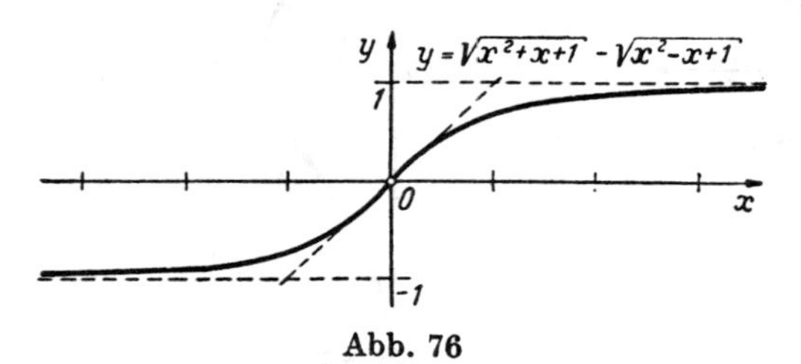

Abb. 76

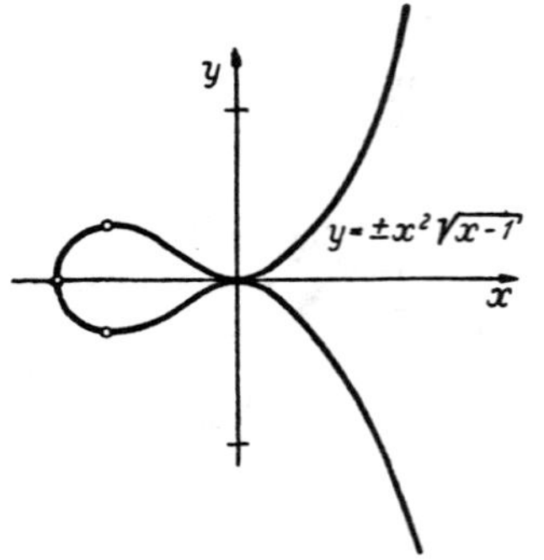

Abb. 77

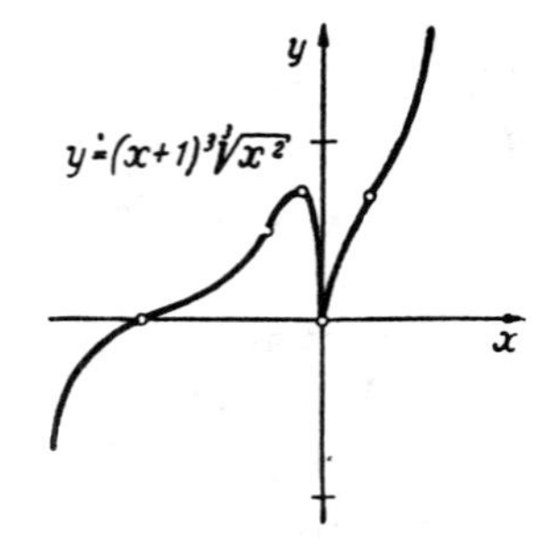

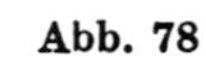

Abb. 78

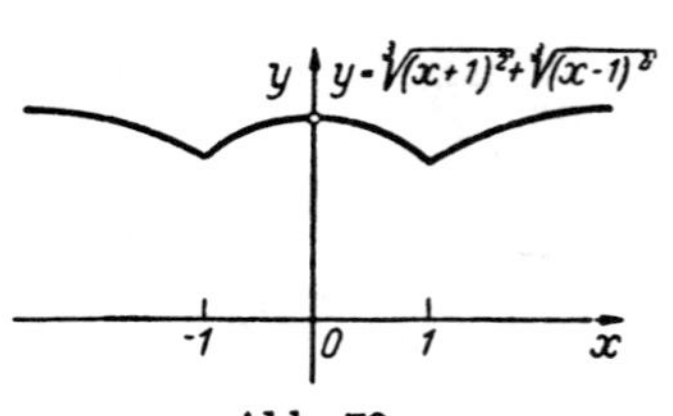

Abb. 79

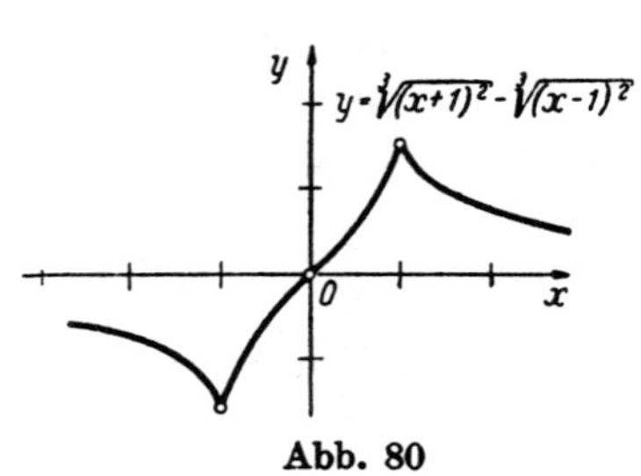

Abb. 80

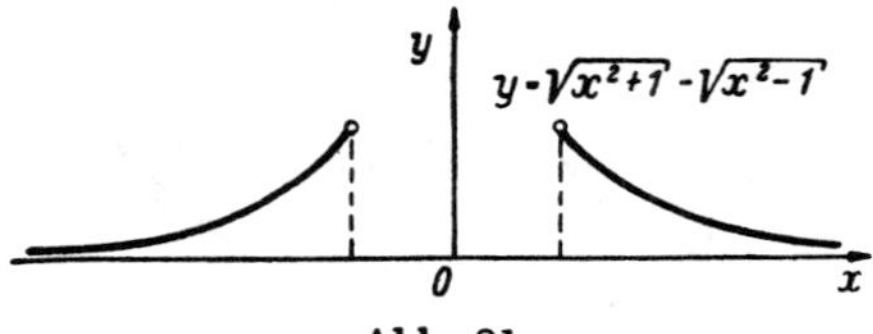

Abb. 81

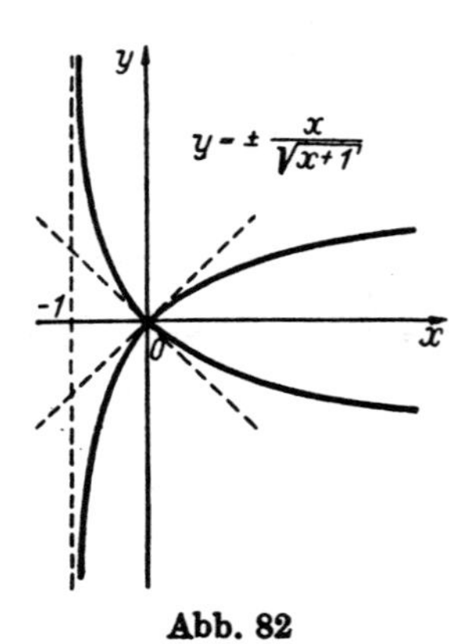

Abb. 82

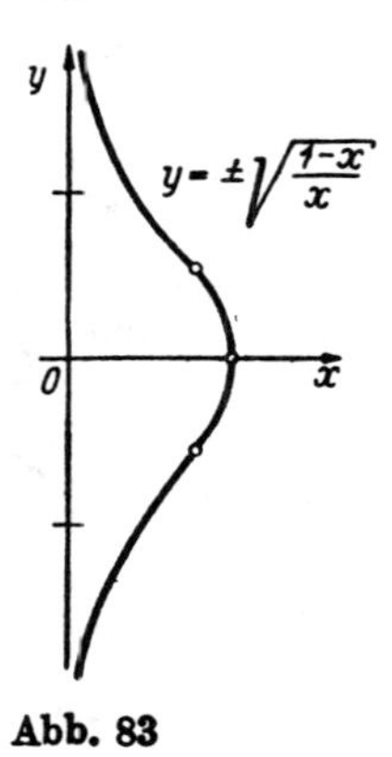

Abb. 83

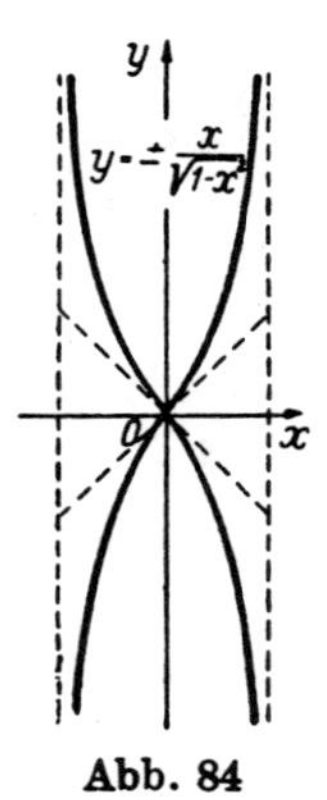

Abb. 84

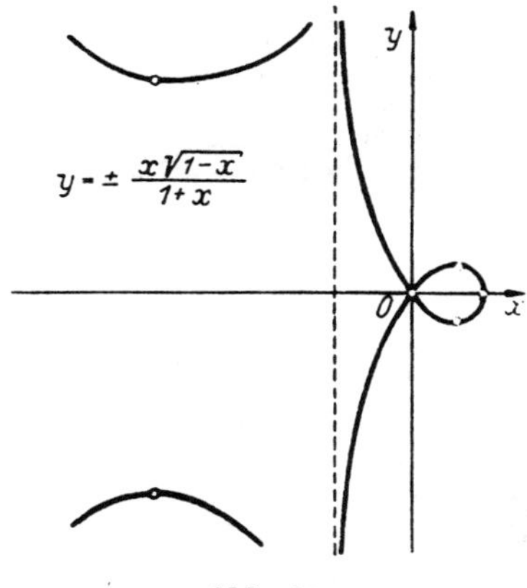

Abb. 85

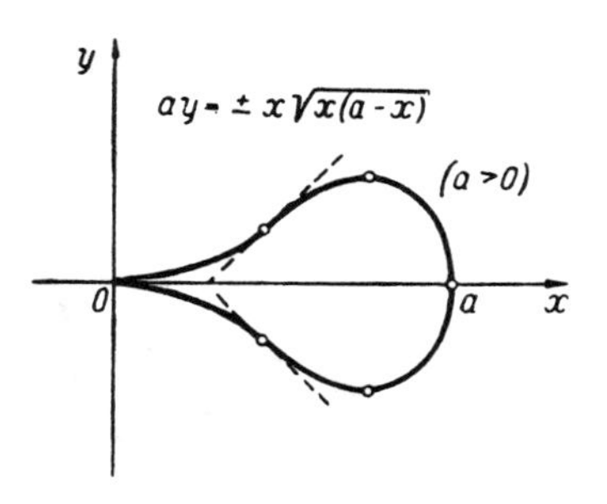

Abb. 86

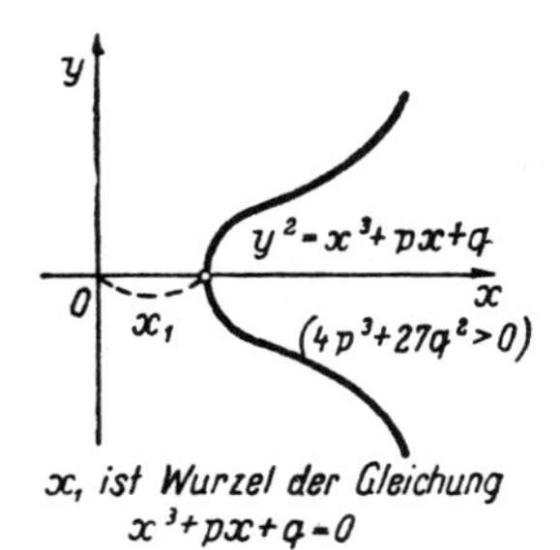

Abb. 87

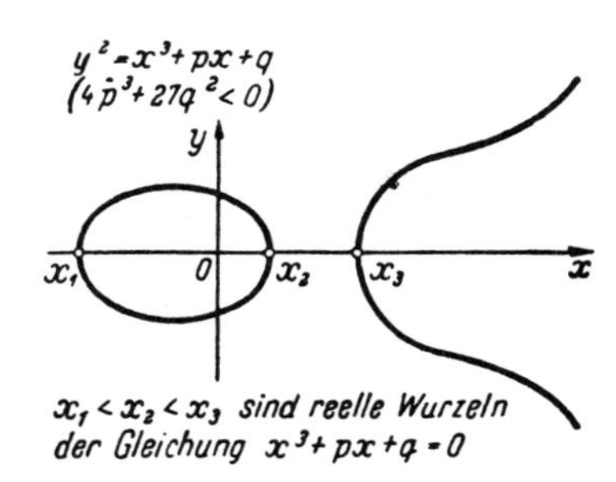

Abb. 88

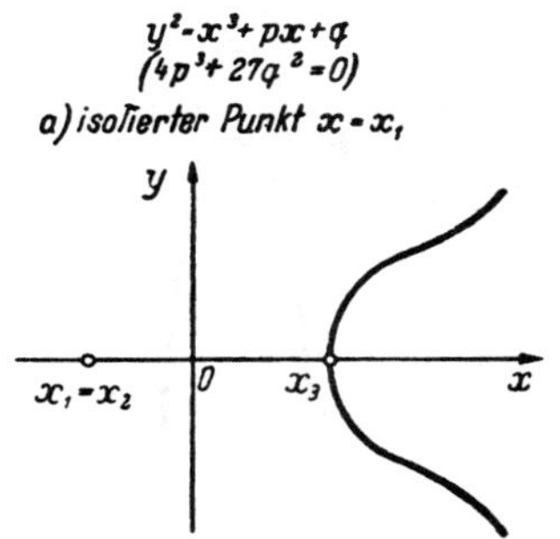

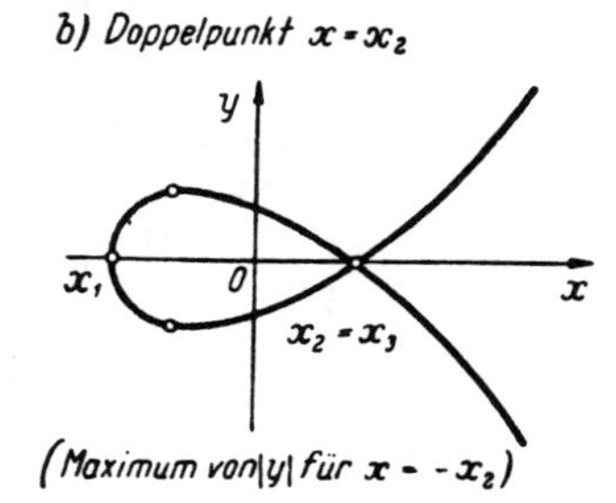

Abb. 89

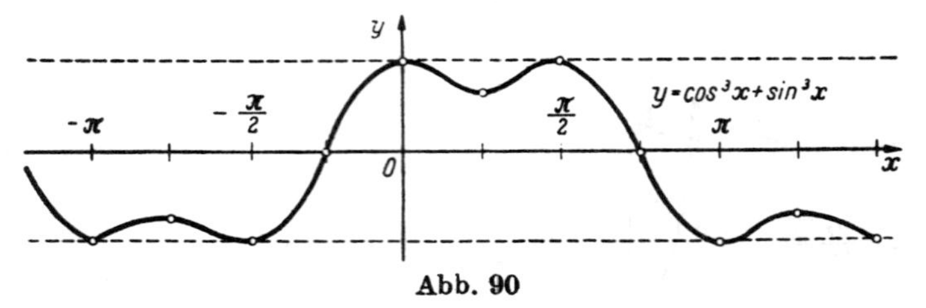

Abb. 90

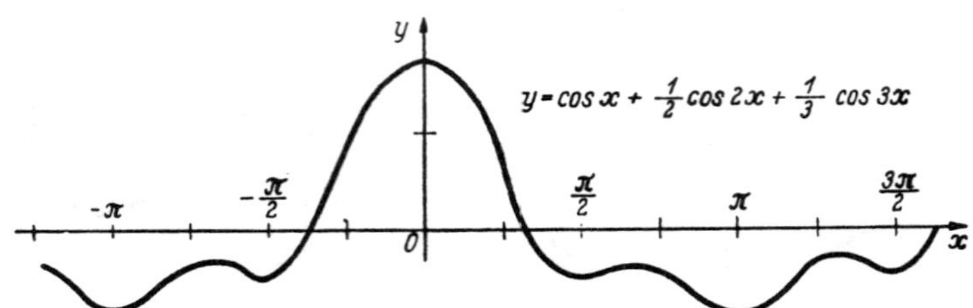

Abb. 91

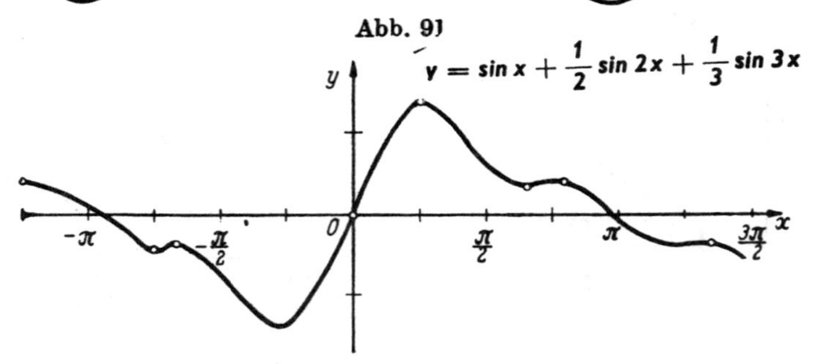

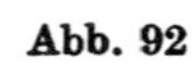
Abb. 92

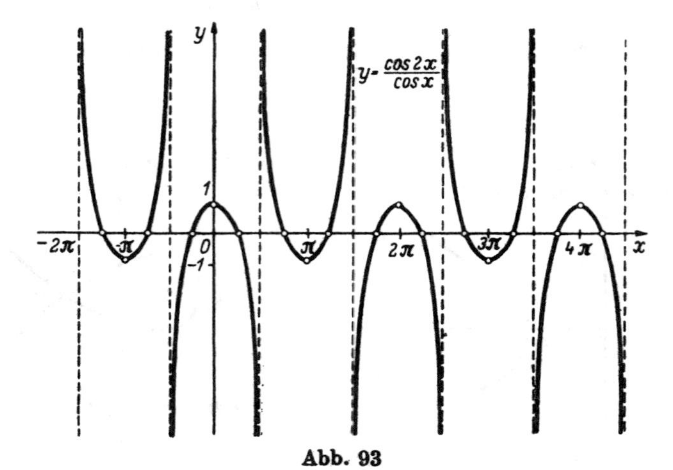

Abb. 93

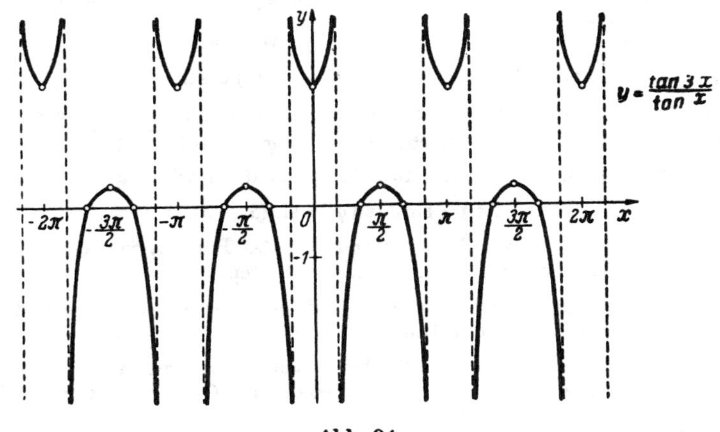

Abb. 94

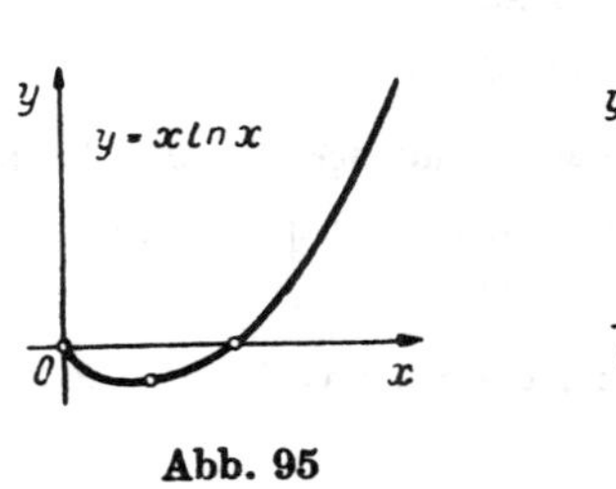

Abb. 95

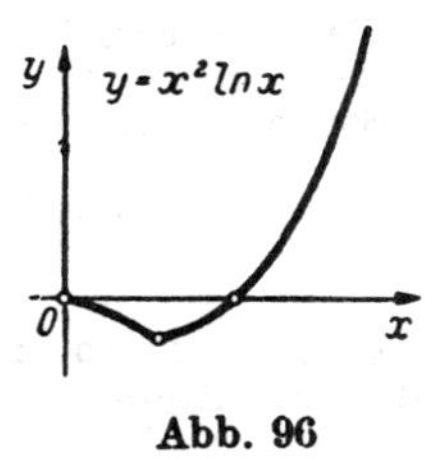

Abb. 96

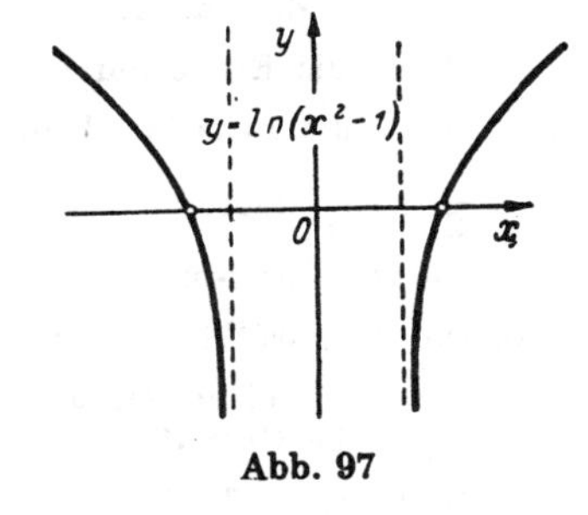

Abb. 97

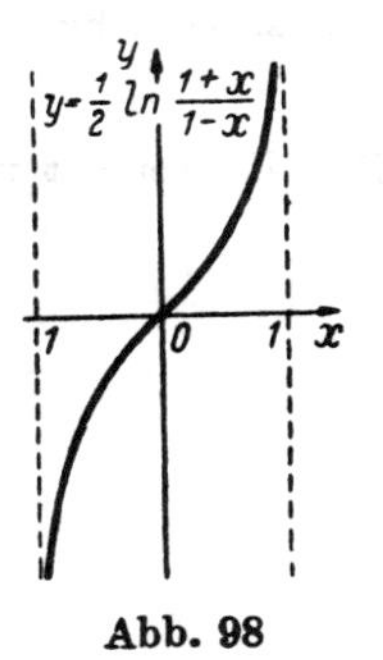

Abb. 98

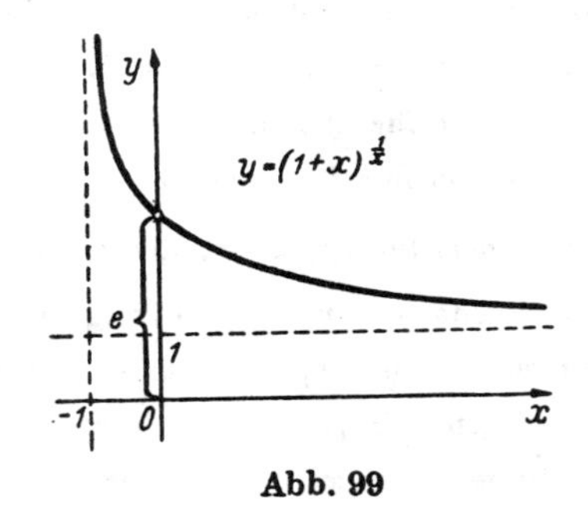

Abb. 99

160. Ist $x < b$, so ist der Weg ABC, wobei C durch die folgenden Koordinaten festgelegt wird: $y_1 = 0$, $x\sqrt{v_2^2 - v_1^2} = a v_1$. Ist $x > b$, dann ist es die Gerade AB.

161. $l = (a^{\frac{2}{3}} - b^{\frac{2}{3}})^{\frac{3}{2}}$.

162. $m x^2 = 2\,a p$.

163. $t(v^2 + v_1^2 - 2\,v v_1 \cos\alpha) = l v + l_1 v_1 - (l_1 v - l v_1)\cos\alpha$.

164. Für $l > 4a$ gibt es keine Gleichgewichtslage. Ist $l < 4a$, so gilt für den Neigungswinkel φ des Halmes die Gleichung $16a\cos\varphi = l + \sqrt{l^2 + 128a^2}$.

165. Ist φ der Neigungswinkel der Strecke gegen die Horizontale, dann ist

$$2\sin\alpha\sin\beta\tan\varphi = \sin(\alpha - \beta).$$

166. Wenn sich die Quadrate der Entfernungen des Punktes von den Mittelpunkten der Kugeln wie die Kuben der Radien verhalten.

167. Die dritte Tangente muß senkrecht auf der Winkelhalbierenden des Winkels zwischen den beiden ersten Tangenten stehen.

168. Sieht man die Schenkel als Koordinatenachsen an und sind a und b die Koordinaten des Punktes, dann muß für den Winkel φ, den die Gerade mit der x-Achse bildet, die Gleichung $\tan\varphi = -\sqrt[3]{\frac{b}{a}}$ gelten.

169. Die Öffnung muß in der Mitte der Höhe liegen.

170. Die Gerade muß durch den gegebenen Punkt halbiert werden.

172. Wenn die Ebene durch die Mittelpunkte der vier Kanten verläuft.

173. Wenn die Ecke im Mittelpunkt der Dreiecksseite liegt.

174. $\frac{1}{2} l r \sqrt{3}$, wobei l die Länge der Seitenlinie und r der Radius der Grundfläche ist.

175. Die gesuchte Normale muß mit der Achse der Parabel einen Winkel von 45° bilden.

176. Im Mittelpunkt des Kreises.

177. Die größte Fläche ergibt sich für $\cot\varphi = \sqrt{2}$, wobei φ die Neigung der Seitenfläche gegen die Grundfläche im Punkte O bedeutet.

184. Konvergent für $|x| < 1$, divergent für $|x| > 1$.

185. Desgleichen. **186.** Desgleichen. **187.** Konvergent für beliebige x.

188. Konvergent für $|x| < 1$, divergent für $|x| > 1$.

189. Konvergent für beliebige von Null und den negativen ganzen Zahlen verschiedene x.

190. Konvergent für beliebige $x \neq 0$.

191. Konvergent für alle x. **192.** Konvergent nur für $x = 0$.

193. Konvergent nur für $|x| < 1$.

194. Konvergent für $|x| < \frac{1}{2}$, divergent für $|x| > \frac{1}{2}$.

195. Konvergent für $|x| < e$, divergent für $|x| > e$.

196. Konvergent für $|x| < 2$, divergent für $|x| > 2$.

197. Konvergent für $|x| \leqq 1$, divergent für $|x| > 1$.

198. Konvergent für $x > 0$, divergent für $x < 0$.

204. Divergent. **205.** Konvergent. **206.** Divergent.

207. Konvergent. **208.** Konvergent. **209.** Konvergent für $\sigma > 0$.

210. Konvergent. **211.** Konvergent. **212.** Überall konvergent.

213. Konvergent für $x \neq 2n\pi$. **214.** Konvergent. **215.** Konvergent.

234. $a_n = \frac{1}{\sqrt{5}}\left[\left(\frac{\sqrt{5}+1}{2}\right)^{n+1} + (-1)^n\left(\frac{\sqrt{5}-1}{2}\right)^{n+1}\right]$.

236. $-7(x-2) - (x-2)^2 + 3(x-2)^3 + (x-2)^4$.

237. $(x+1)^2 + 2(x+1)^3 - 3(x+1)^4 + (x+1)^5$.

247. $1 + \frac{1}{2}x - \frac{1}{2\cdot 4}x^2 + \frac{1\cdot 3}{2\cdot 4\cdot 6}x^3 - \frac{1\cdot 3\cdot 5}{2\cdot 4\cdot 6\cdot 8}x^4 + \cdots; \quad |x| \leqq 1$.

248. $-2\sum_{n=1}^{\infty}\cos\frac{\pi n}{3}\frac{x^n}{n}$. **249.** $2\left[\frac{x}{a} + \frac{1}{3}\left(\frac{x}{a}\right)^3 + \frac{1}{5}\left(\frac{x}{a}\right)^5 + \cdots\right]; \quad |x| < a$.

250. $\ln a + \frac{x}{a} - \frac{x^2}{2a^2} + \frac{x^3}{3a^3} - \cdots$.

251. $\ln 2 - \sum_{n=1}^{\infty}(1 + 2^{-n})\frac{x^n}{n}$. **252.** $1 + \frac{3x}{2} + \sum_{n=2}^{\infty}(-1)^n\frac{2x^n}{n(n^2-1)}$. **267.** $\frac{1}{(1-x)^2}$.

268. $(1-x)^2 s = 1 + x$. **269.** $(1-x)^3 s = 1 + x$. **270.** $(1 - x - x^2 - x^3)s = 1$.

271. $ss_1 = 1 + 2x^2 + 3x^4 + 4x^6 + \cdots$. **275.** $\frac{1}{1+x}$. **276.** $\frac{1}{1+x^2}$.

277. $1 - \frac{x^2}{2!} + \frac{x^4}{4!} - \frac{x^6}{6!} + \cdots = \cos x$. **278.** $1 + x + \frac{x^2}{1\cdot 2} + \frac{x^3}{1\cdot 2\cdot 3} + \cdots = e^x$.

284. $\ln 2 + \frac{x}{2} + \frac{x^2}{8} - \frac{x^4}{192} + \cdots$ **285.** $1 + x^2 - \frac{x^3}{2} + \frac{5}{6}x^4 - \cdots$

286. $1 + x + \frac{x^2}{2} - \frac{x^4}{8} + \cdots$ **287.** $-\frac{1}{2} + \frac{x}{12} - \frac{x^3}{720} + \frac{x^5}{30240} - \cdots$

288. a) $\frac{3}{2}$, b) $4\frac{9}{12}$, c) $9\frac{1}{6}$, d) $15\frac{1}{3}$, e) $15\frac{1}{2}$.

289. $3\frac{2}{405}$, $2\frac{1}{448}$, $2\frac{1}{768}$, $2\frac{3}{5120}$.

291. Werden die angedeuteten Wurzeln mit Hilfe siebenstelliger Logarithmen berechnet, so erhält man:

a) 3,107233; b) 4,121286; c) 7,937006; d) 3,017088; e) 7,745966; *f*) 9,165151.

Berechnet man sie nach der Näherungsformel der Aufgabe 290, so erhält man die Zahlen: a) 3,1071; b) 4,12121; c) 7,937008; d) 3,017089; e) 7,74603; f) 9,16514.

292. $\sqrt[3]{2} = 1{,}2599210499$. **293.** $\sqrt{2} = 1{,}4142135624$,

299. 1,4′. **300.** Um 114,6mal. **301.** Ungefähr 41′. **302.** Ungefähr 3 mm und 11 m.

303. Ungefähr 5 m. **305.** Der Abstand beträgt 11,99 m. **306.** 0,01745.

307. 0,9985. **308.** 0,136. **309.** 3,1415926536. **310.** Ungefähr 510 und 130.

312. $-\frac{1}{m}$. **313.** $-\frac{3}{5}$. **314.** $\frac{1}{2}$. **315.** $-\frac{1}{2}$. **316.** $\frac{a^2}{b^2}$.

317. 2. **318.** 0. **319.** 0. **320.** $\frac{2}{\pi}$. **321.** 1.

322. 1. **323.** 0. **324.** 0. **325.** 1. **326.** 0.

327. $\frac{1}{2}$. **328.** $\frac{2}{3}$. **329.** 1. **330.** $-\frac{1}{3}$. **331.** $-e$.

332. 4. **333.** $f''(x)$. **334.** $f'''(x)$. **335.** 1. **336.** 0.

337. 1. **338.** e^{-1}. **339.** $\frac{1}{\sqrt{n}}$. **340.** $e^{-\frac{a^2}{2}}$. **341.** 1.

342. 1. **343.** 0. **344.** 0. **345.** $-\frac{e}{2}$.

346. $-\frac{1}{2}$ für $x \to 0,\ x > 0$; $+\infty$ für $x \to 0,\ x < 0$. **347.** $\frac{2}{3}$.

348. $\frac{4}{3}$. **349.** $c^2 = a^2 + b^2 - 2ab\cos C$.

350. $s = \frac{mgt}{a} - \frac{m^2 g}{a^2}$ und $s = \frac{gt^2}{2}$.

351. Minimum $z = -3(a^2 + b^2 - ab)$ für $x = 2a - b,\ y = 2b - a$.

352. Maximum für $x = \frac{a}{2},\ y = \frac{a}{3}$.

353. Minima an den Stellen $x = \sigma\sqrt{2},\ y = -\sigma\sqrt{2}$; $\sigma = \pm 1$. Für $x = y = 0$ hat die Funktion keinen Extremwert. **354.** Minimum für $3x = -4,\ 3y = 1$.

355. Minimum für $x = y = a \cdot 3^{-\frac{1}{2}}$.

356. Minimum für $x = y = a$, wenn $a > 0$ ist; Maximum, wenn $a < 0$ ist.

357. Ist die Kurve $z = 0$ eine Ellipse und der Punkt (x_e, y_e) ihr Mittelpunkt, dann liegt für $x = x_e,\ y = y_e$ ein Maximum vor, wenn $A < 0$ ist, ein Minimum, wenn $A > 0$ ist. Ist die Kurve $z = 0$ keine Ellipse, dann existieren keine Extremwerte.

358. z hat ein Minimum für $x = y = 3$. Maximum: $z = a^3 + 27$, falls $a \leqq 9$, und $z = 2a^3 - 9a^2 + 27$, falls $a > 9$ ist.

359. Maximum $z = 2a^4$ für $x = a,\ y = a$; Minimum: $z = -1$ für $x = 1,\ y = 0$ und $x = 0,\ y = 1$.

360. Ist $a > b$, dann liegen Maxima vor für $x = \pm 1,\ y = 0$. Ist $a < b$, so liegen Maxima vor für $x = 0,\ y = \pm 1$. Ist $a = b$, so liegt ein Maximum vor für $x^2 + y^2 = 1$, ein Minimum für $x = y = 0$.

361. Maximum für $3x = 3y = 2a$. **362.** Maximum für $ax = b,\ ay = c$.

363. Maximum für $3x = 3y = \pi$.

364. Maximum für $6x = y = \pi$; Minimum für $2x = 2y = 3\pi$; Maximum für $6x = 6y = 5\pi$.

365. Minimum für $3x = 3y = \pi$ oder 2π. Wert des Maximums: $z = 1$.

366. Maximum für $x - y = 2\pi n$, Minimum für $x - y = (2n + 1)\pi$, falls $ab > 0$ ist. Ist $ab < 0$, dann umgekehrt.

367. Maximum für $x = \alpha$, $y = \beta$, Minimum für $x = \pi - \alpha$, $y = \pi + \beta$.

368. Maximum für $x = y = z = a$. Für $x = y = z = 0$ kein Extremwert.

369. Minimum für $3x = -2$, $3y = -1$, $z = -1$. **370.** Minimum für $x = y = z$.

371. Minimum für $x = y = z$.

372. Maximum für $mx = a$, $my = b$, $mz = c$, $m = \sqrt{2(a^2 + b^2 + c^2)}$.

373. Die Zahlen a, x_1, x_2, ..., x_n, b müssen eine geometrische Folge bilden.

374. Minimum für $x = -2$, $y = 0$. Maximum für $7x = 16$, $y = 0$.

375. Minimum für $3x = -1 - \sqrt{6}$, $3y = 2$. Maximum für $3x = -1 + \sqrt{6}$, $3y = 2$.

376. Maximum für $3x = -1$, $3y = 2$; Minimum für dieselben Werte.

377. Maximum für $x = y = 1$, Minimum für $x = y = -1$.

378. Kein Extremwert an der Stelle $x = 1$, $y = 2$.

379. Für $\pm x = a$, $\pm y = a$ Maximum $z = a\sqrt{1 + \sqrt{3}}$, Minimum $z = -a\sqrt{1 + \sqrt{3}}$.

380. Maximum für $x = y = -a\sqrt{2}$; Minimum für $x = y = a\sqrt{2}$.

381. Minimum für $x = y = a$.

382. Minimum für $x_1 = x_2 = \cdots = x_n = a$.

383. Maximum für $x_1 = x_2 = \cdots = x_n = a$.

384. Maxima für $x\sqrt{2} = y\sqrt{2} = \pm 1$; Minima für $x\sqrt{2} = -y\sqrt{2} = \pm 1$.

385. Maxima für $x = y = z = +1$, für $x = -y = -z = +1$ usw.; Minima für $x = y = z = -1$, $x = -y = -z = -1$ usw. Maxima: $u = 1$; Minima: $u = -1$.

386. Minima: $x = t\sqrt{a}$, $y = t\sqrt{b}$, $z = t\sqrt{c}$, $t = \sqrt{a} + \sqrt{b} + \sqrt{c}$.

387. Das Maximum von u ist gleich $\left(\frac{a}{9}\right)^9$.

388. Das Minimum ist gleich $\frac{1}{7}(12 - \sqrt{18})$, das Maximum gleich $\frac{1}{7}(12 + \sqrt{18})$.

389. Das Maximum ist $\frac{112}{27}$, das Minimum 4.

390. Die Extremwerte sind durch die Wurzeln der Gleichung

$$\frac{l^2}{u - q^2} + \frac{m^2}{u - b^2} + \frac{n^2}{u - c^2} = 0$$

gegeben.

391. Das Maximum ist $\frac{1}{8}$, das Minimum 0. **392.** Maximum für $3x = \pi$, $6y = \pi$.

393. Das Minimum ist gleich $\frac{1}{p}(\sqrt{\alpha_1\beta_1} + \sqrt{\alpha_2\beta_2} + \cdots + \sqrt{\alpha_n\beta_n})^2$.

394. Die Extremwerte liegen in den Punkten, in denen die Hauptdurchmesser Fläche

$$Ax^2 + By^2 + Cz^2 + Dxy + Exz + Fyz = M$$

die Kugel

$$x^2 + y^2 + z^2 = a^2$$

schneiden.

395. Die Extremwerte liegen dort, wo die Symmetrieachsen der Ellipse

$$\frac{x^2}{a^2} + \frac{y^2}{b^2} + \frac{z^2}{c^2} = 1, \quad lx + my + cz = 0,$$

die Kugel $x^2 + y^2 + z^2 = 1$ schneiden.

399. Das gleichseitige Dreieck.

400. Das gleichschenklige Dreieck.

401. Die Gerade hat die Länge $2\sqrt{ab}\sin\frac{\varphi}{2}$, wobei a, b zwei Seiten des Dreiecks sind und φ der von ihnen eingeschlossene Winkel ist.

403. Das Dreieck, dessen Ecken in den Fußpunkten der Höhen des gegebenen Dreiecks liegen.

404. Ein Rechteck.

405. Die Koordinaten des gesuchten Punktes sind gleich dem arithmetischen Mittel der Koordinaten der Ecken.

406. Der Schnittpunkt der Diagonalen.

407. Seine Koordinaten sind gleich dem arithmetischen Mittel der Koordinaten der gegebenen Punkte.

408. Das Viereck, das einem Kreise einbeschrieben werden kann.

409. Das Vieleck, das einem Kreise einbeschrieben werden kann.

410. Das regelmäßige n-Eck, dessen Flächeninhalt $\frac{n}{2}a^2\sin\frac{2\pi}{n}$ ist.

411. Das regelmäßige n-Eck, dessen Flächeninhalt $na^2\tan\frac{\pi}{n}$ ist.

412. Das gleichseitige Dreieck.

413. Sein Flächeninhalt beträgt $2R^2\sin\alpha$, wobei R der Radius des Kreises ist.

414. Ist s der Flächeninhalt des Dreiecks und sind a, b, c seine Seiten und x, y, z die Abstände des Punktes von den Seiten, so ist $(a^2 + b^2 + c^2)x = 2sa$, $(a^2 + b^2 + c^2)y = 2sb$, $(a^2 + b^2 + c^2)z = 2sc$.

415. Die Ebene, die senkrecht auf dem vom Koordinatenursprung zu dem gegebenen Punkt gezogenen Radiusvektor steht.

416. Der Punkt $(a, 0, 0)$, wenn $a > b > c$ ist.

417. a^3.

418. a^3.

419. $\frac{x^2}{a^2} + \frac{y^2}{b^2} + \frac{z^2}{c^2} = 3$.

420. $\frac{x}{a} + \frac{y}{b} + \frac{z}{c} = 3$.

421. $x = y = 2z = \sqrt[3]{2v}$.

422. Der Längsschnitt durch die Achse des Zylinders muß quadratisch sein.

423. Die Höhe des Parallelepipeds muß gleich $\frac{h}{3}$ sein, wenn h die Höhe des Kegels ist.

424. Für den Radius R der Grundfläche des Kegels muß gelten: $\pi R^2 \sqrt{3} = S$.

425. $R = l$, wobei R der Radius der größeren Grundfläche ist.

426. Die Tangente in diesem Punkt muß parallel zu der Geraden sein, die die beiden gegebenen Punkte miteinander verbindet.

427. $p\sqrt{5}$.

428. Die Höhe des Segments muß $\frac{3}{4}$ der Höhe des Dreiecks betragen.

429. Die Grundlinie muß durch den Mittelpunkt der anderen Halbachse verlaufen.

430. Die Abszisse x des gesuchten Punktes ergibt sich aus $(a^2 - b^2)x^2 = ma^2$, wenn $|am| < a^2 - b^2$ ist. Für $|am| > a^2 - b^2$ muß gelten: $v = a \operatorname{sign} m$.

431. Das gleichschenklige Dreieck, dessen Spitze auf der anderen Achse liegt.

432. Die Normale muß durch den Punkt $\left(\pm\sqrt{\frac{a^3}{a+b}},\ \pm\sqrt{\frac{b^3}{a+b}}\right)$ verlaufen.

433. Ist $a^2 > 2b^2$, so muß die Normale durch den Punkt $x = \pm a\sqrt{\frac{a^2 - 2b^2}{a^4 - b^4}}$, $y = \pm b^2\sqrt{\frac{2a^2 - b^2}{a^4 - b^4}}$ verlaufen. Ist $a^2 < 2b^2$, so muß die Normale mit der Nebenachse der Ellipse zusammenfallen.

434. $x\sqrt{a+b} = \pm\sqrt{a^3}$, $y\sqrt{a+b} = \pm\sqrt{b^3}$. Hier sind x und y die Koordinaten des Berührungspunktes.

435. $S\sqrt{a^2 l^2 + b^2 m^2 + c^2 n^2} = \pi abc\sqrt{l^2 + m^2 + n^2}$.

436. $\frac{x}{a^{\frac{3}{2}}} + \frac{y}{b^{\frac{3}{2}}} + \frac{z}{c^{\frac{3}{2}}} = \sqrt{a^{\frac{3}{2}} + b^{\frac{3}{2}} + c^{\frac{3}{2}}}$.

438. $2V = abh^2$; $\left(\frac{a\sqrt{h}}{2},\ \frac{b\sqrt{h}}{2},\ \frac{h}{2}\right)$ sind die Koordinaten einer Ecke des Parallelepipeds.

439. $\frac{x}{\sqrt{a}} + \frac{y}{\sqrt{b}} + \frac{z}{\sqrt{c}} = \sqrt{a+b+c}$ ist eine der acht Ebenen mit dieser Eigenschaft.

440. Der Berührungspunkt der Ebene ist $\left(\pm\frac{a}{\sqrt{3}},\ \pm\frac{b}{\sqrt{3}},\ \pm\frac{c}{\sqrt{3}}\right)$.

Zu Abschnitt V

1. Der Umriß des Exzenters hat in Polarkoordinaten die Form $r = a + b\cos(n\varphi + \alpha)$.

2. Der Umriß der Scheibe muß aus zwei Archimedischen Spiralen $r = a\varphi$ bestehen.

3. Eine Sinuskurve. **6.** Die Astroide $x^{\frac{2}{3}} + y^{\frac{2}{3}} = l^{\frac{2}{3}}$. **7.** $(x^2 + y^2)^3 = l^2x^2y^2$.

8. $(x^2 + y^2)^2 = ax(x^2 - y^2)$. (Der Punkt O ist hierbei Koordinatenursprung, die Strecke OO_1 liegt auf der x-Achse.)

9. $\left(\frac{x}{a}\right)^2 + \left(\frac{y}{a-x}\right)^2 = 1.$ **10.** $r^2(x^2 + y^2 - ax)^2 = a^2(x-a)^2(x^2 + y^2).$

11. $(x^2 + y^2)(x^2 + 2y^2 - 2xy) = 4a^2y^2.$ **12.** $(x^2 + y^2)y^2 = a^2x^2.$

13. Zwei PASCALsche Schnecken (siehe Abschnitt I. Aufgabe 129).

14. Eine Lemniskate. **15.** Eine Lemniskate.

16. In Polarkoordinaten $(r^2 - c^2)\sin\varphi = \pm a^2$. Dabei liegt der Pol im Mittelpunkt der Strecke zwischen den gegebenen Punkten; die Polarachse fällt mit der Strecke zusammen.

17. $(b^2x^2 + a^2y^2)^2(a^6y^2 + b^6x^2) = a^4b^4(a^2 - b^2)^2x^2y^2.$

18. Kreis oder Lemniskate, je nachdem, ob sich die rotierenden Stangen auf ein und derselben Seite oder auf verschiedenen Seiten der x-Achse befinden.

21. Eine Parabel. **22.** Der Teil der Gerade $x - y = 2$, für den $x \geqq 2$ ist.

23. Der durch die Achsen gebildete Abschnitt der Gerade $\frac{x}{a} + \frac{y}{b} = 1.$

24. Der Teil der Parabel $\sqrt{x} + \sqrt{y} = \sqrt{a}$, der durch ihre Berührungspunkte $(a, 0)$ und $(0, a)$ mit den Achsen begrenzt wird.

25. Am weitesten links $(2, 2)$ und am tiefsten $(6, -2)$.

26. $x = a\cos t,\ y = b\sin t.$ **27.** $x = a\cosh t,\ y = b\sinh t.$

28. $x = a\frac{1-t^2}{1+t^2},\quad y = \frac{2at}{1+t^2}.$

35. $t_1t_2t_3(t_1 + t_2 + t_3) + (t_1 + t_2 + t_3)^2 + 3 = t_1t_2 + t_1t_3 + t_2t_3.$

37. $t_1t_2 + t_1t_3 + t_2t_3 + 1 = 0.$

38. $t_1t_2t_3 + t_1t_2t_4 + t_1t_3t_4 + t_2t_3t_4 + t_1 + t_2 + t_3 + t_4 = 0.$

40. Durch Schnitt der Lemniskate mit dem Kreis $x^2 + y^2 = at(x - y)$ erhalten wir bei entsprechender Wahl von t jeden beliebigen Punkt der Kurve. Seine Koordinaten lassen sich dann durch folgende Formeln ausdrücken:

$$x = a\frac{t(t^2+1)}{t^4+1},\qquad y = a\frac{t(t^2-1)}{t^4+1}.$$

43. $45°$. **44.** falls $a>0, b>0$ für $a=b$ in $x=0$. Falls $a<0, b>0$, für $a=-\frac{b}{2}$ in $x=\pm\sqrt{-a}$.

45. $a=1$. **46.** $y=x$. **47.** $x=0$ und $y=0$. **48.** $y=\frac{a}{\pi}\sin\frac{\pi x}{a}$. **52.** $\frac{\varphi}{2} + 90°$.

53. $y = x$. **54.** $x - y - 3 = 0$. **55.** $6x - 5y + 21 = 0$. **56.** $4x - 2y - 3a = 0$.

57. $x = 2\pi a$. **58.** Die Normalen in den Punkten, für die $\varphi = \pm 30°$ und $\varphi = \pm 150°$ ist.

59. $(x \pm y)\sqrt{2} = \pm a$. **60.** $x = y + 4$.

77. Die Länge der Subtangente ist $\frac{2r^3}{a^2}$ und die der Subnormalen $\frac{a^2}{2r}$.

80. Der Mittelpunkt eines derartigen Kreises liegt in dem Punkt

$$x = \left(\frac{4}{3} + \frac{5}{\sqrt{41}}\right)a,\qquad y = \left(\frac{2}{3} - \frac{4}{\sqrt{41}}\right)a.$$

81. Der Mittelpunkt eines derartigen Kreises liegt im Punkt (x, y), für den

$$x\sqrt{5} = (3 + \sqrt{5})\,a, \quad y\sqrt{5} = (6 + \sqrt{5})\,a$$

gilt.

82. Der Mittelpunkt des Kreises liegt im Punkt (x, y) mit

$$4x\sqrt{2} = \pi - 4, \quad 4y\sqrt{2} = \pi + 4.$$

94. Der Tangens der größten Differenz ist gleich $\dfrac{a^2 - b^2}{2ab}$. Der dazugehörige Winkel beträgt ungefähr $11'$.

96. $(x^2 + y^2)^2 = a^2x^2 + b^2y^2$.

97. Die Zissoide, deren Asymptote die Leitlinie der Parabel ist.

98. $x = 0$, die Tangente im Scheitel.

99. Eine Lemniskate.

100. $(a\,x)^{\frac{n}{n-1}} \pm (b\,y)^{\frac{n}{n-1}} = (x^2 + y^2)^{\frac{n}{n-1}}$

101. Eine logarithmische Spirale.

102. $r^{\frac{n}{n+1}} = a^{\frac{n}{n+1}} \cos\frac{n\varphi}{n+1}$.

103. Die Archimedische Spirale (siehe Lösung der Aufgabe 2).

105. Eine Zissoide. **106.** Einen Kreis. **107.** Einen Kreis.

108. $x^2 + y^2 = a^2 - b^2$; $a^2 > b^2$. Für $a^2 < b^2$ existieren solche Winkel nicht.

109. $2(x^2 + y^2)^3 = a^2(x^2 - y^2)^2$. **110.** Eine Parabel.

111. $x = a\left(\dfrac{\pi}{2} + t - \dfrac{\pi}{2}\cos t\right)$, $y = 2 + \dfrac{\pi}{2}\sin t$, wobei t derselbe Parameter ist wie bei der Zykloide.

112. Die verlängerte Zykloide von DE LA HIRE.

114. Eine Parabel.

116. $y^3 + x^2\left(y + \dfrac{1}{2a}\right) = 0$ (Zissoide).

118. $(x^2 + y^2)^2 = 4(a^2x^2 + b^2y^2)$. **119.** Für $x < 0$.

120. Von der x-Achse aus konvex.

121. Von der y-Achse aus konkav. **122.** Vom Pol aus konvex.

125. 112 km und 111 km. **126.** $\sqrt{\dfrac{(2a + 3x)^3 x}{3a^2}}$. **127.** p.

128. $\dfrac{1}{6}\sqrt{1000}$. **129.** $\dfrac{13}{6}\sqrt{13}$. **130.** a. **131.** $\dfrac{a}{\cos\dfrac{x}{a}}$.

132. at. **133.** $4a\sin\dfrac{t}{2}$. **134.** $\dfrac{4a}{3}\cos\dfrac{\varphi}{2}$. **135.** a.

136. $\dfrac{2}{3\sqrt{3}}$. **137.** $\dfrac{a}{b^2}$ $(a > b)$ in den Endpunkten der Hauptachse.

138. $-\dfrac{2}{a}$ im Punkt $(0, 0)$. **139.** $\dfrac{1}{a}$ im Punkt $(0, a)$.

141. $(2a, 2a)$. **142.** $x_c = -\dfrac{a(2a^3 - x^3)}{(2a + x)(a - x)^2}$, $y_c = \dfrac{2a(a + x)^{\frac{3}{2}}}{(2a + x)\sqrt{a - x}}$.

143. $(e^{-1}, 0)$. **144.** $x_c = \frac{a}{2} + \frac{a}{6}(2\cos\varphi - \cos 2\varphi)$, $y_c = \frac{a}{6}(2\sin\varphi - \sin 2\varphi)$.

145. $x_c = \frac{3a\cos^2\varphi(1 + 8\sin^4\varphi)}{4(1 + 2\sin^2\varphi)}$, $y_c = -\frac{6a\sin^3\varphi\cos^3\varphi}{1 + 2\sin^2\varphi}$.

155. $y = \sqrt{2b(a+b)}\left(\frac{x}{a+b} - 1 + \sqrt{1 - \frac{x}{a+b}}\right)$.

156. $y\sqrt[4]{2(a+b)^3} = x - a - b + \sqrt{a+b}\sqrt{a+b-x}$.

157. $y = -\frac{x^2}{2} + \frac{\pi x}{2} + 1 - \frac{\pi^2}{8}$. **158.** $y = \frac{h}{8}\left[3\left(\frac{x}{a}\right)^5 - 10\left(\frac{x}{a}\right)^3 + 15\frac{x}{a}\right]$.

164. Der Kreis $x^2 + y^2 = ay$, wobei $2a$ der Krümmungsradius in dem gegebenen Punkt ist. (Die Tangente in dem gegebenen Punkt ist als x-Achse genommen, die Normale als y-Achse.)

165. $x = a\cos t\cos 2t$, $y = -b\sin t\cos 2t$.

166. $4(x^2 + y^2)^2 = a^2x^2 + b^2y^2$. **167.** $27py^2 = 8(x - p)^3$.

168. $(ax)^{\frac{2}{3}} + (by)^{\frac{2}{3}} = (a^2 - b^2)^{\frac{2}{3}}$. **169.** $(ax)^{\frac{2}{3}} - (by)^{\frac{2}{3}} = (a^2 + b^2)^{\frac{2}{3}}$.

170. Die Astroide $(x + y)^{\frac{2}{3}} + (x - y)^{\frac{2}{3}} = 2a^{\frac{2}{3}}$.

171. $\left(\frac{3y}{9}\right)^4 + 6a^2\left(\frac{3y}{8}\right)^2 + 3a^3x = 0$.

172. $(x + y)^{\frac{2}{3}} - (x - y)^{\frac{2}{3}} = \sqrt[3]{16a^2}$.

173. $x = a\ln\frac{y \pm \sqrt{y^2 - 4a^2}}{2a} \pm \frac{y \pm \sqrt{y^2 - 4a^2}}{4a}$.

174. $x = \pi a + a(\tau - \sin\tau)$, $y = -2a + a(1 - \cos\tau)$ (Zykloide).

175. Eine Kardioide.

176. $32a^2\left(x - a\arcsin\frac{y - \lambda}{4a}\right)^2 = y^2(20a^2 - y^2) + \lambda y(4a^2 + y^2)$; $\lambda^2 = y^2 + 16a^2$.

177. Die Hypozykloide $x = 3a(2\cos t - \cos 2t)$, $y = 3a(2\sin t + \sin 2t)$.

178. Die Kettenlinie $y = a\cosh\frac{x}{a}$.

179. $x = a(\arccos u - u^{-1}\sqrt{1 - u^2})$, $a\ln u = a + y$. **180.** $x^2 + y^2 = a^2$.

181. Für denselben Pol und bei einer entsprechenden Drehung der Polarachse lautet die Gleichung der Evolute: $r_1 = e^{\alpha\varphi_1}$.

183. $8a$. **184.** $\frac{3a}{2}$. **185.** $8a$. **186.** $\frac{8}{27}(19\sqrt{19} - 1)$.

187. $p(3\sqrt{3} - 1)$. **188.** $\sqrt{1 + a^{-2}}\, e^{a\varphi_0}(e^{2\pi a} - 1)$.

189. $y = \pm 1$. **190.** $y = \pm x$.

191. Der Rand des Quadrates $|x| + |y| = 1$. **192.** $\pm x \pm y = 1$.

193. $x^{\frac{2}{3}} + y^{\frac{2}{3}} = d^{\frac{2}{3}}$.

194. Eine Hyperbel, für die die Schenkel des Winkels Asymptoten sind.

195. $\sqrt{x} + \sqrt{y} = \sqrt{c}$. **196.** $x^{\frac{2}{3}} + y^{\frac{2}{3}} = c^{\frac{2}{3}}$.

197. $x \sin\alpha = 2\sqrt{h}\, y = (y + h) \cos\alpha$. **198.** $(x + y + b)^2 + (y - x + b)^2 = a^2$.

199. Eine Zykloide. **200.** Eine Zykloide. **201.** $x^2 + 2y^2 = 2a^2$.

202. $x^3 + xy^2 + py^2 = 0$, wenn $y^2 = 2px$ die Gleichung der Parabel ist.

203. Wenn $y^2 = 2px + p^2$ die Gleichung der Parabel ist, so setzt sich die Hüllkurve aus der Geraden $x + p = 0$ und dem Kreis $2x^2 + 2y^2 = px + p^2$ zusammen.

204. $4a^2x^2 + 4b^2y^2 = (x^2 + y^2)^2$, wenn $b^2x^2 + a^2y^2 = a^2b^2$ die Gleichung der gegebenen Ellipse ist.

205. $y = 0$; $\quad x = a\dfrac{\sigma^5 + 36}{\sigma^4 + 1}$, $\quad y = a\dfrac{2\sigma^3}{\sigma^4 + 1}$. **207.** $\dfrac{1}{a^2} + \dfrac{1}{b^2} = \dfrac{1}{r^2}$.

208. $\left(\dfrac{x}{a}\right)^{\frac{mn}{m+n}} + \left(\dfrac{y}{b}\right)^{\frac{mn}{m+n}} = 1$. **209.** Eine Kardioide.

210. Die Epizykloide, für die der Radius des Berührungskreises gleich dem halben Radius des unbewegten Kreises ist.

211. $x = \dfrac{p}{2(1 + 2\lambda)} \, \dfrac{t^6 + 6(1 + \lambda)\,t^4 + 6\lambda\, t^2 + 4\lambda^2}{3t^2 - 2\lambda}$; $\qquad y = 4p\dfrac{t^3}{3t^2 - 2\lambda}$.

212. $(\sigma, -2\sigma)$, $(2\sigma, -\sigma)$; $\sigma = \pm 1$.

213. $(0, \pm 1)$, $\left(\pm\dfrac{1}{\sqrt{2}}, \pm\sqrt{\dfrac{1 + \sqrt{2}}{2}}\right)$; $\quad (\pm 1, 0)$, $\left(\pm\sqrt{\dfrac{1 + \sqrt{2}}{2}}, \pm\dfrac{1}{\sqrt{2}}\right)$.

214. $\left(\dfrac{\sigma\sqrt[4]{3}}{4}, \dfrac{\sigma\sqrt[4]{27}}{4}\right)$, $\left(\dfrac{\sigma\sqrt[4]{27}}{4}, \dfrac{\sigma\sqrt[4]{3}}{4}\right)$; $\quad \sigma = \pm 1$.

215. Die Scheitelpunkte mit den Tangenten parallel zur x-Achse liegen in den Punkten $(\pm a, \pm a)$, mit den zur y-Achse parallelen Tangenten in den Punkten $\left((\pm 1 \pm \sqrt{2})a, 0\right)$.

216. $(2n + 1)\pi x = 2$. **217.** $\pm x\sqrt{2} = \sqrt{(2n + 1)\pi}$. **218.** $\dfrac{\pi}{6}$.

219. $x = \pm 1$. **220.** $(0, a)$, $(a, 0)$. **221.** $(1, 0)$. **222.** $x\sqrt{3} = \pm a$.

223. $x = 0$. **224.** $x = 2$ und $x = 6$. **225.** $2x = -1$.

226. $x = e^{-\frac{3}{2}}$. **227.** $x = n\pi$. **228.** $8x = (2n + 1)\pi$.

229. $6\varphi = \pm\pi$.

230. Den Wendepunkt findet man aus der Gleichung $2\tan^3\varphi + 3\tan^2\varphi + 3 = 0$.

231. $(0, 0)$ Umkehrpunkt.

232. $(0, 0)$ Doppelpunkt für $a > 0$, isolierter Punkt für $a < 0$, Umkehrpunkt für $a = 0$ und $b \neq 0$.

233. Dasselbe. **234.** $(0, 0)$ Doppelpunkt. **235.** $(0, 0)$ isolierter Punkt.

236. $(0, 0)$ dreifacher Punkt mit gemeinsamer Tangente $y = 0$.

237. (0, 0) dreifacher Punkt mit den Tangenten $x = 0$, $y = x$.

238. (0, 0) isolierter Punkt. **239.** $4a^3 + 27b^2 = 0$.

241. (0, 1) Endpunkt. **242.** (0, 0) Endpunkt. **243.** (0, 0) Endpunkt.

244. Im Koordinatenursprung Unstetigkeitsstelle.

245. Im Koordinatenursprung Unstetigkeitsstelle.

246. Eckpunkt im Koordinatenursprung.

247. Endliche Sprungstelle für $x = 0$. **248.** Eckpunkt für $x = 0$.

249. In der Umgebung der Stelle $x = 0$ hat die Kurve unendlich viele Scheitel.

250. Ebenso. **251.** Ebenso. **252.** (e, e) Doppelpunkt. **253.** $x = 1$, $y = 1$.

254. $y = 0$, $x = 3$. **255.** $x = -1$, $y = \pm 1$. **256.** $y = x$, $x = 0$.

257. $x = 0$, $x = 1$, $x = 2$. **258.** $y = \pm(x + a)$, $x = a$.

259. $2y = \pm(2x - b)$, $x = -b$. **260.** $3y = 3x + 2$. **261.** $x + y = 0$.

262. $x + y + a = 0$. **263.** $x + y = 0$. **264.** $r \sin\varphi = a$.

265. Maximum von $|y|$ an der Stelle $2x = 3$. Spitze in (0, 0). Wendepunkt an der Stelle $2x = 3 - \sqrt{3}$. Im Punkte (2, 0) ist die Tangente der y-Achse parallel. Siehe Abb. 100.

266. Pseudoquadrat mit vier Symmetrieachsen. $OA = a$, $BC = a(\sqrt{2} - \sqrt[4]{2})$. Siehe Abb. 101.

267. Eine noch bessere Näherung an ein Quadrat. $BC = a\sqrt{2}\left(1 - 2^{-\frac{1}{2n}}\right) \approx \dfrac{a}{2n}$.

268. Die Kurve ist einer Hyperbel ähnlich. Asymptoten: $2y = \pm x$. Definitionsbereich: $x^2 > 6$. Siehe Abb. 102.

269. Definitionsbereich: $|x| < 5$. Im Koordinatenursprung ein Doppelpunkt mit den Tangenten $5y = \pm 4x$. Maxima von y an den Stellen $x = \pm\sqrt{20}$. Minima an den Stellen $x = \pm\sqrt{5}$. Siehe Abb. 103.

270. Definitionsbereich: $|x| < 1$. Im Koordinatenursprung ein Doppelpunkt mit der Tangente $y = 0$. Maximum von $|y|$ für $3x = 2$. Wendepunkte für

$$x\sqrt{12} = \pm\sqrt{9 - \sqrt{33}}.$$

Siehe Abb. 104.

271. Der Koordinatenursprung ist ein Kurvenpunkt mit doppelter Tangente $y = 0$. Scheitel in den Punkten $(\pm 6, 12)$, $(\pm 6\sqrt{2}, 8)$. Siehe Abb. 105.

272. Selbstberührungspunkt im Koordinatenursprung. Maxima von y an den Stellen $x = \dfrac{9 \pm \sqrt{209}}{8}$. Definitionsbereich: $-1 < x < 4$. Siehe Abb. 106.

273. Der Koordinatenursprung ist Selbstberührungspunkt der Kurve. Für $|x| < \sqrt{3}$ ist $y = \pm\sqrt{x + \sqrt{4x^2 - x^4}}$. Für $\sqrt{3} < x < 2$ ist $y = \pm\sqrt{x \pm \sqrt{4x^2 - x^4}}$. An den Stellen $x = \pm\sqrt{\dfrac{15 + \sqrt{33}}{8}}$ sind die Tangenten parallel zur x-Achse, in den Punkten $(\pm\sqrt{3}, 0)$ und $(2, \pm\sqrt{2})$ parallel zur y-Achse. Siehe Abb. 107.

274. Für $0 < y < 6$ ist $x = \pm\sqrt{-4y + \sqrt{16y^2 + 6y^3 - y^4}}$, für $-2 < y < 0$ ist $x = \pm\sqrt{-4y \pm \sqrt{16y^2 + 6y^3 - y^4}}$. In den Punkten $(0, 6)$, $(\pm 2\sqrt{2}, -2)$ sind die Tangenten der x-Achse parallel. Der Koordinatenursprung ist dreifacher Kurvenpunkt mit den Tangenten $y = 0$, $y\sqrt{3} = \pm 2x$. Siehe Abb. 108.

275. In den folgenden Punkten ist die Tangente an die Kurve der x-Achse parallel: $(0, \pm\sqrt{2})$, $(0, \pm 2\sqrt{2})$, $(\pm 2, \pm\sqrt{10})$. In den Punkten $(\pm 3, \pm\sqrt{5})$ ist die Tangente der y-Achse parallel. Die Punkte $(\pm 2, 0)$ sind Doppelpunkte. Siehe Abb. 109.

276. Der Koordinatenursprung ist Doppelpunkt der Kurve; die Koordinatenachsen sind die zugehörigen Tangenten; $x_1 = \sqrt[8]{\frac{3}{16}}$, $y_1 = \sqrt[8]{\frac{27}{16}}$. Siehe Abb. 110.

277. Der Koordinatenursprung ist Doppelpunkt mit den Tangenten $y = \pm x\sqrt{35}$. In den Punkten $\left(\frac{21}{8}, \pm\frac{7}{8}\sqrt{7}\right)$, $\left(\frac{10}{3}, \pm\frac{5\sqrt{5}}{3}\right)$ sind die Tangenten der x-Achse parallel; in den Punkten $(5, 0)$, $(7, 0)$, $\left(-\frac{1}{24}, \pm\frac{\sqrt{143}}{24}\right)$ sind die Tangenten der y-Achse parallel. Siehe Abb. 111.

278. Kardioide, Spezialfall der PASCALschen Schnecke. Der Koordinatenanfangspunkt ist Umkehrpunkt der Kurve mit der Tangente $y = 0$. In den Punkten $(3, \pm\sqrt{27})$ ist die Tangente der x-Achse parallel, in den Punkten $(8, 0)$, $(-1, \pm\sqrt{3})$ ist sie parallel zur y-Achse. Siehe Abb. 112.

279. Der Koordinatenursprung ist dreifacher Punkt der Kurve; die Koordinatenachsen sind die zugehörigen Tangenten. Die Tangente ist parallel zur x-Achse in den Punkten $\left(\sqrt{12}, \pm\sqrt{6\sqrt{12}}\right)$, parallel zur y-Achse in den Punkten $(4, \pm 4)$. Siehe Abb. 113.

280. „Biskuit-Kurve". Der Koordinatenursprung ist ein isolierter Punkt der Kurve. Die Tangente ist parallel zur x-Achse in den Punkten $(0, \pm 1)$

$$\left(\pm\frac{1}{\sqrt{2}}, \pm\frac{\sqrt{2 + \sqrt{8}}}{2}\right),$$

parallel zur y-Achse in den Punkten $(\pm 1, 0)$,

$$\left(\pm\frac{\sqrt{2 + \sqrt{8}}}{2}, \pm\frac{1}{\sqrt{2}}\right).$$

Siehe Abb. 114.

281. Vierblatt. Der Koordinatenanfangspunkt ist vierfacher Kurvenpunkt; die Koordinatenachsen sind die zugehörigen Tangenten. Die Tangente ist parallel zur x-Achse in den Punkten $(\pm\sqrt{2}, \pm 2)$, parallel zur y-Achse in den Punkten $(\pm 2, \pm\sqrt{2})$. Die Geraden $y = \pm x$ sind Symmetrieachsen. Siehe Abb. 115.

282. Eine Lemniskate. Der Koordinatenanfangspunkt ist Doppelpunkt der Kurve, und die Koordinatenachsen sind die zugehörigen Tangenten. Die Tangente ist parallel zur x-Achse in den Punkten $\left(\sigma\sqrt[4]{3}, \sigma\sqrt[4]{27}\right)$, parallel zur y-Achse in den Punkten $\left(\sigma\sqrt[4]{27}, \sigma\sqrt[4]{3}\right)$, wobei $4\sigma = \pm 1$ ist. Die Gerade $y = x$ ist Symmetrieachse. Siehe Abb. 116.

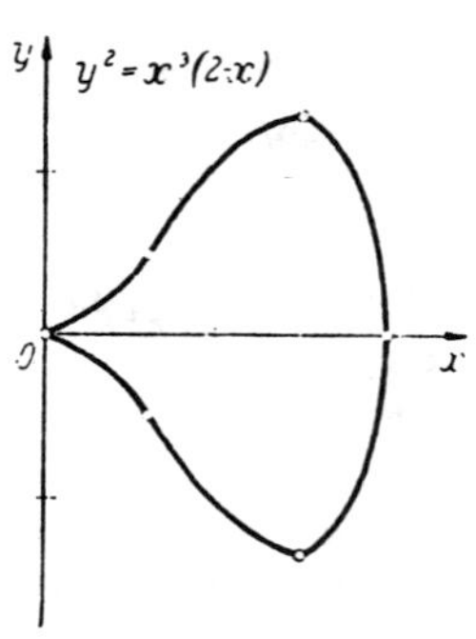

Abb. 100

Abb. 101

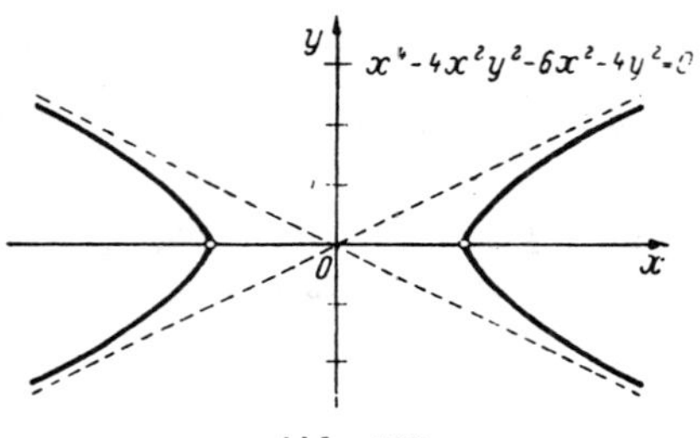

Abb. 102

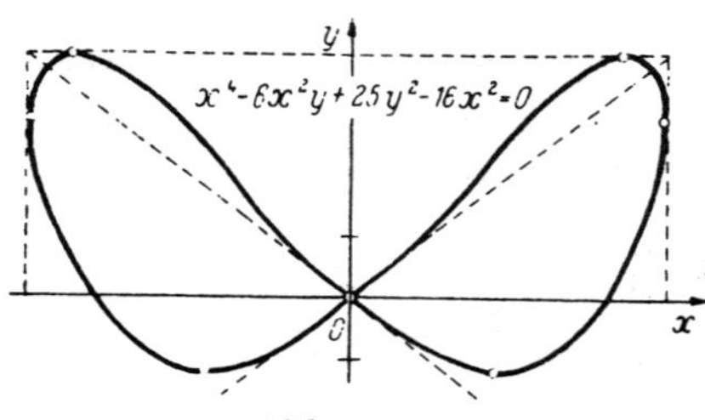

Abb. 103

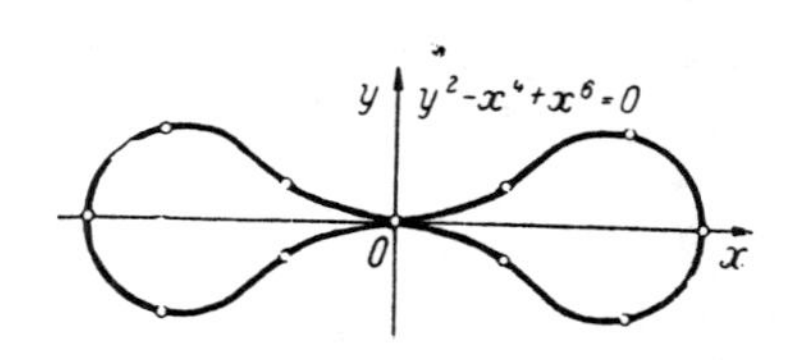

Abb. 104

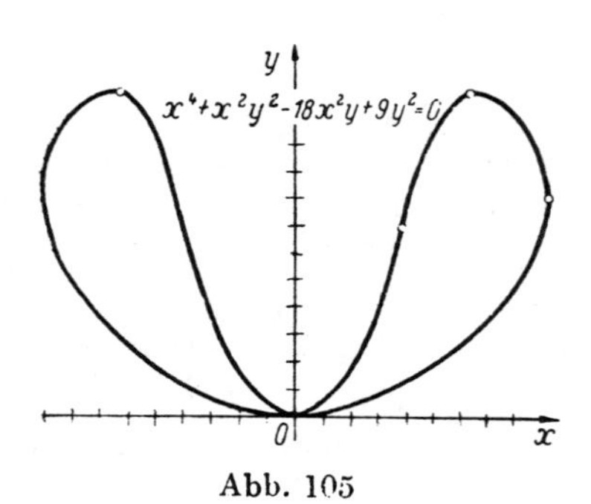

Abb. 105

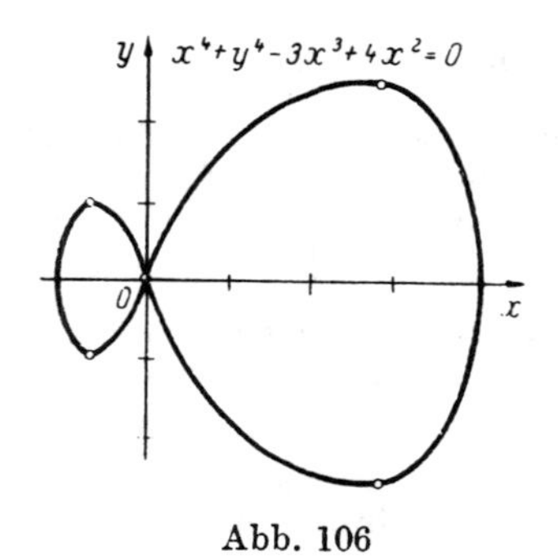

Abb. 106

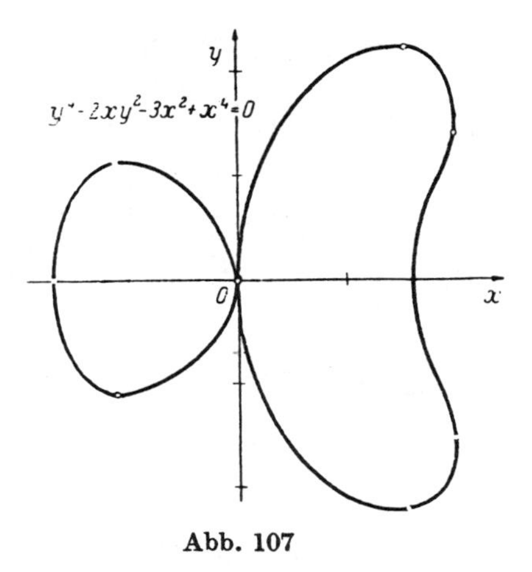

Abb. 107

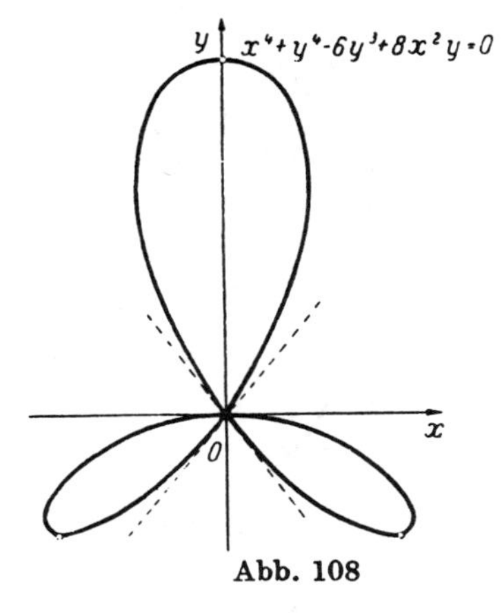

Abb. 108

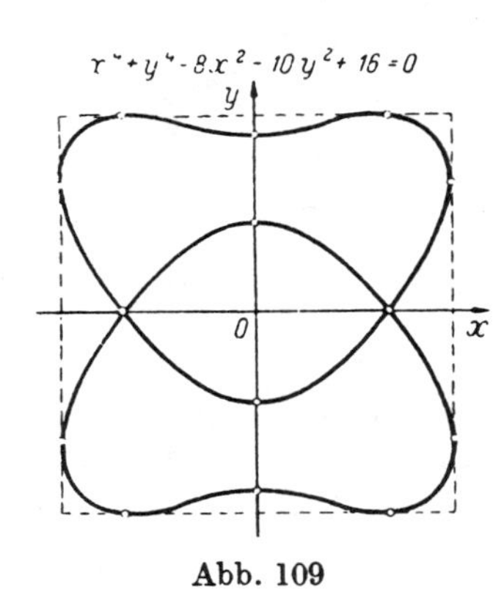

Abb. 109

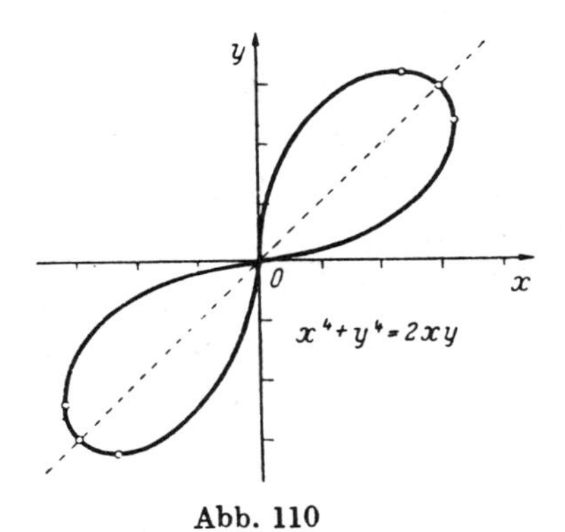

Abb. 110

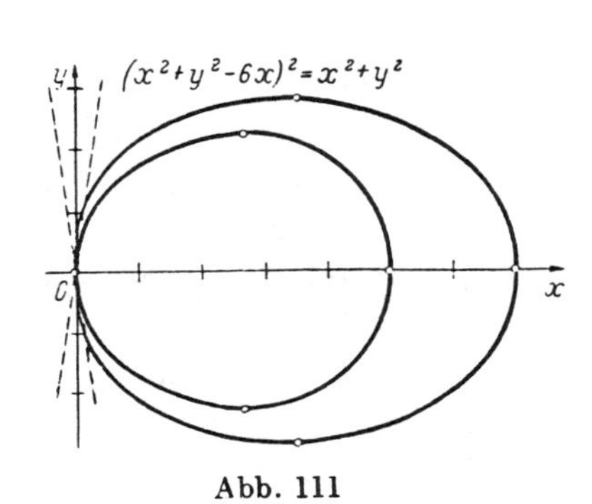

Abb. 111

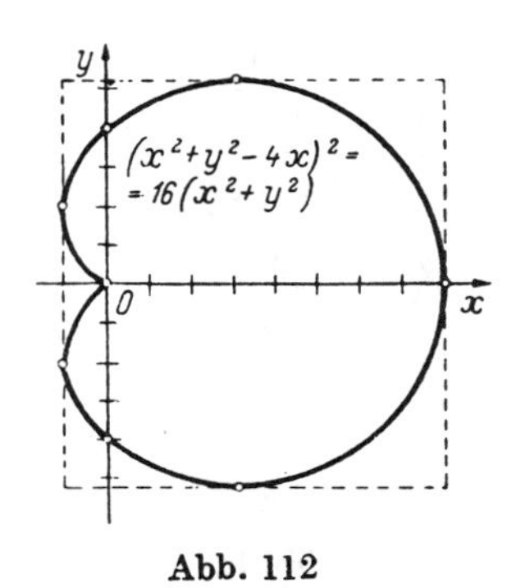

Abb. 112

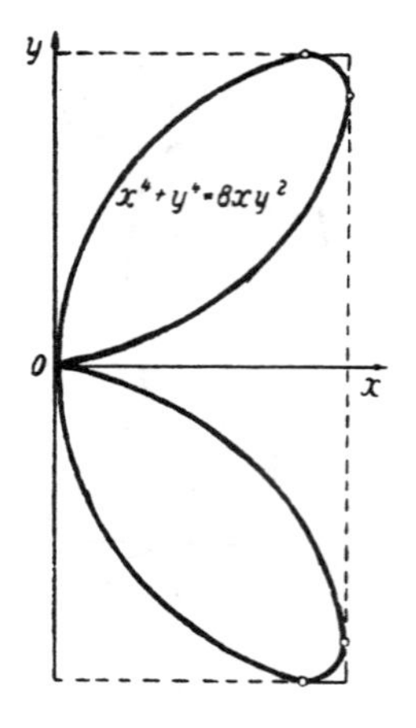

Abb. 113

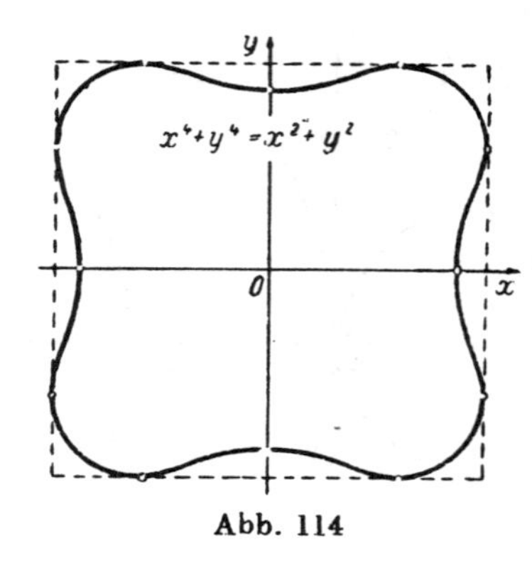

Abb. 114

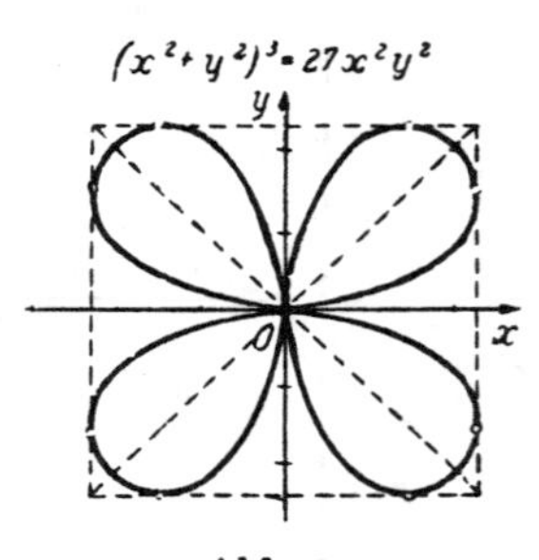

Abb. 115

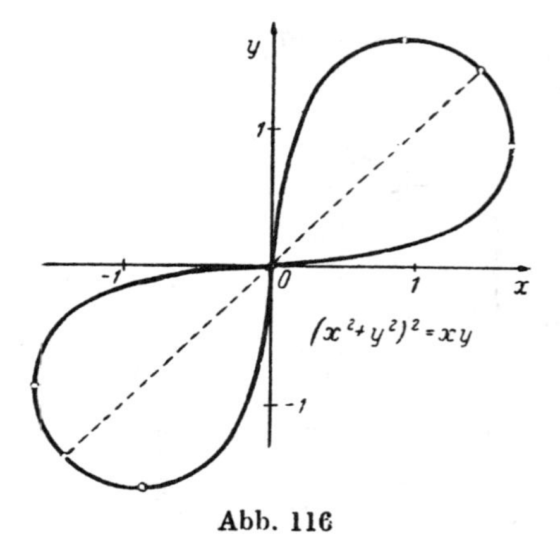

Abb. 116

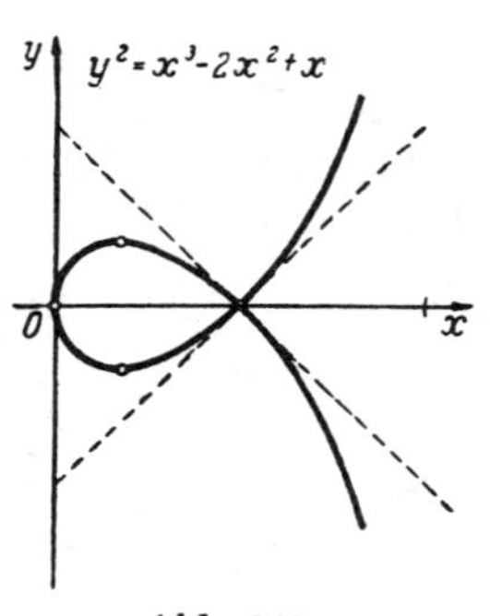

Abb. 117

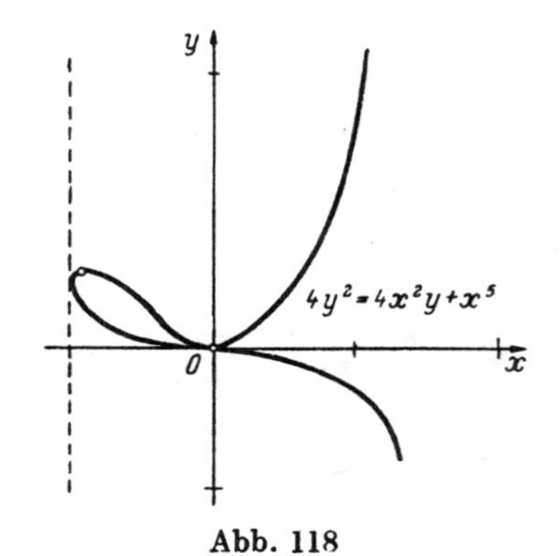

Abb. 118

283. Der Punkt $(1, 0)$ ist ein Doppelpunkt mit den Tangenten $y = \pm(x-1)$. Die Tangente ist parallel zur x-Achse in den Punkten $\left(\frac{1}{3}, \pm\frac{2}{3\sqrt{3}}\right)$, parallel zur y-Achse im Punkt $(0, 0)$. Siehe Abb. 117.

284. Der Punkt $(0, 0)$ ist Doppelpunkt mit der Tangente $y = 0$. Die zur y-Achse parallele Tangente ist $x + 1 = 0$. Die Tangente an der Stelle $x = -\frac{24}{25}$ ist der x-Achse parallel. Siehe Abb. 118.

285. Der Koordinatenursprung ist Doppelpunkt der Kurve mit der Tangente $y = 0$. Die Tangente ist parallel zur x-Achse in den Punkten $(-4, \pm 4)$, parallel zur y-Achse im Punkt $(-5, 0)$. Siehe Abb. 119.

286. Der Koordinatenursprung ist dreifacher Kurvenpunkt mit den Tangenten $y = 0$, $y = x$, $y = -x$. Die Kurve ist aus parabolischen Ästen zusammengesetzt. Die Tangente ist parallel zur x-Achse in den Punkten

$$\left(\sqrt{\frac{2}{5}\sqrt{\frac{3}{5}}}\,\sigma, \sqrt{\frac{6}{25}\sqrt{\frac{3}{5}}}\,\sigma\right),$$

parallel zur y-Achse in den Punkten

$$\left(\frac{\sqrt{2\sqrt{3}}}{3}\sigma, \frac{\sqrt{6\sqrt{3}}}{9}\sigma\right), \qquad \sigma = \pm 1.$$

Siehe Abb. 120.

287. Der Koordinatenursprung ist dreifacher Punkt mit den Tangenten $x = 0$ und $y = 0$. Die Kurve besitzt eine zur x-Achse und eine zur y-Achse parallele Tangente (die Tangenten im Koordinatenursprung nicht mitgerechnet). Siehe Abb. 121.

288. Der Koordinatenursprung ist dreifacher Punkt mit der Tangente $y = 0$. Die Tangente ist parallel zur x-Achse im Punkt $(1, -1)$, parallel zur y-Achse im Punkt $\left(\frac{2}{3}\sqrt[3]{4}, -\frac{8}{9}\right)$. $y = x^2 + \frac{2}{3}x$ ist asymptotische Kurve. Siehe Abb. 122.

289. Der Koordinatenursprung ist dreifacher Punkt mit den Tangenten $y = 0$, $y = \pm\sqrt{2}\,x$. Die Tangente ist der y-Achse parallel in den Punkten $\left(\pm\sqrt{\frac{2}{3}}, \frac{16}{9}\right)$, parallel zur x-Achse in den Punkten $(\pm 2, 2)$. $y = \pm\frac{x^3}{\sqrt[3]{2}}$ ist asymptotische Kurve. Siehe Abb. 123.

290. $y = x$ ist Asymptote. Der Koordinatenursprung ist Wendepunkt mit der Tangente $y = 2x$. Die Kurve hat keinen Scheitelpunkt. Siehe Abb. 124.

291. $y = \pm x$ sind Asymptoten. Die Tangente ist parallel zur y-Achse in den Punkten $(0, 0)$, $(\sqrt[3]{2}, 0)$. Siehe Abb. 125.

292. $x = 0$ und $y = x$ sind Asymptoten. Die Tangente ist parallel zur x-Achse in den Punkten $(0, 0)$, $(-\sqrt[3]{2}, -2\sqrt[3]{2})$, parallel zur y-Achse im Punkt $(\sigma, -\sigma)$, $\sigma\sqrt[3]{4} = 1$. Siehe Abb. 126.

293. $x = 0$, $y = 0$ sind Asymptoten. Die Tangente ist parallel zur x-Achse im Punkt $\left(\sqrt[5]{\frac{9}{8}}, \frac{2}{3}\sqrt[5]{\frac{9}{8}}\right)$, parallel zur y-Achse im Punkt $\left(-\frac{2}{3}\sqrt[5]{\frac{9}{8}}, -\sqrt[5]{\frac{9}{8}}\right)$. Im Koordinatenursprung ist die Tangente $y = x$. Die zu ihr parallele Tangente geht durch den Punkt $(-\sqrt[5]{2}, \sqrt[5]{2})$. Siehe Abb. 127.

294. $x = 0$, $y = 0$ sind Asymptoten. Die Tangente ist parallel zur x-Achse im Punkt $\left(-2, -\frac{1}{2}\right)$, parallel zur y-Achse im Punkt $(1, 1)$. Durch den Koordinatenanfangspunkt geht die Tangente $x - 2y = 0$. Siehe Abb. 128.

295. $x + y = 0$ ist Asymptote. Der Koordinatenursprung ist Wendepunkt mit der Tangente $x = 0$. An den Stellen $x = \frac{\pm 1}{(4 + \sqrt{5})\sqrt{2 + \sqrt{5}}}$ sind die Tangenten der x-Achse parallel (Scheitelpunkte). Siehe Abb. 129.

296. $y = \pm x$ sind Asymptoten. Die Tangente ist zu den Achsen parallel in den Punkten $\left(-\frac{1}{\sqrt[3]{32}}, \frac{3}{\sqrt[3]{32}}\right)$ und $\left(\frac{3}{\sqrt[3]{32}}, -\frac{1}{\sqrt[3]{32}}\right)$. Siehe Abb. 130.

297. $y = \pm x\sqrt{3}$ sind Asymptoten. Die Tangenten sind zur y-Achse parallel in den Punkten $(0, 0)$, $\left(-\sqrt[3]{\frac{1}{2}}, \pm\sqrt[3]{\frac{1}{2}}\right)$, $\left(-\sqrt[3]{\frac{2}{3}}, 0\right)$. Siehe Abb. 131.

298. Asymptoten sind $x = 0$, $y = 0$, $y = x$. $(0, 0)$ ist Wendepunkt mit der Tangente $y = -x$. Die Tangente ist zur x-Achse parallel in den Punkten $\left(\sigma, (\sqrt{2} + 1)\sigma\right)$, $\left(-\sigma, \sigma(\sqrt{2} - 1)\right)$; $\sigma = \pm 1$. Siehe Abb. 132.

299. Asymptoten sind $x = 0$, $y = 0$. Im Punkt $(0, 1)$ ist die Tangente der x-Achse parallel. Siehe Abb. 133.

300. Asymptoten sind $x = 0$, $y = 0$, $y = \pm x$. Symmetrieachsen: $y \pm \left(1 \pm \sqrt{2}\right)x = 0$. Siehe Abb. 134.

301. Asymptoten sind $x = 0$, $y = 0$, $y = x$. In Polarkoordinaten lautet die Gleichung der Kurve: $r^4 \sin 2\varphi\,(1 - \sin 2\varphi) = 24$. Für $\varphi = \frac{\pi}{12}, \frac{5\pi}{12}, \frac{13\pi}{12}, \frac{17\pi}{12}$ besitzt r Minima. Siehe Abb. 135.

302. Asymptote ist $x + a = 0$. Der Koordinatenursprung ist Doppelpunkt der Kurve mit den Tangenten $y = \pm x$. Die Tangente ist parallel zur y-Achse im Punkt $(a, 0)$, parallel zur x-Achse in den Punkten $\left(\frac{\sqrt{5} - 1}{2}a, \pm\sqrt{\frac{5\sqrt{5} - 11}{2}a}\right)$. Siehe Abb. 136.

303. Asymptoten sind $x - y \pm 1 = 0$. Der Koordinatenursprung ist Doppelpunkt mit den Tangenten $x = 0$, $y = 0$. Siehe Abb. 137.

304. Asymptoten sind $y = \pm 2$. Der Koordinatenanfangspunkt ist Doppelpunkt mit der Tangente $x = 0$. Siehe Abb. 138.

305. Asymptoten sind $y = \pm x$. Der Koordinatenursprung ist Doppelpunkt der Kurve mit den Tangenten $x = 0$, $y = 0$. Die Kurve besitzt fünf Wendepunkte. Siehe Abb. 139.

306. Asymptoten sind $x = \pm 2$. $(0, 0)$ ist Doppelpunkt der Kurve mit der Tangente $y = x$. Die Tangente ist parallel zur x-Achse in den Punkten

$$\left(\pm 2\sqrt{t(1 - t)},\ \pm 2t\sqrt{t(1 - t)}\right),$$

wobei t Wurzel der Gleichung $t^3 + 2t - 1 = 0$ ist ($t \approx 0{,}45$); sie ist parallel zur y-Achse in den Punkten $(\pm 2\sqrt{2}, \mp 2\sqrt{2})$. Siehe Abb. 140.

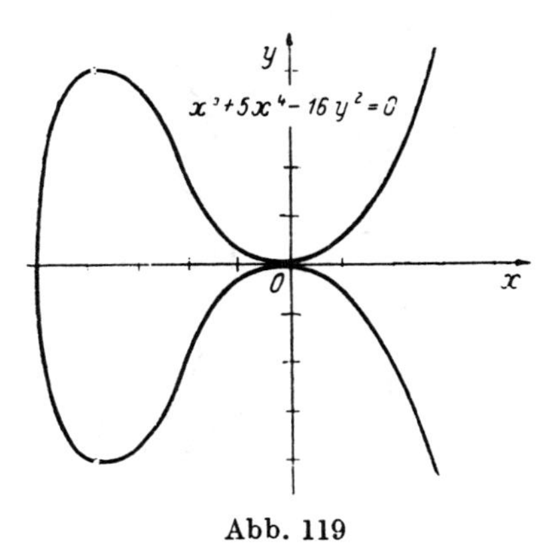

Abb. 119

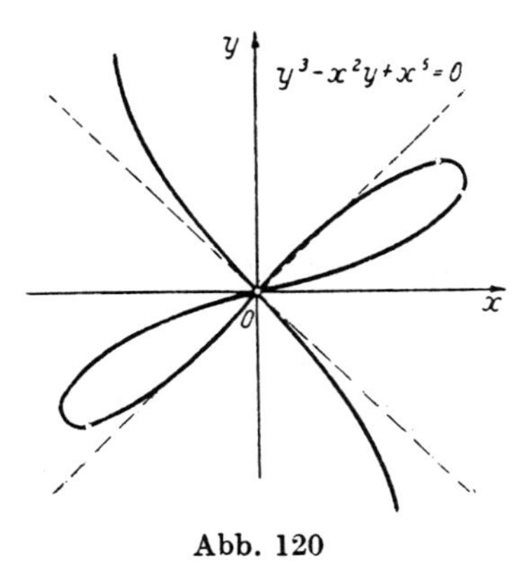

Abb. 120

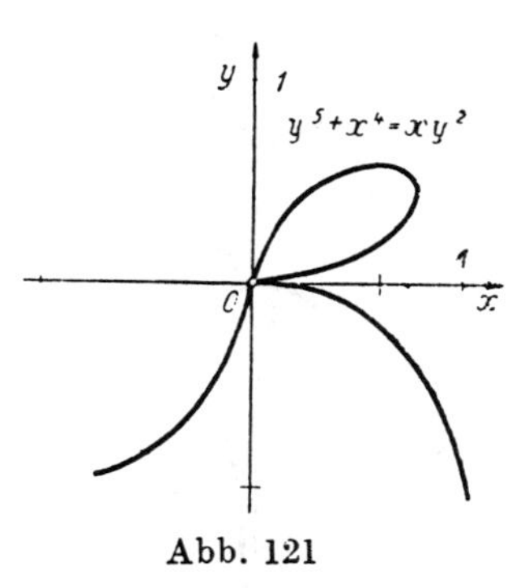

Abb. 121

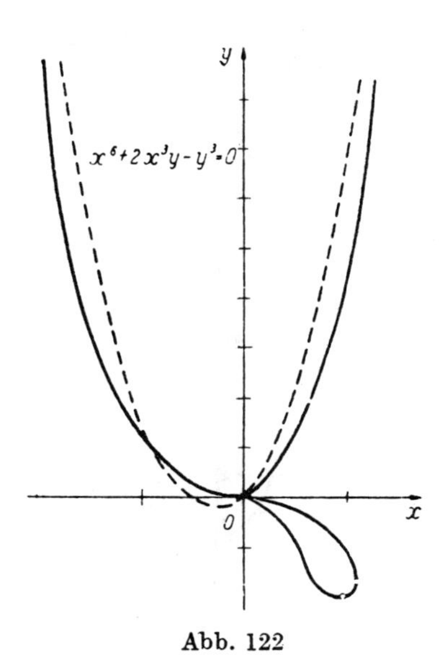

Abb. 122

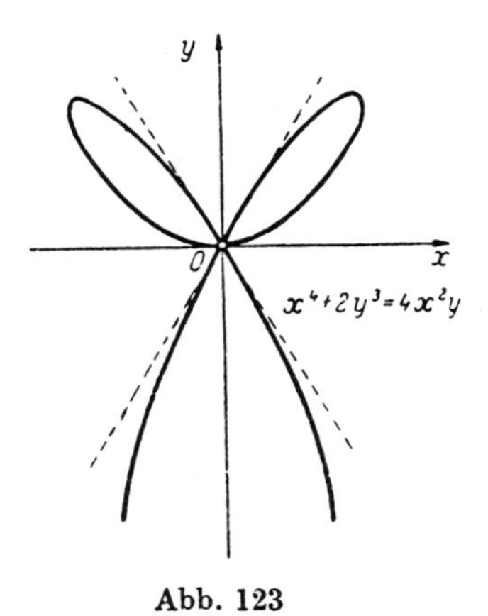

Abb. 123

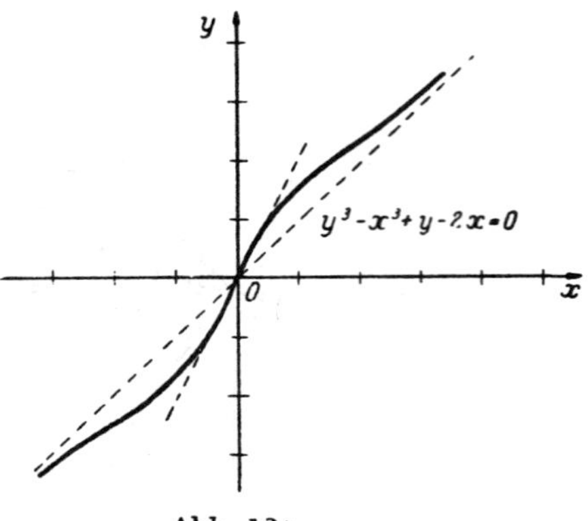

Abb. 124

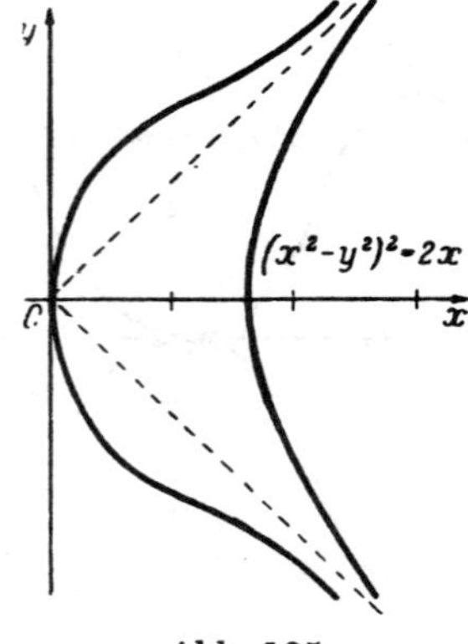

Abb. 125

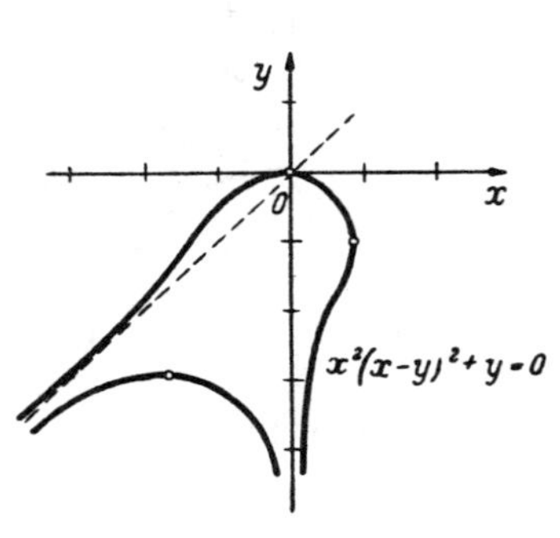

Abb. 126

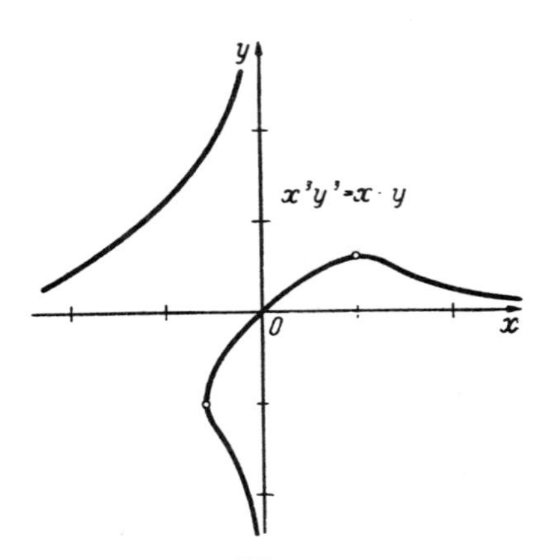

Abb. 127

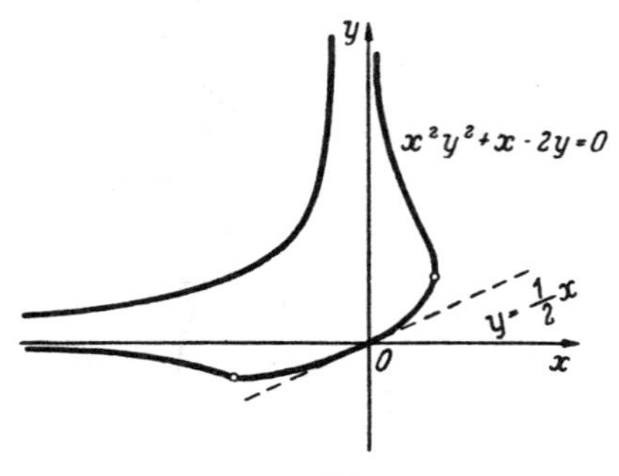

Abb. 128

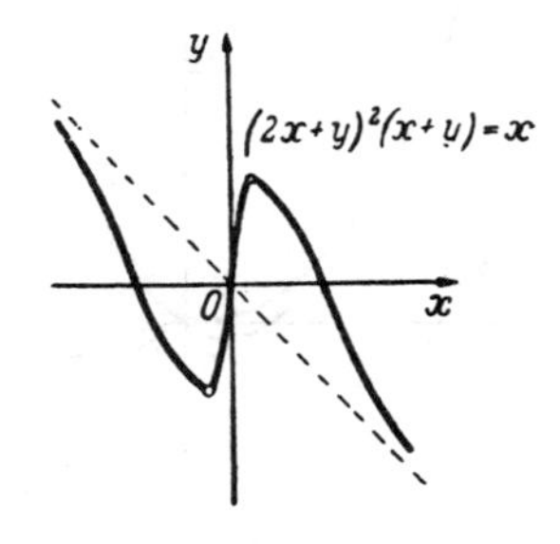

Abb. 129

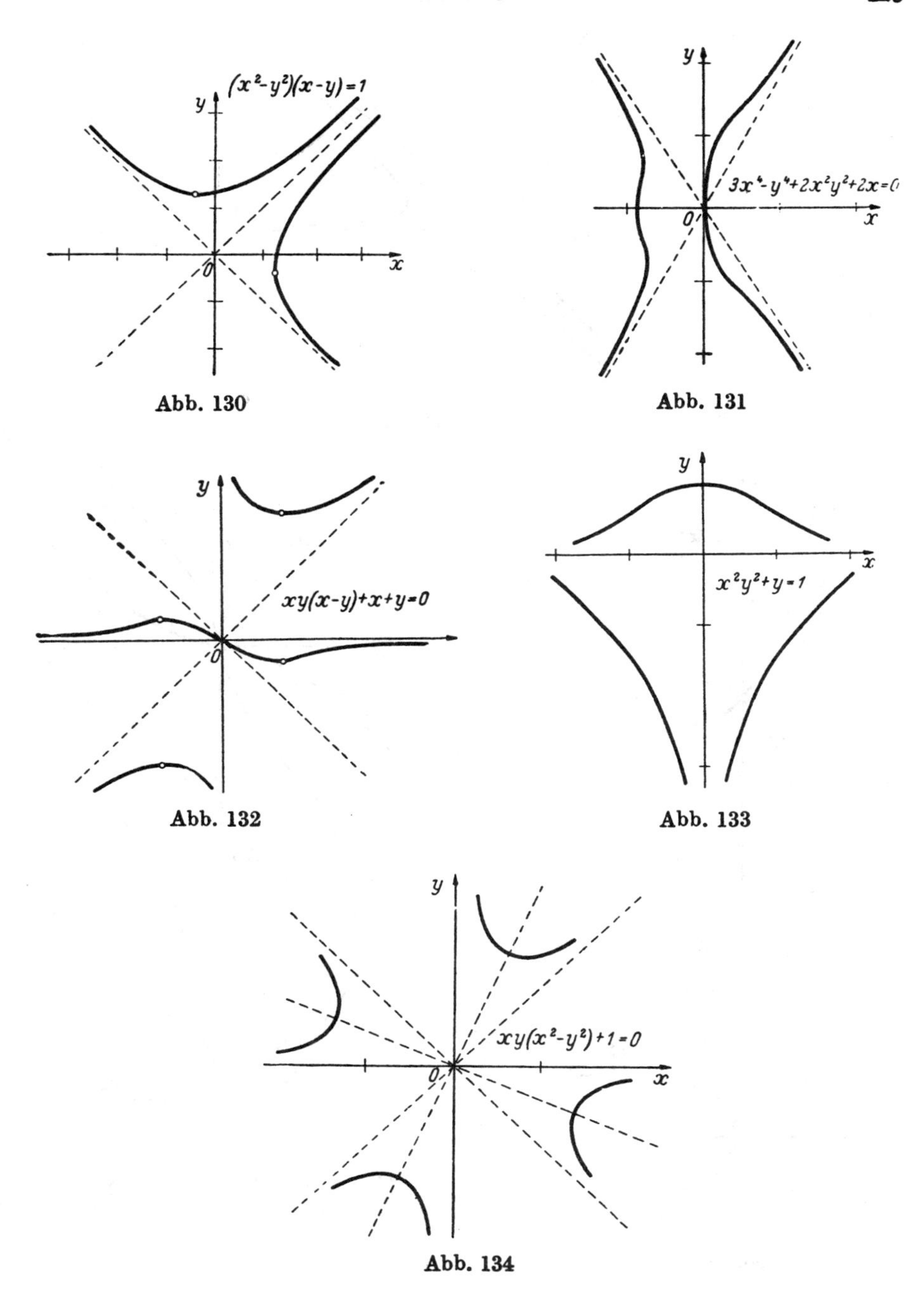

Abb. 130

Abb. 131

Abb. 132

Abb. 133

Abb. 134

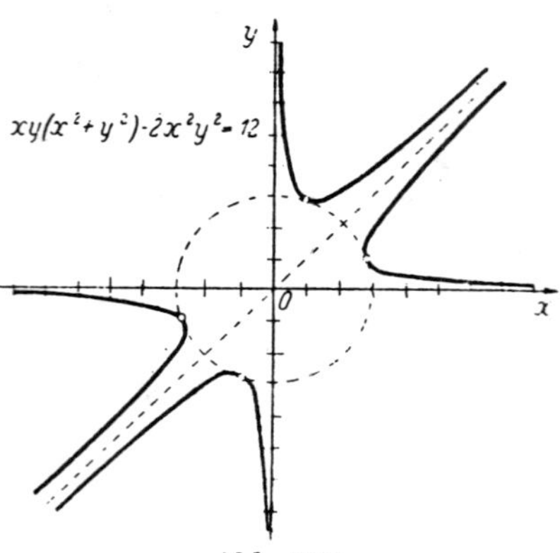

Abb. 135

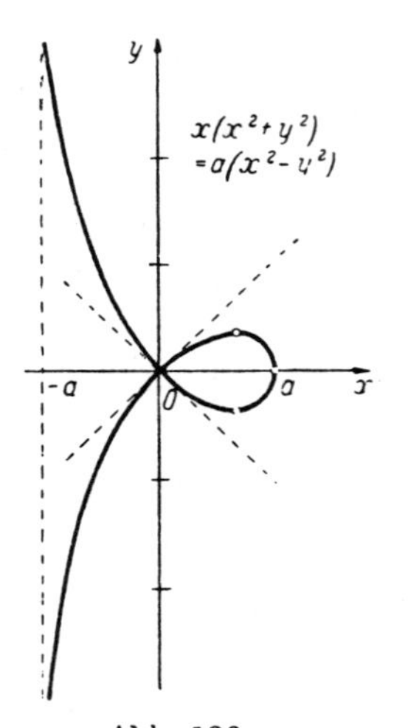

Abb. 136

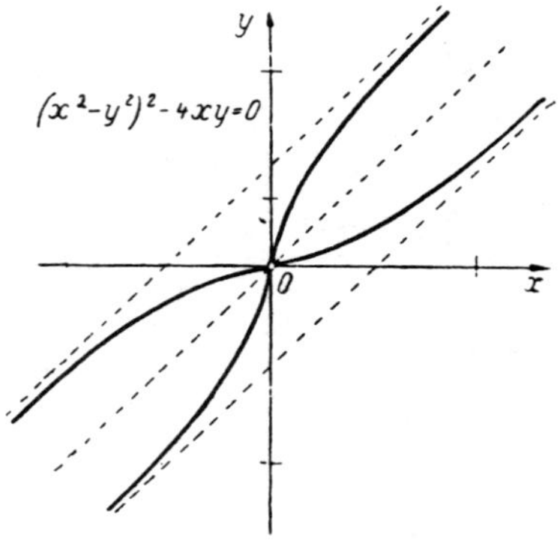

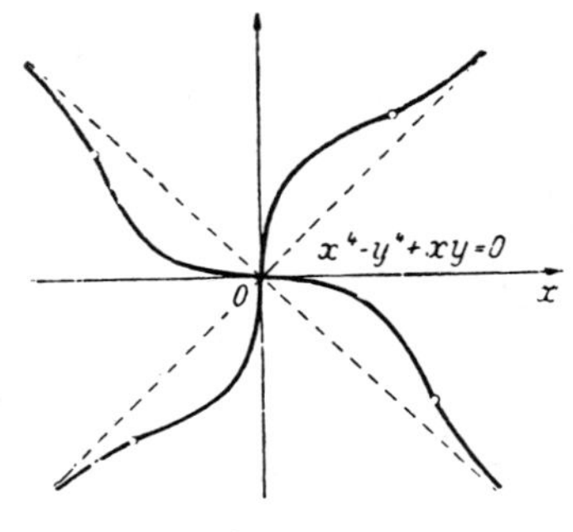

Abb. 137

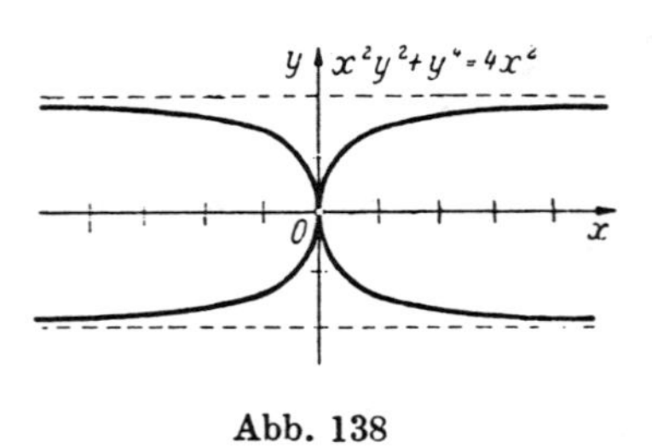

Abb. 138

Abb. 139

307. Asymptoten sind $y = \pm x$. Fünf Wendepunkte. Der Koordinatenursprung ist Doppelpunkt mit den Tangenten $2y \pm x = 0$. Kein Scheitelpunkt. Siehe Abb. 141.

308. $y = 0$ ist Asymptote. Der singuläre Punkt $(0, -1)$ ist Doppelpunkt mit den Tangenten $3y + 3 \pm \sqrt{3}x = 0$. Die Tangente ist in den Punkten $(0, \pm 2)$ der x-Achse parallel (Konchoide oder Muschellinie des Nikomedes). Siehe Abb. 142.

309. Asymptoten: $x = \pm 1$, $y = \pm x$. In den Punkten $(\pm 2, 0)$ ist die Tangente der y-Achse parallel. Der Koordinatenanfangspunkt ist Doppelpunkt mit den Tangenten $y = \pm 2x$. Siehe Abb. 143.

310. Asymptoten: $y = 2$, $x = \pm 1$. Der Koordinatenursprung ist Doppelpunkt mit den Tangenten $y = (1 \pm \sqrt{5})x$. Im Punkt $\left(\frac{5}{4}, \frac{10}{3}\right)$ ist die Tangente der y-Achse parallel. Siehe Abb. 144.

311. Asymptoten: $y = \pm x$. Der Koordinatenanfangspunkt ist Doppelpunkt mit den Tangenten $2y = \pm\sqrt{2}x$. Die Tangente ist parallel zur x-Achse in den Punkten $(0, \pm\sqrt{2})$, $\left(\pm\frac{2}{\sqrt{2}}, \pm\sqrt{\frac{2 \pm \sqrt{3}}{2}}\right)$, parallel zur y-Achse in den Punkten $(\pm 1, 0)$. Siehe Abb. 145.

312. Asymptoten: $y = \pm 1$, $x = -1$, $x = -2$. Der Koordinatenursprung ist Doppelpunkt mit den Tangenten $x = \pm y\sqrt{3}$. Siehe Abb. 146.

313. Asymptoten: $x = 2$, $y = -1$, $x + y + 1 = 0$. Der Koordinatenursprung ist Doppelpunkt mit den Tangenten $2y = \pm\sqrt{2}x$. In den Punkten $(4, -4 \pm 2\sqrt{2})$ ist die Tangente der x-Achse parallel. Siehe Abb. 147.

314. $x = 2a$ ist Asymptote. Der Koordinatenursprung ist Umkehrpunkt mit der Tangente $y = 0$. (Zissoide des Diokles.) Siehe Abb. 148.

315. Asymptote ist $x + y = 1$. Der Koordinatenanfangspunkt ist Umkehrpunkt mit der Tangente $x = 0$; $(3, 0)$ ist Wendepunkt mit einer zur y-Achse parallelen Tangente. Im Punkt $(2, \sqrt[3]{4})$ ist die Tangente der x-Achse parallel. Siehe Abb. 149.

316. Der Koordinatenanfangspunkt ist Umkehrpunkt mit der Tangente $x = 0$. Asymptoten: $x = 1$, $y = x + \frac{1}{3}$. Eine Tangente ist der x-Achse parallel. Siehe Abb. 150.

317. Skifoide. Asymptoten: $y + 1 = \pm x$. Der Koordinatenursprung ist dreifacher Punkt mit den Tangenten $x = 0$ und $y = 0$. Siehe Abb. 151.

318. Asymptote ist $4x - 8y - 1 = 0$. Ferner ist $8y = -16x^2 - 4x + 1$ asymptotische Kurve. Der Koordinatenursprung ist Umkehrpunkt mit der Tangente $y = 0$. Die Tangente ist parallel zur x-Achse im Punkt $\left(-\frac{9}{8}, -\frac{27}{32}\right)$, parallel zur y-Achse im Punkt $(-1, -1)$. Siehe Abb. 152.

319. Asymptoten: $8y = 1 \pm 4x\sqrt{2}$. Asymptotische Kurve: $y = 2x^2 - \frac{1}{4}$. Die Tangente ist parallel zur x-Achse in den Punkten $(0, 0)$, $(\pm 1, 1)$, parallel zur y-Achse in den Punkten $\left(\pm\sqrt{\frac{27}{32}}, \frac{9}{8}\right)$. Siehe Abb. 153.

320. Asymptoten: $x = \pm 1$, $y = \pm 1$. Siehe Abb. 154.

321. Asymptote ist $x + y = 0$. Der Koordinatenursprung ist dreifacher Punkt der Kurve mit den Tangenten $x = 0$, $y = 0$. Die Tangente an die Kurve ist parallel zur x-Achse in den Punkten $\left(\frac{\sqrt[5]{4}}{\sqrt{5}}, \frac{\sqrt[5]{16}}{\sqrt{5}}\right)$, $\left(-\frac{\sqrt[5]{4}}{\sqrt{5}}, -\frac{\sqrt[5]{16}}{\sqrt{5}}\right)$, parallel zur y-Achse in den Punkten $\left(\frac{\sqrt[10]{108}}{\sqrt{5}}, \frac{\sqrt[10]{48}}{\sqrt{5}}\right)$, $\left(-\frac{\sqrt[10]{108}}{\sqrt{5}}, -\frac{\sqrt[10]{48}}{\sqrt{5}}\right)$. Siehe Abb. 155.

322. Asymptote ist $x = 1$. Asymptotische Kurve ist $y = \pm x\sqrt{x}\,(x - 1) + x - 1$. Der Koordinatenursprung ist Umkehrpunkt mit der Tangente $y = 0$. Im Punkt $\left(\frac{4}{3}, \frac{256}{27}\right)$ ist die Tangente der x-Achse parallel. Siehe Abb. 156.

323. Asymptote ist $x = 1$. $(2, 0)$ ist Umkehrpunkt. Siehe Abb. 157.

324. Asymptoten: $x = \frac{1}{4}$, $y = \frac{1}{2}$, $y = 1$. In den Punkten $\left(\frac{-1 \pm \sqrt{2}}{2}, \frac{\mp \sqrt{2}}{2}\right)$ ist die Tangente an die Kurve der y-Achse parallel. Siehe Abb. 158.

325. Asymptoten: $2y = \pm 1$. Die Tangente an die Kurve ist parallel zur x-Achse für $t\sqrt[4]{3} = \pm 1$, parallel zur y-Achse für $t = 0$ und $t = \infty$. Siehe Abb. 159.

326. Asymptoten: $x + y \pm 2 = 0$ und $x = 0$. Die Tangente ist für $2t = \pm \sqrt{5 + \sqrt{17}}$ der x-Achse parallel. Siehe Abb. 160.

327. Asymptoten: $x = 1$, $3x = 4$, $y = 2$, $3y = 2$. Für $t = -2 \pm \sqrt{5}$ ist die Tangente parallel zur x-Achse, für $t = 0$ parallel zur y-Achse. Siehe Abb. 161.

328. Asymptote ist $x = 1$. Der Koordinatenanfangspunkt ist Doppelpunkt. Für $t = 0$ ist die Tangente der y-Achse parallel. Die Kurve besitzt zwei Scheitel mit zur x-Achse parallelen Tangenten.

329. Asymptote ist $x + 1 = 0$. Doppelpunkte für $t = 0$ und für $t = 1$. Für $t = -1 \pm \sqrt{2}$ ist die Tangente der y-Achse parallel; ist t eine Wurzel der Gleichung $t^3 + 3t - 2 = 0$ (für $t = 0{,}596\ldots$), dann verläuft die Tangente parallel zur x-Achse.

330. Asymptoten: $4y = 2x - 3$, $2x + 1 = 0$, $y = 0$. Für $t = 0$ und $t = 2$ ist die Tangente der y-Achse parallel.

331. Asymptoten: $2x = 9$, $2y = -9$, $x - y = 6$. Umkehrpunkt für $t = 0$. Ist $t = -2$, so ist die Tangente der x-Achse parallel, ist $t = 2$, so ist sie der y-Achse parallel.

332. Der Koordinatenursprung ist dreifacher Punkt. Asymptote ist $y = x + 1$. Zwei parabolische Äste.

333. Der Koordinatenursprung ist Doppelpunkt. Asymptote: $y = 0$. Vier Punkte, in denen die Tangente parallel zur x-Achse verläuft.

334. Asymptoten: $y = \pm a$. Der Koordinatenursprung ist Doppelpunkt.

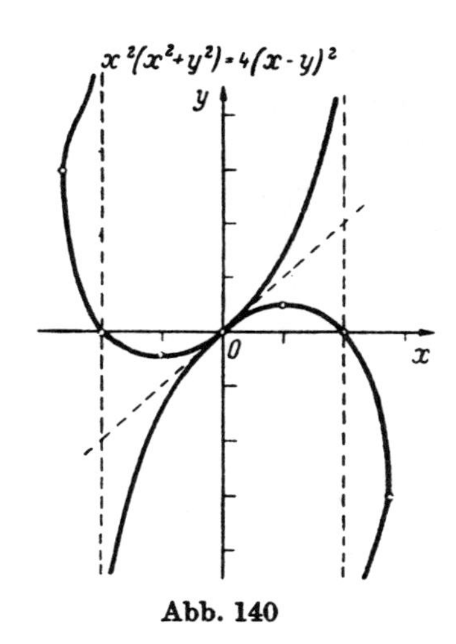

Abb. 140

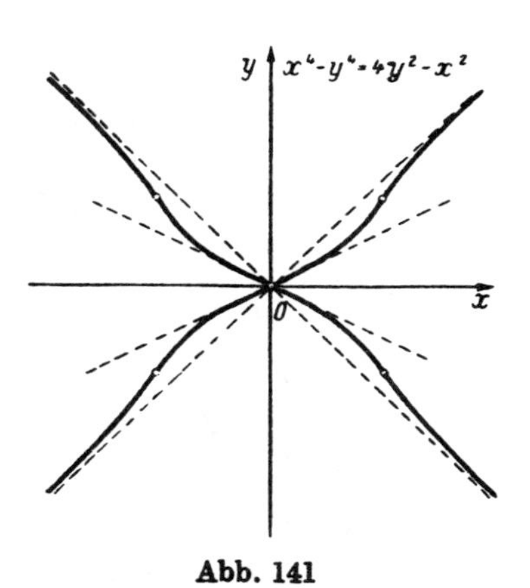

Abb. 141

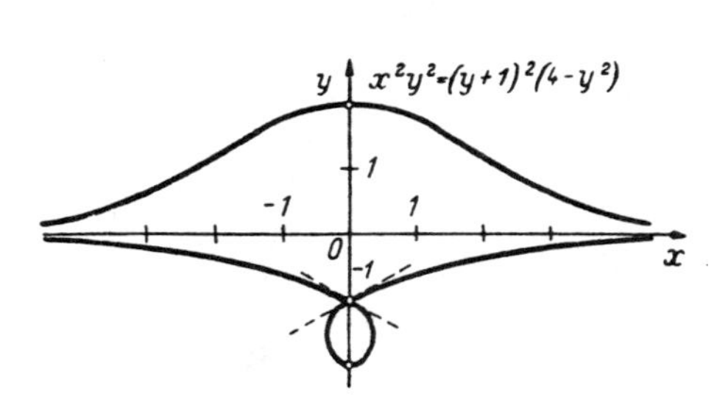

Abb. 142

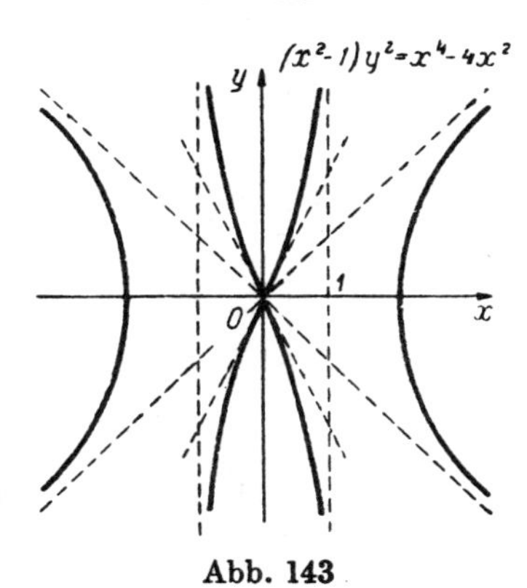

Abb. 143

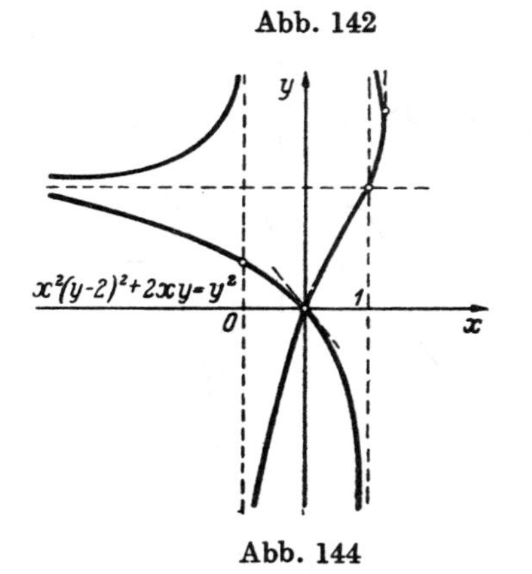

Abb. 144

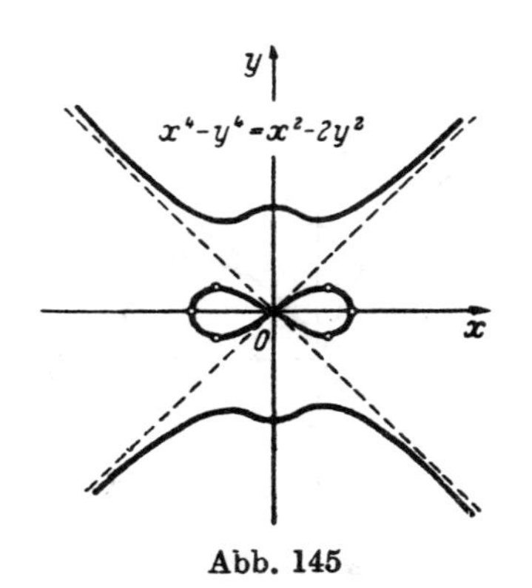

Abb. 145

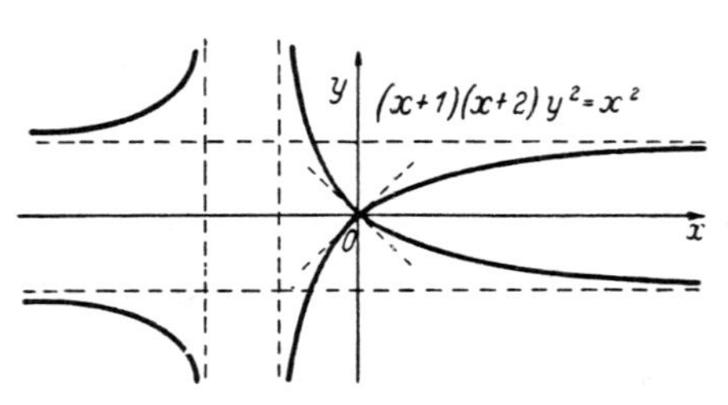

Abb. 146

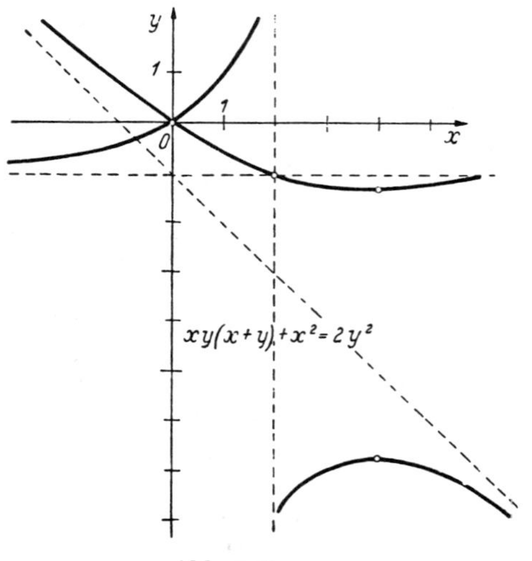

Abb. 147

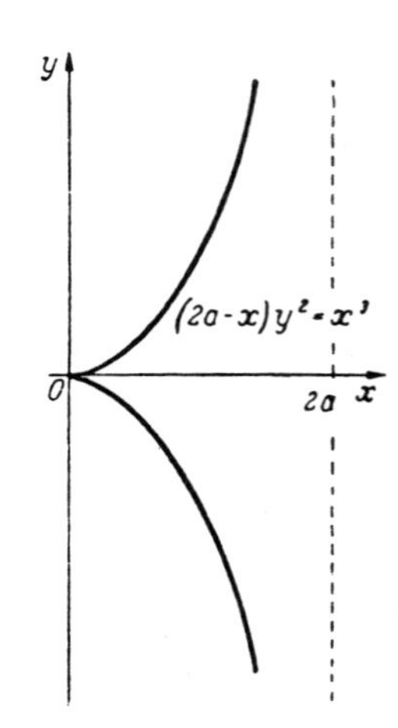

Abb. 148

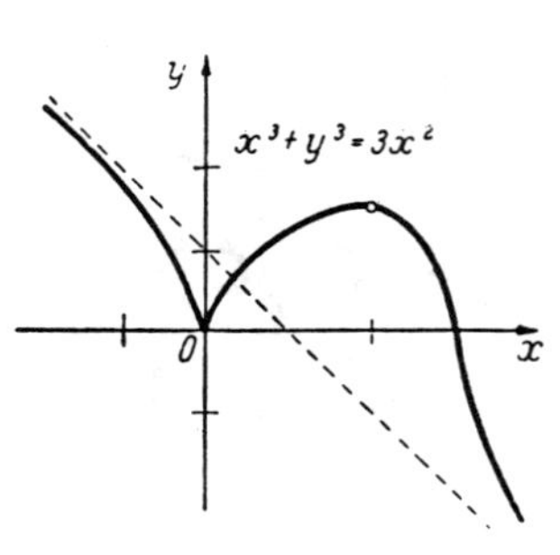

Abb. 149

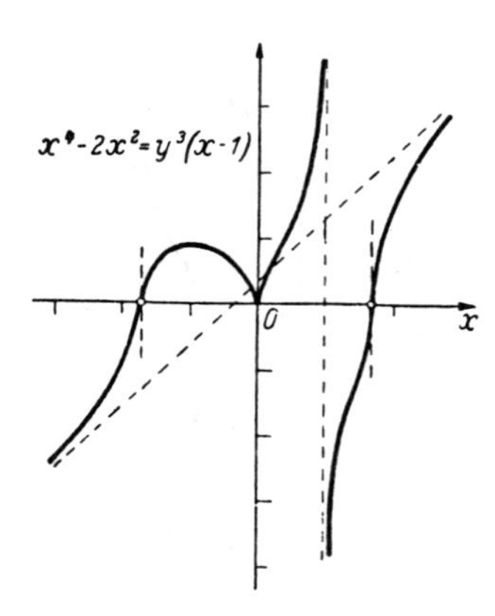

Abb. 150

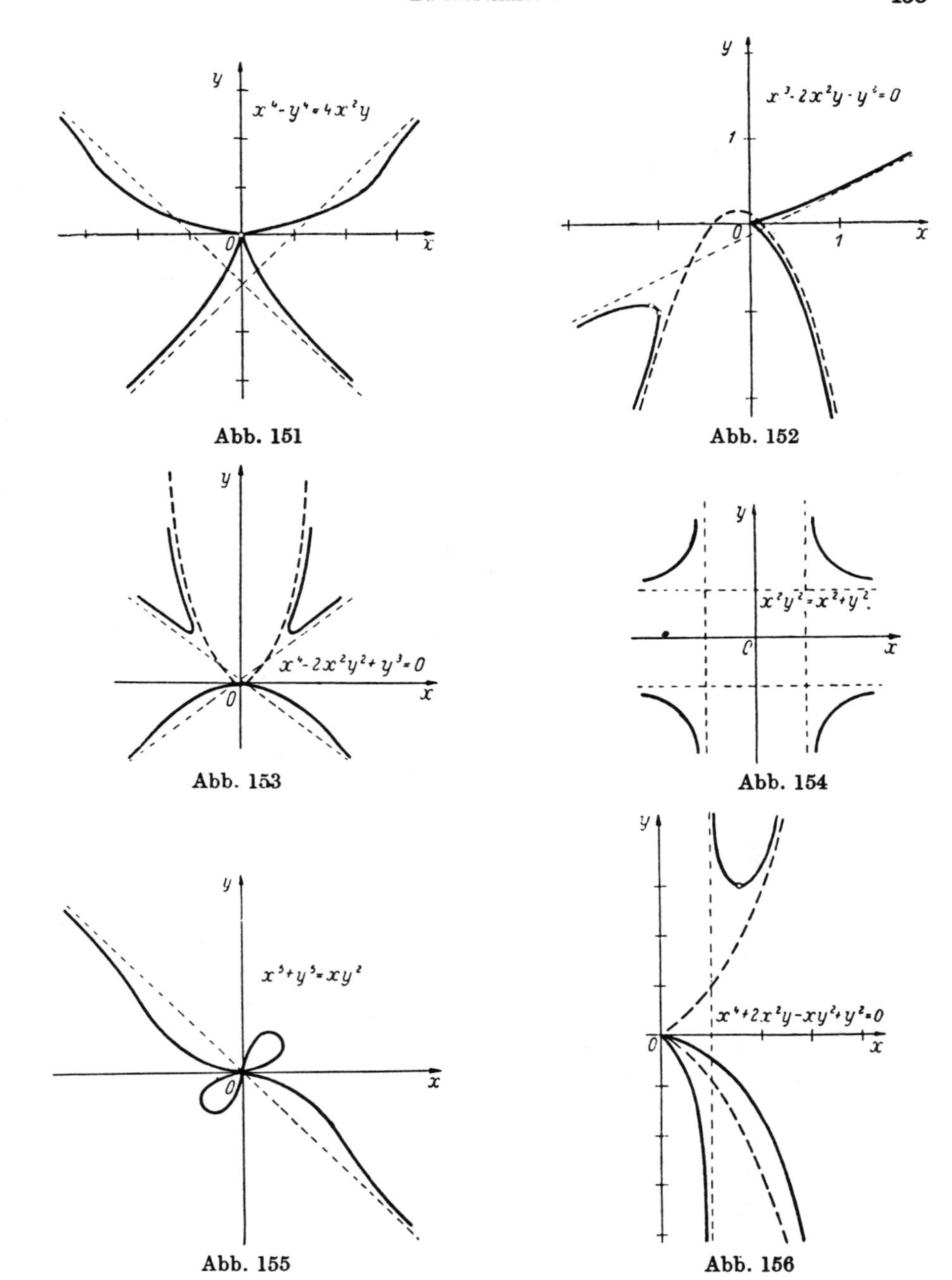

Abb. 151

Abb. 152

Abb. 153

Abb. 154

Abb. 155

Abb. 156

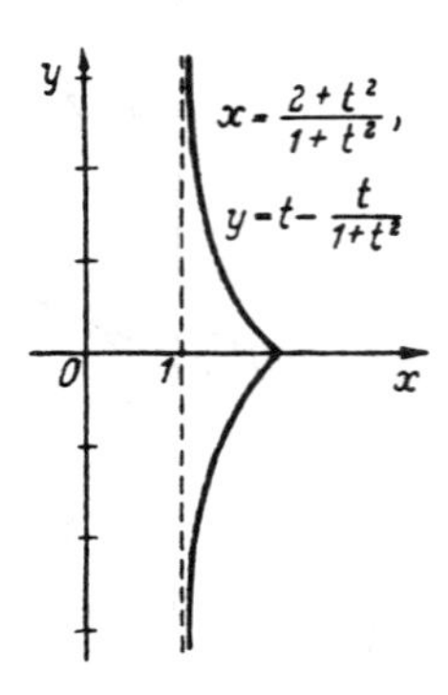

Abb. 157

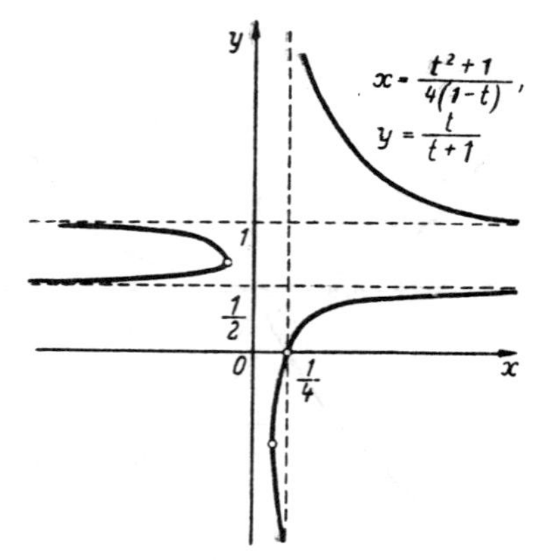

Abb. 158

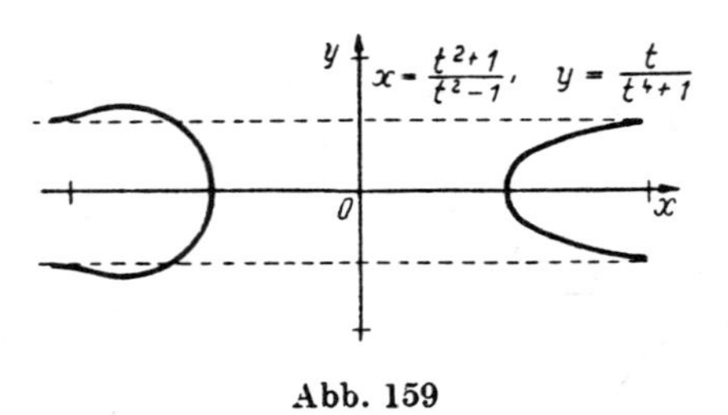

Abb. 159

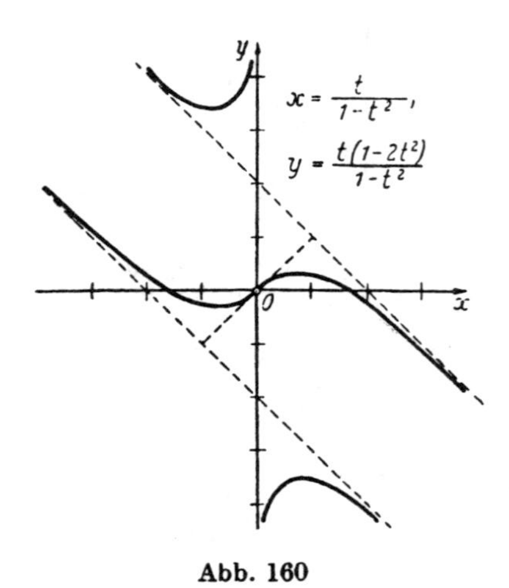

Abb. 160

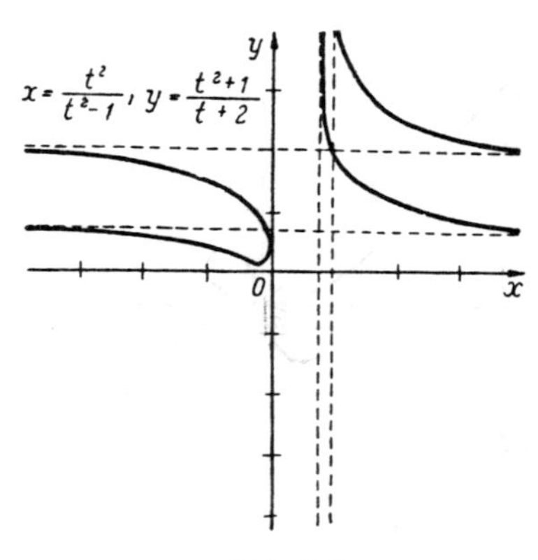

Abb. 161

335. Der Punkt (e, e) ist Doppelpunkt. Asymptoten: $x - 1 = 0$ und $y - 1 = 0$. Siehe Abb. 162.

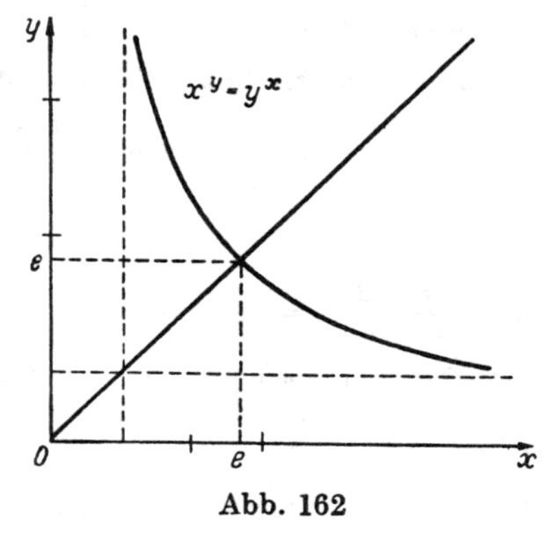

Abb. 162

337. 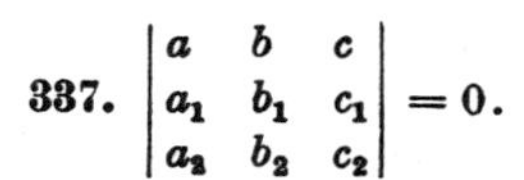
$\begin{vmatrix} a & b & c \\ a_1 & b_1 & c_1 \\ a_2 & b_2 & c_2 \end{vmatrix} = 0.$

340. $x = a \sin^2 t, \quad y = a \sin t \cos t, \quad z = a \cos t.$

342. $x^2 + y^2 + x + y - 1 = 0; \; z = 0.$

343. In entsprechenden Polarkoordinaten:
$$r = e^{\varphi}.$$

346. $\dfrac{4x - t^4}{4t^2} = \dfrac{3y + t^3}{3t} = \dfrac{2z - t^2}{2}.$

347. $\dfrac{4x - 1}{4} = \dfrac{3y + 1}{-3} = \dfrac{2z - 1}{2}$ und $\dfrac{x - 4}{4} = \dfrac{3y + 8}{-6} = z - 2.$

348. $\cos\alpha = \sin^2 \dfrac{t}{2}, \quad \cos\beta = \sin \dfrac{t}{2} \cos \dfrac{t}{2}, \quad \cos\gamma = \cos \dfrac{t}{2}.$

349. Für $t = \pi n$ ist die Tangente parallel zur x, y-Ebene, für $t = (2n + 1)\dfrac{\pi}{2}$ parallel zur x, z-Ebene.

350. $x + 3y = 10, \quad 3y + 4z = 25.$

351. $-4x + 3y + 6z = 47, \quad -4x + 4y - z = 6.$

352. $2m(x + y) = z + 2m^2; \quad x = y.$

353. $m \cos\alpha = \sqrt{a}, \quad m \cos\beta = \sqrt{b}, \quad m \cos\gamma = \sqrt{2z}, \quad m = \sqrt{a + b + 2z}.$

354. $M \cos\alpha = -mz, \; M \cos\beta = z, \; M \cos\gamma = mx - y; \; M^2 = (m^2 + 1)z^2 + (mx - y)^2$

355. $\dfrac{1}{\sqrt{2}}(p + q).$

356. $x + y + 4x_0 z = 2x_0 + 8x_0^3.$

357. $(x \pm y)\sqrt{4a^2 - p^2} \pm pz = p\sqrt{4a^2 - p^2}.$

360. $a = \pm \dfrac{1}{\sqrt{2}}.$

371. Der Kreis $rx = -a \sin t, \quad ry = a \cos t, \quad rz = b; \quad r = \sqrt{a^2 + b^2}.$

372. $x = \sin^2 t, \quad y = -\sin t \cos t, \quad z = \cos t$ (Kurve von Viviani, siehe Aufgabe 340).

374. $6x - 8y - z + 3 = 0.$

375. $z = ay + b.$

376. $x\sqrt{b} \pm y\sqrt{a} = 0.$

377. $-e^{-t}x + e^t y + z\sqrt{2} - 2t = 0.$

378. $bx \sin t - by \cos t + a(z - bt) = 0.$

379. $(a_2 b_1 - a_1 b_2)(x - x_0) + (ab_2 - a_2 b)(y - y_0) + (a_1 b - ab_1)(z - z_0) = 0.$

381. Hauptnormale: $xy_0 - x_0 y = 0, \quad z = z_0;$
Binormale: $x_0 X + y_0 Y = a^2, \quad a^2(X - x_0) = by(Z - z_0).$

382. Binormale: $x = 6t + 1; \quad y = -8t + 1; \quad z = -t + 1;$
Hauptnormale: $x = -31t + 1, \quad y = -26t + 1, \quad z = 22t + 1.$

383. Binormalvektor ist $\mathfrak{B}(1, -2t, t^2)$,

Hauptnormalvektor ist $\mathfrak{N}(2t + t^3, 1 - t^4, -t - 2t^3)$.

384. $x = 2t + \frac{1}{2}, \quad y = -2t + \frac{2}{3}, \quad z = t + \frac{1}{2}$ ist Binormale;

$x = 2t + \frac{1}{2}, \quad y = t + \frac{2}{3}, \quad z = -2t + \frac{1}{2}$ ist Hauptnormale.

387. $\frac{dz}{dx} \cdot \frac{d^2 z}{dx^2} = \sin x \cos x$.

388. Die Schraubenlinie $x = (a + l) \cos t, \quad y = (a + l) \sin t, \quad z = bt$.

389. $y = x \tan \frac{z}{b}$.

390. Die Parameterdarstellung der Punkte der Fläche lautet

$$x = a \cos u + bv \sin u, \quad y = a \sin u - bv \cos u, \quad z = au + bv.$$

391. $\varrho \sqrt{1 + \sin^2 \frac{t}{2}} = 4$. **392.** $\varrho \sinh t = a \sqrt{2} \cosh^2 t$. **393.** $\varrho \sqrt{2} = (x + y)^2$.

394. $\varrho \sqrt{2} = 3 e^t$. **395.** $2 \varrho = a \cosh t$.

396. $\varrho \sqrt{a + b} = \sqrt{(a + b + 2z)^3}$. **397.** $\varrho = \sqrt{6}$.

398. $12 \tau = 64 y^6 + 36 y^2 + 1$. **399.** $a \varrho = ar = (y + a)^2$.

400. $2 abt \varrho = (a^2 + b^2 t^2)^2; \quad r = -\varrho$.

402. Wenn die Schraubenhöhe gleich dem Umfang des Grundkreises ist.

404. Der Mittelpunkt liegt auf der Krümmungsachse im Abstand $-r \frac{d\varrho}{ds}$ vom Krümmungsmittelpunkt.

405. $9 r \xi^2 = 2 \varrho \eta$ auf der Schmiegebene;
$6 \varrho r \zeta = -\xi^3$ auf der rektifizierenden Ebene;
$9 r \zeta^2 = 2 \varrho \eta^2$ auf der Normalebene.

411. $(mx - ly)^2 + (lz - nx)^2 + (ny - mz)^2 = a^2 (l^2 + m^2 + n^2)$.

412. $(x + 4y + 9z)^2 = 14 (x^2 + 4y^2 + 9z^2 - 1)$.

413. $(nx - lz)^2 + (ny - mz)^2 = an(ny - mz)$.

414. $(x + 1)^2 = 2y^2 + z^2$. **415.** $(bz - cy)^2 = 2p(z - c)(az - cx)$.

416. $c^2 (x^2 + y^2)^2 = a^2 (x^2 - y^2)(z + c)^2$. **417.** $4(x^2 + y^2) = (z + 2)^2$.

418. $4xy + (z + 3c)^2 = 0$. **419.** $\frac{x^2}{a^2} + \frac{y^2 + z^2}{b^2} = 1$.

420. $\frac{x^2 + z^2}{a^2} - \frac{y^2}{b^2} = 1$. **421.** $y^2 + z^2 = 2px$.

422. $(\sqrt{x^2 + z^2} - a)^2 + y^2 = R^2$. **423.** $y^4 = 4 p^2 (x^2 + z^2)$.

424. $(x^2 + y^2 + z^2)^2 = a^2 (x^2 - y^2 - z^2)$. **425.** $(x^2 + y^2 + z^2)^2 = a^2 (x^2 - y^2 + z^2)$.

426. Zykloide. **427.** $x = a \sin\theta \cos\varphi, \; y = b \sin\theta \sin\varphi, \; z = c \cos\theta$.

428. $\sqrt{x} + \sqrt{y} + \sqrt{z} = \sqrt{a}$. **429.** $x^{\frac{2}{3}} + y^{\frac{2}{3}} + z^{\frac{2}{3}} = a^{\frac{2}{3}}$.

430. $\frac{x^2}{a^2}+\frac{y^2}{b^2}+\frac{z^2}{c^2}=1.$ **431.** $\frac{x\,x_1}{a^2}+\frac{y\,y_1}{b^2}+\frac{z\,z_1}{c^2}=1.$

432. $x x_1 + y y_1 = z z_1.$ **433.** $x + y + 3z = 9.$

434. $x x_1^{n-1} + y y_1^{n-1} + z z_1^{n-1} = a^{n-1}.$

435. $(2r^2 - a^2)x_1 x + (2r^2 + a^2)y_1 y + (2r^2 - a^2)z_1 z = r^4;\quad r^2 = x_1^2 + y_1^2 + z_1^2.$

437. $x + y + z - 3 = 0.$ **438.** $x = x_1,\ x_1 y = az;\ y = y_1,\ y_1 x = az.$

439. $x \sin v - y \cos v + \frac{uz}{k} = uv.$ **440.** $3x - 3y + z = 2.$

447. $x \cos u + y \sin u = a;\quad kau = az - k\sqrt{x^2+y^2-a^2}.$

461. $(x^2+y^2+z^2)^2 = a^2x^2 + b^2y^2 + c^2z^2.$

462. $(x^2+y^2+z^2)^2 = 4(a^2x^2 + b^2y^2 + c^2z^2).$

464. $y^2 + z^2 = 1.$ **465.** $y^2 + z^2 = 2 - x\sqrt{2} + x^2.$

466. $(ny - mz)^2 + (lz - nx)^2 + (mx - ly)^2 = a^2(l^2 + m^2 + n^2).$

467. $4(x^2 + y^2) = 4z + 1.$

468. $x^2 + \left[y \pm \frac{1}{2}\sqrt{q(p-q)}\right]^2 = pz + \frac{1}{4}pq.$

469. $a^2 - z^2 = (r \pm \sqrt{x^2+y^2})^2.$ **470.** $y^2 = 2(x+z).$

471. $(\sigma x - l\tau)^2 + (\sigma y - m\tau)^2 + (\sigma z - n\tau)^2 = p^2\tau^2$ mit $\sigma = l^2 + m^2 + n^2 - p^2$,
$\tau = lx + my + nz.$

472. $|x| + |y| + |z| = 1.$ **473.** $x^{\frac{2}{3}} + y^{\frac{2}{3}} + z^{\frac{2}{3}} = 1.$ **474.** $xyz = c^3.$

475. $x^\sigma + y^\sigma + z^\sigma = c^\sigma;\quad (n+1)^\sigma = n.$

477. $\frac{a^2}{c}$ und $\frac{b^2}{c}$. **478.** p und q. **479.** $mR_1 = -mR_2 = u^2 + m^2.$

480. $aR_1 = (z + \sqrt{m^2+z^2})\,m,\quad aR_2 = (z - \sqrt{m^2+z^2})\,m;\quad m^2 = x^2 + y^2 + a^2.$

481. $R_1 = -R_2 = e^x + e^{-x} - \cos x \cos y.$ **482.** $R_1 = -R_2 = \cosh x \cosh y.$

483. $R_1 = -R_2 = a \cosh^2 \frac{z}{a}.$

485. Die Schnittpunkte des Ellipsoids mit den Geraden

$$y = 0,\quad cx\sqrt{b^2-c^2} \pm az\sqrt{a^2-b^2} = 0 \quad \text{für} \quad a > b > c.$$

486. Die Schnittpunkte des Ellipsoids mit den Geraden

$$\begin{cases} z - 1 = 0 \\ x + 2y - z = 0, \end{cases} \qquad \begin{cases} z - 1 = 0 \\ 3x + 4y - 1 = 0. \end{cases}$$

487. $\frac{1}{k} = pq\left(1 + \frac{x^2}{p^2} + \frac{y^2}{q^2}\right)^2.$

490. Die totale Krümmung ist gleich

$$\frac{f' f''}{\varrho(1+f'^2)^2},$$

die mittlere Krümmung gleich

$$\frac{1}{2(1+f'^2)^{\frac{3}{2}}}\left[f'' + \frac{f'(1+f'^2)}{\varrho}\right].$$

492. $x^2 + y^2 + z^2 = px$.

501. $(1 + f'^2)\left(\frac{dr}{d\varphi}\right)^2 = r^2(cr^2 - 1)$; c ist konstant.

Zu Abschnitt VI

1. $\sqrt{2}\left(\cos\frac{\pi}{4} + i\sin\frac{\pi}{4}\right)$.

2. $2\left(\cos\frac{\pi}{3} + i\sin\frac{\pi}{3}\right)$.

3. $2\left(\cos\frac{11\pi}{6} + i\sin\frac{11\pi}{6}\right)$.

4. $2\sin\frac{\alpha}{2}\left(\cos\frac{\pi-\alpha}{2} + i\sin\frac{\pi-\alpha}{2}\right)$.

5. $2\cos\left(\frac{\pi}{4} - \frac{\alpha}{2}\right)\left[\cos\left(\frac{\alpha}{2} - \frac{\pi}{4}\right) + i\sin\left(\frac{\alpha}{2} - \frac{\pi}{4}\right)\right]$.

6. $\frac{1}{\cos\alpha}(\cos\alpha + i\sin\alpha)$.

7. $a^2 - ab + b^2$.

8. $a^3 + b^3 + c^3 - 3abc$.

9. $(2a - b - c)(2b - a - c)(2c - a - b)$.

10. $\pm\frac{1+i}{\sqrt{2}}$.

11. $\pm(2 + i)$.

12. $\pm(3 + 4i)$.

13. $x_1 = -2 + i$, $x_2 = -3 + i$.

14. $x_1 = 2i$, $x_2 = -1$.

15. $-i$, $\frac{i \pm \sqrt{3}}{2}$.

16. $\sqrt[6]{2}\,(\cos\varphi + i\sin\varphi)$; $\varphi = 45°, 165°, 285°$.

17. $2(\cos\varphi + i\sin\varphi)$; $\varphi = 30°, 90°, 150°, 210°, 270°, 330°$.

18. $2(\cos\varphi + i\sin\varphi)$; $\varphi = 0°, 60°, 120°, 180°, 240°, 300°$.

19. $x_k = \tan\frac{\alpha + k\pi}{n}$; $k = 0, 1, \ldots, n-1$.

20. $x_k = \cot\frac{2k+1}{2n}\pi$; $k = 0, 1, \ldots, n-1$.

21. $\cos^3\varphi - 3\cos\varphi\sin^2\varphi$.

22. $3\cos^2\varphi\sin\varphi - \sin^3\varphi$.

23. $\cos^4\varphi - 6\cos^2\varphi\sin^2\varphi + \sin^4\varphi$.

24. $5\sin\varphi\cos^4\varphi - 10\sin^3\varphi\cos^2\varphi + \sin^5\varphi$.

25. $\frac{1}{4}(3\cos\varphi + \cos 3\varphi)$.

26. $\frac{1}{4}(3\sin\varphi - \sin 3\varphi)$.

27. $\frac{1}{8}(3 + 4\cos 2\varphi + \cos 4\varphi)$.

28. $\frac{1}{8}(3 - 4\cos 2\varphi + \cos 4\varphi)$.

29. $\frac{1}{16}(10\cos\varphi + 5\cos 3\varphi + \cos 5\varphi)$.

30. $\frac{1}{16}(10\sin\varphi - 5\sin 3\varphi + \sin 5\varphi)$.

35. $\frac{\sin\left(n + \frac{1}{2}\right)x}{\sin\frac{x}{2}}$.

36. $\frac{\sin^2 nx}{\sin x}$.

37. $\frac{(1-a)\cos\varphi - a^{n+1}\cos(2n+3)\varphi + a^{n+2}\cos(2n+1)\varphi}{1 - 2a\cos\varphi + a^2}$.

38. $\frac{1 - a^2 - 2a^{n+1}\cos(n+1)\varphi + 2a^{n+2}\cos n\varphi}{1 - 2a\cos\varphi + a^2}$.

39. $1 + (2n+1)\pi i$. **40.** $\ln 2 + (2n+1)\pi i$.

41. $(4n+1)\frac{\pi i}{2}$. **42.** $(8n+1)\frac{\pi i}{4}$.

43. $\ln\sqrt{x^2+y^2} + i \arctan\frac{y}{x} + 2n\pi i$. **44.** -1.

45. $e^{-(4n+1)\frac{\pi}{2}}$. **46.** $e^{-2n\pi + i\ln 2}$. **47.** $e^{2n\pi+\frac{\pi}{4}}$.

48. $i \tanh\frac{\pi}{2}$. **49.** $\sin x \cosh y + i \cos x \sinh y$.

50. $\cos x \cosh y - i \sin x \sinh y$. **51.** $\frac{1}{2i}\ln\frac{1-x}{1+x} + n\pi$.

52. $(x-a)^2 + (y-b)^2 < R$. **53.** $a + bi + iRe^{\frac{2k\pi i}{n}}$; $k = 1, 2, \ldots, n-1$.

54. $1 + \sqrt{2}\, e^{\frac{7\pi i}{12}}$. **55.** $z_1 + (z_1 - z_0)\, e^{\frac{2\pi i}{n}}$.

56. Er befindet sich außerhalb des Vielecks.

57. $z_4 = z_1 - z_2 + z_3$. **58.** $\frac{1}{2}(z_1 + z_2)$. **59.** $\frac{m_1 z_1 + m_2 z_2 + \cdots + m_n z_n}{m_1 + m_2 + \cdots + m_n}$.

60. Die Fläche, die von dem Vieleck begrenzt wird.

64. Die Summe der Quadrate der Diagonalen eines Parallelogramms ist gleich der Summe der Quadrate seiner Seiten.

68. Gerade. **69.** Kreis. **70.** Ellipse. **71.** Archimedische Spirale.

72. Logarithmische Spirale. **73.** Es wird mit 4π multipliziert.

74. Bei den ersten beiden Ausdrücken wird es mit π multipliziert, beim letzten mit 2π.

75. Sie werden mit dem Faktor $e^{2\pi i(\alpha+\beta)}$ multipliziert.

76. u geht über in $u e^{2\pi i \alpha} + 2\pi i (z-a)^\alpha e^{2\pi i \alpha}$.

77. $a = 0$, $b = 2$ oder $2a\sqrt{2} = \pm 1$, $b = 3$.

80. $1 - i$, $\frac{1}{6}(-1 \pm \sqrt{13})$. **96.** $2\prod_{k=0}^{n-1}\left(x - \cot\frac{2k+1}{2n}\pi\right)$.

97. $2^{2n-1}\prod_{k=0}^{n-1}\left(x^2 - \cos^2\frac{2k+1}{4n}\pi\right)$. **98.** $2^{2n} x \prod_{k=0}^{n-1}\left(x - \cos^2\frac{2k+1}{4n+2}\pi\right)$.

99. $f(i)\, f(-i) = (a_n - a_{n-2} + a_{n-4} - \cdots)^2 + (a_{n-1} - a_{n-3} + a_{n-5} - \cdots)^2$.

102. Nein. **103.** $27 a_0 a_3^2 - 9 a_1 a_2 a_3 + 2 a_2^3 = 0$. **104.** $rp^3 = q^3$.

105. $\lambda = -22$, $\mu = 40$, $x_1 = -5$, $x_2 = -2$, $x_3 = 1$, $x_4 = 4$.

106. $\alpha = 3$, $q = 0$, $p \neq 0$.

107. $A\frac{(x-b)(x-c)}{(a-b)(a-c)} + B\frac{(x-a)(x-c)}{(b-a)(b-c)} + C\frac{(x-a)(x-b)}{(c-a)(c-b)}$.

108. $5\varphi(x) = 4x^2 + 3x - 2$.

109. $f(x) = -1 + \frac{1}{8}(x-1)^4\left[1 + 2(x+1) + \frac{5}{2}(x+1)^2 + \frac{5}{2}(x+1)^3\right]$.

110. $f(x) = -1 + (-1)^n 2^{1-n}(x-1)^n \left[1 + \frac{n\sigma}{2} + \frac{n(n+1)}{2!}\frac{\sigma^2}{4} + \cdots \right.$

$\left. + \frac{n(n+1)\cdots(2n-2)}{(n-1)!\;2^{n-1}}\sigma^{n-1}\right]$, wobei $\sigma = x + 1$.

111. $\varphi(x)\left[A + \frac{A_1}{\varphi'(a_1)(x-a_1)} + \cdots + \frac{A_n}{\varphi'(a_n)(x-a_n)}\right]$;

$\varphi(x) = (x-a_1)\cdots(x-a_n)$.

117. $-2 \leqq \lambda \leqq 2$.

121. $q_1^4 + p_1^5 \leqq 0$, $4q_1 = q$, $5p_1 = p$.

124. Man setze $x = e^t$ und wende den Satz von ROLLE an; das führt zu einer Gleichung ohne a_n. Man teile durch $e^{\lambda_{n-1}t}$ und wende den Satz von ROLLE noch einmal an usw.

125. Folgerung aus dem Vorhergehenden.

127. Man setze $x = e^t$ und wende den Satz von ROLLE an.

128. Folgt aus dem Vorhergehenden.

129. Alle Wurzeln der Gleichung $a_0x^m + a_1x^{m-1} + \cdots + a_nx^{m-n} = 0$ sind reell bei beliebigem m. Die neue Gleichung erhält man durch $(m-s-k)$-malige Differentiation des linken Teils. Man ersetzt x durch $\frac{1}{x}$ und multipliziert mit x^{s+k}. Man multipliziert dann mit x^{m-s-k} und differenziert $(m-k)$-mal. Man ersetzt wiederum x durch $\frac{1}{x}$, multipliziert mit x^{s+k}, dividiert durch $(m-s)!\,(m-k)!$ und multipliziert mit $k!$. Durch den Grenzübergang $m \to \infty$ erhält man die geforderte Gleichung. Die Nullstellen der Gleichung bleiben dabei reell.

130. Folgt aus dem Vorhergehenden.

131. Die Gleichung kann man in der Form

$$n\frac{f(x)f''(x) - (f'(x))^2}{(f(x))^2} + \left[\frac{f'(x)}{f(x)}\right]^2 = 0$$

schreiben. Durch Zerlegung in Partialbrüche erhält man

$$\left(\sum_{k=1}^{n}\frac{1}{x-x_k}\right)^2 = n\sum_{k=1}^{n}\frac{1}{(x-x_k)^2}.$$

Dies widerspricht bei reellen x und x_k der CAUCHYschen Ungleichung

$$(\sum a_k b_k)^2 < \sum a_k^2 \sum b_k^2.$$

132. Die graphische Darstellung der Funktion $\frac{f'(x)}{f(x)}$ besitzt n vertikale Asymptoten, wenn die Nullstellen von $f(x)$ voneinander verschieden sind. Es ist auch möglich, den Satz von ROLLE auf die Funktion $e^{\frac{x}{\lambda}}f(x)$ anzuwenden.

133. Das folgt daraus, daß die Gleichung eine Nullstelle zwischen zwei Nullstellen von $f'(x)$ hat, zwischen denen $f(x) + m \neq 0$ ist.

134. Man wende den Satz von ROLLE auf $x^\lambda f(x)$ an.

135. und **136.** Beide Sätze folgen aus 134 und daraus, daß die Nullstellen von $f(ax)$ reell sind, wenn a und die Nullstellen von $f(x)$ reell sind.

137. Man führe den Beweis durch eine geeignete Verallgemeinerung von Aufgabe 134. Diese ergibt sich aus der Betrachtung der Summe

$$\frac{\lambda}{x} + \Sigma \frac{1}{x - x_k}.$$

138. Folgt aus dem Vorhergehenden und daraus, daß der Koordinatenursprung in einen beliebigen Punkt verschoben werden kann.

139. Man wende den Satz von Rolle auf die Funktion $e^{-\frac{x}{a}} \Phi(x)$ an.

140. Man untersuche das Argument der Werte $f(x)$ auf der reellen Achse zwischen den Punkten $-N$ und $+N$ und auf dem Halbkreis darüber.

142. Folgt aus 129 und dem Newtonschen Binom.

143 und **144.** Satz von Rolle.

145. In jedem Intervall $(a_\nu, a_{\nu+1})$ liegt eine Nullstelle.

145a. In einem der Intervalle liegt keine Nullstelle, aber die Gleichung ist vom Grade $n-2$.

146. Daß die Nullstellen reell sind, folgt aus dem Satz von Rolle für e^{-x^2}. Um zu beweisen, daß $P_n(x)$ für $|x| > \sqrt{2n+1}$ keine Nullstelle hat, betrachte man $y = e^{-\frac{x^2}{2}} P_n(x)$, berücksichtige, daß $y'' + (2n + 1 - x^2) y = 0$, $y(\infty) = y'(\infty) = 0$ ist, und wende dann den Satz von Rolle an.

147. Bei ungeradem n eine; bei geradem n keine, weil hierbei $y_{\min} = \frac{x^n}{n!} > 0$ ist.

148. Bei ungeradem n eine; bei geradem n keine, da dann die Gleichung $y' = 0$ unmöglich ist.

149. Der Beweis erfolgt durch Anwendung der Beziehung $(1 - x^2)\varphi_n'(x) = n\varphi_{n+1}(x)$, aus der folgt, daß die Anzahl der reellen Nullstellen von $\varphi_{n+1}(x)$ größer ist als die Anzahl der Nullstellen von $\varphi_n(x)$.

150. Die Anzahl der $x_k > 0$ ist nicht größer als 1, die Anzahl der $x_k < 0$ ebenfalls nicht. Die Anzahl der imaginären Nullstellen ist nicht kleiner als 8.

151. Folgerung aus 130.

152. Wenn $f(x) = 0$ die gegebene Gleichung ist, dann besitzt $(x^2 - 2x + 1)^2 f(x) = 0$ imaginäre Nullstellen.

153. Man multipliziere mit $(x-1)^{n-1}$.

154. Man multipliziere mit $(x-a)(x-b)$.

155. $-\frac{1}{x} + \frac{1}{x-1} + \frac{1}{x+1}$.

156. $\frac{1}{x-1} - \frac{2}{x-2} + \frac{1}{x-3}$.

157. $x^3 - 1 - \frac{1}{2(x-1)} + \frac{1}{2(x+1)}$.

158. $\frac{1}{4(x+1)} + \frac{3}{4(x-1)} + \frac{1}{2(x-1)^2}$.

159. $\frac{1}{(x+1)^2} + \frac{1}{x+1} + \frac{1}{(x-1)^2} - \frac{1}{x-1}$.

160. $x^3 + 3x^2 + 6x + 10 + \frac{14}{x-1} + \frac{4}{(x-1)^2} + \frac{1}{(x-1)^3}$.

161. $\frac{1}{x^2+x+1} - \frac{x}{(x^2+x+1)^2}$.

162. $\frac{1}{x^3} - \frac{1}{x} + \frac{2x}{x^2+1}$.

163. $\frac{1}{1+x} + \frac{1}{(1+x)^2} - \frac{x}{1+x^2}$.

164. $\frac{x+2}{x^2+2x+2} - \frac{x-2}{x^2-2x+2}$.

165. $2 - \frac{1}{x^2-x+1} - \frac{1}{x^2+x+1}$.

166. $\frac{1}{n}\left[\frac{1}{x-1} + \sum_{\nu=1}^{n-1} \frac{x\cos\frac{2\pi\nu m}{n} - \cos\frac{2\pi\nu(m-1)}{n}}{x^2 - 2x\cos\frac{2\pi\nu}{n} + 1}\right]$.

167. $-1 + \frac{2-2x\cos\varphi}{x^2-2x\cos\varphi+1}$.

168. $\frac{1}{n}\sum_{\nu=0}^{n-1} \frac{1 - x\cos\frac{2\nu+1}{2n}\pi}{x^2 - 2x\cos\frac{2\nu+1}{2n} + 1}$.

169. $\frac{1}{2n+1}\left[\frac{1}{x+1} + 2\sum_{\nu=1}^{n} \frac{1 + x\cos\frac{2\nu}{2n+1}\pi}{x^2 + 2x\cos\frac{2\nu}{2n+1}\pi + 1}\right]$.

170. $\frac{-5x+4}{x^2+2} + \frac{8x+1}{x^2+x+1}$.

171. $\frac{x}{x^2+x\sqrt{3}+2} + \frac{x}{x^2-x\sqrt{3}+2}$.

172. $\frac{1}{x+2\cos\frac{\pi}{9}} + \frac{1}{x+2\cos\frac{7\pi}{9}} + \frac{1}{x+2\cos\frac{13\pi}{9}}$.

173. $\frac{\varphi(x)}{\psi(x)} = a_0 + \sum_{\nu=1}^{\infty} \frac{s_\nu}{x^\nu}; \quad s_\nu = \sum \frac{\psi(x_k)}{\varphi'(x_k)} x_k^{\nu-1}$.

174. $\frac{a^2 - (3a^2-1)x + x^2}{(1-x)[1-(4a^2-2)x+x^2]}$.

176. Die Koeffizienten müssen der Relation $a_0 u_s + a_1 u_{s+1} + \cdots + a_m u_{s+m} = 0$, $a_0 \neq 0$, genügen. Nehmen wir jeweils m aufeinanderfolgende Koeffizienten $u_0, u_1, u_2, \ldots$, so können wir nicht mehr als 3^m verschiedene Anordnungen erhalten, weil $u_\nu = \pm 1$ oder 0 ist. Daher befinden sich unter diesen Gruppen von m Zahlen einige gleiche. Wenn die Zahlen $u_l, u_{l+1}, \ldots, u_{l+m}$ mit den Zahlen $u_{l+p}, u_{l+p+1}, \ldots, u_{l+p+m}$ übereinstimmen, dann ist

$$\frac{\varphi(x)}{\psi(x)} = \sum_{0}^{l+p-1} u_\nu x^\nu (1 + x^p + x^{2p} + \cdots) = \frac{\omega(x)}{1-x^p},$$

wobei $\omega(x)$ ein Polynom ist.

177. Die gesuchte Summe ist gleich $-\frac{f'(1)}{f(1)}$, wobei $f(x) = x^{n-1} + x^{n-2} + \cdots + 1$ ist.

178. Wenn y eine Nullstelle der Ableitung im Intervall $(x_{\nu-1}, x_{\nu+1})$ ist, dann gilt $\sum_{\varkappa=1}^{n} \frac{1}{y - x_\varkappa} = 0$.

179. Das folgt aus der Beziehung $\frac{f'(x)}{f(x)} = \frac{i}{m}$ oder $\sum \frac{1}{x - x_\varkappa} = \frac{i}{m}$.

180. 27. **181.** 3375. **182.** 343. **183.** -7. **184.** -5. **185.** 0.

186. ab. **187.** $1 + a^2 + b^2 + c^2$. **188.** $abcd + bcd + acd + abd + abc$.

189. $-2(x^3 + y^3)$. **190.** $2abc \cdot (a + b + c)^3$.

191. $(x - y) \cdot (y - z) \cdot (z - x)$. **192.** $abcd + ab + ad + cd + 1$.

193. $\Pi(x_\nu - x_\mu)$; $0 < \nu < n$, $0 < \mu < n$, $\nu > \mu$.

194. $(x_1 - x_2 + \cdots + x_n) \cdot \Pi(x_\nu - x_\mu)$; $\nu > \mu$.
$(x_1^2 + x_2^2 + \cdots + x_n^2 + x_1x_2 + \cdots + x_{n-1}x_n)\, \Pi(x_\nu - x_\mu)$; $\nu > \mu$.

195. $\Delta_1 = \prod\limits_{\nu>2} (x_\nu - x_2)^2 \cdot \prod\limits_{\nu>\mu>2} (x_\nu - x_\mu)$; $\Delta_2 = 2 \prod\limits_{\nu>3} (x_\nu - x_3)^3 \cdot \prod\limits_{\nu>\mu>3} (x_\nu - x_\mu)$.

197. $-2\sin(a - b) \cdot \sin(b - c) \cdot \sin(c - a)$.

198. $-4 \sin\dfrac{a-b}{2} \cdot \sin\dfrac{b-c}{2} \cdot \sin\dfrac{c-a}{2} \cdot [\sin(a + b) + \sin(b + c) + \sin(c + a)]$.

199. $-64\,\alpha\beta\gamma\,(\beta^2 - \alpha^2)\,(\gamma^2 - \alpha^2)\,(\gamma^2 - \beta^2)$; $\alpha = \sin a$, $\beta = \sin b$, $\gamma = \sin c$.

200. $\sin(\alpha - \beta)\sin(\beta - \gamma)\sin(\gamma - \delta)\sin(\alpha - \gamma)\sin(\alpha - \delta)\sin(\beta - \delta)$.

202. Es empfiehlt sich, $a_1 = \lambda(1 + \sigma_1)$, $a_2 = \lambda(1 + \sigma_2)$, $\ldots$, $a_n = \lambda(1 + \sigma_n)$ zu setzen.

203. Werden die Zeilen mit Potenzen von α multipliziert und addiert, dann ist die Teilbarkeit durch $\varphi(\alpha_1)$, $\varphi(\alpha_2)$, $\ldots$, $\varphi(\alpha_n)$ leicht festzustellen.

205. Es ist das zugehörige System linearer Gleichungen zu betrachten. Für $\Delta = 0$ erweist sich eine von ihnen als unmöglich.

206. Man multipliziere alle Elemente, die nicht in der Hauptdiagonalen stehen, mit θ ($|\theta| < 1$) und lasse θ gegen Null streben.

208. $n = 4m$ $(m = 1, 2, \ldots)$. **209.** $n = 4m - 2$ $(m = 1, 2, \ldots)$.

212. $\Delta = +1$, wenn die neuen Achsen sich durch stetige Bewegung in die alten überführen lassen; $\Delta = -1$, wenn die Orientierung der neuen Achsen verschieden von der Orientierung der alten Achsen ist (wenn zum Beispiel aus einem Rechtssystem ein Linkssystem wird).

214. $x = 1$, $y = 0$, $z = 1$. **215.** $x = a$, $y = 1$, $z = -1$.

216. $x = -t$, $y = 0$, $z = 0$. **217.** $x = 1$, $y = -1$, $z = -1$, $t = 1$.

218. $x = 1 + 2\sigma + 2\tau$, $y = 1 + \sigma$, $z = 1 + \sigma - \tau$, $t = 1 + \tau$.

219. $u = -t$. **220.** $x_1 = x_2 = \cdots = x_n = 1$. **221.** $x_\nu = \dfrac{n(n+1)}{2(n-1)} - \nu$.

224. Man betrachte das zugehörige System linearer Gleichungen.

225. $\begin{vmatrix} 1 & 1 & 1 \\ x_1 & x_2 & x_3 \\ y_1 & y_2 & y_3 \end{vmatrix} = 0$. **226.** $\begin{vmatrix} a_1 & b_1 & c_1 \\ a_2 & b_2 & c_2 \\ a_3 & b_3 & c_3 \end{vmatrix} = 0$.

227. $\begin{vmatrix} x_4 - x_1 & y_4 - y_1 & z_4 - z_1 \\ x_4 - x_2 & y_4 - y_2 & z_4 - z_2 \\ x_4 - x_3 & y_4 - y_3 & z_4 - z_3 \end{vmatrix} = 0$.

228. Wenn der Rang der Matrix $\begin{pmatrix} 1 & 1 & \ldots & 1 \\ x_1 & x_2 & \ldots & x_n \\ y_1 & y_2 & \ldots & y_n \\ z_1 & z_2 & \ldots & z_n \end{pmatrix}$ gleich 3 ist, liegen die Punkte in einer Ebene, wenn der Rang gleich 2 ist, liegen sie auf einer Geraden.

229. Unter denselben Bedingungen wie in der vorigen Aufgabe für den Rang der Matrix aus den Koeffizienten der Ebenengleichungen.

230. Alle x_ν haben in einer Lösung dasselbe Vorzeichen.

231. $a_{\mu\nu} = l_\mu m_\mu; \quad \mu = 1, 2, \ldots, n; \quad \nu = 1, 2, \ldots, m.$

232. Eine Bilinearform vom Range r kann als Summe von r Produkten aus je zwei Linearformen dargestellt werden.

234. $$(ae + bi + cj + dk) \pm (a_1 e + b_1 i + c_1 j + d_1 k) = (a \pm a_1)e + (b \pm b_1)i + (c \pm c_1)j + (d \pm d_1)k,$$

$$\begin{aligned}(ae + bi + cj + dk) &\cdot (a_1 e + b_1 i + c_1 j + d_1 k) \\ &= aa_1 - bb_1 - cc_1 - dd_1 + (ab_1 + ba_1 + cd_1 - c_1 d)i \\ &\quad + (ac_1 + a_1 c + b_1 d - bd_1)j + (ad_1 + a_1 d + bc_1 + b_1 c)k.\end{aligned}$$

235. Die Diagonalmatrix, d. h. die Matrix, bei der alle Elemente, die nicht in der Hauptdiagonalen stehen, gleich Null sind.

236. Wenn A eine orthogonale Matrix ist.

237. Bei geradem n sind alle Wurzeln imaginär, bei ungeradem n ist $x = 0$.

238. Das folgt daraus, daß bei einer orthogonalen Transformation die inverse Matrix gleich der transponierten ist.

240. Man betrachte das Gleichungssystem

$$\begin{aligned}(a_{11} - s)z_1 + a_{12} z_2 + \cdots + a_{1n} z_n &= 0, \\ a_{21} z_1 + (a_{22} - s)z_2 + \cdots + a_{2n} z_n &= 0, \\ \cdots\cdots\cdots\cdots\cdots\cdots \\ a_{n1} z_1 + a_{n2} z_2 + \cdots + (a_{nn} - s)z_n &= 0\end{aligned}$$

und setze $s = u + iv$, $z_\nu = x_\nu + iy_\nu$.

244. Man benutze die CAUCHYsche Ungleichung $\left(\sum_\mu \sqrt{a_{\mu\nu} a_{\nu\mu} x_\mu y_\nu}\right)^2 < \sum_\mu a_{\mu\nu} x_\mu \sum a_{\mu\nu} y_\mu$.

246. $$\begin{vmatrix} 1 & b_{11} & b_{12} & \ldots & b_{1n} \\ x & b_{21} & b_{22} & \ldots & b_{2n} \\ \cdot & \cdot & \cdot & \cdot & \cdot \\ x^n & b_{n+1,1} & b_{n+1,2} & \cdots & b_{n+1,n} \end{vmatrix}.$$

247. $E_1(\lambda) = 1$, $E_2 = \lambda - 1$, $E_3 = (\lambda - 1)(\lambda - 4)$.

248. 1, $\lambda + 1$, $(\lambda + 1)(\lambda + 4)$.

249. Bei der ersten ist $E_1 = E_2 = 1$, $E_3 = (\lambda - 2)(\lambda - 1)^2$, bei der zweiten $E_1 = E_2 = 1$, $E_3 = (\lambda - 1)(\lambda^2 - 5\lambda - 2)$.

251. $E_1 = E_2 = E_3 = 1$, $E_4 = \lambda(\lambda - 1)$, $E_5 = \lambda^2(\lambda - 1)$.

252. 0.

253. $(x + y + 2z)^2 - (x - y)^2 - 4z^2$.

254. Zwei Quadrate mit positivem und ein Quadrat mit negativem Vorzeichen.

255. Drei Quadrate mit positivem und ein Quadrat mit negativem Vorzeichen.

256. $x_\mu = C_{\mu 1} y_1 + C_{\mu 2} y_2 + \cdots + C_{\mu n} y_n$, wobei $C_{\mu\nu}$ die Unterdeterminante ist, die dem Element $c_{\mu\nu}$ entspricht.

258. a) Die Diskriminante der Form muß ungleich Null sein; b) die Bilinearform muß symmetrisch sein.

262. $(b_1 c_2 - b_2 c_1) \frac{\partial F}{\partial x} + (c_1 a_2 - c_2 a_1) \frac{\partial F}{\partial y} + (a_1 b_2 - a_2 b_1) \frac{\partial F}{\partial z}$. Setzt man diesen Ausdruck gleich Null, so erhält man die Polare des Schnittpunktes der Geraden

$$a_1 x + b_1 y + c_1 z = 0, \quad a_2 x + b_2 y + c_2 z = 0$$

bezüglich des Kegelschnittes $F(x, y, z) = 0$.

269. $f(x, y) = (ax + by)^p$.

275. Die Ausdrücke $px + qy$, $p_1 x + q_1 y$ müssen Teiler der HESSEschen Form $f(x, y)$ sein.

276. $f = (x + 2y)^3 + (d - 8) y^3$. **284.** 38. **285.** 59. **286.** $a^2 b - 2b^2 - ac + 4d$.

287. -9. **288.** 74. **289.** -1. **290.** -12.

291. $S_m = -(a^m + b^m)$. **292.** $S_1 = S_2 = \cdots = S_n = -a$.

294. $\frac{2a^2 b - 4ac - 2b^2}{c - ab}$; $\frac{a^4 - 3a^2 b + 5ac + b^2}{c - ab}$. **295.** $\frac{1}{4} \sqrt{-a^4 + 4a^2 b - 8ac}$.

296. $5x^2 + x - 6$. **297.** $-4y = 2x^3 - 3x^2 + 4x - 7$. **298.** $2y = 2x^2 - x - 2$.

299. $\frac{a^2 - bcN + (c^2 N - ab) x - (b^2 - ac) x^2}{a^3 + Nb^3 + N^2 c^3 - 3Nabc}$.

300. Die gemeinsame Nullstelle ist $x = 1$. **301.** Es gibt keine gemeinsame Nullstelle.

302. Desgleichen. **303.** $\lambda = 10$; $\mu = -5$.

304. Der Punkt $(0, 0)$ ist Doppelwurzel; die anderen Wurzeln sind $(2, -1)$, $(1, 2)$, $(1{,}68;\ 2{,}52)$.

305. $(1, 0)$, $(0, 1)$, $\left(\frac{1 + i\sqrt{3}}{4}, \frac{-3 + i\sqrt{3}}{4}\right)$, $\left(\frac{-3 + i\sqrt{3}}{4}, \frac{1 + i\sqrt{3}}{4}\right)$,
$\left(\frac{1 - i\sqrt{3}}{4}, \frac{-3 - i\sqrt{3}}{4}\right)$, $\left(\frac{-3 - i\sqrt{3}}{4}, \frac{1 - i\sqrt{3}}{4}\right)$.

306. $\begin{vmatrix} 7 & 2y - 16 & 15 \\ 2y - 16 & 2y^2 - 49y + 111 & 15y - 93 \\ 15 & 15y - 93 & 21y + 162 \end{vmatrix} = 0$. **307.** $m^4 + 9m^2 + 54 = 0$.

308. $28m^3 + 713m^2 - 100m = 0$. **309.** $(-1)^{\frac{n(n-1)}{2}} n^n a^{n-1}$.

310. $4p^3 r - p^2 q^2 - 18pqr + 4q^3 + 27r^2$. **311.** $M = (-1)^{\frac{n(n-1)}{2}} n^n$.

313. Man betrachte die Gleichungen $x^n + p_1^{(\nu)} x^{n-1} + \cdots + p_n^{(\nu)} = 0$, deren Wurzeln die in die ν-te Potenz erhobenen Wurzeln der gegebenen Gleichung sind. Die Zahlen $p_\mu^{(\nu)}$ sind ganz. Einige der Gleichungen müssen übereinstimmen.

314. $4b^3 + 27c^2 + 4a^3 c - a^2 b^2 - 18abc \leqq 0$.

315. Die Substitution ist $x = y - 1$, die Wurzeln sind $x = -1 \pm i\sqrt{2}$; $-1 \pm i\sqrt{3}$.

316. $y^4 - 9y^3 + 75y^2 - 300y + 2250 = 0$; $5x = y$.

317. $y^4 - 25y^3 + 375y^2 - 11700 = 0$; $30x = y$.

319. $y^5 + 2y^4 + 5y^3 + 3y^2 - 2y - 9 = 0$. **320.** $2x = -1 \pm \sqrt{5}$.

321. Die Wurzeln sind $m \pm \sqrt{m^2 - n}$, $2m \pm \sqrt{4m^2 - n}$.

322. $x_1 = x_2 = 2,\ 2x_3 = 2x_4 = 1,\ x_5 = x_6 = -1.$ **323.** $q = 0.$

325. Die linke Seite kann in Faktoren zerlegt werden:

$$\varphi(x) = (x - x_1)(x - x_2)\cdots(x - x_n) = x^n + b_1 x^{n-1} + \cdots + b_n,$$

$$\psi(x) = \left(x - \frac{1}{x_1}\right)\cdots\left(x - \frac{1}{x^n}\right) = x^n + \frac{b_{n-1}}{b_n}x^{n-1} + \frac{b_{n-2}}{b_n}x^{n-2} + \cdots + \frac{1}{b_n}.$$

Dabei ergibt sich die Gleichung $b_1^2 + b_2^2 + \cdots + b_n^2 + 1 = a_n b_n$. Wenn $-2 < a_n < 2$ ist, dann ist für reelle b_ν die Gleichung unmöglich. Daher gibt es unter den b_ν und folglich auch unter den x_ν imaginäre Zahlen.

326. Man betrachte die Differenz $f(x) - 2^n T_n\left(\frac{x}{2}\right)$, wobei $T_n(x) = \frac{1}{2^{n-1}}\cos(n \arccos x)$ das n-te TSCHEBYSCHEFFsche Polynom ist.

327. Wird durch Zurückführung auf die vorhergehende Aufgabe bewiesen.

329. $y^3 - 7y^2 + 11y - 5 = 0.$

330. $y^3 - 15y^2 + 18y + 104 = 0.$

331. $(y - 1)^2(y + 1)^2 = 0.$

332. $y^3 + 2ay^2 + (a^2 + b)y + ab - c = 0.$

333. $y^3 - 2y^2 - 1 = 0.$

334. $25y^3 + 37y^2 + 18y + 3 = 0.$

335. $y + p = 0.$

336. $243y^3 + 288y^2 - 153y + 145 = 0.$

337. $a^6 y^3 + 9a^4(aa_2 - a_1^2)y^2 - 108(aa_2 - a_1^2)^3 - 27(2a_1^3 - 3a_1a_2a_3 - a_2^2a_3)^2 = 0.$

338. $a,\quad a - b,\quad a + b.$

339. $a + b,\quad a - b,\quad a - 3b.$

340. $a - 1,\quad a + 1,\quad a^2 + 1.$

341. $x_1 = 2,\ 2x_2 = 3 + \sqrt{21},\ 2x_3 = 3 - \sqrt{21}.$

342. $4a,\quad 6a,\quad a - b,\quad a + b.$

343. $a,\quad 2a,\quad a + 2,\quad 2.$

344. $x_1 = -1,\quad x_2 = -2,\quad 4x_{3,4} = -1 \pm i\sqrt{23}.$

345. $x_1 = 3,\quad 2x_{2,3} = -3 \pm i\sqrt{3}.$

346. $x_1 = 1,\quad 2x_{2,3} = -1 \pm i\sqrt{27}.$

347. $x_1 = \sqrt[3]{1 + \sqrt{2}} + \sqrt[3]{1 - \sqrt{2}} = u + v,\ x_2 = u\omega + v\omega^2,\ x_3 = u\omega^2 + v\omega;\ \ \omega^3 = 1.$

348. $x_1 = \sqrt[3]{2 + \sqrt{5}} + \sqrt[3]{2 - \sqrt{5}} = 1,\ 2x_{2,3} = -1 \pm i\sqrt{15}.$

349. $x_1\sqrt{3} = \sqrt[3]{9\sqrt{3} + 10i} + \sqrt[3]{9\sqrt{3} - 10i}$ usw.; die Wurzeln sind $-1, 3, -2$.

350. $2x_{1,2} = -1 \pm \sqrt{3},\ 2x_{3,4} = 1 \pm i\sqrt{11}.$

351. $x_{1,2} = -1 \pm i,\ x_{3,4} = 1 \pm i\sqrt{3}.$

352. $x_1 = 1,\quad x_2 = u + v,\quad x_3 = u\omega + v\omega^2,\quad x_4 = u\omega^2 + v\omega,\quad 2\omega = -1 + i\sqrt{3},$

$u = \sqrt[3]{1 + \sqrt{2}},\quad v = \sqrt[3]{1 - \sqrt{2}}.$

353. $-2 \pm \sqrt{2},\ 2 \pm \sqrt{7}.$ **356.** Irreduzibel. **357.** Reduzibel.

358., 359., 360., 361. Irreduzibel.

364. Im Körper $R(\sqrt{2})$ und im Körper $R\left(\frac{1 + i}{\sqrt{2}}\right)$.

365. Wenn $x_1 = p + \sqrt{q}$ ist, kann man beweisen, daß $x_2 = p - \sqrt{q}$ ist. Dann ist $x_3 = -a - 2p$.

366. und **367.** Folgerungen aus dem Vorhergehenden.

368. Im Körper R der rationalen Zahlen die symmetrische, im Körper $R(\omega)$ die alternierende Gruppe.

369. $G = \{1, (12)(34), (13)(24)(14), (23)\}$.

370. Wenn n gerade und $\sqrt[n]{\frac{a_n^2}{a_0}}$ rational ist. Man formt die Gleichung durch die Substitution $y = x\sqrt[n]{\frac{a_0}{a_n}}$ um.

374. $x_1 = 2,\ 3x_2 = -2$.

375. $2x_1 = 2x_2 = 1,\ x_3 = 1,\ x_4 = -2$.

376. $x_1 = -5$.

377. $x_1 = 2$.

378. $2x_1 = -3,\ 3x_2 = 2$.

379. $x_1 = -2,\ x_2 = 5,\ x_3 = 3$.

380. $x_1 = x_2 = 1,\ x_3 = x_4 = -2$.

381. $x_1 = -2,\ 2x_2 = 1$.

382. $x_1 = x_2 = 2$.

383. $x_1 = x_2 = -2$.

384. $x_1 = x_2 = 1,\ x_3 = x_4 = -2$.

385. $x_1 = x_2 = 2$.

386. Die Gleichung ist durch $(x^2 + x + 1)^2$ teilbar.

387. $x_1 = x_2 = x_3 = -2,\ x_4 = x_5 = 2$.

388. $x_1 = x_2 = i,\ x_3 = x_4 = -i$.

389. $x_1 = x_2 = -1$.

390. Ein Teiler ist $(x^2 - x + 1)^2$.

391. $x_1 = x_2 = x_3 = 1$.

392. Die Wurzeln liegen in den Intervallen $(-4, -3)$, $(0, 1)$, $(3, 4)$.

393. Die Wurzeln liegen in den Intervallen $(-5, -4)$, $(-1, 0)$, $(5, 6)$.

394. $(-2, -1)$, $(-1, 0)$, $(0, 1)$, $(3, 4)$.

395. $(-2, -1)$, $(-1, 0)$, $(0, 1)$, $(3, 4)$.

396. $(-3, -2)$, $(0, 1)$, $(1, 2)$.

397. $(-5, -4)$, $(-3, -2)$, $(0, 1)$.

398. 1. $p > 0$: eine reelle Wurzel x_1, deren Vorzeichen dem von q entgegengesetzt ist; 2. $p < 0$: eine oder drei reelle Wurzeln, je nachdem, welches Vorzeichen $(2n)^{2n} p^{2n+1} + (2n + 1)^{2n+1} q^{2n}$ hat.

399. $(-4, -3)$, $(-1, 0)$, $(3, 4)$,

400. $(-6, -5)$, $(0, 1)$, $(4, 5)$.

401. $(2, 3)$, $(3, 4)$.

402. $(-1, 0)$, $(0, 1)$.

403. $(-7, -6)$, $(-1, 0)$.

404. $(0, 1)$, $(3, 4)$, $\left(-\frac{1}{2}, 0\right)$, $\left(-1, -\frac{1}{2}\right)$ $(-4, -3)$.

405. $(1, 2)$.

406. $(0, 1)$.

407. $(1, 2)$.

408. $(-5, -4)$, $(0, 1)$, $(4, 5)$.

409. $(-1, 0)$, $(5, 6)$.

410. $(-2; -1{,}5)$, $(-1{,}5; 0)$, $(0, 1)$, $(1, 2)$.

411. $(-3, -2)$, $(-2, -1)$, $(1, 2)$, $(15, 16)$.

412. $(-2, -1)$, $(0; 0{,}5)$, $(0{,}5; 1)$.

413. $(-2, -1)$.

414. a) $x^2 + px + q,\ 2x + p,\ p^2 - 4q$; b) $x^3 + px + q,\ 3x^2 + p,\ -2px - 3q,\ -(4p^3 + 27q^2)$.

415. und **416.** Die Wurzeln sind reell für $p^5 \geqq q^2$. Für $p^5 < q^2$ besitzt die Gleichung nur eine reelle Wurzel.

418. Die Wurzeln liegen in den Intervallen $(-a^2, -b^2)$, $(-b^2, -c^2)$, $(-c^2, \infty)$.

419. Wenn a nicht im Intervall $(-n, 0)$ liegt, besitzt die Gleichung eine reelle Wurzel bei ungeradem n und keine bei geradem n. Liegt a im Intervall $(-n, 0)$ und ist K die größte ganze Zahl $\leqq -a$, dann gibt es bei geradem n zwei reelle Wurzeln und bei ungeradem n eine, wenn K ungerade, und drei, wenn K gerade ist.

420. $x_1 = -2{,}33006$, $x_2 = 0{,}20164$, $x_3 = 2{,}12842$. **421.** 0,83390, 2,21727, 5,94883.

422. $-3{,}94883$, $-0{,}21718$, 1,16602. **423.** $-4{,}14510$, $-2{,}52398$, 0,66908.

424. $-0{,}88677$. **425.** 0,38687, 1,24025. **426.** $-0{,}19994$.

427. $-0{,}435$, 0,381. **428.** 1,088. **429.** 0,091.

430. 0,567. **432.** 652,7 mm.

Zu Abschnitt VII

8. $2\pi^2 n^2 l^2 \sigma$. **9.** $\frac{\delta l^2}{2E}$. **10.** 0,08 m · kg.

11. $\frac{a h^2}{6}$. **12.** $\frac{2}{3} a^3$. **13.** 240π m · kg.

14. Der Schwerpunkt liegt auf der Höhe, die er im Verhältnis 1 : 3 teilt.

15. Er liegt in der Entfernung $\frac{3}{8} R$ vom Mittelpunkt. **16.** $135\pi \ln 2$ m · kg.

17. $x = e^{10}$. **18.** e_1. **19.** mgR.

20. $\frac{a^2 c}{2}\left(t + \frac{1}{2b}\sin 2bt\right)$. **21.** $\frac{s}{\sigma}\sqrt{\frac{2h}{g}}$.

22. $\frac{s}{5\sigma}\sqrt{\frac{2h}{g}}$. **23.** $\pi^3 n^2 \sigma h r^4$. **24.** $\frac{a}{10} \ln \tan\left(\frac{\pi}{4} + \frac{\varphi}{2}\right)$.

25. $\frac{x^4}{4} + C$. **26.** $\frac{2}{3} x\sqrt{x} + C$. **27.** $\frac{2}{5} x^2 \sqrt{x} + C$.

28. $\frac{8}{15} x \sqrt[8]{x^7} + C$. **29.** $2\sqrt{x} + C$. **30.** $\frac{3}{2}\sqrt[3]{x^2} + C$.

31. $-\frac{1}{2x^2} + C$. **32.** $-\frac{2}{\sqrt{x}} + C$. **33.** $\frac{x^3}{3} + 3x^2 - 5x + C$.

34. $\frac{x^5}{5} - x^3 + \frac{5x^2}{2} + C$. **35.** $\frac{x^5}{5} - \frac{2x^3}{3} + C$.

36. $\frac{x^5}{5} - \frac{2}{3}x^3 + x + C$. **37.** $\frac{x^2}{2} - 3x + 4\ln x + C$.

38. $\frac{x^3}{3} + x^2 - x + 3\ln x + C$. **39.** $\frac{2}{5} x^2\sqrt{x} - \frac{2}{3} x\sqrt{x} + 2\sqrt{x} + C$.

40. $\frac{2}{5} x^2\sqrt{x} + \frac{4}{3} x\sqrt{x} + 2\sqrt{x} + C$. **41.** $\ln(x-2) + C$.

42. $\frac{1}{3}\ln\left(x+\frac{2}{3}\right)+C.$

43. $\frac{x^2}{2}+x+3\ln(x-2)+C.$

44. $\frac{x^4}{4}+\frac{x^3}{3}+\frac{x^2}{2}+x+\ln(x-1)+C.$

45. $-e^{-x}+C.$

46. $-\frac{1}{3}e^{-3x}+C.$

47. $-\frac{1}{2}\cos 2x+C.$

48. $\frac{1}{3}\sin(3x-5)+C.$

49. $\frac{1}{3}\sinh 3x+C.$

50. $\frac{1}{2}(\cosh 2x-5)+C.$

51. $\frac{1}{3}\tan 3x+C.$

52. $\tan\frac{x}{2}+C.$

53. $-\frac{1}{5}\cot(5x-2)+C.$

54. $-\frac{1}{4}\coth x+C.$

55. $\frac{1}{4}\tanh x+C.$

56. $-\frac{1}{2(e^{2x}+1)}+C.$

57. $\frac{1}{2}\ln(x^2-3)+C.$

58. $\frac{1}{\sqrt{2}}\arctan\frac{x}{\sqrt{2}}+C.$

59. $\frac{1}{2\sqrt{3}}\ln\frac{x-\sqrt{3}}{x+\sqrt{3}}+C.$

60. $-\sqrt{5-x^2}+C.$

61. $\arcsin\frac{x}{\sqrt{5}}+C.$

62. $\sqrt{x^2-6}+C.$

63. $\ln(x+\sqrt{x^2-6})+C.$

64. $\ln(x+\sqrt{x^2+7})+C.$

65. $\frac{x^3}{3}\ln x-\frac{x^3}{9}+C.$

66. $x\sin x+\cos x+C.$

67. $x\sinh x-\cosh x+C.$

68. $-x\cos x+\sin x+C.$

69. $\frac{x^2+1}{2}\arctan x-\frac{x}{2}+C.$

70. $\frac{2x^3+3x^2}{6}\ln(x+1)-\frac{1}{6}\left[\frac{2x^3}{3}+\frac{x^2}{2}-x+\ln(x+1)\right]+C.$

71. $-(x^2+2x+2)e^{-x}+C.$

72. $-x^2\cos x+2x\sin x+2\cos x+C.$

73. $\frac{1}{2}(x^2-1)\ln(x^2-1)-\frac{x^2-1}{2}+C.$

74. $x\ln x-x+C.$

75. $\frac{x^2}{2}\left(\ln^2 x-\ln x+\frac{1}{2}\right)+C.$

76. $\frac{2}{9}(3x-2)\sqrt{3x-2}+C.$

77. $-\frac{1}{\sqrt{2x-1}}+C.$

78. $\frac{\ln^2 x}{2}+C.$

79. $\ln\ln x+C.$

80. $\frac{1}{2}\arctan^2 x+C.$

81. $\frac{1}{4}\sin^4 x+C.$

82. $-\frac{1}{3}\cos^3 x+C.$

83. $\frac{1}{2}e^{x^2}.$

84. $-\frac{1}{2(x^2+1)}+C.$

85. $-\frac{1}{\sqrt{x^2+1}}+C.$

86. $\frac{2}{9}(x^3+1)\sqrt{x^3+1}+C.$

87. $3\sqrt[3]{\sin x}+C.$

88. $\ln\arcsin x+c.$

89. $-2\sqrt{\cos x+2}+C.$

90. $\ln(\sin^2 x+3)+c.$

91. $\frac{2}{3}\tan x\sqrt{\tan x}+C.$

92. $-\frac{1}{3\sin^3 x}+\frac{1}{\sin x}+C.$

93. $\frac{1}{\sqrt{5}} \arctan \frac{\tan x}{\sqrt{5}} + C.$ **94.** $\ln \tan \frac{x}{2} + C.$

95. $\ln \tan\left(\frac{\pi}{4} + \frac{x}{2}\right) + C$ **96.** $\frac{x}{a^2\sqrt{a^2 + x^2}} + C.$

97. $\frac{x}{\sqrt{1 - x^2}} + C.$ **98.** $2 \arcsin \sqrt{\frac{x}{a}} + C.$

99. $\frac{1}{2}\left(a^2 \arcsin \frac{x}{a} - x\sqrt{a^2 - x^2}\right) + C.$ **100.** $\ln \ln x.$ **101.** $\frac{n}{n + m}; \quad n + m > 0.$

102. $\frac{m}{m - n}.$ **103.** $\frac{\pi}{4}.$ **104.** $\frac{\pi}{2\sqrt{3}}.$ **105.** $-\ln 2.$

106. $\ln 2.$ **107.** $a.$ **108.** $\frac{\pi}{2}.$

109. $\frac{\pi}{2a}.$ **110.** Hat keinen Sinn. **111.** Desgleichen.

Im folgenden wird zur Abkürzung die willkürliche Integrationskonstante nicht mitgeschrieben. (Es versteht sich $\cdots + C$.)

114. $\frac{1}{4}\ln(4x + 7).$ **115.** $-\frac{1}{2(x-2)^2}.$ **116.** $\frac{1}{4}\ln(2x - 1) - \frac{1}{4(2x-1)}.$

117. $\frac{1}{2}\arctan\frac{x+3}{2}.$ **118.** $\ln(x^2 + 6x + 13) + \frac{5}{2}\arctan\frac{x+3}{2}.$

119. $\frac{1}{2}\ln(x^2 + x + 1) - \frac{1}{\sqrt{3}}\arctan\frac{2x+1}{\sqrt{3}}.$

120. $\frac{2}{3}\ln(3x^2 + 2x + 5) + \frac{20}{3\sqrt{14}}\arctan\frac{3x+1}{\sqrt{14}}.$

122. $-\ln(x - 1) + 2\ln(x - 2).$ **123.** $-7\ln(x - 2) + 9\ln(x - 3).$

124. $\frac{1}{4}\ln\frac{x-1}{x+1} - \frac{1}{2}\arctan x.$

125. $\frac{1}{3}\ln(x - 1) - \frac{1}{6}\ln(x^2 + x + 1) + \frac{1}{\sqrt{3}}\arctan\frac{2x+1}{\sqrt{3}}.$

126. $-3\ln(x - 1) - \frac{1}{2}\ln(x^2 + 1) - \arctan x.$ **127.** $\ln(x - 1) - \ln x + \frac{1}{x}.$

128. $\frac{1}{a^2 + b^2}\ln(x + a) - \frac{1}{2(a^2 + b^2)}\ln(x^2 + a^2) + \frac{a}{b(a^2 + b^2)}x + \arctan\frac{x}{b}.$

129. $-\frac{1}{3}\ln(x - 1) + \frac{2}{3}\ln(x + 1) + \frac{1}{3}\ln(x - 2) - \frac{2}{3}\ln(x + 2).$

130. $\frac{1}{2}\ln(x - 1) - 4\ln(x - 2) + \frac{9}{2}\ln(x - 3).$

131. $\frac{1}{2}\ln(x - 1) - 2\ln(x - 2) + \frac{3}{2}\ln(x - 3).$

132. $\frac{1}{3}\ln(x+1)-\frac{1}{6}\ln(x^2-x+1)+\frac{1}{\sqrt{3}}\arctan\frac{2x-1}{\sqrt{3}}.$

133. $-\frac{1}{3x^3}+\frac{1}{x}+\frac{1}{2}\ln(x^2+1)+\arctan x.$

134. $\frac{x+3}{2(1-x^2)}+\frac{1}{4}\ln\frac{x^8}{(x+1)^5(x-1)^3}.$

135. $\frac{1}{4}\ln\frac{x}{x-2}-\frac{1}{x}-\frac{1}{2x^2}-\frac{1}{2(x-2)}.$ **136.** $\frac{1}{4}\ln\frac{1-x}{1+x}+\frac{1}{2}\arctan x.$

137. $-\frac{1}{3}\ln(x+1)+\frac{1}{6}\ln(x^2-x+1)+\frac{1}{\sqrt{3}}\arctan\frac{2x-1}{\sqrt{3}}.$

138. $\ln[(x+1)^4(x-2)^3(x-1)^2].$ **139.** $\frac{x}{18(x^2+9)}+\frac{1}{54}\arctan\frac{x}{3}.$

140. $\frac{1}{10}\ln\frac{(x-1)^2}{x^2+x+3}-\frac{3}{5\sqrt{11}}\arctan\frac{2x+1}{\sqrt{11}}.$

141. $\frac{1}{4\sqrt{2}}\ln\frac{x^2+x\sqrt{2}+1}{x^2-x\sqrt{2}+1}+\frac{1}{2\sqrt{2}}\arctan\frac{x\sqrt{2}}{1-x^2}.$

142. $\frac{1}{2\sqrt{3}}\arctan\frac{x^2-1}{x\sqrt{3}}+\frac{1}{4}\ln\frac{x^2-x+1}{x^2+x+1}.$

143. $\frac{1}{\sqrt{5}}\arctan\frac{2x-\sqrt{3}}{\sqrt{5}}+\frac{1}{\sqrt{5}}\arctan\frac{2x+\sqrt{3}}{\sqrt{5}}.$

144. $\frac{1}{2\sqrt{3}}\arctan\frac{x^2-1}{x\sqrt{3}}-\frac{1}{4}\ln\frac{x^2-x+1}{x^2+x+1}.$

145. $-\ln x+3\ln(x-1)-3\ln(x-2)+\ln(x-3).$

146. $\ln(x^2-4)-4\ln(x^2-1)+6\ln x.$

147. $-\frac{1}{4n}\sum_{\nu=0}^{n-1}\cos\beta\ln(x^2-2x\cos\beta+1)+\frac{1}{2n}\sum_{\nu=0}^{n-1}\sin\beta\arctan\frac{x-\cos\beta}{\sin\beta};\ \beta=\frac{2\nu+1}{2n}\pi.$

148. $\frac{x^3}{3}-3x+3\sqrt{3}\arctan\frac{x}{\sqrt{3}}.$ **149.** $\frac{x^5}{5}+\frac{x^3}{3}+x+\frac{1}{2}\ln\frac{x-1}{x+1}.$

150. $\frac{x^2}{2}-x+\frac{2}{\sqrt{3}}\arctan\frac{2x+1}{\sqrt{3}}.$ **151.** $\frac{x^2}{2}+3x+\ln(x-1)+\ln(x-2).$

152. $\frac{x^3}{3}+\frac{3}{\sqrt{2}}\ln\frac{x-\sqrt{2}}{x+\sqrt{2}}-\sqrt{2}\arctan\frac{x}{\sqrt{2}}.$

153. $\frac{x^2}{2}+6x+\frac{1}{2}\ln(x-1)-16\ln(x-2)+\frac{81}{2}\ln(x-3).$

154. $x+\ln(x^2-x+1)+\frac{2}{\sqrt{3}}\arctan\frac{2x-1}{\sqrt{3}}.$

155. $\frac{x^2}{2}+x+\ln(x-1)-\frac{1}{2}\ln(x^2+1)-\arctan x.$

156. $-\frac{1}{4(x-1)}-\frac{1}{4(x+1)}+\frac{5}{4}\ln\frac{x-1}{x+1}+\frac{x^3}{3}+2x.$

157. $\frac{1}{4}\,\frac{x}{(x^2+1)^2}+\frac{3}{8}\,\frac{x}{x^2+1}+\frac{3}{8}\arctan x.$

158. $\frac{1}{6}\,\frac{2x+1}{(x^2+x+1)^2}+\frac{1}{3}\,\frac{2x+1}{x^2+x+1}+\frac{4}{3\sqrt{3}}\arctan\frac{2x+1}{\sqrt{3}}.$

159. $\frac{x}{24v^3}+\frac{5x}{384v^2}+\frac{5x}{1024v}+\frac{5}{2048}\arctan\frac{x}{2};\quad v=x^2+4.$

160. $\frac{1}{3}\,\frac{2x-3}{x^2-3x+3}+\frac{4}{3\sqrt{3}}\arctan\frac{2x-3}{\sqrt{3}}.$

163. $-\frac{1}{4}\,\frac{x^3}{(x^2+3)^2}-\frac{3}{8}\,\frac{x}{x^2+3}+\frac{\sqrt{3}}{8}\arctan\frac{x}{\sqrt{3}}.$

164. $-\frac{1}{6}\,\frac{x^5}{v^3}-\frac{5x^3}{24v^2}-\frac{5x}{16v}+\frac{\sqrt{5}}{32}\ln\frac{x-\sqrt{5}}{x+\sqrt{5}};\quad v=x^2-5.$

165. $-\frac{1}{6}\,\frac{x^5}{v^3}-\frac{5x^3}{24v^2}-\frac{5x}{16v}+\frac{5}{32}\arctan\frac{x}{2};\quad v=x^2+4.$

166. $-\frac{x^3}{4(x^2-3)^2}-\frac{3}{8}\,\frac{x}{x^2-3}+\frac{\sqrt{3}}{16}\ln\frac{x-\sqrt{3}}{x+\sqrt{3}}.$

167. $\frac{x^2}{2}-\frac{1}{2}\arctan x^2.$

168. $\frac{1}{32}\,\frac{x^4}{x^8+4}+\frac{1}{64}\arctan\frac{x^4}{2}.$

169. $\frac{1}{4}\arctan x^4.$

170. $\frac{1}{12}\,\frac{x^6}{x^{12}+1}+\frac{1}{12}\arctan x^6.$

171. $\frac{1}{12}\ln\frac{x^3}{x^3+4}.$

172. $\frac{1}{2}(x^2+2)-2\ln(x^2+2)-\frac{2}{x^2+2}.$

173. $\frac{3}{8}\ln(x^3-8)-\frac{1}{8}\ln x.$

174. $\frac{1}{4}\ln(x^8+1)-\ln x.$

175. $\frac{1}{6}\ln\frac{x^6}{x^6+1}+\frac{1}{6(x^6+1)}.$

176. $\frac{1}{12}\ln\frac{x^6-1}{x^6+1}.$

177. $\frac{1}{x+1}+\frac{1}{3}\ln\frac{(x^2+2)^2}{x+1}+\frac{4\sqrt{2}}{3}\arctan\frac{x}{\sqrt{2}}.$

178. $\frac{2}{\sqrt{3}}\arctan\frac{2x-1}{\sqrt{3}}+\frac{1}{\sqrt{2}}\arctan\frac{x+1}{\sqrt{2}}.$

179. $\ln(x^4-x^3+4x^2+3x+5)+\arctan\frac{x+1}{2}.$

180. $\ln(x^4-7x^3+20x^2-27x+15)+4\arctan(x-2).$

181. $\frac{x^2+1}{3(x^3+1)}+\frac{1}{3}\int\frac{x^3+3}{x(x^3+1)}\,dx.$

182. $-\frac{3x^2+2}{2x(x^2+1)}-\frac{3}{2}\int\frac{dx}{x^2+1}.$

183. $-\frac{9x^2+10x+7}{(x+1)(x^2+x+1)}-\int\frac{9x+2}{(x+1)(x^2+x+1)}\,dx.$

184. $-\dfrac{x}{x^5+x+1}$. **185.** $\dfrac{1}{162}\left[-t^2+6t-\dfrac{2}{t}-6\ln t\right]$; $t=\dfrac{x+1}{x-2}$.

186. $-\dfrac{1}{2t^2}+\dfrac{4}{t}+6\ln t-4t+\dfrac{1}{2}t^2$; $t=\dfrac{x-1}{x}$.

187. $\dfrac{1}{2^7}\left[-\dfrac{1}{3t^3}+\dfrac{3}{t^2}-\dfrac{15}{t}-20\ln t+15t-3t^2+\dfrac{t^3}{3}\right]$; $t=\dfrac{x-1}{x+1}$.

188. $\dfrac{1}{2^7}\left[-\dfrac{1}{4t^4}+\dfrac{2}{t^3}-\dfrac{15}{2t^2}+\dfrac{20}{t}+15\ln t-6t+\dfrac{t^2}{2}\right]$; $t=\dfrac{x-1}{x+1}$.

189. $\dfrac{2}{\sqrt{3}}\arctan\dfrac{2x^2+3x+2}{x\sqrt{3}}$. **190.** $\ln\dfrac{x^2+1}{x^2+x+1}$.

191. $\dfrac{1}{2}\arctan\dfrac{x^2+x-1}{2x}$. **192.** $\dfrac{1}{\sqrt{3}}\arctan\dfrac{x^2-1}{x\sqrt{3}}$.

193. $\dfrac{1}{4}\,\dfrac{x^2+x+1}{x^2-x+1}+\dfrac{1}{2\sqrt{3}}\arctan\dfrac{x^2-1}{x\sqrt{x}}$. **194.** $\arctan x+\dfrac{1}{3}\arctan x^3$.

195. $\dfrac{1}{4\sqrt{2}}\ln\dfrac{x^2+x\sqrt{2}+1}{x^2-x\sqrt{2}+1}+\dfrac{1}{2\sqrt{2}}\arctan\dfrac{x^2-1}{x\sqrt{2}}$.

196. $\dfrac{1}{2}\arctan x+\dfrac{1}{6}\arctan x^3+\dfrac{1}{4}\ln\dfrac{x^2+x+1}{x^2-x-1}$.

197. $$D+C=\frac{1}{2\sqrt{2}}\left[\frac{1}{\sqrt{2-\sqrt{2}}}\arctan\frac{x^2-1}{x\sqrt{2-\sqrt{2}}}-\frac{1}{\sqrt{2+\sqrt{2}}}\arctan\frac{x^2-1}{x\sqrt{2+\sqrt{2}}}\right],$$

$$D-C=\frac{1}{2\sqrt{2}}\left[\frac{1}{2\sqrt{2+\sqrt{2}}}\ln\frac{x^2-x\sqrt{2+\sqrt{2}}+1}{x^2+x\sqrt{2+\sqrt{2}}+1}-\frac{1}{2\sqrt{2-\sqrt{2}}}\ln\frac{x^2-x\sqrt{2-\sqrt{2}}+1}{x^2+x\sqrt{2+\sqrt{2}}+1}\right].$$

198. $\arcsin x+\sqrt{1-x^2}$. **199.** $\dfrac{2}{3}(x-1)\sqrt{x-1}+\dfrac{2}{3}(x-2)\sqrt{x-2}$.

200. $3\left[\dfrac{u^3}{3}+\dfrac{u^2}{2}+u+\ln(u-1)\right]$; $u^6=2x-1$. **201.** $\dfrac{2}{9}\,\dfrac{3x-2}{\sqrt{3x-1}}$.

202. $\ln\dfrac{1-\sqrt{1-x^2}}{x}-\arcsin x$.

203. $6\left[\dfrac{u^9}{9}+\dfrac{u^8}{8}+\dfrac{u^7}{7}+\dfrac{u^6}{6}+\dfrac{u^5}{5}+\dfrac{u^4}{4}\right]$; $u^6=x+1$.

204. $\dfrac{6}{7}t^7-\dfrac{3}{2}t^4+6t+\ln\dfrac{t^2-t+1}{t^2+2t+1}-2\sqrt{3}\arctan\dfrac{2t-1}{\sqrt{3}}$; $t^6=x$.

205. $\dfrac{6}{5}t^5-\dfrac{3}{2}t^4+4t^3-6t^2+6t+\dfrac{3}{2}\ln\dfrac{t^2+1}{(t+1)^6}+3\arctan t$; $t^6=x$.

206. $2\sqrt{\dfrac{x-2}{x-1}}$.

207. $\frac{1}{2}\ln\frac{u^2+u+1}{u^2-2u+1}-\sqrt{3}\arctan\frac{2u+1}{\sqrt{3}};\quad u^3=\frac{x+1}{x-1}.$

208. $\frac{3}{2}\sqrt[3]{\frac{1+x}{1-x}}.$

209. $\frac{3}{16}\,\frac{3x-5}{x-1}\sqrt[3]{\frac{x+1}{x-1}}.$

210. $\frac{3}{7}(4u^2+u-3)\sqrt[3]{1+u};\quad u^4=x.$

211. $\frac{16t^5-10t^2}{3(t^3-1)^2}+\frac{10}{9}\ln\frac{t^2+t+1}{t^2-2t+1}-\frac{20}{3\sqrt{3}}\arctan\frac{2t+1}{\sqrt{3}};\quad t^3=\frac{x+1}{x-1}.$

212. $4u-2\sqrt{2}\arctan\frac{u}{\sqrt{2}};\quad u^2=\sqrt{x+2}-1.$

213. $-\frac{3u}{u^2+1}+3\arctan u;\quad u^6=x.$

214. $-\frac{3}{2\left(\sqrt[3]{x}+1\right)^2}.$

215. $6\left(\frac{v^7}{7}-\frac{3v^5}{5}+v^3-v\right);\quad v^3=\sqrt[3]{x}+1.$

216. $\frac{u^7}{7}+\frac{3u^5}{5}+u^3+u;\quad u=\sqrt{x^2-1}.$

217. $\frac{3}{2}\left(\frac{u^7}{7}+\frac{u^4}{2}+u\right);\quad u=\sqrt[3]{x^2-1}.$

218. $\frac{v^5}{5}-\frac{2v^3}{3}+v;\quad v^2=1-x^{-2}.$

219. $\frac{1}{10}\ln\frac{t^2-2t+1}{t^2+t+1}+\frac{\sqrt{3}}{5}\arctan\frac{2t+1}{\sqrt{3}};\quad t^3=1+x^5.$

220. $\frac{u^9}{9}-\frac{3u^7}{7}+\frac{3u^5}{5}-\frac{u^3}{3};\quad u^2=1+x^2.$

221. $\frac{1}{6}\ln\frac{u^2+u+1}{u^2-2u+1}-\frac{1}{\sqrt{3}}\arctan\frac{2u+1}{\sqrt{3}};\quad u^3=1+x^{-3}.$

222. $\frac{1}{4}\ln\frac{v+1}{v-1}-\frac{1}{2}\arctan v;\quad v^4=1+x^{-4}.$

223. $\frac{z}{2(z^3+1)}-\frac{1}{12}\ln\frac{z^2+2z+1}{z^2-z+1}-\frac{1}{2\sqrt{3}}\arctan\frac{2z-1}{\sqrt{3}};\quad z^3=x^{-2}-1.$

224. $\frac{1}{3}\ln\left(x^3+\sqrt{x^6-1}\right).$

225. $-\frac{1}{18}\ln\frac{u^2-u+1}{u^2+2u+1}-\frac{1}{3\sqrt{3}}\arctan\frac{2u-1}{\sqrt{3}};\quad u^3=3x^{-3}+4.$

226. $\frac{1}{4}\ln\frac{u-1}{u+1}-\frac{1}{2}\arctan u;\quad u^4=2+x^{-4}.$

227. $\left(\frac{x^5}{6}-\frac{5x^3}{24}+\frac{5x}{16}\right)\sqrt{x^2+1}-\frac{5}{16}\ln\left(x+\sqrt{x^2+1}\right).$

228. $\left(\frac{x^7}{8}+\frac{7x^5}{48}+\frac{35x^3}{192}+\frac{35x}{128}\right)\sqrt{x^2-1}+\frac{35}{128}\ln\left(x+\sqrt{x^2-1}\right).$

229. $\left(-\frac{1}{6x^6}+\frac{1}{3x^2}\right)\sqrt{x^4+1}.$ **230.** $\frac{x}{5s^5}+\frac{4x}{15s^3}+\frac{8x^3}{15s};\quad s=\sqrt{x^2+1}.$

231. $\frac{xs^5}{6}-\frac{5xs^3}{24}+\frac{5xs}{16}+\frac{5}{16}\ln(x+s);\quad s^2=x^2-1.$

232. $\left(\frac{x^7}{9}-\frac{7}{54}x^4+\frac{14x}{81}\right)s^2-\frac{14}{81}\left[\frac{1}{6}\ln\frac{u^2+u+1}{u^2-2u+1}-\frac{1}{\sqrt{3}}\operatorname{arc\,tan}\frac{2u+1}{\sqrt{3}}\right];$

$xu=s=\sqrt[3]{x^3+1}.$

233. $\ln\left(x+\frac{5}{2}+\sqrt{x^2+5x+7}\right).$ **234.** $\frac{1}{\sqrt{2}}\ln\left(x+\frac{1}{4}+\sqrt{x^2+\frac{1}{2}x+\frac{3}{2}}\right).$

235. $\arcsin\frac{2x-1}{\sqrt{13}}.$ **236.** $\frac{1}{\sqrt{3}}\arcsin\frac{3x-1}{2}.$

239. $-5\sqrt{5-4x-x^2}-3\arcsin\frac{x+2}{3}.$

240. $3s+\frac{1}{2}\ln\left(x+\frac{1}{2}+s\right);\quad s^2=3+x+x^2.$

241. $\sqrt{x^2-ax}+\frac{a}{2}\ln(x+\sqrt{x^2-ax}).$

242. $s-\frac{1}{2}\ln\left(x+\frac{1}{2}+s\right);\quad s^2=x^2+x-1.$

243. $-\sqrt{1+x-x^2}+\frac{1}{2}\arcsin\frac{2x-1}{\sqrt{5}}.$

244. $-\sqrt{ax-x^2}+\frac{3a}{2}\arcsin\frac{2x-a}{a}.$

245. $-\frac{2x+9}{4}\sqrt{-x^2+3x-2}+\frac{27}{8}\arcsin(2x-3).$

246. $-\frac{2x+7}{4}\sqrt{-x^2+x+4}+\frac{31}{8}\arcsin\frac{2x-1}{\sqrt{17}}.$

247. $\frac{1}{6}(2x^2+x+7)s-2\ln(x+1+s);\quad s^2=x^2+2x-1.$

248. $\frac{1}{6}(2x^2-5x+1)s+\frac{5}{2}\ln(x+1+s);\quad s^2=x^2+2x+2.$

249. $-\frac{1}{8}(2x^3+3x)\sqrt{1-x^2}+\frac{3}{8}\arcsin x.$

250. $\frac{x}{4}(x^2+1)u-\frac{1}{2}\ln(x+u);\quad u^2=x^2+2.$ **251.** $-\arcsin\frac{1}{x}.$

252. $-\ln\left(\frac{1}{x}+\frac{1}{2}+\sqrt{\frac{1}{x^2}+\frac{1}{x}+1}\right).$

253. $\frac{3x-1}{2x^2}u-\frac{1}{2}\ln\frac{1+x+u}{x};\quad u^2=2x^2+2x+1.$

254. $\frac{x-2}{3(x-1)}\sqrt{\frac{x+1}{x-1}}.$

255. $\frac{1}{2}(x-1)s + 3\ln(x+1+s) - \frac{1}{\sqrt{2}}\ln\frac{x\sqrt{2}+3}{x-1}$; $\quad s^2 = x^2+2x-1.$

256. $\frac{7x-8}{7x-7}s + \ln(x+1+s) - \frac{19}{7\sqrt{7}}\ln\frac{2x+5+s\sqrt{7}}{x-1}$; $\quad s^2 = x^2+2x+4.$

257. $-\frac{s}{x-1} + \ln(x+1+s) + \frac{2}{\sqrt{7}}\ln\frac{2x+5+s\sqrt{7}}{x-1}$; $\quad s^2 = x^2+2x+4.$

258. $-\frac{\sqrt{x^2+1}}{2x-2} - \frac{1}{2\sqrt{2}}\ln\frac{x+1+\sqrt{2x^2+2}}{x-1}.$

259. $-\frac{1}{\sqrt{6}}\ln\frac{\sqrt{3(1+x+x^2)}-(x+1)\sqrt{2}}{\sqrt{1-x+x^2}} + \frac{1}{\sqrt{2}}\arctan\frac{\sqrt{x^2+x+1}}{(1-x)\sqrt{2}}.$

260. $2\sqrt{2}\arctan\frac{u\sqrt{2}}{1-x} + \sqrt{2}\ln\frac{2u+(x+1)\sqrt{2}}{\sqrt{x^2+1}}$; $\quad u^2 = x^2+x+1.$

261. $2\ln\frac{u-1}{\sqrt{x^2+2x+3}} - \frac{1}{\sqrt{2}}\arctan\frac{u\sqrt{2}}{x+1}$; $\quad u^2 = x^2+2x+4.$

262. $\frac{1}{\sqrt{5}}\arctan\frac{\sqrt{4x^2+4x+3}}{\sqrt{5}} + \frac{1}{\sqrt{35}}\ln\frac{\sqrt{7(4x^2+4x+3)}-(2x+1)\sqrt{5}}{x^2+x+2}.$

263. $\frac{1}{6\sqrt{14}}\arctan\frac{\sqrt{8(x^2+6x-1)}}{(2-x)\sqrt{7}} + \frac{1}{3\sqrt{7}}\ln\frac{(x+1)\sqrt{7}-\sqrt{x^2+6x-1}}{\sqrt{4+4x+3x^2}}.$

264. $\frac{1}{4\sqrt{7}}\ln\frac{2\sqrt{4-2x+4x^2}-\sqrt{7}(1-x)}{\sqrt{3x^2+2x+3}} + \frac{1}{2\sqrt{14}}\arctan\frac{2\sqrt{4-2x+4x^2}}{(1+x)\sqrt{14}}.$

265. $\sqrt{(a-x)(x-b)} + \frac{a-b}{2}\arcsin\frac{2x-a-b}{b-a}.$

266. $\ln(x+\sqrt{1+x^2}) + \frac{1}{\sqrt{2}}\ln\frac{\sqrt{2x^2+2}-x}{\sqrt{x^2+2}}.$

267. $(\sqrt{x}-2)\sqrt{1-x} - \arcsin\sqrt{x}.$

268. $\frac{x^2}{2} + \frac{x}{2}\sqrt{x^2+1} - \frac{1}{2}\ln(x+\sqrt{x^2+1}).$

269. $\ln(x+1) + \ln(x+\sqrt{x^2-1}) - \frac{1}{x-1} - 2\sqrt{\frac{x+1}{x-1}}.$

270. $x + \ln(x-1) + u + \frac{1}{2}\ln\left(x-\frac{1}{2}+2u\right) - \ln\frac{2x-1+u}{x-1}$; $\quad u^2 = x^2-x+1.$

271. $\ln(x+\sqrt{x^2+1}) - \frac{1}{\sqrt{x^2+1}}.$

272. $(48x^3+8x^2+14x-37)\frac{u}{288} + \frac{1}{64}\ln(2x+1+2u) - \frac{x^4}{4} - \frac{x^3}{9}$;
$u^2 = x^2+x+1.$

273. $\frac{1-u}{x+1} + \ln(x+1+u); \quad u^2 = x^2 + 2x + 2.$

274. $u - \ln(x+1+u) - \frac{1}{2\sqrt{3}} \ln \frac{\sqrt{3}+u}{x+1}; \quad u^2 = x^2 + 2x + 4.$

275. $\frac{1}{2} \ln \frac{8+x+4u}{x} - \frac{1}{2\sqrt{6}} \frac{\ln(x+3)\sqrt{6}+u}{x-1} - \frac{1}{4} \ln \frac{7-x+4u}{x+1};$

$u^2 = x^2 + x + 4.$

276. $-\frac{1}{2\sqrt{7}} \ln \frac{2x+5+u\sqrt{7}}{x-1} - \frac{1}{2\sqrt{3}} \ln \frac{u+\sqrt{3}}{x+1}; \qquad u^2 = x^2 + 2x + 4.$

277. $\frac{1}{3\sqrt{3}} \ln \frac{x-1+u\sqrt{3}}{x+2} - \frac{1}{2\sqrt{3}} \frac{\ln(x+2)\sqrt{6}+3u}{x-1}; \quad u^2 = x^2 + 2x + 3.$

278. $\ln(x-1+u) - \frac{1}{\sqrt{2}} \arcsin \frac{\sqrt{2}}{x-1} + \frac{1}{\sqrt{2}} \ln \frac{-x\sqrt{2}+u}{x+1}; \quad u^2 = x^2 - 2x - 1.$

279. $\frac{-x+1}{\sqrt{2x-x^2}}.$ **280.** $\frac{1}{27}(12u - u^3); \qquad u\sqrt{x^2+x+1} = 2x+1.$

281. $-u^{-3} - \frac{4}{9}(x+2)u^{-1} + \frac{4}{27}(x+2)^3 u^{-3}; \quad u^2 = x^2 + 4x + 1.$

282. $u - \frac{3}{2}\ln(2x+1+2u) + \frac{4}{3}\,\frac{2x+1}{u}; \qquad u^2 = x^2 + x + 1.$

283. $\frac{1}{\sqrt{2}} \arccos \frac{x\sqrt{2}}{x^2+1}.$ **284.** $\frac{1}{\sqrt{2}} \ln \frac{\sqrt{x^4+1} - x\sqrt{2}}{x^2-1}.$

285. $\ln\left(u + \sqrt{u^2+1}\right); \qquad ux = x^2 + 1.$

286. $\ln\left(u + \frac{3}{2} + \sqrt{u^2+3u}\right); \quad xu = x^2 - 1.$

287. $(x^2+x+1)\sqrt[3]{x^3+3x+1}.$ **288.** $x^3\sqrt[3]{(x^3+3x+1)^2}.$

289. $x^4\sqrt{x^4+4x+1}.$ **290.** $x\ln x - x.$

291. $\frac{1}{20u} + \frac{1}{100}\ln x - \frac{1}{100}\ln u - \frac{\ln x}{4u^2}; \quad u = 2x + 5.$

292. $x\ln(1+x^2) - 2x + 2\arctan x.$

293. $\frac{1}{4(x+1)} - \frac{\ln(x-1)}{2(x+1)^2} + \frac{1}{8}\ln\frac{x-1}{x+1}.$

294. $\ln\frac{u}{x} - \frac{2\ln u}{x} + \frac{1}{\sqrt{3}}\arctan\frac{2x-1}{\sqrt{3}}; \quad u^2 = x^2 - x + 1.$

295. $-\frac{\ln x}{\sqrt{x^2-1}} - \arcsin\frac{1}{x}.$ **296.** $x\ln\left(\sqrt{1-x} + \sqrt{1+x}\right) + \frac{1}{2}(\arcsin x - x).$

297. $x\ln\left(x + \sqrt{1+x^2}\right) - \sqrt{1+x^2}.$

298. $\sqrt{1-x^2}\ln\frac{\sqrt{1-x^2}}{x}+\frac{1}{2}\sqrt{1-x^2}+\frac{1}{2}\arcsin x-\frac{1}{2}\ln\frac{1+\sqrt{1-x^2}}{x}.$

299. $x\arctan x-\frac{1}{2}\ln(x^2+1).$

300. $\frac{x^7}{7}\arctan x-\frac{1}{7}\left[\frac{x^6}{6}-\frac{x^4}{4}+\frac{x^2}{2}-\frac{1}{2}\ln(x^2+1)\right].$

301. $\frac{x^8}{8}\arctan x-\frac{1}{8}\left[\frac{x^7}{7}-\frac{x^5}{5}+\frac{x^3}{3}-x+\arctan x\right].$

302. $x\arcsin x+\sqrt{1-x^2}.$

303. $\frac{x^2}{2}\arcsin x-\frac{1}{4}\arcsin x+\frac{1}{4}x\sqrt{1-x^2}.$

304. $-\frac{\arcsin x}{x}-\ln\frac{1+\sqrt{1-x^2}}{x}.$

305. $\frac{-\arcsin x}{\sqrt{1-x^2}}-\frac{1}{2}\ln\frac{1-x}{1+x}.$

309. $-(x^4+4x^3+12x^2+24x+24)e^{-x}.$

310. $x^5\sin x+5x^4\cos x-20x^3\sin x-60x^2\cos x+120x\sin x-120\cos x.$

311. $-\frac{x^3}{2}\cos(2x+3)+\frac{3x^2}{4}\sin(2x+3)+\frac{3x}{4}\cos(2x+3)-\frac{3}{8}\sin(2x+3).$

312. $-x^4\cos x+4x^3\sin x+12x^2\cos x-24x\sin x-24\cos x.$

313. $(x^3-2x^2+5)\frac{e^{3x}}{3}-(3x^2-4x)\frac{e^{3x}}{9}+(6x-4)x\frac{e^{3x}}{27}-\frac{2e^{3x}}{27}.$

314. $(x^2+3x+5)\frac{\sin^2 x}{2}+(2x+3)\frac{\cos 2x}{4}-2\frac{\sin 2x}{4}.$

315. $\frac{1}{625}(125x^3-75x^2+30x-6)e^{5x}.$

316. $-(x^3-x^2+x)\cos x+(3x^2-2x+1)\sin x+(6x-2)\cos x-6\sin x.$

317. $\ln(e^x+e^{-x}).$

318. $-2\ln\left(e^{-\frac{x}{2}}+\sqrt{1-e^{-x}}\right).$

319. $-\ln\left(e^{-x}+\frac{1}{2}+\sqrt{1+e^{-x}+e^{-2x}}\right).$

320. $-\frac{1}{2}(x^4+2x^2+2)e^{-x^2}.$

321. $-\frac{1}{2}(x^2+2)e^{-x^2}.$

322. $\frac{e^x}{1+x}.$

323. $-\frac{x^2+x+1}{x^3}e^{-x}.$

324. $\frac{x+2}{x^2+x}e^x.$

325. $\frac{e^{ax}}{a^2+b^2}(a\cos bx+b\sin bx).$

326. $\frac{e^{ax}}{a^2+b^2}(a\sin bx-b\cos bx).$

327. $\frac{1}{2}e^x[(x^2-1)\sin x-(x-1)^2\cos x].$

328. $\frac{1}{2}e^x[(x^2-1)\cos x+(x-1)^2\sin x].$

329. $-\cos x+\frac{1}{3}\cos^3 x.$

330. $-\frac{1}{5}\cos^5 x+\frac{1}{7}\cos^7 x.$

331. $-\frac{1}{3\sin^3 x}+\frac{1}{\sin x}.$

332. $\frac{t^3}{3}+2t-\frac{1}{t}$; $t=\tan x$. **333.** $\ln\tan\frac{x}{2}$. **334.** $\ln\tan\left(\frac{\pi}{4}+\frac{x}{2}\right)$.

335. $-\ln\cos x$. **336.** $\ln\sin x$. **337.** $\tan x+\frac{1}{3}\tan^3 x$.

338. $-\frac{u^7}{7}+\frac{u^9}{3}-\frac{3u^{11}}{11}+\frac{u^{13}}{13}$; $u=\cos x$.

339. $-\frac{1}{u^2}-2\ln u+\frac{u^2}{2}$; $u=\sin x$. **340.** $-\frac{1}{4}\cot^4 x$.

341. $\ln t+\frac{t^2}{2}$; $t=\tan x$. **342.** $-8\left(t+\frac{1}{3}t^3\right)$; $t=\cot 2x$.

343. $\frac{\sin^5 x\cos x}{6}-\frac{\sin^3 x\cos x}{24}-\frac{\sin x\cos x}{16}+\frac{1}{16}x$.

344. $\frac{a^7b^3}{10}+\frac{3}{80}a^7b-\frac{1}{160}a^5b-\frac{1}{128}a^3b-\frac{3}{256}ab+\frac{3x}{256}$; $a=\sin x$, $b=\cos x$.

345. $-\frac{ab^7}{8}+\frac{1}{48}ab^5+\frac{5}{192}ab^3+\frac{5}{128}ab+\frac{5}{128}x$; $a=\sin x$, $b=\cos x$.

346. $-\frac{a^3b^7}{10}-\frac{3}{80}ab^7+\frac{1}{160}ab^5+\frac{1}{128}ab^3+\frac{3}{256}ab+\frac{3x}{256}$;
$a=\sin x$, $b=\cos x$.

347. $-\frac{a^5b}{6}-\frac{5a^3b}{24}-\frac{5ab}{16}+\frac{5}{16}x$; $a=\sin x$, $b=\cos x$.

348. $-\frac{b^7}{a}-\frac{7a^5b}{6}-\frac{35a^3b}{24}-\frac{35ab}{16}-\frac{35}{16}x$; $a=\sin x$, $b=\cos x$.

349. $-\frac{a^7b}{8}-\frac{7a^5b}{48}-\frac{35a^3b}{192}-\frac{35ab}{128}+\frac{35}{128}x$; $a=\sin x$, $b=\cos x$.

350. $\frac{1}{3}a^9b^{-3}-3a^7b^{-1}-\frac{7}{2}a^5b-\frac{35}{8}a^3b-\frac{105}{16}ab+\frac{105}{16}x$;
$a=\sin x$, $b=\cos x$.

351. $\frac{1}{2}\sin 2x+\frac{1}{4}\sin 4x$. **352.** $-\frac{1}{2}\cos 2x-\frac{1}{4}\cos 4x$.

353. $\frac{1}{2}\sin x+\frac{1}{14}\sin 7x$. **354.** $\frac{1}{4}\sin x+\frac{1}{12}\sin 3x+\frac{1}{28}\sin 7x+\frac{1}{36}\sin 9x$.

355. $-\frac{1}{8}\cos 2x-\frac{1}{16}\cos 4x+\frac{1}{24}\cos 6x$. **356.** $-\frac{6}{5}\cos\frac{5}{12}x-\frac{6}{7}\cos\frac{7}{12}x$.

357. $\frac{1}{8}\left(2x-\sin 2x-\frac{1}{4}\sin 4x+\frac{1}{3}\sin 6x-\frac{1}{8}\sin 8x\right)$.

358. $\frac{1}{8}\left(3x-2\sin 2x+\frac{1}{4}\sin 4x\right)$. **359.** $\frac{1}{8}\left(3x+2\sin 2x+\frac{1}{4}\sin 4x\right)$.

360. $\frac{1}{128}\left(3x-\sin 4x+\frac{1}{8}\sin 8x\right)$.

361. $-\ln(\sin x + \cos x)$.

362. $x - \ln(5\cos x + 2\sin x)$.

363. $\frac{1}{\sqrt{2}} \ln\tan\left(\frac{\pi}{8} + \frac{x}{2}\right)$.

364. $\frac{1}{\sqrt{a^2+b^2}}\, x \ln\tan\frac{x+\varphi}{2}$; $a = \sqrt{a^2+b^2}\cos\varphi$, $b = a\tan\varphi$.

365. $2\sin\frac{x}{2} - 2\cos\frac{x}{2}$, wenn $\cos\frac{x}{2} + \sin\frac{x}{2} > 0$.

366. $4\sqrt[4]{\tan x}$.

367. $\frac{2}{5}\tan^2 x\sqrt{\tan x}$.

368. $\frac{1}{4}\ln\frac{u^2+2u+1}{u^2-u+1} + \frac{\sqrt{3}}{2}\operatorname{arc\,sin}\frac{2u-1}{\sqrt{3}}$; $u^3 = \tan^2 x$.

369. $\frac{1}{3}\tan^3 x - \tan x + x$.

370. $\frac{1}{2}x + \frac{1}{2}\ln(\sin x + \cos x)$.

371. $\frac{4}{25}x + \frac{3}{25}\ln(4\cos x + 3\sin x)$.

372. $\frac{1}{ab}\operatorname{arc\,tan}\frac{b\tan x}{a}$.

373. $-\frac{1}{8t^2} - \frac{1}{16}\ln t + \frac{1}{32}\ln(t^2+4)$; $t = \tan x$.

374. $\frac{1}{2}\tan x + \frac{1}{2}\ln\tan x$.

375. $\frac{1}{\sqrt{10}}\operatorname{arc\,tan}\frac{2\tan x}{\sqrt{10}}$.

376. $-\frac{1}{3(\tan^3 x + 1)}$.

377. $\frac{1}{a\sqrt{a^2-b^2}}\operatorname{arc\,tan}\left(\frac{\sqrt{a^2-b^2}}{a}\tan x\right)$ für $a^2 > b^2$;

$\frac{1}{2a\sqrt{b^2-a^2}}\ln\frac{a+\sqrt{b^2-a^2}\tan x}{a-\sqrt{b^2-a^2}\tan x}$ für $a^2 < b^2$.

378. $\sqrt{t^2-1} - \ln\left(t+\sqrt{t^2-1}\right)$; $t = \tan x$.

379. $\frac{1}{6}\ln\frac{t^2-2t+1}{t^2+t+1} - \frac{1}{\sqrt{3}}\operatorname{arc\,tan}\frac{2t+1}{\sqrt{3}}$; $t = \tan x$.

380. $\operatorname{arc\,tan}(\tan^2 x)$.

381. $\frac{1}{2\sqrt{2}}\ln\frac{t^2+t\sqrt{2}+1}{t^2-t\sqrt{2}+1}$; $t = \tan x$.

382. $\frac{2}{\cos x}$.

383. $-\cos 2x + \ln\cos x$.

384. $-\frac{1}{2}\ln\left(4 - \frac{1}{\sin^2 x}\right)$.

385. $\frac{1}{8}\ln\tan 2x + \frac{1}{8}\ln\tan x$.

386. $\frac{1}{96}[8\ln u + \ln(u-3) - 9\ln(3u-1)]$; $u = \tan^2 x$.

387. $-\frac{1}{3}\cot^3 x + \cot x$.

388. $\cot x - \frac{1}{5}\cot^5 x$.

389. $-\frac{3}{2}\frac{\sin x}{\cos^2 x}+\frac{5}{2}\ln\tan\left(\frac{\pi}{4}+\frac{x}{2}\right)$. **390.** $\frac{2}{\sin^2 x}-\frac{1}{4\sin^4 x}$.

391. $\frac{1}{4}\ln\frac{u^2+u\sqrt{2}+1}{u^2-u\sqrt{2}+1}+\frac{1}{2}\arctan\frac{u\sqrt{2}}{1-u^2}$; $u^2=\tan x$.

392. $-\frac{1}{\sqrt{2}}\ln(\sqrt{2}\cos x+\sqrt{\cos 2x})$. **393.** $\arccos\left[\sqrt{2}\sin\left(\frac{\pi}{4}-x\right)\right]$.

394. $\frac{2}{\sqrt{a^2-b^2}}\arctan\left(\sqrt{\frac{a-b}{a+b}}\tan\frac{x}{2}\right)$ für $a>b>0$;

$\frac{1}{\sqrt{b^2-a^2}}\ln\frac{b+a\cos x+\sin x\sqrt{b^2-a^2}}{a+b\cos x}$ für $b>a>0$.

395. $(x-1)e^x+\frac{1}{4}e^{2x}-\frac{1}{2}x$. **396.** $-\frac{1}{6}e^{-2x}-\frac{4}{3\sqrt{3}}\arctan(e^{-2x}\sqrt{3})$.

397. $\frac{1}{2}\ln(e^{2x}+\sqrt{e^{4x}-1})+\frac{1}{2}\arcsin e^{-2x}$.

398. $\frac{\sqrt{e^{2x}+1}}{\sqrt{2}}+\frac{1}{\sqrt{2}}\ln(e^{-x}+\sqrt{e^{-2x}+1})$. **399.** $4\sqrt{2}\,e^{\frac{x}{2}}$.

400. $-\frac{1}{4}\coth\frac{x}{2}+\frac{1}{2}\coth^3\frac{x}{2}$. **401.** $\frac{3}{8\sqrt{2}}\ln\frac{\sqrt{2}+\tanh x}{\sqrt{2}-\tanh x}-\frac{\tanh x}{4(2-\tanh^2 x)}$.

402. $\sinh x+\frac{2}{3}\sinh^3 x+\frac{1}{5}(\sinh^5 x+\cosh^5 x)$.

403. $\frac{1}{2}\tanh x+\frac{1}{4\sqrt{2}}\ln\frac{1-\sqrt{2}\tanh x}{1+\sqrt{2}\tanh x}$. **404.** $-\frac{1}{2}\ln\tanh\frac{x}{2}-\frac{1}{2}\frac{\cosh x}{\sinh^2 x}$.

405. $-2\sqrt{\cosh x}+0{,}4\sqrt{\cosh^5 x}$. **406.** $\ln\cosh x-\frac{1}{2}\tanh^2 x$.

407. $\frac{1}{48}(2\sinh 6x+3\sinh 4x+6\sinh 2x+12x)$. **410.** $\frac{1}{3}$.

411. $3\pi a^2$. **412.** $\frac{3\pi a^2}{2}$. **413.** π. **414.** $\frac{3}{8}\pi a^2$.

415. $\pi\sqrt{2}$. **416.** $\frac{3}{2}a^2$. **417.** a^2. **418.** $\frac{\pi}{2}(a^2+b^2)$.

419. $\frac{\pi a^2}{4}$. **420.** $\frac{6\pi+16}{3}p^2$. **421.** $\frac{88\sqrt{2}}{15}p^2$.

422. $\frac{16p^2}{3\sin^2 2\omega}$, wobei ω der Winkel zwischen der Normalen und der x-Achse ist.

423. $\frac{\pi a^2}{4}$. **424.** $\frac{\pi a^2}{4}$. **425.** $\frac{\pi a^2}{4}$. **426.** $\frac{\pi a^2}{4}$.

427. $\frac{a^2}{2}\left(\frac{\sqrt{3}}{2}+\frac{\pi}{3}\right)$.

428. $\dfrac{p^2}{1-e^2}\left[\dfrac{1}{\sqrt{1-e^2}}\operatorname{arc\,tan}\left(\sqrt{\dfrac{1-e}{1+e}}\tan\dfrac{\varphi_0}{2}\right)-\dfrac{e\sin\varphi_0}{2(1+e\cos\varphi_0)}\right].$

429. $\dfrac{p^2}{e^2-1}\left[\dfrac{e\cos\varphi_0}{2(1+e\cos\varphi_0)}-\dfrac{1}{\sqrt{e^2-1}}\ln\dfrac{\sqrt{e+1}\cos\dfrac{\varphi_0}{2}-\sqrt{e-1}\sin\dfrac{\varphi_0}{2}}{\sqrt{1+e\cos\varphi}}\right].$

430. $\dfrac{a^2}{2}\ln\tan\left(\dfrac{\pi}{4}+\varphi\right).$ **431.** $\dfrac{1}{6}a^2\omega^3.$ **432.** $\dfrac{a^2}{4}\left(\operatorname{arc\,tan}\omega-\dfrac{\omega}{1+\omega^2}\right).$

435. $\dfrac{1}{4}\ln(2+\sqrt{5})+\dfrac{1}{2}\sqrt{5}.$ **436.** $1+\dfrac{1}{2}\ln\dfrac{3}{2}.$ **437.** $\ln\tan\dfrac{3\pi}{8}.$

438. $a\ln\tan\left(\dfrac{\pi}{4}+\dfrac{b}{2a}\right).$ **439.** $\sqrt{y^2-a^2}=a\sinh\dfrac{x}{a}.$

440. $\dfrac{x+3a}{3}\sqrt{\dfrac{x}{a}}.$ **441.** $2a\ln\dfrac{a}{a-x}-x.$ **442.** $a\ln\dfrac{a}{b}.$

443. $\dfrac{8}{27}p\left[\left(1+\dfrac{9y}{4p}\right)^{\frac{3}{2}}-1\right].$

444. $2a(u-2)+a\sqrt{3}\ln\dfrac{u-\sqrt{3}}{u+\sqrt{3}}+2a\sqrt{3}\ln(2+\sqrt{3});\quad u^2(2a-x)=8a-3x.$

445. $\dfrac{3a}{2}.$ **446.** $\dfrac{5a}{8\sqrt{3}}[2\sqrt{3}+\ln(2+\sqrt{3})].$

447. $8a.$ **448.** $8a.$ **449.** $\dfrac{a}{2}[2\pi\sqrt{1+4\pi^2}+\ln(2\pi+\sqrt{1+4\pi^2})].$

450. $\dfrac{a}{m}\sqrt{1+m^2}.$ **453.** $t_0\sqrt{a^2+b^2}.$ **454.** $\sqrt{3}.$

455. $x_0+z_0.$ **456.** $x_0+\dfrac{2}{27}x_0^3.$ **457.** $x_0+z_0.$

458. $a\ln\dfrac{\sqrt{2a}+\sqrt{x_0}}{\sqrt{2a}-\sqrt{x_0}}.$ **459.** $z_0\sqrt{2}.$ **460.** $z_0\sqrt{2}.$

461. $\sqrt{az}+\dfrac{2}{3}\sqrt{\dfrac{z^3}{a}}.$ **462.** $a\sqrt{2}\arccos\dfrac{z}{a}.$ **465.** $\pi a^3.$

466. $\dfrac{\pi^2}{2}.$ **467.** $8a^3\ln\left(1-\dfrac{b}{2a}\right)-\dfrac{b^3}{3}-ab(4a+b).$

468. $\dfrac{\pi a^3}{4}\left[\dfrac{1}{\sqrt{2}}\ln(3+\sqrt{8})-\dfrac{2}{3}\right].$ **469.** $\dfrac{8\pi a^3}{3}.$

470. $5\pi^2a^3.$ **471.** $\pi pa^2.$ **472.** $\dfrac{4}{3}\pi ab^2.$

473. $\dfrac{\pi b^2}{3a^2}(m-a)^2(m+2a).$ **474.** $\pi a^2h\left[1+\dfrac{1}{3}\left(\dfrac{h}{b}\right)^2\right].$ **475.** $\dfrac{\pi a^3}{6}(9\pi^2-16).$

476. $\dfrac{16}{3}.$ **477.** $\dfrac{\pi a^3}{4}.$ **478.** $\dfrac{\pi}{32}.$

479. $\frac{4}{15}a^2\sqrt{2ap}$. **480.** $\frac{4a^2}{15}\sqrt{a}$. **481.** $\frac{16}{15}a^2\sqrt{ab}$.

482. $\frac{a^2b}{2}$. **483.** $\frac{\pi a^3}{4}\left(e^{\frac{2b}{a}} - e^{-\frac{2b}{a}} + \frac{4b}{a}\right)$.

484. $\frac{r^3}{3}\cot\alpha\,[\sin\varphi\,(2+\cos^2\varphi) - 3\varphi\cos\varphi]$.

485. Wenn r und h der Radius bzw. die Höhe des Kegels sind und der Bogen, der von der Ebene auf den Grundkreis abgeschnitten wird, den Zentriwinkel 2φ besitzt, dann ist das Volumen eines Teiles des Kegels gleich

$$v(\varphi) = \frac{r^2h}{6}\left[2\varphi + \sin\varphi - \sin 2\varphi - \frac{1}{3}\sin 3\varphi\right]; \quad v\left(\frac{\pi}{2}\right) = \frac{r^2h}{6}\left(\pi - \frac{4}{3}\right).$$

486. Das Volumen eines der oberen Teile ist $v_1 = \frac{r^2h}{3}(1-\cos\varphi)$, eines der unteren Teile $v_2 = \frac{r^2h}{3}\left(\frac{3\varphi}{2} + \cos\varphi - 1\right)$.

487. $\frac{\pi}{2}abl$. **488.** $2\pi\ln(\sqrt{2}+1) + 2\pi\sqrt{2}$.

489. $\pi(\sqrt{u} - \sqrt{2}) + \frac{\pi}{2}\ln\frac{\sqrt{u}-1}{\sqrt{u}+1}\frac{\sqrt{2}+1}{\sqrt{2}-1}; \quad u = 1 + \frac{1}{\cos^4 a}$.

490. $4\pi^2a^2$. **491.** $4\pi^2br$. **492.** $\frac{2\pi}{3}[(2a+p)\sqrt{2pa+p^2} - p^2]$.

493. $\frac{\pi}{15}\left(\frac{8}{9}p\right)^2\left[\left(1+\frac{9a}{4p}\right)^{\frac{3}{2}}\left(\frac{27a}{4p} - 2\right) + 2\right]$.

494. $2\pi b^2 + 2\pi ab\frac{\arcsin e}{e}; \quad ae = \sqrt{a^2 - b^2}$.

495. $2\pi a^2 + \frac{2\pi b^2}{e}\ln\frac{a(1+e)}{b}$.

496. $\frac{2\pi an}{b^2}\sqrt{a^2e^2h^2 + b^4} + \frac{2\pi b^2}{e}\ln\frac{aeh + \sqrt{a^2e^2h^2+b^4}}{b^2}; \quad ae = \sqrt{a^2+b^2}$.

497. $\frac{\pi bm}{a}\sqrt{e^2m^2 - a^2} - \pi b^2 - \frac{\pi ab}{e}\ln\frac{em + \sqrt{e^2m^2 - a^2}}{ae+b}; \quad ae = \sqrt{a^2+b^2}$.

498. $\frac{64}{3}\pi a^2$. **499.** $4\pi\left(2\pi - \frac{8}{3}\right)a^2$. **500.** $\frac{12}{5}\pi a^2$.

501. $2\pi a^2$. **502.** $\frac{32}{5}\pi a^2$.

Zu Abschnitt VIII

1. $\int\limits_0^a dy \int\limits_0^{\sqrt{a^2-y^2}} f(x, y)\, dx.$

2. $\int\limits_0^a dy \int\limits_0^{a-y} f(x, y)\, dx.$

3. $\int\limits_0^1 dy \int\limits_y^{2-y} f(x, y)\, dx = \int\limits_0^1 dx \int\limits_0^x f(x, y)\, dy + \int\limits_1^2 dx \int\limits_0^{2-x} f(x, y)\, dy.$

4. $\int\limits_0^a dy \int\limits_y^{y+2a} f(x, y)\, dx = \int\limits_0^a dx \int\limits_0^x f(x, y)\, dy + \int\limits_a^{2a} dx \int\limits_0^a f(x, y)\, dy$
$+ \int\limits_{2a}^{3a} dx \int\limits_{x-2a}^a f(x, y)\, dy.$

5. $\int\limits_h^{2h} dy \int\limits_{\frac{ay}{h}}^{\frac{a}{h}(4h-y)} f(x, y)\, dx.$

6. $\int\limits_0^1 dy \int\limits_y^1 f(x, y)\, dx.$

7. $\int\limits_{-1}^0 \int\limits_{1-\sqrt{1-y^2}}^{1+\sqrt{1-y^2}} f(x, y)\, dx\, dy.$

8. $\int\limits_{-1}^0 \int\limits_0^{\sqrt{1-x^2}} f(x, y)\, dx\, dy + \int\limits_0^1 \int\limits_0^{1-x} f(x, y)\, dy\, dx.$

9. $\int\limits_0^{\frac{a}{2}} \int\limits_{\sqrt{a^2-2ay}}^{\sqrt{a^2-y^2}} f(x, y)\, dx\, dy + \int\limits_{\frac{a}{2}}^a \int\limits_0^{\sqrt{a^2-y^2}} f(x, y)\, dx\, dy.$

10. $\int\limits_0^a \int\limits_{\frac{y^2}{2a}}^{a-\sqrt{a^2-y^2}} f(x, y)\, dx\, dy + \int\limits_0^a \int\limits_{a+\sqrt{a^2-y^2}}^{2a} f(x, y)\, dx\, dy + \int\limits_a^{2a} \int\limits_{\frac{y^2}{2a}}^{2a} f(x, y)\, dx\, dy.$

11. $\int\limits_0^{\frac{\pi}{2}} dv \int\limits_0^a f(u \cos v,\, u \sin v)\, u\, du.$

12. $\int\limits_0^{\frac{\pi}{2}} dv \int\limits_a^b f(u \cos v,\, u \sin v)\, u\, du.$

13. $\int\limits_{\frac{\alpha}{1+\alpha}}^{\frac{\beta}{1+\beta}} dv \int\limits_0^{\frac{a}{1-v}} f(u - uv,\, uv)\, u\, du.$

14. $\frac{1}{\alpha} \int\limits_0^{\frac{b}{a\alpha+b}} \int\limits_0^{\frac{a\alpha}{1-v}} + \frac{1}{\alpha} \int\limits_{\frac{b}{a\alpha+b}}^1 \int\limits_0^{\frac{b}{v}} f\left((1-v)\frac{u}{\alpha},\, uv\right) u\, du\, dv.$

15. $3\int\limits_0^a\int\limits_0^\pi f(r\cos^3\varphi,\ r\sin^3\varphi)\,r\cos^2\varphi\sin^2\varphi\,d\varphi\,dr.$

16. Man setze $y = uv,\ x = v.$ **17.** Man gehe zu Polarkoordinaten über.

18. Man setze $x^2 = u,\ y^2 = v.$

19. $\frac{8}{3}.$ **20.** $\frac{1}{3}.$ **21.** $\frac{3}{20}.$ **22.** $0.$ **23.** $\frac{2}{3}.$

24. $0.$ **26.** $\frac{\pi a^4}{8}.$ **27.** $\frac{1}{3}.$ **28.** $\frac{1}{3}.$ **29.** $\frac{2}{3}.$ **30.** $\frac{8}{3}.$

31. $(\pi - 1)\,a^2.$ **32.** $\frac{3a^2}{16}(4\pi - 1 - 3\sqrt{3}).$ **33.** $a^2.$

34. $\frac{\pi}{2}(a^2 + b^2).$ **35.** $\frac{3}{4}\pi a^2.$ **36.** $ab + (a^2 - b^2)\operatorname{arc\,tan}\frac{a}{b}.$

37. $\frac{a^2}{6}.$ **38.** $\frac{5\pi}{16}a^2.$ **39.** $\frac{\pi a^2}{2}.$

42. $\frac{\pi}{\sqrt{2}}\,ab\left(\frac{a^2}{h^2} + \frac{b^2}{k^2}\right).$ **43.** $\frac{ab}{12}.$ **44.** $\frac{1}{10}\,\frac{a^5 b}{h^4}.$

45. $\frac{a^3b^3}{60c^4}.$ **46.** $\frac{ab}{6}\left(\frac{a^2}{h^2} + \frac{b^2}{k^2}\right).$ **47.** $\frac{a^4bk(ak + 2bh)}{6h^2(ak + bh)^2}.$

48. $\frac{21\pi}{256}\,ab\left(\frac{a^2}{h^2} + \frac{b^2}{k^2}\right).$ **49.** $\frac{ab}{42}\left(\frac{a^2}{h^2} + \frac{b^2}{k^2}\right).$

50. $\frac{ab\sqrt{ab}}{30c}.$ **51.** $\frac{(a^2 - b^2)(\alpha - \beta)}{2(1 + \alpha)(1 + \beta)}.$ **51a.** $\frac{2}{3}(\sqrt{a} - \sqrt{b})(\sqrt{m^3} - \sqrt{n^3}).$

51b. $\frac{55}{64}\,ab.$ **52.** $(a^2 - b^2)\ln\frac{m}{n}.$ **53.** $\frac{1}{6}(m^2 - n^2)(\alpha^3 - \beta^3).$

54. $\frac{a^2 - b^2}{2}\ln\frac{\alpha}{\beta}.$ **55.** $\frac{1}{3}(a - b)(m - n).$ **56.** $\frac{a^2 - b^2}{3}\ln\frac{m}{n}.$

57. $\frac{1}{3}(\sqrt{a} - \sqrt{b})(\sqrt{m} - \sqrt{n})\,p$ mit $p = a + b + m + n + \sqrt{ab} + \sqrt{mn}.$

58. $\frac{c^2}{4}[(v_1 - v_0)(\sinh 2u_1 - \sinh 2u_0) - (u_1 - u_0)(\sin 2v_1 - \sin 2v_0)].$

59. $\frac{\pi h^2}{|ab_1 - a_1b|}.$ **60.** $\frac{2h^2}{|ab_1 - a_1b|}.$ **61.** $\frac{64}{3}.$ **62.** $\frac{16}{3}.$

63. $\frac{27}{2}.$ **64.** $2\pi a^3.$ **65.** $\frac{4}{9}\,ab\sqrt{ab}.$ **66.** $\frac{a^3}{18}.$

67. $\pi ab^2.$ **68.** $\frac{abc}{3}.$ **69.** $\frac{\pi ac^2}{2}.$ **70.** $\frac{\pi}{32}.$

71. $\frac{88}{105}.$ **72.** $\pi.$ **73.** $2\pi.$ **74.** $\frac{3\pi}{32}\,\frac{a^4}{c}.$ **75.** $\pi a^3(\beta - \alpha).$

76. $\dfrac{4}{9}\dfrac{a^3}{\sqrt{\alpha}}$. **77.** $\dfrac{81}{32}\pi a^3$. **78.** $\dfrac{a^4}{24c}$. **79.** $\dfrac{\pi}{8}$.

82. $\dfrac{3\pi}{2\sqrt{2}}\dfrac{a^4}{c}$. **83.** $\dfrac{\pi a^3}{12}$. **84.** $\dfrac{2}{3}\pi a^3 - \dfrac{8}{9}(4\sqrt{2}-5)a^3$.

85. $\dfrac{16a^3}{9}$. **86.** $\dfrac{\pi}{192}$. **87.** $\dfrac{3\pi}{8}(a+b)$.

90. $\dfrac{2\pi A}{\sqrt{4ac-b^2}}$. **91.** $\dfrac{\pi ab}{8}\left(\dfrac{a^2}{p}+\dfrac{b^2}{q}\right)$. **92.** $\dfrac{a^2b^2}{8c}$.

93. $\dfrac{\pi^2}{2}abc$. **94.** $\dfrac{\pi k}{k+1}abc$. **95.** $\dfrac{4}{9h^3}a^4bc$.

96. $\dfrac{3\pi}{2\sqrt{2}}abc$. **97.** $\dfrac{\pi}{12}\left(\dfrac{ab}{c}\right)^3$. **98.** $\dfrac{81}{32}\pi abc$. **99.** $\dfrac{abc}{3}$.

100. $\dfrac{\pi}{8}abc$. **101.** $\dfrac{8}{35}$. **102.** $\dfrac{\pi}{24}$.

103. $\dfrac{1}{560}\dfrac{a^2b^2}{c}$. **104.** $\dfrac{1}{5}abc$. **105.** $\dfrac{\pi}{2}abc$.

106. $\dfrac{\pi}{24}abc$. **107.** $\dfrac{1}{9}abc$. **108.** $\dfrac{e-1}{e^2}(m-n)a^2$.

109. $\dfrac{\alpha^6-\beta^6}{24}\dfrac{m^4-n^4}{c}$. **110.** $\dfrac{7}{3}a^3\ln\dfrac{3}{2}$.

111. $\dfrac{5}{4c}$. **112.** $\dfrac{14}{9}\ln 3$. **113.** $\dfrac{1}{29}am(a+m)(3a^2-5am+3n^2)$.

114. $\dfrac{2\sqrt{2}}{3}(a+b)\sqrt{ab}$. **115.** $\dfrac{\alpha-\beta}{3p}\left[(a^2+p^2)^{\frac{3}{2}}-p^3\right]$.

116. $\dfrac{4}{3}\sqrt{q}\left[(p+2a)^{\frac{3}{2}}-p^{\frac{3}{2}}\right]$. **117.** $4c\left[b+\dfrac{a^2}{\sqrt{a^2-b^2}}\arccos\dfrac{b}{a}\right]$.

118. $8a^2\arcsin\dfrac{b}{a}$. **119.** $8a^2$. **120.** $8a^2$. **121.** $2\pi a^2$.

122. $\dfrac{\pi a^2}{\sqrt{2}}$. **123.** $\dfrac{1}{6}(u^3+2)+\pi\ln(2\pi+u)-\dfrac{1}{2}u;\quad u=\sqrt{4\pi^2+1}$.

124. $\dfrac{\pi}{3c\sin\alpha}\left[(c^2\sin^2\alpha+a^2)^{\frac{3}{2}}-c^3\sin^3\alpha\right]$. **125.** $\dfrac{a^2}{9}(20-3\pi)$.

126. $\dfrac{a^2}{9}(20-3\pi)$. **127.** $2\pi a^2-8a^2(\sqrt{2}-1)$.

128. $2\sqrt{2}$. **129.** $\dfrac{a^2}{\sin\alpha\cos\alpha}$. **130.** $\dfrac{13}{12}$. **131.** $2a^3$.

132. $\dfrac{\pi}{4}\left[\sqrt{18}-\sqrt{3}+\sqrt{2}\ln(\sqrt{3}+\sqrt{2})-\dfrac{\ln 2}{\sqrt{2}}\right]$. **133.** $\dfrac{2}{3}\pi ab(\sqrt{8}-1)$.

134. $\frac{4}{3}(\sqrt{8}-1)\,ab\arctan\frac{a}{b}$. **135.** $\frac{5}{9}\,ab$.

136. $\frac{\pi a^2}{2}(\sqrt{2}-1)$. **137.** $\frac{a+b}{6}\sqrt{2ab}$.

138. $\pi\ln(e+e^{-1})$. **139.** $\pi\left[a\sqrt{a^2+h^2}+h^2\ln\frac{a+\sqrt{a^2+h^2}}{h}\right]$.

140. $\pi^2 a^2$. **141.** $\arcsin\frac{bc}{\sqrt{(a^2+b^2)(a^2+c^2)}}$. **142.** -6.

143. 2. **144.** $\frac{\pi a^3}{2}$. **145.** $\frac{\pi a^2}{2}$. **146.** 0.

148. πab. **149.** $\frac{1}{2}ab\ln\left(\frac{x_0}{a}+\frac{y_0}{b}\right)$.

150. $\frac{3a^2}{16}\left|t-\frac{1}{4}\sin 4t\right|_{t_1}^{t_2}$. **151.** $2\pi a^2$.

152. $2\pi n$, wobei n angibt, wie oft der Koordinatenursprung umlaufen wird.

153. Das Integral ist gleich der Summe $\sum \operatorname{sign} I$ für alle Schnittpunkte der Kurven;

$$I=\frac{D(X,Y)}{D(x,y)}.$$

154. Seine Entfernung vom Kreismittelpunkt ist gleich $a\frac{\sin\varphi}{\varphi}$. **155.** $\frac{4}{5}a$.

156. $\left(\pi a,\ \frac{3}{4}a\right)$. **157.** $\left(a\frac{\sin m}{m},\ a\frac{1-\cos m}{m},\ \frac{hm}{2}\right)$.

158. $\left(\frac{2}{5},\ \frac{1}{5},\ \frac{1}{2}\right)$. **159.** $x_c=y_c=\frac{a}{3}$. **160.** $\left(\frac{3x_0}{5},\ \frac{3}{8}\sqrt{2px_0}\right)$.

161. $x_c=y_c=\frac{256a}{315\pi}$. **162.** $x_c=y_c=\frac{4a}{3\pi}$. **163.** $x_c=\frac{3}{2}a\frac{\sin\alpha}{\alpha}$.

164. $\left(\frac{\pi a\sqrt{2}}{8},\ 0\right)$. **165.** $x_c=\frac{5}{6}a$. **166.** $x_c=y_c=\frac{4\pi a}{9\sqrt{3}}$.

167. $\left(\pi a,\ \frac{5}{6}a\right)$. **168.** $\left(\frac{2\sqrt{2}}{3\pi},\ \frac{1}{4}\right)$. **169.** $\left(\frac{1}{5},\ \frac{1}{5}\right)$.

170. $\left(\frac{3\pi a}{64},\ \frac{3\pi b}{64}\right)$. **181.** Das Dreieck ist gleichseitig.

182. a) $\frac{a^4}{8}(2\varphi-\sin 2\varphi)$; b) $\frac{a^4}{8}\left(2\varphi+\sin 2\varphi-\frac{32}{9}\frac{\sin^2\varphi}{\varphi}\right)$.

183. $\frac{a^4}{8}(2\varphi-\sin 2\varphi)-\frac{1}{6}a^4\cos\varphi\sin^3\varphi$.

184. Ja, bei $\varphi=\pi$ und bei $8\tan\varphi=9\pi$.

185. $\frac{\pi a^3 b}{4}\ \frac{\pi a b^3}{4}$; $\pi a^3 b x^2+\pi a b^3 y^2=4$. **186.** $\frac{313}{25}$ mal.

187. $\frac{4h_1h_2(a_1^2h_2^2 + a_2^2h_1^2)}{|a_1b_2 - a_2b_1|^3}$. **188.** $\frac{-4h_1h_2[a_1b_1h_2^2 + a_2b_2h_1^2]}{|a_1b_2 - a_2b_1|^3}$.

189. $\frac{3\pi}{4\sqrt{2}}$; $\frac{4}{3}$. **190.** $\mu\frac{\pi a^4}{2}$. **191.** $\pi\mu\frac{a^3b^3}{a^2+b^2}$.

192. $\frac{\mu h^4}{15\sqrt{3}}$. **194.** $\left(\frac{a}{2}, \frac{a}{2}, \frac{a}{2}\right)$. **195.** $\left(0, 0, a - \frac{h}{2}\right)$.

196. $x_c = 0$; $z_c = \frac{\pi h}{2}$; $y_c = \frac{4}{3\pi}\frac{u^3 - h^3}{au + h^2\ln\frac{a+u}{h}}$; $u^2 = a^2 + h^2$.

197. $x_c = y_c = \frac{26 - 15\sqrt{2}}{14}$; $z_c = \frac{61\sqrt{2} - 15\ln(1+\sqrt{2})}{96(\sqrt{2}+1)}$.

198. $\frac{\pi a^3}{2}\sqrt{a^2+h^2}$. **199.** $\frac{8}{3}\pi a^4$.

200. $\frac{55 + 9\sqrt{3}}{65}a^2P$; P ist die Oberfläche. **201.** $\frac{2}{3}\pi a(a-h)^2(2a+h)$.

202. $\frac{4\pi}{3}abc\left(\frac{1}{a^2} + \frac{1}{b^2} + \frac{1}{c^2}\right)$.

203. $\frac{2\pi a}{c(n-2)}\left[\frac{1}{(c-a)^{n-2}} - \frac{1}{(c+a)^{n-2}}\right]$; $n \neq 2$.

205. $\frac{\pi a^3}{3}$. **206.** $\frac{a^3}{360}$. **207.** $\frac{\pi a^3}{60}$. **208.** $\frac{\pi^2 a^3}{4}$.

209. $\frac{\pi^2 a^3}{4\sqrt{2}}$. **210.** $\frac{16}{105}a^3$. **211.** $\frac{a^3}{6}$. **212.** $\frac{\pi a^3}{8}$.

213. $\frac{4\pi}{9}(a^3 + b^3 + c^3)$. **214.** $\frac{\pi}{3}\left(1 - \frac{1}{e}\right)a^3$.

215. $\frac{2\pi a^3}{3}$. **216.** $\frac{\pi^2 a^3}{6}$. **217.** $\frac{2\pi a^3}{9\sqrt{3}}$. **218.** $\frac{m^2}{360}$.

219. $\frac{4}{3}\pi a^3$. **220.** $\frac{2}{3}\pi^2 a^3$. **221.** $\frac{\pi}{3}\frac{a^2bc}{h}$.

222. $\frac{a^4b^4c^4}{360h^9}$. **223.** $\frac{4\pi}{21}\frac{abc^7}{h^6}$. **224.** $\frac{2}{9}\frac{a^2b^2c^2}{h^3}$.

225. $2\pi^2(1-a^2)abc$. **226.** $\frac{\pi}{3}(1 - e^{-1})\frac{abc^2}{h}$.

227. $\frac{\pi^2}{6}\frac{abc^2}{k}$. **228.** $\frac{2\pi}{9}\frac{a^2b^2c^2}{h^3}$. **229.** $\frac{abc^4}{60l^3}$.

230. $\frac{abc}{60}\left(\frac{a}{n} + \frac{b}{k}\right)\left(\frac{a^2}{h^2} + \frac{b^2}{k^2}\right)$. **231.** $\frac{abc}{60}\left(\frac{a}{h}\right)^4\frac{hk}{ak+bh}$.

232. $\frac{1}{60}\frac{abch(5c+4h)}{(c+h)^2}$. **233.** $\frac{a^2b^2c^2}{360h^3}$.

234. $\frac{\pi abc}{64}\left(\frac{a}{h}+\frac{b}{k}\right)\left(\frac{a^2}{h^2}+\frac{b^2}{k^2}\right)$.

235. $\frac{\pi}{64}abc\left(\frac{a}{h}\right)^4\frac{hk}{ak+bh}$.

236. $\frac{abc}{12}$.

237. $\frac{abc}{3\pi}$.

238. $\frac{4\pi}{35}abc$.

239. $\frac{abc}{90}$.

240. $\frac{abc}{1680}$.

241. $\frac{49a^3}{864}$.

242. $\frac{8h_1h_2h_3}{|\Delta|}$, wobei $\Delta=\begin{vmatrix}a_1 & b_1 & c_1\\ a_2 & b_2 & c_2\\ a_3 & b_3 & c_3\end{vmatrix}$ ist.

243. $\frac{4\pi}{3|\Delta|}$.

244. $\frac{2\pi h}{|\Delta|}$.

245. $\frac{4}{3|\Delta|}$.

246. $\left(\frac{a}{4},\frac{a}{4},\frac{a}{4}\right)$.

247. $\left(\frac{3a}{5},\frac{3b}{5},\frac{9\sqrt{ab}}{32}\right)$.

248. $\left(\frac{a}{3},\frac{b}{3},\frac{2c}{9}\right)$.

249. $\left(0,0,\frac{3h}{4}\right)$.

250. $\left(\frac{3a}{8},\frac{3a}{8},\frac{3a}{8}\right)$.

251. $\left(0,0,\frac{3}{4}\frac{(a+h)^2}{(2a+h)}\right)$.

252. $\left(\frac{9\pi a}{8(3\pi-4)},0,0\right)$.

253. $\left(-\frac{1}{2},-\frac{1}{2},\frac{5}{6}\right)$.

254. $x_c=y_c=z_c=\frac{9\pi a}{448}$.

255. $\left(0,0,\frac{9a}{20}\right)$.

256. $\left(0,0,\frac{6+3\sqrt{2}}{16}c\right)$.

257. $\left(0,0,\frac{7c}{30}\right)$.

258. $\left(\frac{3a}{28},\frac{3b}{28},\frac{3c}{28}\right)$.

259. $\left(\frac{21a}{128},\frac{21b}{128},\frac{21c}{128}\right)$.

260. $\frac{abc}{3}(a^2+b^2)$.

261. $\frac{32\sqrt{2}}{135}a^5$.

262. $\frac{\pi a^4h}{10}$.

263. $\frac{\pi a^5}{\sqrt{2}}$.

264. $\frac{9\pi a^5}{140}$.

265. $\frac{4\pi abc}{15}(a^2+b^2)$.

266. $\frac{abc}{60}(a^2+b^2)$.

267. $\frac{3\pi abc}{200}(a^2+b^2)$.

268. $\frac{\pi^2ar^2}{4}(4a^2+3r^2)$.

269. $\frac{\pi^2ar^2}{4}(4a^2+5r^2)$.

273. $h=a\sqrt{3}$.

274. $3a\sqrt{3}=h\sqrt{2}$.

275. $h=a$.

288. $(0,0,2\omega)$.

289. $2\pi a^2\omega$.

290. $4\pi\omega$.

292. $3V$, wobei V das Volumen des Körpers ist.

293. $\frac{12}{5}\pi a^5$.

294. 0.

316. $2P = (a-x)^2 + (b-x)^2$ für $a \leq x \leq b$;
$2P = |(a-x)^2 - (b-x)^2|$ für $x < a$ und $x > b$.

317. $P'' = 2\mu(x)$ für $a < x < b$; $P'' = 0$ für $x < a$ und $x > b$.

318. $P = \mu\pi R^2 \ln a$, für $a > R$; $a = OM$ ist die Entfernung vom M zum Mittelpunkt;
$P = \mu\pi R^2 \ln R - \frac{\mu\pi}{2}(R^2 - a^2)$ für $a < R$.

319. $\ln(u^2 - 4x^2) + x \ln \frac{u+2x}{u-2x} + 2y \arctan \frac{y}{u} = 4 \ln 2$; $u = x^2 + y^2 + 1$.

320. $P = 2\pi \int_0^a \mu(\varrho) \operatorname{Max}(\ln r, \ln \varrho) \varrho \, d\varrho$, wobei $\operatorname{Max}(\ln r, \ln\varrho) = \ln\varrho$ für $\varrho \geqq r$ und gleich $\ln r$ für $\varrho < r = \sqrt{x^2 + y^2}$ ist.

321. $P = 4 r \mu \operatorname{Min}\left(a, \frac{a^2}{r}\right)$; $r = \sqrt{x^2 + y^2 + z^2}$.

322. $P = \frac{4\pi a^3}{3R}$ für $R > a$, $P = 2\pi\mu\left(a^2 - \frac{R^2}{3}\right)$ für $R < a$.

323. $P = 4\pi \int_0^a \mu(\varrho) \operatorname{Min}\left(\frac{\varrho^2}{r}, \varrho\right) d\varrho$; $r = \sqrt{x^2 + y^2 + z^2}$.

324. $P = \frac{4\pi\mu}{3z}\left[(a^2 + z^2)^{\frac{3}{2}} - z^3 - \frac{3}{2} a^2 z + a^3\right]$ für $z > a$,

$P = \frac{2\pi\mu}{3z}\left[(a^2 + z^2)^{\frac{3}{2}} - a^3 + \frac{3}{2} a^2 z - 2z^3\right]$ für $z < a$.

325. Außerhalb der Schicht ist $P = \frac{M}{r}$, wobei M die Masse der Schicht ist; innerhalb der Schicht ist $P = 2\pi(b^2 - a^2)$, wobei b der äußere und a der innere Radius der Schicht sind.

326. $P = \frac{1}{a}\left[\sqrt{u - 2x} - \sqrt{u + 2x} + \frac{x}{a} \ln \frac{\sqrt{u - 2x} + a - x}{\sqrt{u + 2x} - a - x}\right]$; $u = x^2 + y^2 + 1$.

327. $P = 2\pi\mu(\sqrt{a^2 + z^2} - z)$.

334. $\frac{4}{3} f \mu \pi a^2$.

335. 5,55.

336. $f = 2\pi\mu[\sqrt{a^2 + z^2} - \sqrt{a^2 + (h - z)^2} - h]$ für $z \geqq h$,
$f = 2\pi\mu[\sqrt{a^2 + z^2} - \sqrt{a^2 + (h - z)^2} - 2z + h]$ für $0 < z < h$.

339. $\frac{1}{n!}$.

340. $\frac{1}{(n-1)!}$.

341. $\frac{2^n a^n}{n!}$.

342. $\frac{n}{3}$.

343. $\frac{n(n-1)}{8}$.

349. $\frac{\Gamma(\alpha_1)\Gamma(\alpha_2)\cdots\Gamma(\alpha_n)}{\Gamma(\alpha_1 + \alpha_2 + \cdots + \alpha_n)} \int_0^a u^{\alpha_1 + \alpha_2 + \cdots + \alpha_n - 1} F(u) \, du$.

350. $\frac{16\pi^2 a^5}{15}$.

Zu Abschnitt IX

1. $y = xy'$. Tangente und Radiusvektor fallen zusammen.

2. $x + yy' = 0$. Tangente und Radiusvektor stehen aufeinander senkrecht.

3. $x^2 - y^2 + 2xyy' = 0$. **4.** $xy' = 2y$. **5.** $y = xy' + y'^2$.

6. $2\,\dfrac{x + yy'}{x^2 + y^2} = \dfrac{x - yy'}{x^2 - y^2}$.

7. $yy'^2 + y^2 = 1$. Die Länge der Normalen ist gleich Eins.

8. $xy' = y \ln y'$. **9.** $(a^2 - b^2)y' = (x + yy')(xy' - y)$.

10. $y\left[(y'^2 + 1)\left(\dfrac{\pi}{2} - \operatorname{arc\,tan} y'\right) - y'\right] = x$. **11.** $y(y'^2 + 1) = 2a$.

12. $y^2(1 + y'^2) = a^2 y'^2$. Die Länge der Tangente zwischen Berührungspunkt und x-Achse ist konstant.

13. $y'' = 0$. Die Krümmung ist gleich Null. **14.** $y''' = 0$.

15. $y''^2 = (1 + y'^2)^3$. Die Krümmung ist gleich Eins.

16. $\left[\dfrac{(1 + y'^2)^3}{y''^2}\right]' = 0$. Die Krümmung ist konstant.

17. $y'' + y = 0$. **18.** $y'' - 2y' + y = 0$. **21.** $y = xy', \quad z = xz'$.

22. $x\,dx + y\,dy + z\,dz = 0, \quad dx + dy + dz = 0$. **23.** $y' + z = 0, \; z' - y = 0$.

24. $\dfrac{dx}{dt} = -y, \quad \dfrac{dy}{dt} = x, \quad \dfrac{dz}{dt} = b$.

25. $xy' = y, \quad 1 + y'^2 = z'^2$. **26.** $xy' = y, \quad 1 + y'^2 = 2(z - xz' + 1)z'^2$.

27. $z = \dfrac{x^3}{3} - xy^2 + C$. **28.** $z = xy + \dfrac{y}{x} + C$.

29. $z = \sqrt{x^2 + y^2} + xy + C$. **30.** $z = \dfrac{e^y - 1}{1 + x^2} + C$.

31. $z = C + \ln(x + y) - \dfrac{y}{x + y}$. **32.** $u = C + \dfrac{x - 3y}{z}$.

33. $u = \dfrac{1}{3}(x^3 + y^3 + z^3) - xyz + C$. **34.** $u = x^2 + y^2 + z^2 + 2yz + C$.

35. $u = -\dfrac{1}{r} + C; \quad r^2 = x^2 + y^2 + z^2$.

36. $a = b = +1, \quad c = -3; \quad \alpha = \beta = 3, \quad \gamma = -1; \quad P = C - \dfrac{x + y - z}{(x + y + z)^2}$.

37. $a = b = -1, \quad z = \dfrac{x - y}{x^2 + y^2} + C$. **38.** $u = \dfrac{\partial^n \ln r}{\partial x^{n-1} \partial y}$.

40. $x^2 - y^2 + 2xy = C$. **41.** $x^3 + 3x^2y^2 + y^4 = C$. **42.** $x^4 - 6x^2y^2 + y^4 = C$.

43. $\sqrt{x^2 + y^2} + \dfrac{y}{x} = C$. **44.** $x^2 + y^2 + 2 \operatorname{arc\,tan} \dfrac{y}{x} = C$.

45. $y = x$. **46.** $x + y e^{\frac{x}{y}} = 1 + e$. **47.** $x^2(1 + y^2) = C$.

48. $(1 + x^2)(1 + y^2) = Cx^2$. **49.** $y = \tan \ln Cx$.

50. $y = x;\; 2(x^3 - y^3) + 3(x^2 - y^2) + 5 = 0$. **51.** $y = 1;\; \tan \frac{x}{2} = C \ln y$.

52. $y^2 - 1 = 2 \ln(e^x + 1) - 2 \ln(e + 1)$. **53.** $\sqrt{1 - x^2} + \sqrt{1 - y^2} = 1,\; y = 1$.

54. $y = 0;\; y = (x + 1)^2$. **55.** $y = 1$. **56.** $y = a \tan \sqrt{\frac{a - x}{x}}$.

57. $y = x - \frac{1}{x + C}$. **58.** $x + C = \cot\left(\frac{y - x}{2} - \frac{\pi}{4}\right)$.

59. $b(ax + by + c) + a = Ce^{bx}$.

60. $2bu - 2a \ln(a + bu) = b^2(x + C);\; u^2 = ax + by + c$.

61. $ax + by + c = \sqrt{\frac{a}{b}} \tan\left(C + x\sqrt{ab}\right)$.

62. $x + y = a \tan\left(C + \frac{y}{a}\right)$. **63.** $(C - \ln x)(1 - xy) = 2$.

64. $yx(1 - Cx^{a-1}) = a - Cx^{a-1}$ für $a \neq 1$; $(xy - 1)\ln(Cx) = 1$ für $a = 1$.

65. $2x^3y^3 = 3a^2x^2 + C$. **66.** $x = Cye^{\frac{1}{xy}}$. **67.** $x^2e^{x^2y^2} = Cy^2$. **68.** $x^2 = Cy^2 - y^4$.

69. $xy^2 \sin \ln(Cx) = 1$. **70.** $\tan\left(\frac{\pi}{4} + \frac{u - v}{2}\right) = u + C$.

71. $y = Ce^{\frac{x}{a}}$. **72.** $y^2 = 2p(x + C)$. **73.** $xy = C$.

74. $x^m y^n = C$. **75.** $r = Ce^{\frac{\varphi}{a}}$. **76.** $r = C \sin\varphi$. **77.** $r^2 = C \sin 2\varphi$.

82. $\arctan \frac{y}{x} = \ln\left(C\sqrt{x^2 + y^2}\right)$. **83.** $0 = (y^2 - x^2)x$. **84.** $x + y = 0$.

85. $y \ln y + x = Cy$. **86.** $y = x \ln(Cy)$. **87.** $y = x \tan \ln Cx$.

88. $3x^4 + 8x^3y + 6x^2y^2 = C$. **89.** $y(y - 2x)^3 = C(y - x)^2$.

90. $y^3(x + y) = Cx^2(x - y)$. **91.** $y = x\sqrt{C + 2 \ln x}$.

92. $2Cy = C^2x^2 + 1$. **93.** $\sqrt{\frac{x}{y}} + \ln y = C$. **94.** $y = xe^{1 + Cx}$.

95. $x^2 = y^4 + Cy^6$. **96.** $y^2 = x \ln(Cy^2)$.

97. $x^2y^2 + 1 = Cy$. **98.** $x^6 + y^4 = Cy^2$.

99. $x + 2y + 3 \ln(x + y - 2) = C$. **100.** $x^2 - y^2 + 2xy - 4x + 8y = C$.

101. $x^2 - xy + y^2 + x - y = C$. **102.** $(x + y - 1)^3 = C(x - y - 3)$.

105. 1. $x^2 + y^2 = Cx$; 2. $x^2 = C^2 - 2Cy$; 3. $xy = C$.

106. Die Kettenlinie $y = m \cosh \frac{x - a}{m}$. **107.** $y = x$.

108. $y = \frac{C}{x^3} + \frac{x^2}{5}$.

109. $y = Ce^{-ax} + \frac{e^{mx}}{m+a}$ für $m \neq a$, $y = Ce^{mx} + xe^{mx}$ für $a = -m$.

110. $y = x(1+x^2) + C(1+x^2)$. **111.** $y = (x^2 + C)e^{-x^2}$. **112.** $y = (x + C)\tan\frac{x}{2}$.

113. $y = 2e^{-\sin x} + \sin x - 1$. **114.** $y = x + \sqrt{1-x^2}$. **115.** $y = 1$.

116. $y^2 - 2x = Cy^3$. **117.** $x = y^2\left(1 + Ce^{\frac{1}{y}}\right)$.

118. $(1 + Cx + \ln x)y = 1$. **119.** $2 = Cy^2e^{2x^2} + 2x^2y^2 + y^2$.

120. $1 = y[C\sqrt{1-x^2} - a]$. **121.** $a^2y^3 = Ce^{ax} - a(x+1) - 1$.

122. $ny^n = Ce^{-\frac{nx}{a}} + nx - a$. **123.** $y^2(Ce^{x^2} + 1) = 1$.

124. $x = Ce^{-y} - y^2 + 2y - 2$. **125.** $x^{-1} = 2 - y^2 + Ce^{-\frac{y^2}{2}}$.

126. $y^4 + 2x^2y^2 + 2y^2 = C$. **127.** $x^2 + y^2 - 2y = Ce^{-x}$.

128. $3e^{-2y} = Ce^{-2x} - 2e^x$. **129.** $e^y(1 + Cx) = 1$. **130.** $\sin y = x + Ce^{-x}$.

131. $\tan\frac{y}{2} = Ce^{-x} - x + 1$. **132.** $\varphi(x) = Cx^{-\frac{n-1}{n}}$.

133. $y = 2 - (2 + a^2)e^{\frac{x^2-a^2}{2}}$. **134.** $x^3y = Ce^{-\frac{1}{x}}$. **135.** $3y = x\sqrt{x} - 3\sqrt{x}$.

136. $y^2 = 1 - e^x$. **137.** $y = Cx^m$. **138.** $y = Cx^2$.

139. $I = \frac{V}{R} + \left(I_0 - \frac{V}{R}\right)e^{-\frac{Rt}{L}}$.

140. $I = A[R\sin 2\pi nt - 2\pi nL\cos 2\pi nt]$; $(R^2 + 4\pi^2n^2L^2)A = V_0$.

141. $v = v_0e^{-\frac{at}{m}} - \frac{mg}{a}k\left(1 - e^{-\frac{at}{m}}\right)$,

$$s = s_0 - \frac{m}{a}v_0\left(1 - e^{-\frac{at}{m}}\right) - \frac{mg}{a}k\left[t - \frac{m}{a}\left(1 - e^{-\frac{at}{m}}\right)\right].$$

142. $y = -\frac{1}{x} + \frac{1}{Cx - x\ln x}$. **143.** $y = \frac{2x^3 - C}{x(C + x^3)}$.

144. $xy = 2 + \frac{4}{C + \ln x}$. **145.** $(x^4 + Cx)y = 4x^3 + C$.

146. $y = -3 + \frac{t\,|}{|-1} + \frac{t\,|}{|v}$, wobei $t = x^2$, $v = x\coth(x + c)$ ist und das Symbol $\frac{a_1|}{|b_1} + \frac{a_2|}{|b_2} + \cdots$ den Kettenbruch $\cfrac{a_1}{b_1 + \cfrac{a_2}{b_2 + \cdots}}$ bedeutet.

147. $y = \frac{x^2}{-3 + u}$; $u = \frac{x^2}{1 + v}$; $v = \frac{x}{\tan(-x + C)}$.

148. $y = \frac{t}{-7+u}$; $z = \frac{t}{5+v}$; $u = \frac{t}{-3+\omega}$; $\omega = \frac{t}{1+z}$;

$z = \frac{\sqrt{t}}{\tan(C-\sqrt{t})}$; $t = x^{\frac{2}{3}}$.

149. $y = \frac{u}{x}$; $x^{-\frac{2}{5}} = t$; $u = 5 + \frac{t|}{|3} + \frac{t|}{|1} + \frac{t|}{|\omega}$; $\omega = \sqrt{t}\tanh(C-\sqrt{t})$.

150. $xy = u$; $x^2 t = 1$; $vu = v + t$; $v = \sqrt{t}\tanh(C-\sqrt{t})$.

151. $xy = u$; $x^2 t = 1$; $vu = v + t$; $v = \sqrt{t}\cot(C+\sqrt{t})$.

152. $xy = u$; $x^2 = t^{-3}$; $u = -1 + \frac{t}{v}$; $v = \frac{1}{3} + \frac{t}{w}$; $w = \sqrt{t}\cot(C + 3\sqrt{t})$.

153. $xy = u$; $x^3 = t^3$; $u = -1 + \frac{t}{v}$; $v = \frac{1}{3} + \frac{t}{w}$; $w = \sqrt{t}\cot(C + 3\sqrt{t})$.

154. $x + 2y + ax(x+y) = C(x+y)^2$. **155.** $x - 1 = C(y-1)$.

156. $x - y + 1 + xy + \frac{1}{2}y^2 = C(1+x)^2$.

157. $y(x+y) = 1 + x + y + C(x+y)^2$. **158.** $y + 2 = C(x-1)$.

159. $(2x - 3y + 1)(x + y + 1) = C(x + y - 1)^2$.

160. $(x + y + 1)^2 = C(x^2 + y^2 + 1)$. **161.** $(y-1)^2 + x^2 = Cy^2 e^{-2\arctan\frac{x}{y-1}}$.

162. $x^2 - y = Cx$. **163.** $6x^2y + 2y^3 - 6ax^4 - 3x^5 = Cx^3$.

164. $x^2y + 2x = Cy$. **165.** $x^2y - x + y^2 + y\ln y = Cy$.

166. $xy^2 - 2x^2y - 2 = Cx$. **167.** $x^2 + y^2 = Ce^{-x}$.

168. $x\sin y + y\cos y - \sin y = Ce^{-x}$. **169.** $xy + x + y = C(x+y)(x+y+2)$.

170. $xy(x^2+y^2) + 1 = Cxy$. **171.** $xy - \ln y = C$.

172. $x^2y^2 + 2\ln\frac{x}{y} = C$. **173.** $x^2 - y^2 - 1 = Cx$.

174. $x^2 + y^2 = C(y-1)^2$. **175.** $\mu = \frac{1}{\omega - \omega_1}$.

176. $y = x\tan(x + C)$. **177.** $y^2 - 1 + 2Cxy = 0$.

178. $x^2 + y^2 = Cy^2e^{+2x}$. **179.** $Cy = (x+y)\,e^{\frac{y(x+a)}{a(x+y)}}$.

180. $1 = xy^2\ln(Cxy)$. **181.** $xy^2 = \ln\frac{Cx^2}{y}$.

184. $2b + c(x+y) = C(cxy - a)$. **185.** $a + b(x+y) + cxy = C(x-y)$.

186. $2C^2(x-y)^2 - 2C[2cxy + b(x+y) + 2a] + b^2 - 4ac = 0$.

187. $x\sqrt{a + bx + cx^2} + y\sqrt{a + by + cy^2} = (x-y)\sqrt{C + b(x+y) + C(x+y)^2}$.

198. $(x^2 + C - 2y)(y + x - 1 + Ce^{-x}) = 0$. **199.** $y + C = \ln(x + \sqrt{x^2 - 1})$.

200. $x^3y^2 - Cxy(x+1) + C^2 = 0$. **201.** $x^2(x^2 - 3y^2)^2 - 2Cy(y^2 - 3x^2) - C^2 = 0$.

202. $15y + C = 6u^5 - 10u^3$; $u^2 = 1 - x$. **203.** $(x - C)^2 + (y - C)^2 = C^2$.

204. $y = x \cosh(x + C)$. **205.** $x = Ce^{v + \frac{1}{2}e^{-2v}}$; $y = 2C \cosh v \cdot e^{v + \frac{1}{2}e^{-2v}}$

206. $(y - Cx)(y - Cx^2) = 0$. **207.** $y - \qquad + C$, wobei $a^3 - 3a + 1 = 0$.

208. $y = ax + C$: $a = e^a \sin a$. **209.** $y + C = \sqrt{x - x^2} + \arcsin \sqrt{x}$.

210. $x^{\frac{2}{3}} + (y + C)^{\frac{2}{3}} = a^{\frac{2}{3}}$. **211.** $x = ap + bp^2$, $6y = C + 3ap^2 + 4bp^3$.

212. $x^2 + (y - C)^2 = a^2$.

213. $x + C = 2p + 3p^2$, $y = p^2 + 2p^3$. Eine singuläre Lösung ist $y = 0$.

214. $x + C = \cos\varphi + \ln\tan\frac{\varphi}{2}$, $y = \sin\varphi$. Eine singuläre Lösung ist $y = 0$.

215. $y = (\sqrt{C + 2x} - 1)\, e^{\sqrt{C + 2x} - 1}$.

216. $2y + C = x^2 \pm [x\sqrt{x^2 + 1} + \ln(x + \sqrt{x^2 + 1})]$.

217. $x = v^u$, $y + C = \int v^{2u}\left(v \ln v - \frac{1}{u}\right) du$; $v = 1 + \frac{1}{u}$.

218. $x = \frac{at}{1 + t^3}$, $y + C = \frac{a^2}{6} \frac{4t^3 + 1}{(1 + t^3)^2}$.

219. $y = Cx + C^2$; $4y = -x^2$. **220.** $y = Cx + C - C^2$; $4y = (x + 1)^2$.

221. $y = Cx - a\sqrt{1 + C^2}$; $x^2 + y^2 = a^2$. **222.** $y = Cx \pm \sqrt{1 - C^2}$; $x^2 - y^2 = 1$.

223. $x = Cy + C^2$; $4x = -y^2$. **224.** $y(C - x) = C^2$; $y = 4x$.

225. $2(x + C) = 3p^2 + 6p$, $y - x = p^3 - 3p$; $y = x$.

226. $4y = (C - x)^2$; $y = 0$; $y = -4x$. **227.** $y = (C + \sqrt{x + 1})^2$; $y = 0$.

228. $x = 2(1 - t) + Ce^{-t}$, $y = x(1 + t) + t^2$.

229. $3t^2x = C + 2t^3$; $3ty = 2C + t^3$. **230.** $t^2x = C + \ln t$; $ty = 2xt^2 + 1$.

231. $(y - x - 2a)^2 = 8ax$. **232.** $x^{\frac{2}{3}} + y^{\frac{2}{3}} = a^{\frac{2}{3}}$.

233. Ellipsen und Hyperbeln. **234.** $xy = a^2$.

235. $3x\sqrt{p} = 1 - p\sqrt{p}$, $6y = -p^2 - 2\sqrt{p}$.

236. $27y = 9x - 2(3x + 1)\sqrt{3x + 1} - 25$.

237. $3axy = x^3 + 2a^3$. **238.** $4y + (x + 1)^2 = 0$.

239. $4y + x^5 = 0$.

240. $y = x$. **241.** $xy = 1$.

242. $\sqrt{\frac{x}{a}} \pm \sqrt{\frac{y}{b}} = 1$. **243.** $y = \pm 2e^{\frac{x}{2}}$.

244. $y^2 - x^2 = 1$.

245. $16y = x^4,\ y = 0$.

246. $y^2 \pm 2ax = 0$.

247. $x^2 + 2y^2 = C^2$.

248. $x^2 + \sigma y^2 = C$.

249. $b^2 \ln y = a^2 \ln(Cx)$.

250. $x^2 + y^2 = 2a^2 \ln(Cx)$.

251. $y^{2-\sigma} = x^{2-\sigma} + C$ für $\sigma \neq 2$; $y = ax$ für $\sigma = 2$.

252. Konfokale Hyperbeln.

253. $x + C = a\left(\cos t + \ln\tan\frac{t}{2}\right);\quad y = a\sin t$.

254. $9p(y + C)^2 = 8x^3$.

255. $y^2 = Ce^{-\frac{x}{p}} - 2px + 2p^2$.

256. $(x^2 + y^2)^2 = C(y^2 + 2x^2)$.

257. $(x^2 + y^2)^2 = Cxy$.

258. $(x^2 + y^2)^3 = Cy(y^2 + 3x^2)$.

259. $(x^2 - y^2)^3 = (C + x^3 + 3xy^2)^2$.

260. $x = C(1 \pm \sin\theta\cos t)\left(\tan\frac{t}{2}\right)^{\pm t\sin\theta},\ y = \pm C\sin t\left(\tan\frac{t}{2}\right)^{\pm\sin\theta};\quad \tan\theta = a$.

261. $r = C(1 - \cos\varphi)$.

262. $r = Ce^{-\varphi^2 + \frac{2\varphi^3}{3\pi}}$.

263. $2y^2 - 1 = C(2x^2 + 1)$.

264. $r^{-n} = a^{-n}\cos n\varphi + b^{-n}\sin n\varphi$.

265. $x = -C\sin\varphi - \frac{p}{2}\sin\varphi\ln\tan\left(\frac{\pi}{4} + \frac{\varphi}{2}\right)$,

$y = C\cos\varphi - \frac{p}{2}\tan\varphi + \frac{p}{2}\cos\varphi\ln\tan\left(\frac{\pi}{4} + \frac{\varphi}{2}\right)$.

266. $x\cosh t = C + a(t\cosh t - \sinh t);\quad y\cosh t = C\sinh t + a$.

267. $x = 2a(t\sin t - \cos t) - (at^2 + C)\cos t$;
$y = 2u(\sin t + t\cos t) - (at^2 + C)\sin t$.

268. $r = C[1 + \cos(\varphi \pm 2\alpha)]$.

269. $r^2\cos(2\varphi \pm \alpha) = C$.

270. $r = C\cos(\varphi - \alpha)$.

271. $r = a\cos^m\frac{\varphi - \varphi_0}{m}$.

272. $x = Ce^{\varphi}(\sin\varphi + \cos\varphi) - a\sqrt{2}\cos\varphi,\quad y = Ce^{\varphi}(\sin\varphi - \cos\varphi) + a\sqrt{2}\cos\varphi$.

273. $4x = C \pm am^2(1 - \sin t),\ 4y = am^2(1 + \cos t),\ z = am\cos\frac{t}{2};\ m = \tan\gamma$.

274. $x = m[\cos(t + \alpha) + t\sin(t + \alpha)]$,
$y = m[\sin(t + \alpha) - t\cos(t + \alpha)],\ 2az = m(1 + t^2);\ m = \tan\gamma$.

275. $x = a\cosh t\cos(C \pm t),\ y = a\cosh t\sin(C \pm t),\ z = at$.

276. $r = Ce^{\frac{\varphi}{\sqrt{2}}};\quad z = r$.

277. $y = \varphi(x),\ (z - C)\tan\alpha = \pm\int\sqrt{1 + \varphi'^2(x)}\,dx$.

278. $y = z\varphi\left(\frac{x}{z}\right),\ \ln\sqrt{x^2 + y^2 + z^2} = \cot\alpha\int\frac{\pm\sqrt{AC - B^2}}{A}\,dt$,

wobei $tz = x,\ A = t^2 + \varphi^2(t) + 1,\ B = t + \varphi\varphi',\ C = 1 + \varphi'^2$ ist.

279. $\varphi + C = m \ln \tan\left(\frac{\pi}{4} + \frac{\theta}{2}\right)$; θ und φ sind Breite und Länge, $m = \tan\alpha$.

280. $\alpha \approx 75°$.

281. Wenn die Gleichung des Paraboloids durch $x = r\cos\varphi$, $y = r\sin\varphi$, $2a^2z = r^2$ gegeben ist, dann gilt

$$\varphi + C = \frac{m}{a}\sqrt{r^2 + a^2} - m\ln\frac{a + \sqrt{r^2 + a^2}}{r}; \quad m = \tan\alpha.$$

282. Wenn a der Radius des Ringquerschnitts und $l > a$ die Entfernung des Mittelpunktes dieses Schnittes von der Rotationsachse ist, dann gilt in Polarkoordinaten

$$r\left\{l + a\cos\left[\frac{\sqrt{l^2 - a^2}}{a}\cot\alpha\,(\varphi - \varphi_0)\right]\right\} = l^2 - a^2, \qquad z^2 = a^2 - (l - r)^2.$$

283. Die Fläche, die man durch Rotation der Zykloide erhält, welche durch Rollen eines Kreises auf einer Geraden parallel zur Rotationsachse entsteht.

284. $xy + y^2 = 1 + Ce^{\frac{x^2}{2}}$.

285. $x + a\ln(x + y) - a\ln x = C$.

286. $x^2 = C(y + \sqrt{x^2 + y^2})$.

287. $(x^2 + y^2)e^y = C$.

288. $x^2 - 2xy - y^2 - 8x + 4y = C$.

289. $(x + C)y = x - C$.

290. $x = y\sqrt{C + 2\ln y}$.

291. $y = Cx + C^2$; $4y + x^2 = 0$.

292. $4x^2y = (x + C)^2$.

293. $(C - x)y = x$.

294. $x^3 + 3x^2y + xy - y = C$.

295. $xy = (x + C)(x - 1)$.

296. $x = y^2\left(1 + Ce^{\frac{1}{y}}\right)$.

297. $x(C - y) = C^2$; $x = 4y$.

298. $2y = xt - u$; $x = t\ln(1 + u) - t\ln t + Ct$; $u = \sqrt{1 + t^2}$; $2y = 1$.

299. $y = (Cx - C^3)^2$; $27y = 4x^3$.

300. $(C - x)^2 + y^2 = aC$, $y^2 - \frac{a^2}{4} = ax$.

301. $x = Ce^{-\frac{\varphi}{2}}\cos\varphi$, $4y = C^2e^{-\varphi}(2 + \sin 2\varphi)$.

302. $x = Ce^{-\varphi}\cos\varphi$, $4y = C^2e^{-2\varphi}(1 + \sin 2\varphi)$.

303. $x = C\varphi e^{\varphi}$, $4y = C^2e^{2\varphi}(1 + 2\varphi + \varphi^2)$; $2y = x^2$.

304. $2y = C^2 + 2Cx - x^2$; $y = -x^2$.

305. $x\sqrt{C - t} = a\cos^3 t$, $y\sqrt{C - t} = a(2C - 2t + \sin t\cos t)$.

306. $y = xt - x^{-m}e^t$, $x = e^{\frac{t}{m}}\left[C + (m + 1)e^{-\frac{t}{m}}\right]^{-\frac{1}{m+1}}$.

307. Der Querschnitt ist die Parabel $y^2 = 2Cx + C^2$.

308. $x^2 + y^2 = C^2$; $x^2 - y^2 = C$; $y = x$.

309. In Polarkoordinaten: $r = Ce^{k\varphi}$.

310. $\frac{x^2}{C} + \frac{y^2}{C - a^2} = 1$.

311. Ein Kreis mit dem Mittelpunkt auf der Geraden, die die Punkte verbindet.

312. $u^2 - xu - x^2 = C\left[\frac{2u + x(\sqrt{5} - 1)}{2u - x(\sqrt{5} - 1)}\right]^{\frac{1}{\sqrt{5}}}$.

313. $x + C = \sqrt{a^2 - y^2} + a \ln \frac{a - \sqrt{a^2 - y^2}}{y}$.

314. $r = 2a \cos\omega$, $\varphi + C = \tan\omega - \omega$. **315.** Parabel.

316. $4(y - a)^3 = 9a^2(x + C)^2$.

318. $xt = a(t^2 - 1)$, $4t^2y = -a(t^4 - 1) + at^2 \ln t$.

319. $x - C = \int \sqrt{f'^2(y) - 1}\, dy$. **320.** Zykloide. **321.** Kettenlinie.

322. $x - C = \sqrt{a^2 - y^2} - a \ln \frac{a + \sqrt{a^2 - y^2}}{y}$. **323.** $z = \varphi\left(\frac{y}{x}\right)$, $x^2 = C\varphi'\left(\frac{y}{x}\right)$.

324. $x^2 + y^2 - 2Axy - a^2(A^2 - 1) = 0$, $az = xy$.

325. Projektionen auf die x, y-Ebene: $(A + BC)(Cx^2 - y^2) = C(Aa^2 - Bb^2)$, wobei $Aa^2 = a^2 - c^2$, $Bb^2 = b^2 - c^2$ ist.

326. $y = \frac{x^3}{6} + Ax + B - \sin x$. **327.** $y = \ln\sin x + C_1 + C_2x + C_3x^2$.

328. $y = \frac{x^5}{120} + Ax^3 + Bx^2 + Cx + D$.

329. $y = Ax^4 + Bx^3 + Cx^2 + Dx + E + \frac{1}{24}\int_0^m t(x - t)^4\, dt$;

$m = \mathrm{Min}(x, 1)$ für $x > 0$.

330. $y = \frac{1}{6}\int_0^m |t|(x - t)^3\, dt$; $m = x$ für $x < 1$, $m = \operatorname{sign} x$ für $|x| > 1$.

331. $y = (1 + C_1^2)\ln(x + C_1) - C_1x + C_2$.

332. $y = (C_1x - C_1^2)\, e^{\frac{x}{C_1} + 1} + C_2$. **333.** $12y = (x - C_1)^3 + C_2$.

334. $y = C_1e^{\frac{x}{a}} + C_2x + C_3$. **335.** $y = (x + C)\ln(x + C) + C_1x + C_2$.

336. $y = C_1x(x - C_1) + C_2$. **337.** $(x - C_1)^2 + (y - C_2)^2 = 1$.

338. $x = C_1y^2 + C_2y + C_3$.

339. $x = a\sin\varphi + C\cos\varphi$, $y = C_1 - a\cos\varphi + C_2\sin\varphi - C_2 \ln\tan\left(\frac{\pi}{4} + \frac{\varphi}{2}\right)$.

340. $x - C_1 = a \ln\sin\frac{y - C_2}{a}$. **341.** $3y = (C_1 - 2x)^{\frac{3}{2}} + C_2x + C_3$.

342. $x^2 + y^2 + Cx + C_1y + C_2 = 0$. **343.** $3x = 2(\sqrt{y} - 2C_1)\sqrt{\sqrt{y} + C_1} + C_2$.

344. $x + C_2 = \frac{1}{C_1} \ln \frac{\sqrt{C_1^2 + a e^y} - C_1}{\sqrt{C_1^2 + a e^y} + C_1}$.

345. $C_2^2(x - C_1) = \left(C_2 y^{\frac{2}{3}} + 2\right) \sqrt{C_2 y^{\frac{2}{3}} - 1}$.

346. $y = 2a - C_1 \sin^2 t,\ 2x = C_2 + C_1(2t - \sin 2t)$. **347.** $(x - C_1)^2 = 4C(y - C)$.

348. $2C_2 y^2 = 2C_1 C_2 + C_2^2 e^{2x} + (C_1^2 - 1)e^{-2x}$. **349.** $y(C_2 + x) = C_1 + x$.

350. $x = C_2 + C_2 \ln(y + u) + \ln(y - C_1 u);\quad u^2 = y^2 + 1 - C_1^2$.

351. $y = C_1 e^{Cx}$ **352.** $2(C_1 y - 1)^{\frac{3}{2}} = 3C_1 x + C_2$.

353. $y \cos^2(x + C_1) = C_2$. **354.** $y + x = 1$.

355. $y = 1 - e^x,\ y = -1 + e^{-x}$. **356.** $x^2 + y^2 = 2x$.

357. $2y\sqrt{y} = 3x - 1$. **358.** $y \cos^2 x = 1$.

359. $y = a[\cos(nx\sqrt{1 - k})]^{\frac{1}{1-n}}$.

360. $y^2 = C_1 + C_2(xu + \ln u);\ u = x + \sqrt{1 + x^2}$.

361. $(y - C_1 e^x - C_2 e^{-x} + x)(y - C_1 \cos x - C_2 \sin x - x) = 0$.

362. $y = x\left(C_1 - \arcsin \frac{C_2}{x}\right)$. **363.** $y = x \ln \frac{C_2 x}{1 + C_1 x}$.

364. $y(C_2 + x^2) = C_1 x$. **365.** $y = C_1 x e^{\frac{C_2}{x}}$.

366. $2 \ln C_1 y = \frac{C_2}{x} + \frac{x}{C_2}$. **367.** $y = C_1 \sqrt{x^2 + C_2}$.

368. $y = x^2[1 + C_1 \tan(C_1 \ln C_2 x)]$. **373.** $u = C \ln(x^2 + y^2) + C_1$.

374. $u = \frac{C}{\sqrt{x^2 + y^2 + z^2}} + C_1$.

375. $u = (C_0 r^2 + C) \ln r + C_1 r^2 + C_2;\quad r^2 = x^2 + y^2$.

376. $z = C \ln(r + \sqrt{r^2 + 2C^2}) + C;\quad r^2 = x^2 + y^2$.

377. Kettenlinie, Kreis, Parabel, Zykloide. **378.** $Cy^2 = C^2(x + C_1)^2 + m$.

379. $r = C(\cos\omega - m),\quad \varphi + C_1 = \omega + m \int \frac{d\omega}{\cos\omega - m}$.

380. $r \cos^2 t = C,\quad \varphi = C_1 - 2t + \tan\frac{t}{2}$. **381.** Parabel.

382. Kettenlinie $y + C = \frac{a}{2} \cosh \frac{(x + C_1)}{a}$.

383. $(x - C_1)^2 + (y - C_2)^2 = a^2$. **384.** $(y - C)^2 = C_1 - a(a + 2x)$.

385. Kettenlinie. **386.** Logarithmische Spirale. **387.** Kreisevolvente.

388. Zýkloide. **389.** Epizykloide. **390.** Ellipse.

391. Kreis. **392.** Kettenlinie. **393.** Logarithmische Spirale.

394. Kreisevolvente. **395.** Zykloide. **396.** Epizykloide für $|m| < 1$.

397. Kettenlinie. **398.** Logarithmische Spirale. **399.** Zykloide.

400. Kreisevolvente. **401.** Zykloide.

402. Evolvente der Kreisevolvente. **403.** Epizykloide für $b < a$.

404. $r\sqrt{1 - \sin\omega\cos\omega} = C_0^{\frac{-1}{\sqrt{3}} \arctan \frac{2\tan\omega - 1}{\sqrt{3}}}$, $\varphi = C_1 + \omega - \frac{2}{\sqrt{3}} \operatorname{arc\,tan} \frac{2\tan\omega - 1}{\sqrt{3}}$.

405. $y = Ce^{x} + C_1e^{-x}$. **406.** $y = Ce^{2x} + C_1e^{3x}$. **407.** $y = Ce^{-x} + C_1e^{-2x}$.

408. $y = e^{-x}(Cx + C_1)$. **409.** $y = e^{2x}(Cx + C_1)$.

410. $y = e^{-x}(A\cos 2x + B\sin 2x)$. **411.** $y = e^{-2x}(A\cos 3x + B\sin 3x)$.

412. $y = e^{-\frac{x}{2}}\left(A\cos\frac{x\sqrt{3}}{2} + B\sin x\frac{\sqrt{3}}{2}\right)$.

413. $y = A\cos x + B\sin x$. **414.** $y = Ce^{2x} + e^{-x}(A\cos x\sqrt{3} + B\sin x\sqrt{3})$.

415. $y = Ce^{2x} + C_1e^{-2x} + C_2\cos 2x + C_3\sin 2x$.

416. $y = e^{x}(C_1\cos x + C_2\sin x) + e^{-x}(C_3\cos x + C_4\sin x)$.

417. $y = C_1e^{x} + C_2e^{2x} + C_3e^{3x}$. **418.** $y = C_1e^{x} + e^{2x}(C_2\cos 3x + C_3\sin 3x)$.

419. $y = C_1e^{x} + C_2e^{-x} + C_3e^{2x} + C_4e^{-2x}$.

420. $y = C_1\cos x + C_2\sin x + C_3\sin 2x + C_4\cos 2x$.

421. $y = e^{2x}(C + C_1x + C_2x^2)$.

422. $y = e^{-\frac{x}{2}}(A + Bx)\cos\frac{x\sqrt{3}}{2} + e^{-\frac{x}{2}}(C + Dx)\sin\frac{x\sqrt{3}}{2}$.

423. $y = e^{-x}(A + Bx + Cx^2 + Dx^3)$.

424. $y = e^{\frac{3x}{2}}\left(A\cos\frac{x\sqrt{7}}{2} + B\sin\frac{x\sqrt{7}}{2}\right) + e^{-x}(C\cos x\sqrt{2} + D\sin x\sqrt{2})$.

425. $y = C + C_1x + C_2x^2 + C_3x^3 + e^{-x}(C_4 + C_5x + C_6x^2)$.

426. $y = C_1\cos ax + C_2\sin ax + \frac{1}{a^2 + 1}e^{x}$.

427. $y = \frac{1}{3}e^{2x} + C_1e^{-x} + e^{x}\left(\frac{x^2 - x}{4} + C_2\right)$.

428. $y = \frac{1}{2}e^{3x}(x^2 - 2x + 2) + C_1e^{x} + C_2e^{2x}$.

429. $y = \frac{e^{2x}}{32}(2x^2 - 3x) + \frac{1}{5}\cos x - \frac{x^3}{12} + \frac{x}{8} + C_1 + C_2e^{2x} + C_3e^{-2x}$.

430. $y = -e^{-x}\cos x + \frac{x^3}{6}e^{-x} + e^{-x}(C_1 + C_2 x).$

431. $y = \frac{x}{2}e^{-x}\sin x + e^{-x}x + e^{-x}(A\cos x + B\sin x).$

432. $y = \frac{1}{74}(5\sin x + 7\cos x) + C_1 e^x + C_2 e^{6x}.$

433. $y = \frac{x^2 e^x}{2} + \frac{1}{4}e^{-x} + \frac{1}{2}\cos x + e^x(C + C_1 x).$

434. $y = \frac{1}{2}x\sin x + \frac{1}{8}\cos 3x + A\cos x + B\sin x.$

435. $y = Ae^{ax} + Be^{-ax} + \frac{1}{b^2 - a^2}e^{bx} \quad (b \neq a),$

$y = Ae^{ax} + Be^{-ax} + \frac{x}{2a}e^{ax} \quad (b = a).$

436. $y = A\cos ax + B\sin ax + \frac{\sin bx}{b^2 - a^2} \quad (b \neq 0),$

$y = A\cos ax + B\sin ax - \frac{x\cos ax}{2a} \quad (b = a).$

437. $y = \frac{1}{6}\sin x + 2e^x + A\cos 2x + B\sin 2x + e^{-x}(C + Dx).$

438. $y = -\cos x \ln\tan\left(\frac{\pi}{4} + \frac{x}{2}\right) + A\cos x + B\sin x.$

439. $y = -1 - xe^x + (e^x - e^{-x})\ln(e^{x-1}) + C_1 e^x + C_2 e^{-x}.$

440. $y = x\sin x + \cos x \ln\cos x + A\cos x + B\sin x.$

441. $y = A\cos x + B\sin x - \sqrt{\cos 2x}.$

442. $y = e^{3x}(A + Bx) + \frac{1}{x}.$

443. $y = A\cos\ln x + B\sin\ln x.$

444. $y = Ax + Bx^{-1}.$

445. $y = A + B\ln x + Cx^3.$

446. $y = x(A + B\ln x + C\ln^2 x).$

447. $y = x(A + B\ln x) + Cx^{-1}.$

448. $2y = x + A\cos\ln x + B\sin\ln x.$

449. $y = x(A + B\ln x + \ln^2 x).$

450. $y = x\ln x + x^3 + Cx + C_1 x^2.$

451. $y = x(A + B\ln x) + Cx^2 - \frac{x^3}{4} - \frac{3}{2}x\ln^2 x.$

452. $y = C_1 - 3x + C_2(3x+2)^{-\frac{4}{3}} + 5\ln(3x + 2).$

453. $y = Ax^2 + Bx^3 + ax + bx^{-1}.$

454. $y = Ax + Bx^{-1} + Cx\ln x + Dx^{-1}\ln x + \frac{1}{9}x^2.$

455. $y = (x + 1)^{-1}[A + B\ln(x + 1) + \ln^3(x + 1)].$

456. $y = x^{-1}[2\ln^2 x + \ln x + A + Bx^4].$

457. $y = \frac{1}{5}t^2 - t + 1 + (A + t)\cos\ln t + B\sin\ln t; \quad t = x + 1.$

458. $2ky = (a + ky_0)e^{k(x-x_0)} + (ky_0 - a)e^{-k(x-x_0)}$.

459. $ky = ky_0 \cos k(x - x_0) + a \sin k(x - x_0)$. **460.** $y = e^{-hx}[(b + ah)x + a]$.

461. $y = a \cos nx + \dfrac{b(n^2 - p^2) - hp}{n(n^2 - p^2)} \sin nx + \dfrac{h}{n^2 - p^2} \sin px$.

462. $y = \dfrac{7}{2} e^{-x} + e^x \left(2x^3 - 4x^2 + 5x - \dfrac{11}{2}\right) + 3(x + 1)$.

463. $y = \pi \sin^2 \dfrac{x}{2} - \sin x + x \cos x$.

464. $y = \dfrac{1}{2}(e^x - e^{-x})$ für $0 \leqq x \leqq 1$; $8y = 3e^{2x-1} - e^{1-2x} - e^{2x-3} + e^{3-2x}$ für $1 \leqq x \leqq 2$.

465. $y = h - \dfrac{gt}{k} - \dfrac{g}{k^2}(1 - e^{-kt})$.

466. $y = h - \dfrac{g_1 t}{k} - \dfrac{g_1}{k}(1 - e^{-kt})$; $g_1 = g(\sin\alpha - l \cos\alpha)$.

467. Die Auslenkung des Körpers aus der Gleichgewichtslage nach t Sekunden wird durch die Formel $x = Ae^{-qt} \cos(pt + \alpha)$ beschrieben, wobei

$$\frac{k}{m} - \left(\frac{n}{2m}\right)^2 = p^2, \quad \frac{n}{2m} = q, \quad p \tan\alpha = -q, \quad A[(p^2 - q^2)\cos\alpha - 2pq \sin\alpha] = kh$$

ist.

468. Wir setzen $\dfrac{k}{m} = 2p$, $\dfrac{a^2}{m} = q$ und erhalten drei Fälle:

1. $q = p^2 + \nu^2 > p^2$; $x = Ae^{-pt} \cos(\nu t + \mu)$.
2. $q = p^2 - \nu^2 < p^2$; $x = Ae^{-(p+\nu)t} + Be^{-(p-\nu)t}$.
3. $q = p^2$; $x = e^{-pt}(A + Bt)$.

469. $x = A \sin(qt + \alpha) + \dfrac{r}{q^2 - n^2} \sin nt$ für $n \neq q$, $q^2 = \dfrac{a^2}{m}$, $n \neq a$;

$x = A \sin(qt + \alpha) - \dfrac{rt \cos nt}{2n}$ für $\dfrac{b}{m} = r$, $q = n$.

470. Die Bewegung endet, wenn $v = 0$ ist, d. h. für $t = \dfrac{v_0}{k}$; dann ist $x = \dfrac{v_0^2}{k}$.

471. Die Bewegung wird durch die folgenden Formeln ausgedrückt:

1. für $0 < t < \dfrac{\pi}{k}$: $x = f(n - 1) \cos kt + f$;
2. für $\dfrac{\pi}{k} < t < \dfrac{2\pi}{k}$: $x = f(n - 3) \cos kt - f$;
3. für $\dfrac{2\pi}{k} < t < \dfrac{3\pi}{k}$: $x = f(n - 5) \cos kt + f$; .

472. $y = A \sin \dfrac{bx}{a} \sin bt$, wobei $bt = an\pi$ ist.

473. $u(\ln r_2 - \ln r_1) = (t_2 - t_1)\ln r + t_1 \ln r_2 - t_2 \ln r_1$, wobei r_2 und r_1 die Radien der inneren bzw. äußeren Zylinderfläche sind und r der Abstand eines Punktes der Wand von der Zylinderachse ist.

474. $u\left(\frac{1}{r_2} - \frac{1}{r_1}\right) = (t_2 - t_1)\frac{1}{r} + \frac{t_1}{r_2} - \frac{t_2}{r_1}$.

475. $y = \frac{a}{24} x^2 (l - x)^2$.

476. $\sin al = 0, \quad al = n\pi$.

477. $u = \frac{m}{2a} r^2 + u_0$.

479. $xy = A\cos x + B\sin x$.

480. $y = Ce^x + C_1 x^2$.

481. $y = A\ln x + Bx$.

482. $y = A(1 + x) + Be^x$.

483. $y = A\sin x + B\sin^2 x$.

484. $y = A\sin^4 x + B\frac{\cos x}{\sin^3 x}\left(\sin^4 x + \frac{3}{5}\sin^2 x\cos^4 x + \frac{1}{7}\cos^6 x\right)$.

485. $y(1 - x) = Ax + B(1 - x^2 + 2x\ln x)$.

486. $y = A(x + \sqrt{x^2 + 1})^n + B(x - \sqrt{x^2 + 1})^n$.

487. $y = Ae^{-2x} + B(4x^2 + 1)$.

488. $y = Ae^x(x^2 - 8x + 20) + B(x^3 + 9x^2 + 36x + 60)$.

489. $y = A(x^3 - x) + B\left[6x^2 - 4 - 3(x^3 - x)\ln\frac{x + 1}{x - 1}\right]$.

490. $y = c_1(2x^2 - 1) + c_2\left[(2x^2 - 1)\int e^{x^2}\,dx - xe^{x^2}\right]$.

491. $\mu = 12; \quad y = 3x - 5x^3$.

494. $y = \frac{c_1}{x^2} + c_2(2x - 3)$.

495. $(x - 1)y = A + Bx^2$.

496. $(x^2 - x)y = Ax + B(x - 1)$.

497. $(x + 1)y = Ax + Bx^2(x + 1)$.

498. $(x^2 + 1)^2 y = A(x - 1) + Bx$.

499. $y = c_1 e^{2\sqrt{x}} + c_2 e^{-2\sqrt{x}}$.

500. $y = A\cos\frac{n}{x} + B\sin\frac{n}{x}$.

501. $y = \sqrt{1 + x^2} = A + Bx$.

502. $y = c_1\cos n\varphi + c_2\sin n\varphi; \quad \sin\varphi = x$.

503. $y = c_1\cos m\varphi + c_2\sin m\varphi; \quad \tan 2\varphi = e^{2x}$.

504. $y = c_1\cos m\varphi + c_2\sin m\varphi; \quad \varphi = \ln\cos x$.

506. $y = Ae^x(x^2 - 3x + 3) + Be^{-x}(x^2 + 3x + 3)$.

507. Für $4\beta < 1$: $y = \sqrt{x(1 - x)}\,[Au^\sigma + Bu^{-\sigma}]$; $(1 - x)u = x, \quad 4\sigma^2 = 1 - 4\beta$.

Für $4\beta > 1$: $y = \sqrt{x(1 - x)}\,[A\cos\tau\ln u + B\sin\tau\ln u]$; $\tau^2 = \beta - \frac{1}{4}$.

Für $4\beta = 1$: $y = \sqrt{x(1 - x)}\,[A + B\ln u]$.

508. $y = \frac{\beta}{\Delta}\left[y_1(x)\int_0^x y_2(\xi)\,d\xi - y_2(x)\int_0^x y_1(\xi)\,d\xi\right]$; hierbei sind $y_1(x)$ und $y_2(x)$ unabhängige Integrale der homogenen Gleichung, und Δ hat den Wert

$$y_1(x)\,y_2'(x) - y_2(x)\,y_1'(x)$$

an der Stelle $x = 0$.

509. $y = C_1 x,\ z = C_2 x.$ **510.** $y = C_1 x,\ z = C_2 x + y.$

511. $x^2 + y^2 = C_1^2,\quad p^2 + q^2 = C_2^2,\quad py + qx = C_3.$

512. $\ln r - \arctan \frac{y}{x} = C_1,\quad z = C_2 r;\quad r^2 = x^2 + y^2.$

513. $(z - y)^2 + 2x = C,\ z^2 - y^2 = C_1.$ **514.** $z = C_1 y,\ (x^2 + y^2)y = Cx^2.$

515. $(y - x)z = C,\ (y - x)e^{\frac{z}{2(y-x)}} = C_1.$ **516.** $x + y + z = C,\quad x^2 + y^2 + z^2 = C_1.$

517. $y = C_1 x,\ z + \sqrt{x^2 + y^2 + z^2} = C_2.$

518. $x - y = C;\quad z - t(x - y + 1) = C_1,\quad y - \ln(z - t) = C_2.$

519. $x^2 + y^2 + z^2 = C_1 y,\ z = C_2 y.$ **520.** $x^2 + y^2 = C,\quad (x + y)(x + y + z) = C_1.$

521. $z = x - y,\ y(y - 2x)^3 = (x - y)^2.$

522. $x = s\sin\alpha + \frac{ds}{d\alpha}\cos\alpha,\quad y = -s\cos\alpha + \frac{ds}{d\alpha}\sin\alpha;\quad s'' + s' + s = 0.$

523. $b(x + C_1) = -a^2 \sin\varphi,\quad b(y + C_2) = -a^2\cos\varphi,\quad a\varphi = bt + C_3.$

524. $y = e^{-2x}(A - B + Bx),\quad z = e^{-2x}(-A - Bx),\quad A = -1,\quad B = -2.$

525. $x = e^{-6t}(A\cos t + B\sin t),\quad y = e^{-6t}[(A + B)\cos t - (A - B)\sin t];\quad A = 1,\quad B = 0.$

526. $x = Ae^{-t} + Be^{2t} + Ce^{-2t},\quad y = Ae^{-t} + Be^{2t} - Ce^{-2t},$

$z = -Ae^{-t} + 2Be^{2t},\quad 3A = 6B = 2C = 1.$

527. $x = -e^{-t},\quad y = e^{-t},\quad z = 0.$

528. $y = Au + Bv,\quad 7z = \left(\sqrt{3}\,B - 2A\right)u - \left(\sqrt{3}\,A + 2B\right)v;$

$u = e^{-\frac{x}{2}}\cos\frac{x\sqrt{3}}{2},\quad v = e^{-\frac{x}{2}}\sin\frac{x\sqrt{3}}{2}.$

529. $x = A\cos t + B\sin t,\quad 2y = Ce^t + (A - B)\cos t + (A + B)\sin t,$

$2z = Ce^t + (A + B)\cos t - (A - B)\sin t.$

530. $x = Ae^t + \alpha_2 Be^{\alpha_1 t} + \alpha_1 Ce^{\alpha_2 t},\quad y = Ae^t + Be^{\alpha_1 t} + Ce^{\alpha_2 t},$

$z = Ae^t + \alpha_1 Be^{\alpha_1 t} + \alpha_2 Ce^{\alpha_2 t};\quad \alpha_1^2 + \alpha_1 + 1 = 0,\quad \alpha_2^2 + \alpha_2 + 1 = 0,\quad \alpha_2 \neq \alpha_1.$

531. $x = A + Bu + Cv,\quad 2y = 4A - (B - C\sqrt{5})u - (C + B\sqrt{5})v,$

$2z = 4A - (B + C\sqrt{5})u + (C - B\sqrt{5})v;\quad u = \cos t\sqrt{5},\quad v = \sin t\sqrt{5}.$

532. $x = e^{mt}(A\cos mt + B\sin mt) + e^{-mt}(C\cos mt + D\sin mt),$

$y = e^{mt}(A\sin mt - B\cos mt) + e^{-mt}(D\cos mt - C\sin mt).$

533. $z = A\cos t + B\sin t,\quad x + 3y - 3z = Ct + D,\quad x - y + z = E\cos 2t + F\sin 2t.$

534. $x + y + z = Ae^t,\quad x - y = Be^{-2t},\quad y - z = Ce^{-2t}.$

535. $x + y + z = Ae^t + Be^{-t},\quad x - y = C\cos t\sqrt{2} + C\sin t\sqrt{2},$

$y - z = E\cos t\sqrt{2} + F\sin t\sqrt{2}.$

536. $y = -23 - 2(A + C + Dx)e^{x} - 2(B - D - Dx)e^{-x}$,
$z = 18 + (A + Cx)e^{x} + (B + Dx)e^{-x}$.

537. $2x = (t + A)e^{t} + (-t + B)e^{-t}$, $2y = (t + A + 1)e^{t} + (t - B - 1)e^{-t}$.

538. $x = 2Ae^{-4t} + Be^{-7t} + \frac{7}{40}e^{t} + \frac{1}{27}e^{2t}$, $y = Ae^{-4t} - Be^{-7t} + \frac{1}{40}e^{t} + \frac{7}{54}e^{2t}$.

539. $y = Ae^{2x} + Be^{-2x} + \frac{3e^{ax}}{a^2 - 4}$, $z = Ae^{2x} + \frac{1}{3}Be^{-2x} + \frac{(a+1)e^{ax}}{a^2 - 4}$.

540. $x = A(1 + 2t) - 2B - 2\cos t - 3\sin t$, $y = -At + B + 2\sin t$.

541. $8y = e^{x} + (8 - A + 3B - 2Bx)e^{-x}$, $8z = (3x + C)e^{x} + (A + Bx)e^{-x}$.

542. $y = -x^2 + Ce^{2x} + C_1e^{-3x}$, $z = 2x^2 + 2x - Ce^{2x} + 4C_1e^{-3x}$.

543. $y = C + Dx^2 - x + (6B + A - 1)\ln\sqrt{x} + B\ln^2 x$, $y + z = A + C\ln x$.

544. $x = Ae^{n^2t} + Be^{-n^2t} + \frac{n+1}{n(n^2+1)}\sin nt$, $y = -Ae^{n^2t} + Be^{-n^2t} + \frac{n-1}{n(n^2+1)}\cos nt$.

545. $y = x - \tau C_1x^{-\sigma} - \sigma C_2x^{-\tau}$, $z = C_1x^{\tau} + C_2x^{\sigma}$; $2\sigma = 1 - \sqrt{5}$, $2\tau = 1 + \sqrt{5}$.

546. $y = -\frac{x^2\ln^2 x}{6} + \frac{x^3\ln x}{9} + \frac{A}{x} + Bx^2$; $z = 1 - y'$.

547. $tx = A\cos t + B\sin t$, $t^2y = C + (At + 2B)\cos t + (Bt - 2A)\sin t$.

548. $x + y = Ce^{t}$; $3xt^2 = t^2 + C_1$.

549. $x = u\cos t + v\sin t$, $y = u\sin t - v\cos t$, wobei

$$u = (At + B)\cos\frac{t\sqrt{5}}{3} + (Ct + D)\sin\frac{t\sqrt{5}}{3},$$

$$v = -(Ct\sqrt{5} + D\sqrt{5} - 2A)\cos\frac{t\sqrt{5}}{3} + \left(A\frac{t\sqrt{5}}{3} + B\sqrt{5} + 2C\right)\sin\frac{t\sqrt{5}}{3}$$ ist.

551. $ux = Ae^{t} + Be^{-t}$; $uy = Ae^{t} - Be^{-t}$; $uz = Ae - Be^{-t} + C$;
$u = -Ae^{t} - Be^{-t} - Ct + D$.

552. $ux = Ae^{t}$: $uy = Be^{t} + Ce^{-t}$; $uz = Be^{t} - Ce^{-t}$; $u = -(A + B)e^{t} + Ce^{-t} + D$.

553. $x = (At + B)e^{t} + 8t + 30$; $y = -\left(At + \frac{A}{4} + B\right)e^{t} - 4t - 21$.

554. $u = A + Bt + Ce^{t} + De^{-t} + \frac{1}{2}t^2 - \frac{1}{6}t^3$; $x = (D^2 - D + 2)u$;
$y = -(D^2 - D + 6)u$.

555. $x = (A + Bt + Ct^2)e^{t}$; $y = (D + Et + Ft^2)e^{t}$; $z = [F - (2C + E)t - Ct^2]e^{t}$.

556. $x = A\sin(t + \alpha) + C\sin(2t + \gamma)$, $y = B\sin(t + \beta) + C\sin(2t + \gamma)$,
$3z = -A\sin(t + \alpha) - 3C\sin(2t + \gamma) - 3B\sin(t + \beta)$.

557. $x = A\sin(at + \alpha)$; $y = B\sin(at + \beta)$; $z = Ct + D$.

563. Wenn v die Geschwindigkeit des Punktes, α ihr Winkel gegen die x-Achse ist, dann sind die Projektionen der Beschleunigung auf die Tangente und auf die Normale gleich

$$\frac{dv}{dt} = -g\sin\alpha - kgv^n, \quad \frac{v^2}{R} = g\cos\alpha,$$

wobei $R = -\frac{ds}{d\alpha}$ der Krümmungsradius ist. Wir fassen α als unabhängige Veränderliche auf und ermitteln v. Daraus bestimmen wir t. Aus den Formeln $dx = \cos\alpha\, ds$, $dy = \sin\alpha\, ds$, $ds = v\,dt$ finden wir x und y. Schließlich kann man das Ergebnis in der Form

$$v^{-n} = \frac{\cos^n\alpha}{v_0^n\cos^n\alpha} - nk\cos^n\alpha\int\limits_{\alpha_0}^{\alpha}\frac{d\alpha}{\cos^{n+1}\alpha}, \quad t = -\frac{1}{g}\int\limits_{\alpha_0}^{\alpha}\frac{v\,d\alpha}{\cos\alpha},$$

$$x = -\frac{1}{g}\int\limits_{\alpha_0}^{\alpha} v^2\,d\alpha, \quad y = -\frac{1}{g}\int\limits_{\alpha_0}^{\alpha} v^2\tan\alpha\,d\alpha$$

schreiben.

564. $x = \frac{b}{\omega} + \frac{p}{\omega^2} + A\sin(\omega t + \alpha), \quad y = -\frac{a}{\omega} - \frac{p'}{\omega} + A\cos(\omega t + \alpha),$

$z = \frac{1}{2}rt^2 + ct; \quad mp = c\frac{dv}{dt}, \quad m\omega = -cH = -\frac{\partial v}{\partial z};$

a, b, c sind die Komponenten der Tangentialgeschwindigkeit; A und α werden so gewählt, daß $x = y = 0$ für $t = 0$ ist.

565. Die Bahn ist eine geodätische Linie auf dem Kegel

$$\sqrt{x^2 + y^2 + z^2} = Ax + By + Cz.$$

Zu Abschnitt X

1. 2. **2.** 16. **3.** $\frac{1 - \cos a\pi}{a}$. **4.** $\ln 2$. **5.** $\frac{\pi}{4}$.

6. $\frac{\pi}{3}$. **7.** $4e^{-1}$. **33.** Absolut konvergent.

34. Divergent. **35.** Divergent. **36.** Konvergent für $n > 1$.

37. Absolut konvergent für $n > 1$. **38.** Absolut konvergent für $-1 < \sigma < 1$.

39. Divergent.

40. Konvergent für $\left|\frac{m+1}{n}\right| < 1$, absolut konvergent für $\frac{m+1}{n} < 0$.

41. $m > -1$, $n > -1$. **42.** $a > 0$, $n > -1$. **43.** Divergent.

44. Divergent. **45.** Absolut konvergent.

46. Absolut konvergent für $n > 1$, sonst divergent.

47. Absolut konvergent für jedes n. **48.** Konvergent.

57. Die Integrale $\int\limits_0^\infty \frac{e^{-ax}}{x}\,dx$ und $\int\limits_0^\infty \frac{e^{-bx}}{x}\,dx$ sind divergent.

82. $(n-1)!$. **83.** $\frac{(p-1)!\,(q-1)!}{(p+q-1)!}$. **84.** $\frac{1}{2n-1}-\frac{1}{2n-3}+\cdots\pm 1\mp\frac{\pi}{4}$.

85. $2^{2n}\frac{(n!)^2}{(2n+1)!}$. **86.** $\frac{\pi}{2a^{2n-1}}\cdot\frac{1\cdot 3\cdot 5\cdots(2n-3)}{2\cdot 4\cdot 6\cdots(2n-2)}$.

87. $\frac{1\cdot 3\cdot 5\cdots(2n-3)}{2\cdot 4\cdot 6\cdots(2n-2)}\cdot\frac{\pi A^{n-1}}{(AC-B^2)^{n-\frac{1}{2}}}$. **88.** $\frac{1\cdot 3\cdot 5\cdots(2n-1)}{2\cdot 4\cdot 6\cdots 2n}\,\frac{\pi}{2}$.

89. $\frac{2\cdot 4\cdots 2n}{1\cdot 3\cdots(2n+1)}$. **90.** $\frac{1}{2}\,\frac{n!\,m!}{(n+m+1)!}$. **91.** $\frac{1\cdot 3\cdot 5\cdots(2n-1)}{2^n}\,\frac{\sqrt{\pi}}{2}$.

93. $(-1)^n\frac{n!}{(m+1)^{n+1}}$. **94.** $n!\,2^{-\frac{n+1}{2}}\sin\frac{\pi(n+1)}{4}$. **95.** $n!\,2^{-\frac{n+1}{2}}\cos\frac{\pi(n+1)}{4}$.

96. $(-1)^n u_{2n+2}+\ln\tan\frac{3\pi}{8}=\sqrt{2}\left(1-\frac{1}{3}-\frac{1}{5}+\frac{1}{7}+\frac{1}{9}-\cdots\pm\frac{1}{2n+1}\right)$;

$(-1)^{n-1}u_{2n+1}+\frac{\pi}{4}=1-\frac{1}{3}+\frac{1}{5}\mp\cdots\pm\frac{1}{n-\cos^2\frac{n\pi}{2}}$. **97.** $(-1)^{m-1}\frac{\pi}{2}$.

98. $\frac{1\cdot 2\cdot 3\cdots 2n}{a(a^2+2^2)(a^2+4^2)\cdots(a^2+4n^2)}$. **99.** $\frac{1\cdot 2\cdot 3\cdots(2n+1)}{(a^2+1^2)(a^2+3^2)\cdots[a^2+(2n+1)^2]}$.

100. $2\cosh\frac{m\pi}{2}\,\frac{1\cdot 2\cdot 3\cdots(2n+1)}{(m^2+1^2)(m^2+3^2)\cdots[m^2+(2n+1)^2]}$.

101. $\sqrt{\frac{\pi}{a}}\cdot\left[\frac{1}{2}+e^{-\frac{1}{a}}+e^{-\frac{4}{a}}+\cdots+e^{-\frac{n^2}{a}}\right]$. **103.** $(-1)^{m-1}\frac{\pi}{4m}$.

104. 0,74683. **105.** 0,94608. **106.** 0,20003. **107.** 0,2.

108. 0,20281. **109.** 1,00426. **110.** 1,03065.

111. $2\pi a\left[1-\left(\frac{1}{2}\right)^2e^2-\left(\frac{1\cdot 3}{2\cdot 4}\right)^2\frac{e^4}{3}-\left(\frac{1\cdot 3\cdot 5}{2\cdot 4\cdot 6}\right)^2\frac{e^6}{5}-\cdots\right]$.

113. $-\frac{\pi^2}{8}$. **114.** $\frac{\pi^2}{4}$. **115.** $\frac{\pi^2}{12}$. **116.** $-\frac{\pi^2}{6}$.

117. $\frac{\pi^2}{6}$. **118.** $\frac{\pi^2}{12}$. **119.** $\frac{\pi^2}{8a^2}$.

120. $2\sum\limits_{\nu=0}^{\infty}\frac{(-1)^\nu}{(2\nu+1)^3}=\frac{\pi^2}{16}$. **127.** $\frac{\pi a^m}{1-a^2}$.

128. $\frac{\pi}{2}a^{m-1}$. **129.** $\frac{2\pi}{\sqrt{1-a^2}}\left(\frac{1-\sqrt{1-a^2}}{a}\right)^m$.

130. $\dfrac{2\pi^2}{\sqrt{1-a^2}}\left(\dfrac{1-\sqrt{1-a^2}}{a}\right)^m$. **131.** $\dfrac{\pi}{a}\ln(1+a)$.

132. Gleich Null für $a^2<1$, gleich $\pi\ln(a^2)$ für $a^2\geqq 1$. **133.** 0.

134. Gleich $-\dfrac{\pi a^m}{m}$ für $a^2<1$, gleich $-\dfrac{\pi}{m a^m}$ für $a^2>1$.

135. $-\dfrac{\pi}{2}\ln 2$. **136.** $-\dfrac{\pi^2}{2}\ln 2$. **137.** $-\dfrac{\pi}{4m}$.

138. $\pi\dfrac{1+a^\lambda b^\mu}{1-a^\lambda b^\mu}$ mit $\dfrac{n}{m}=\dfrac{\lambda}{\mu}$, wobei λ und μ teilerfremd sind.

139. $\dfrac{\pi}{2(1-ab)}$ für $0<a<1$ und $0<b<1$. **140.** $\dfrac{\pi}{2}\left(\ln^2 2+\dfrac{\pi^2}{12}\right)$.

141. $\dfrac{\pi}{2(1-a^2)}\,\dfrac{1-ae^{-m}}{1+ae^{-m}}$; $a^2<1$. **142.** $\dfrac{\pi}{2a+e^m}\operatorname{sign} a$.

143. $\pi\ln\left(1-\dfrac{a}{e}\right)$. **148.** $\dfrac{(n-1)!}{a^n}$.

149. $\dfrac{\pi}{2a^{2n-1}}\cdot\dfrac{1\cdot 3\cdot 5\cdots(2n-3)}{2\cdot 4\cdot 6\cdots(2n-2)}$. **150.** $\sqrt{\pi}\,(\sqrt{b}-\sqrt{a})$.

151. $\dfrac{\pi}{2}(a-b)$ für $a>b>0$. **152.** $A\ln\dfrac{\delta}{\alpha}+B\ln\dfrac{\delta}{\beta}+C\ln\dfrac{\delta}{\gamma}$.

153. $\ln\dfrac{(2\alpha)^{2\alpha}(2\beta)^{2\beta}}{(\alpha+\beta)^{2(\alpha+\beta)}}$. **154.** $\arctan\dfrac{\beta}{m}-\arctan\dfrac{\alpha}{m}$.

155. $\dfrac{1}{2}\sqrt{\pi}\,e^{-2\sqrt{a}}$. **156.** $\sqrt{\pi}\,(b-a)$. **157.** $\dfrac{1}{4}\ln\left(1+\dfrac{4b^2}{a^2}\right)$.

158. $b\arctan\dfrac{2b}{a}-\dfrac{a}{4}\ln\left(1+\dfrac{4b^2}{a^2}\right)$. **159.** $\dfrac{\sqrt{\pi}}{2a^3}\,b\,e^{-\frac{b^2}{a^2}}$.

160. $(-1)^n\dfrac{\sqrt{\pi}}{2^{2n+1}}\,\dfrac{d^{2n}e^{-\beta^2}}{d\beta^{2n}}$. **161.** $\pi\left(\dfrac{b}{2}-\sqrt{a}\right)$.

162. $\dfrac{\pi}{b}\ln(a+b)$. **163.** $\pi\,(\sqrt{1-a^2}-1)$.

164. $\dfrac{1}{2}\operatorname{arc\,tan}\alpha\cdot\ln(1+\alpha^2)$. **165.** $\pi\ln\dfrac{1+\sqrt{1-\alpha}}{2}$.

166. $-(\operatorname{arc\,sin}\alpha)^2$. **167.** $\pi\ln\dfrac{m+1}{2}$.

168. $\pi\operatorname{arc\,sin} a$. **169.** $\dfrac{\pi^2}{8}-\dfrac{(\operatorname{arc\,cos} a)^2}{2}$. **170.** $\dfrac{\pi}{2}\ln(1+a)$.

171. $\dfrac{\pi}{2}\ln\left(1+\dfrac{\alpha}{\beta}\right)$. **172.** $\dfrac{\pi}{2}\ln\dfrac{(\alpha+\beta)^{\alpha+\beta}}{\alpha^\alpha\beta^\beta}$.

173. $\dfrac{\pi}{2}\left[(\alpha^2-\beta^2)\ln(\alpha+\beta)-\alpha^2\ln\alpha+\beta^2\ln\beta+\alpha\beta\right]$.

174. $2\pi[(a+b)\ln(a+b)-\alpha^2\ln\alpha+\beta^2\ln\beta+\alpha\beta]$.

175. $-\frac{\pi}{2}(a+b)$; $a>0$, $b>0$. **185.** $\frac{\pi}{2}$. **186.** $\frac{\pi}{4}$.

187. $\frac{\pi}{4}$. **188.** $\frac{3}{4}\ln 3$. **189.** $\ln 2$. **190.** $\frac{2\pi}{9\sqrt{3}}$.

191. $\frac{2\pi}{\sqrt{3}}$. **192.** $\frac{\pi}{\sqrt{3}}\,\frac{1\cdot 4\cdots(3n-2)}{3\cdot 6\cdots 3n}$.

193. $\frac{\pi}{n\sin\frac{\pi}{n}}$. **194.** $\frac{\Gamma^2\left(\frac{1}{4}\right)}{4\sqrt{2\pi}}$. **195.** $\frac{\pi}{2\sin n\pi}$.

196. $\frac{2\pi}{9\sqrt{3}}$. **197.** $\frac{\sqrt{\pi}}{2}\,\frac{\Gamma\left(n-\frac{1}{2}\right)}{\Gamma(n)}$.

198. $\left(\frac{a}{b}\right)^{\frac{m+1}{n}}\frac{a^{-p}}{n}\,\frac{\Gamma\left(\frac{m+1}{n}\right)\Gamma\left(p-\frac{m+1}{n}\right)}{\Gamma(p)}$. **199.** $\frac{\pi}{2\sin n\pi}$.

200. $\frac{\sqrt{\pi}}{2}\,\frac{\Gamma\left(\frac{n+1}{2}\right)}{\Gamma\left(\frac{n}{2}+1\right)}$. **201.** $\frac{\Gamma\left(\frac{m}{2}\right)\Gamma\left(\frac{n}{2}\right)}{2\Gamma\left(\frac{m+n}{2}\right)}$. **202.** $\frac{2^{n-1}\Gamma^2\left(\frac{n}{2}\right)}{(1-k^2)^{\frac{n}{2}}\Gamma(n)}$.

203. $\pi\cot\pi a$. **204.** $\frac{1}{a^\beta(1+a)^\alpha}\,\frac{\Gamma(\alpha)\Gamma(\beta)}{\Gamma(\alpha+\beta)}$.

205. $\ln\frac{\tan\frac{a\pi}{2}}{\tan\frac{b\pi}{2}}$. **206.** $\frac{\pi}{n\sin\frac{m\pi}{n}}$. **207.** $\frac{\pi(1-a)}{\sin a\pi}$.

208. $\frac{\pi^2\sin\frac{\pi a}{2}}{4\cos^2\frac{\pi a}{2}}$. **209.** $\frac{\pi^3}{8}\,\frac{1+\sin^2\frac{\pi a}{2}}{\cos^3\frac{\pi a}{2}}$.

210. $\frac{\pi}{2\nu}\tan\frac{\pi\mu}{2\nu}$. **211.** $\frac{\pi}{2\nu\cos\frac{\pi\mu}{2\nu}}$. **212.** $\ln\sqrt{2\pi}$.

213. $a\ln a-a+\ln\sqrt{2\pi}$. **219.** $\frac{a^2}{2n}\,\frac{\Gamma^2\left(\frac{1}{n}\right)}{\Gamma\left(\frac{2}{n}\right)}$. **220.** $\frac{a^3}{3n^2}\,\frac{\Gamma^3\left(\frac{1}{n}\right)}{\Gamma\left(\frac{3}{n}\right)}$.

221. Richtig, wenn a und b gleiches Vorzeichen, falsch, wenn a und b verschiedenes Vorzeichen haben.

222. Richtig für $ab > 0$, falsch für $ab < 0$.

246. Die gesuchte Ungleichung ist der Ungleichung in Aufgabe 245 entgegengesetzt.

257. $\frac{3\pi}{8\sqrt{2}}$.

258. $\frac{4\pi}{9\sqrt{3}} - \frac{1}{3}$.

259. $\frac{\pi}{2}$.

260. $\ln \frac{b}{a}$.

261. $\frac{1}{2} \ln \left| \frac{a+b}{a-b} \right|$.

262. $\frac{\pi}{2} \ln \frac{a}{b}$.

263. $-a \ln a$.

264. $a \ln a - a$.

265. $\frac{\pi}{2} a$.

266. $\frac{\pi(a+1)}{4} e^{-a}$.

267. $\frac{\pi}{4} \frac{1-e^{-2a}}{a}$.

268. $\frac{\pi}{3} |a|^3$.

269. $\frac{\pi b}{2}$.

270. $\frac{\pi}{4}(2-a)$ für $a < 2$; 0 für $a > 2$.

271. $\frac{\pi}{4}$ für $0 < a < 1$; $-\frac{\pi}{8}$ für $1 < a < 3$; 0 für $a > 3$.

272. $\frac{\pi a}{2} - \frac{\pi a^2}{8}$ für $0 < a < 2$; $\frac{\pi}{2}$ für $a \geqq 2$.

273. $\frac{\pi}{4}$.

274. $\frac{\pi}{4}$.

275. $\frac{\pi}{2 \cosh \frac{\pi m}{2}}$.

276. $\frac{e-1}{2e} \sqrt{\pi}$.

277. $\frac{\ln a}{2a^n} \frac{\Gamma\left(\frac{n}{2}\right)^2}{\Gamma(n)}$.

278. $\frac{\pi a}{4} e^{-a}$.

279. $\pi\left(e^{-a} - \frac{1}{2}\right)$.

LITERATURHINWEISE

Dieses Verzeichnis erhebt keinen Anspruch auf Vollständigkeit. Es enthält nur einführende Literatur bzw. einige Lehrbücher zu dem in diesem Band behandelten Stoff.

ALEXANDROW, A. D.: Kurven und Flächen. Berlin 1959 (Übersetzung aus dem Russischen).

BIEBERBACH, L.: Einführung in die analytische Geometrie, 5. Auflage. Stuttgart 1957.

BOSECK, H.: Einführung in die Theorie der linearen Vektorräume, 4. Auflage. Berlin 1981.

BREHMER, S., und H. BELKNER: Einführung in die analytische Geometrie und lineare Algebra, 4. Auflage. Berlin 1974.

BRONSTEIN, I. N., und K. A. SEMENDJAJEW: Taschenbuch der Mathematik (Neubearbeitung), 19., völlig überarbeitete Auflage. Leipzig 1979; Ergänzungsband, Leipzig 1979 (Übersetzung aus dem Russischen).

CHEMNITIUS, F.: Differential- und Integralrechnung in Frage und Antwort. Berlin 1957.

COURANT, R.: Vorlesungen über Differential- und Integralrechnung, Band I, 3. Auflage, 2. Nachdruck), Band II, 3. Auflage (Neudruck). Berlin/Göttingen/Heidelberg 1967 bzw. 1963.

DALLMANN, H., und K.-H. ELSTER: Einführung in die höhere Mathematik, Band 1 und 2, VEB Gustav Fischer Verlag. Jena 1968 bzw. 1981.

Enzyklopädie der Elementarmathematik, Band I, 8. Auflage; Band II, 7. Auflage; Band III, 4. Auflage. Berlin 1978 (Übersetzung aus dem Russischen).

FICHTENHOLZ, G. M.: Differential- und Integralrechnung, Band I, 12. Auflage; Band II, 9. Auflage; Band III, 10. Auflage. Berlin 1981, 1982 bzw. 1982 (Übersetzung aus dem Russischen).

FRISCH, S. E., und A. W. TIMOREWA: Lehrgang der allgemeinen Physik, Teil I, II. Berlin 1955 (Übersetzung aus dem Russischen).

GANTMACHER, F. R.: Matrizenrechnung, Band I, 3. Auflage. Berlin 1970 (Übersetzung aus dem Russischen).

GELFOND, A. O.: Die Auflösung von Gleichungen in ganzen Zahlen, 5. Auflage. Berlin 1973 (Übersetzung aus dem Russischen).

GRÜSS, G.: Differential- und Integralrechnung, 2. Auflage. Leipzig 1953.

GÜNTER, N. M.: Die Potentialtheorie und ihre Anwendung auf Grundaufgaben der mathematischen Physik. Leipzig 1957 (Übersetzung aus dem Russischen).

HAUSER, W., und W. BURAU: Integrale algebraischer Funktionen und ebene algebraische Kurven. Berlin 1958.

JOOS, G.: Lehrbuch der theoretischen Physik, 11. Auflage (Nachdruck). Leipzig 1964.

JUNG, H. W. E.: Matrizen und Determinanten, 4. Auflage. Leipzig 1953.

KAMKE, E.: Differentialgleichungen, I. Teil, 6. Auflage (Nachdruck). Leipzig 1969.

KAMKE, E.: Differentialgleichungen, Lösungsmethoden und Lösungen, I. Teil, 8. Auflage. Leipzig 1967.

KANTOROWITSCH, L. W., und W. I. KRYLOW: Näherungsmethoden der höheren Analysis. Berlin 1956 (Übersetzungen aus dem Russischen).

KELLER, O.-H.: Analytische Geometrie und lineare Algebra, 3. Auflage, Berlin 1968.

KOCHENDÖRFFER, R.: Einführung in die Algebra, 4. Auflage. Berlin 1974.

KOCHENDÖRFFER, R.: Determinanten und Matrizen, 5. Auflage. Leipzig 1967.

KOROWKIN, P. P.: Ungleichungen, 7. Auflage. Berlin 1973 (Übersetzung aus dem Russischen)

KUROSCH, A. G.: Algebraische Gleichungen beliebigen Grades, 5. Auflage. Berlin 1969 (Übersetzung aus dem Russischen).

KREYSZIG, E.: Differentialgeometrie, 2. Auflage. Leipzig 1968.

LICHNEROWICZ, A.: Lineare Algebra und lineare Analysis. Berlin 1956 (Übersetzung aus dem Französischen).

LINDELÖF, E., und E. ULLRICH: Einführung in die höhere Analysis, 2. Auflage (Nachdruck). Leipzig 1956.

MANGOLDT, H. VON, und K. KNOPP: Einführung in die höhere Mathematik, Band I, 14. Auflage; Band II, 13. Auflage; Band III, 13. Auflage, Leipzig 1970, 1967 bzw. 1970.

MARKUSCHEWITSCH, A. I.: Flächeninhalte und Logarithmen, 4. Auflage. Berlin 1977 (Übersetzung aus dem Russischen).

MARKUSCHEWITSCH, A. I.: Komplexe Zahlen und konforme Abbildungen, 4. Auflage. Berlin 1973 (Übersetzung aus dem Russischen).

Mathematik für die Praxis I – II (Hrsg. K. SCHRÖDER): 3. Auflage, Berlin 1966.

NATANSON, I. P.: Summierung unendlich kleiner Größen. 3. Auflage, Berlin 1969 (Übersetzung aus dem Russischen).

NATANSON, I. P.: Einfachste Maxima- und Minima-Aufgaben, 7. Auflage. Berlin 1975 (Übersetzung aus dem Russischen).

NORDEN, A. P.: Differentialgeometrie, Teil I, II. Berlin 1956 bzw. 1957 (Übersetzung aus dem Russischen).

PISKUNOW, N. S.: Differential- und Integralrechnung 1 – 2, 2. Auflage. Leipzig 1970 (Übersetzung aus dem Russischen).

PONTRJAGIN, L. S.: Gewöhnliche Differentialgleichungen. Berlin 1965 (Übersetzung aus dem Russischen).

REICHARDT, H.: Vorlesungen über Vektor- und Tensorrechnung, 2. Auflage. Berlin 1968.

RYSHIK, I. M., und I. S. GRADSTEIN: Summen-, Produkt- und Integraltafeln, 2. Auflage. Berlin 1963 (Übersetzung aus dem Russischen).

SCHAFAREWITSCH, I. R.: Über die Auflösung von Gleichungen höheren Grades, 4. Auflage. Berlin 1974 (Übersetzung aus dem Russischen).

SCHERWATOW, W. G.: Hyperbelfunktionen. 3. Auflage. Berlin 1974 (Übersetzung aus dem Russischen).

SMIRNOW, W. I.: Lehrgang der höheren Mathematik, Teil I, 13. Auflage; Teil II, 15. Auflage; Teil III_1, 10. Auflage; Teil III_2, 12. Auflage. Berlin 1979, 1981, 1981 bzw. 1979 (Übersetzung aus dem Russischen).

SOMINSKI, I. S.: Die Methode der vollständigen Induktion, 12. Auflage. Berlin 1978 (Übersetzung aus dem Russischen).

STEPANOW, W. W.: Lehrbuch der Differentialgleichungen, 4. Auflage. Berlin 1976 (Übersetzung aus dem Russischen).

TUTSCHKE, W.: Grundlagen der reellen Analysis, I: Differentialrechnung, Berlin 1971.

WOROBJOW, N. N.: Die Fibonaccischen Zahlen. 3. Auflage. Berlin 1977 (Übersetzung aus dem Russischen).

NAMEN- UND SACHVERZEICHNIS

In den runden Klammern hinter den Seitenzahlen sind die Nummern der Aufgaben (*kursiv*) bzw. die der Abbildungen angegeben. Der Buchstabe F besagt, daß auf der betreffenden Seite bzw. in der betreffenden Aufgabe die Formel des Stichwortes zu finden ist.